巧学活用 全图解

Word Excel PPT 2016 高效办公

全彩视听版

九天科技——编著

中国铁道出版社
CHINA RAILWAY PUBLISHING HOUSE

内 容 简 介

本书从商务办公人员的实际需求出发，通过图解案例教学的方式深入介绍Word 2016、Excel 2016和PowerPoint 2016在商务办公中的应用与技巧，内容包括：编排普通的Word商务文档，制作图文混排的Word文档，制作Word商务办公表格，使用样式和模板快速创建文档，Word商务办公高级操作，快速制作Excel办公表格，使用公式和函数进行数据运算，Excel数据管理与分析，使用图表与数据透视表分析数据，制作PPT商务演示文稿，设置与美化幻灯片，以及制作动态演示文稿与放映。

本书适用于需要学习使用Word、Excel和PowerPoint进行商务办公的各类读者使用，还可作为电脑办公培训班的学习教材或辅导用书。

图书在版编目（CIP）数据

全图解Word/Excel/PPT 2016高效办公:全彩视听版/九天科技编著.—北京：中国铁道出版社，2018.7
（巧学活用）
ISBN 978-7-113-24463-7

Ⅰ.①全… Ⅱ.①九… Ⅲ.①办公自动化－应用软件－图解 Ⅳ.①TP317.1-64

中国版本图书馆CIP数据核字（2018）第096283号

书　　名： 巧学活用：全图解Word/Excel/PPT 2016高效办公（全彩视听版）
作　　者： 九天科技　编著

责任编辑： 张　丹　　　**读者热线电话：** 010-63560056
加工编辑： 张秀文
责任印制： 赵星辰　　　**封面设计：** MXK DESIGN STUDIO

出版发行： 中国铁道出版社（100054，北京市西城区右安门西街8号）
印　　刷： 中国铁道出版社印刷厂
版　　次： 2018年7月第1版　　2018年7月第1次印刷
开　　本： 700mm×1000mm　1/16　**印张：** 18　**字数：** 372千
书　　号： ISBN 978-7-113-24463-7
定　　价： 49.80元

前言

在日常商务办公工作中，经常用到Office办公套装软件中的Word、Excel和PowerPoint三大软件，利用它们可完成图文并茂的商务办公文件的编辑、复杂多变的办公表格数据统计与分析以及丰富多彩的演示文稿设计与制作等。无论是对于商业管理、信息交流，还是对于企业内部的互动沟通，Office软件都是必不可少的重要工具。

本书针对商务办公人员所需求的公文制作、文档编排、版面设计、文档组织和管理、数据统计、表格制作、报表设计、图表展示及报告演示等，以大量典型的商务办公应用实例为主线进行讲解，系统地介绍了Word 2016、Excel 2016和PowerPoint 2016的技术特点和应用方法，深入揭示隐藏于高效办公背后的实操技巧，帮助读者全面掌握Word 2016、Excel 2016和PowerPoint 2016在商务办公中的应用技术。

本书共分为12章，主要内容如下：

CHAPTER 01 编排普通的Word商务文档	CHAPTER 07 使用公式和函数进行数据运算
CHAPTER 02 制作图文混排的Word文档	CHAPTER 08 Excel数据管理与分析
CHAPTER 03 制作Word商务办公表格	CHAPTER 09 使用图表与数据透视表分析数据
CHAPTER 04 使用样式和模板快速创建文档	CHAPTER 10 制作PPT商务演示文稿
CHAPTER 05 Word商务办公高级操作	CHAPTER 11 设置与美化幻灯片
CHAPTER 06 快速制作Excel办公表格	CHAPTER 12 制作动态演示文稿与放映

本书是帮助Office 2016初学者实现商务办公入门、提高到精通的得力助手和学习宝典。主要具有以下特色：

01 立足商务，注重实用

本书选择商务办公中实用、常用的各种知识，力求让读者“想学的知识都能找到，所学的知识都能用上”，让学习从此不做无用功，学习效率事半功倍。

02 精选案例，注重技巧

为便于读者即学即用，本书摒弃传统枯燥的知识讲解方式，将商务办公实际应用的典型案例贯穿全书，让读者在学会案例制作方法的同时掌握相应的操作技巧。

精选案例，注重技巧

本书采用图解教学的体例形式，一步一图，以图析文，在讲解具体操作时，图片上均清晰地标注出了要进行操作的分步位置，便于读者在学习过程中直观、清晰地看到操作过程，更易于理解和掌握，提升学习效果。

扫二维码，观看视频

用手机扫一扫书中微课堂视频二维码，即可在手机上直接观看对应的操作视频，并配有语音讲解，学习起来会更方便、更轻松。

扫一扫看视频

本书能够满足不同层次读者的学习需求，适用于需要学习使用Word、Excel和PowerPoint进行商务办公的初级用户及希望提高办公软件应用能力的中高级用户，是各行各业商务办公人员快速学习和掌握相关技能的得力工具书。

如果读者在使用本书的过程中遇到什么问题或者有什么好的意见或建议，可以通过加入QQ群611830194进行学习上的沟通与交流。

编 者

2018年6月

本书使用说明

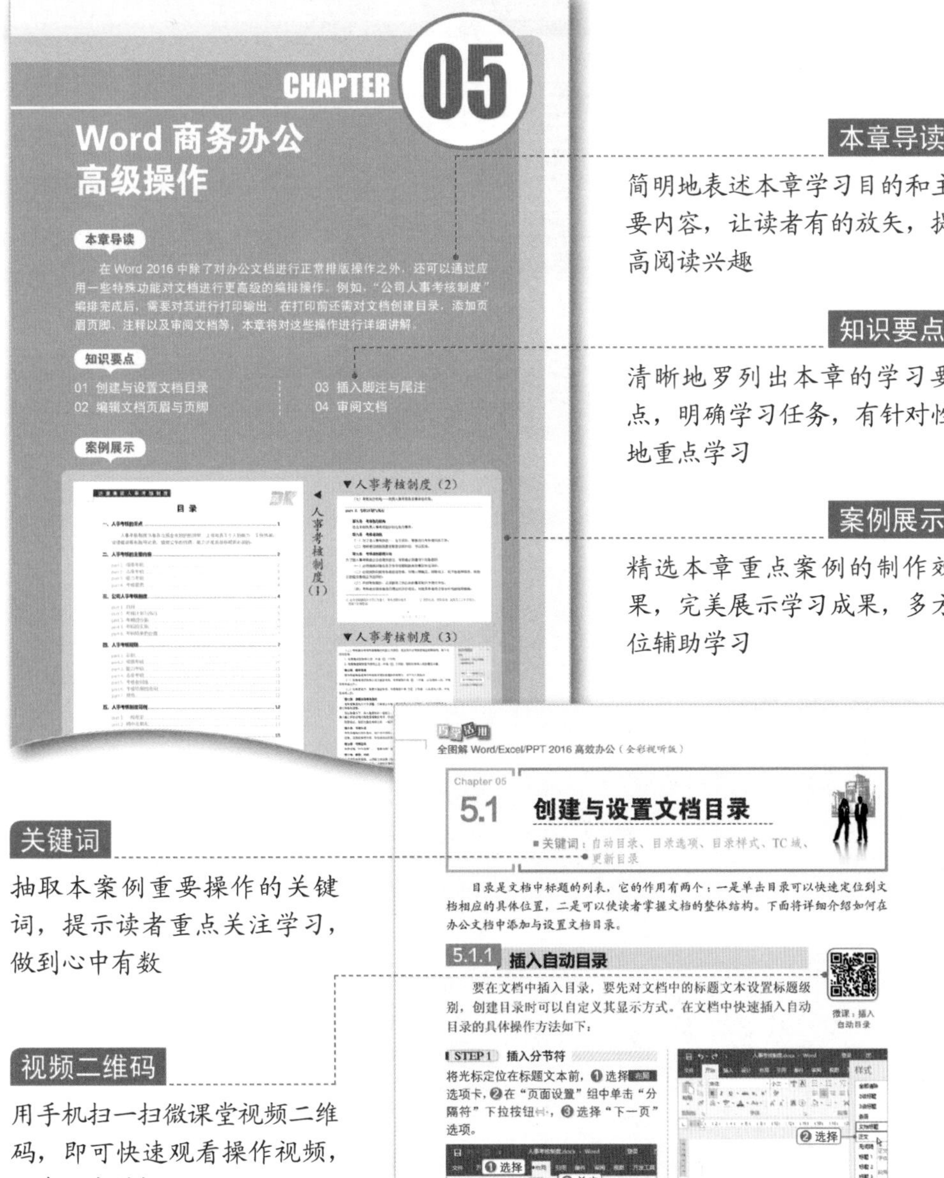

CHAPTER 05

Word 商务办公高级操作

本章导读

在 Word 2016 中除了对办公文档进行正常排版操作之外，还可以通过应用一些特殊功能对文档进行更高级的编排操作。例如，“公司人事考核制度”编排完成后，需要对其进行打印输出，在打印前还需对文档创建目录，添加页眉页脚、注释以及审阅文档等，本章将对这些操作进行详细讲解。

知识要点

01 创建与设置文档目录
02 编辑文档页眉与页脚
03 插入脚注与尾注
04 审阅文档

案例展示

▼人事考核制度（1）
▼人事考核制度（2）
▼人事考核制度（3）

全图解 Word/Excel/PPT 2016 高效办公（全彩视听版）

Chapter 05

5.1 创建与设置文档目录

■关键词：自动目录、目录选项、目录样式、TC 域、更新目录

目录是文档中标题的列表，它的作用有两个：一是单击目录可以快速定位到文档相应的具体位置，二是可以使读者掌握文档的整体结构。下面将详细介绍如何在办公文档中添加与设置文档目录。

5.1.1 插入自动目录

要在文档中插入目录，要先对文档中的标题文本设置标题级别，创建目录时可以自定义其显示方式。在文档中快速插入自动目录的具体操作方法如下：

微课：插入自动目录

STEP 1 插入分节符

将光标定位在标题文本前，❶选择布局选项卡，❷在“页面设置”组中单击“分隔符”下拉按钮，❸选择“下一页”选项。

实操解疑

删除分节符

节可以让用户对文档的结构和外观进行更多控制，在同一文档中可以插入多个不同的节，每个节都可以有自己的页眉和页脚、方向、格式、间距等。要删除分节符，可以将光标置于分节符前，然后按【Delete】键。

本章导读

简明地表述本章学习目的和主要内容，让读者有的放矢，提高阅读兴趣

知识要点

清晰地罗列出本章的学习要点，明确学习任务，有针对性地重点学习

案例展示

精选本章重点案例的制作效果，完美展示学习成果，多方位辅助学习

关键词

抽取本案例重要操作的关键词，提示读者重点关注学习，做到心中有数

视频二维码

用手机扫一扫微课堂视频二维码，即可快速观看操作视频，配有语音讲解

实操解疑

讲解读者在案例操作中可能遇到的疑难问题，让读者在学习时不走弯路

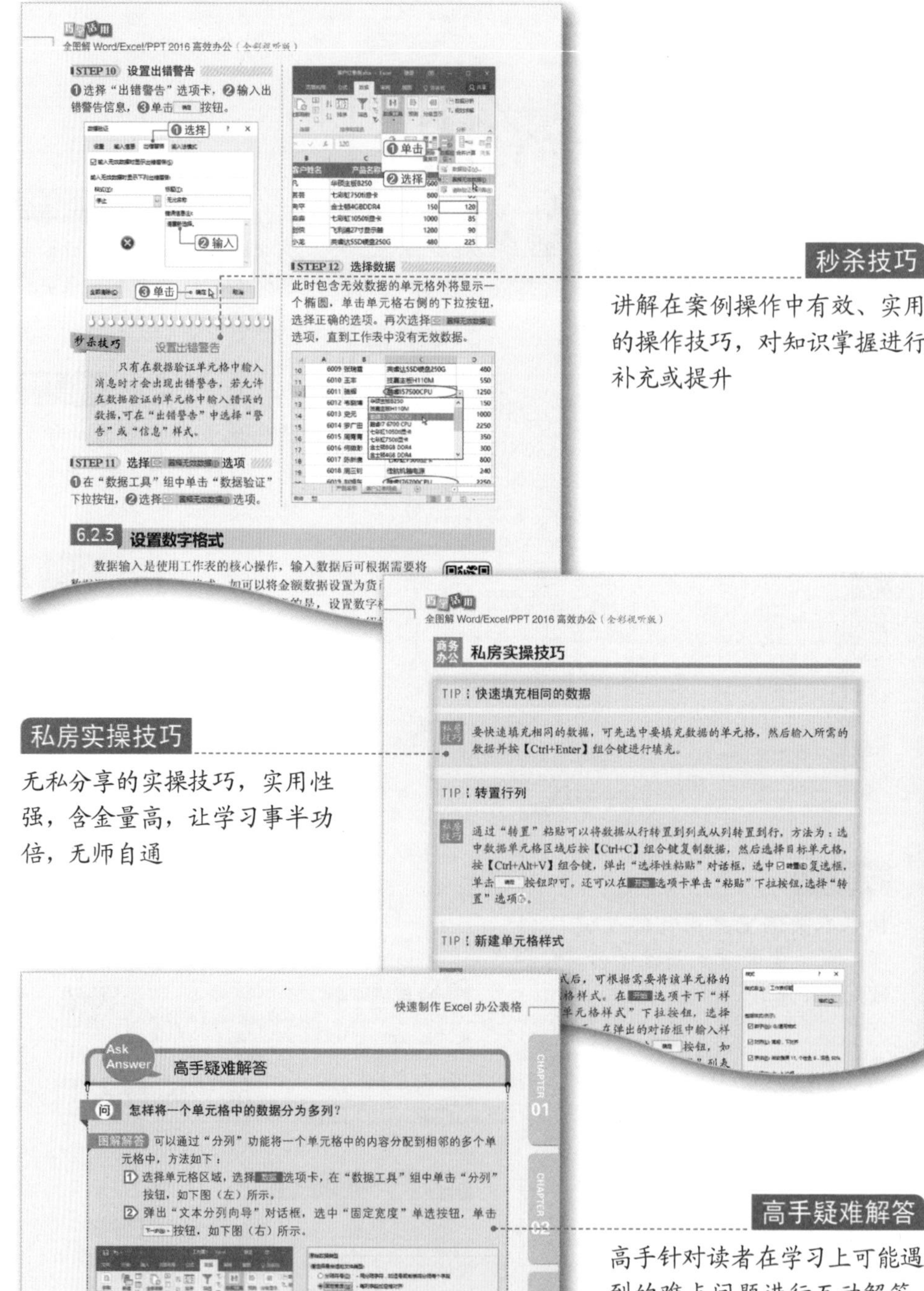
秒杀技巧
讲解在案例操作中有效、实用的操作技巧，对知识掌握进行补充或提升
私房实操技巧
无私分享的实操技巧，实用性强，含金量高，让学习事半功倍，无师自通
高手疑难解答
高手针对读者在学习上可能遇到的难点问题进行互动解答，解除学习难题

目录

视频下载地址 http://www.crphdm.com/2018/0426/13979.shtml

CHAPTER 01 编排普通的 Word 商务文档

CHAPTER 02 制作图文混排的 Word 文档

CHAPTER 03 制作 Word 商务办公表格

CHAPTER 04 使用样式和模板快速创建文档

CHAPTER 05 Word 商务办公高级操作

CHAPTER 06 快速制作 Excel 办公表格

CHAPTER 07 使用公式和函数进行数据运算

CHAPTER 08 Excel 数据管理与分析

CHAPTER 09 使用图表与数据透视表分析数据

CHAPTER 10 制作 PPT 商务演示文稿

CHAPTER 11 设置与美化幻灯片

CHAPTER 12 制作动态演示文稿与放映

CHAPTER

编排普通的 Word 商务文档

本章导读

Office 是目前使用最为普及、最重要的办公软件之一，Word 是其中的文字处理软件，可以帮助用户轻松、快捷地创建各种精美的文档。本章将通过制作工作证明、编排劳动合同以及制作员工守则为例介绍 Word 的基本操作，以及如何创建普通的商务办公文档。

知识要点

01 制作工作证明

02 编排劳动合同

03 制作员工守则

案例展示

▼劳动合同

甲方（聘用单位）名称：________________

地址：________________

法定代表人（委托代理人）：________________

乙方（被聘用者）姓名：________________

家庭（现）住址：________________

居民身份证号码：________________

根据《中华人民共和国劳动法》和相关法律、法规的规定，甲乙双方平等协商，自愿签订本合同，共同遵守本合同所列条款。经甲、乙双方平等协商，自愿签订本合同。

一、聘用岗位及职务

1、甲方因工作需要聘用乙方在________岗位工作，并聘任__________职务。

二、聘用合同期限

2、本合同自___年____月___日至____年___月___日止，期限为_______年。试用期自___年____月___日至____年___月___日止，期限为_____个月。

3、本合同自___年____月___日至合同中约定之解除或终止合同的条件出现时止。

三、甲乙双方的权利和义务

4、甲方权利与义务

（1）按合同约定支付乙方报酬；

（2）甲方根据国家有关规定，按乙方岗位要求提供必需的工作条件和劳动保护设施，保障乙方的安全与健康。

（3）甲方负责对乙方进行职业道德、业务技术、安全作业的教育和培训；乙方在工作过程中必须严格遵守工作规程，有权拒绝执行甲方违规指挥，有权提出批评、检举和控告。

1 / 4

▶员工守则

员工守则

1、整体形象端庄、自然，不留怪发型、不留长指甲、染指甲、化淡妆上岗。

2、按岗位规定和要求着装，工装要整洁平整、大方得体，工作牌佩戴在左上胸。

3、热爱工作岗位，对工作尽职尽责，不带不良情绪上岗，工作时间不能游戏打闹。

4、对顾客微笑迎接，态度亲切、热情、耐心、诚恳。

5、礼貌用语要规范，不准在客人背后指指点点，要具有一定的自我修养。

6、掌握熟练的业务技巧和服务技巧，对顾客的兴趣、合理需求予以满足。

7、对待顾客不能紧绷着脸，横眉冷对，爱理不理，被动应付、以貌取人。

8、根据分工对茶庄所有商品、房间、卫生间、大厅等保持清洁。

9、员工站有站姿、坐有坐姿，不准手插口袋、做事情横冲直撞、翘二郎腿，同事之间要团结友爱、互尊互助。

10、在工作时间不准随意接听或拨打电话闲聊，手机一律调为振动或静音。

11、在与客人交谈时说话语气和蔼、兴奋适度、谨慎。

12、维护茶庄整体形象，崇尚诚意、重视信誉、自我约束的素质。

徽茗茶庄

Chapter 01

1.1 制作工作证明

■关键词：字符间距、首行缩进、段落间距

张浩去银行申请贷款，要求出示工作证明，为此他需要在 Word 中制作一份工作证明文档，打印后再加盖公司公章。工作证明也称在职证明，内容主要包括标题、称呼、正文、结尾和落款等。工作证明的制作方法很简单，只需在输入相关文本后对字体和段落格式进行规范设置即可，注意为所填写内容与盖公章的预留位置要足够。

1.1.1 设置文本字体格式

微课：设置文本字体格式

在制作工作证明时，只需根据相应的格式要求进行格式设置即可，具体操作方法如下：

STEP 1 显示标尺

新建“工作证明”文档，❶输入所需内容。❷选择视图选项卡，❸在“显示”组中选中☑标尺复选框，显示标尺。

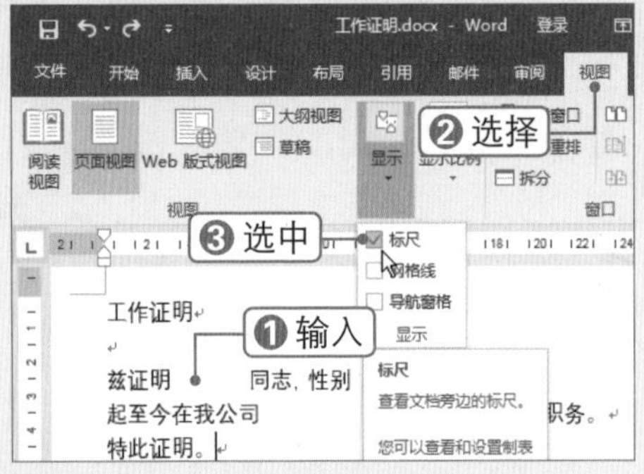

STEP 2 设置标题字体格式

❶选中标题文本，❷在“字体”组中设置字体样式为“黑体”，字号为“小二”。❸单击“字体”组右下角的扩展按钮。

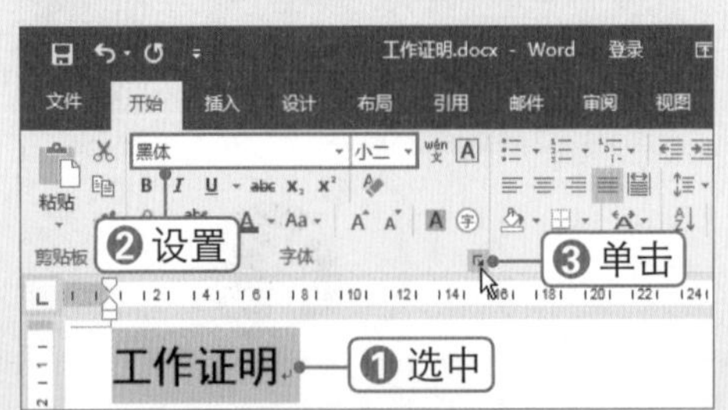

STEP 3 设置字符间距

弹出“字体”对话框，❶选择高级(V)选项卡，❷设置字符间距为 2 磅，❸单击确定按钮。

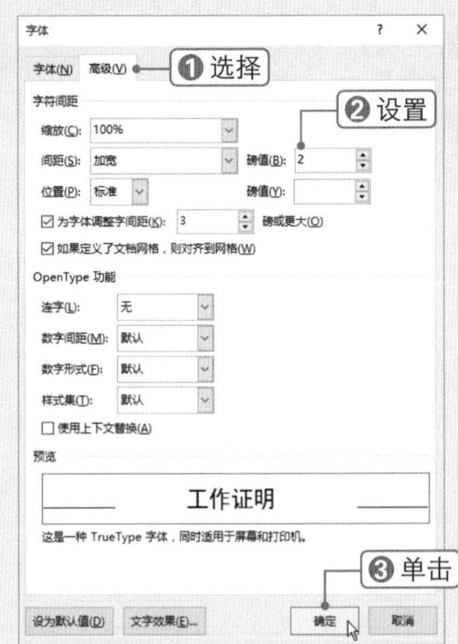

STEP 4 设置字体格式

❶选中除标题以外的其他文本并右击，弹出浮动工具栏，❷设置字体样式为“宋体”，字号为 13。

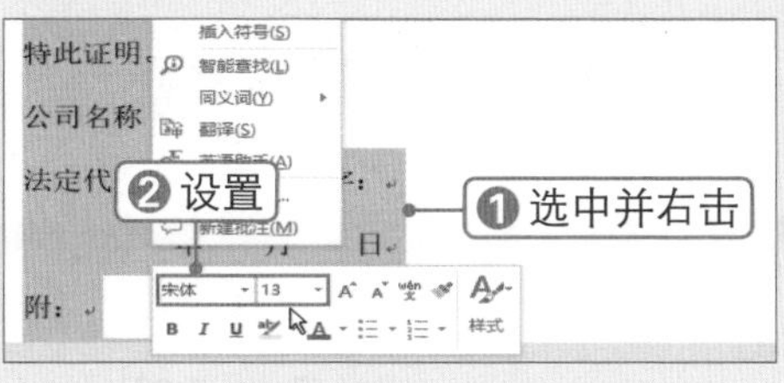

STEP 5 添加下画线

❶选中文档中的空格，❷在“字体”组中单击“下画线”按钮U，为所选空格添加下画线。

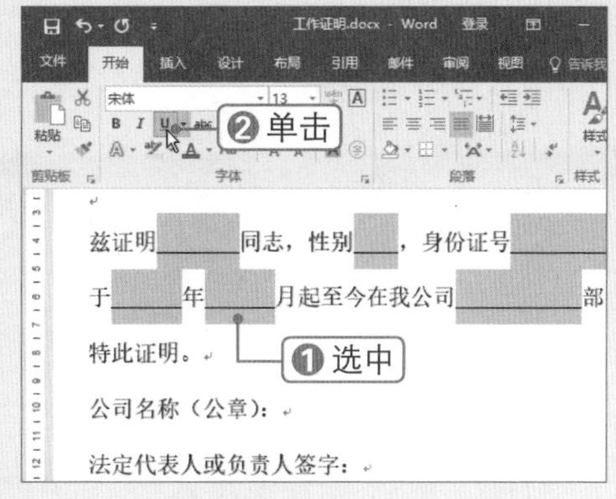

1.1.2 设置文本段落格式

段落格式设置主要是对文本的对齐方式、段落间距、行距与缩进等进行设置。下面设置工作证明的段落格式，具体操作方法如下：

微课：设置文本段落格式

STEP 1 设置段落对齐方式

❶将光标定位到标题文本中，❷在“段落”组中单击“居中”按钮，即可居中对齐文本。同样，将日期所在段落设置为“右对齐”。

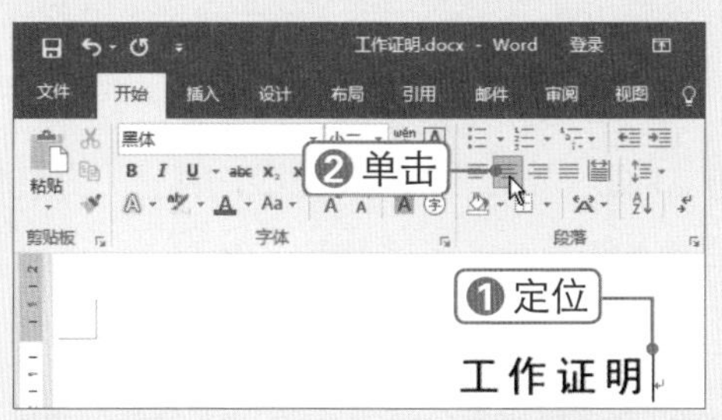

STEP 2 单击扩展按钮

❶选中文本，❷在“段落”组中单击右下角的扩展按钮。

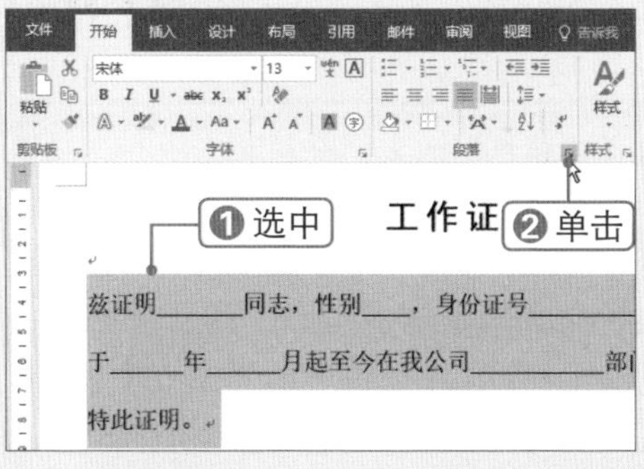

STEP 3 设置首行缩进

弹出“段落”对话框，❶在“特殊格式”下拉列表框中选择首行缩进选项，❷单击确定按钮。

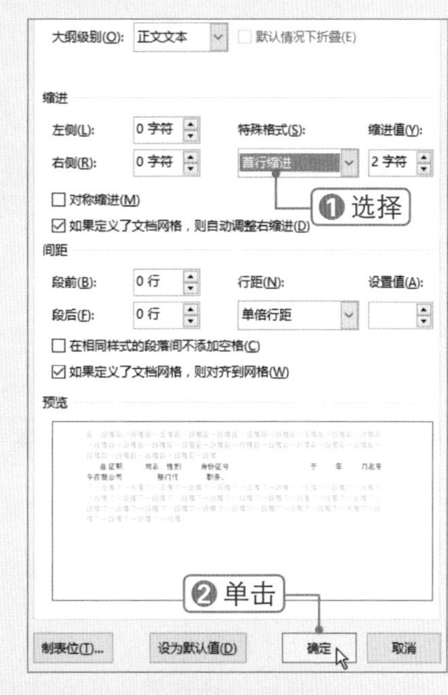

STEP 4 设置段落左缩进

❶选中文本，❷向右拖动标尺上方的“左缩进”按钮。

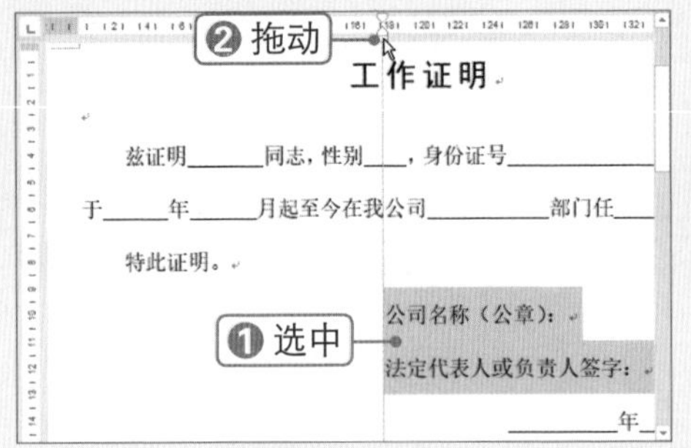

STEP 5 设置行距

将光标定位到最后的段落中，❶在“段落”组中单击“行和段落间距”下拉按钮，❷选择 3.0 选项。

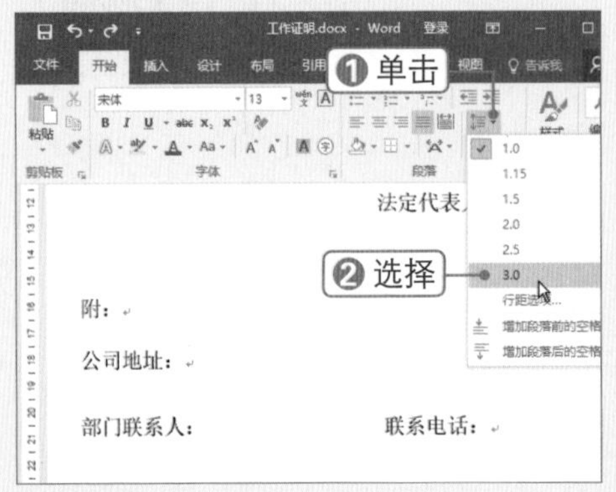

STEP 6 设置段落间距

❶将光标定位到标题文本中，❷选择布局选项卡，❸在“段落”组中设置间距为段前 2 行，段后 1 行。

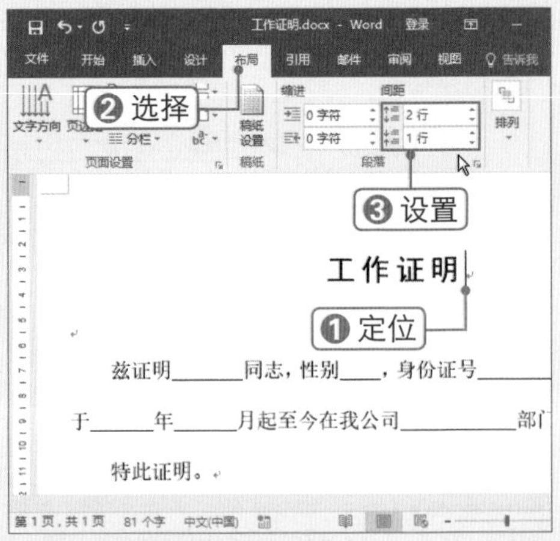

STEP 7 设置段前间距

采用同样的方法，设置日期所在段前间距，查看“工作证明”的最终效果。

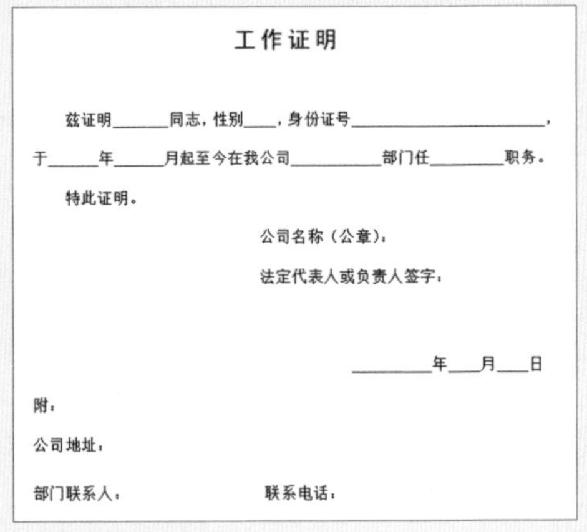

工作证明

兹证明______同志，性别____，身份证号____________________，

于______年______月起至今在我公司__________部门任________职务。

特此证明。

公司名称（公章）：

法定代表人或负责人签字：

__________年____月____日

附：

公司地址：

部门联系人：　　　　联系电话：

Chapter 01

1.2 编排劳动合同

■ 关键词：制表位、替换、大纲级别、格式刷、样式、页码

某设计公司招聘室内设计师，要求人力资源部根据原来的合同拟定一份新的劳动合同，这个任务落到了王宇的头上。他对之前的劳动合同进行审阅和修改后，又根据设计师职位的特殊性增减了部分内容，在 Word 文档中对劳动合同的内容格式进行了编排设置，最后插入页码并打印出来。劳动合同是指劳动者与用工单位之间确立劳动关系，明确双方权利和义务，是劳动者和用工单位都必须遵守的协议。在编排劳动合同文件时，一定要严谨、规范，切忌出现模糊或错误条款。

1.2.1 制作劳动合同封面

微课：制作劳动合同封面

劳动合同的封面一般包括合同名称、合同编号、合同双方名称、签订日期及公司名称等，下面将介绍如何在Word 2016中制作劳动合同封面，具体操作方法如下：

STEP 1 输入内容

新建“劳动合同书”文档，输入所需内容，设置文本的对齐方式。

STEP 2 设置字体格式

将文本的字体样式设置为“宋体”“加粗”，并分别设置各自的字号，通过键入空行调整各段落间距。

STEP 3 调整段落缩进

❶将光标定位到“编号”所在的段落中。❷向右拖动标尺上的“左缩进”滑块□。

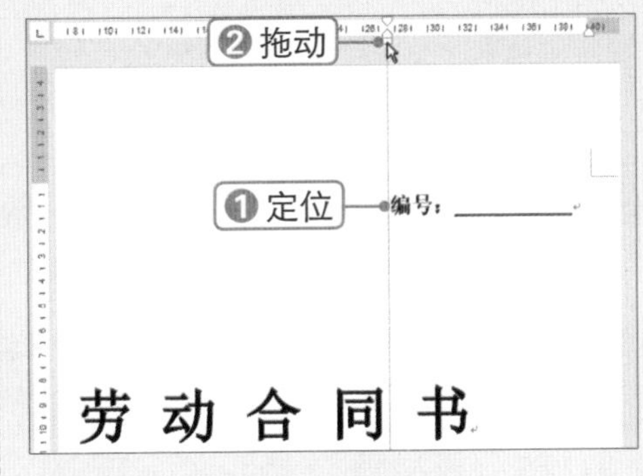

STEP 4 调整段落缩进

❶选中文本，❷在标尺上拖动“左缩进”滑块，调整段落缩进。

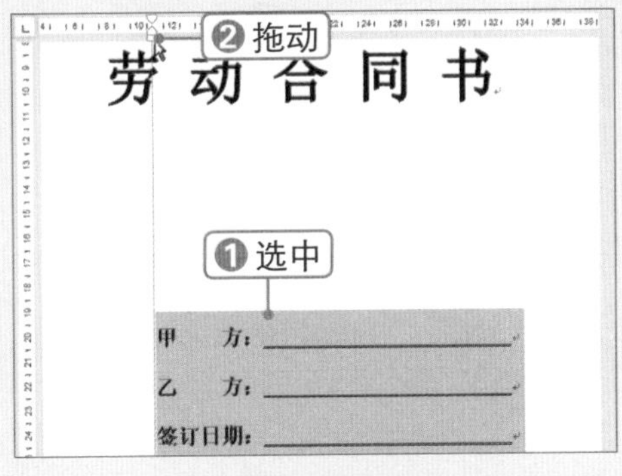

STEP 5 设置段落间距

❶选中文本，❷选择 布局 选项卡。❸在“段落”组中设置段后间距为 1 行。

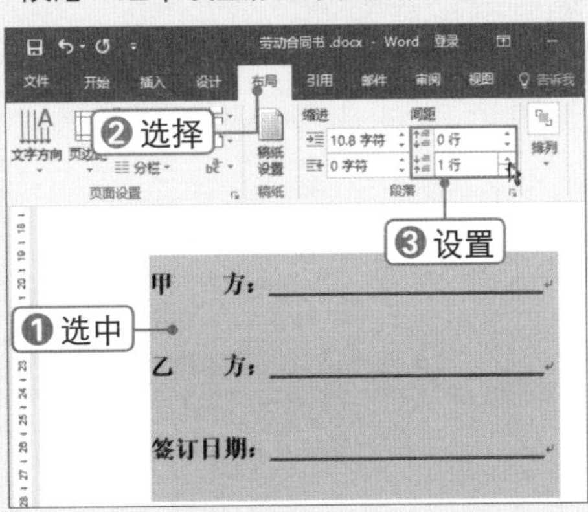

STEP 6 复制图片

找到素材图片，单击“复制”按钮，或按【Ctrl+C】组合键复制图片。

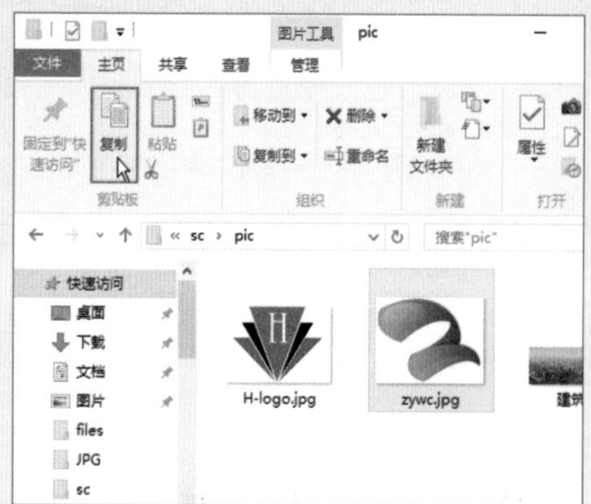

STEP 7 插入图片

将光标定位到页面下方的公司名称前面，按【Ctrl+V】组合键即可将图片插入文档中。

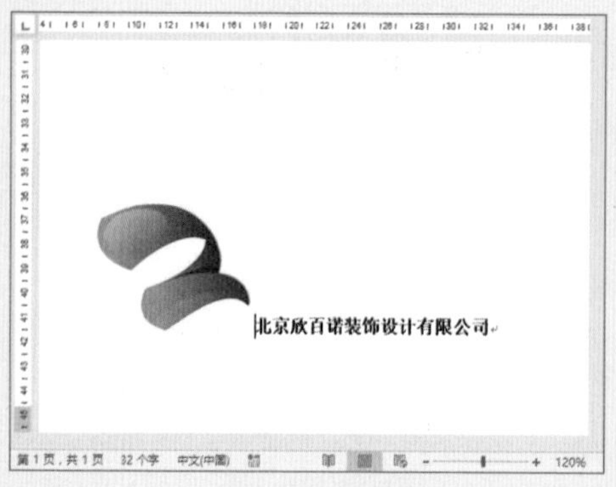

STEP 8 选择“段落(P)...”命令

调整图片大小，❶在段落中右击，❷选择“段落(P)...”命令。

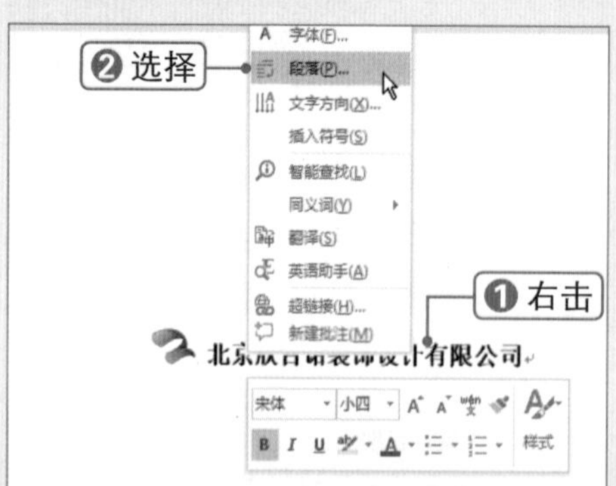

STEP 9 设置段落文本对齐方式

弹出“段落”对话框，❶选择“中文版式(H)”选项卡，❷设置文本对齐方式为“顶端对齐”，❸单击“确定”按钮。

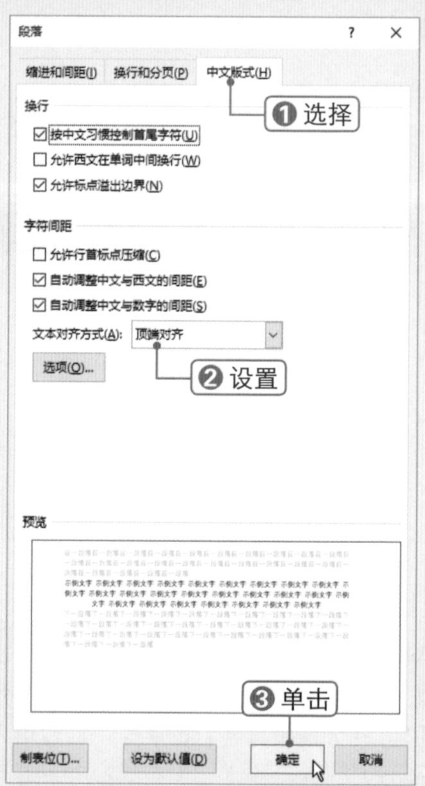

STEP 10 插入分页符

❶将光标定位到公司名称后面，❷选择“插入”选项卡，❸在“页面”组中单击“分页”按钮。

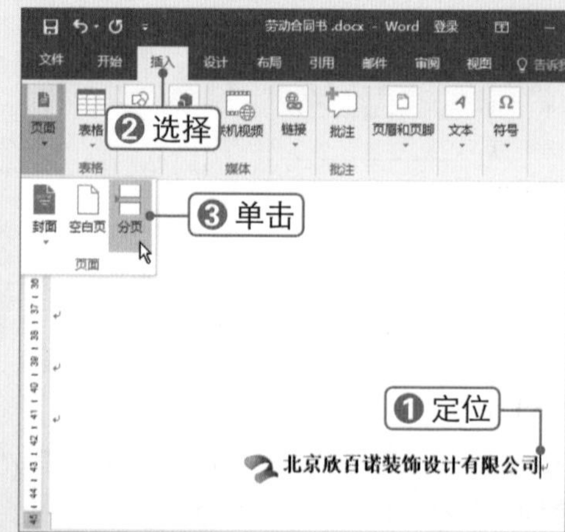

STEP 11 应用样式

此时光标将跳转到第 2 页中，在“样式”组中单击“正文”按钮，应用正文样式。

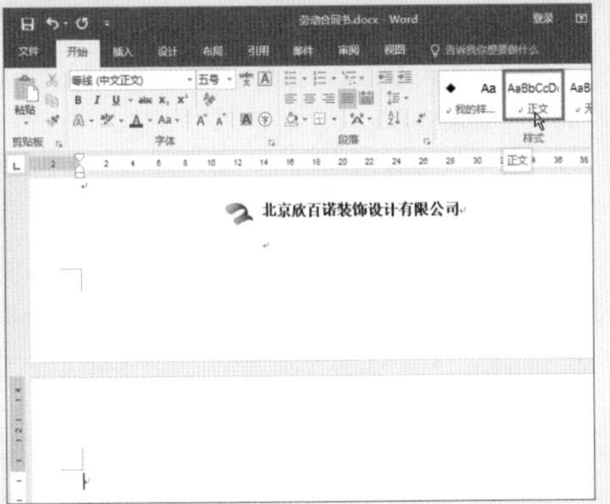

STEP 12 显示分页符

要显示文档中的格式标记，可在“段落”组中单击“显示 / 隐藏编辑标记”按钮。

1.2.2 整理劳动合同内容

微课：整理劳动合同内容

在编辑劳动合同内容时，通常需要从外部文件或其他文档复制内容并对内容进行整理，如在本例中将从文本文件中复制劳动合同内容，然后将内容中多余的空行删去，具体操作方法如下：

STEP 1 复制文本

打开“劳动合同 .txt”素材，全选文本后，按【Ctrl+C】组合键复制文本。

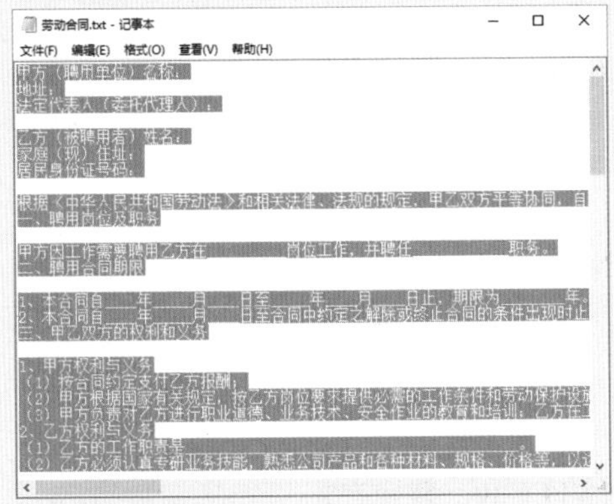

STEP 2 粘贴文本

切换到 Word 文档中，❶将光标定位到第 2 页中，❷单击“粘贴”按钮，将复制的文本粘贴到 Word 中。

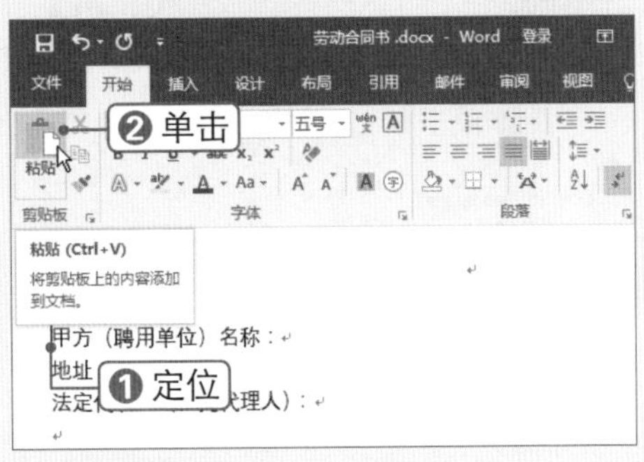

STEP 3 单击替换按钮

❶选中除签署栏部分外的内容文本，❷在“编辑”组中单击替换按钮。

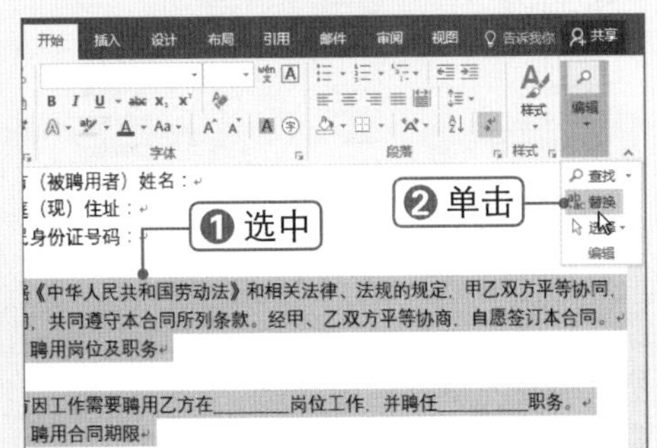

STEP 4　单击 更多(M) >> 按钮

弹出“查找和替换”对话框，❶将光标定位到“查找内容”文本框中，❷单击 更多(M) >> 按钮。

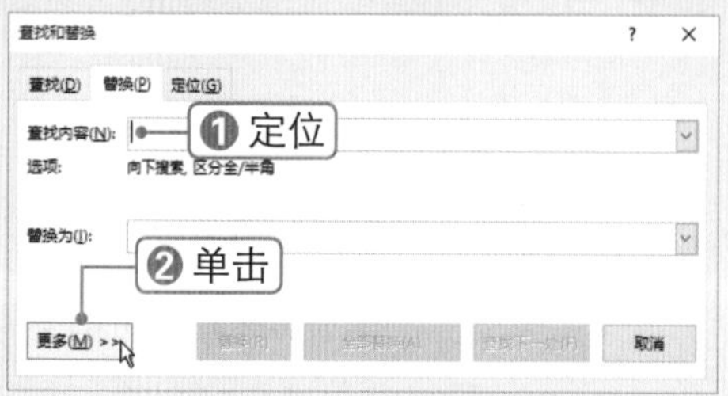

STEP 5　设置查找内容

❶单击 特殊格式(E) 下拉按钮，❷选择 段落标记(P) 选项。

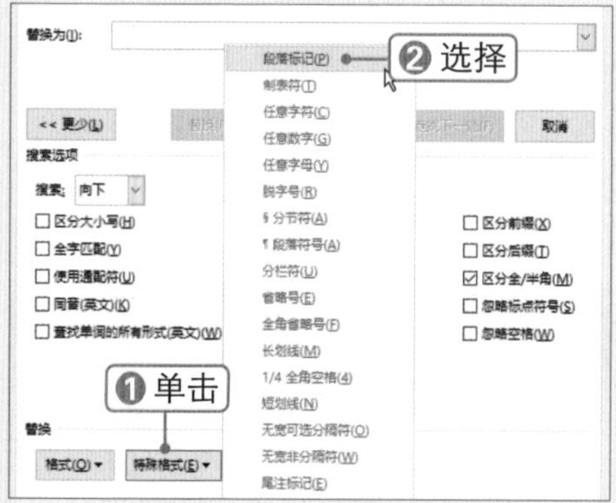

STEP 6　选择 段落标记(P) 选项

❶再次单击 特殊格式(E) 下拉按钮，❷选择 段落标记(P) 选项。

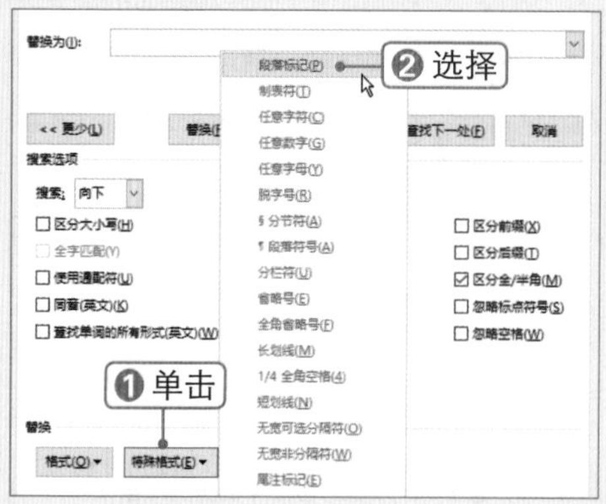

STEP 7　设置替换内容

❶采用同样的方法，在“替换为”文本框中插入段落标记符号，❷单击 全部替换(A) 按钮，即可将两个段落标记替换为一个。

STEP 8　查看替换结果

弹出提示信息框，单击 否(N) 按钮。

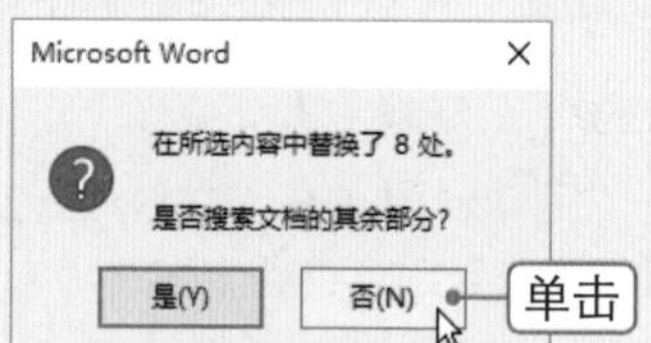

STEP 9　继续替换

再次单击“全部替换”按钮，在弹出的提示信息框中，单击 否(N) 按钮。

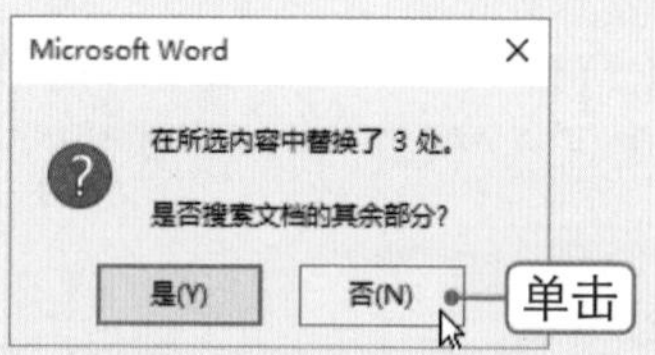

STEP 10　替换完成

采用同样的方法继续进行替换，直到全部替换完成，单击 否(N) 按钮。

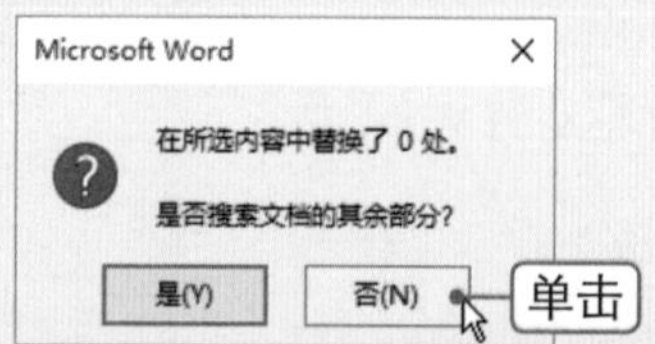

1.2.3 插入特殊符号

微课：插入特殊符号

在输入文档内容时，使用输入法即可直接输入汉字和英文，而一些特殊字符（如广义字符、数学符号、生僻汉字和拉丁文等）则需要通过插入符号的方法进行输入，具体操作方法如下：

STEP 1 选择 Ω 其他符号(M)... 选项

❶将光标定位在要插入特殊符号的位置，❷选择 插入 选项卡，❸在“符号”组中单击“符号”下拉按钮，❹选择 Ω 其他符号(M)... 选项。

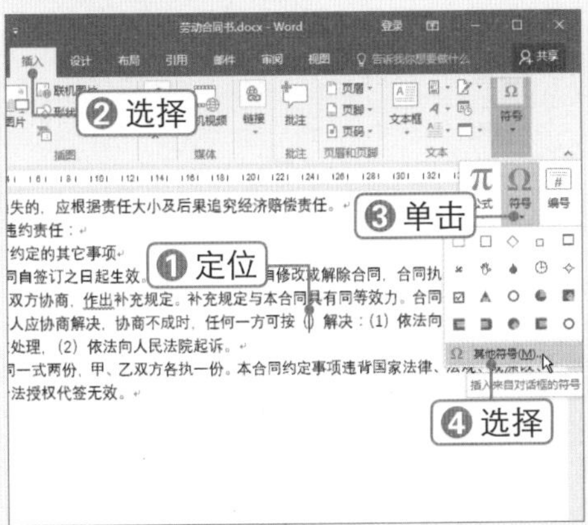

STEP 2 插入符号

弹出“符号”对话框，❶在“字体”下拉列表框中选择“(普通文本)”选项，❷在“子集”下拉列表框中选择“几何图形符”选项，❸选择“空心方形”符号□，❹单击 插入(I) 按钮，即可将所选符号插入光标所在位置。

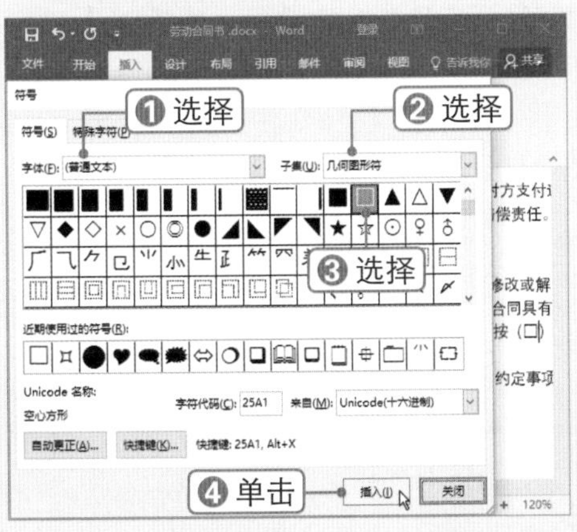

STEP 3 使用输入法插入符号

也可使用输入法来插入符号，❶右击搜狗输入法状态栏中的“输入方式”按钮 ⌨，❷选择“特殊符号”命令。

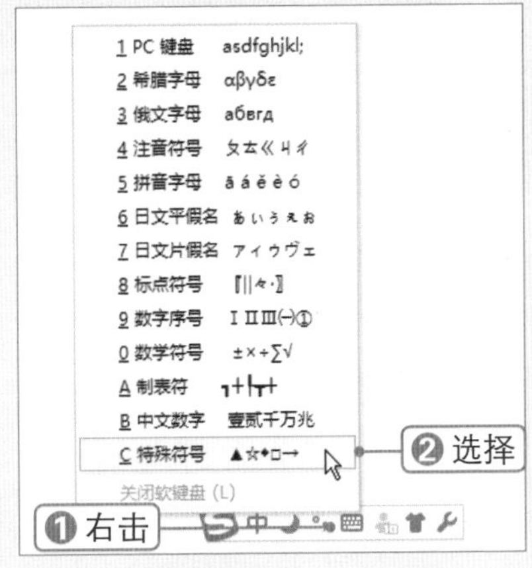

STEP 4 选择符号

弹出软键盘面板，从中单击所需的符号即可进行输入。

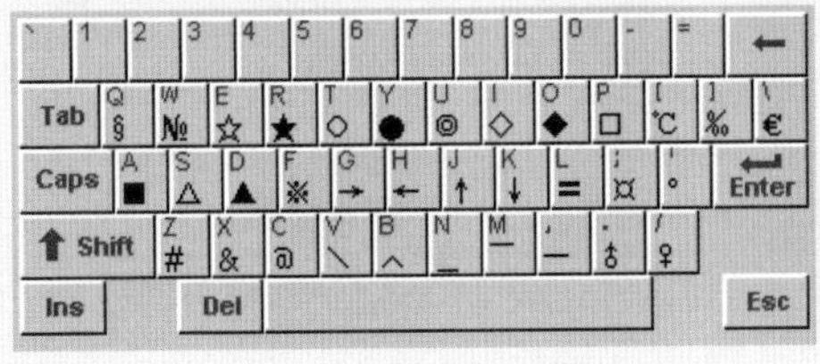

实操解疑

文本自动替换为特殊符号

在“符号”对话框中，选中特殊符号后，单击 自动更正(A)... 按钮，在弹出的对话框中输入替换文本，如输入 fkfh，单击 添加(A) 按钮，此时当在文档中输入 fkfh 并按空格键将自动转换为所选的特殊符号。

1.2.4 设置签署栏文本格式

微课：设置
签署栏文本格式

劳动合同的签署栏用于填写合同双方的基本信息，需要合同双方进行签字。在设置签署栏格式时需要用到制表位功能，具体操作方法如下：

STEP 1 单击扩展按钮

将劳动合同内容文本字体格式设置为“仿宋”、“小四”，❶选中签署栏文本，❷单击“段落”组在右下角的扩展按钮。

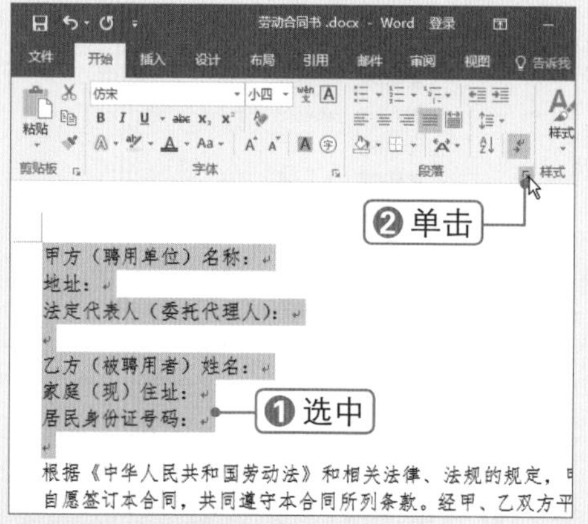

STEP 2 设置行距

弹出“段落”对话框，❶设置“行距”为2 倍行距。❷单击 确定 按钮。

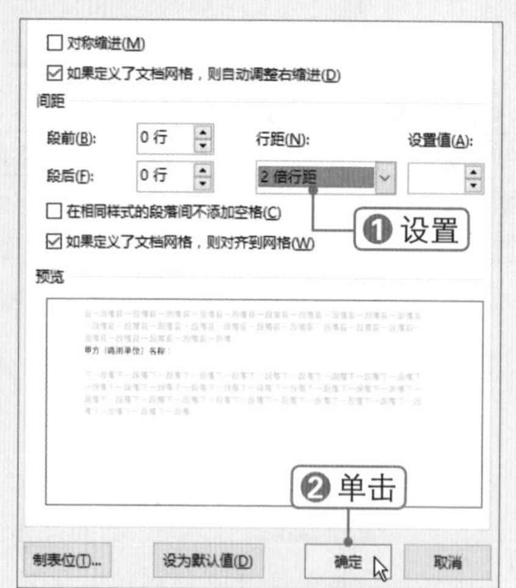

STEP 3 设置制表符对齐方式

单击标尺左侧的“左对齐式制表符”按钮，直到其变为“右对齐式制表符”。

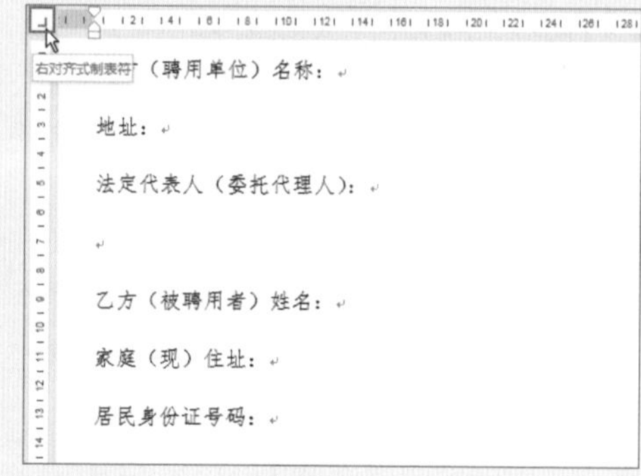

STEP 4 添加制表位

❶选中文本，❷在标尺上单击添加制表位。

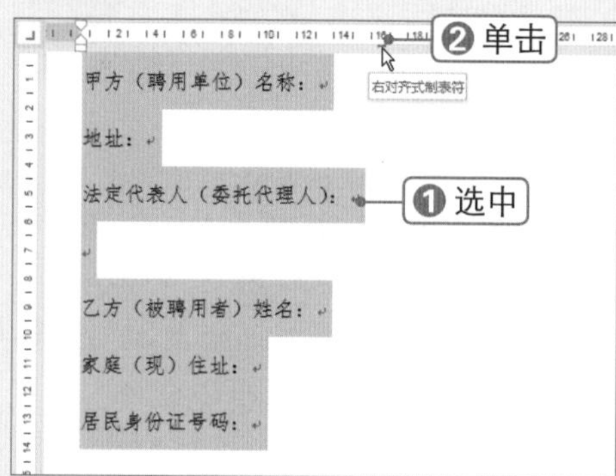

STEP 5 右对齐

将光标定位到文本前面，按【Tab】键即可使文本与第 1 个制表位右对齐。

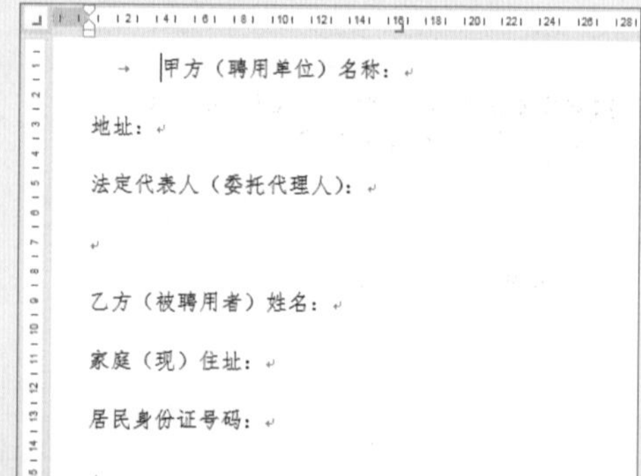

STEP 6 单击“下画线”按钮

采用同样的方法，将其他文本与制表符对齐。❶将光标定位到第 1 行文本后面，❷在“字体”组中单击“下画线”按钮U。

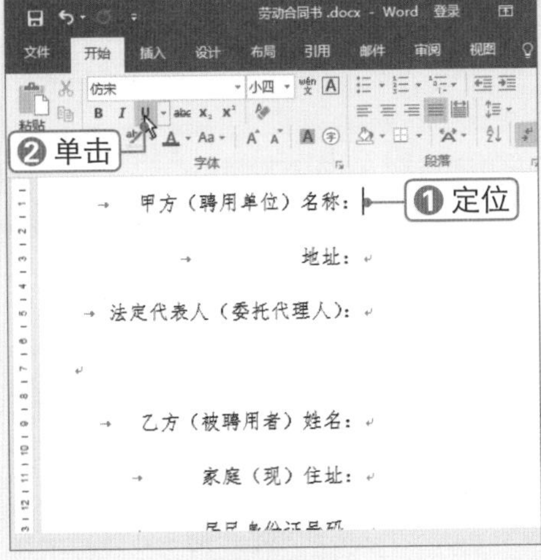

STEP 7 添加下画线

按空格键，即可添加下画线。

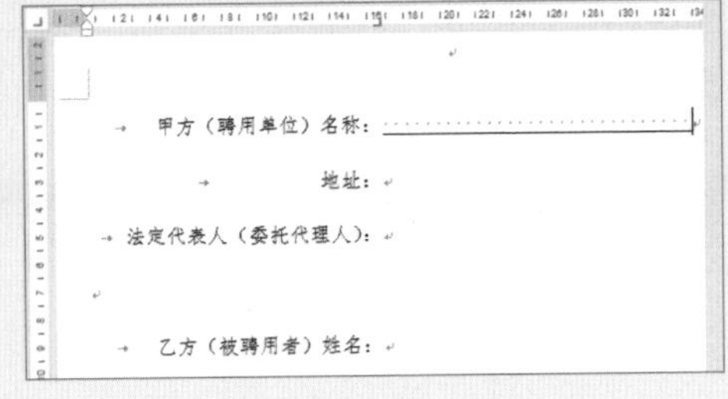

STEP 8 调整文本位置

将第一行的空白下画线复制到其他行中。选中签署栏文本，在标尺上拖动制表符，即可调整所选文本的位置。

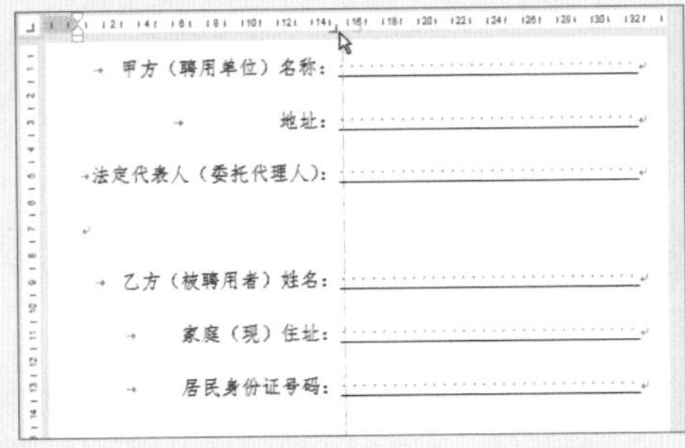

1.2.5 设置标题文本格式

下面将介绍如何通过大纲视图对劳动合同中的标题文本设置格式，具体操作方法如下：

微课：设置标题文本格式

STEP 1 单击扩展按钮

❶选中除签署栏外的所有内容文本，❷在“段落”组中单击右下角的扩展按钮。

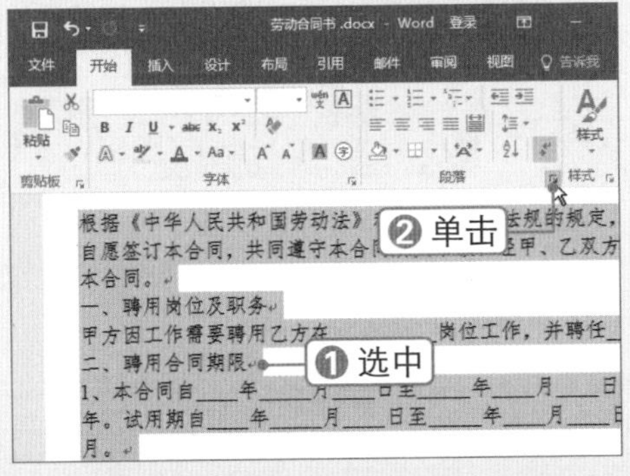

STEP 2 设置首行缩进

弹出“段落”对话框，❶在“特殊格式”下拉列表框中选择首行缩进选项，❷单击确定按钮。

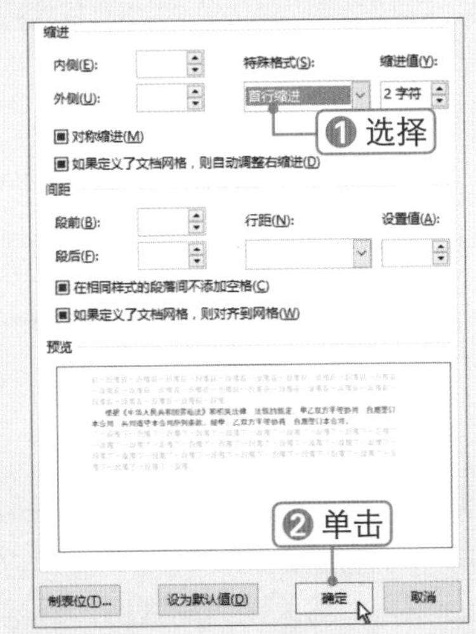

STEP 3 单击大纲视图按钮

❶选择视图选项卡，❷在“视图”组中单击大纲视图按钮。

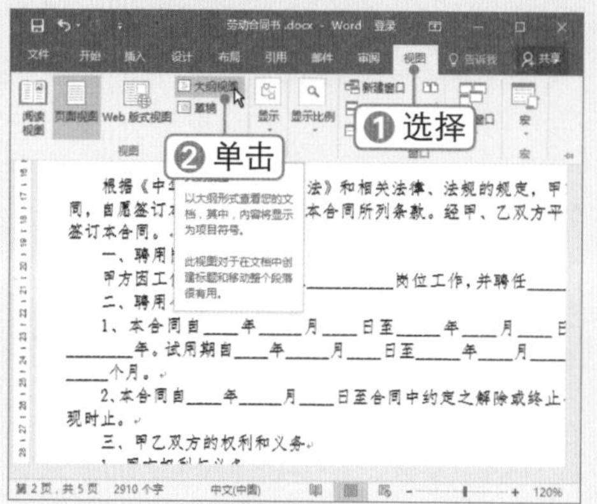

秒杀技巧 使用快捷键切换视图

按【Alt+Ctrl+P】组合键，可切换到页面视图；按【Alt+Ctrl+O】组合键，可切换到大纲视图；按【Alt+Ctrl+N】组合键，可切换到草稿视图。

STEP 4 选择大纲级别

进入“大纲”视图，❶将光标定位到标题文本中，❷在“大纲级别”下拉列表框中选择2级选项，将文本设置为2级标题。

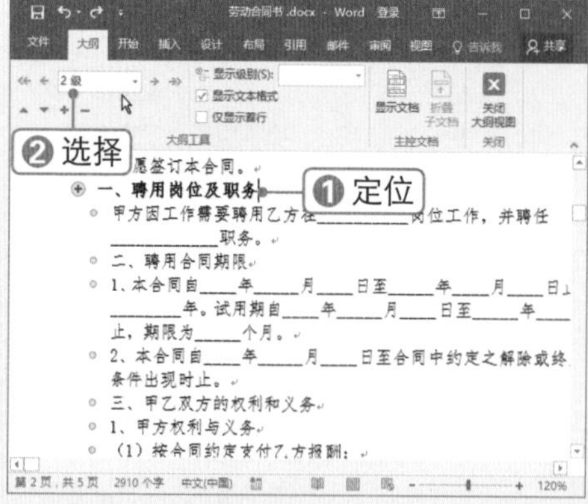

STEP 5 查看标题列表

采用同样的方法，为其他标题文本应用标题级别，然后关闭大纲视图。❶选择视图选项卡，❷在“显示”组中选中导航窗格复选框。在打开的导航窗格中即可看到文档中的标题。

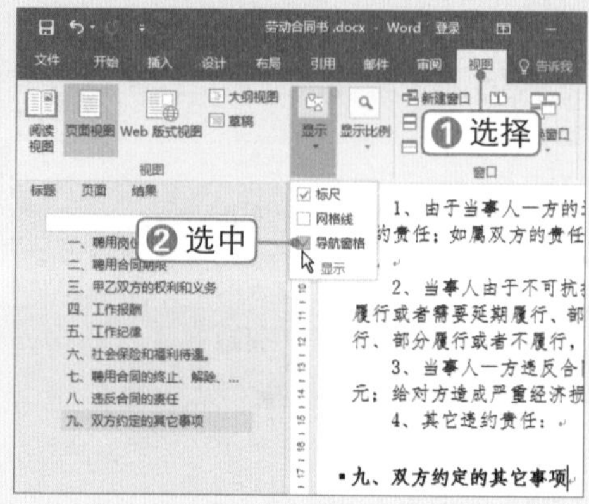

STEP 6 设置字体格式

❶选中标题文本，❷在“编辑”组中单击选择下拉按钮，❸选择“选择格式相似的文本”选项。

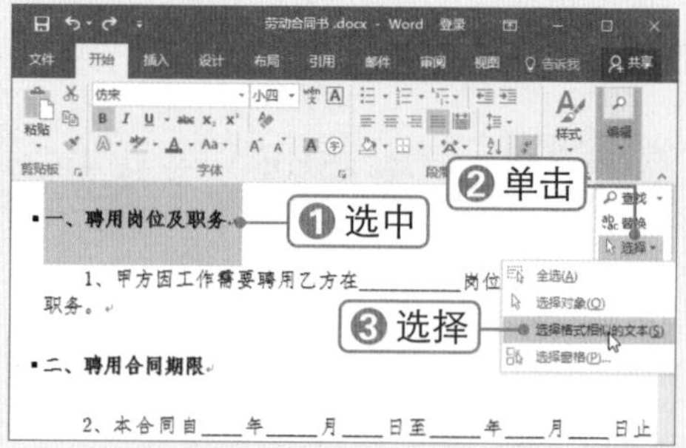

STEP 7 复制格式

此时即可选中文档中的所有标题文本，在“字体”组中设置字体格式为“宋体”“四号”“加粗”。

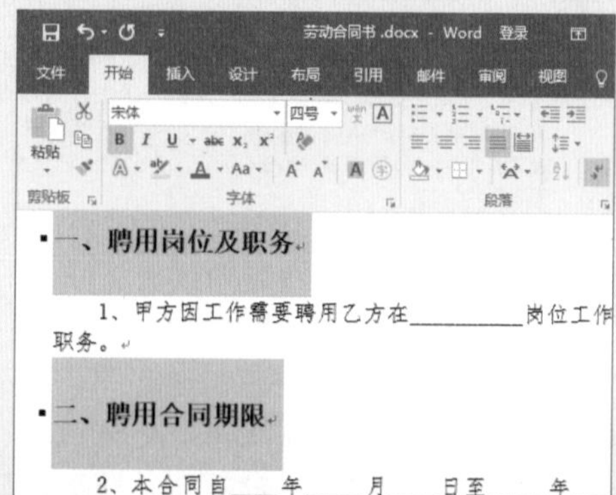

1.2.6 设置内容文本格式

劳动合同的内容一般是由很多条目组成的，这时可以设置为这些条目添加自动编号，并利用格式刷复制格式，具体操作方法如下：

微课：设置内容文本格式

STEP 1 选择 定义新编号格式(D)... 选项

❶选中文本，❷在“段落”组中单击“编号”下拉按钮，❸选择 定义新编号格式(D)... 选项。

STEP 2 设置编号样式

弹出“定义新编号格式”对话框，❶选择编号样式，❷在“编号格式”文本框中设置在编号后面添加顿号“、”，❸单击 确定 按钮。

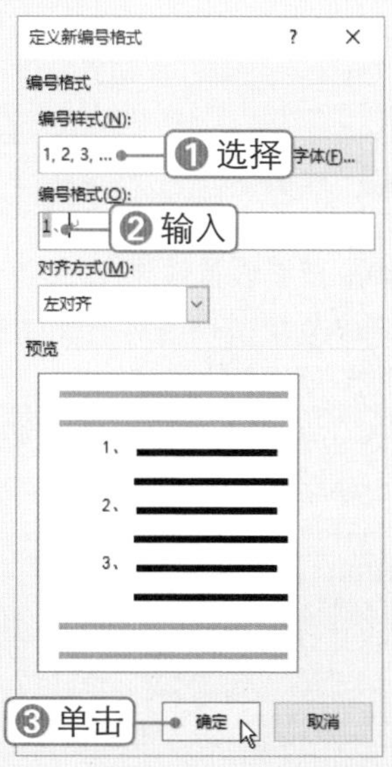

STEP 3 选择 调整列表缩进(U)... 命令

此时即可为所选文本添加自动编号，❶右击文本，❷选择 调整列表缩进(U)... 命令。

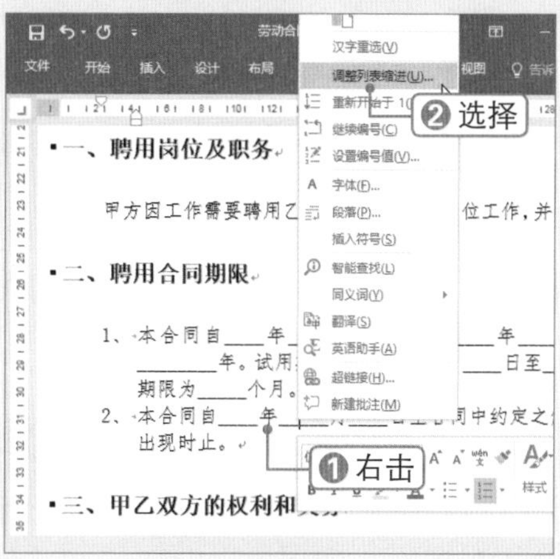

STEP 4 设置列表缩进

弹出“调整列表缩进量”对话框，❶设置“文本缩进”为 0 厘米，❷设置“编号之后”为 不特别标注，❸单击 确定 按钮。

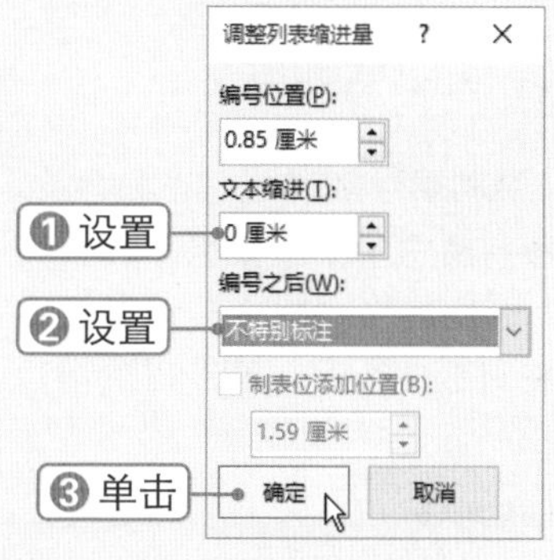

STEP 5 设置段落间距

❶选择 布局 选项卡，❷设置段前间距为 0.5 行。

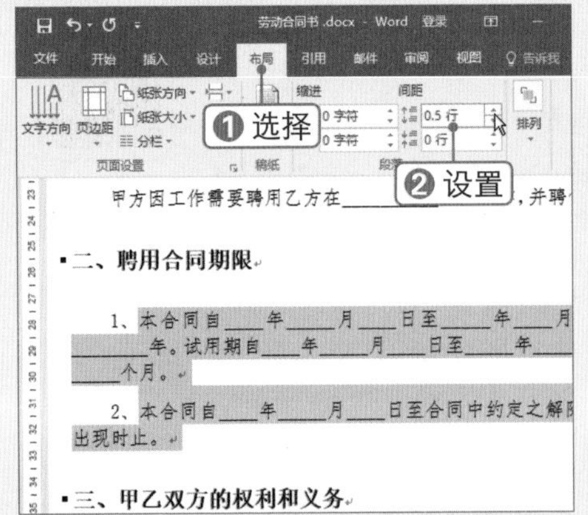

STEP 6 重新编号

使用格式刷将编号格式复制到其他条目中，并删除原有编号。若要重新编号，❶可右击编号所在的段落，❷选择 重新开始于 1(R) 命令。若要自定义编号值，则选择 设置编号值(V)... 命令。

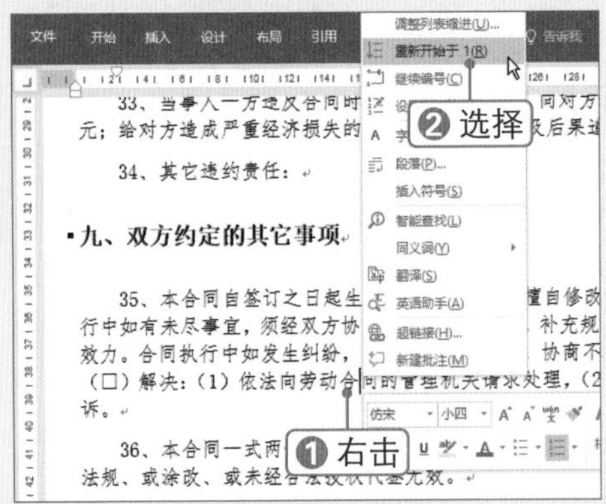

STEP 7 复制编号格式

若自动编号后遗忘了某个条目，如遗忘了第 1 条，则使用格式刷将其他条目中的格式复制到第 1 条中，编号将全部自动更新。

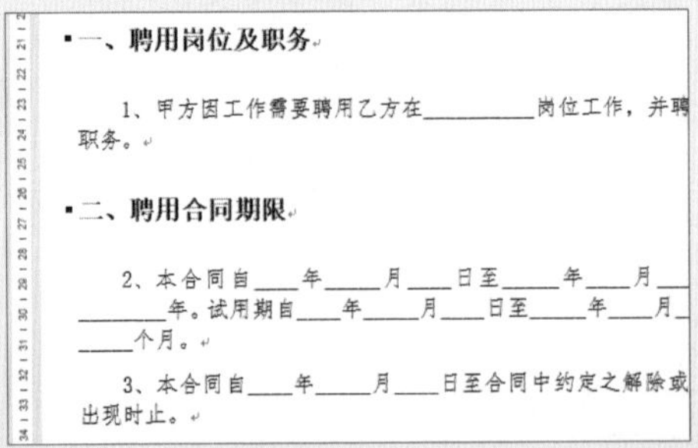

STEP 8 减小字号

❶选中条目文本下的内容文本，❷在弹出的浮动工具栏中单击“减小字号”按钮。采用同样的方法，设置其他文本的字号。

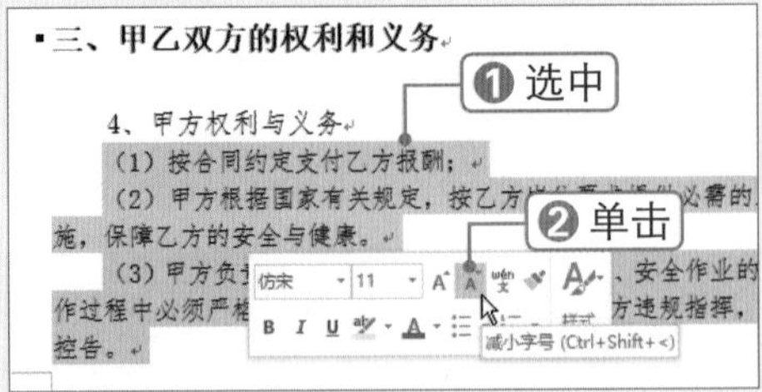

STEP 9 设置西文字体

按【Ctrl+A】组合键全选文本，按【Ctrl+D】组合键打开“字体”对话框。❶设置西文字体样式为 Times New Roman，❷单击 确定 按钮。

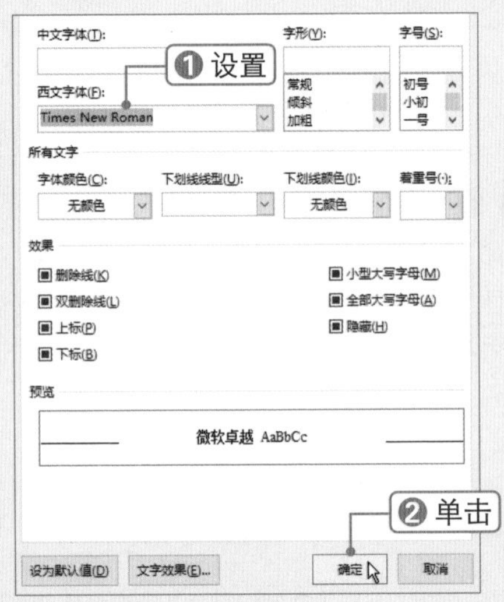

STEP 10 查看设置效果

此时即可修改文档中所有西文（如英文、阿拉伯数字）的字体样式。

21、有下列情形之一的，甲方可以与乙方解除聘用合同，但应提前 30 日书面通知乙方：
（1）乙方患病或非因工负伤，医疗期满后，不能从事原工作也不能从事甲方另行安排的适当工作；
（2）乙方不能胜任工作，经培训或调整岗位后不能胜任工作的；
（3）本合同订立时所依据的客观情况发生重大变化，致使原聘用合同无法履行，经甲、乙双方协商不能就变更合同达成协议的；
（4）乙方不履行聘用合同的；
22、甲方经营发生严重困难，确需裁员时，可依法定程序裁员。
23、乙方有下列情形之一，甲方不得依本条项规定解除合同：
（1）乙方患职业病或因工负伤并被确认丧失或部分丧失劳动能力的；
（2）患病或负伤，在法定医疗期内；
（3）女职工在孕期、产期、哺乳期内；

1.2.7 插入与自定义页码

微课：插入与自定义页码

劳动合同文档的内容编排完成后，即可在页脚位置添加页码，并对页码进行自定义设置。下面将介绍如何插入自定义页码。

1. 插入页码

Word 2016中内置了多种页码样式，只要根据需要进行选择即可，具体操作方法如下：

STEP 1 选择页码样式

❶在插入选项卡下的“页眉和页脚”组中单击“页码”下拉按钮，❷选择页码样式。

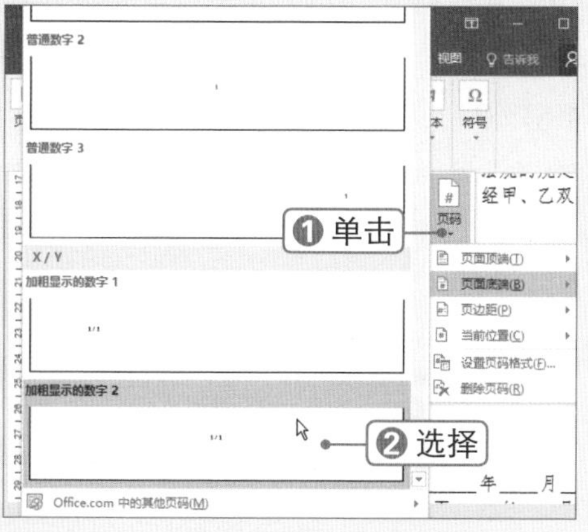

STEP 2 设置字体格式

此时即可在页面底端插入页码。❶选中页码，❷在“字体”组中设置字体格式。

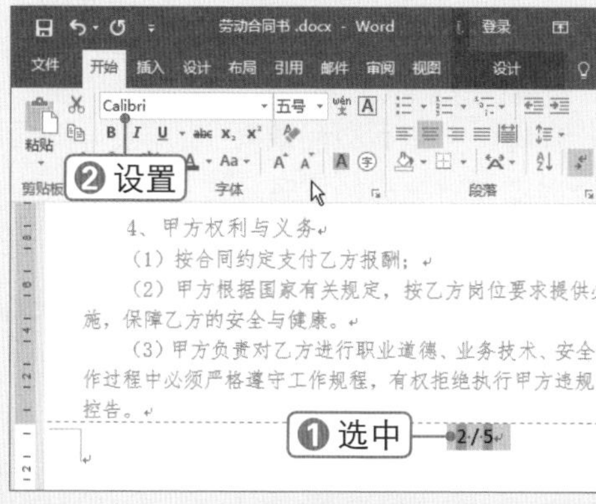

STEP 3 设置首页页脚

❶将光标定位到第1页页脚位置。❷选择设计选项卡，❸在“选项”组中选中☑首页不同复选框，即可删除首页的页码。

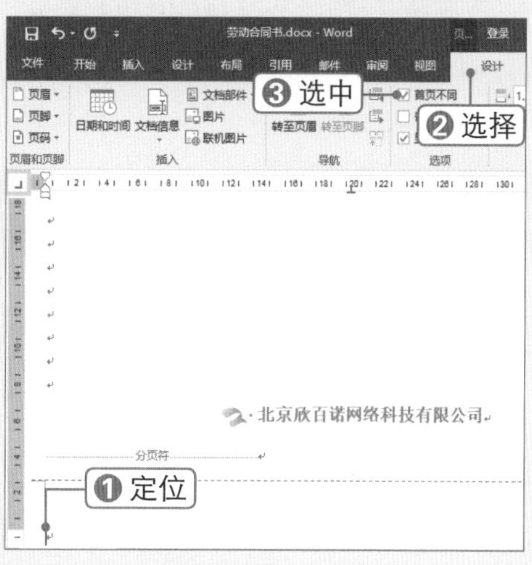

STEP 4 设置页眉

若页眉位置多出一条横线，❶可选中页眉，❷在“段落”组中单击“边框”下拉按钮，❸选择无框线(N)选项。双击正文位置，即可关闭页眉和页脚。

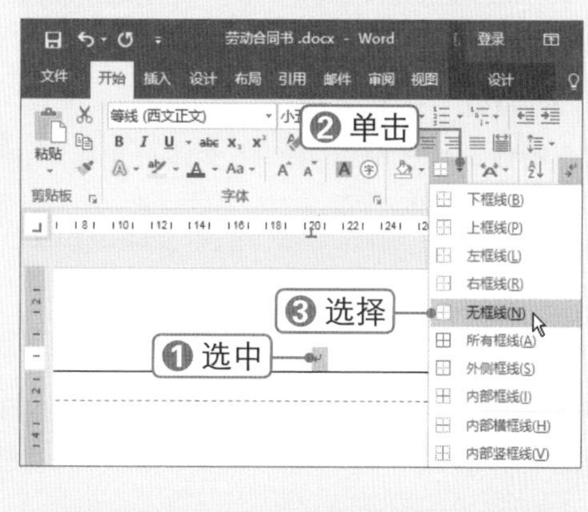

2. 自定义页码

在文档中插入页码后，Word 2016将自动为每个页面进行编号。也可根据需要自定义页码格式，具体操作方法如下：

STEP 1 删除分页符

将光标定位到第 1 页分页符的前面，按【Delete】键删除分页符。

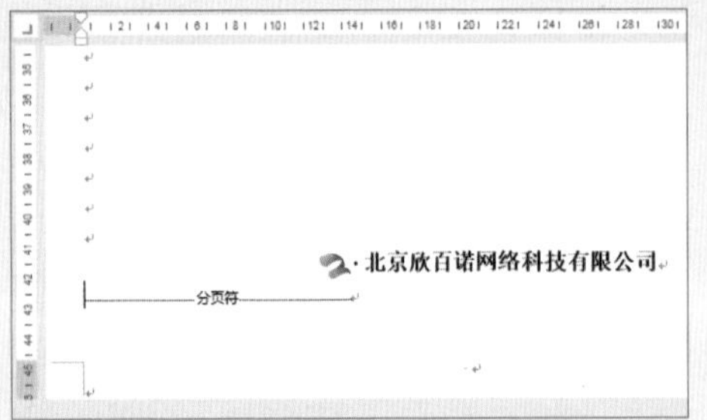

STEP 2 插入分节符

❶将光标定位到要插入分节符的位置，❷选择 布局 选项卡，❸单击“分隔符”下拉按钮，❹选择“下一页”分节符。

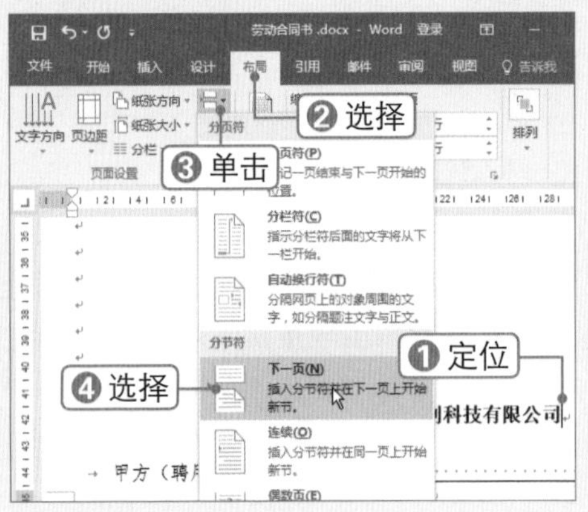

STEP 3 查看分节符

此时即可插入分节符，将文档分为两节，首页为单独的一节。

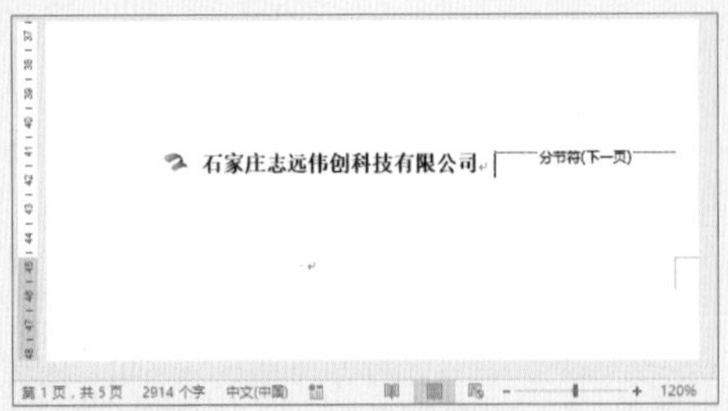

STEP 4 选择 设置页码格式(F)... 选项

在页脚位置双击，进入页眉和页脚编辑状态。按照前面的方法插入页码，页码在新的节中将重新编号。❶选择 设计 选项卡，❷单击“页码”下拉按钮，❸选择 设置页码格式(F)... 选项。

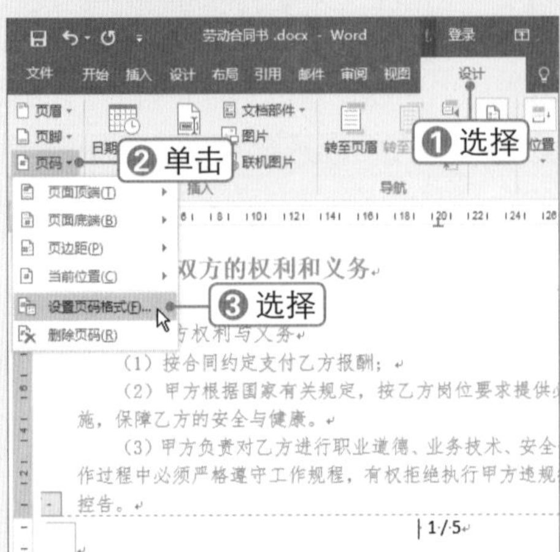

STEP 5 设置起始页码

弹出“页码格式”对话框❶选中“起始页码”单选按钮，❷输入页码编号，❸单击 确定 按钮。

STEP 6 查看页码效果

此时即可更改起始页码。

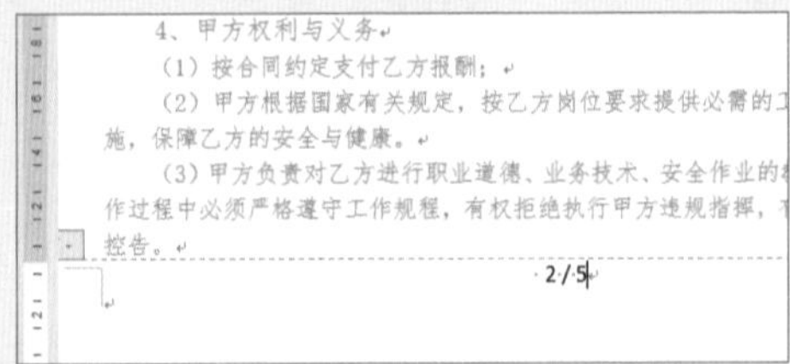

STEP 7 选择 编辑域(E)... 命令

若不计首页的页码，需将总页数更改

为节的总页数。❶选中总页数并右击，❷选择 编辑域(E)... 命令。

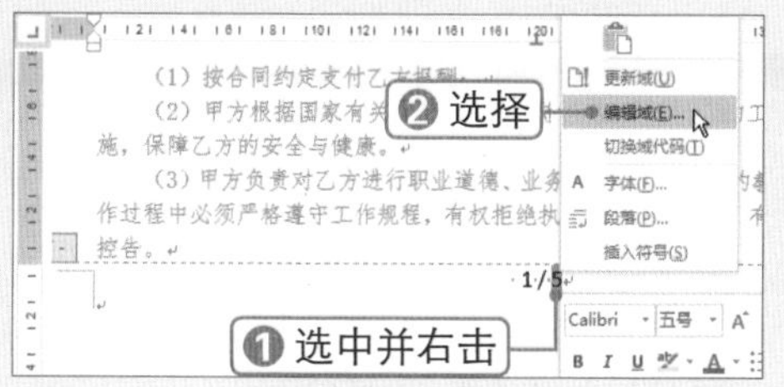

STEP 8 选择域名

弹出“域”对话框，❶在左侧选择 SectionPages 域名，即本节的总页数，❷单击 确定 按钮。

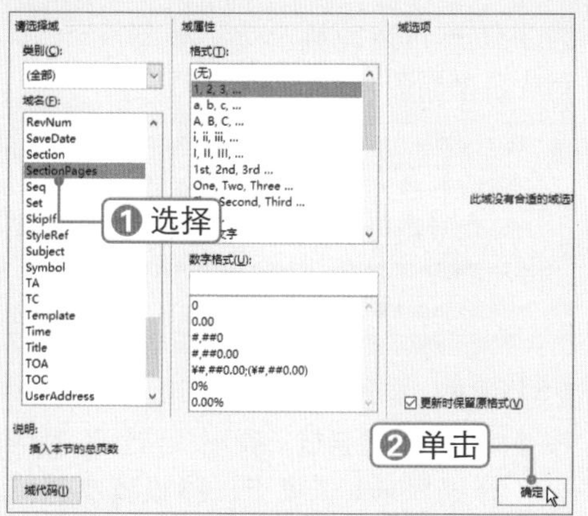

STEP 9 查看总页码

此时总页码会发生变化。

实操解疑

插入节页码

在文档中若使用分节符将文档分为多节，可根据需要插入本节的总页数。方法如下：在“域”对话框中选择 SectionPages 域名，单击“确定”按钮。

Chapter 01

1.3 制作员工守则

■关键词：编号、文本效果、分割线、页面背景、图片、艺术字

××茶业公司新开了一个品茶轩，为规范员工日常行为和加强内部统一管理，要求陈经理制作一份科学且严谨的员工守则。员工守则作为企业内部约束员工行为的基本规则，在制定前要遵循“合法、合适、合理”三大原则。在设计制作员工守则时，不仅条文要清晰、规范，也要能在一定程度上体现出企业自身文化的特点与风格。

1.3.1 设置员工守则内容格式

员工守则通常由许多条目构成，可以通过添加自动编号来组织这些条目，然后对文本的字体和段落格式进行设置，使文档看起来更加整齐、富有条理，具体操作方法如下：

微课：设置员工守则内容格式

STEP 1 设置段落间距

在文档中输入所需的文本，❶将光标定位到第 1 段中，❷选择 布局 选项卡，❸在"段落"组中设置段后间距为 2 行。

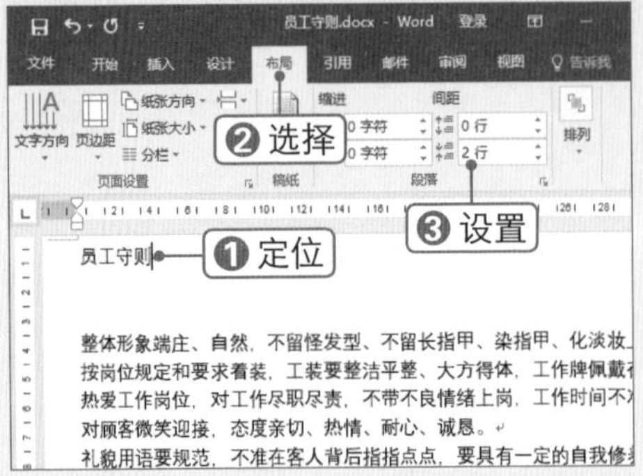

STEP 2 设置字体格式

设置标题文本字体格式为"华文中宋"、36 磅、"居中"，设置内容文本字体格式为"微软雅黑 Light""小四"。

员工守则

整体形象端庄、自然，不留怪发型、不留长指甲、染指甲、化

按岗位规定和要求着装，工装要整洁平整、大方得体，工作牌

热爱工作岗位，对工作尽职尽责，不带不良情绪上岗，工作时

STEP 3 选择 调整列表缩进(U)... 命令

为内容文本添加自定义编号，为使所有文本左侧对齐，❶选中 10 以上编号的文本内容并右击，❷选择 调整列表缩进(U)... 命令。

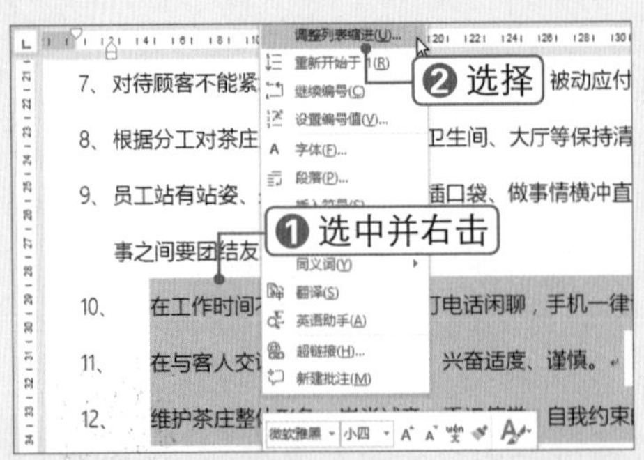

STEP 4 设置列表缩进量

弹出"调整列表缩进量"对话框，❶设置文本缩进为 0.74 厘米，❷在"编号之后"的下拉列表框中选择 不特别标注 选项，❸单击 确定 按钮。

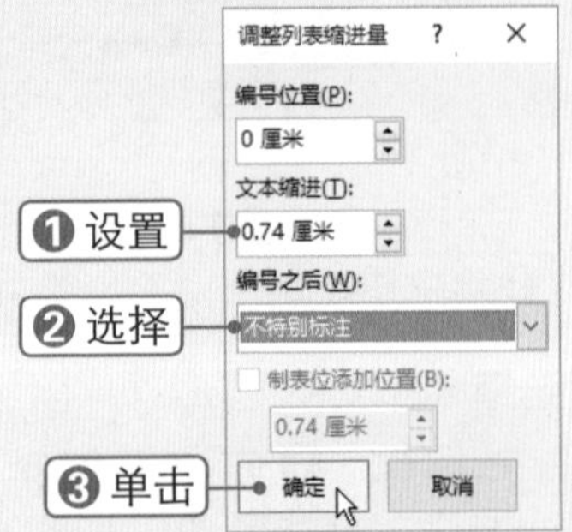

STEP 5 选中文本

为了使一句话的第一个字移到下一行，选中其前面的文本。

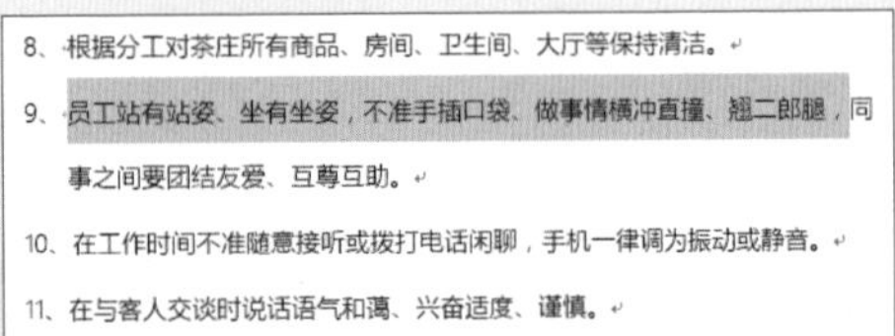

8、根据分工对茶庄所有商品、房间、卫生间、大厅等保持清洁。

9、员工站有站姿、坐有坐姿，不准手插口袋、做事情横冲直撞、翘二郎腿，同事之间要团结友爱、互尊互助。

10、在工作时间不准随意接听或拨打电话闲聊，手机一律调为振动或静音。

11、在与客人交谈时说话语气和蔼、兴奋适度、谨慎。

STEP 6 设置字符间距

按【Ctrl+D】组合键，弹出"字体"对话框。❶选择 高级(V) 选项卡，❷设置字符间距加宽 0.15 磅，❸单击 确定 按钮。

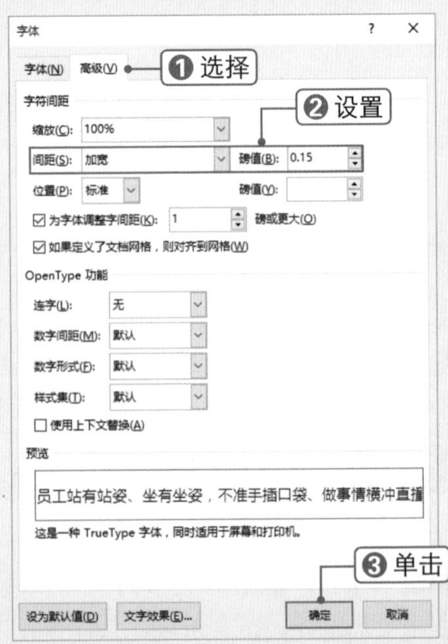

STEP 7 选中文本

为了使一段话的最后一个字不出现在下一行，选中该段文本。

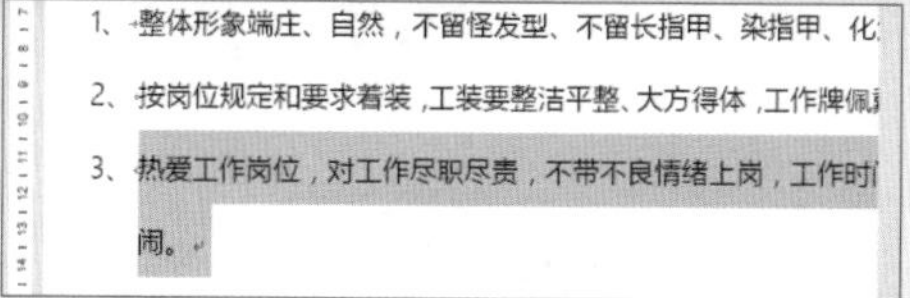

STEP 8 设置字符间距

按【Ctrl+D】组合键，弹出“字体”对话框。❶选择 高级(V) 选项卡，❷设置字符间距紧缩 0.1 磅，❸单击 确定 按钮。

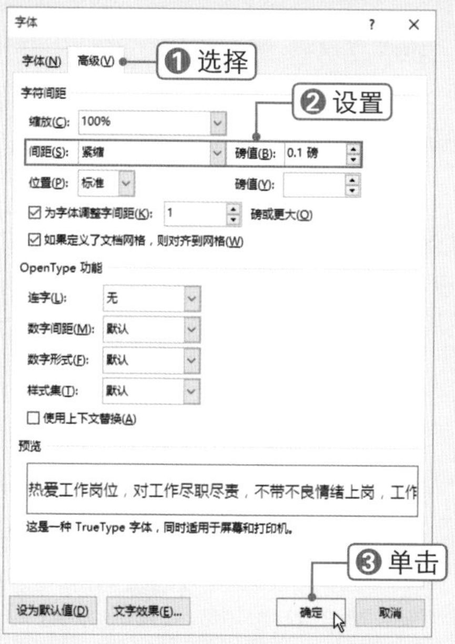

STEP 9 设置段落间距

❶选中全部的内容文本，❷选择 布局 选项卡，❸在“段落”组中设置段后间距为 0.5 行。

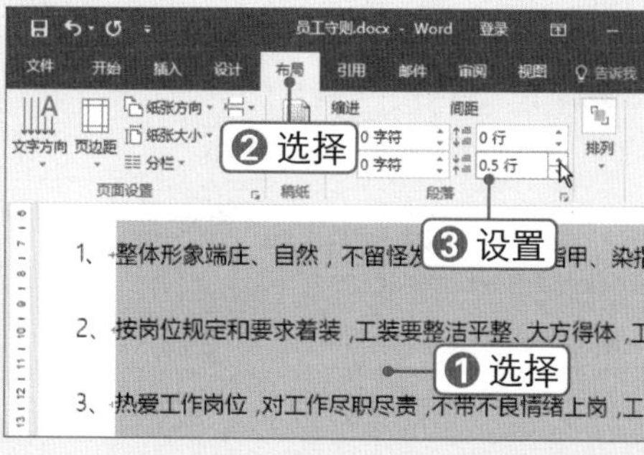

STEP 10 选择 段落(P)... 命令

❶将光标定位在包含两行或以上的段落中并右击，❷选择 段落(P)... 命令。

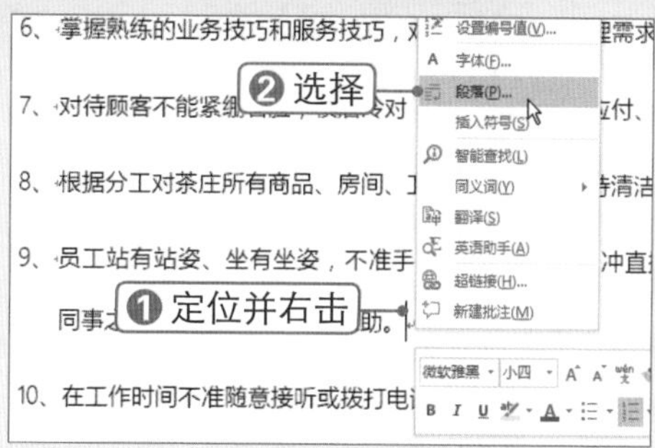

STEP 11 设置行距

弹出“段落”对话框，❶在“行距”下拉列表框中选择 固定值 选项，❷设置值为 22 磅，❸单击 确定 按钮。

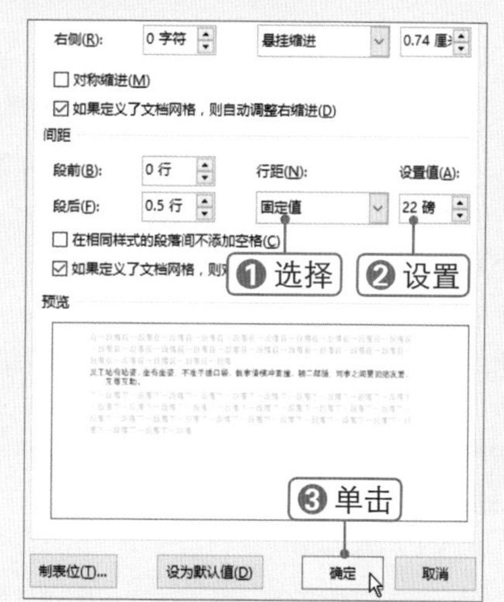

STEP 12 查看设置效果

即可查看设置固定行距后的段落文本效果。

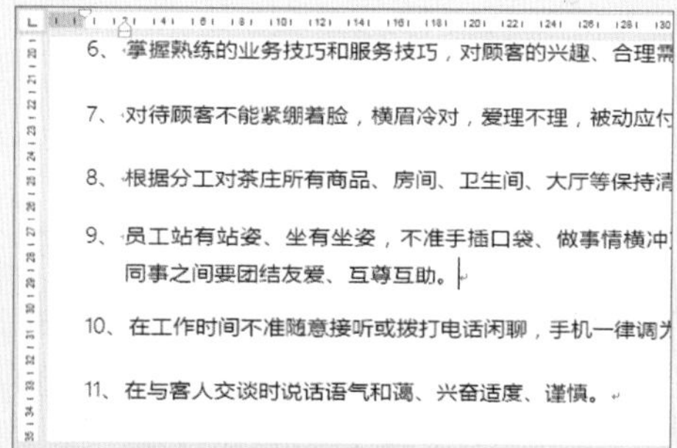

1.3.2 设置文本效果

微课：设置文本效果

在Word 2016中，可以为普通文本设置类似艺术字的效果，以更改文本外观。例如，下面为标题文本添加阴影和渐变填充效果，具体操作方法如下：

STEP 1 添加文本效果

选中标题文本，❶在“字体”组中单击“文本效果和版式”下拉按钮，❷选择所需的文本效果。

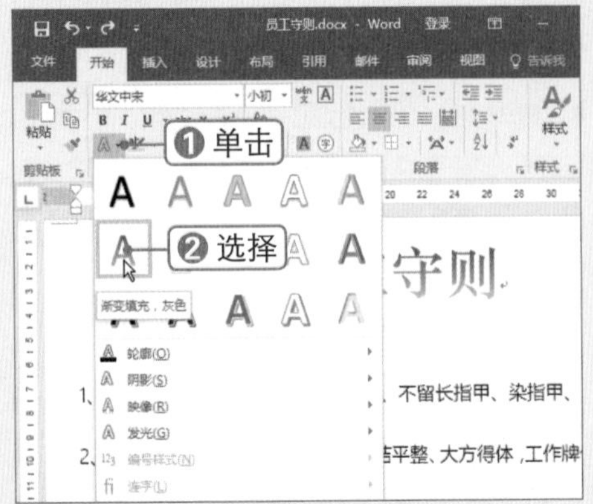

STEP 2 选择 阴影选项(S)... 选项

❶单击“文本效果和版式”下拉按钮，❷选择 阴影(S) 选项，❸选择 阴影选项(S)... 选项。

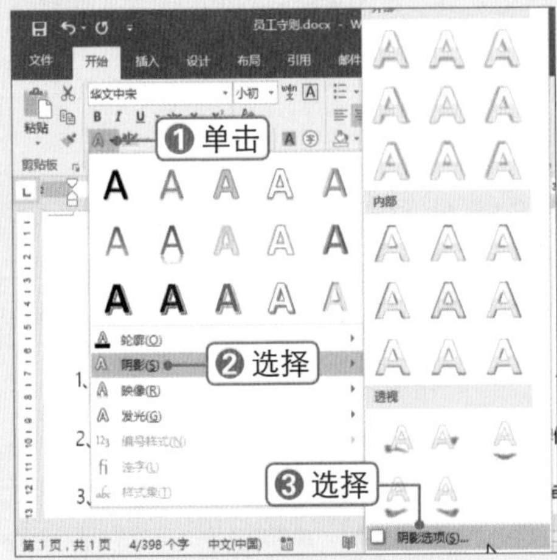

STEP 3 添加阴影效果

打开“设置文本效果”窗格，在阴影“预设”下拉列表中选择所需的阴影效果。

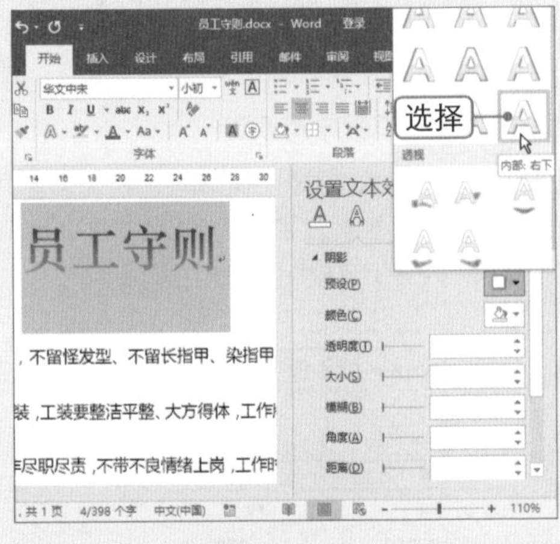

STEP 4 设置效果参数

设置阴影的“透明度”“模糊”“角度”和“距离”等参数。

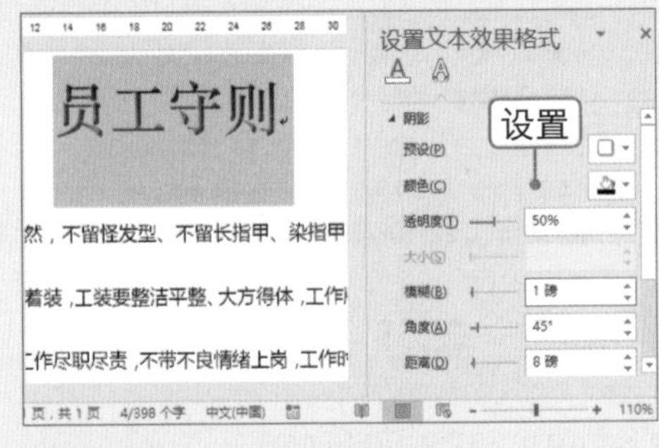

STEP 5 设置文本填充

❶选择“文本填充与轮廓”选项卡，❷调整渐变光圈。

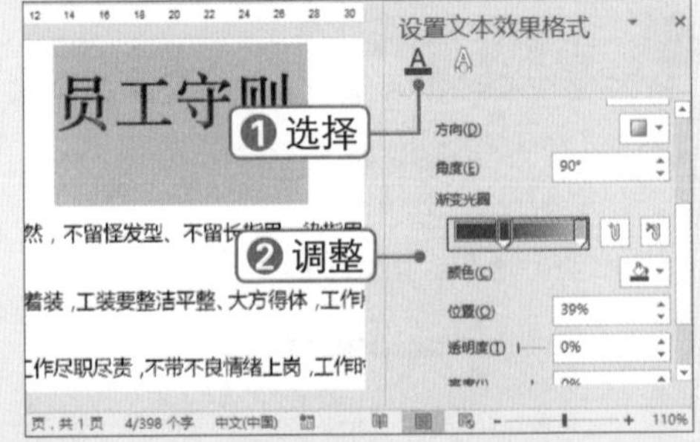

1.3.3 添加横线分割线

要在文档中添加横线效果，可以为段落添加边框，并对边框样式进行设置，具体操作方法如下：

微课：添加横线分割线

STEP 1 选择 边框和底纹(O)... 选项

❶将光标定位在标题段落中，❷在“段落”组中单击“边框”下拉按钮，❸选择 边框和底纹(O)... 选项。

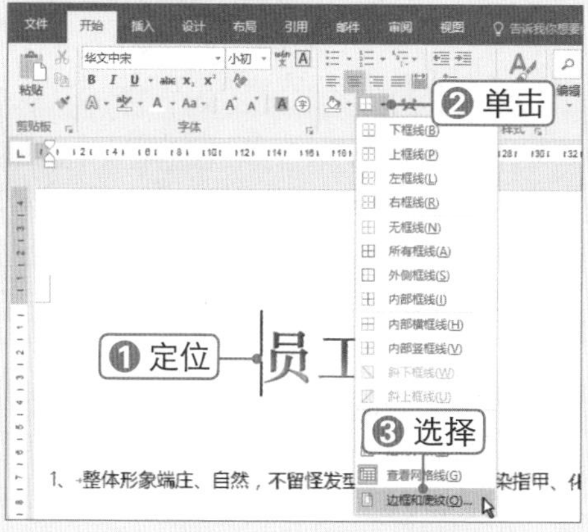

STEP 2 设置边框样式

弹出“边框和底纹”对话框，❶在左侧单击“自定义”按钮，❷在“应用于”下拉列表框中选择段落选项，❸选择边框样式，并设置颜色和宽度，❹在段落预览图示的下方单击。

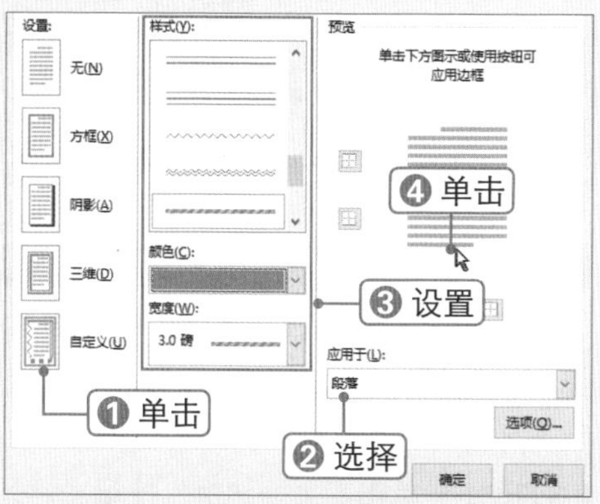

STEP 3 单击 选项(O)... 按钮

此时即可为段落的下边框应用所设置的边框样式，单击 选项(O)... 按钮。

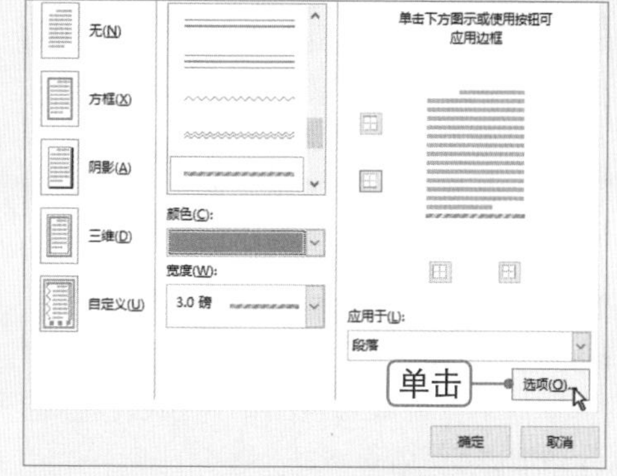

STEP 4 设置边框距正文距离

弹出“边框和底纹选项”对话框，❶设置下边框距正文的距离，❷依次单击 确定 按钮。

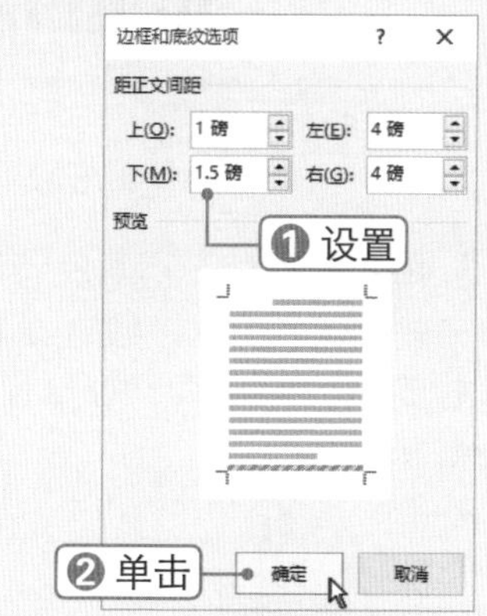

STEP 5 查看边框效果

此时即可为段落添加下框线，拖动下框线也可调整其与正文的距离。

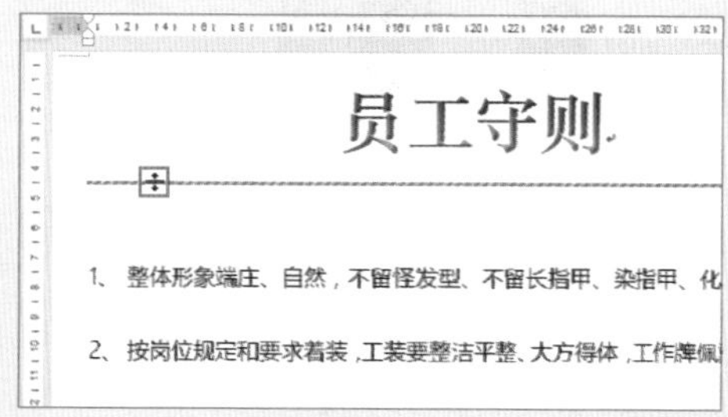

1.3.4 设置文档页面背景

微课：设置文档页面背景

Word 2016提供了多种美化文档页面的功能，如添加水印效果、设置页面填充效果、添加页面边框等，下面将分别对其进行介绍。

1. 设置纹理背景

背景显示在页面底层，默认为白色背景，可根据需要更改页面背景颜色，还可将渐变颜色、纹理、图案或图片设置为页面背景，具体操作方法如下：

STEP 1 选择 填充效果(F)... 选项

❶选择 设计 选项卡，❷在“页面背景”组中单击“页眉颜色”下拉按钮，❸选择 填充效果(F)... 选项。

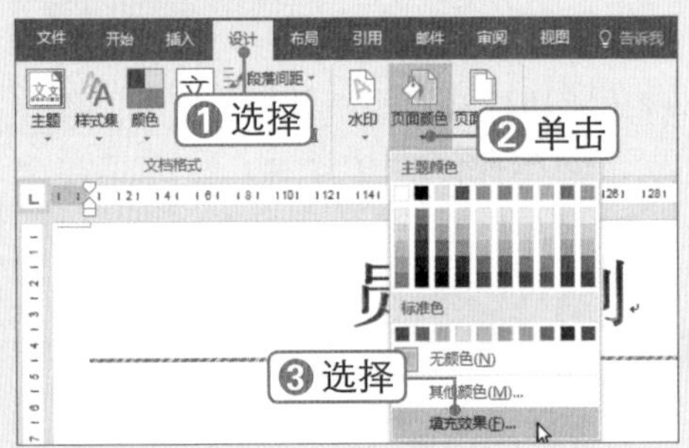

STEP 2 选择纹理样式

弹出“填充效果”对话框，❶选择 纹理 选项卡，❷选择“羊皮纸”纹理样式，❸单击 确定 按钮。

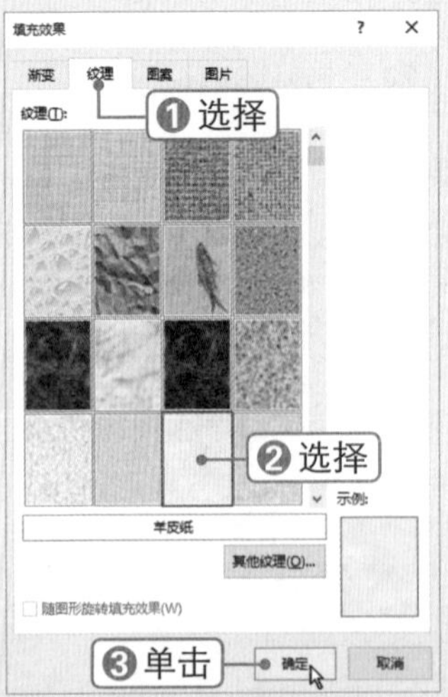

STEP 3 查看页面背景效果

此时即可为文档页面应用纹理背景。

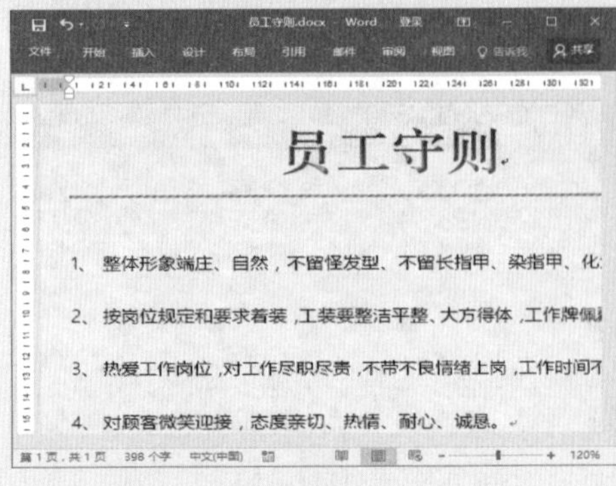

STEP 4 删除页面背景

若要删除页眉背景，❶可单击“页面颜色”下拉按钮，❷选择 无颜色(N) 选项。

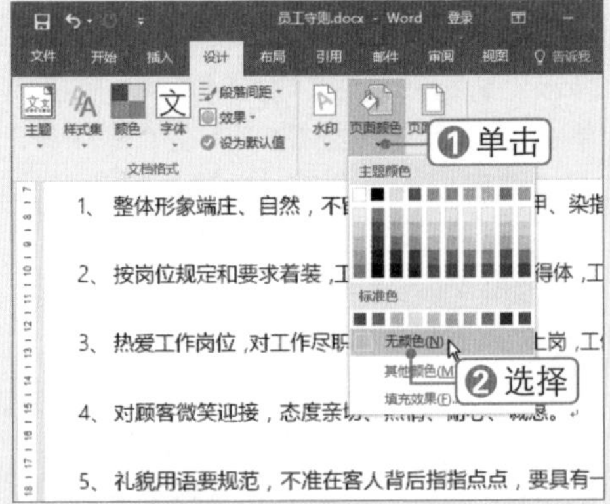

2. 添加页面边框

对于文档中特殊的页面，可以根据需要在其周围添加边框。用户可以自定义页面边框样式，具体操作方法如下：

STEP 1 单击“页面边框”按钮

❶选择 设计 选项卡，❷在“页面背景”组中单击“页面边框”按钮。

STEP 2　设置艺术型边框

弹出“边框和底纹”对话框，❶选择艺术型边框样式，❷设置“宽度”为 13 磅，❸单击 选项(O)... 按钮。

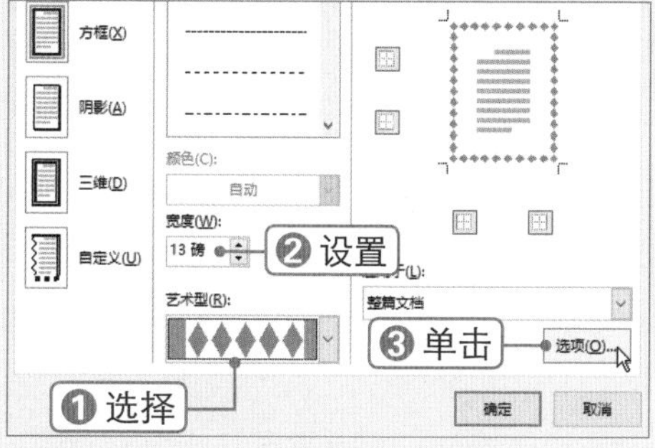

STEP 3　设置边距

弹出“边框和底纹选项”对话框，❶设置边框距页边的距离。❷单击 确定 按钮。

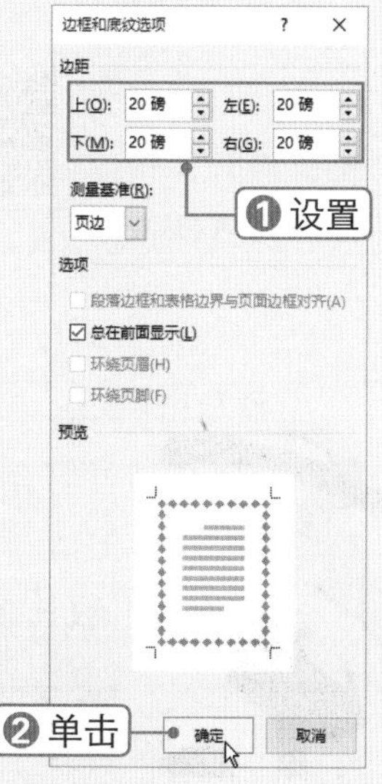

STEP 4　查看边框效果

此时即可为文档应用页面边框。

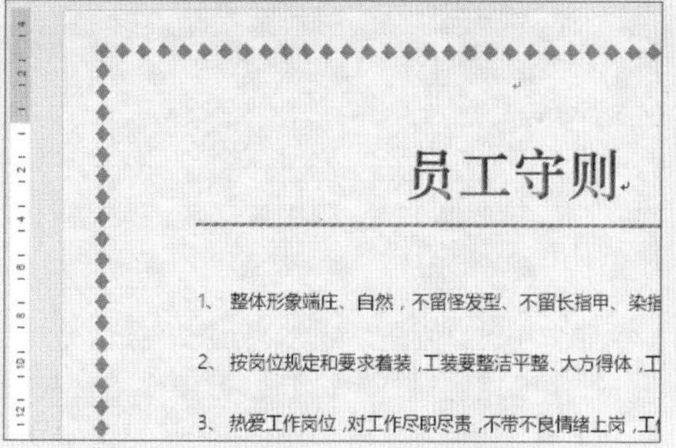

3. 自定义文档水印

水印效果类似于一种页面背景，但水印中的内容大多是文档所有者名称等信息，可以为文档添加图片与文字两种水印效果，下面以添加文字水印为例进行介绍，具体操作方法如下：

STEP 1　选择“自定义水印”选项

❶选择“设计”选项卡，❷在“页面背景”组中单击“水印”下拉按钮，❸选择“自定义水印”选项。

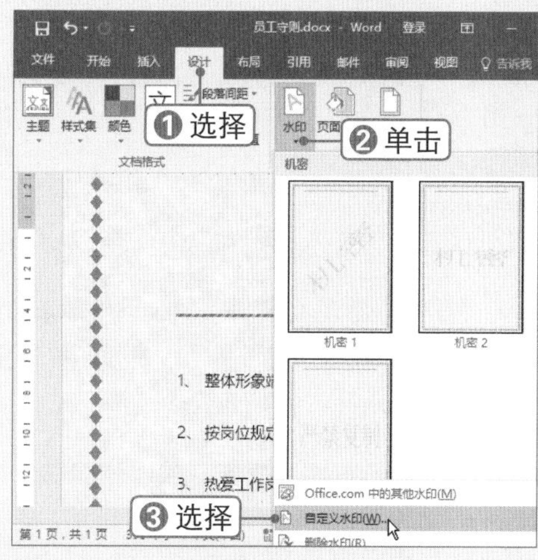

STEP 2　设置文字水印

弹出“水印”对话框，❶选中 ◉文字水印(X) 单选按钮，❷输入文本，并设置字体格式，❸选中 ◉斜式(D) 单选按钮，❹单击 应用(A) 按钮，即可在文档中查看水印效果。❺单击 确定 按钮。

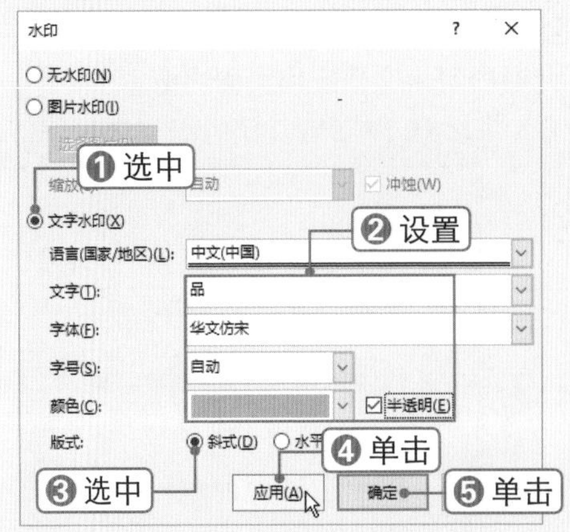

秒杀技巧 在当前页面插入水印

要在当前页面中插入文字水印，可在页面中插入文本框并输入所需文本，为文本框应用艺术字“转换”效果，设置文本填充透明度，然后将文本框环绕方式设置为“衬于文字下方”。

STEP 3 调整并旋转水印

在文档的页眉位置双击，进入页眉编辑状态。调整水印的大小和位置，并旋转水印。

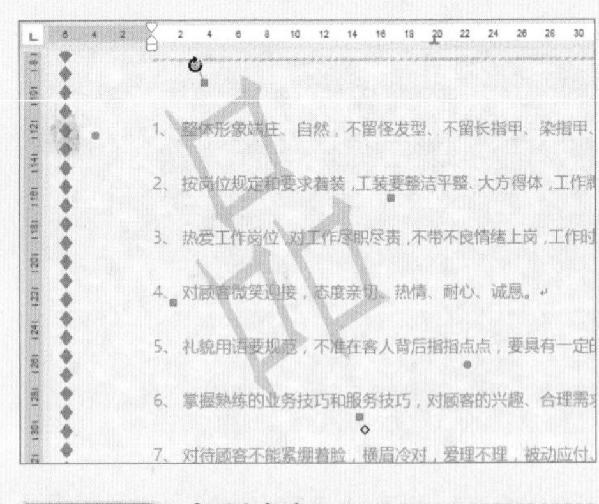

STEP 4 复制水印

复制多个水印文字，并分别进行调整。

1.3.5 插入图片

有时需要在文档中添加公司Logo图片或一些修饰性图片，使页面效果看起来更加生动。下面将介绍如何插入图片并设置图片格式，具体操作方法如下：

微课：插入图片

STEP 1 设置图片文字环绕

在“插图”组中单击“图片”按钮，插入所需的图片。❶选中图片，❷单击图片右上方的“布局选项”按钮，❸选择“浮于文字上方”文字环绕方式。

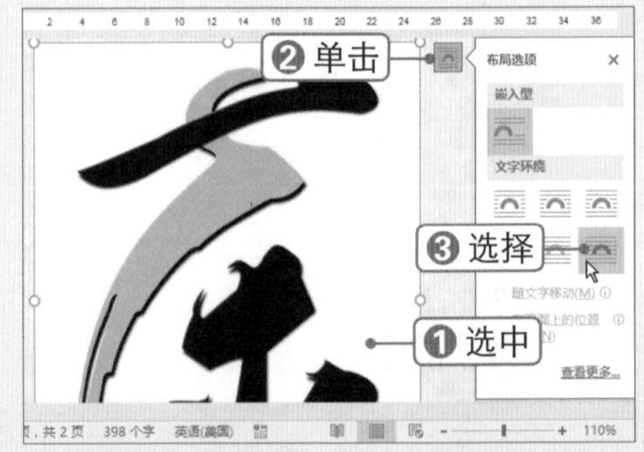

STEP 2 选择"设置透明色(S)"选项

❶选择"格式"选项卡，❷在"调整"组中单击"颜色"下拉按钮，❸选择"设置透明色(S)"选项。

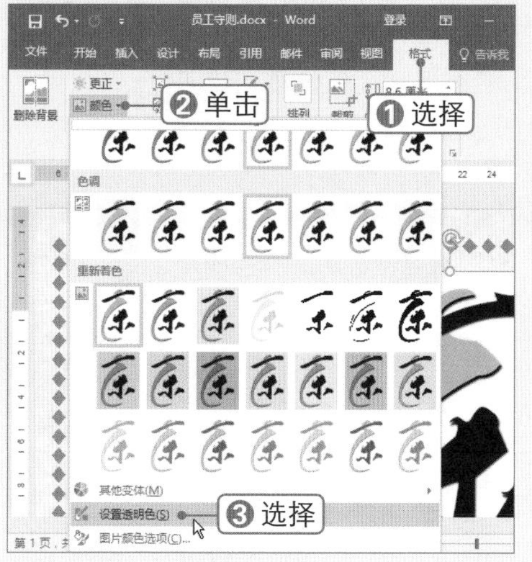

STEP 3 删除图片背景

此时鼠标指针变为✎样式，在图片的白色背景区域单击，即可删除图片背景，调整图片的大小和位置。

STEP 4 插入图片

在文档中继续插入图片，并设置图片的文字环绕方式为"浮于文字上方"。

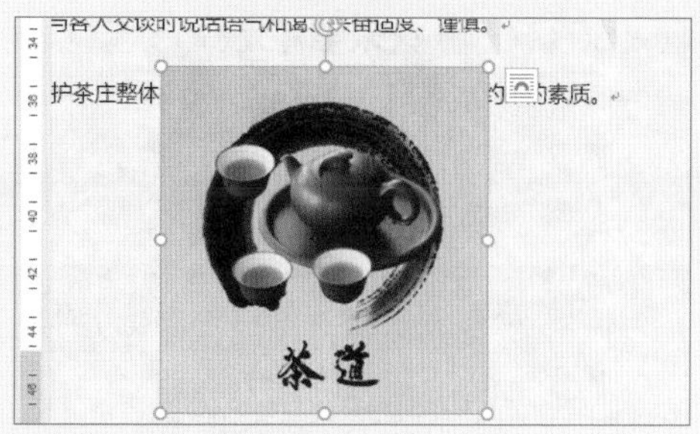

STEP 5 应用图片样式

❶选择"格式"选项卡，❷在"图片样式"列表中选择"柔化边缘椭圆"样式。

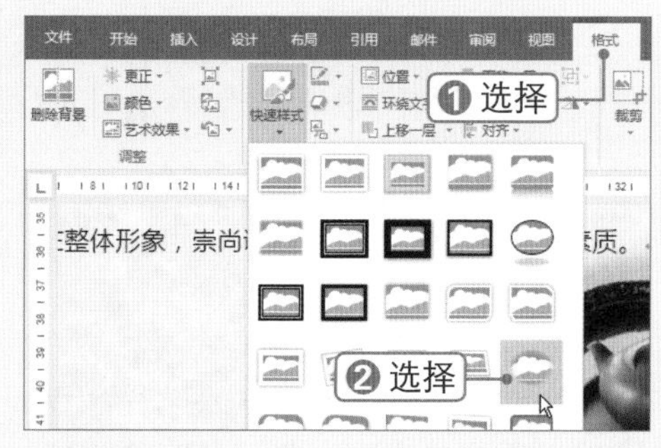

STEP 6 裁剪图片

❶在"大小"组中单击"裁剪"按钮。❷进入图片裁剪状态，拖动裁剪框调整裁剪范围，然后单击其他位置即可确认裁剪操作。

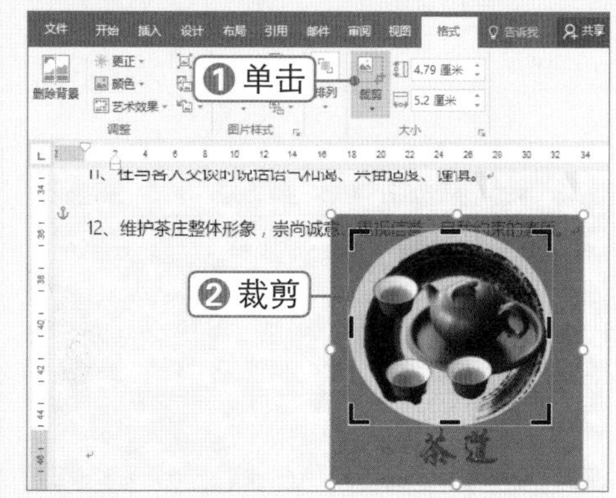

1.3.6 插入艺术字

艺术字是一种通过特殊效果使文字突出显示的方法。Word 2016中提供了艺术字库供用户选择所需的样式，还可对文字效果进行自定义设置，具体操作方法如下：

微课：插入艺术字

STEP 1 选择艺术字样式

❶选择插入选项卡，❷在“文本”组中单击“艺术字”下拉按钮，❸选择所需的艺术字样式。

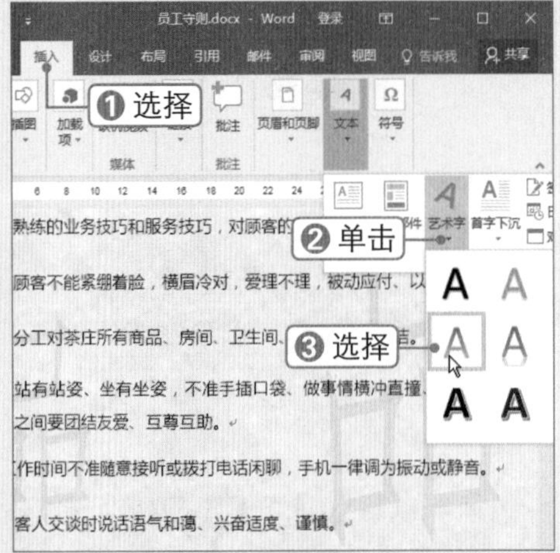

STEP 2 设置字体格式

此时即可在文档中插入艺术字文本框。❶输入所需的文本，并设置字体格式。❷选择格式选项卡，❸单击“艺术字样式”组右下角的扩展按钮。

STEP 3 添加阴影效果

弹出“设置形状格式”窗格，❶选择“文字效果”选项卡，❷在“阴影”组中单击“预设”下拉按钮，❸选择所需的阴影效果。

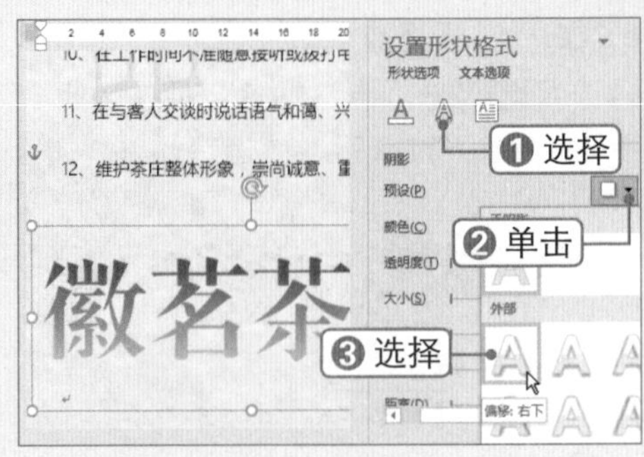

STEP 4 设置阴影参数

根据需要设置阴影的透明度、大小、模糊、角度和距离等参数。

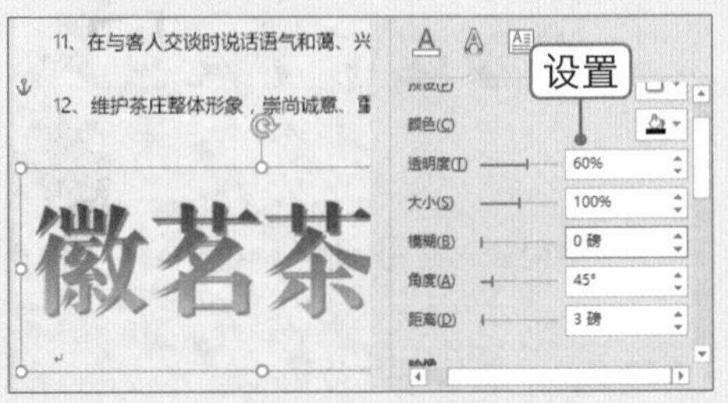

STEP 5 设置渐变填充

❶选择“文本填充与轮廓”选项卡，❷在“渐变光圈”中设置两个渐变颜色，并调整颜色滑块的位置。

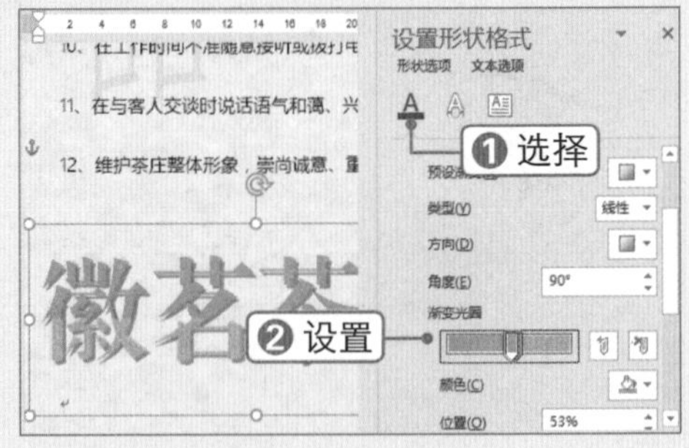

STEP 6 设置文本边框

❶在“文本边框”组中选中实线(S)单选按钮，❷设置透明度和宽度。

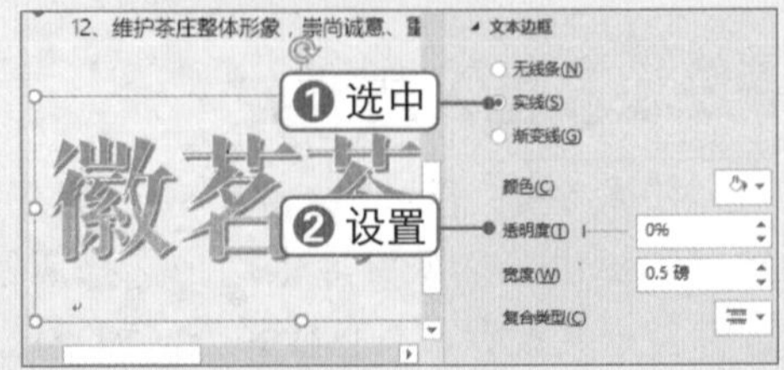

商务办公 私房实操技巧

TIP：快速复制多个位置的文本

在“开始”选项卡下单击“剪贴板”组右下角的扩展按钮，如下图（左）所示。打开“剪贴板”窗格，然后在多处位置进行复制操作，此时“剪贴板”窗格将显示多个要粘贴的项目，将光标定位到粘贴位置，从中选择要粘贴的项目即可，如下图（右）所示。

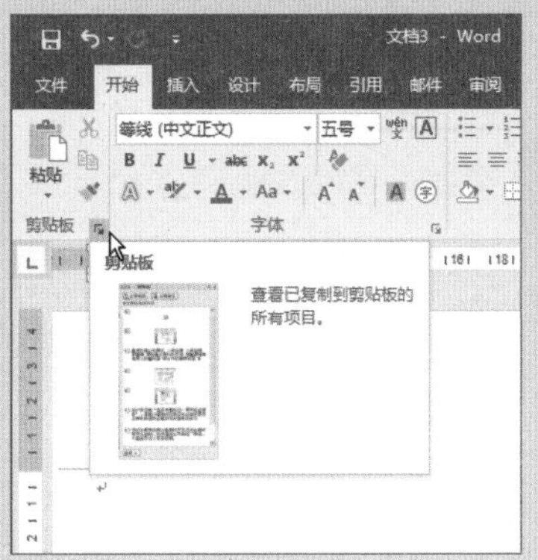

TIP：为文本添加边框

在 Word 中可以为文本添加边框，具体操作方法如下：

1. 选中文本，在“字体”组中单击“字符边框”按钮，如下图（左）所示。
2. 选中文本后在“段落”组中单击“边框”下拉按钮，选择“边框和底纹(O)...”选项，如下图（右）所示。

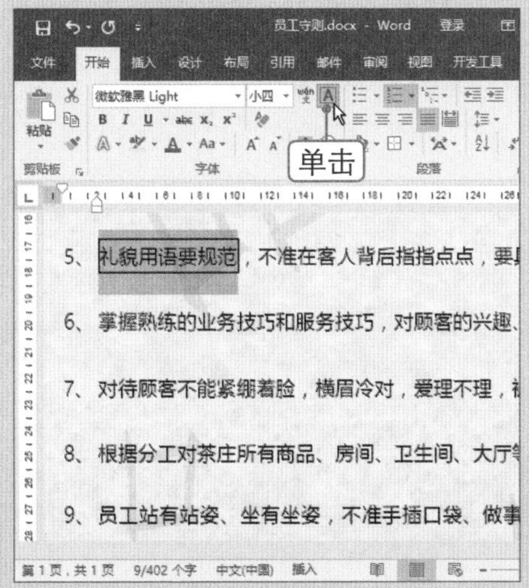

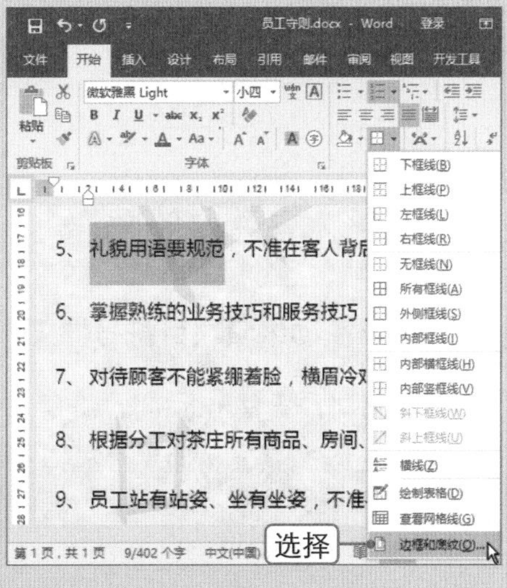

3 弹出“边框和底纹”对话框，设置边框样式、颜色及宽度，在“应用于”下拉列表框中选择“文字”选项，单击 确定 按钮，如下图（左）所示。

4 此时即可查看为文本自定义边框的效果，如下图（右）所示。此外，还可通过在文档中插入形状，并设置形状“衬于文字下方”的方法来实现为文本添加边框的目的。

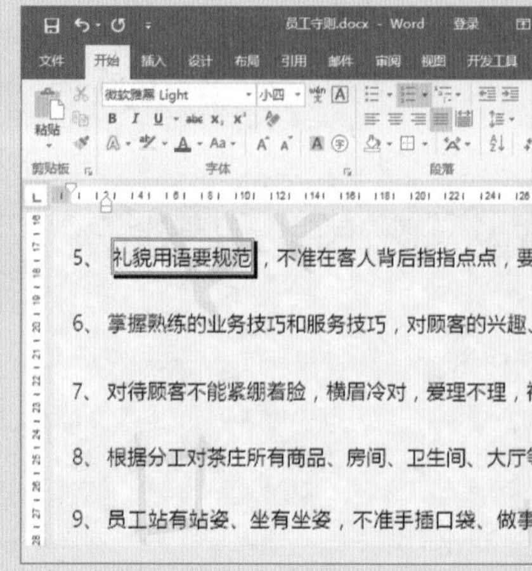

TIP：将多行段落文字设置为同样的宽度

私房技巧

选中其中的一行，在“段落”组中单击“中文版式”下拉按钮，选择 调整宽度(I)... 选项，在弹出的对话框中设置文字宽度，然后采用同样的方法将其他行设置为同样的宽度即可，如右图所示。

北京欣百诺装饰设计有限公司

BEIJINGXINBAINUOZHANGSHISHEJIYOUXIANGONGSI

调整宽度

当前文字宽度: 14.68 字符 (9.35 厘米)

新文字宽度(T): 9.35厘米 (9.35 厘米)

删除(R) 确定 取消

Ask Answer 高手疑难解答

问 怎样手动编辑项目符号样式？

图解解答 可以直接手动设置项目符号，而无须通过插入项目符号的方法进行操作。通过输入法的软键盘输入符号，然后按【Tab】键，该符号将自动转变为项目符号，如下图（左）所示。当然，也可在现有的文本前输入符号后按【Tab】键。

问 怎样设置文本大纲级别后仍保持现有格式不变？

图解解答 将光标定位到要设置大纲级别的段落中，然后打开“段落”对话框，从中选择大纲级别即可，如下图（右）所示。

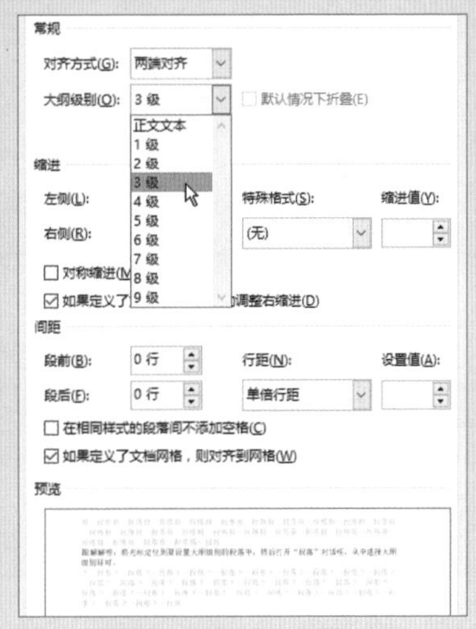

问 怎样更改 Word 文档的默认格式？

图解解答 在“字体”或“段落”对话框中设置格式后，单击下方的设为默认值(D)按钮，在弹出的对话框中选中“所有基于 Normal.dotm 模板的文档”单选按钮，单击确定按钮即可，如下图（左）所示。要还原默认格式，可在关闭 Word 程序后从文件资源管理器中打开目录 C:\ 用户 \ 你的系统名 \AppData\Roaming\Microsoft\Templates（需设置显示隐藏的文件，才能看到 AppData 文件夹），删除其中的 Normal.dotm 文件，并重新启动 Word 程序即可，如下图（右）所示。

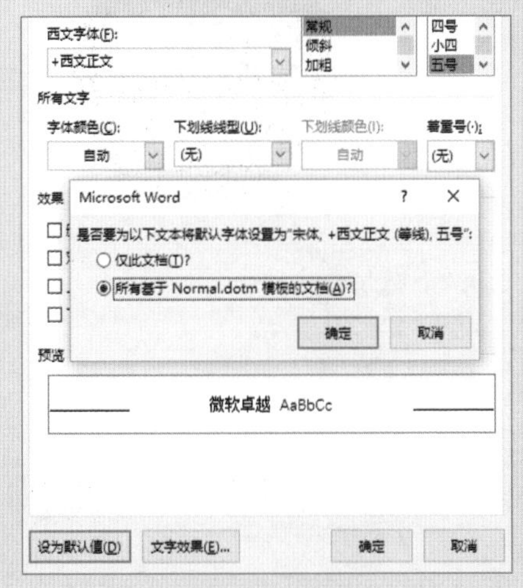

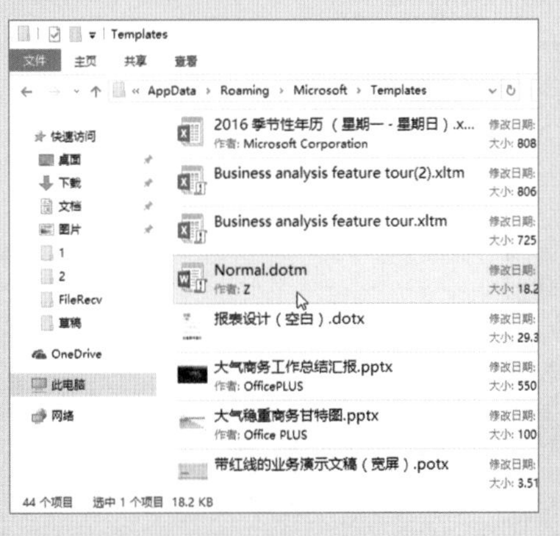

CHAPTER 02

制作图文混排的 Word 文档

本章导读

在文档中应用图片或图形可以使文档图文并茂、更具视觉效果，直观地表达内容，让读者在阅读过程中能够更清楚地了解文档意图。本章将引领读者学习 Word 2016 中图形元素、图像与文本框的应用方法与技巧，轻松地制作出图文并茂的办公文档。

知识要点

01 制作工作流程图

02 制作企业组织结构图

03 制作招聘海报

案例展示

▼ 工作流程图

▼ 集团组织架构图

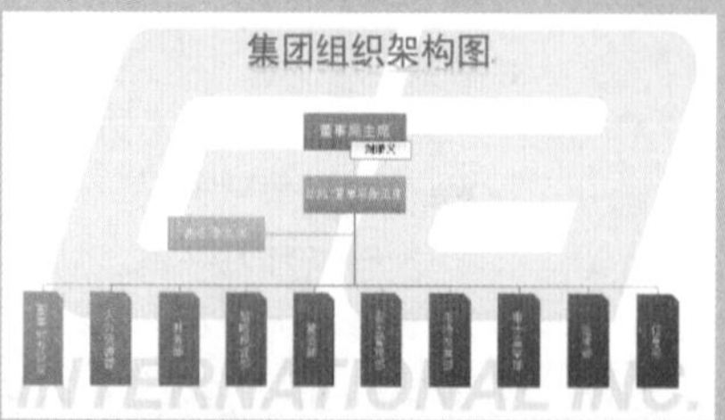

▶ 招聘海报

Chapter 02

2.1 制作工作流程图

■ 关键词：文本框边距、更改形状、编辑形状、对齐排列、组合图形

×× 机关单位要对一栋旧办公楼进行维修改造，现面向社会公开招标，除了发布招标书外，还需制作招标工作流程图，介绍此次招标的具体过程。工作流程图是通过适当的符号记录全部工作事项，用于描述工作活动流程的顺序。它是用图的形式反映一个组织系统中各项工作之间的逻辑关系，用于描述工作流程之间的联系与统一的关系。在制作一些复杂而庞大的工作流程图时，应遵循“先难后易、先框后线、先图后文”的原则，一定要有耐心。

2.1.1 使用“图形”工具绘制流程图

微课：使用“图形”工具绘制流程图

在Word 2016中可以使用形状工具绘制各种图形，使用“对齐”功能对齐图形，根据需要在形状中添加文字或修饰形状样式。下面将详细介绍招标工作流程图的制作过程，主要包括设置流程图标题、制作流程图中的图形、设置图形样式，以及绘制流程线等。

1. 设置流程图标题

每个流程图中都包含一个标题，用来说明该流程图的用途。下面将介绍如何设置流程图标题格式，具体操作方法如下：

STEP 1 进行页面设置

新建并保存文档，打开“页面设置”对话框，❶在 页边距 选项卡下单击“横向”按钮，设置纸张方式。❷分别自定义上、下、左、右的页边距，❸单击 确定 按钮。

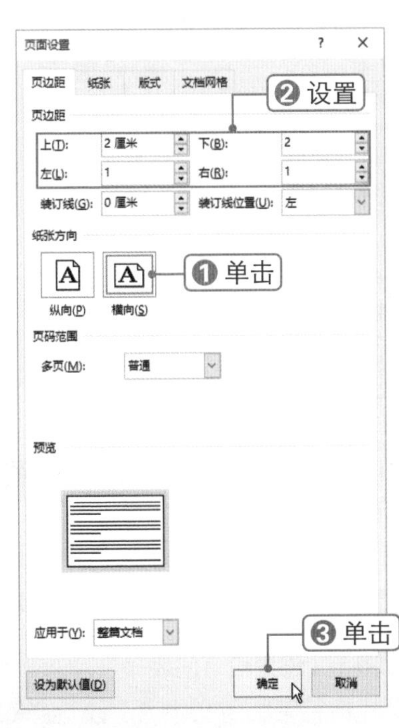

秒杀技巧 连续绘制多个相同类型的形状

在文档中绘制形状时，默认情况下一次只能绘制一个形状。若要连续绘制多个形状，可在“形状”列表中右击形状，选择“锁定绘图模式”命令，即可在文档中连续绘制该形状。

STEP 2 设置字体和对齐格式

输入并选中标题文本，❶在“字体”组

中将字体样式设置为“黑体”，字号设置为“小一”，❷单击“加粗”按钮B，❸在“段落”组单击“居中”对齐按钮≡。

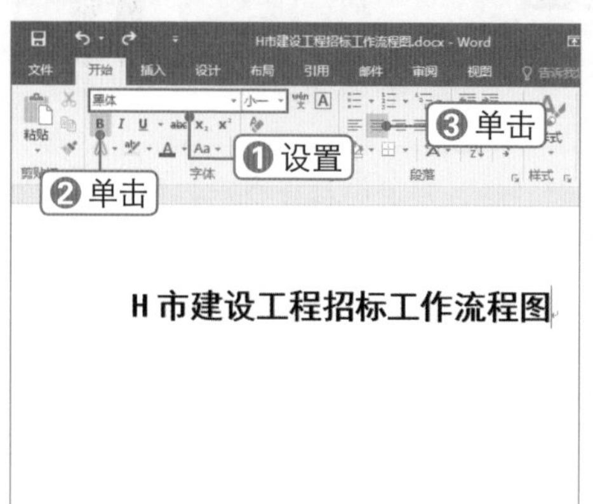

STEP 3　设置字符间距

选中标题文本，单击“字体”组右下角的扩展按钮，弹出“字体”对话框。❶选择 高级(V) 选项卡，❷设置间距为 2 磅，❸单击 确定 按钮。

STEP 4　设置段落间距

将鼠标指针定位到文本中，❶选择 布局 选项卡，❷在“段落”组中设置段前间距为 20 磅。

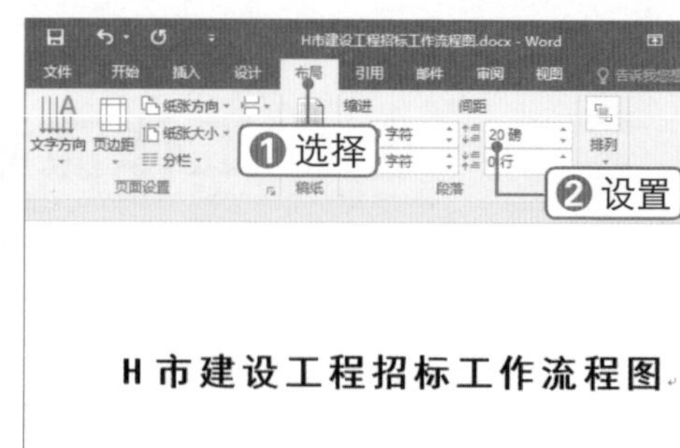

2. 制作流程中的图形

在Word 2016中可以使用形状工具轻松地绘制出各式各样的流程图形，绘制形状后可以对图形快速进行复制和对齐操作。在形状中可以直接添加文字，并根据需要设置文字的字体和段落格式，具体操作方法如下：

STEP 1　添加“形状”按钮

❶选择 插入 选项卡，❷右击“形状”按钮，❸选择 添加到快速访问工具栏(A) 命令。

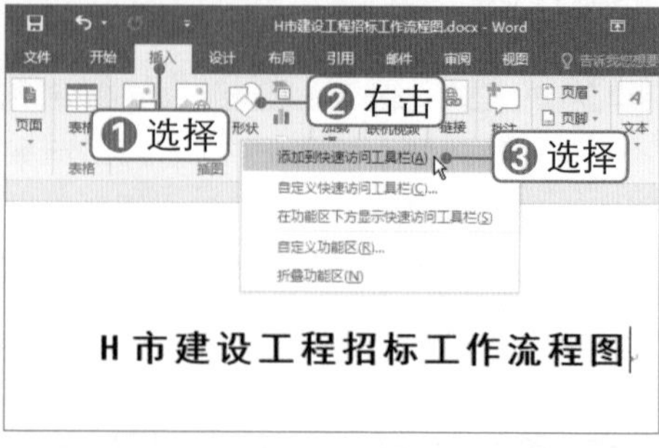

STEP 2　选择“矩形”形状

此时即可将“形状”按钮添加到窗口左上方的快速访问工具栏中。❶单击“形状”下拉按钮，❷选择“矩形”形状□。

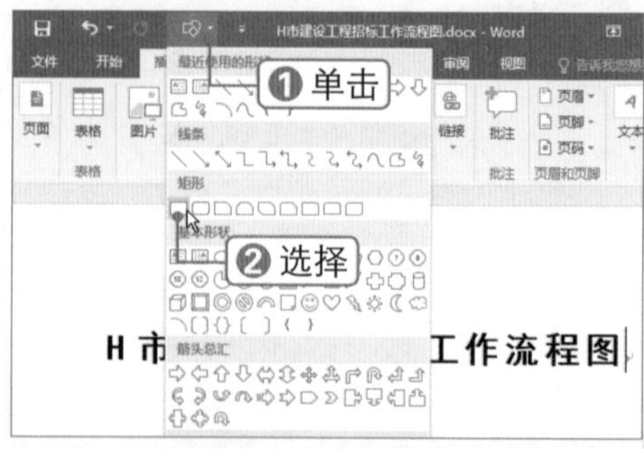

STEP 3 应用形状样式

在文档窗口中拖动鼠标，即可绘制矩形形状。❶选中矩形形状，❷选择格式选项卡，❸在“形状样式”下拉列表中选择所需的样式。

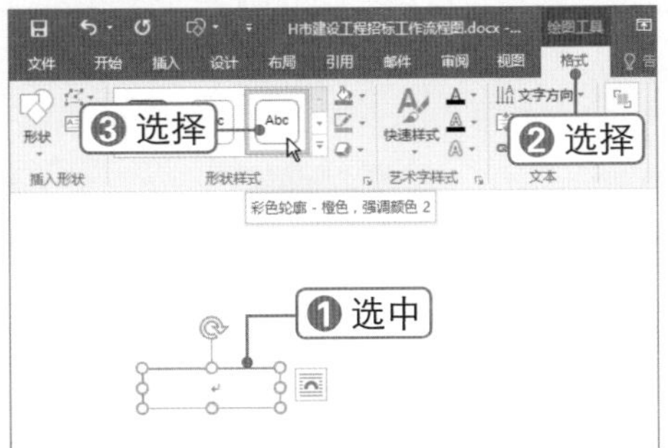

STEP 4 设置形状大小

在“大小”组中输入数值，精确地设置图形大小。

STEP 5 设置文本框边距

❶在“形状样式”组中单击右下角的扩展按钮，打开“设置形状格式”窗格。❷选择“布局属性”选项卡，❸设置文本框边距大小。

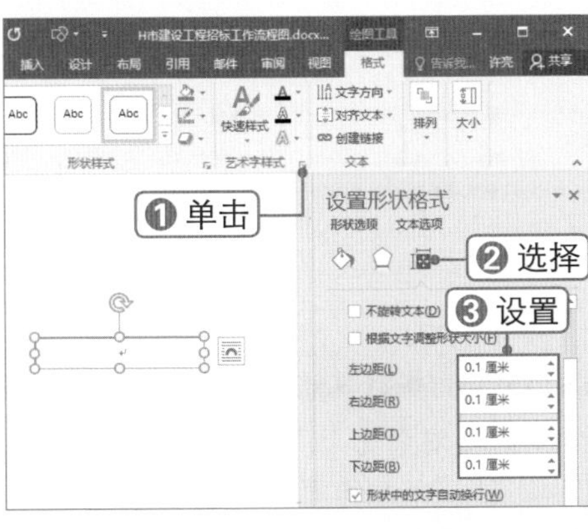

STEP 6 输入文本并设置字号

选中形状，直接输入文本，即可在形状中添加文字。❶选中输入的文本，❷在“字体”组中设置字号为“小四”。

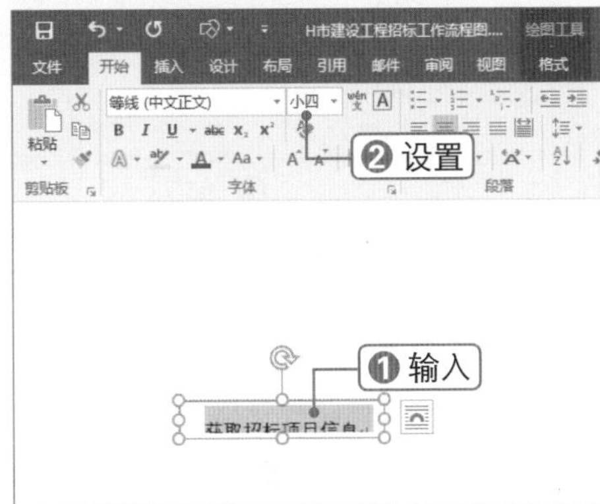

STEP 7 设置字符间距

按【Ctrl+D】组合键，弹出“字体”对话框。❶选择高级(V)选项卡，❷设置字符间距为 0.5 磅，❸单击确定按钮。

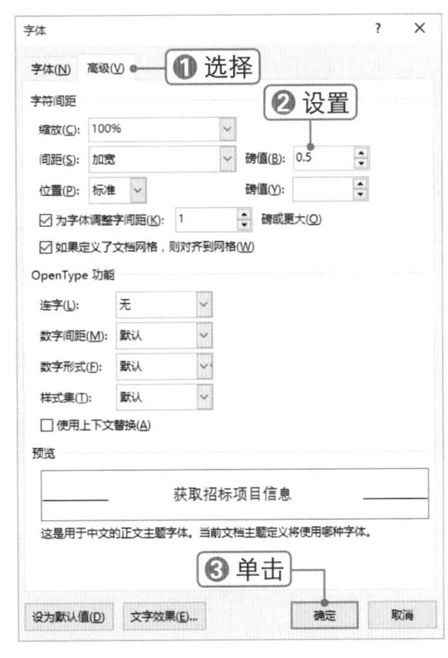

STEP 8 设置行距

打开“段落”对话框，❶设置“行距”为固定值，“设置值”为“15 磅”，❷单击确定按钮。

STEP 9 查看设置效果

此时即可查看字体和段落格式设置效果。

STEP 10 设置对齐方式

选中形状后按住【Ctrl】键进行拖动，即可复制形状。按住【Shift】键逐个单击形状，选中多个形状。❶选择 格式 选项卡，❷在“排列”组中单击 对齐 下拉按钮，❸选择 水平居中(C) 选项。

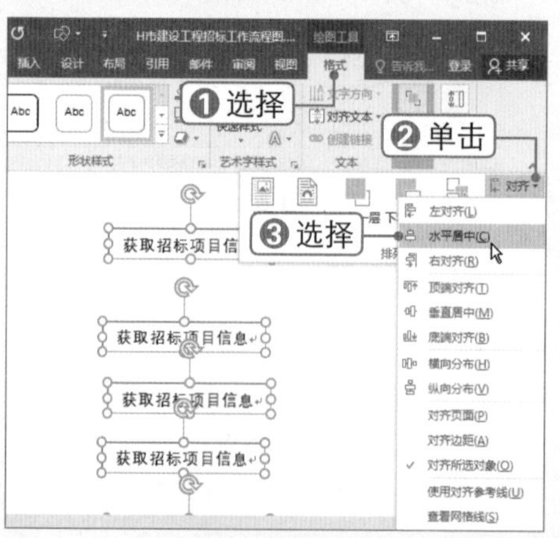

STEP 11 设置 纵向分布(V) 对齐

采用同样的方法，设置 纵向分布(V) 对齐。

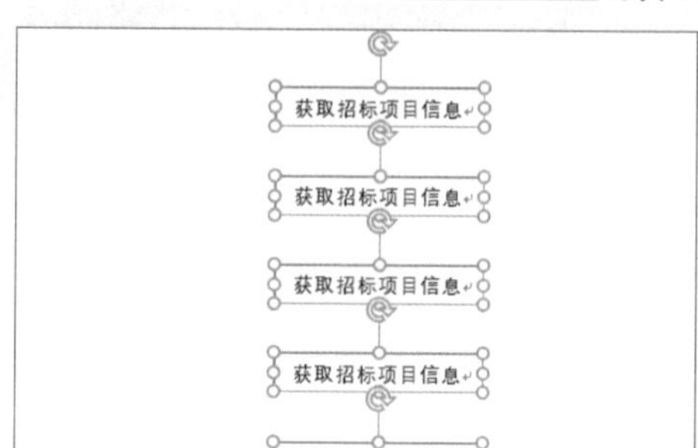

STEP 12 水平复制形状

按住【Shift】键和【Ctrl】键的同时向左拖动形状，水平复制形状。

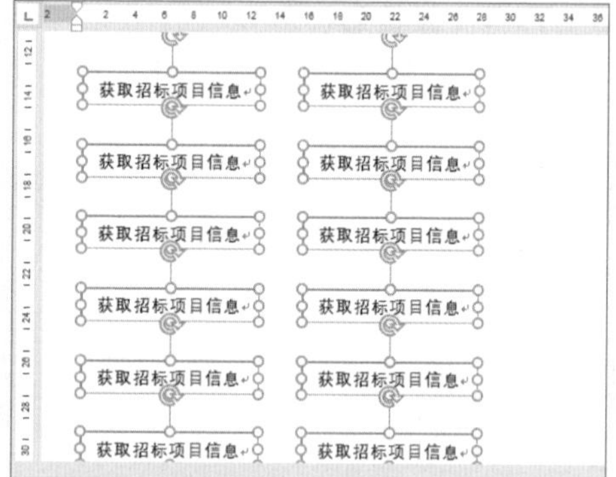

STEP 13 调整形状高度

选中形状，按住【Ctrl】键的同时拖动高度调整柄，此时可以形状中心为基准在上下同时调整高度。

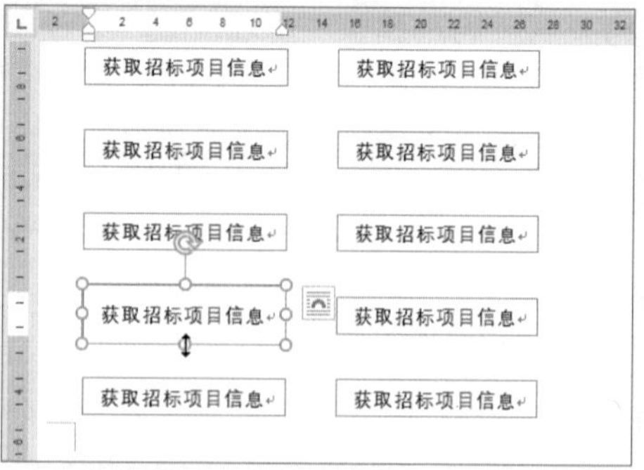

STEP 14 指针其他图形

根据需要对各形状中的文本进行修改。按照以上方法制作流程图中的其他图形。

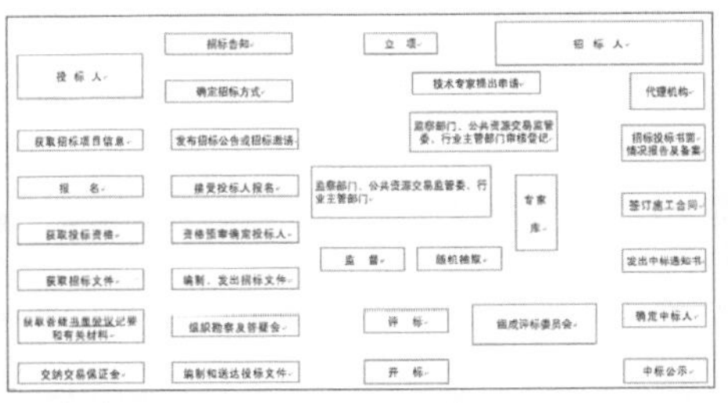

STEP 15 设置文字方向

❶选中形状，打开“设置形状格式”窗格，❷选择“布局属性”选项卡，❸设置“文字方向”为“竖排”。

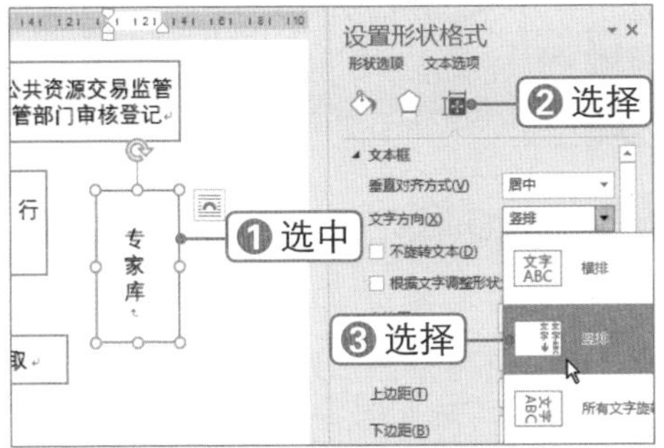

3. 设置图形样式

为了美化流程图，可以自定义形状的填充与线条样式，或为形状添加阴影、映像、发光、三维等效果，还可根据需要将形状更改为其他形状，具体操作方法如下：

STEP 1 选择“选择对象(O)”选项

在开始选项卡下“编辑”组中，❶单击“选择”下拉按钮，❷选择“选择对象(O)”选项。右击“选择对象(O)”选项，还可设置将其添加到快速访问工具栏中。

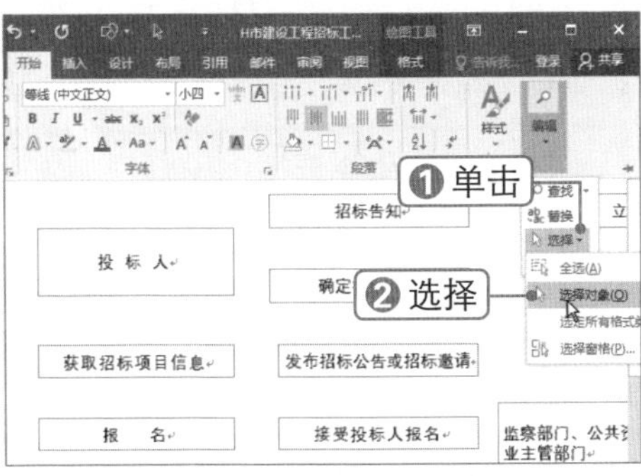

STEP 2 框选形状

此时鼠标指针变为箭头样式，拖动鼠标框选所有形状。在文档中双击或按【Esc】键，退出选择对象状态。

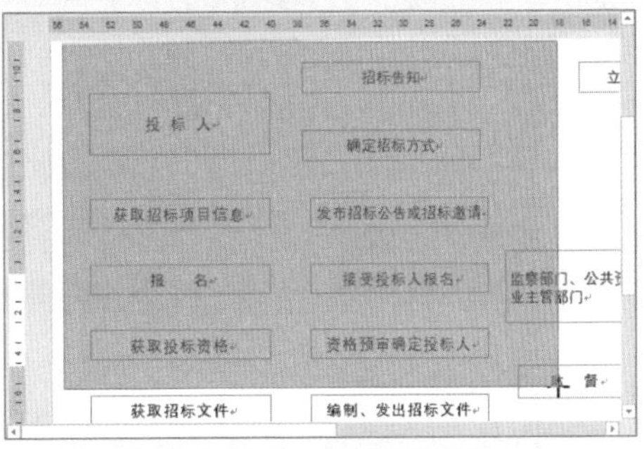

STEP 3 设置形状填充

❶选择格式选项卡，❷在“形状样式”组中单击“形状填充”下拉按钮，❸选择填充颜色。

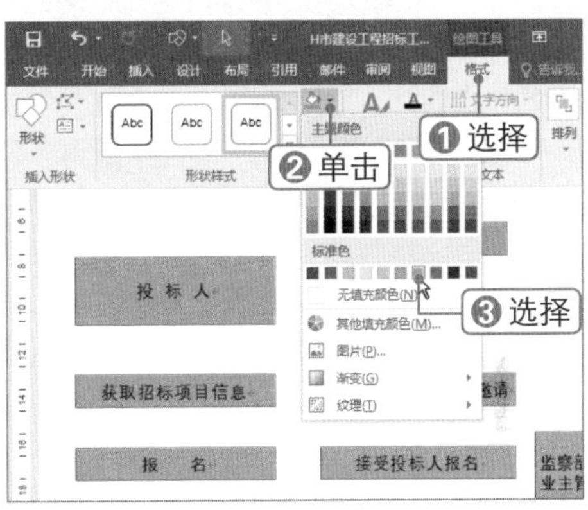

STEP 4 设置无形状轮廓

❶单击“形状轮廓”下拉按钮，❷选择“无轮廓(N)”选项。

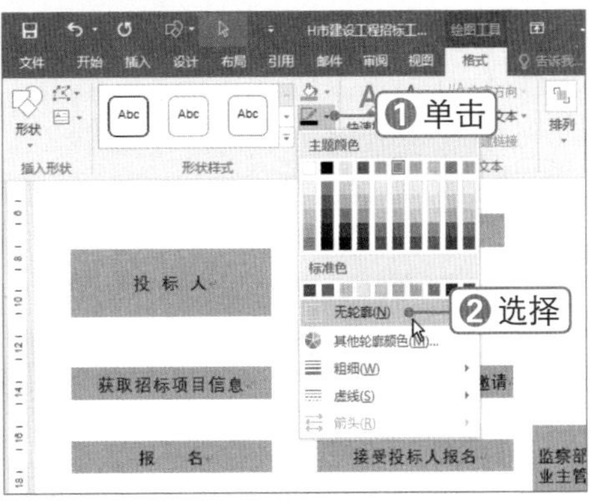

STEP 5 添加阴影效果

❶单击“形状效果”下拉按钮，❷选择所需的阴影效果。

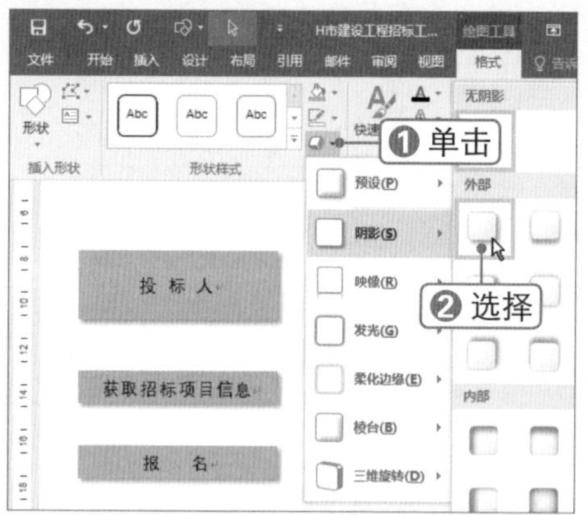

STEP 6 选择形状

❶选中矩形形状，❷选择格式选项卡，❸单击“编辑形状”下拉按钮，❹选择更改形状(N)形状选项，❺在形状列表中选择“椭圆”形状。

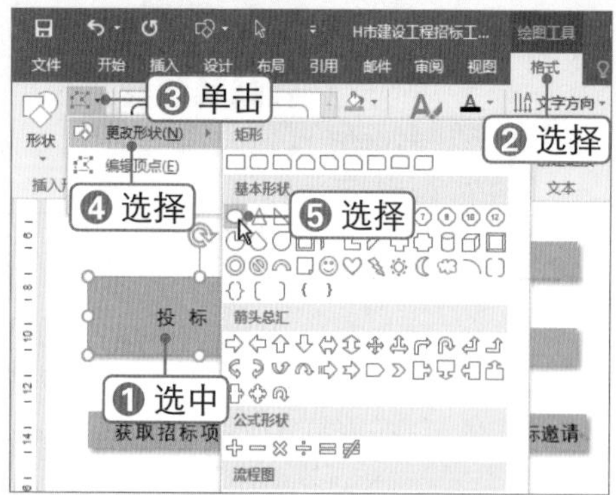

STEP 7 更改形状

此时即可将矩形形状更改为椭圆形状。

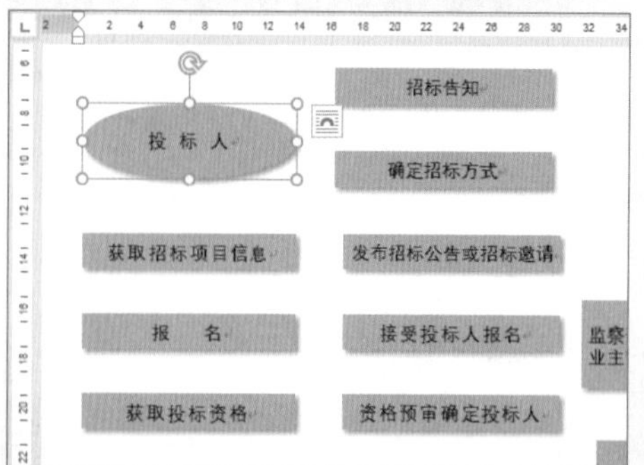

STEP 8 调整形状样式

采用同样的方法，更改其他形状类型。选中图形，拖动其中的黄色控制柄，调整形状样式。

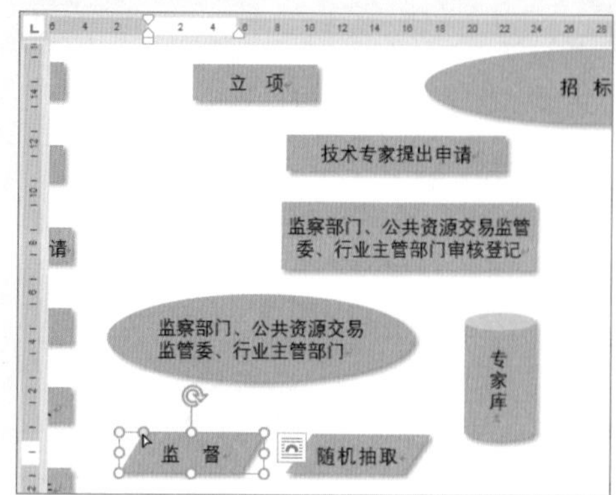

实操解疑

创建绘图画布

在文档中添加形状前，可先单击“形状”下拉按钮，在弹出的下拉列表中选择“新建绘图画布”命令，插入绘图画布，然后在画布中绘制要添加的形状。

4. 绘制流程线

流程线表示整个流程的先后顺序，在Word 2016中可以使用直线形状绘制流程线，并为直线添加箭头样式，具体操作方法如下：

STEP 1 选择形状

❶单击“形状”下拉按钮，❷选择“直线”形状。

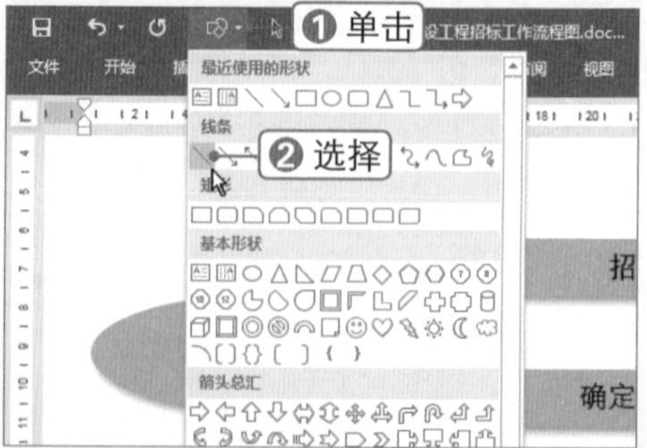

STEP 2 设置形状轮廓

拖动鼠标绘制直线形状，❶选择“格式”选项卡，❷单击“形状轮廓”下拉按钮，❸设置“颜色”为“黑色”，❹设置“粗细”为“0.75 磅”。

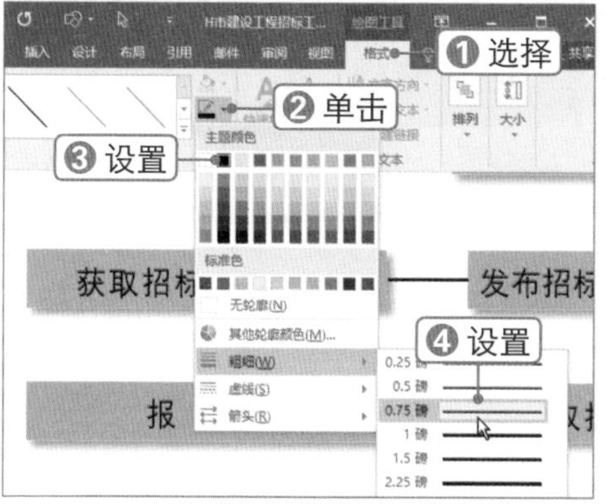

STEP 3 选择箭头类型

打开“设置形状格式”窗格，❶单击“箭头末端类型”下拉按钮，❷选择“燕尾箭头”类型➤。

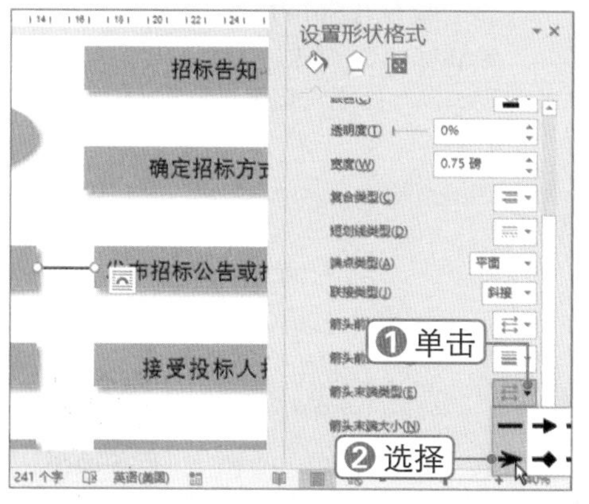

STEP 4 选择箭头大小

❶单击“箭头末端大小”下拉按钮，❷选择所需的大小。

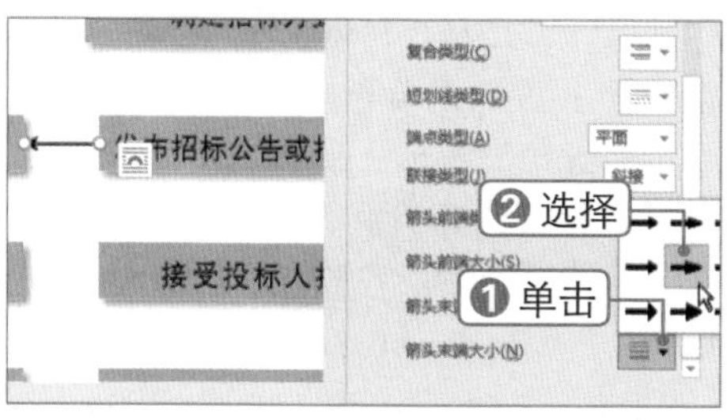

STEP 5 选中形状

按住【Ctrl】键的同时拖动箭头形状，复制多个形状。按住【Shift】键的同时选中要设置的箭头形状。

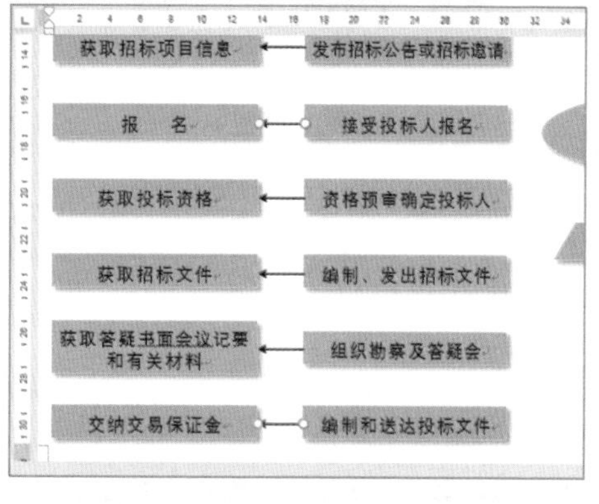

STEP 6 水平翻转形状

❶选择 格式 选项卡，❷在“排列”组中单击 旋转 下拉按钮，❸选择 水平翻转(H) 选项。

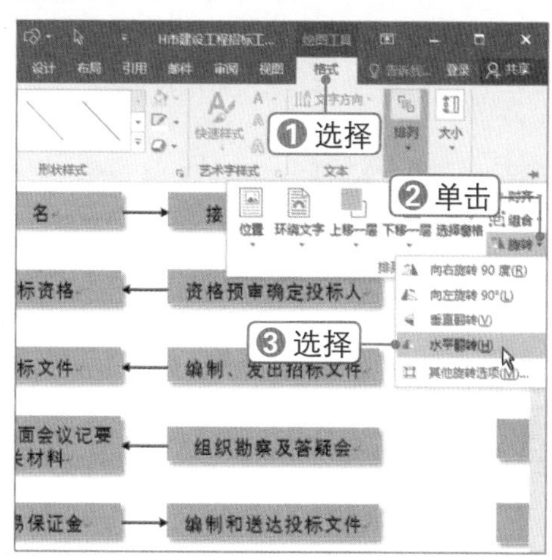

STEP 7 制作其他流程线

采用同样的方法制作其他流程线，将各程序步骤连接起来。

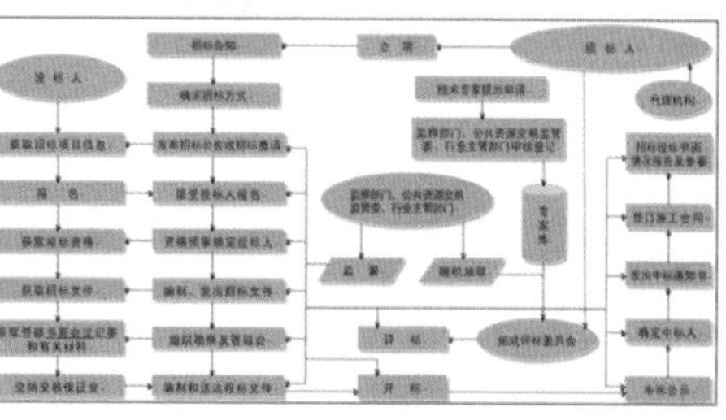

STEP 8 选中形状

按住【Shift】键的同时选中要设置的形状。

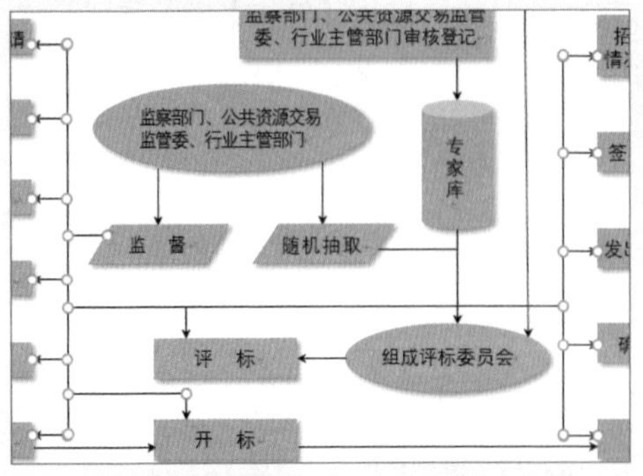

STEP 9 选择虚线样式

❶选择 格式 选项卡，❷单击“形状轮廓”下拉按钮，❸选择“虚线”样式。

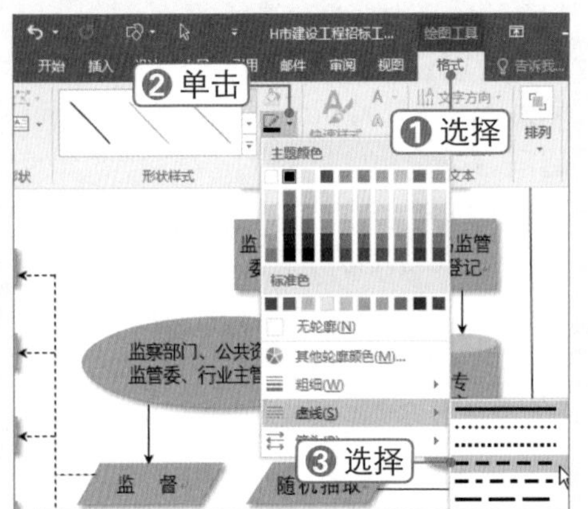

STEP 10 插入形状

在文档中插入“线型标注”形状，并设置格式。

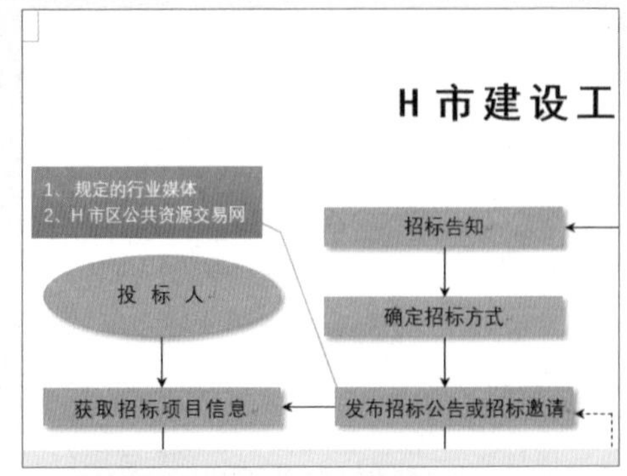

秒杀技巧 绘制图形

按住【Ctrl】键的同时拖动鼠标，可以鼠标指针位置作为图形的中心点；按住【Shift】键，可绘制出固定长宽比的形状。

2.1.2 美化流程图页面

微课：美化流程图页面

在Word文档中常常需要用到外部图片作为文档的内容，例如，需要在文档中添加Logo图片，并使用编辑和组合形状功能制作出新图形。在图形中填充图片作为页面背景，或为页面应用渐变色背景。

1. 编辑和组合形状

通过“编辑顶点”功能可以调整形状样式，将形状变换为所需的样式。通过“组合”功能可以将多个形状组合为一个整体，制作出一个新的图形，具体操作方法如下：

STEP 1 选择 编辑顶点(E) 选项

在页面上方插入黄色矩形形状，再插入一个“直角三角形”形状，并旋转形状。❶选择 格式 选项卡。❷单击“编辑形状”下拉按钮，❸选择 编辑顶点(E) 选项。

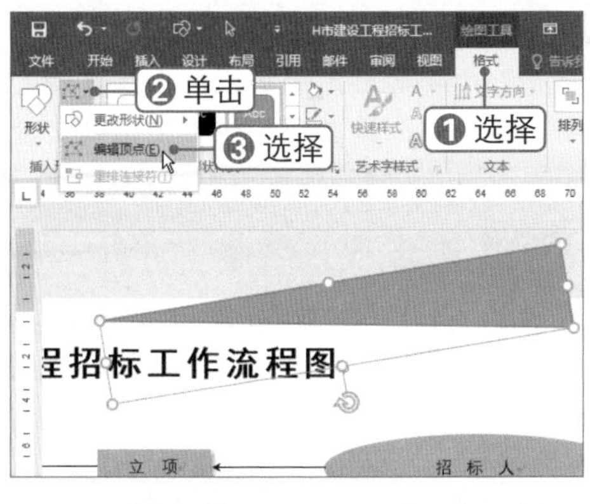

STEP 2 调整顶点位置

此时即可在图形上显示顶点■，根据需要调整顶点的位置。

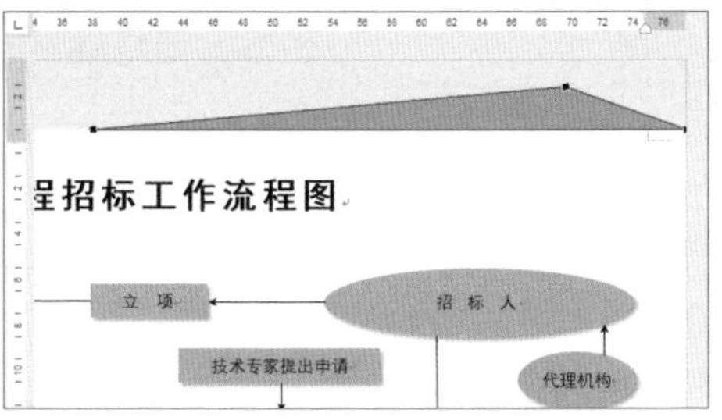

STEP 3 调整各顶点变形形状

在顶点上单击即可显示曲率控制杆，拖动它即可调节曲率。将直线调整为曲线，根据需要调整各顶点的控制杆。按住【Shift】键的同时拖动控制杆，可同时调整顶点两侧的曲率。

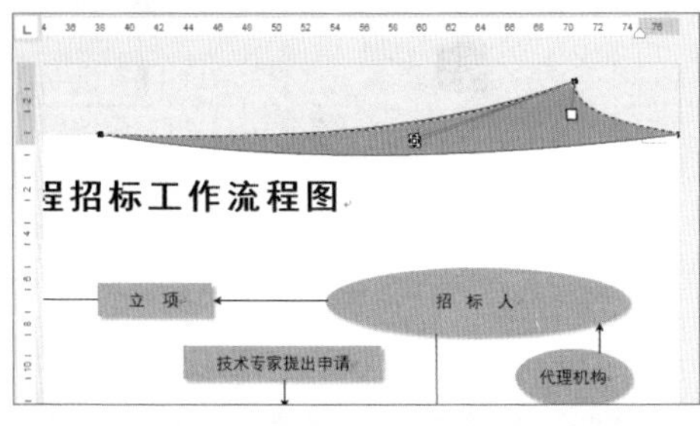

STEP 4 设置渐变填充

打开“设置形状格式”窗格，❶选择“填充与线条”选项卡，选中 渐变填充(G) 单选按钮，❷在“预设渐变”列表中选择所需的渐变样式，然后设置渐变类型、角度、渐变光圈、透明度和亮度等。

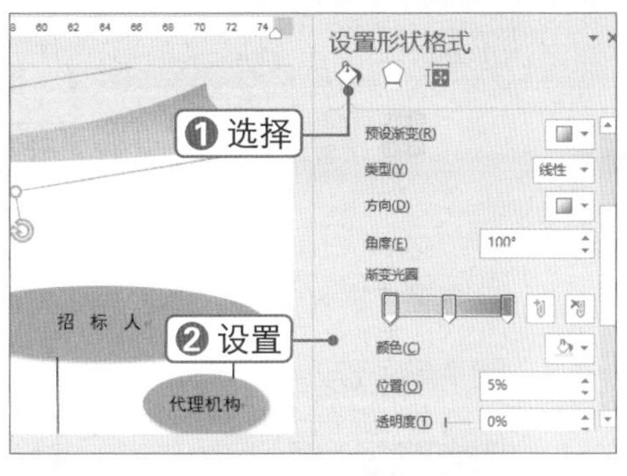

STEP 5 组合形状

将图形复制一份并执行水平翻转，调整图形的位置。❶按住【Shift】键选中两个图形并右击，❷选择 组合(G) 命令。

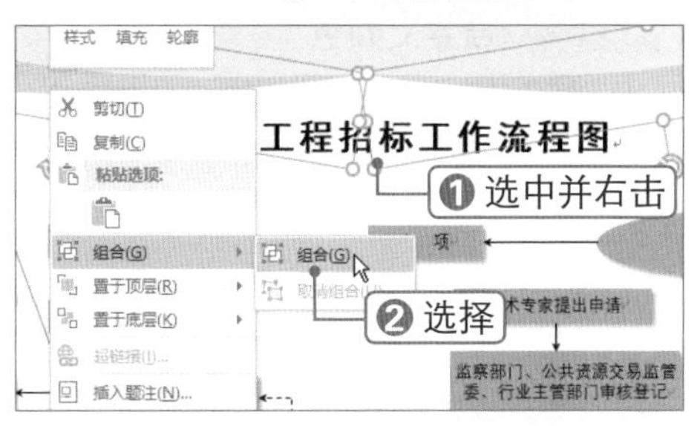

STEP 6 插入并设置图片

在文档中插入图片，并设置为“浮于文字上方”环绕方式。设置图片背景为透明，调整图片大小，并将图片移到合适的位置。

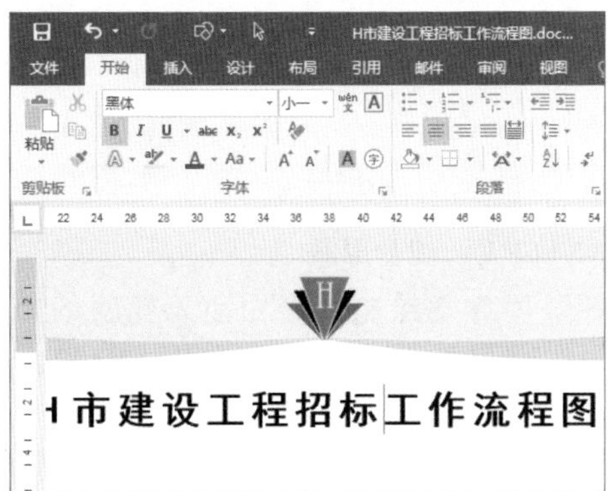

STEP 7 选择 其他填充颜色(M)... 选项

在页面底部绘制矩形形状并设置 无轮廓(N)。❶选择 格式 选项卡，❷单击“形状填充”下拉按钮，❸选择 其他填充颜色(M)... 选项。

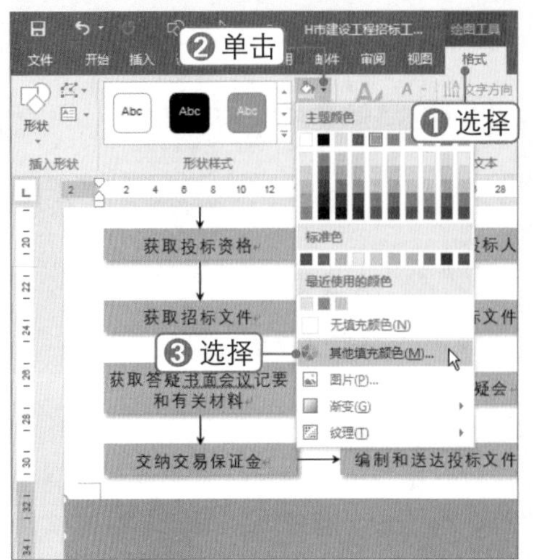

STEP 8 自定义颜色

弹出“颜色”对话框，❶选择 自定义 选项卡，❷设置所需的颜色，❸单击 确定 按钮。

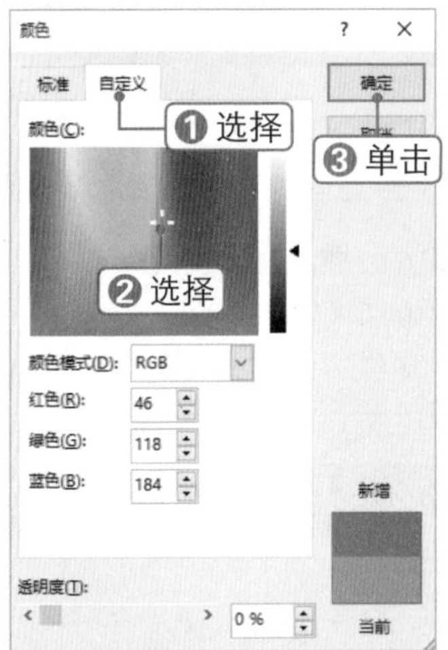

STEP 9 组合形状

在页面底部绘制一个白色无轮廓的矩形。❶选中两个矩形并右击，❷选择 组合(G) 命令。

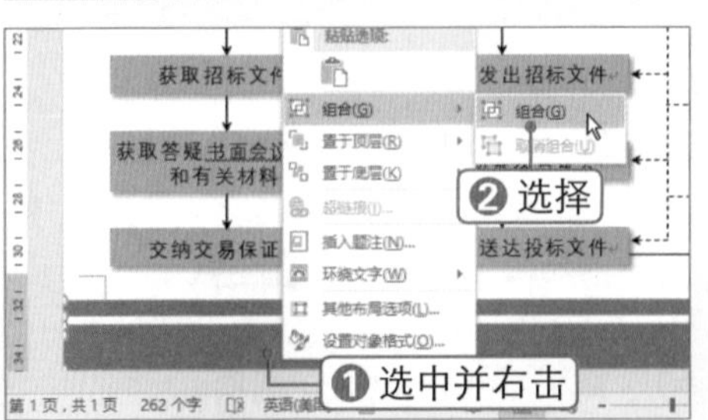

STEP 10 输入文字并设置格式

在矩形中央绘制一个矩形形状，并输入所需的文字。设置文字颜色为白色，设置矩形为“无填充颜色”和“无轮廓”。

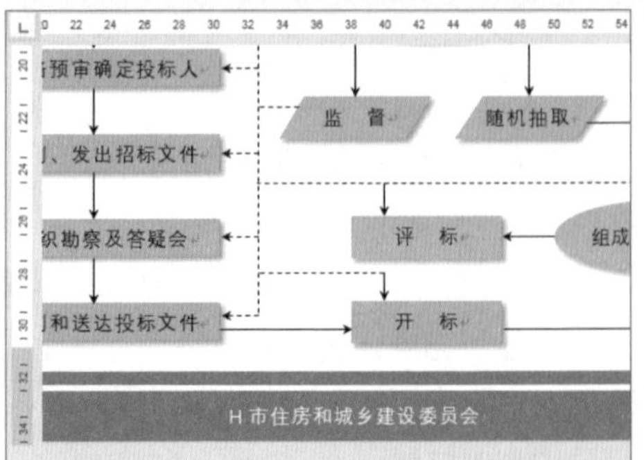

2. 设置页面背景

在Word 2016中，要将图片作为页面背景，可以将图片填充到形状中，然后调整图片的透明度，还可为整个文档应用颜色或图片页面背景，具体操作方法如下：

STEP 1 选择 图片(P)... 选项

在文档中绘制一个矩形，并设置“无轮廓”。❶选择 格式 选项卡，❷单击“形状填充”下拉按钮，❸选择 图片(P)... 选项。

STEP 2 选择图片

弹出“插入图片”对话框，❶选中图片，❷单击 插入(S) 按钮，即可设置形状为图片填充。

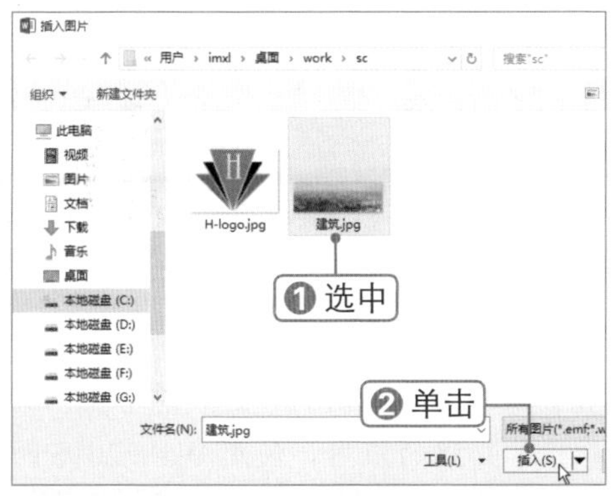

STEP 3 设置“柔化边缘”效果

❶单击“形状样式”扩展按钮，打开“设置图片格式”窗格。❷选择形状“效果”选项卡。❸设置“柔化边缘”大小为60磅。

STEP 4 设置图片透明度

❶选择“填充与线条”选项卡，❷设置透明度为70%。

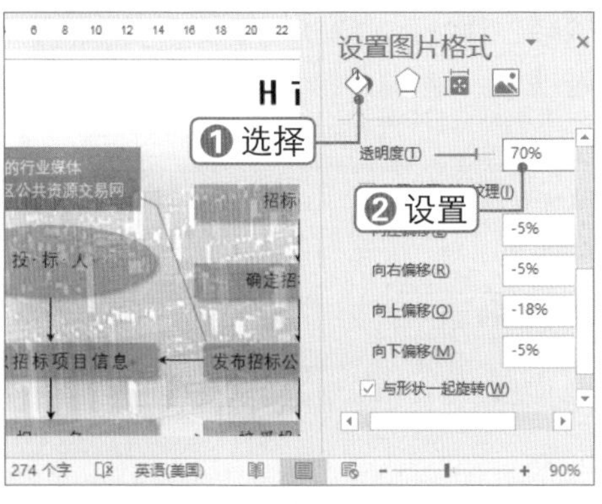

STEP 5 将形状置于底层

❶右击形状，❷选择“置于底层(K)”命令，然后调整形状的大小和位置。

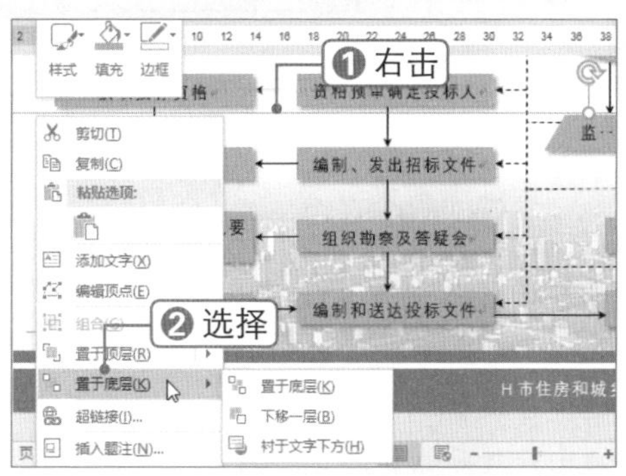

STEP 6 插入矩形并设置格式

在文档中插入矩形并设置矩形“衬于文字下方”环绕方式。打开“设置形状格式”窗格，设置渐变填充。

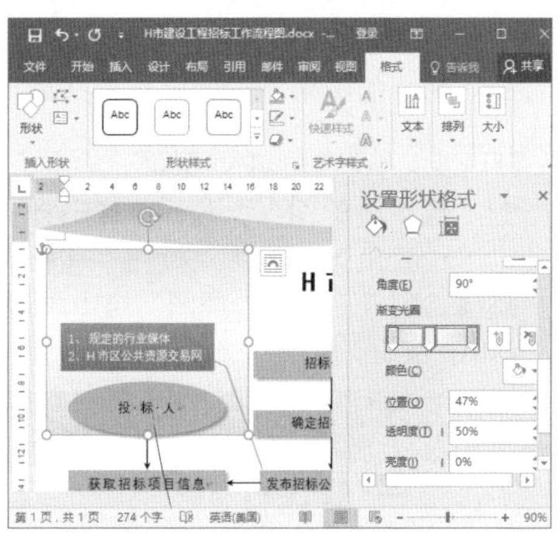

STEP 7 设置页面背景

将矩形置于底层，然后调整其大小，使其覆盖整个页面作为页面背景。

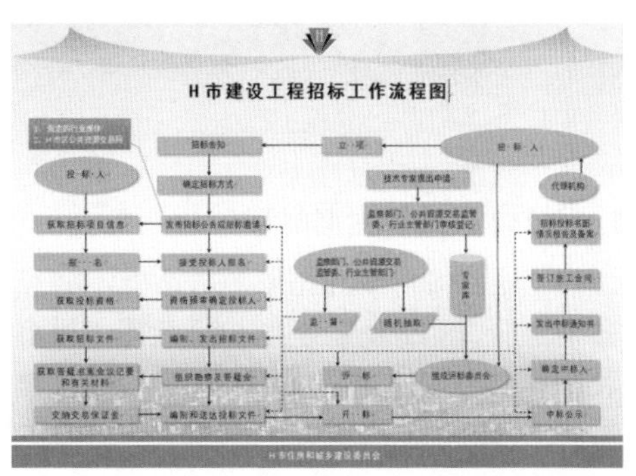

Chapter 02

2.2 制作企业组织结构图

■ 关键词：选择 SmartArt 图形、文本窗格、添加形状、形状样式

王灿刚刚荣升为 ×× 集团总裁助理，总裁让她根据部门调整计划制作一份新的组织结构图，不过这对她来说并非难事。组织结构图以图形的方式表现企业、机构或系统中的层次关系，在办公应用中有着非常广泛的应用。使用 Word 2016 的 SmartArt 图形功能、绘制形状功能等即可绘制出不同布局的层次结构图形，快速地展现层次机构关系。制作组织结构图时，一定要弄清各部门之间的层次关系，否则做出来就是错误的。

2.2.1 插入组织结构图

微课：插入组织结构图

Word 2016提供了多种SmartArt图形类型，且每种类型都包含许多不同的布局，其中组织结构图属于“层次结构”类型。插入组织结构图后，可以使用文本窗格向图形中添加或删除图形框并调整图形框的级别，具体操作方法如下：

STEP 1 单击 SmartArt 按钮

新建“组织结构图”文档，在 布局 选项卡下设置纸张方向为“横向”，❶选择 插入 选项卡，❷在“插图”组中单击 SmartArt 按钮。

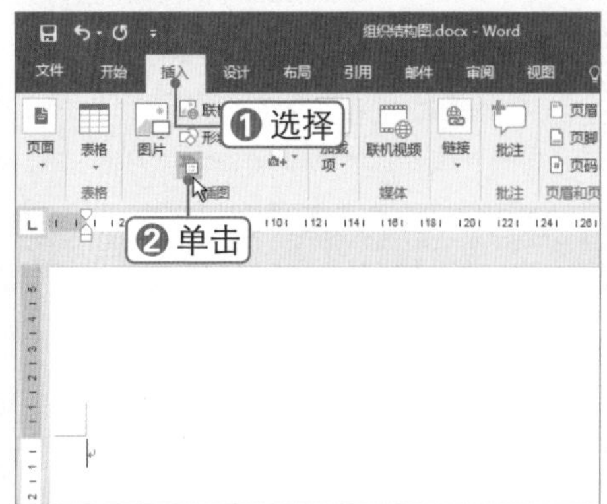

STEP 2 选择图形类型

弹出“选择 SmartArt 图形”对话框，❶在左侧选择 层次结构 分类，❷选择“姓名和职务组织结构图”图形类型。❸单击 确定 按钮。

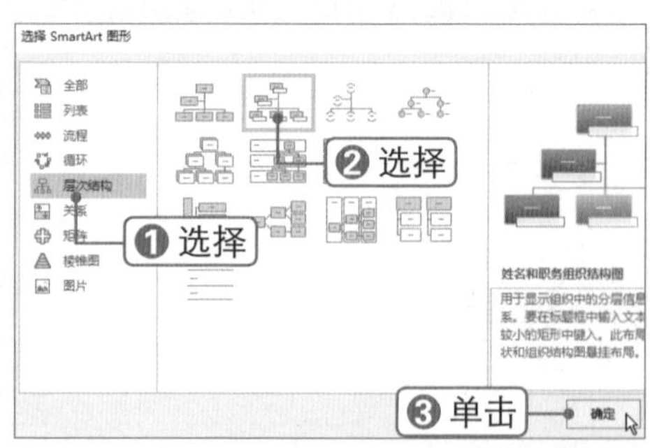

STEP 3 设置文字环绕

此时即可在文档中插入 SmartArt 图形。❶选中图形，❷单击其右上方的“布局选项”按钮，❸选择“浮于文字上方”选项。

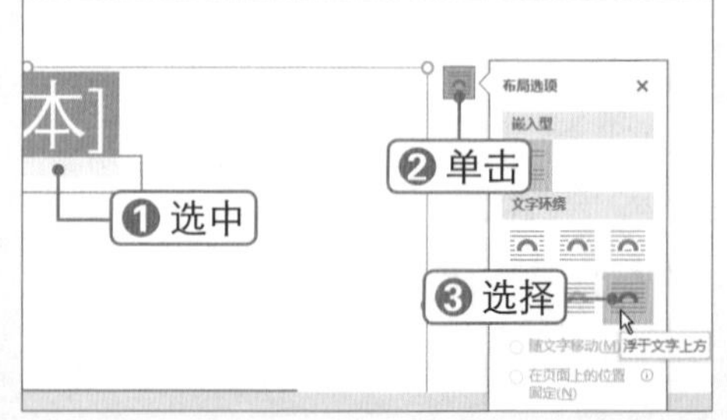

STEP 4 删除图形

选中图形中的形状并按【Delete】键删除形状，直到剩下最后一个形状。单击SmartArt 图形左侧的 按钮。

STEP 5 定位光标

打开文本窗格，将光标定位到唯一的文本框中。

STEP 6 添加形状

按【Enter】键确认，即可添加一个同等级的形状。

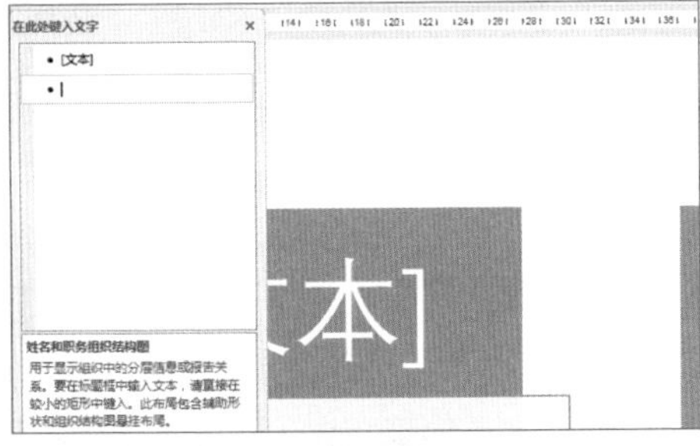

STEP 7 设置形状降级

按【Tab】键，即可进行降级操作。若要提升等级，可按【Shift+Tab】组合键。

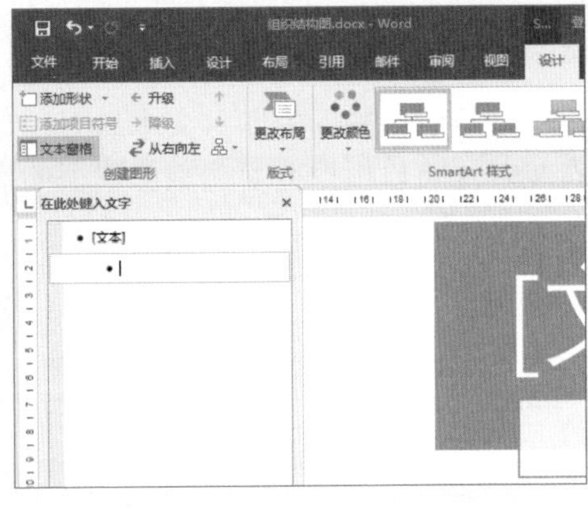

STEP 8 继续操作

采用同样的方法，依次按【Enter】键与【Tab】键，添加下一等级的形状。

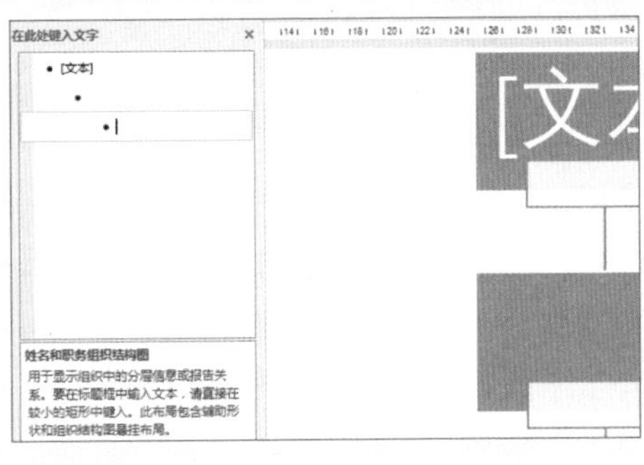

STEP 9 添加同等级形状

连续按【Enter】键，根据需要添加多个同等级的形状。

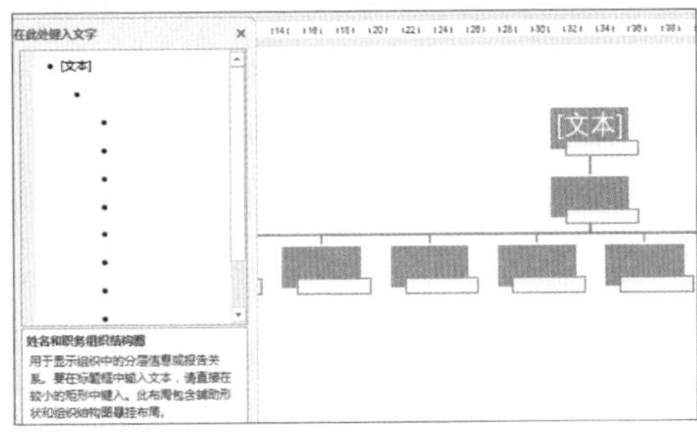

秒杀技巧 提升图形等级

在组织结构图文本窗格中，要提高某个图形的等级，可将光标定位到该图形所在的文本框中，然后按【Shift+Tab】组合键。

2.2.2 输入文本并设置格式

在组织结构图中输入文本后可以让这些文本进行自动定位和排列，还可以根据需要调整图形框的大小和位置，具体操作方法如下：

微课：输入文本并设置格式

STEP 1 输入文本

根据需要在文本窗格中输入所需的文本。

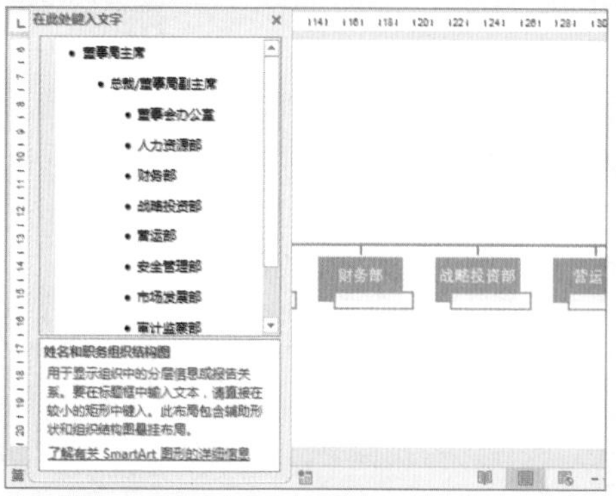

STEP 2 单击扩展按钮

❶按住【Shift】键的同时选中下方的形状，❷选择 格式 选项卡，❸单击“形状样式”组右下角的扩展按钮。

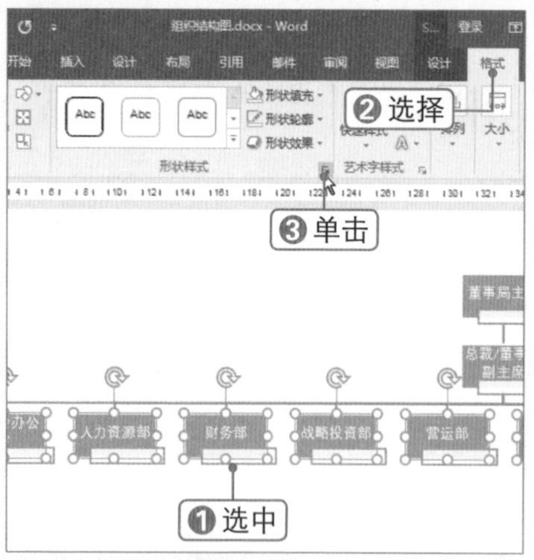

STEP 3 设置文字方向

打开“设置形状格式”窗格，❶设置文字方向为 竖排，❷设置文本框边距。

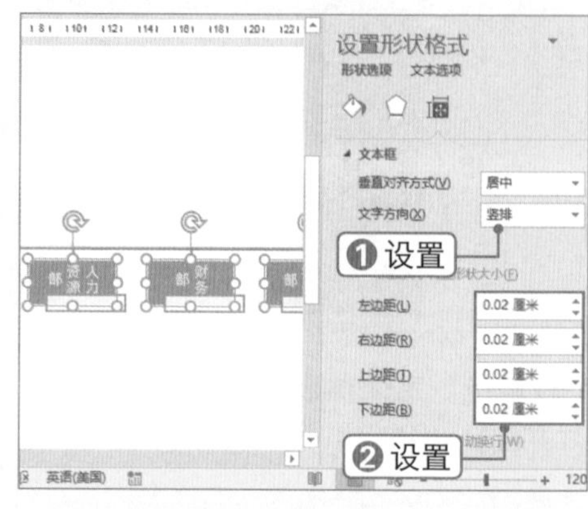

STEP 4 设置形状大小

在“大小”组中设置形状的高度和宽度。

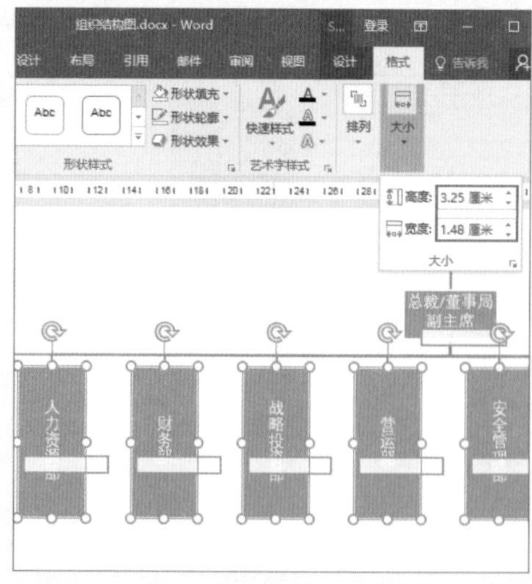

STEP 5 设置其他形状

采用同样的方法，设置上方形状的大小和文本框边距。

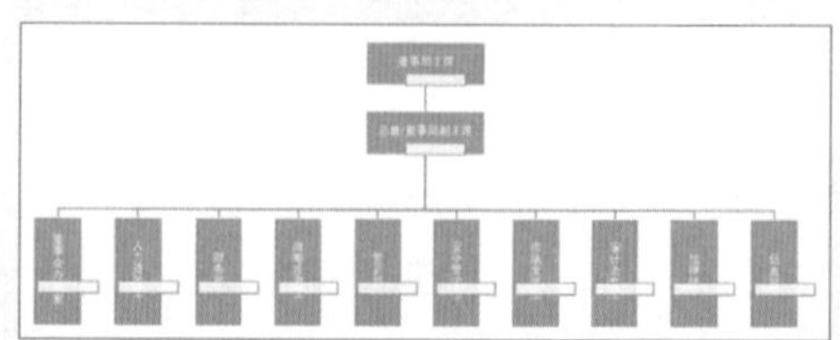

STEP 6 设置字体格式

❶选中整个 SmartArt 图形，❷在“字体”组中设置字体样式和字号，然后单独设置最上方图形中文字的字体格式。

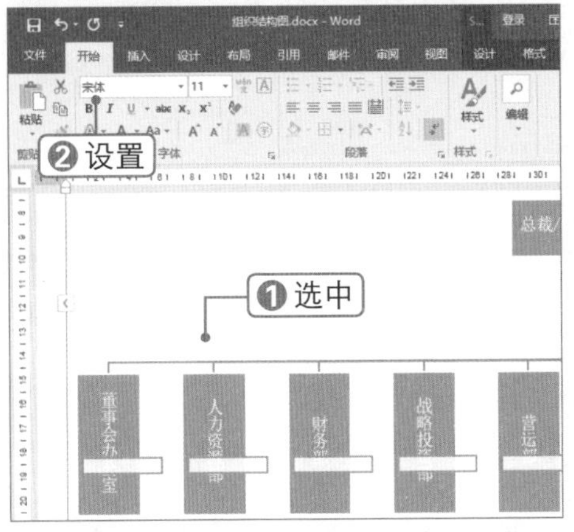

STEP 7 设置字符间距

按【Ctrl+D】组合键，弹出“字体”对话框。❶选择 字符间距(R) 选项卡，❷设置加宽间距为 0.8 磅。

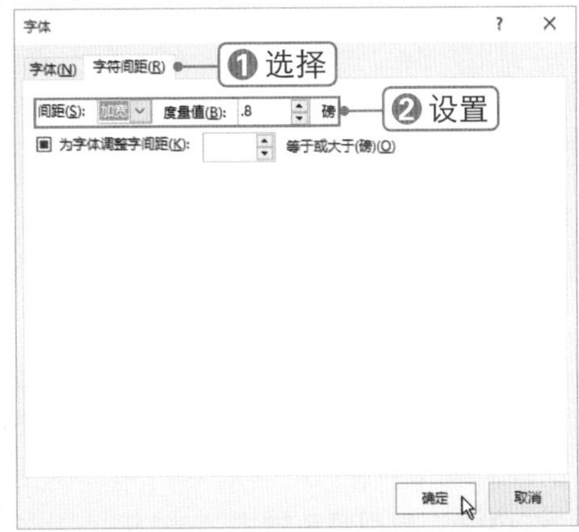

2.2.3 调整与美化图形

微课：调整与美化图形

创建的组织结构图采用默认的布局结构，可以根据需要对其布局结构进行修改和调整。如添加形状、升降级项目、调整项目顺序等。为了使组织结构图更加清晰、美观，可以为图形应用颜色和外观样式、设置图形背景或更改形状，具体操作方法如下：

STEP 1 选择 添加助理(T) 选项

❶选中形状，❷选择 设计 选项卡，❸在“创建图形”组中单击 添加形状 下拉按钮，❹选择 添加助理(T) 选项。

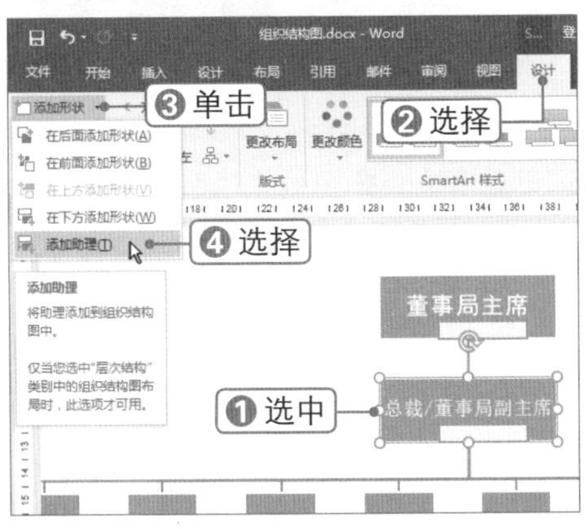

STEP 2 添加助理形状

此时即可添加助理形状，输入所需的文字，并设置形状格式。在“创建图形”组中单击 升级 按钮或 降级 按钮，即可将形状等级上升或下降一级。

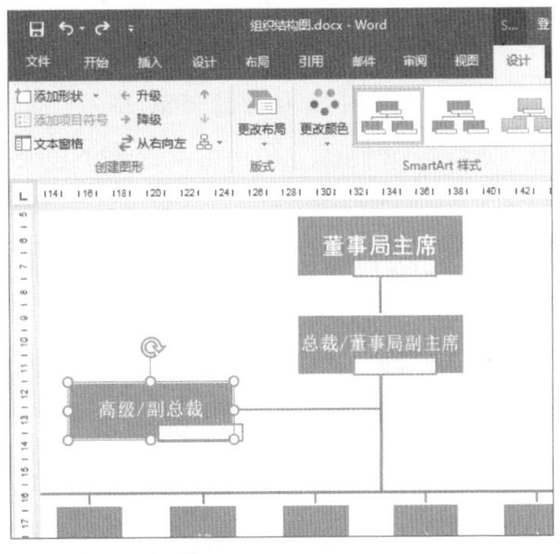

STEP 3 调整形状位置

❶选中形状，❷单击“上移”按钮↑或

"下移"按钮，即可在同等级中调整形状的排列位置。

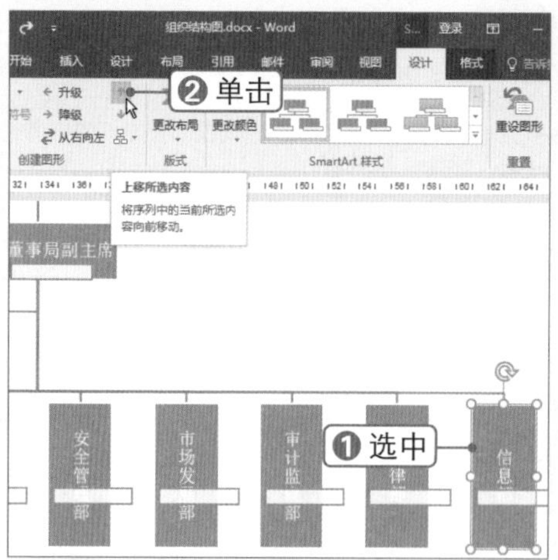

STEP 4 应用颜色样式

❶在"SmartArt 样式"组中单击"更改颜色"下拉按钮，❷选择所需的颜色样式。

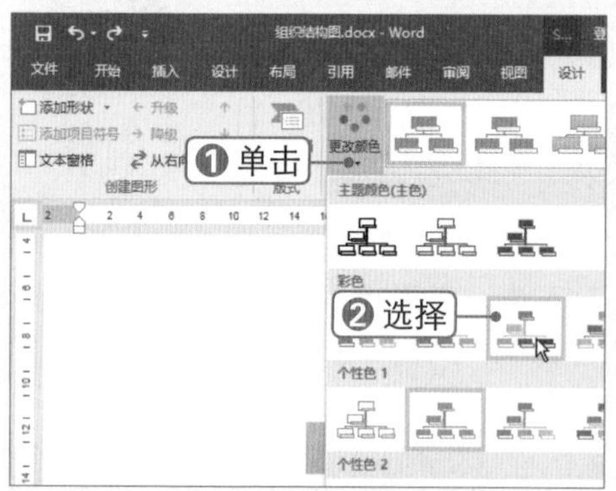

STEP 5 应用 SmartArt 样式

在"SmartArt 样式"组中选择所需的图形样式。

STEP 6 选中图形

按住【Shift】键的同时选中 SmartArt 图形中较小的矩形（除了最上方的小矩形）。

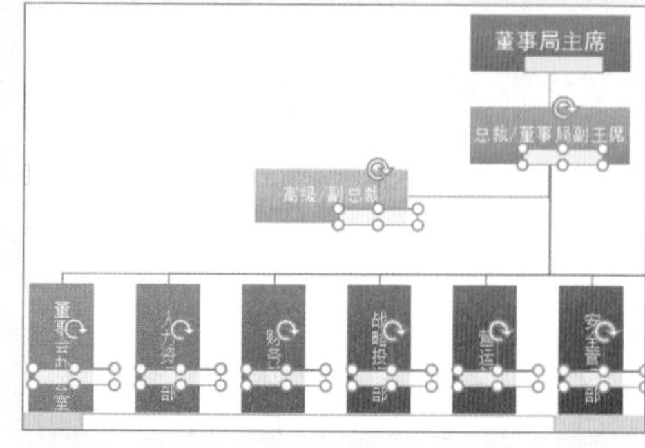

STEP 7 设置形状样式

❶选择"格式"选项卡，❷在"形状样式"组中设置"无填充颜色""无轮廓"以隐藏它。要重新显示，只需重新应用 SmartArt 样式即可。

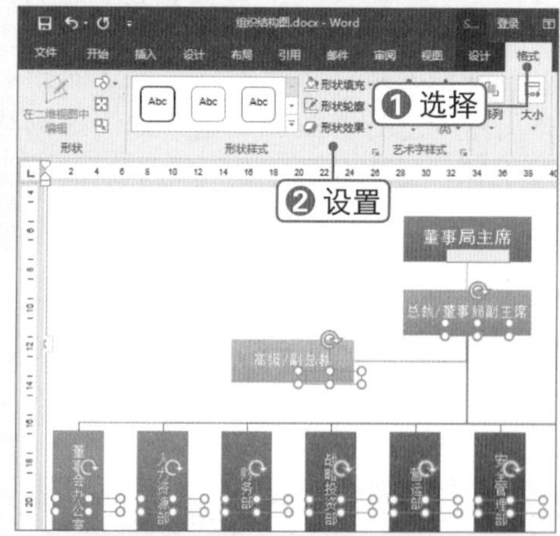

STEP 8 输入姓名

调整最上方小矩形的大小和位置，并输入姓名。

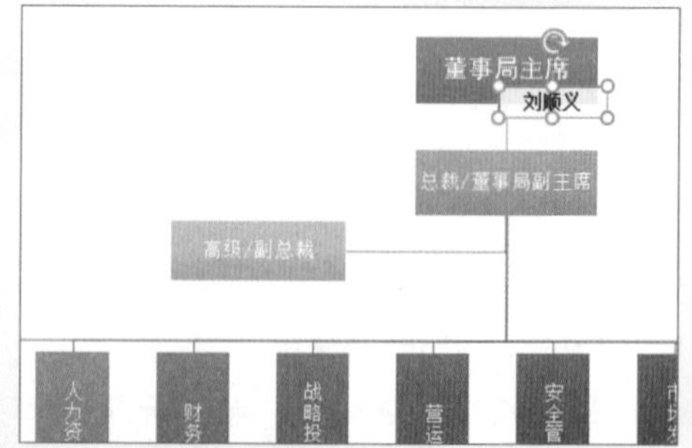

STEP 9 更改形状

❶按住【Shift】键的同时选中下方的矩形，❷选择 格式 选项卡，❸在“形状”组中单击“更改形状”下拉按钮，❹选择剪去单角的矩形形状。

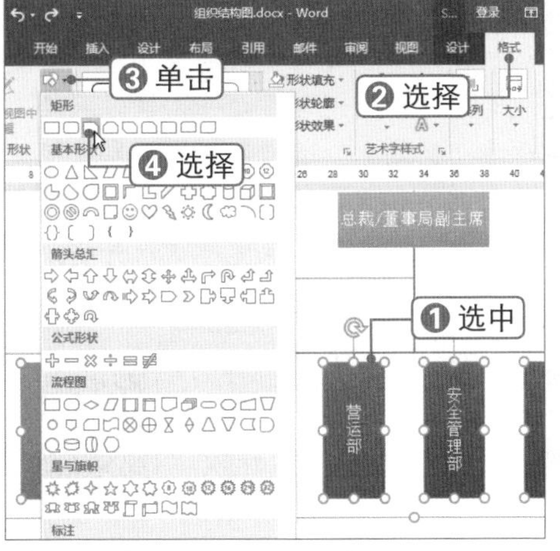

STEP 10 单击 文件(F)... 按钮

选中 SmartArt 图形，❶单击“形状样式”组右下角的扩展按钮，打开“设置形状格式”窗格，❷选择“填充与线条”选项卡，❸选中 图片或纹理填充(P) 单选按钮，❹单击 文件(F)... 按钮。

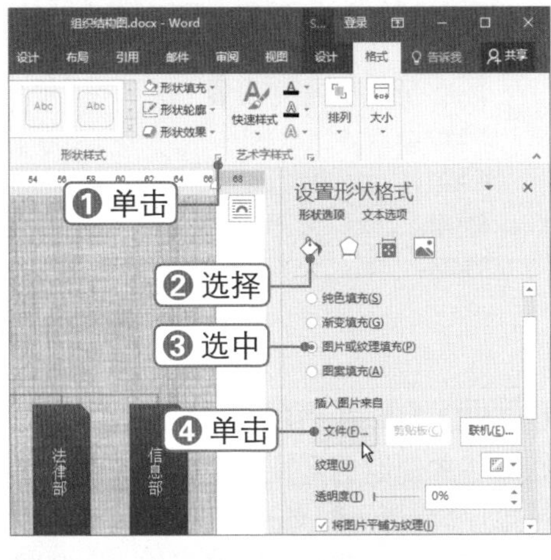

STEP 11 选择图片

弹出“插入图片”对话框，❶选择图片，❷单击 插入(S) 按钮。

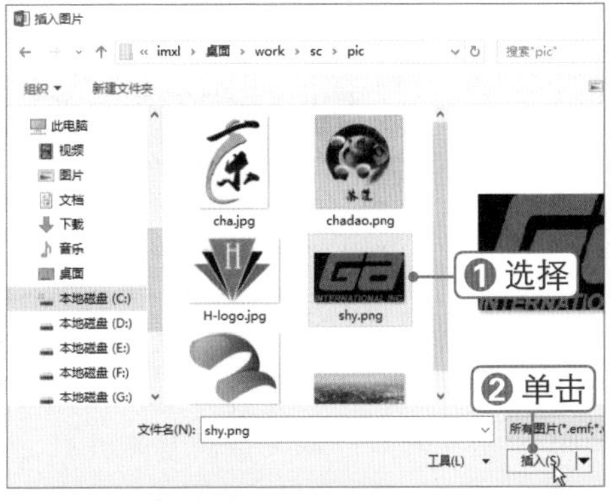

STEP 12 调整透明度

此时即可将图片设置为 SmartArt 图形的背景，调整透明度为 90%。

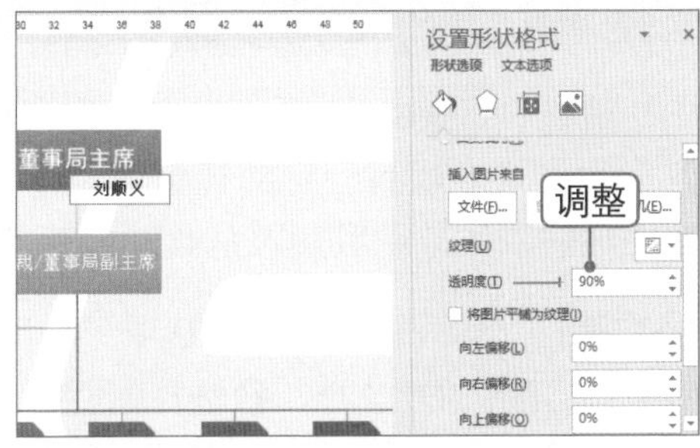

STEP 13 插入艺术字

在文档中插入艺术字作为 SmartArt 图形的标题，查看最终效果。

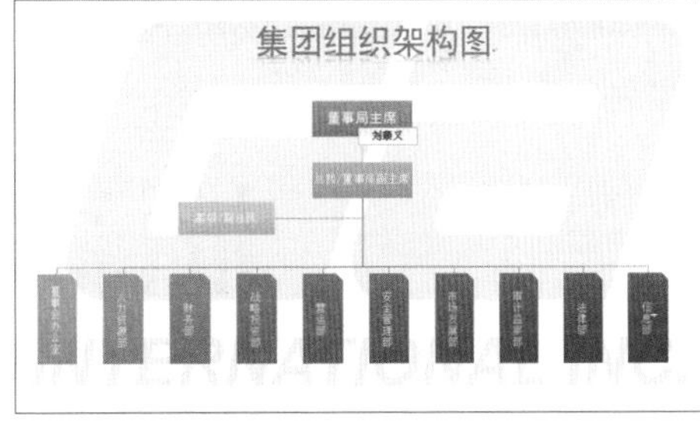

实操解疑

添加“助理”图形

在层次结构 SmartArt 图形类型中，只有组织结构图才能自动添加“助理”图形。在“层次结构”类型的图形中手动绘制“助理”图形，然后将其与 SmartArt 图形组合。

Chapter 02

2.3 制作招聘海报

■ 关键词：形状格式、文本框格式、文字环绕、排列图片

伯瑞教育是一家中小学课外辅导教育培训机构，由于公司扩展业务向社会发起招聘，需要制作一份招聘海报。海报设计是视觉传达的表现形式之一，通过版面的构成在第一时间内将人们的目光吸引，并获得瞬间的刺激。通常海报设计都是运用一些专业的图像处理软件来进行制作，灵活运用 Word 2016 的相关功能同样也能制作出精美的海报。制作海报重在通过图形与色彩对观看者形成视觉冲击，并将最关键的海报信息重点突出展示。

2.3.1 制作海报主题背景

微课：制作海报主题背景

通过设置Word页面背景来确定海报整体色调，通过插入并设置形状格式来达到一定的视觉效果，然后插入并排列图片完成主题图像的制作，最后插入企业Logo等信息，具体操作方法如下：

STEP 1 选择“其他颜色”选项

新建“招聘海报”文档，❶选择 设计 选项卡，❷在“页面背景”组中单击“页面颜色”下拉按钮，❸选择 其他颜色(M)... 选项。

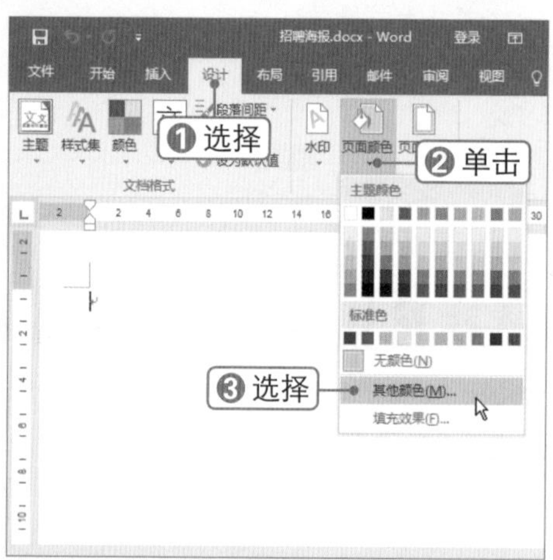

STEP 2 自定义颜色

弹出“颜色”对话框，❶选择 自定义 选项卡，❷在色板上选择颜色，❸在右侧拖动滑块◂，调整颜色明暗，❹单击 确定 按钮。

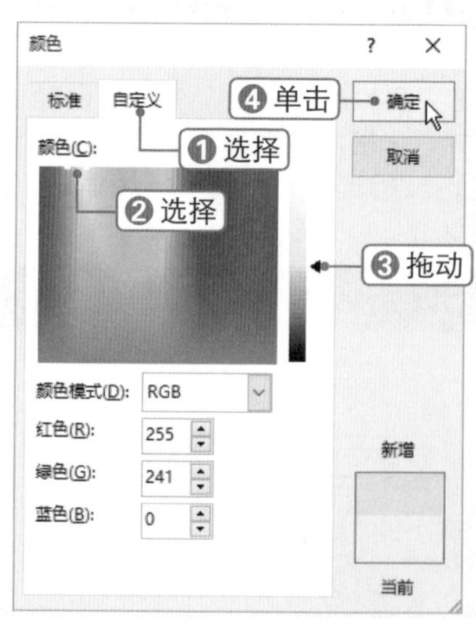

STEP 3 应用“柔化边缘”样式

在文档中绘制圆形，并设置填充颜色为黑色、无轮廓。❶选中形状，❷打开“设置形状格式”窗格，选择“效果”选项卡⬠，❸展开“柔化边缘”选项，在“预设”样式中选择所需的样式。

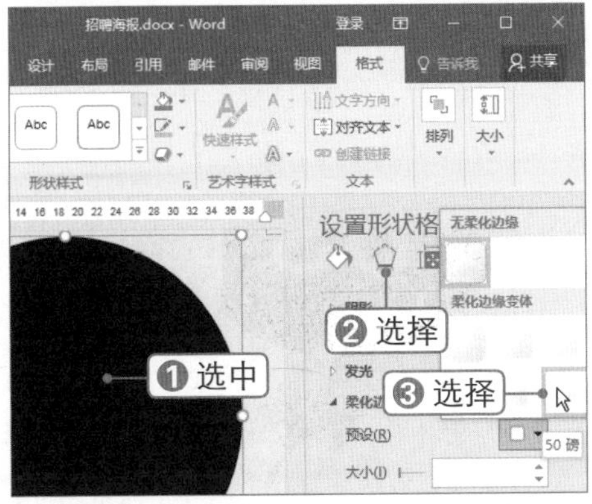

STEP 4 调整透明度

❶选择“填充与线条”选项卡，❷在“填充”选项下调整透明度。

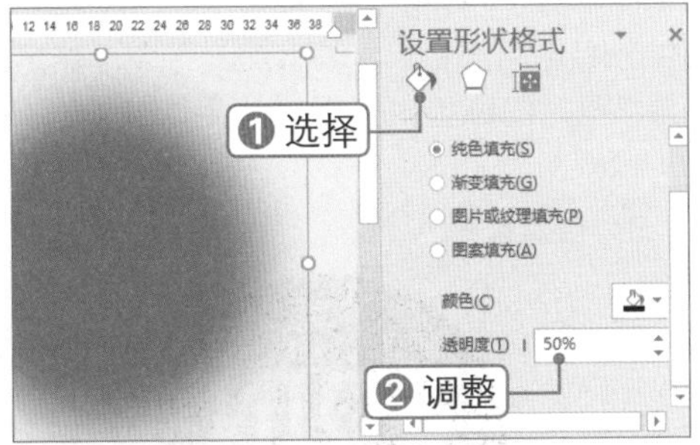

STEP 5 添加三维效果

使用“椭圆”形状绘制一个圆形，并设置填充颜色为黑色、无轮廓。打开“设置形状格式”窗格，❶选择“效果”选项卡，❷在“三维格式”选项下选择所需的“顶部棱台”效果。❸设置顶部棱台的宽度和高度。

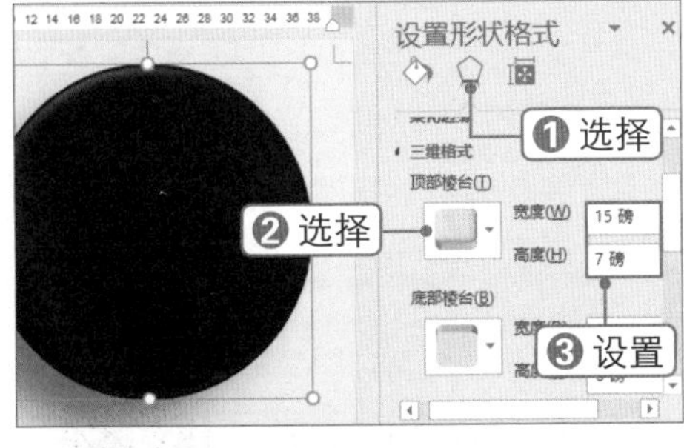

STEP 6 设置光源效果

❶在“光源”预设效果中选择“平面”效果，❷设置角度。

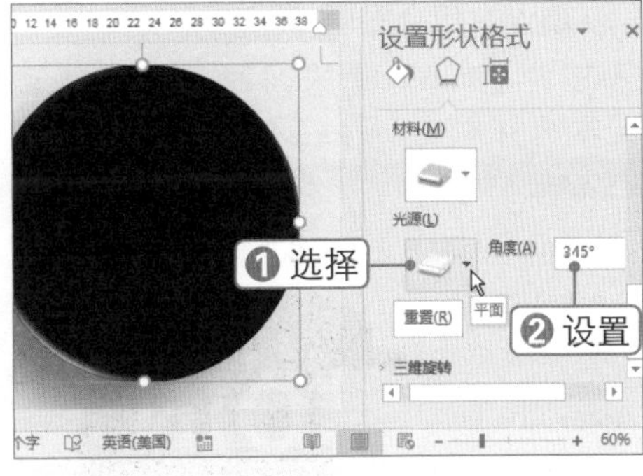

STEP 7 插入文本框

在文档中插入文本框，❶输入所需的文本，❷设置字体格式。

STEP 8 添加文本效果

❶选择格式选项卡，❷单击“文本效果”下拉按钮，❸选择所需的发光效果。

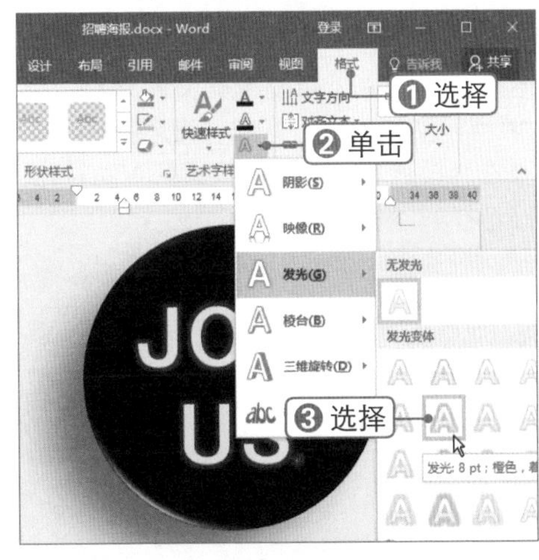

STEP 9 组合图形

❶按住【Shift】键的同时选中形状和文本框并右击，❷在组合选项中选择 组合(G) 命令。

STEP 10 插入文本框

❶在文档中插入文本框，输入所需的文本，并设置字体格式。❷插入公司 Logo 图片，❸设置文字环绕为"浮于文字上方"。

STEP 11 翻转图片

继续插入图片，并设置其文字环绕方式为"浮于文字上方"。❶选择 格式 选项卡，❷在"排列"组中单击 旋转 下拉按钮，❸选择 水平翻转(H) 选项。

STEP 12 将图片置于底层

右击图片，选择 置于底层(K) 命令，然后调整图片的位置，查看文档主体效果。

2.3.2 编辑招聘信息

通过插入文本框来编辑招聘信息，对文本进行字体和段落格式设置，然后插入形状进行简单修饰，具体操作方法如下：

微课：编辑招聘信息

STEP 1 插入文本框

在文档中插入文本框，❶输入招聘信息文本，❷在“字体”组中设置字体格式。

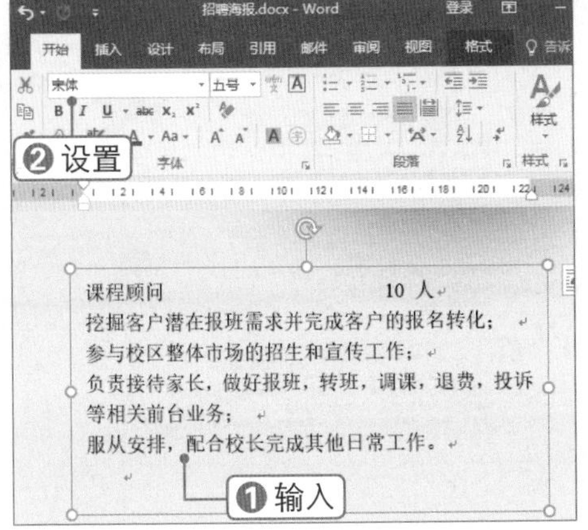

STEP 2 设置字体格式

❶选中第 1 行文本，❷在“字体”组中设置字体样式为“微软雅黑”、“小四”、加粗、白色。

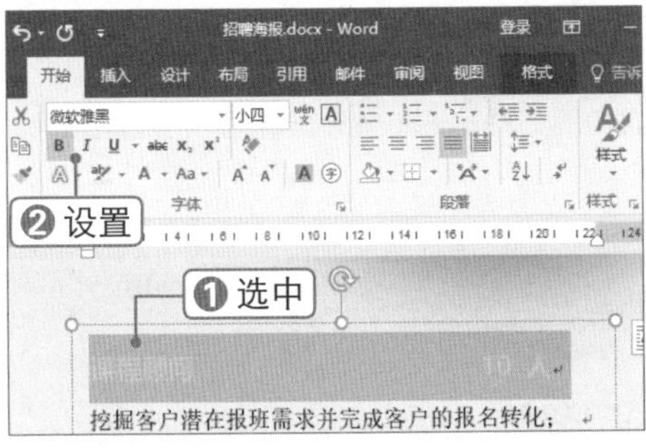

STEP 3 添加编号

选中文本，为文本添加自定义编号。

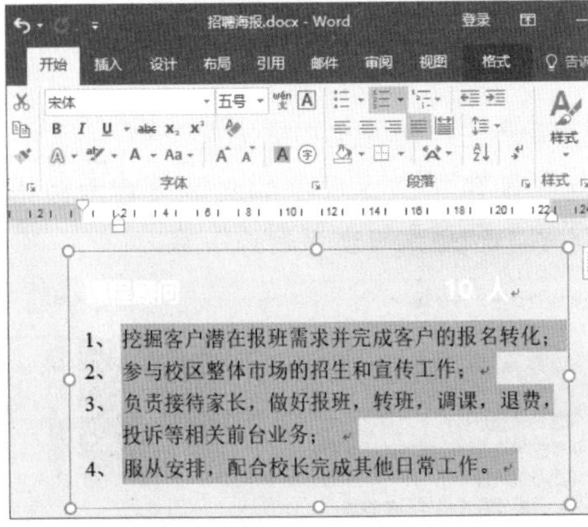

STEP 4 插入并调整形状

在文档中插入“平行四边形”形状。❶选择 格式 选项卡，❷在“形状样式”列表中选择所需的样式，❸拖动形状中的黄色控制柄，调整形状样式。

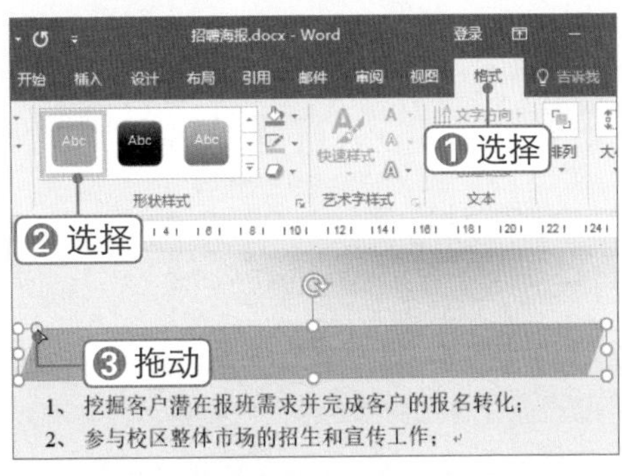

STEP 5 应用形状效果

❶在“形状样式”组中单击“形状效果”下拉按钮，❷选择所需的形状效果。

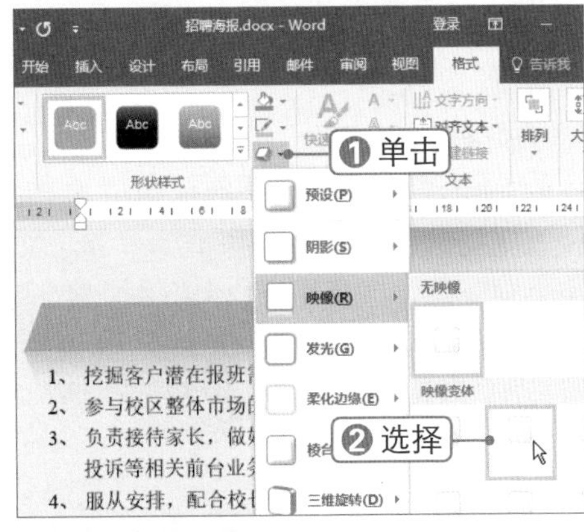

STEP 6 排列形状

在“排列”组中单击“下移一层”按钮，调整形状排列次序。

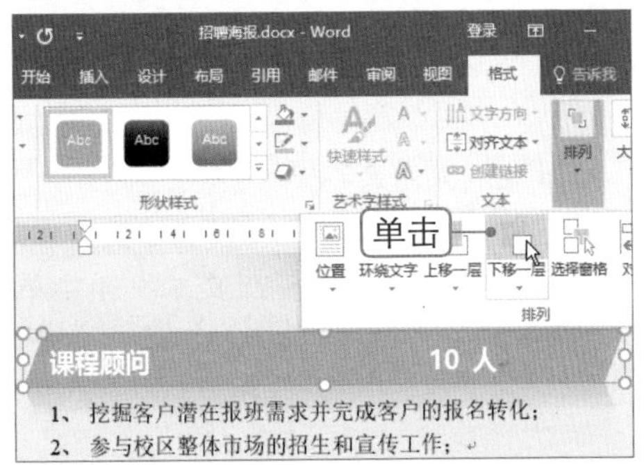

STEP 7 拖动图形

按住【Shift】键的同时选中形状和文本框，然后按住【Shift+Ctrl】组合键的同时向下拖动所选图形。

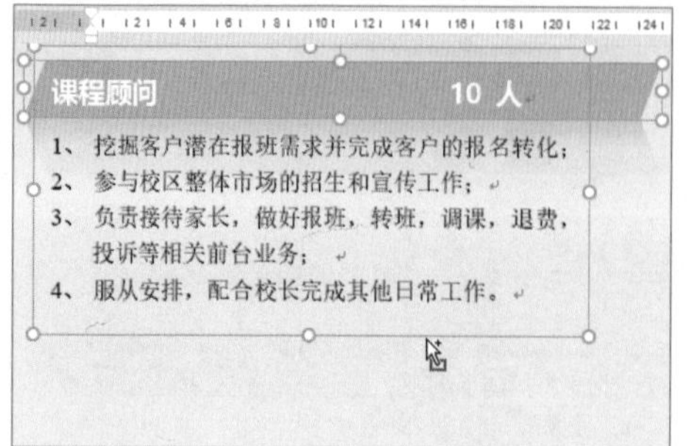

STEP 8 复制图形并修改

释放鼠标后即可在垂直方向上复制图形，根据需要修改文本，适当调整文本框的大小。可以使用“格式刷”工具复制编号格式，并设置编号 重新开始于 1(R)。

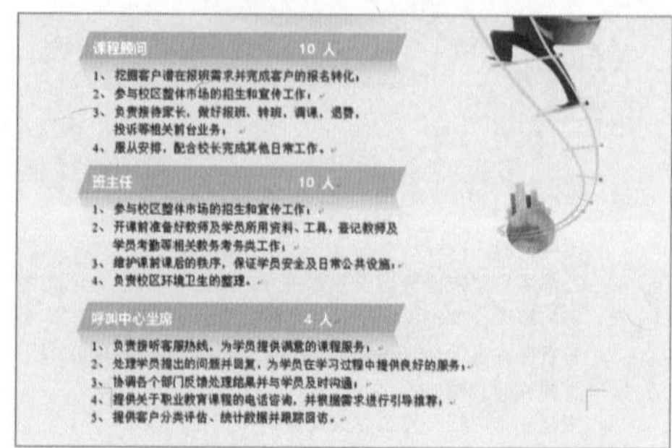

2.3.3 编辑联系方式

微课：编辑招聘信息

联系方式主要包括地址和联系电话，可以通过插入文本框来制作。在联系方式中还可以插入企业的二维码图片，让观看者通过手机扫描获取更多的信息，具体操作方法如下：

STEP 1 插入图片

在文档中插入二维码和微信图标图片，并设置图片的文字环绕方式为“浮于文字上方”，调整图片的大小和位置。

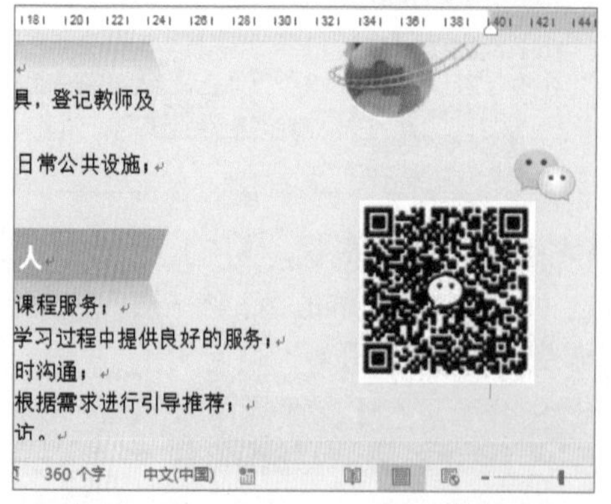

STEP 2 插入文本框

在文档中插入文本框，输入所需文本，并设置字体格式。❶在“文本”组中单击 文字方向 下拉按钮，❷选择“垂直”选项。

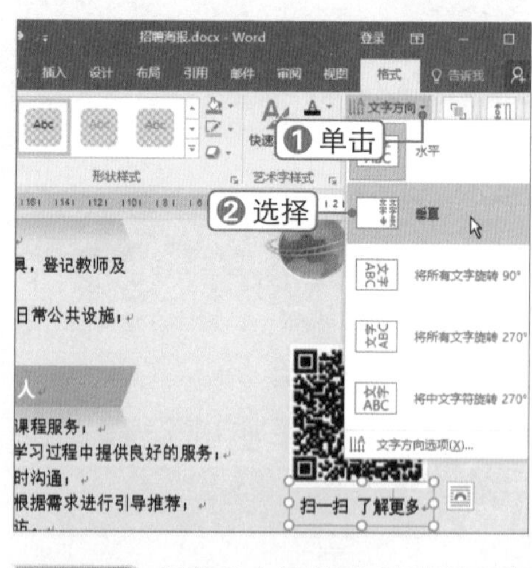

STEP 3 调整文本框位置

此时即可将文本框中的文字设置为竖排文字，调整文本框至合适位置。

STEP 4 插入文本框

插入文本框，输入联系信息文本，并设置字体格式。❶选择 格式 选项卡，❷在"形状样式"列表中选择所需的样式。

STEP 5 设置文本框边距

打开"设置形状格式"窗格，❶选择"布局属性"选项卡，❷设置文本框的边距。

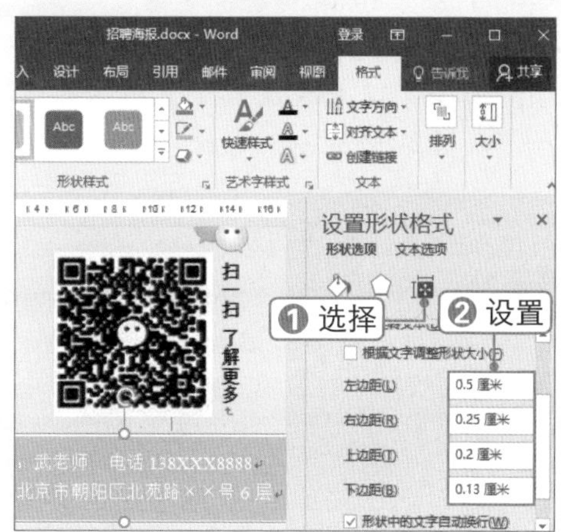

商务办公 私房实操技巧

TIP：将文本转换为文本框

在文档中选中文本，选择"插入"选项卡，在"文本"组中单击"文本框"下拉按钮，选择"绘制文本框"选项，即可将所选文本转换为文本框。

TIP：编辑环绕顶点

设置了图片文字环绕后，若要调整图片与文字之间的距离，可设置编辑环绕顶点，具体操作方法如下：

1. 单击图片右上方的"布局选项"按钮，选择"四周型环绕"选项。
2. 右击图片，选择"文字环绕"|"编辑环绕顶点"命令，如下图（左）所示。
3. 此时图片上显示顶点，根据需要拖动顶点的位置，以增加或减少图片与周围文字的距离，如下图（右）所示。

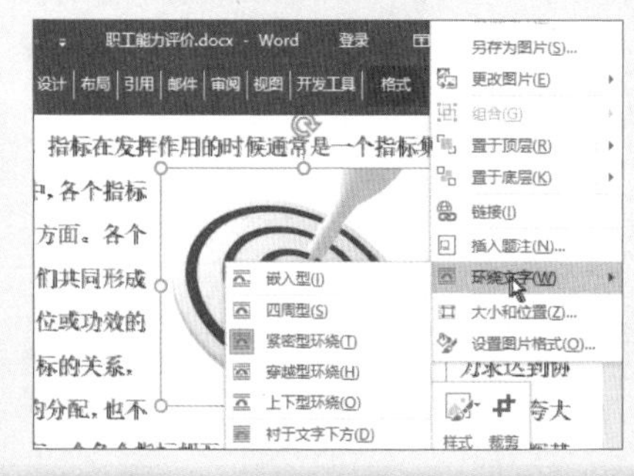

TIP：设计页面版式

要在 Word 中排版刊物，可以先对文档页面大小进行设置，然后在文档中插入文本框或表格来设计版式。要使表格可以随意移动，可将其插入文本框中，效果如右图所示。

家庭保健月刊

第九期 2017年7月1日

暑天到来，你想好怎么降温祛暑了吗？

【健康·杂谈】

暑天节气

TIP：创建文本框链接

若要将一篇文章分散放到指定的几个位置，可以先使用文本框安排好位置，然后在这些文本框之间创建链接。方法如下：在文档中选中第 1 个文本框，在“格式”选项卡下的“文本”组中单击“创建链接”按钮，此时鼠标指针变为🔗样式，在第 2 个文本框中单击即可。采用同样的方法逐个链接其他文本，效果如右图所示。

家庭保健月刊

不做“黑美人”！夏季防晒功课学起来

王大夫信箱

Ask Answer

高手疑难解答

问 怎样拆解 SmartArt 图形？

图解解答 将 Word 文档中的 SmartArt 图形复制到 PowerPoint 幻灯片中，选择 设计 选项卡，在“重置”组中单击“转换”下拉按钮，选择“转换为形状”命令，如下图（左）所示。右击转换后的形状，选择“组合”|“取消组合”命令即可，效果如下图（右）所示。

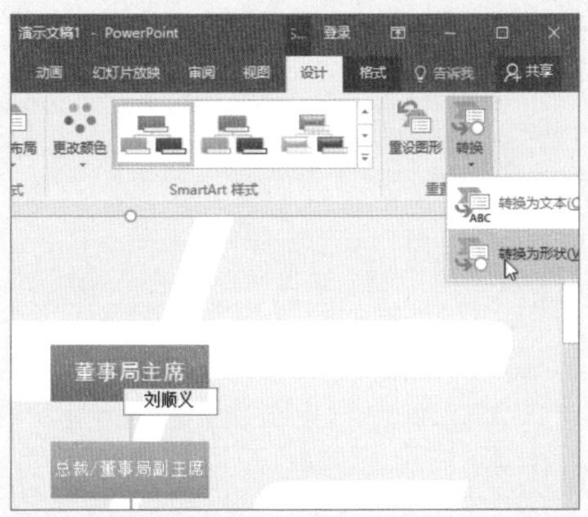

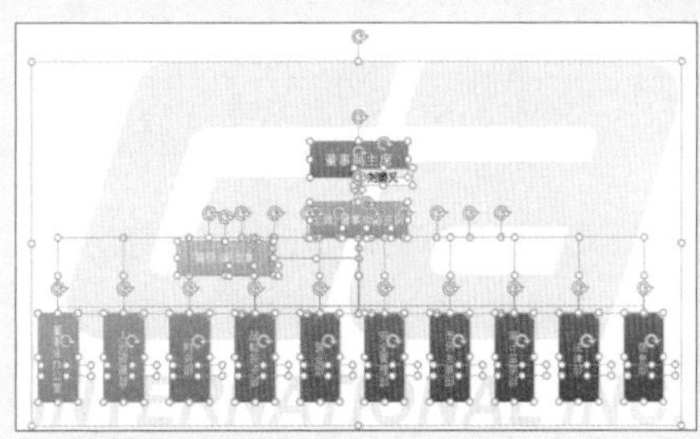

问 为艺术字应用三维格式后，怎样使其看起来更加具有质感？

图解解答 选中艺术字后，打开“设置形状格式”窗格，在“三维格式”组中应用材料和光源效果。如下图所示分别为“金属效果”和“最浅”半透明效果。

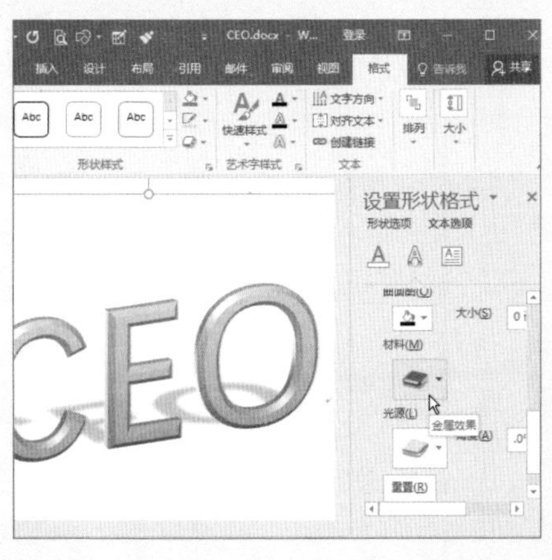

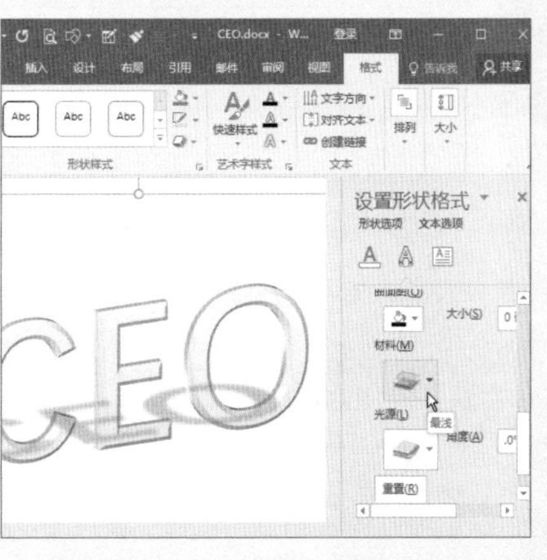

CHAPTER

制作 Word 商务办公表格

本章导读

在日常办公中经常需要使用 Word 制作各种各样的办公表格，如访客登记表、客户资料表、工作记录表、部门计划表、情况说明表等。利用表格不仅可以对文档内容进行排版，还可将各种复杂的信息简明扼要地表达出来。本章以制作采购计划申请表和人事资料表为例，介绍制作 Word 商务办公表格的方法与技巧。

知识要点

01 制作采购计划申请表

02 制作人事资料表

案例展示

▼采购计划申请表

办公、劳保用品采购计划申请表

申请部门： 申请日期：

序号	品名	计划数量	预计单价	审批数量	合计	备注
01	电脑主机	5	1600	5	8000	
02	广告伞	100	30	88	2640	
03	鼠标	40	35	12	420	
04	A4 打印纸	30	18	20	360	
05						
06						
07						
所需金额合计（元）		11420				

申请人： 领导审批： 主管领导审批：

备注：各部门按月提交采购计划，每月 20 日前，申报下月所需办公用品

▶人事资料表

人事资料表

姓名		性别		年龄		政治面貌		照片
家庭住址				出生日期				
身份证号码				毕业学校				
婚姻状况	厂已婚 厂未婚	学历		身体状况				
身高		体重		职位		个人特长		
教育经历	时间	学校（培训机构）/专业				学历证明		
工作经历	时间	工作单位				职位	工资	
工作经历	时间	工作单位				职位	工资	
语言能力	普通话：	英语：	计算机水平	1、初级	2、中级	3、高级		
工资要求		食宿要求		联系电话				
以下由公司填写								
审批栏	部门组长	生产主管	厂长	总经理				
人事记录	姓名		人事编号		宿舍编号			
	正式入厂日期			正式离厂日期				
	试用期		试用工资	正式聘用工资				

Chapter 03

3.1 制作采购计划申请表

■ 关键词：对齐方式、行高和列宽、插入与删除、合并与拆分、边框与底纹、计算与排序

某设计公司的一个分部由于要更新换代一批办公设备，需要向总部发出采购申请并提交采购申请表。采购申请表的要素一般包括物品名称、数量、价格、需求时间以及备注说明等。在 Word 2016 中利用表格功能可以很轻松地制作采购计划申请表，插入表格后对表格布局进行调整，若有必要还应对表格进行美化设置。

3.1.1 进行页面设置

微课：进行页面设置

在制作表格前应先对页面布局进行设置，若表格的列较多，则要将页面方向设置为横向，具体操作方法如下：

STEP 1 设置纸张方向

新建“采购计划申请表”文档，❶选择 布局 选项卡，❷单击 纸张方向 下拉按钮，❸选择“横向”选项。

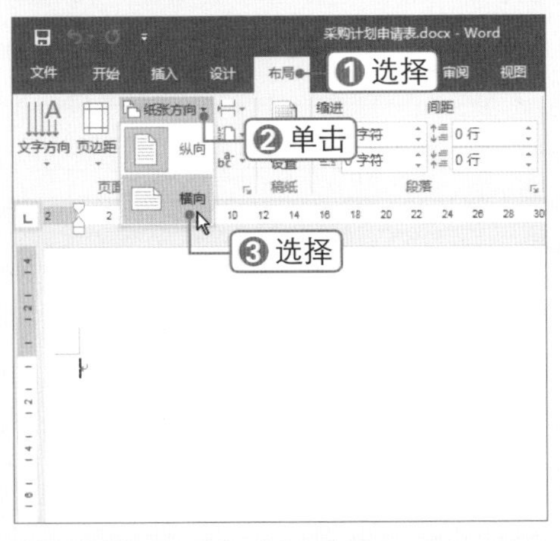

STEP 2 设置页边距

❶单击“页边距”下拉按钮，❷选择“普通”选项。

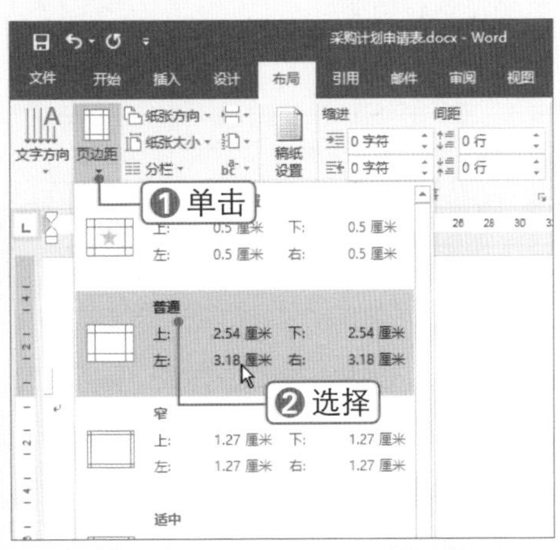

3.1.2 插入并调整表格

微课：插入并调整表格

在Word 2016中创建表格可以通过多种方法，最常用的方法是通过选择网格或命令插入。

1. 通过选择网格插入

要快速插入一个基本表格，可以使用表格网格进行选择即可。下面将介绍如何插入基本表格并调整表格大小、设置表格的对齐方式、拆分与合并表格、输入表格标题、删除表格等，具体操作方法如下：

STEP 1 选择表格尺寸

❶选择 插入 选项卡，❷单击“表格”下拉按钮，❸在网格中选择行数和列数，单击即可插入表格。

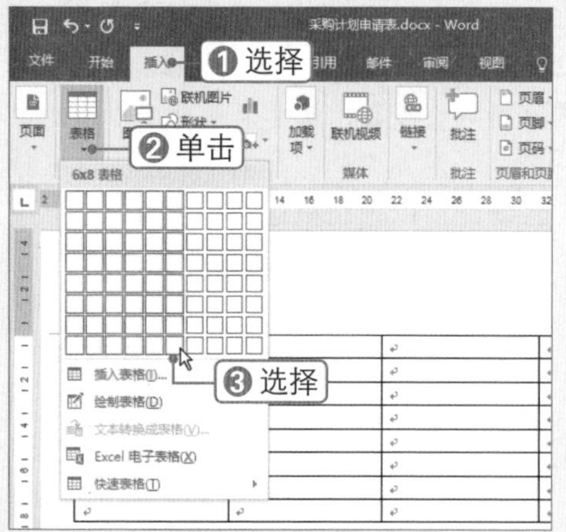

STEP 2 调整表格大小

将光标置于表格右下角的控制柄上，当其变为双向箭头时拖动鼠标，即可调整表格宽度和高度。

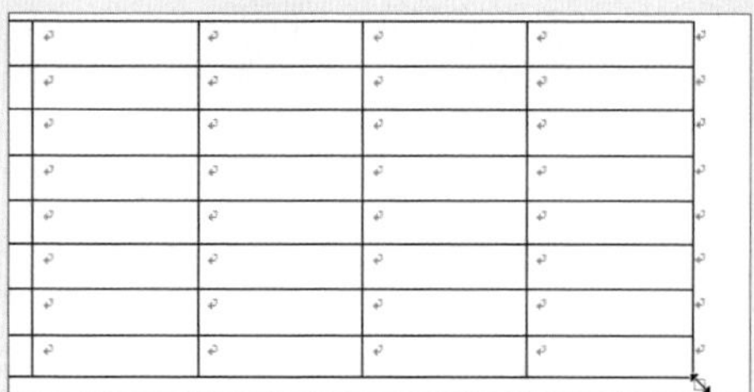

STEP 3 设置表格对齐方式

❶单击表格左上角的⊞按钮全选表格，❷在“段落”组中单击“居中”按钮≡，即可居中对齐表格。

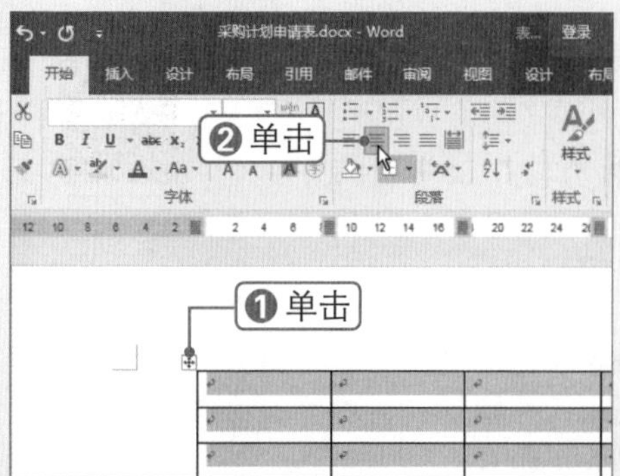

STEP 4 拆分表格

❶将光标定位到单元格中，❷选择 布局 选项卡，❸在“合并”组中单击“拆分表格”按钮。

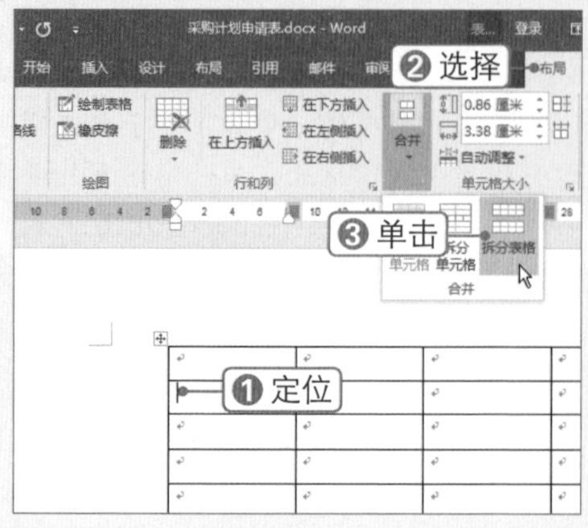

STEP 5 合并表格

此时即可将表格拆分为两个表格。要将两个表格合并为一个，删除表格之间的空行即可。

STEP 6 输入标题

单击表格左上角的⊞按钮全选表格，按【Ctrl+Shift+Enter】组合键，即可在表格上方插入一个空行。在表格上方的空行中输入标题文本，并设置字体格式。

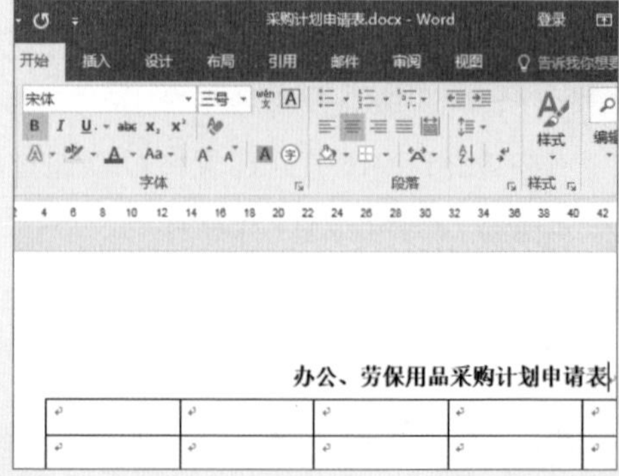

2. 通过插入命令

若要插入较大的表格，可以通过“插入表格”命令进行操作，并自定义表格尺寸，具体操作方法如下：

STEP 1　选择“插入表格(I)...”选项

❶选择“插入”选项卡，❷单击“表格”下拉按钮，❸选择“插入表格(I)...”选项。

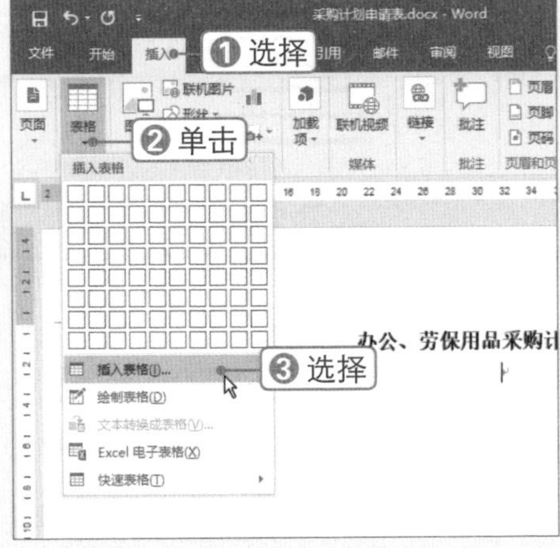

STEP 2　设置表格尺寸

弹出“插入表格”对话框，❶设置表格行数和列数，❷单击“确定”按钮。

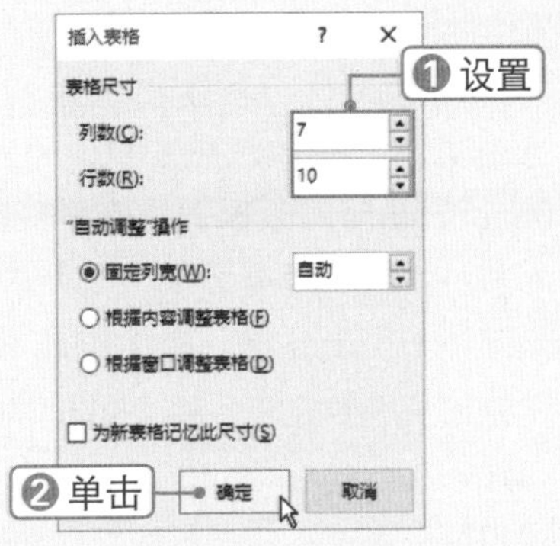

STEP 3　输入文本

此时即可插入 10 行 7 列的表格，在第 1 行中输入所需的文本。❶选中第 1 行，❷在“字体”组中设置字体样式为“宋体”，字号为“小四”。

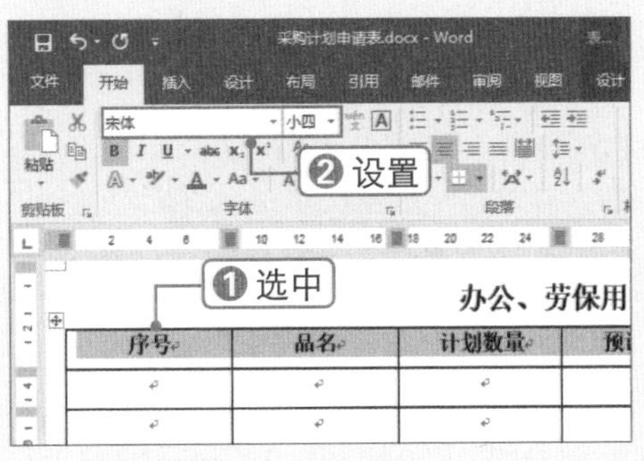

3.1.3 编辑表格单元格

在表格中处理文本的方法与在普通文档中处理文本略有不同，这是因为在表格中每个单元格都是一个独立的单位，在输入过程中，Word 2016会根据内容的多少自动调整单元格的大小。为了让表格与文本相互匹配，可以对单元格文本格式、边距、对齐方式、高度及宽度等进行设置。

微课：编辑表格单元格

1. 选择表格中的单元格

在对Word文档进行格式设置时，可先将需要设置格式的对象选中，然后进行相关的操作。对表格对象的操作也不例外，也要先将需要改动的内容选中，这就涉及了选中单元格的操作。

选中单元格的方法很多，如单独选中一个单元格、一行单元格或一列单元格，而选中操作可以由鼠标来完成，也可由键盘来完成。

- 选定一个单元格：单击该单元格的左边界。
- 选定一行的单元格：单击该行的左侧。
- 选定一列的单元格：单击该列的顶端边界处。

- 选定多个连续的单元格、行或列：在要选定的单元格、行或列上拖动鼠标，选定某一单元格、行或列，然后按住【Shift】键的同时单击其他单元格、行或列，则其间的所有单元格都被选中。
- 选定下一个单元格：按【Tab】键。
- 选定前一个单元格：按【Shift+Tab】组合键。
- 选定整个表格：单击表格左上角的表格整体标志。

2. 填充自动编号

在表格中输入数据时，有时需要在单元格中输入连续的数字编号，此时可以使用Word的编号功能快速插入编号，具体操作方法如下：

STEP 1 选择 定义新编号格式(D)... 选项

❶选择要添加编号的单元格，❷在“段落”组中单击“编号”下拉按钮，❸选择 定义新编号格式(D)... 选项。

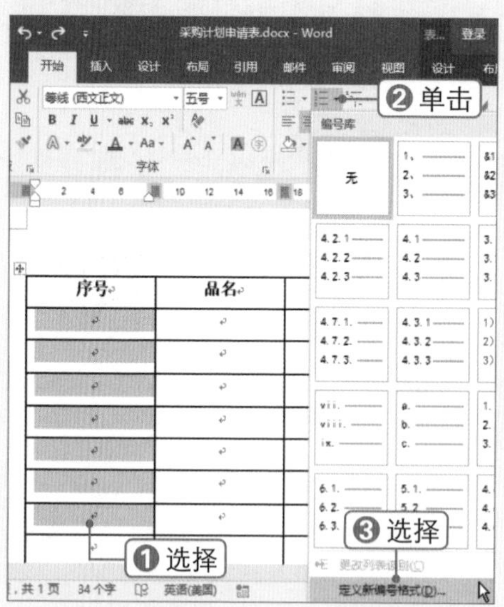

STEP 2 设置编号格式

弹出“定义新编号格式”对话框，❶选择编号样式，❷在“编号格式”文本框中的编号前输入 0，❸单击 确定 按钮。

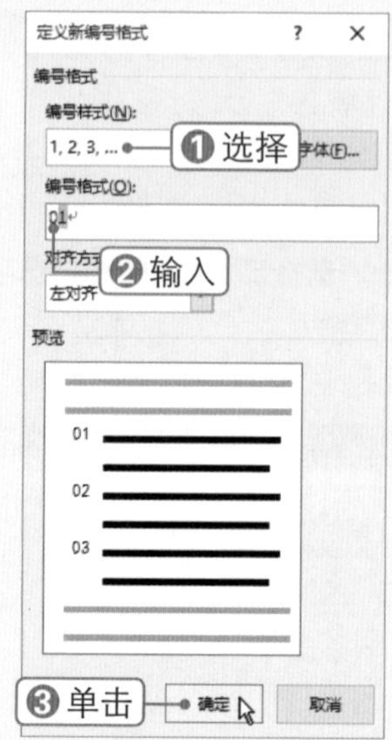

STEP 3 填充编号

此时即可为所选单元格自动填充编号。

STEP 4 选择“调整列表缩进”命令

在编号中右击，选择 调整列表缩进(U)... 命令，弹出“调整列表缩进量”对话框。❶在“编号之后”的下拉列表框中选择 不特别标注 选项，❷单击 确定 按钮。

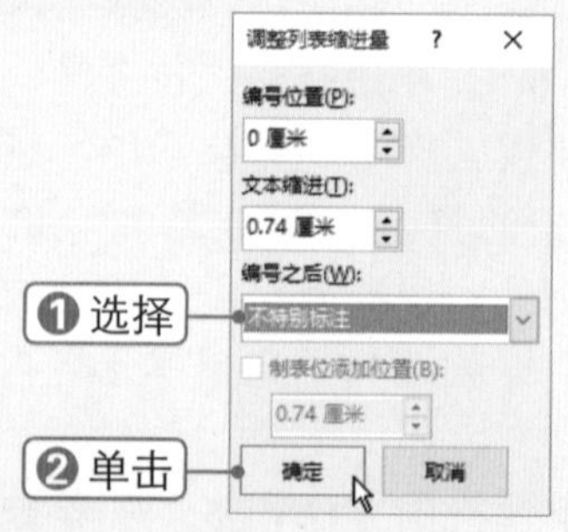

3. 设置表格和单元格对齐方式

在Word 2016中既可以设置表格的对齐方式，也可设置表格中文本的对齐方式，即单元格的对齐方式。在设置时可以根据需要设置单元格的边距大小或文字方向，具体操作方法如下：

STEP 1 设置对齐方式

全选表格，❶选择 布局 选项卡，❷在“对齐方式”组中单击“水平居中”按钮。

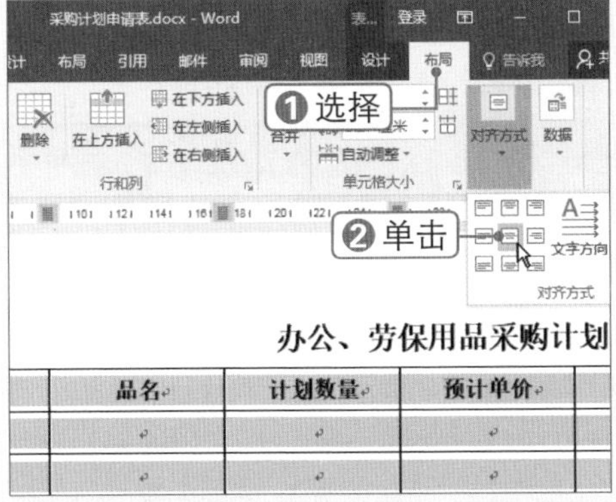

STEP 2 设置文字方向

❶将光标定位到单元格中，❷在“对齐方式”组中单击“文字方向”按钮，即可设置竖排文字。

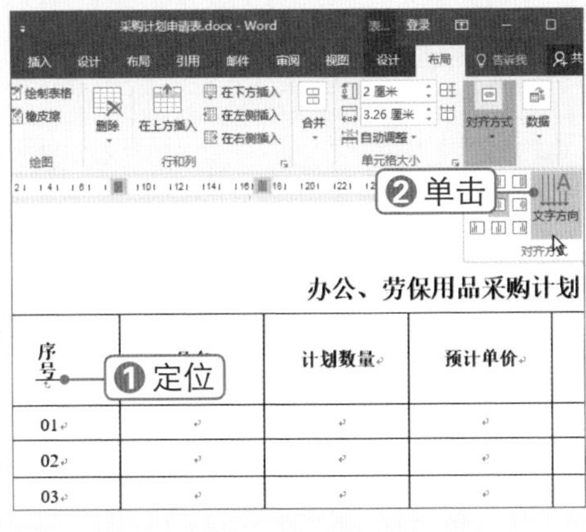

STEP 3 设置单元格边距

在“对齐方式”组中单击“单元格边距”按钮，弹出“表格选项”对话框。❶设置单元格的上、下、左、右边距，❷单击 确定 按钮。

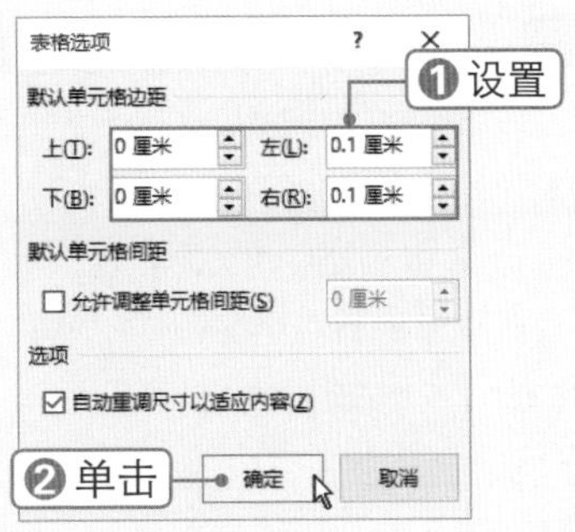

STEP 4 单击 属性 按钮

❶将光标定位在表格中，❷在“布局”选项卡下单击 属性 按钮。

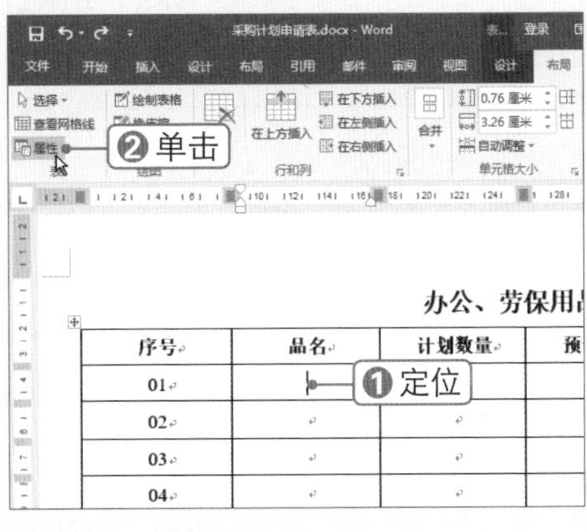

STEP 5 设置表格对齐方式

弹出“表格属性”对话框，❶选择表格对齐方式，❷选择文字环绕方式，❸单击 确定 按钮。

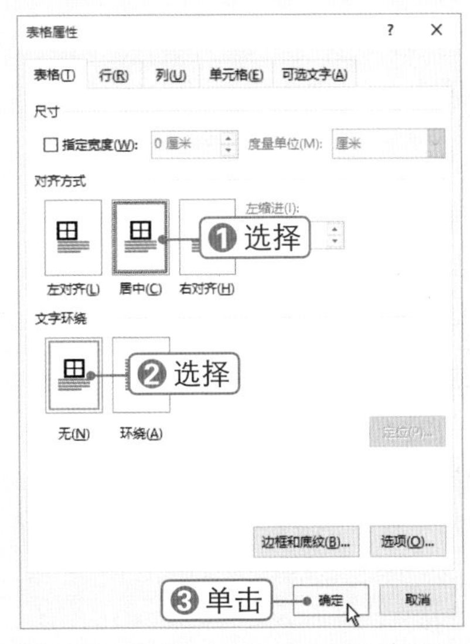

4. 设置单元格行高和列宽

一般情况下，Word 2016会自动调整行高以适应输入内容的多少，也可自定义表格的行高和列宽。调整单元格行高和列宽的方法有多种，具体操作方法如下：

STEP 1 拖动表格线

将鼠标指针置于列的表格线上，当其变为双向箭头⇹时拖动鼠标即可调整列宽。

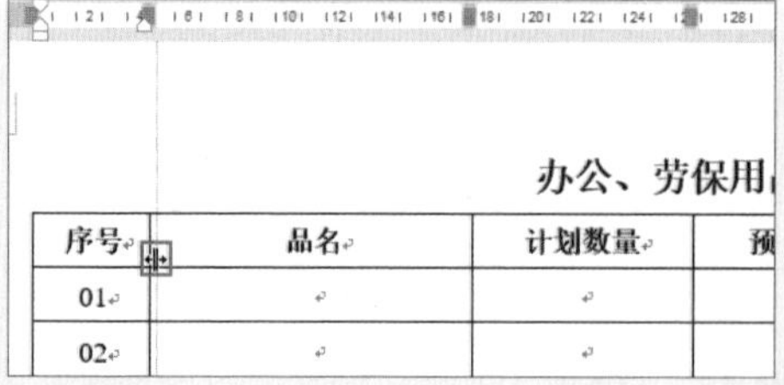

STEP 2 通过标尺调整

要保持其他单元格的大小不变，只调整本列的列宽，可在标尺上拖动列对应的▦标记即可。

STEP 3 自动调整列宽

将鼠标指针置于列的表格线上，当其变为双向箭头⇹时双击即可自动调整列宽。

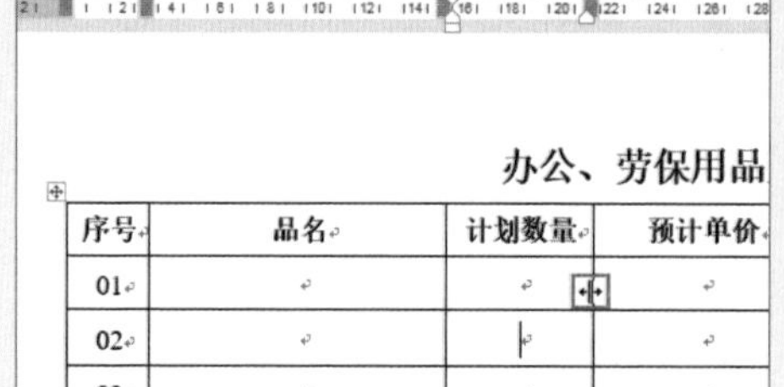

STEP 4 分布列

❶选中多列，❷选择 布局 选项卡，❸单击“分布列”按钮⊞，即可在所选列之间平均分布宽度。

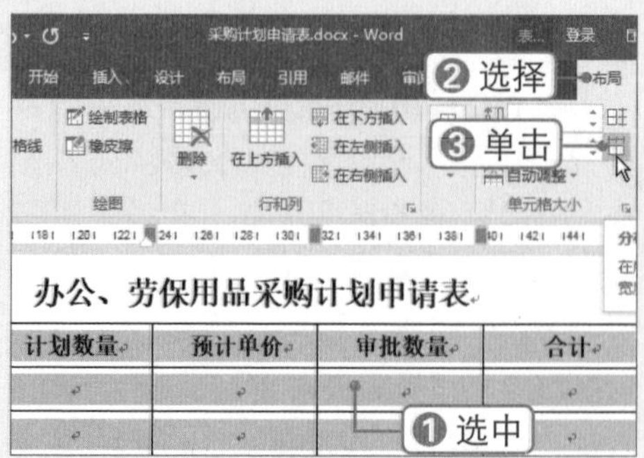

STEP 5 自定义列宽

❶选中多列，❷在“单元格大小”组中输入列宽的值，即可精确调整列宽。

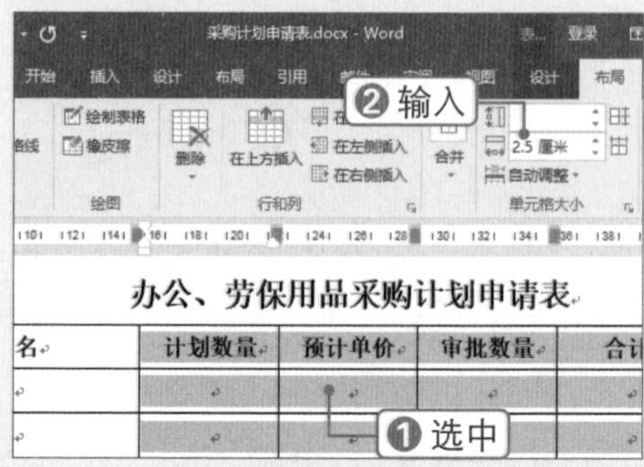

STEP 6 查看设置效果

采用同样的方法，设置其他单元格的列宽和行高。

实操解疑

在单元格中插入斜线

将光标定位到单元格中，在“开始”选项卡下的“段落”组中单击“边框”下拉按钮，选择“斜下框线”选项，可在单元格中插入斜线。要插入多条斜线，需用“直线”形状进行绘制。

3.1.4 编辑表格布局

微课：编辑表格布局

在实际工作中，有时需要设计一些比较复杂的表格，这时可以通过对表格进行更多的编辑操作，如插入要删除行列、合并及拆分单元格、制作斜线表头等，从而制作出符合要求的办公表格。

1. 插入行、列与单元格

在编辑表格的过程中，有时会发现已创建的表格中会缺少某些数据内容，需要插入新的行或列。在Word 2016可以通过多种方法插入行或列，具体操作方法如下：

STEP 1 快速插入一行

将鼠标指针置于行线左侧，此时将出现⊕按钮，单击此按钮即可快速插入一行。

办公、劳保用品采购计

序号	品名	计划数量	预计单价	审
01				
02				
03				
04				
05				
06				

STEP 2 按【Enter】键

将鼠标指针定位到行后的段落标记中，按【Enter】键即可插入一行。

劳保用品采购计划申请表

量	预计单价	审批数量	合计	备注

STEP 3 单击功能按钮

❶将光标定位到单元格中，❷选择 布局 选项卡，❸在“行和列”组中单击相应的按钮，即可插入行或列。

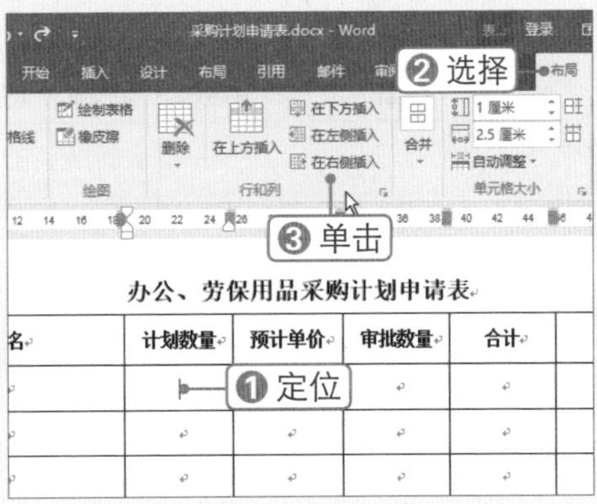

STEP 4 使用快捷命令

❶在单元格中右击，❷选择 插入(I) 命令，❸选择所需的插入行或列命令。

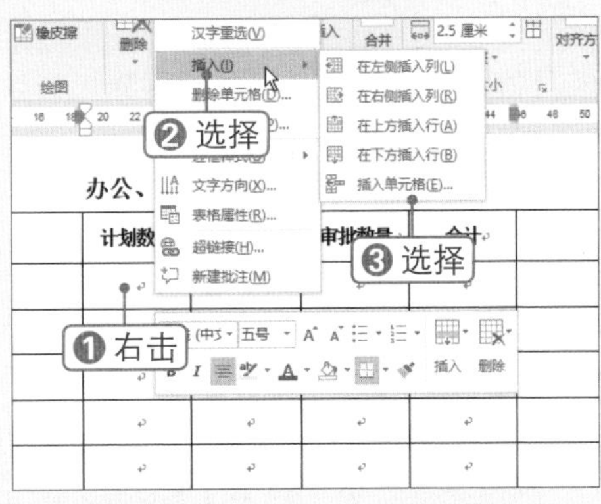

2. 删除行、列与单元格

若在编辑表格时发现其中的行或列是多余的，可以进行删除行或列操作，具体操作方法如下：

STEP 1 通过功能按钮删除行或列

❶将光标定位到单元格中，❷在“行和列”组中单击“删除”下拉按钮，❸选择所需的删除行或列命令即可。此外，选中行或列后直接按【Backspace】键，即可删除行或列。

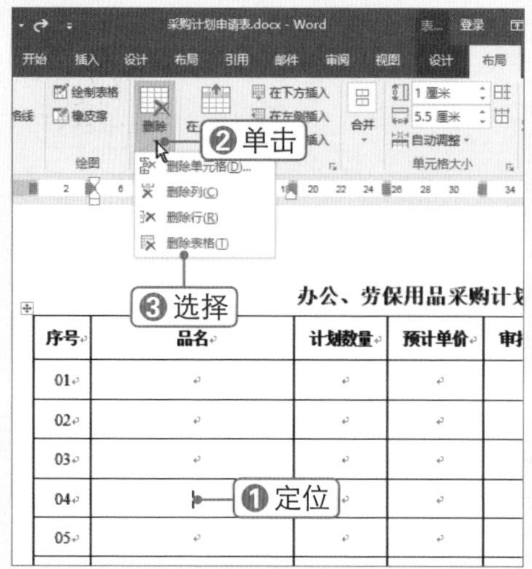

STEP 2　删除单元格

在单元格中右击，选择 删除单元格(D)... 命令，弹出“删除单元格”对话框，❶设置删除选项。❷单击 确定 按钮。

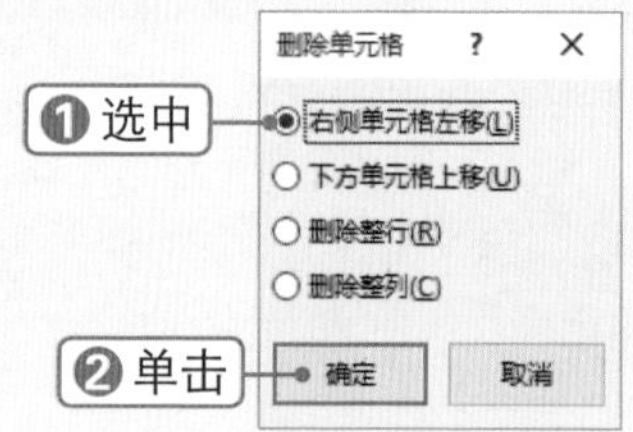

秒杀技巧　对齐单元格中的文本

在设置单元格对齐方式后，若单元格中的文本仍不整齐，可能是由于文本前包含空格或对文本设置了段落缩进，清除空格或段落缩进即可。

3. 绘制行、列与单元格

通过绘制表格功能也可更为灵活地在表格中插入行、列或单元格，具体操作方法如下：

STEP 1　单击 绘制表格(D) 按钮

将光标定位到单元格中，❶选择 布局 选项卡，❷在“绘图”组中单击 绘制表格(D) 按钮。

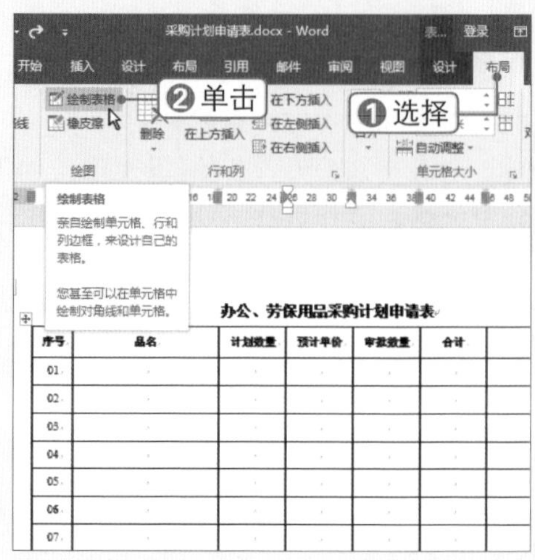

STEP 2　绘制表格

此时鼠标指针变为✎样式，在表格上方拖动绘制表格，与下方的表格相连。

办公、劳保用品采购计划申请表

序号	品名	计划数量	预计单价	审批数量	合计	备注
01						
02						
03						
04						
05						
06						
07						

STEP 3　继续绘制表格

表格绘制完成后释放鼠标，即可在表格上方插入一行。在单元格中拖动绘制表格线以拆分单元格，绘制完成后按【Esc】键退出绘制表格状态。

劳保用品采购计划申请表

量	预计单价	审批数量	合计	备注

4. 合并单元格

有时需要将多个单元格合并为一个单元格，此时可以使用“合并单元格”命令进行合并操作，还可以使用“橡皮擦”工具来擦除线条，具体操作方法如下：

STEP 1 单击“合并单元格”按钮

❶选中要合并的单元格，❷选择布局选项卡，❸在“合并”组中单击“合并单元格”按钮，即可将所选单元格合并为一个单元格。

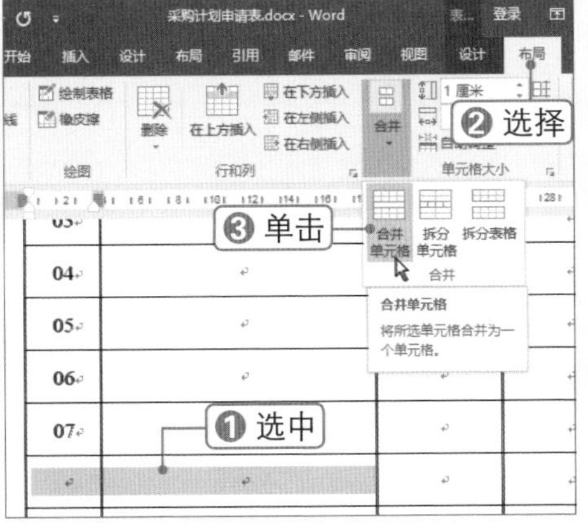

STEP 2 选择 合并单元格(M) 命令

❶选中要合并的多个单元格并右击，❷选择 合并单元格(M) 命令。

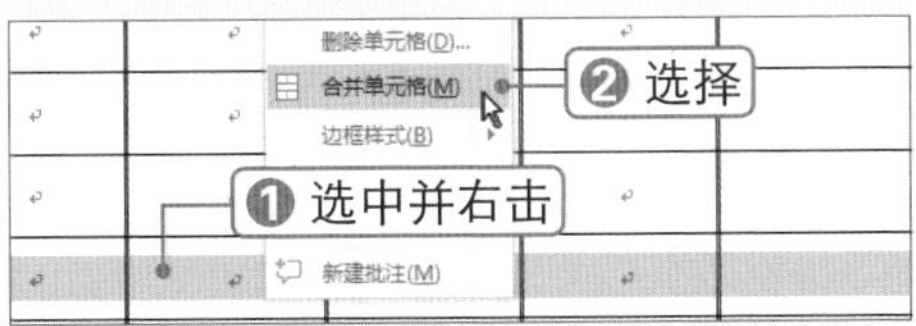

STEP 3 擦除表格线

在“绘图”组中单击橡皮擦按钮，此时鼠标指针变为样式。在表格线上单击或拖动鼠标即可擦除表格线，即可合并单元格。

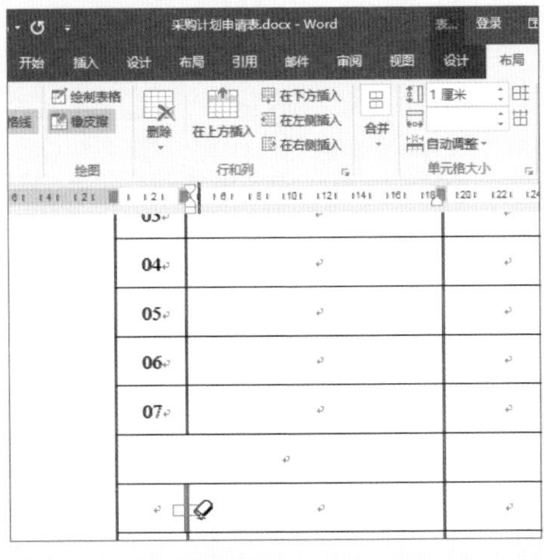

5. 拆分单元格

拆分单元格是指将一个单元格拆分成多个单元格，可以通过“拆分单元格”命令或绘制表格边框线来拆分单元格，具体操作方法如下：

STEP 1 设置拆分单元格

选中要拆分的单元格，在“合并”组中单击“拆分单元格”按钮。弹出“拆分单元格”对话框，❶设置行数和列数，❷单击确定按钮。

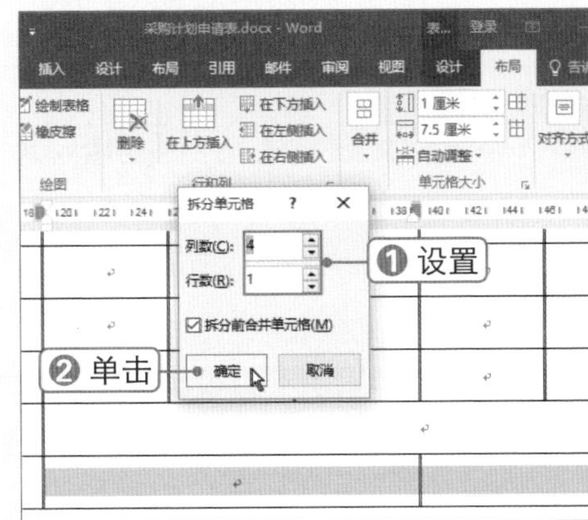

STEP 2 查看拆分效果

此时即可将所选单元格拆分为相应的行数和列数。

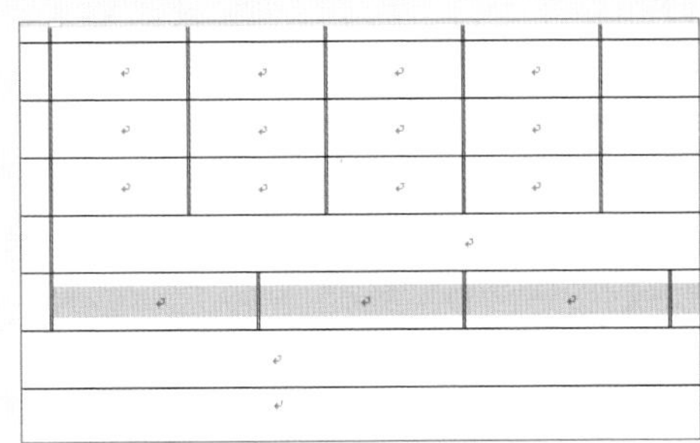

使用“绘制表格”功能在单元格中绘制表格线也能达到拆分表格的效果，操作起来更加便捷，具体操作方法如下：

STEP 1 绘制表格

在“绘图”组中单击绘制表格按钮，此时鼠标指针变为样式，拖动鼠标即可绘制表格线。

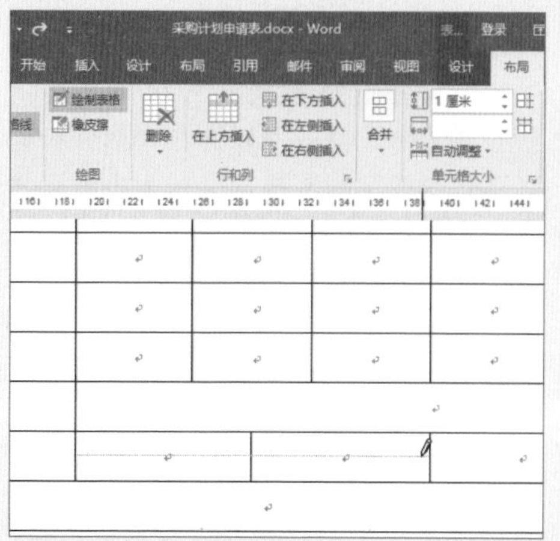

STEP 2 拆分单元格

绘制完成后释放鼠标，即可拆分单元格。在单元格的对角线方向拖动鼠标，还可在单元格中绘制斜线。

3.1.5 设置表格边框与底纹样式

微课：设置表格边框与底纹样式

为表格和单元格设置边框与底纹可以使表格更加美观，表格中的内容也更加突出，下面将进行详细介绍。

1. 设置单元格边框样式

在创建表格时，Word 2016会以默认的0.5磅单实线绘制表格边框，用户可以根据需要对表格边框进行粗细、线型的设置，具体操作方法如下：

STEP 1 单击扩展按钮

❶选中第 1 行，❷选择 设计 选项卡，❸单击“边框”组中右下角的扩展按钮。

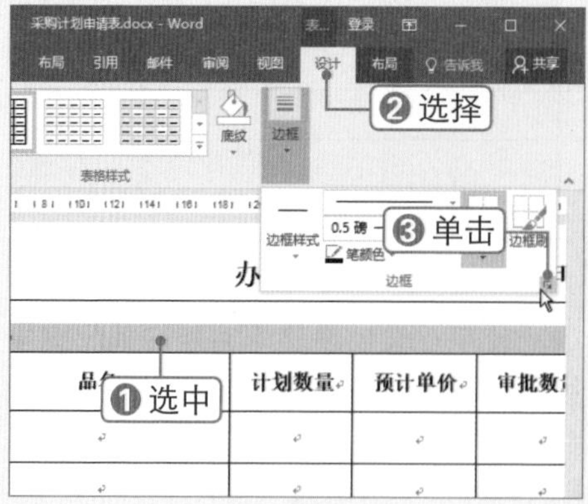

STEP 2 设置边框样式

弹出“边框和底纹”对话框，❶在左侧单击“自定义”按钮，❷设置边框样式，❸在预览图上单击，使其只保留下方的边框，❹单击 确定 按钮。

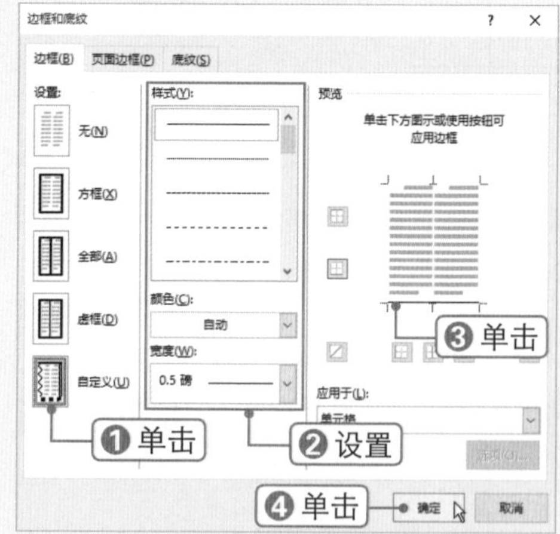

STEP 3 查看边框效果

此时即可查看为单元格设置边框后的效果。

办公、劳保用品采购计划申

申请部门：

序号	品名	计划数量	预计单价	审批数
01				
02				
03				

STEP 4 删除单元格边框

❶选中行，❷选择 设计 选项卡，❸在“边框”组中单击“边框”下拉按钮，❹选择 无框线(N) 选项，即可删除所选单元格的边框。

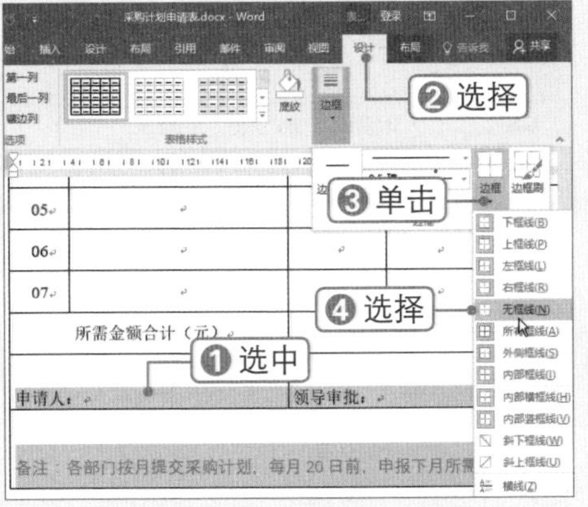

STEP 5 单击“边框刷”按钮

❶在“边框”组中设置边框样式，❷单击“边框刷”按钮。

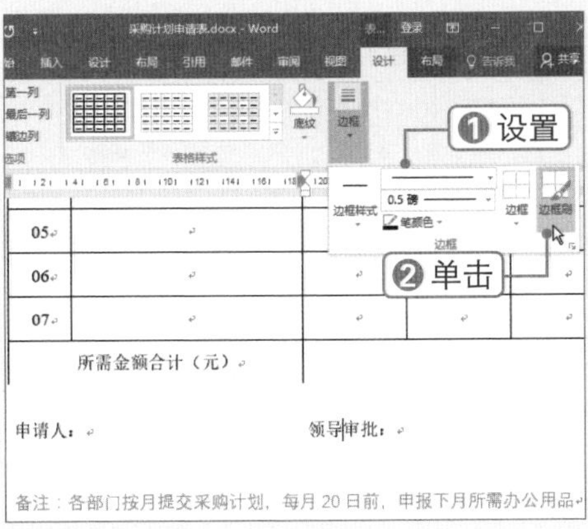

STEP 6 应用边框样式

此时鼠标指针变为✒样式，在表格边框上拖动鼠标，即可应用边框样式。

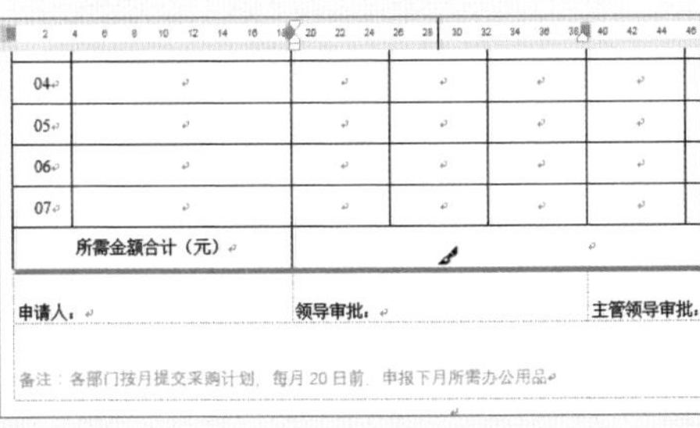

2. 设置表格底纹样式

在美化表格时，可以为单元格添加不同的底纹效果以突出显示，具体操作方法如下：

STEP 1 选择底纹颜色

❶选中要设置底纹的单元格，❷在 设计 选项卡下单击“底纹”下拉按钮，❸选择所需的颜色。

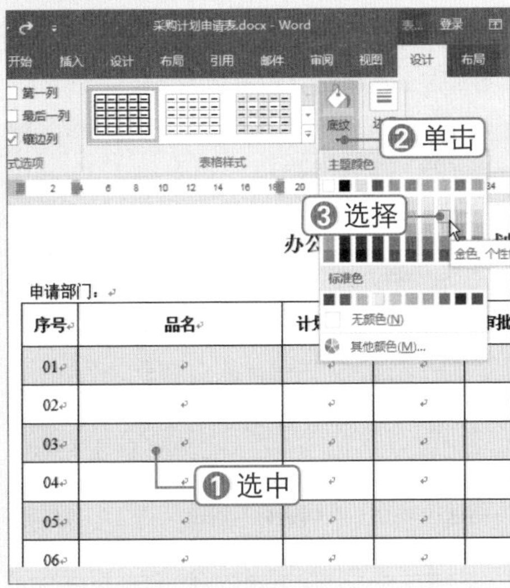

STEP 2 设置底纹图案

选中要设置底纹的单元格后，打开“边框和底纹”对话框，❶选择 底纹(S) 选项卡，❷选择图案样式和颜色，❸单击 确定 按钮。

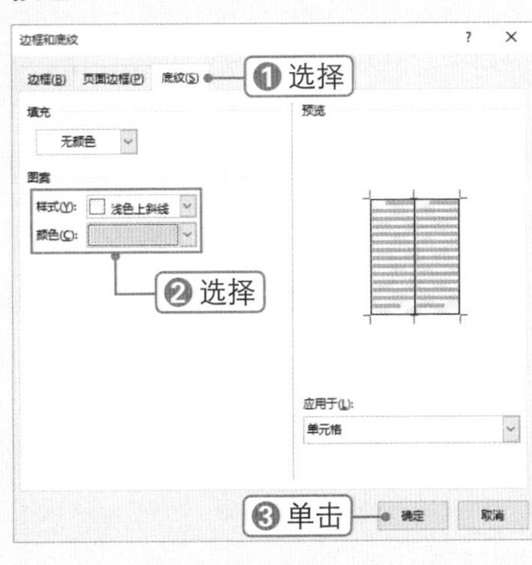

3.1.6 计算与排序表格数据

除了前面介绍的常用表格操作之外，在Word表格中还可对表格中的数据进行计算和排序，下面将进行详细介绍。

微课：计算与排序表格数据

1. 计算数据

在Word 2016中可以对表格中的数据进行一些简单的运算，如求和、求平均值等，具体操作方法如下：

STEP 1 单击“公式”按钮

❶ 将光标定位到单元格中，❷ 选择 布局 选项卡，❸ 在“数据”组中单击“公式”按钮。

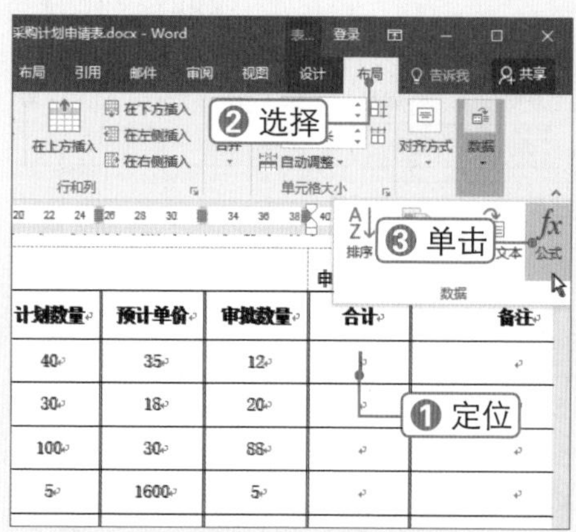

STEP 2 输入公式

弹出“公式”对话框，❶ 在“公式”文本框中输入公式（以A、B、C……表示列数，以1、2、3……表示行数），❷ 单击 确定 按钮。

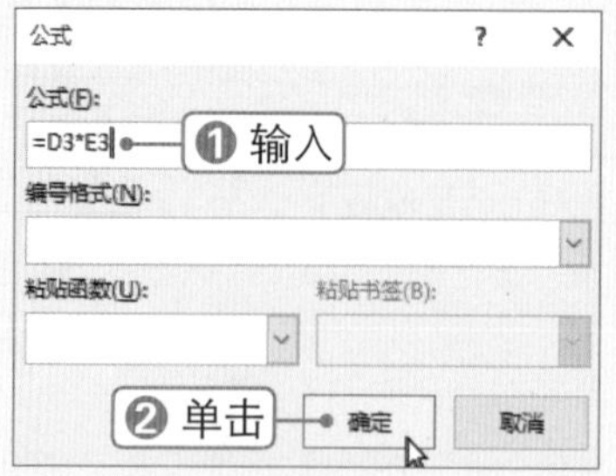

STEP 3 查看计算结果

此时即可计算出结果。

办公、劳保用品采购计划申请表

申请日期：

品名	计划数量	预计单价	审批数量	合计
鼠标	40	35	12	420
A4 打印纸	30	18	20	
广告伞	100	30	88	
电脑主机	5	1600	5	

STEP 4 更新域

若单元格中的数据改变后，❶ 还可右击计算结果，❷ 选择 更新域(U) 命令，更新计算结果。

办公、劳保用品采购计划申请表

	计划数量	预计单价	审批数量	合计
	40	35	❶ 右击	770
	30	18	20	
	100	30	88	
	5	1600	❷ 选择	

剪切(T)
复制(C)
粘贴选项:
更新域(U)
编辑域(E)...

STEP 5 输入算式

在“公式”文本框中也可直接根据数据输入算式来计算结果。

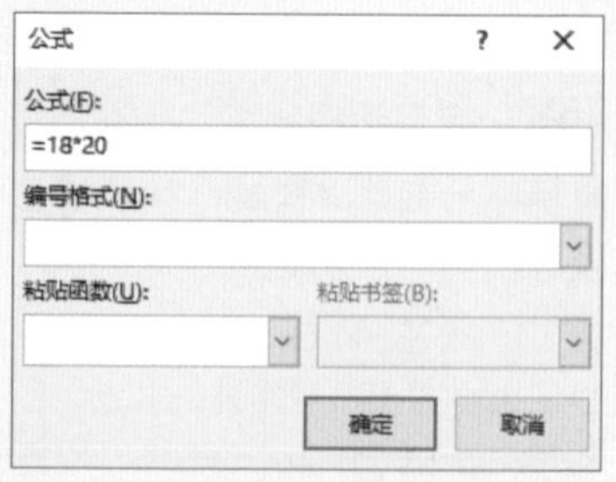

2. 排序数据

在Word 2016中可以按照递增或递减的顺序把表格内容按笔画、数字、拼音或日期进行排序。下面详细介绍如何对表格数据进行排序，具体操作方法如下：

STEP 1 设置排序依据

选中“合计”列的数据单元格，在“数据”组中单击“排序”按钮。弹出“排序”对话框，在“主要关键字”下拉列表框中将自动选择要排序数据所在的列，❶选中◉降序(D)单选按钮，❷单击 确定 按钮。

排序 ? ×
主要关键字(S) 列 6 类型(Y): 数字 ○升序(A) ◉降序(D) 使用: 段落数 ❶选中
次要关键字(T) 类型(P): 拼音 ◉升序(C) ○降序(N) 使用: 段落数
第三关键字(B) 类型(E): 拼音 升序(I) 降序(G) 使用: 段落数
列表 ○有标题行(R) ◉无标题行(W)
选项(O)... ❷单击 确定 取消

STEP 2 查看排序结果

此时即可按降序来排列第 5 列中的数字。

办公、劳保用品采购计划申请表

申请日期：

品名	计划数量	预计单价	审批数量	合计
电脑主机	5	1600	5	8000
广告伞	100	30	88	2640
鼠标	40	35	12	420
A4 打印纸	30	18	20	360

实操解疑

纵向拆分表格

若要设置从纵向拆分表格，可将表格中的某列设置为无横向框线，以达到拆分的视觉效果。方法如下：选中表格中的列，在“段落”组中单击“边框”下拉按钮，依次选择“无框线”、“左框线”和“右框线”选项即可。

Chapter 03

3.2 制作人事资料表

■ 关键词：对齐方式、合并单元格、文字方向、复制表格、复选框控件、边框样式

某企业为了加强对员工信息的管理，要对所有在职员工建立完整的人事档案，人力资源部的王博羽利用 Word 2016 制作了一份完整的人事资料表，并将该文档发给各部门负责人，由他们负责收集员工信息资料并组织填写。人事资料表主要包括个人基本资料、个人履历以及公司审批部分等，在设计制作时一定不能出现缺项与错项。

3.2.1 制作个人基本资料部分

微课：制作个人基本资料部分

个人基本资料部分主要包括姓名、性别、年龄、照片、身份证号、家庭住址和职位等信息，制作方法如下：

STEP 1 设置页边距

新建“人事资料表”文档，打开“页面设置”对话框，❶设置页边距，❷单击 确定 按钮。

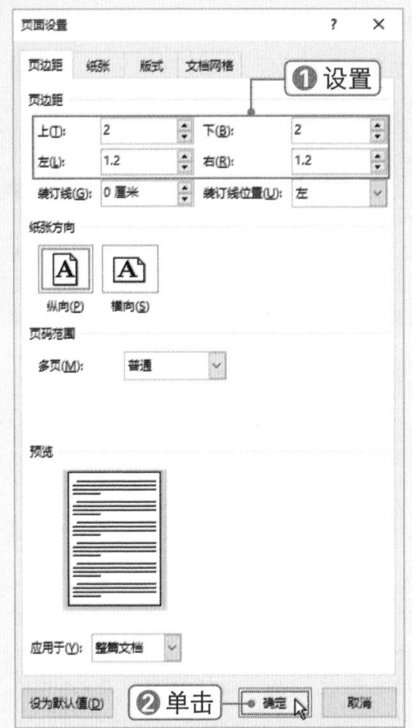

STEP 2 设置字体格式

在文档中输入标题文本，设置字体格式为"宋体"、"二号"、加粗。❶选择 布局 选项卡，❷在"段落"组中设置段后间距为 1 行。

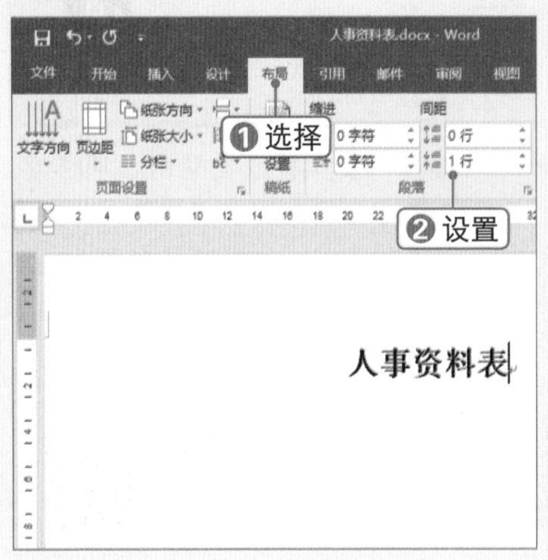

STEP 3 应用样式

按【Enter】键插入一行，在"样式"列表中选择"正文"样式。

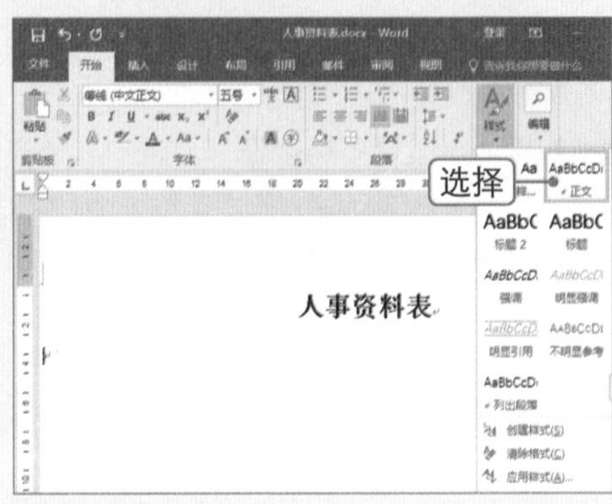

STEP 4 插入表格

❶选择 插入 选项卡，❷单击"表格"下拉按钮，❸选择 9×5 表格。

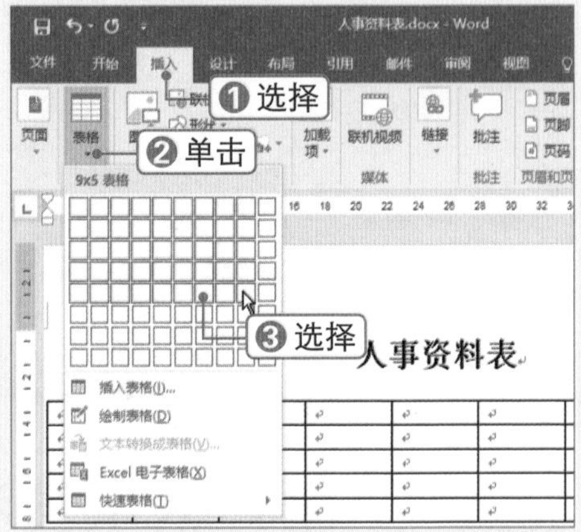

STEP 5 设置表格高度

全选表格，❶选择 布局 选项卡，❷在"单元格大小"组中设置单元格高度为 0.8 厘米。

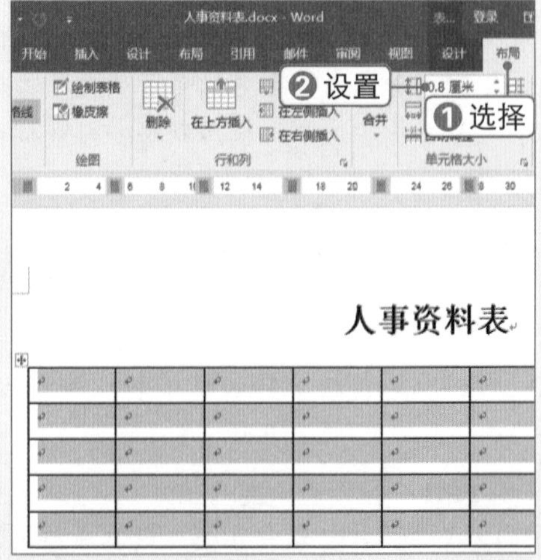

STEP 6 设置对齐方式

在“对齐方式”组中单击“水平居中”按钮☰。

STEP 7 设置字体格式

在“字体”组中设置字体格式为“宋体”、“五号”。

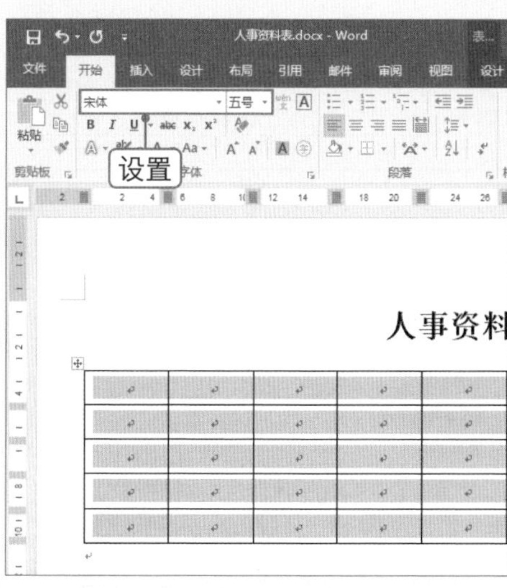

STEP 8 输入文本

在单元格中输入文本，并适当调整列宽。

人事资料表

姓 名		性 别		年 龄		政治面貌		照 片
家庭住址					出生日期			
身份证号码					毕业学校			
婚姻状况			学 历		身体状况			
身 高		体 重		职 位		个人特长		

STEP 9 合并单元格

在“绘图”组中单击橡皮擦按钮，此时鼠标指针变为样式，擦除不需要的表格线即可合并单元格。

人事资料表

姓 名		性 别		年 龄		政治面貌		照 片
家庭住址					出生日期			
身份证号码					毕业学校			
婚姻状况			学 历		身体状况			
身 高		体 重		职 位		个人特长		

STEP 10 设置文字方向

❶将光标定位在“照片”所在的单元格中。❷在“对齐方式”组中单击“文字方向”按钮。

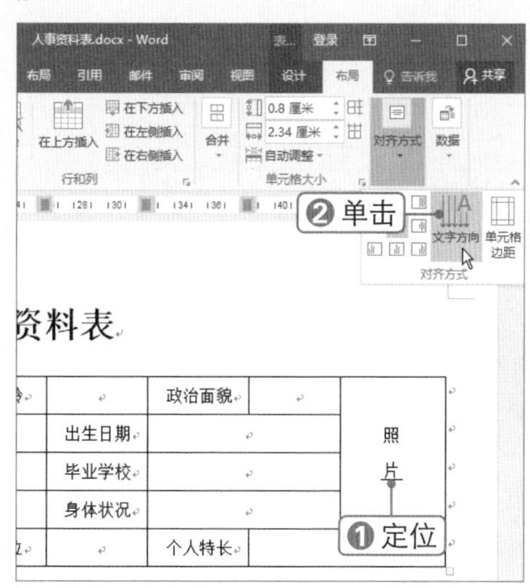

3.2.2 制作个人履历部分

个人履历部分一般包括教育背景和工作经历信息，在制作时可以先完成“教育背景”部分表格的制作，然后通过复制表格快速制作“工作经历”表格，具体操作方法如下：

微课：制作个人履历部分

STEP 1 插入多行

将光标定位在最后一行，在“行和列”组中多次单击“在下方插入”按钮，在表格下方插入多行。

家庭住址					出生日期
身份证号码					毕业学校
婚姻状况			学 历		身体状况
身 高		体 重		职 位	

STEP 2 合并单元格

根据需要对想要合并的单元格进行合并单元格操作。

人事资料表

姓 名		性 别		年 龄		政治面貌		照片
家庭住址					出生日期			
身份证号码					毕业学校			
婚姻状况		学 历			身体状况			
身 高		体 重		职 位		个人特长		

STEP 3 调整列宽

选中要调整列宽的单元格，将光标置于该列右侧的表格线上，当其变为双向箭头时向左拖动调整列宽。

STEP 4 合并单元格

❶右击所选单元格，❷选择“合并单元格(M)”命令。

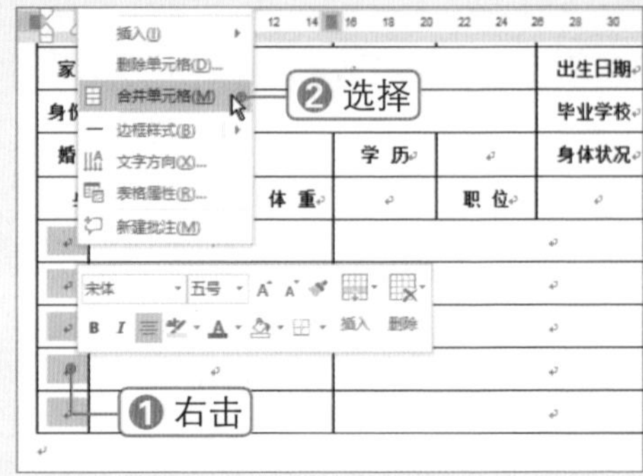

STEP 5 复制单元格

在单元格中分别输入所需的文本，选中单元格，按【Ctrl+C】组合键进行复制操作。

家庭住址					出生日期
身份证号码					毕业学校
婚姻状况			学 历		身体状况
身 高		体 重		职 位	
教育经历	时 间		学校（培训机构）/专业		

STEP 6 定位光标

将光标定位到表格下方的段落中。

STEP 7 粘贴单元格

按【Ctrl+V】组合键即可粘贴单元格，根据需要修改单元格中的文本。

教育经历		
工作经历	时 间	工 作 单 位

STEP 8 绘制表格

在 布局 选项卡下单击 绘制表格(D) 按钮，此时鼠标指针变为✎样式，在“职位”所在的单元格中向下拖动鼠标绘制表格线。

工 作 单 位	职位

STEP 9 拆分单元格

此时即可拆分单元格，输入所需的文本。

工 作 单 位	职位	工资

STEP 10 插入行

将光标定位到“身高”所在的行中，单击“在下方插入”按钮插入两行。

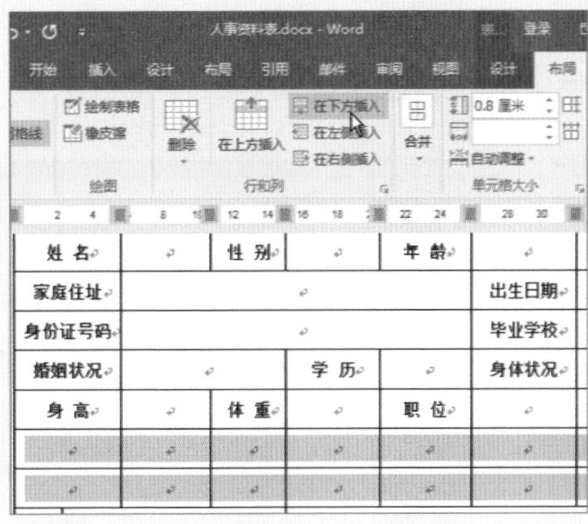

姓 名		性 别		年 龄	
家庭住址				出生日期	
身份证号码				毕业学校	
婚姻状况		学 历		身体状况	
身 高		体 重		职 位	

STEP 11 合并单元格

根据需要对插入的行进行合并单元格操作。

婚姻状况		学 历		身体状况	
身 高		体 重		职 位	个人特长
教育	时 间	学校（培训机构）/专业			学 历

STEP 12 剪切单元格

在单元格中输入所需的文本，选中插入的两行，按【Ctrl+X】组合键进行剪切操作。

婚姻状况		学 历		身体状况	
身 高		体 重		职 位	个人特长
语言能力	普通话：	英语：	计算机水平	1、初级	2、中级
工资要求		食宿要求		联系电话	
教育经历	时 间	学校（培训机构）/专业			学 历

STEP 13 粘贴单元格

将单元格粘贴到表格的最下方。

工作经历	时 间	工 作 单 位	职位
语言能力	普通话： 英语：	计算机水平	1、初级 2、中级
工资要求		食宿要求	联系电话

3.2.3 制作公司填写部分

人事资料表的公司填写部分一般用于上级领导对员工进行审批，下面通过复制表格的方法快速完成该部分表格的制作，具体操作方法如下：

微课：制作公司填写部分

STEP 1　复制单元格

选中单元格，按【Ctrl+C】组合键进行复制。

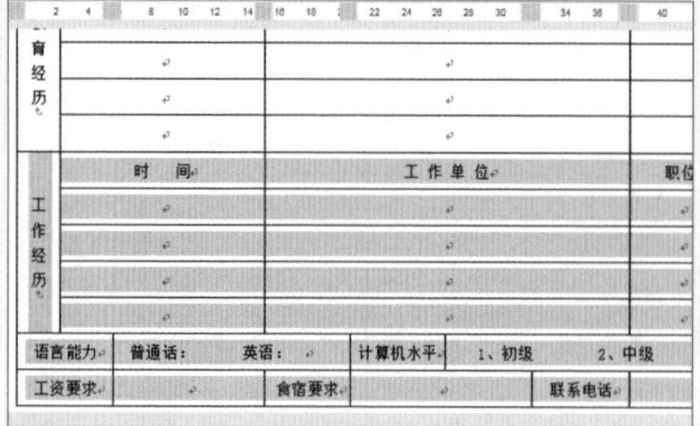

STEP 2　插入行

将复制的单元格粘贴到表格最下方，并删除其中的文本。❶将光标定位到单元格中，❷单击“在上方插入”按钮。

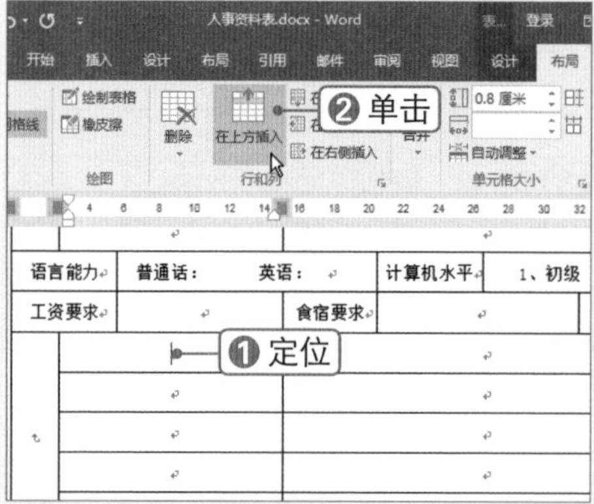

STEP 3　插入行

❶将光标定位到最后一行的单元格中，❷单击 在下方插入 按钮。

STEP 4　合并单元格

根据需要对上方的空白单元格进行合并单元格操作。

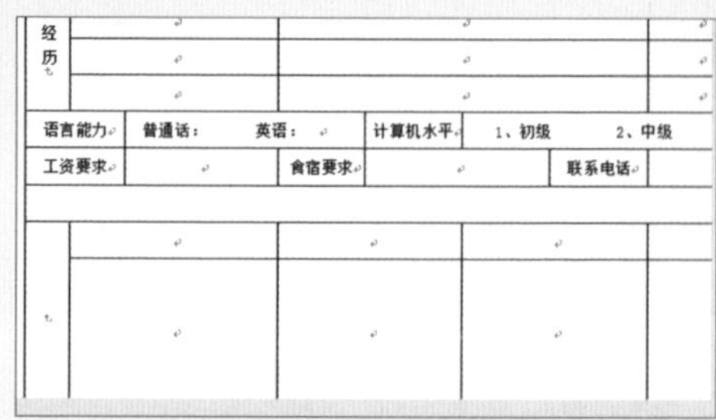

STEP 5　合并和拆分单元格

使用“橡皮擦”和“绘制表格”工具对下方三行的单元格进行合并和拆分操作，适当调整列宽。

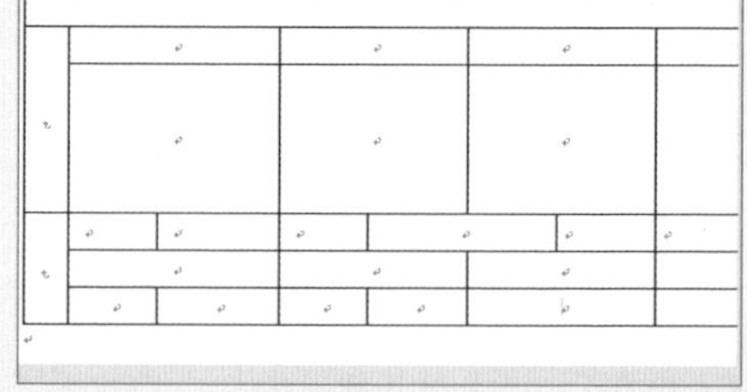

STEP 6　输入文本

在各单元格中输入所需的文本并设置字体格式，调整行高。

以下由公司填写					
审批栏	部门组长		生产主管		厂 长
人事记录	姓 名		人事编号		宿舍编号
	正式入厂日期			正式离厂日期	
	试用期		试用工资		正式聘用工资

秒杀技巧　插入多行或多列

要一次性插入多行或多列，可以选中相应数目的多行或多列后，再执行相应的插入行或列操作。

3.2.4 插入复选框控件

微课：插入复选框控件

通过插入控件可以在表格中预置选项，用户只需选择信息，无须进行输入。下面在“婚否状况”右侧插入“已婚”或“未婚”复选框，具体操作方法如下：

STEP 1　设置功能区

右击任意选项卡，选择 自定义功能区(R)... 命令，弹出“Word 选项”对话框。❶选中 ☑开发工具 复选框，❷单击 确定 按钮。

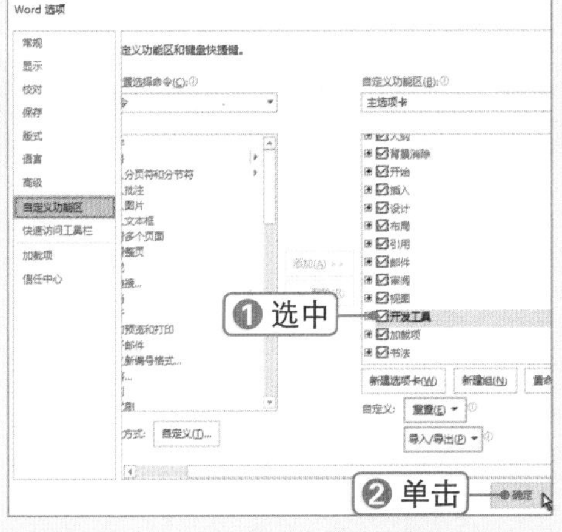

STEP 2　选择“复选框”控件

此时即可在功能区中显示 开发工具 选项卡，❶将光标定位到要插入控件的单元格，❷在“控件”组中单击“旧式工具”下拉按钮，❸选择“复选框”控件☑。

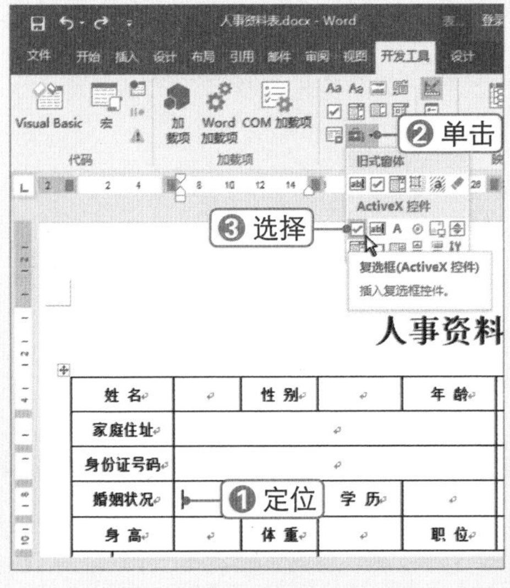

STEP 3　选择 属性(I) 命令

此时即可在单元格中插入控件。❶右击控件，❷选择 属性(I) 命令。

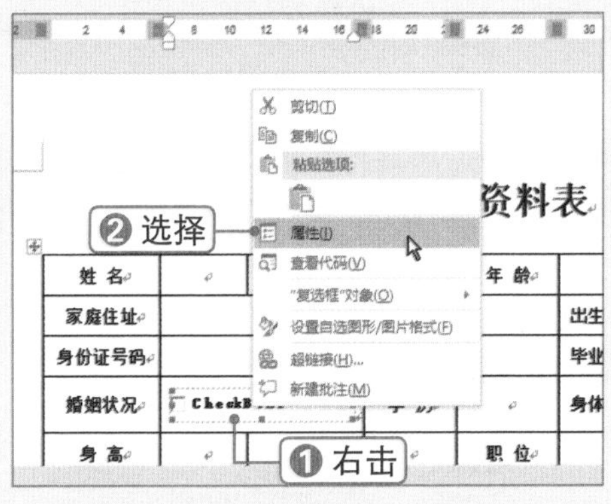

STEP 4　设置控件标题

弹出“属性”对话框，❶在 Caption 文本框中输入标题，❷单击 Font 属性右侧的 … 按钮。

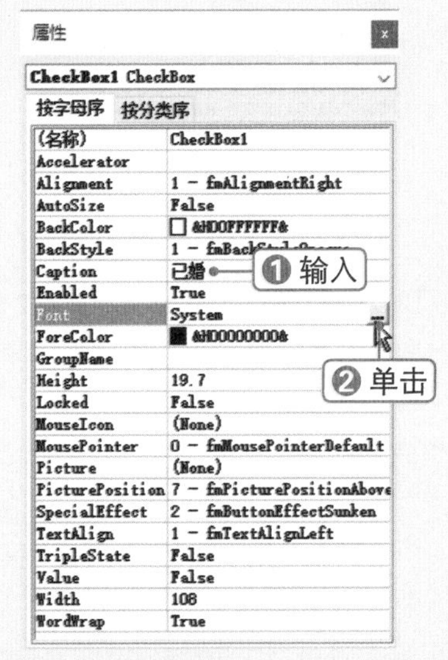

STEP 5　设置字体格式

弹出“字体”对话框，❶设置标题文本的字体格式，❷单击 确定 按钮。

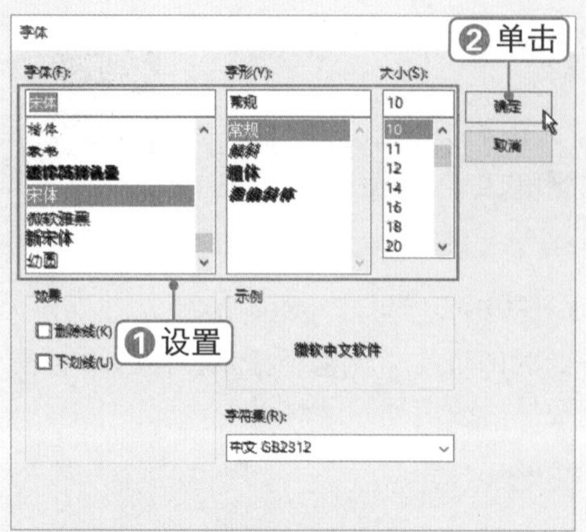

STEP 6 设置高度和宽度

在 Height 和 Width 属性中分别设置控件的高度和宽度。

属性	
CheckBox1 CheckBox	
按字母序	按分类序
(名称)	CheckBox1
Accelerator	
Alignment	1 - fmAlignmentRight
AutoSize	False
BackColor	&H00FFFFFF&
BackStyle	1 - fmBackStyleOpaque
Caption	已婚
Enabled	True
Font	宋体
ForeColor	&H00000000&
GroupName	
Height	17
Locked	False
MouseIcon	(None)
MousePointer	0 - fmMousePointerDefault
Picture	(None)
PicturePosition	7 - fmPicturePositionAbove
SpecialEffect	2 - fmButtonEffectSunken
TextAlign	1 - fmTextAlignLeft
TripleState	False
Value	False
Width	38.05
WordWrap	True

STEP 7 查看控件效果

此时即可查看设置属性的复选框效果。

STEP 8 退出设计模式

❶将复选框复制一份，并修改标题名称。❷单击“设计模式”按钮，退出该模式。

实操解疑

清除单元格边框

若要清除一个或多个表格边框，可在“设计”选项卡下“边框”组中单击“线型”下拉按钮，选择“无边框”选项，然后使用边框刷工具在表格边框上拖动，以清除边框线。

3.2.5 美化表格

微课：美化表格

人事资料表编辑完成后，可以对其外观进行美化设置，如为单元格设置不同的边框样式，使用“边框取样器”快速设置边框格式等，具体操作方法如下：

STEP 1 选择“边框和底纹”选项

全选表格，打开“边框和底纹”对话框，❶在左侧单击“方框”按钮，❷选择边框样式，❸设置边框颜色和宽度。

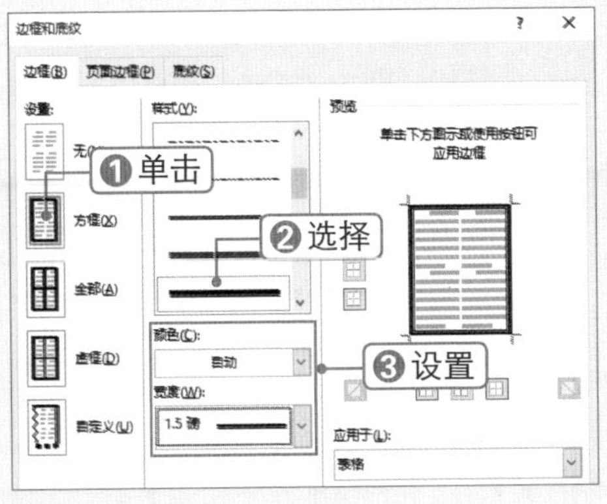

STEP 2 自定义边框样式

❶在左侧单击“自定义”按钮，❷选择边框样式，❸设置边框颜色和宽度，❹在预览图中间位置单击。

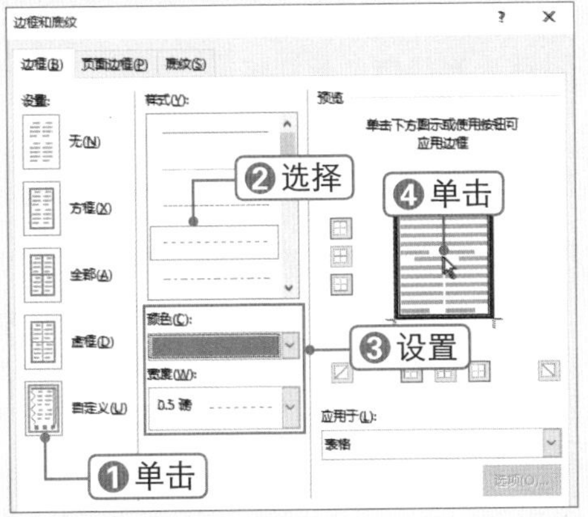

STEP 3 应用样式

此时即可将表格的内部边框应用为自定义的边框样式，单击确定按钮。

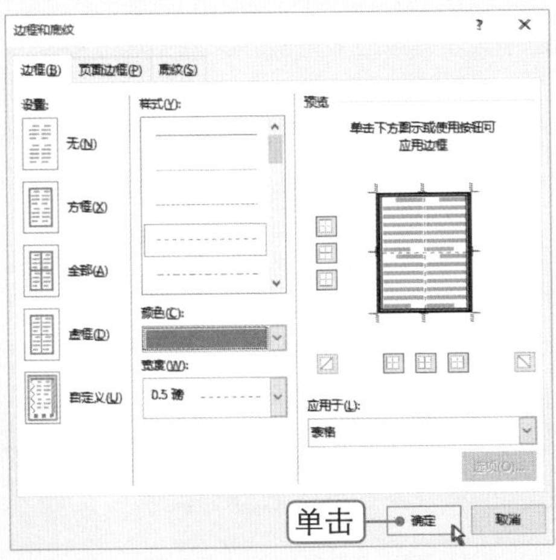

STEP 4 选中行

此时即可查看表格边框效果，选中“身高”单元格所在的行。

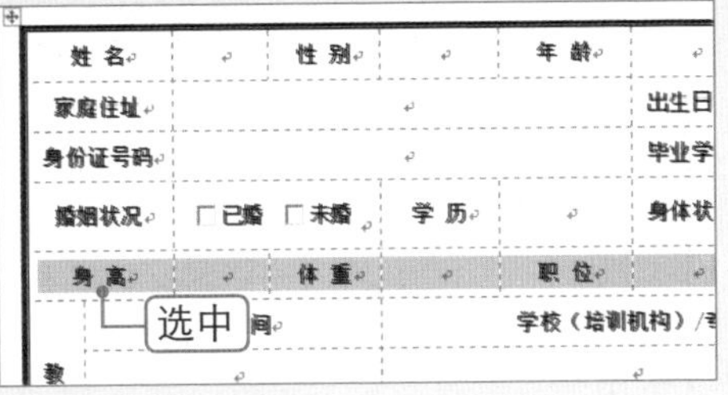

STEP 5 自定义边框样式

打开“边框和底纹”对话框，❶在左侧单击“自定义”按钮，❷选择边框样式，❸设置边框颜色和宽度，❹在预览图的下边框位置单击。

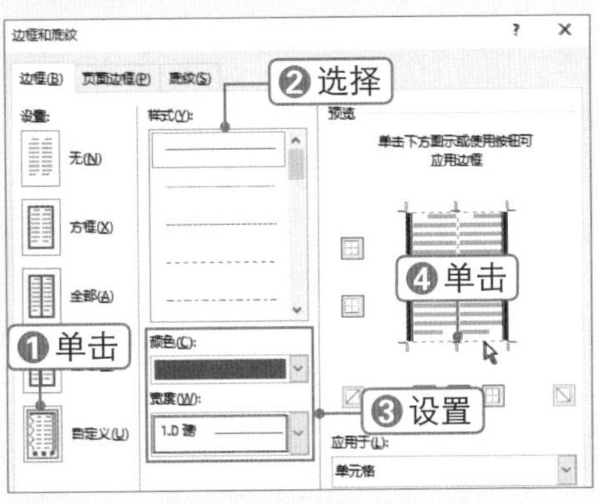

STEP 6 应用边框样式

此时即可将设置的边框应用到单元格下边框，单击“确定”按钮。

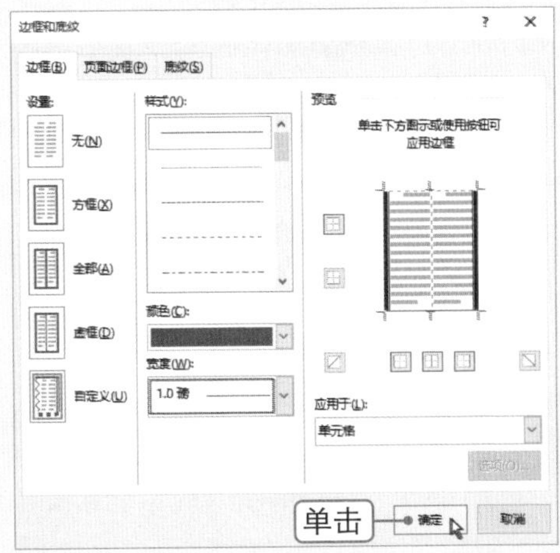

STEP 7 查看边框效果

此时即可查看自定义边框效果。

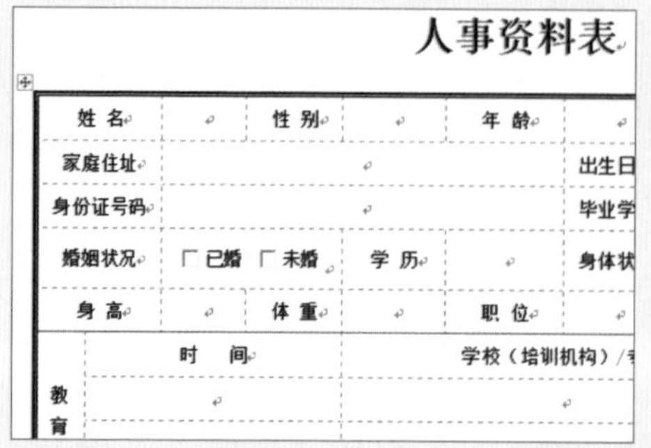

STEP 8 选择 边框取样器(S) 选项

❶ 选择 设计 选项卡，❷ 在“边框”组中单击“边框样式”下拉按钮，❸ 选择 边框取样器(S) 选项。

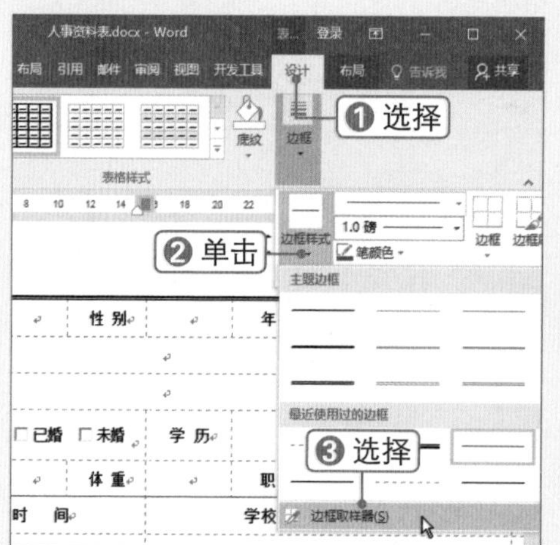

STEP 9 取样边框样式

此时鼠标指针变为样式，在要取样的边框上单击。

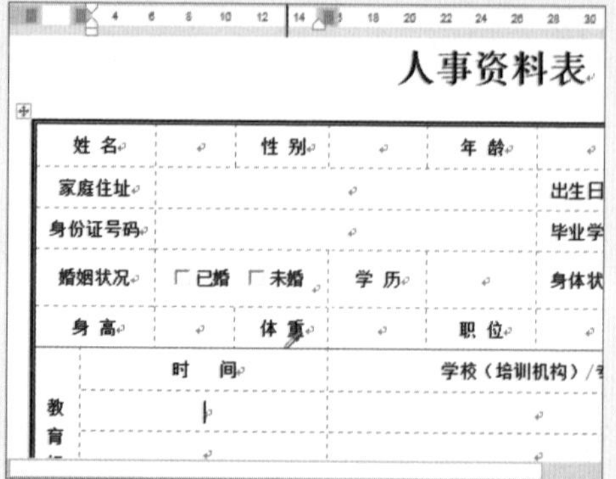

STEP 10 拖动鼠标

此时鼠标指针变为边框刷样式，在要应用样式的边框上拖动鼠标，即可应用取样的边框样式。

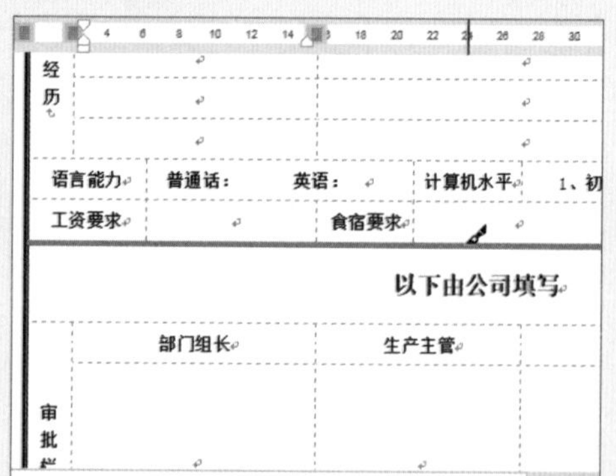

商务办公 私房实操技巧

TIP：在 Word 单元格中插入图形

私房技巧 在 Word 中绘制的形状默认为“四周型环绕”方式，若要将其放置在表格单元格中，需将其文字环绕设置为“嵌入式”。

TIP：将文本转换为表格

私房技巧 使用分隔符将输入的各个数据进行分开，分隔符可为制表符、逗号、空格或其他字符。选中输入的数据，在 插入 选项卡下单击“表格”下拉按钮，选择 插入表格(I)... 选项即可，如下图所示。

TIP：将表格转换为文本

私房技巧

要将整个表格转换为文本，可在 布局 选项卡下“数据”组中单击“转换为文本”按钮，在弹出的对话框中设置文字分隔符，单击 确定 按钮。

选中表格或表格的一部分，按【Ctrl+C】组合键复制数据，在 开始 选项卡下单击“粘贴”下拉按钮，选择“只保留文本”选项即可，如下图所示。

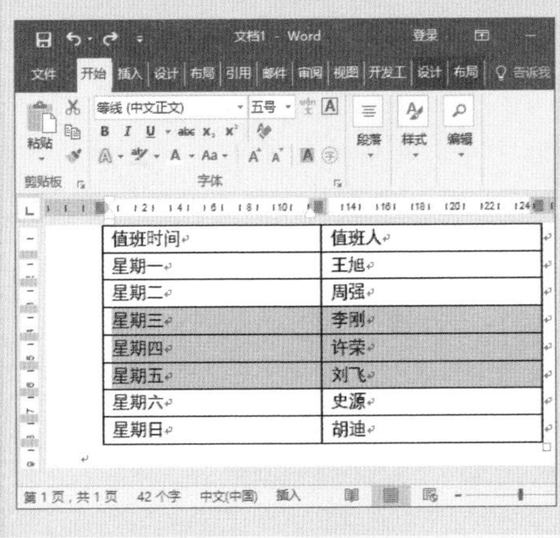

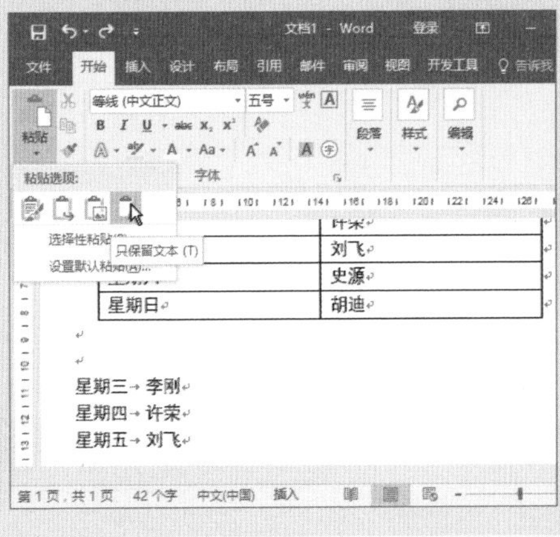

TIP：嵌套表格

私房技巧

将光标定位到单元格中，然后在该单元格中插入表格即可。通过设置外层单元格的边距，可以调整其与嵌套表格的距离。

Ask Answer

高手疑难解答

问 在表格中怎样更改某个特定单元格的边距？

图解解答 选中要设置边距的单元格，在“布局”选项卡下单击属性按钮，弹出“表格属性”对话框。选择单元格(E)选项卡，单击选项(O)...按钮，如下图（左）所示。在弹出的对话框中取消选择与整张表格相同(S)复选框，设置上、下、左、右边距，然后单击确定按钮即可，如下图（右）所示。

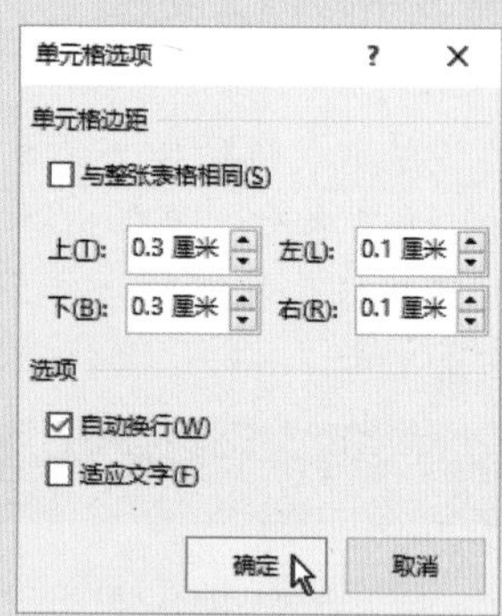

问 怎样在后续的页面中重复表格标题？

图解解答 在表格中选中要进行重复的标题行，在布局选项卡下“数据”组中单击“重复标题行”按钮即可，如下图所示。

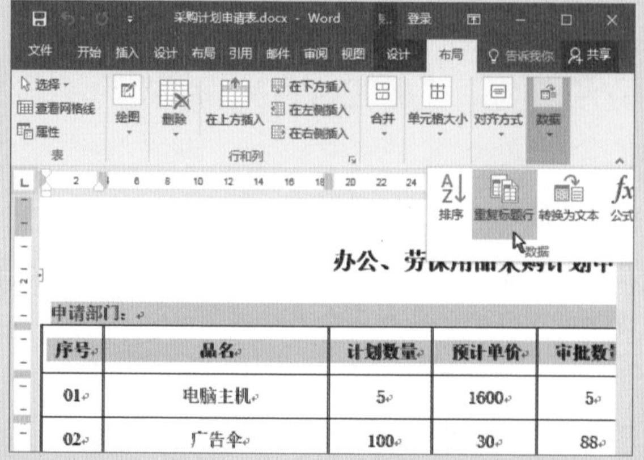

CHAPTER

使用样式和模板快速创建文档

本章导读

在使用 Word 进行办公时，除了基本的录入功能外，大部分时间都用在文档修饰上。考虑到文档的全局性，还需对文档页面的各组成元素设置和谐的效果。在 Word 2016 中，使用样式和模板可以快速统一文档的格式，使其看起来更加整齐、美观，更重要的是提高了工作效率。本章将介绍如何使用样式和模板快速创建文档。

知识要点

01 使用样式快速编排“人事考核制度”文档

02 制作“面试评估表”模板

案例展示

▼人事考核制度

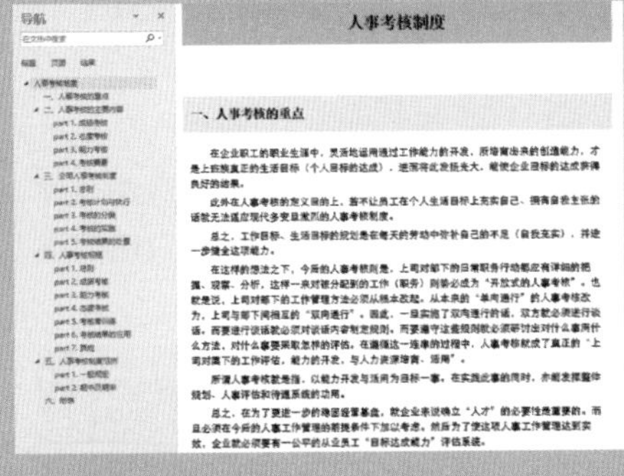

▶面试评估表

键入公司名称

面试评估表

一般信息

应聘者姓名：[请输入]　性别：[请选择]　年龄：[请输入]

毕业院校：[请输入]　学历：[请输入学历、获得的资格证书等]

应聘职位：[请输入]　期望薪资：[请输入]　面试主管：[请输入]

聘用建议

聘用	不聘用
□	□

应聘者情况

	较差	一般	基本满意	较好	优秀
专业技能	□	□	□	□	□
相关工作经验	□	□	□	□	□
教育或培训	□	□	□	□	□
主动性	□	□	□	□	□
交流/沟通能力	□	□	□	□	□
态度	□	□	□	□	□
仪容仪表	□	□	□	□	□

优点：
[请输入]

缺点：
[请输入]

备注：
[请输入]

[选择日期]

Chapter 04

4.1 编排“人事考核制度”文档

■关键词：新建样式、应用样式、样式基准、正文样式、修改样式、样式格式

某公司每年都会定期进行人事考核，以对员工能力和素质进行综合考察，把握并评定员工的能力和职务工作完成情况，并在此基础上有计划地开发和利用员工的能力。人力资源部的张轩根据各部门负责人和HR各模块专员提供的材料，并结合公司的财务数据编排了“人事考核制度”文档，然后在Word中利用样式快速对文档设置格式。

4.1.1 设置标题样式

微课：设置标题样式

样式是格式的集合，使用样式可以帮助用户准确、迅速地统一文档格式。在Word 2016中内置了多种快速样式，如正文、标题1、标题2、标题3等，下面将介绍如何使用样式快速设置文档标题格式。

1. 快速设置文档标题

为了提高编辑文档效率，可以应用内置的标题样式，以快速设置文档标题，具体操作方法如下：

STEP 1 应用“标题”样式

单击“样式”组右下角的扩展按钮，打开“样式”窗格，❶将光标定位在标题文本中，❷选择“标题”样式，应用该样式。

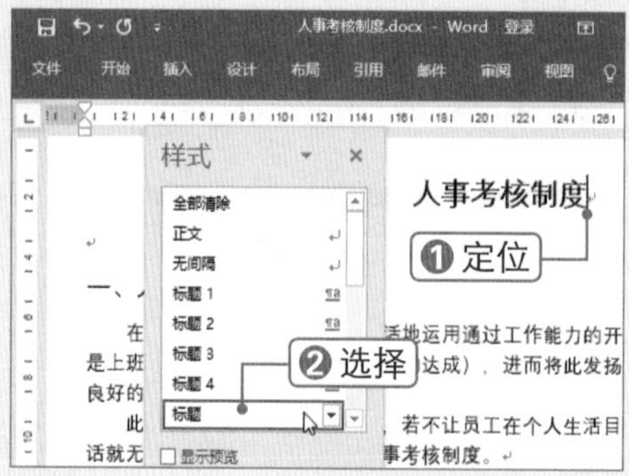

STEP 2 应用“标题 2”样式

❶将光标定位在正文大标题文本中，❷在“样式”窗格中选择“标题 2”样式，应用该样式。

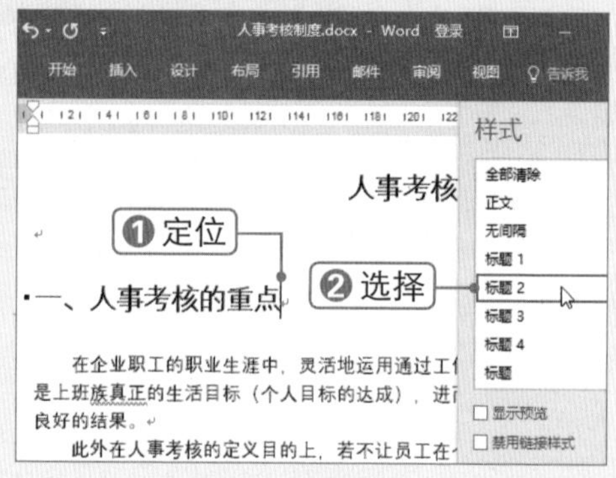

STEP 3 应用“标题 3”样式

❶将光标定位在小标题文本中，❷在“样式”窗格中选择“标题 3”样式，应用该样式。

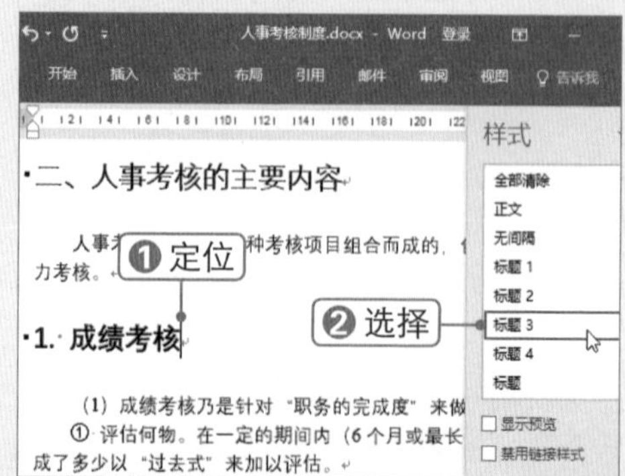

STEP 4 查看文档标题

采用同样的方法，为文档中的其他标题文本应用内置的标题样式。打开“导航”窗格，在 标题 选项卡下可以看到文档标题结构。

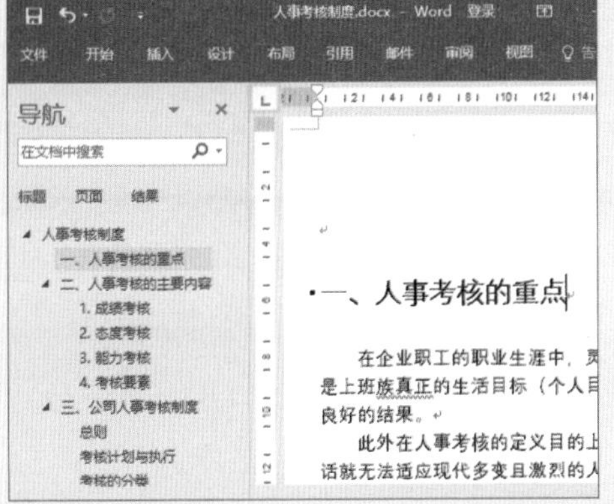

2. 更新标题格式

Word内置的标题样式往往并不是我们所需要的，此时可以在文档中修改标题的字体和段落格式，然后通过更新样式快速统一文档标题格式，具体操作方法如下：

STEP 1 选择 边框和底纹(O)... 选项

❶选中应用了“标题 2”样式的文本，❷在“段落”组中单击“边框”下拉按钮 ，❸选择 边框和底纹(O)... 选项。

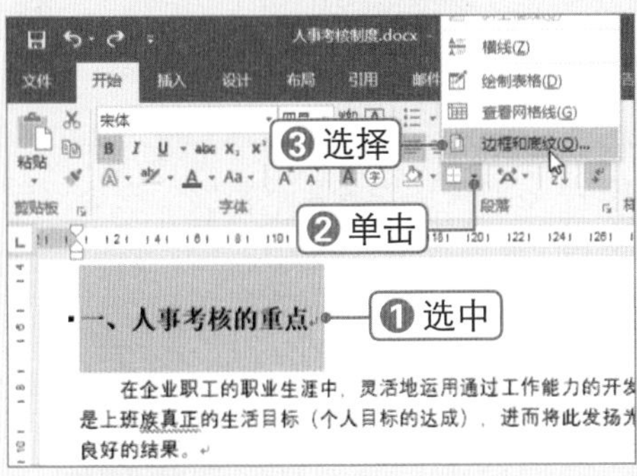

STEP 2 设置边框

弹出“边框和底纹”对话框，❶选择 边框(B) 选项卡，❷在左侧单击“方框”按钮，❸设置边框样式、颜色和宽度。

STEP 3 设置底纹

❶选择 底纹(S) 选项卡，❷选择与边框相同的填充颜色，❸单击 确定 按钮。

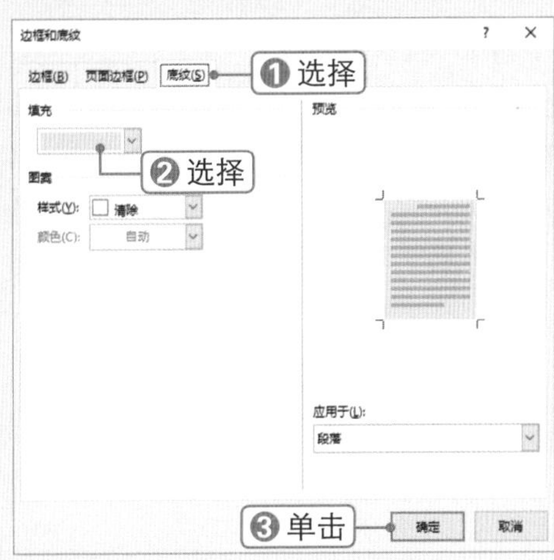

STEP 4 更新“标题 2”样式

❶在“样式”窗格中右击“标题 2”样式，❷选择“更新 标题 2 以匹配所选内容”命令。

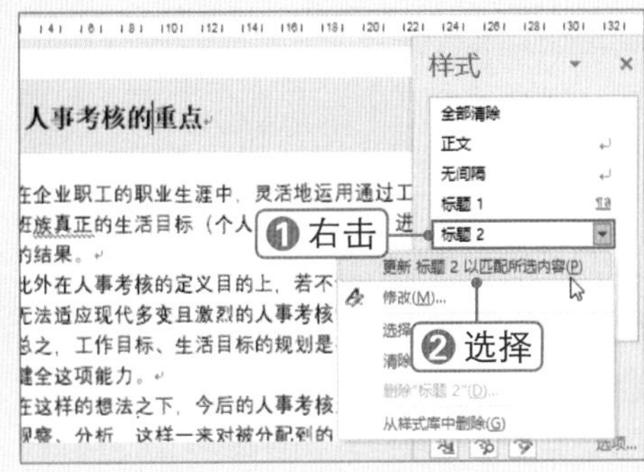

STEP 5 更新“标题 3”样式

此时应用了“标题 2”样式的文本格式都将得到更新。设置应用了“标题 3”样式的文本字格式为“宋体”、“小四”、“加粗”，❶在“样式”窗格中右击“标题 3”样式，❷选择“更新 标题 3 以匹配所选内容”命令。

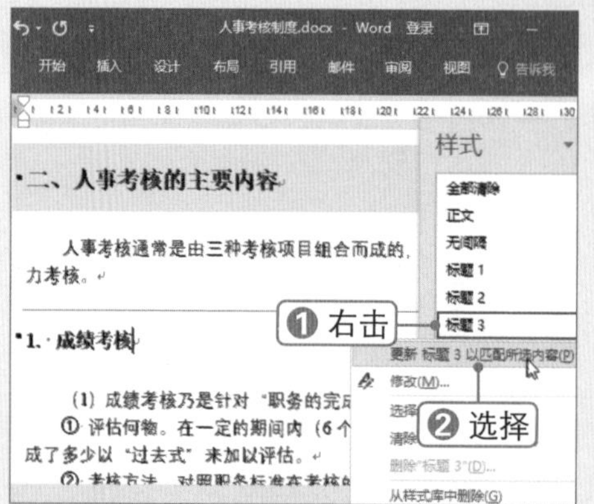

STEP 6 更新“标题”样式

根据需要对文档标题设置字体与段落格式，然后采用前面的方法更新“标题”样式。

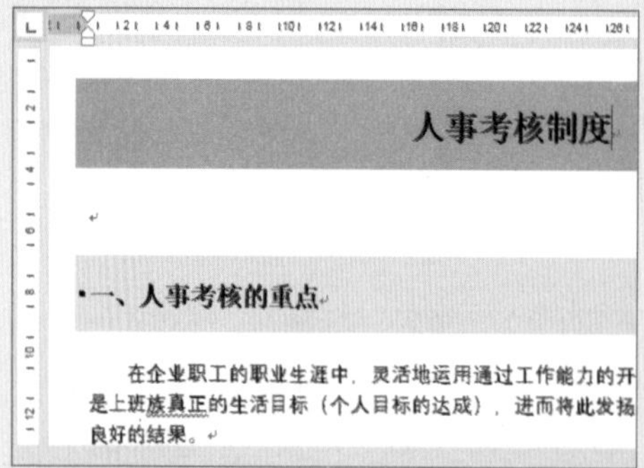

3. 创建新标题样式

若将文档内容复制到新文档，标题格式将恢复为默认的样式，此时可以为文档标题创建新的样式，具体操作方法如下：

STEP 1 单击“新建样式”按钮

❶将光标定位到文档标题中，❷在“样式”组中单击“新建样式”按钮。

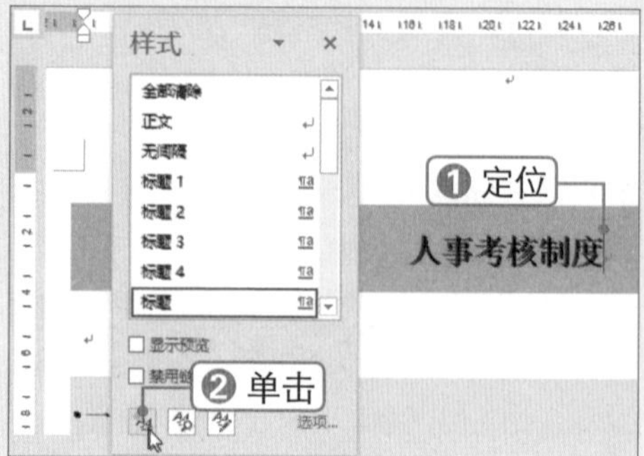

STEP 2 输入样式名称

弹出“根据格式化创建新样式”对话框，❶输入样式名称，❷单击 确定 按钮。

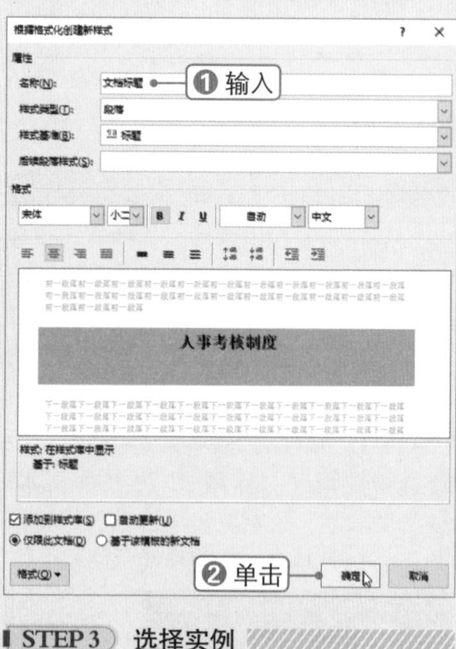

STEP 3 选择实例

❶在“样式”窗格中右击“标题 2”样式，❷选择“选择所有 6 个实例”命令，即可选中所有应用了“标题 2”样式的文本。

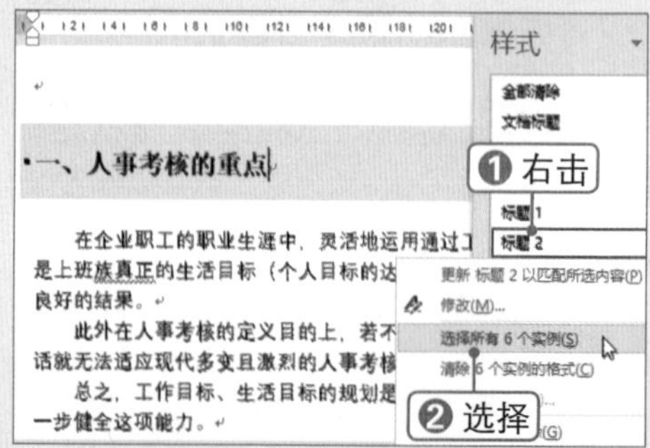

STEP 4 输入样式名称

单击“新建样式”按钮，弹出“根据格式化创建新样式”对话框，❶输入样式名称。❷单击 确定 按钮。

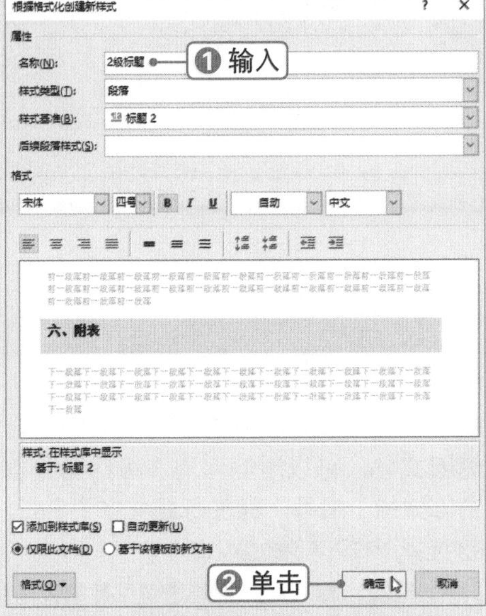

实操解疑

修改多种样式

在文档中修改多种样式时，可先修改“正文”样式，因为各级标题样式大多是基于“正文”样式，修改正文样式会同时改变各级标题的格式。

STEP 5 选择实例

❶在“样式”窗格中右击“标题 3”样式，❷选择“选择所有 18 个实例”命令，即可选中所有应用了“标题 3”样式的文本。

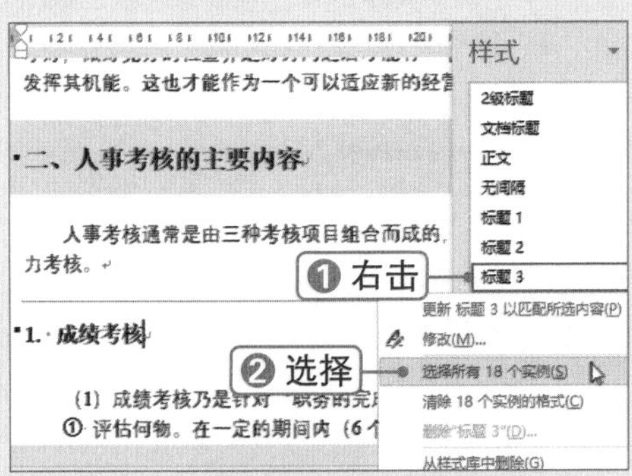

STEP 6 输入样式名称

单击“新建样式”按钮，弹出“根据格式化创建新样式”对话框，❶输入样式名称。❷单击 确定 按钮。

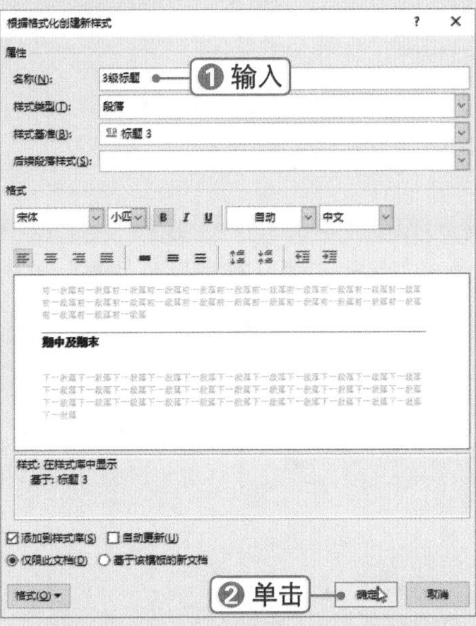

4. 修改标题样式

要重新设置标题文本的格式，可以通过修改样式快速实现。用户可以对样式进行字体、段落、制表位、边框、语言、图文框、编号、快捷键和文字效果等进行修改，具体操作方法如下：

STEP 1 选择 修改(M)... 命令

❶在“样式”窗格中右击“3 级标题”样式，❷选择 修改(M)... 命令。

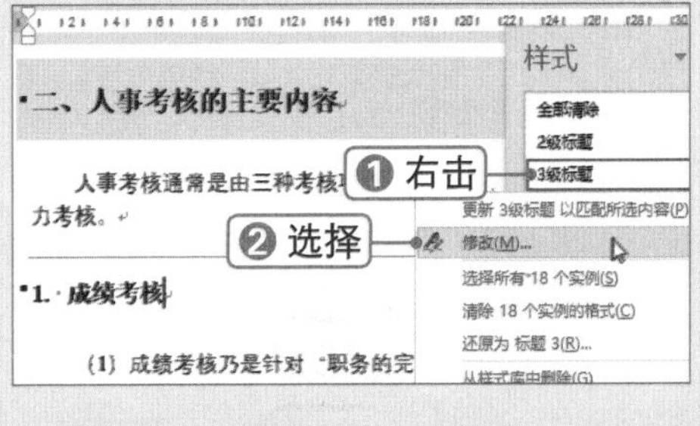

STEP 2 选择 编号(N)... 选项

弹出“修改样式”对话框，❶单击 格式(O) 下拉按钮，❷选择 编号(N)... 选项。

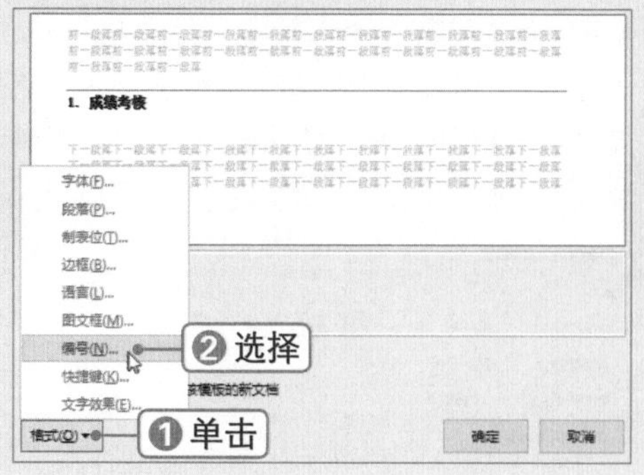

STEP 3 单击定义新编号格式...按钮

弹出“编号和项目符号”对话框，单击定义新编号格式...按钮。

STEP 4 设置新编号格式

❶选择编号样式，❷在“编号格式”文本框的编号前添加“part”，❸单击确定按钮。

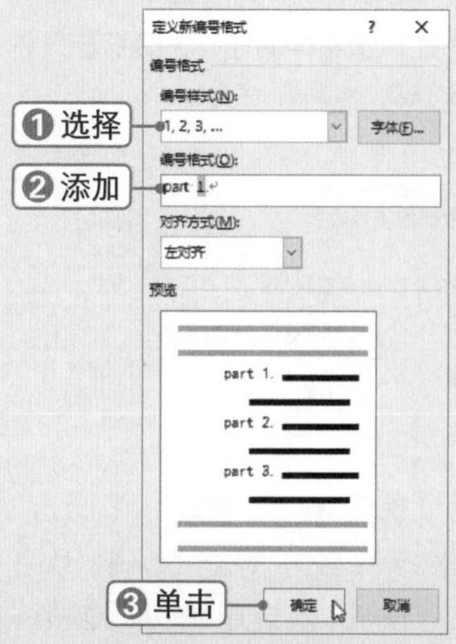

STEP 5 选择自定义编号

返回“编号和项目符号”对话框，❶选择自定义的编号，❷单击确定按钮。

STEP 6 选择调整列表缩进(U)...命令

返回文档，可以看到所有3级标题文本前都添加了编号，❶在标题文本中右击，❷选择调整列表缩进(U)...命令。

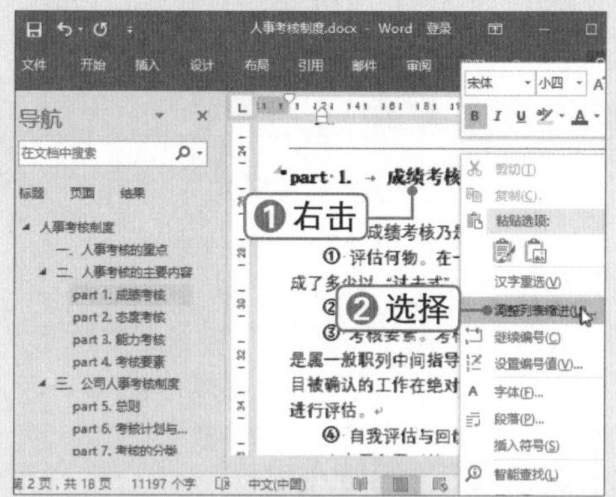

STEP 7 调整列表缩进

弹出“调整列表缩进量”对话框，❶在“编号之后”下拉列表框中选择空格选项。❷单击确定按钮。

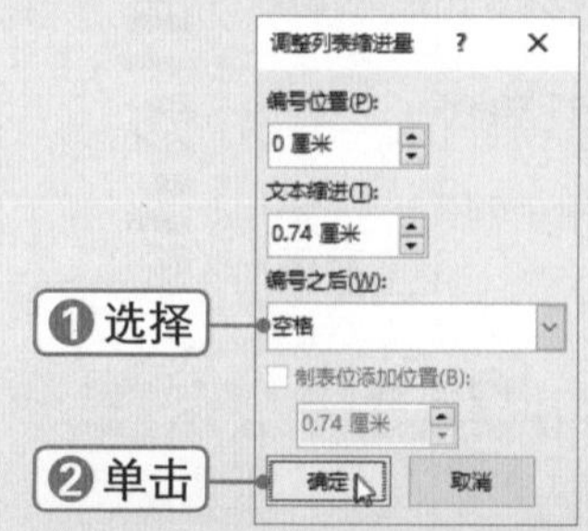

STEP 8 重新编号

此时会更改所有 3 级标题的编号格式，❶将光标定位在 3 级标题 Part5 文本中并右击，❷选择“重新开始于 1(R)”命令。

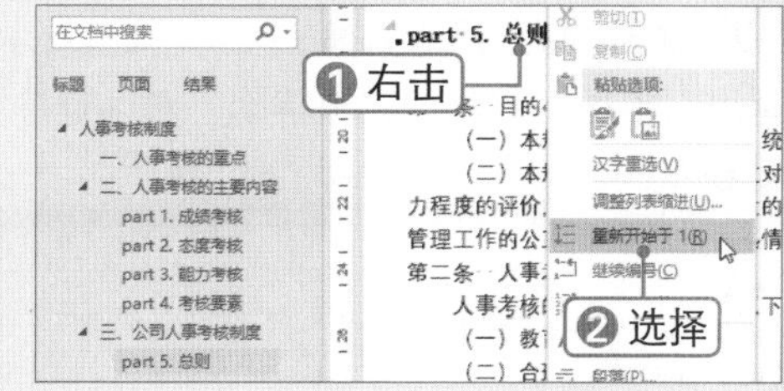

4.1.2 使用样式设置正文格式

除了设置文档标题样式外，还需对文档中不同的内容分别设置格式，可以通过创建多种新样式来快速格式化文档内容。

微课：使用样式设置正文格式

1. 新建样式

创建新样式的方法很简单，只需先将文本格式设置好，然后根据该格式创建新样式即可，具体操作方法如下：

STEP 1 选择所有实例

❶在“样式”窗格中右击“正文”样式。❷选择“选择所有 1726 个实例”命令。

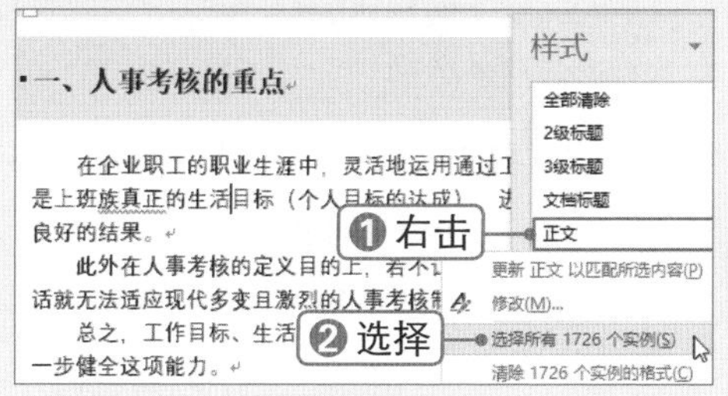

STEP 2 设置字体格式

此时即可选中文档中的所有正文内容，在“字体”组中设置字体样式为“华文细黑”。

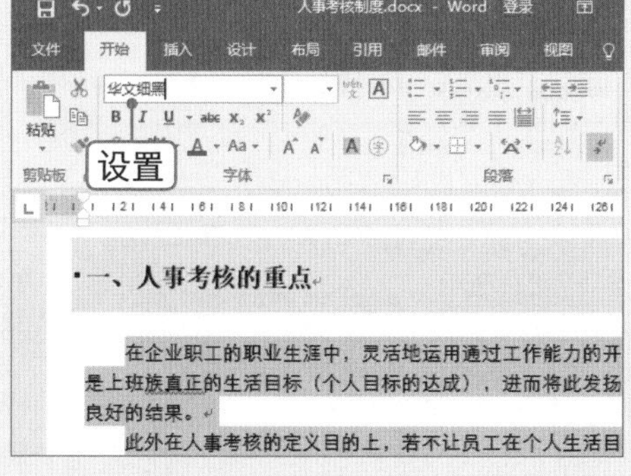

STEP 3 设置段落间距

❶选择“设计”选项卡。❷在“文档格式”组中单击“段落间距”下拉按钮。❸选择“压缩”选项。

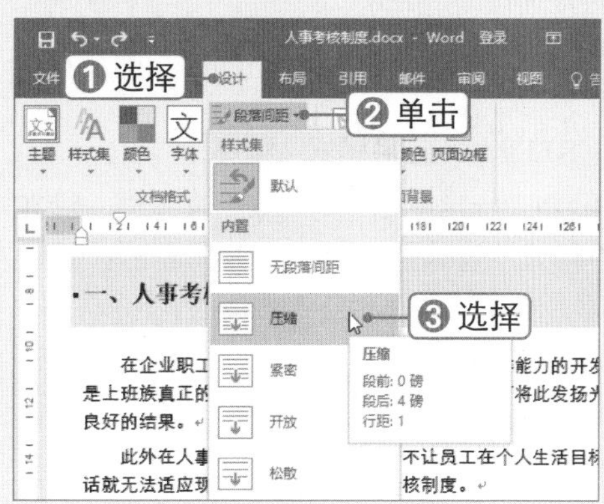

STEP 4 设置条目文本格式

❶选中条目文本，设置“加粗”文本，为文本设置段落边框、底纹及段落间距。❷单击“新建样式”按钮。

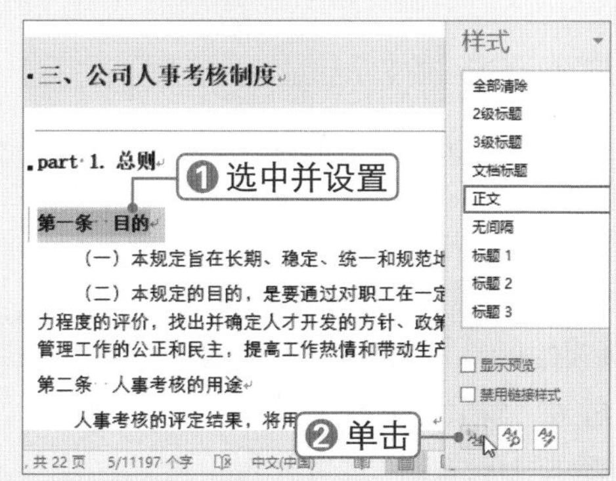

STEP 5 输入样式名称

弹出"根据格式化创建新样式"对话框，❶输入样式名称。❷单击 确定 按钮。

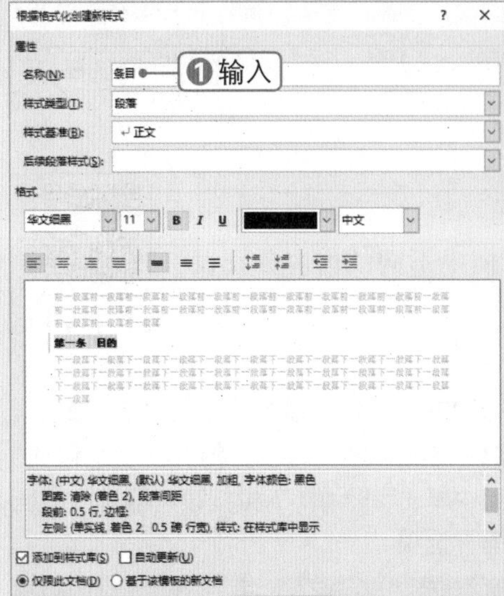

STEP 6 应用样式

❶将光标定位在"第二条"文本中，❷在"样式"窗格中选择"条目"样式，即可应用样式。

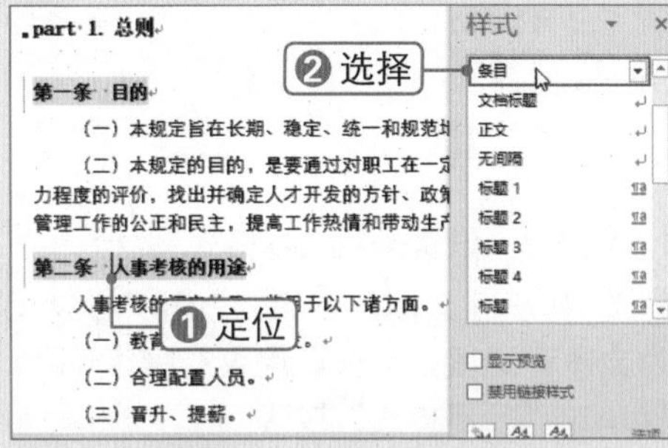

2. 修改正文样式

要修改文档中的某个样式，通过更新样式即可实现。要快速为文档中的内容应用正文样式，可以为样式设置快捷键，具体操作方法如下：

STEP 1 选择 修改(M)... 命令

❶在"样式"窗格中右击"条目"样式，❷选择 修改(M)... 命令。

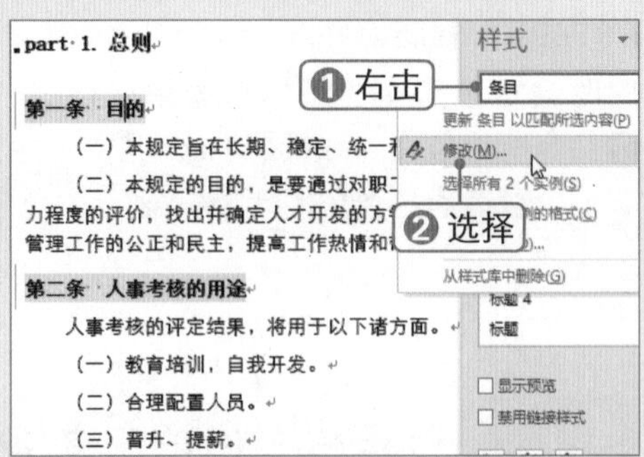

STEP 2 选择 快捷键(K)... 选项

弹出"修改样式"对话框，❶单击 格式(O) 下拉按钮，❷选择 快捷键(K)... 选项。

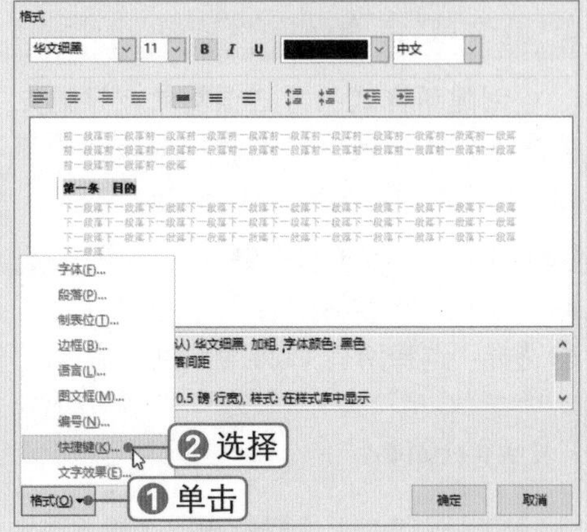

STEP 3 自定义快捷键

弹出"自定义键盘"对话框，❶在"将更改保存在"下拉列表框中选择本文档，❷在"请按新快捷键"文本框中定位光标，然后设置快捷键，❸单击 指定(A) 按钮。

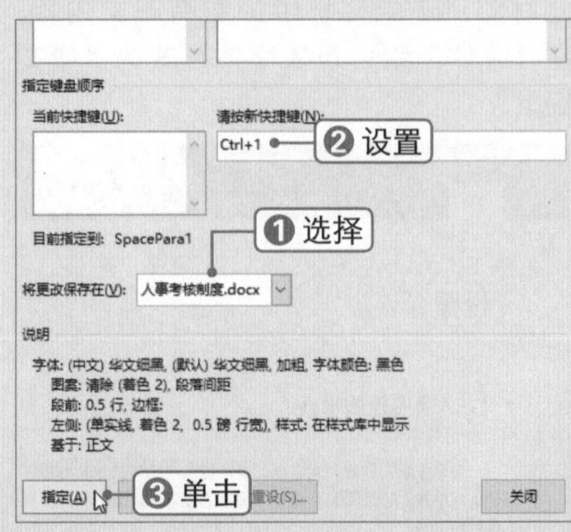

STEP 4 应用样式

将光标定位到第 2 段内容中，按【Ctrl+1】组合键即可应用“条目”样式。采用同样的方法，为其他条目文本应用样式。

第三条 适用范围

本规定适用者范围是“就业规则”第三条所规定的职工。然而，

（一）兼职、特约人员。

（二）连续出勤不满 6 个月者。

（三）考核期间休假停职 6 个月以上者。

第四条 用语的定义

本规定中使用的专用术语定义如下：

（一）人事考核——为了实现第一条规定的目的，以客观的事实努力程度，进行有组织的观察、分析、评价及其程序。

（二）成绩考核——对职工分担的职务情况、工作完成情况进行

秒杀技巧 管理样式

在“样式”窗格中单击“管理样式”按钮，在弹出的对话框中可对文档中的样式进行修改、删除和新建等操作。

STEP 5 更新样式

❶选中条目文本，取消底纹，并设置左缩进 2 字符。❷在“样式”窗格中右击“条目”样式，❸选择“更新 条目 以匹配所选内容”命令。

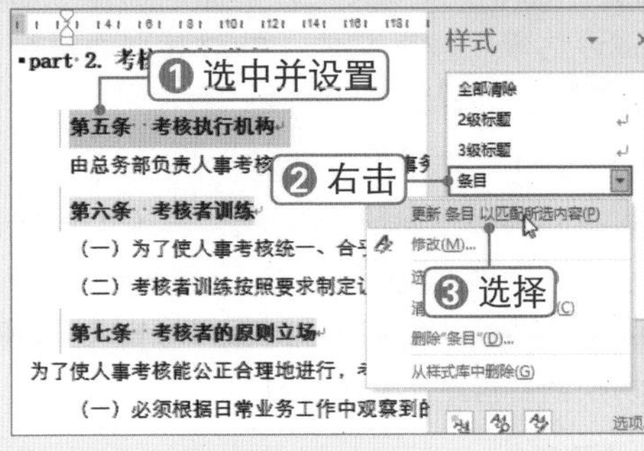

STEP 6 查看设置效果

此时所有应用了“条目”样式的文本格式都将更改。

part 2. 考核计划与执行

第五条 考核执行机构

由总务部负责人事考核的计划与执行事务。

第六条 考核者训练

（一）为了使人事考核统一、合乎实际，需要进行考核者训练工

（二）考核者训练按照要求制定训练计划，予以实施。

第七条 考核者的原则立场

为了使人事考核能公正合理地进行，考核者必须遵守下列各原则：

Chapter 04

4.2 制作“面试评估表”模板

■ 关键词：创建模板、固定行高、样式、内容控件、内容控件属性、模板应用

人事经理李玟利用表格、样式和内容控件制作了“面试评估表”模板文档，并传送给各面试主管，由他们使用此模板创建面试评估表文档，在该文档中填写应聘者信息并做出评估。企业内部文件通常具有相同的格式标准，如相同的页眉页脚、文档背景、修饰图形、字体格式及样式，通常会将这些元素制作在一个模板文件中，然后可以通过这些模板文件快速创建具有相同格式的文档，从而省去多次重新创建基本内容和版式信息的工作。

4.2.1 创建模板文件

微课：创建模板文件

要制作Word模板文件，首先需要创建一个模板文件，并添加相关的内容信息。下面将介绍如何创建“面试评估表”模板文件并添加内容。

1. 保存为模板文件

要创建模板文件，需要将文件保存为“Word模板”类型。下面是创建“面试评估表”模板文件，并对其页面进行设置，具体操作方法如下：

STEP 1 选择保存类型

新建并保存文档，弹出“另存为”对话框。在“保存类型”下拉列表中选择 Word 模板 (*.dotx) 选项，此时保存位置会自动切换到“自定义 Office 模板”文件夹中。

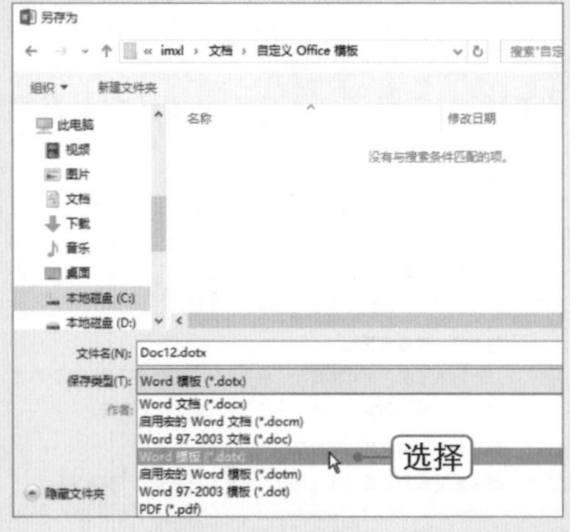

STEP 2 保存模板文档

❶选择保存位置，❷输入文件名，❸单击 保存(S) 按钮。

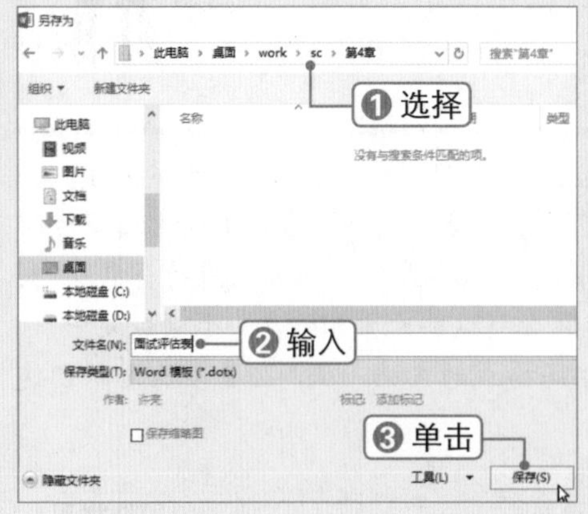

STEP 3 设置页边距

打开“页面设置”对话框，❶自定义页边距，❷单击 确定 按钮。

STEP 4 插入文本框

在文档中插入文本框并输入所需的文本，设置字体格式，并设置文本框边框颜色为灰色。

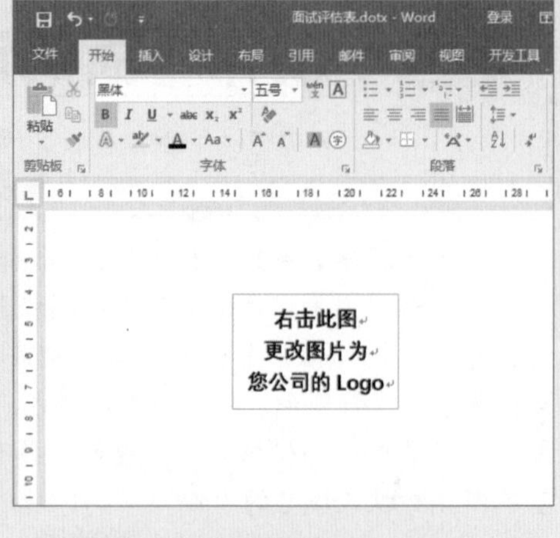

STEP 5 粘贴为图片

选中并复制文本框，然后将其删除。❶单击“粘贴”下拉按钮，❷单击“图片”按钮。将图片的环绕方式设置为“浮于文字上方”，移动图片到页面的左上方。

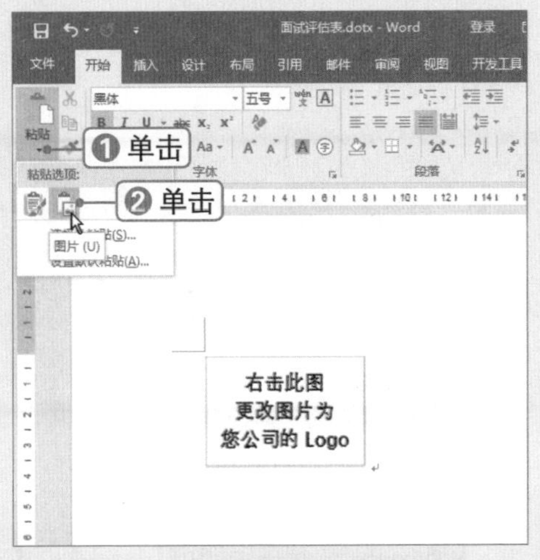

STEP 6 插入文本框

在文档中插入文本框，输入文本并设置字体格式，将文本框移至页面右上方。

实操解疑

固定文本框或图形位置

选中文本框或图形后，单击其右上角的“布局选项”按钮，在弹出的列表中选中“在页面上的位置（固定）”单选按钮，即可固定其位置。

2. 编辑“面试评估表”表格

保存模板文件后，需要在模板中添加所需的内容，以便从该模板中直接创建新文件。下面将介绍“面试评估表”表格的编辑方法，具体操作方法如下：

STEP 1 制作表格

输入表格标题，然后制作表格。

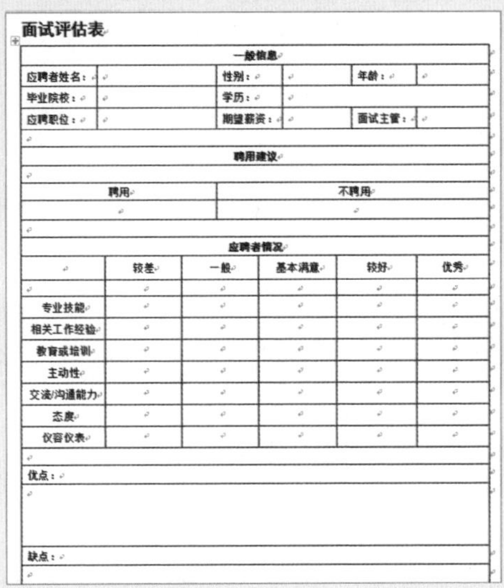

面试评估表

一般信息					
应聘者姓名：		性别：		年龄：	
毕业院校：		学历：			
应聘职位：		期望薪资：		面试主管：	
聘用建议					
聘用			不聘用		
应聘者情况					
	较差	一般	基本满意	较好	优秀
专业技能					
相关工作经验					
教育或培训					
主动性					
交流沟通能力					
态度					
仪容仪表					
优点：					
缺点：					

STEP 2 单击“属性”按钮

❶将光标定位到单元格中，❷在“布局”选项卡下单击“属性”按钮。

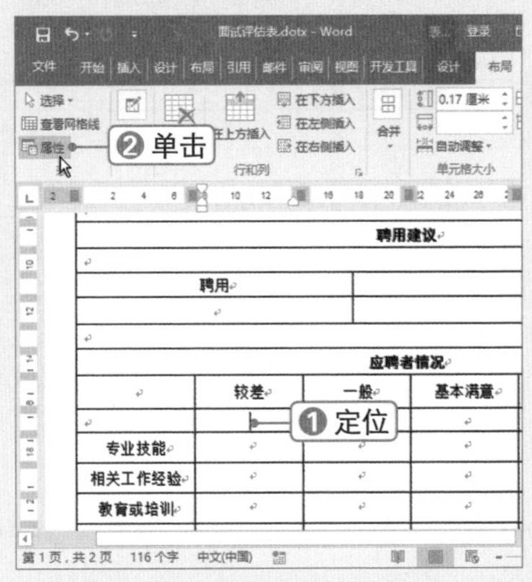

STEP 3 设置行高

弹出“表格属性”对话框，❶选择“行(R)”选项卡，❷设置行高，❸在“行高值是”下拉列表框中选择“固定值”选项，❹单击“确定”按钮。

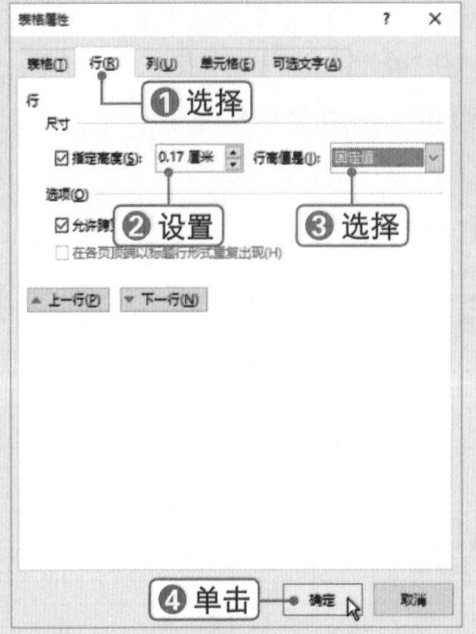

STEP 4 查看设置效果

此时即可将行高设置为固定值。采用同样的方法，设置其他行的行高。

聘用建议				
聘用			不聘用	
应聘者情况				
	较差	一般	基本满意	较好
专业技能				
相关工作经验				
教育或培训				
主动性				

STEP 5 设置单元格底纹

选中要设置单元格底纹的行，在“段落”组中设置底纹颜色为“深蓝”，设置单元格中的字体颜色为白色。

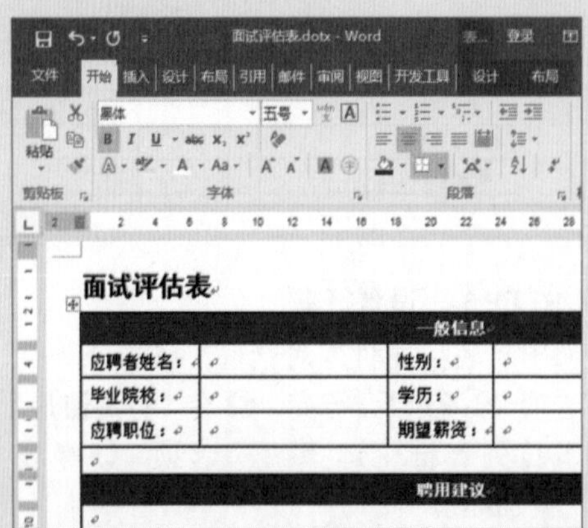

STEP 6 删除表格框线

全选表格，❶在“段落”组中单击“边框”下拉按钮，❷选择 无框线(N) 选项。

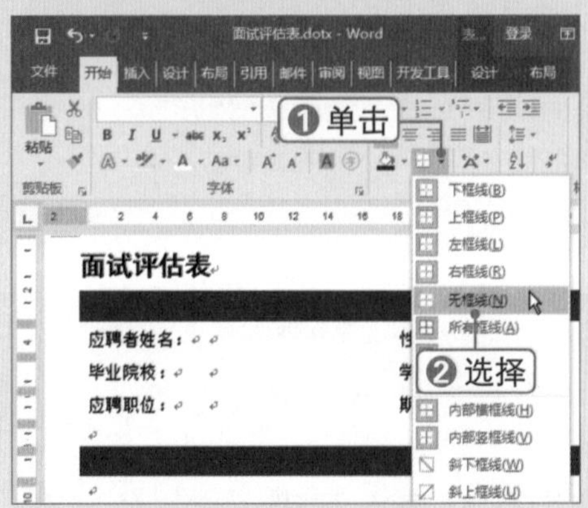

STEP 7 添加下框线

在 布局 选项卡下单击 查看网格线 按钮，显示网格线。❶选中行，❷在“段落”组中单击“边框”下拉按钮，❸选择 下框线(B) 选项。

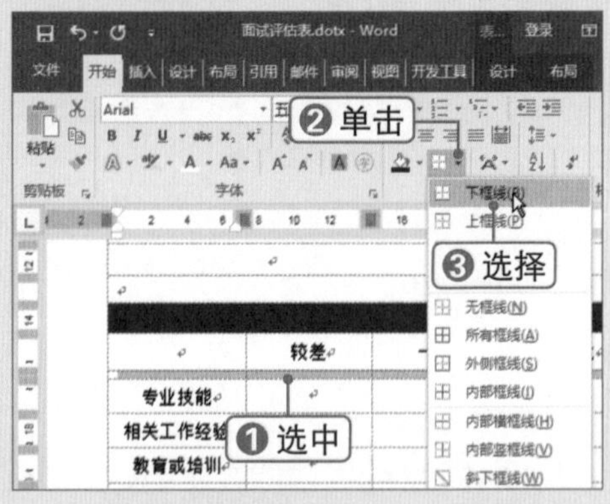

STEP 8 查看添加下框线效果

此时即可为所选行添加下框线。采用同样的方法，为其他行添加下框线。

应聘者情况				
	较差	一般	基本满意	较好
专业技能				
相关工作经验				
教育或培训				
主动性				
交流/沟通能力				
态度				
仪容仪表				
优点：				

4.2.2 创建与应用样式

微课：创建与应用样式

为便于快速修改“面试评估表”中的内容格式，可以在模板文件中创建样式，这样在设置内容格式时直接应用样式即可，具体操作方法如下：

STEP 1 选择 创建样式(S) 命令

❶将光标定位在单元格中，❷在“字体”组中设置字体样式为“宋体”、“五号”、加粗，❸单击“样式”下拉按钮，❹选择 创建样式(S) 选项。

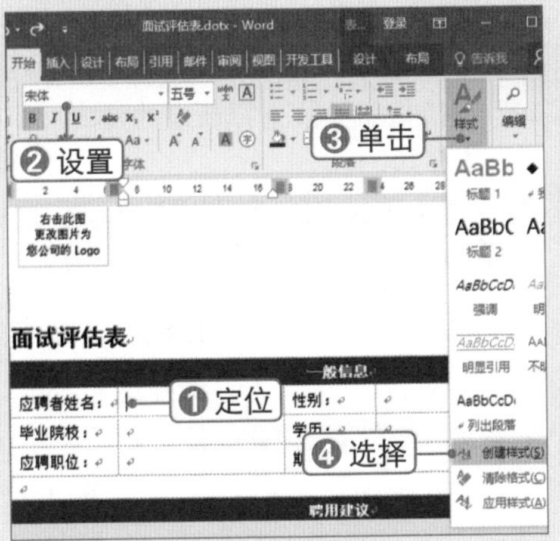

STEP 2 输入样式名称

弹出“根据格式设置创建新样式”对话框，❶输入样式名称，❷单击 确定 按钮。

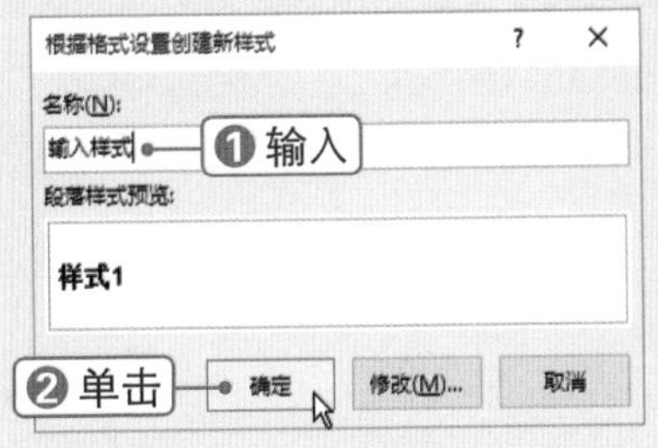

STEP 3 应用样式

此时即可创建新样式。❶将光标定位到其他要应用样式的单元格中，❷单击“样式”下拉按钮，❸选择新建的样式。

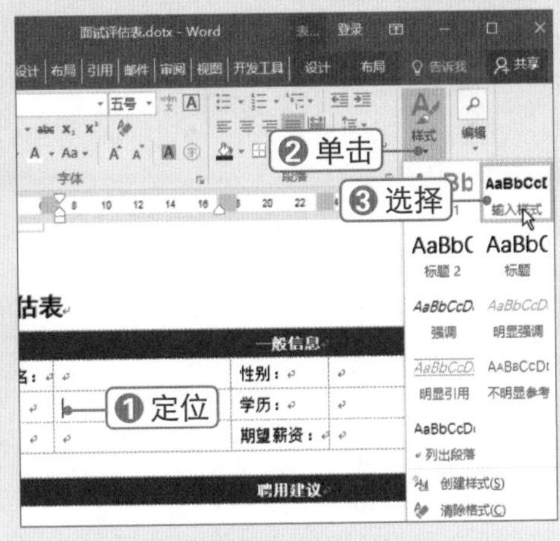

STEP 4 设置固定行距

将光标定位到“聘用”下方的单元格中，打开“段落”对话框，❶在“行距”下拉列表框中选择 固定值 选项，❷设置值为12磅。

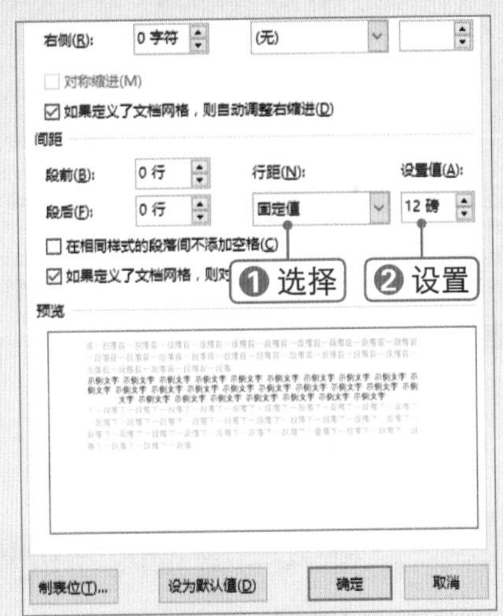

STEP 5 设置文本对齐方式

❶选择 中文版式(H) 选项卡，❷在“文本对齐方式”下拉列表框中选择 居中 选项，❸单击 确定 按钮。

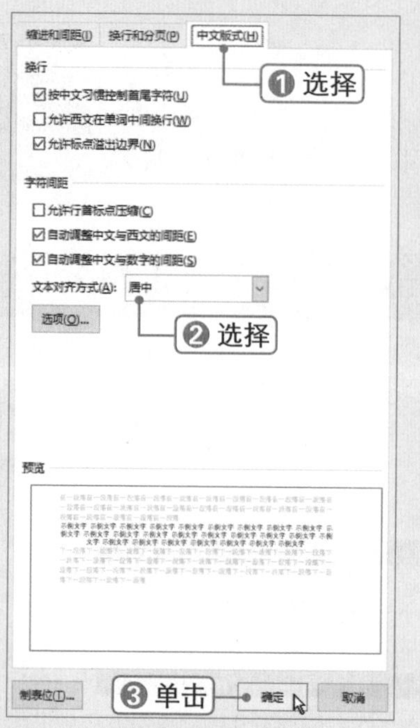

STEP 6 选择"创建样式(S)"选项

❶在"字体"组中设置字体格式为"宋体"、"四号"、加粗。❷单击"样式"下拉按钮，❸选择"创建样式(S)"选项。

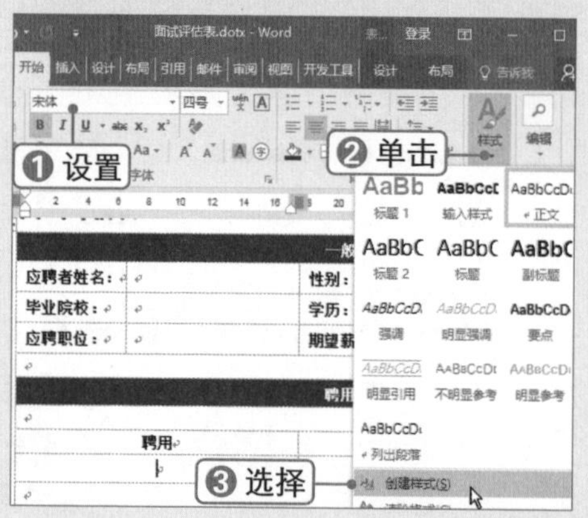

STEP 7 输入样式名称

弹出"根据格式设置创建新样式"对话框，❶输入样式名称，❷单击"确定"按钮。

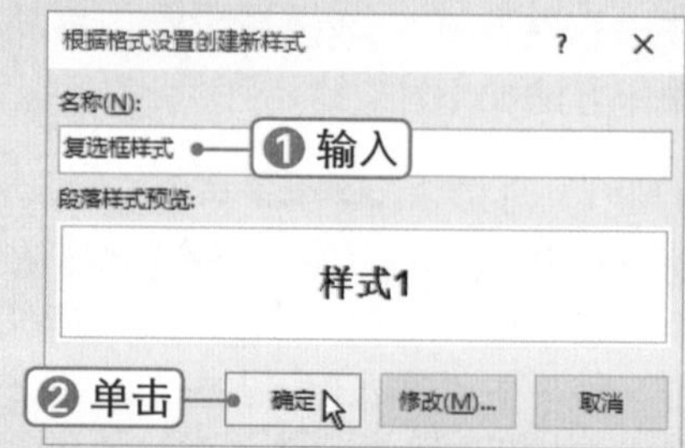

STEP 8 应用样式

❶选中要应用样式的单元格，❷单击"样式"下拉按钮，❸选择新建的样式，即可应用样式。

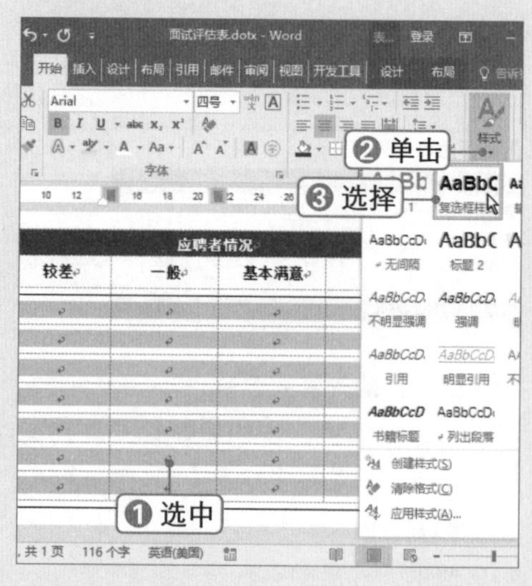

4.2.3 插入与编辑内容控件

在模板中添加与配置内容控件可以使模板使用起来更加方便、灵活。在添加内容控件前，需要先在功能区中显示"开发工具"选项卡，可以根据需要在模板中添加格式文本内容控件、下拉列表控件、复选框控件和日期控件等，下面以添加"格式文本内容控件"为例介绍插入与编辑内容控件的方法。

微课：插入与编辑内容控件

STEP 1 单击"格式文本内容控件"按钮

❶将光标定位到单元格中，❷在开发工具选项卡下单击"格式文本内容控件"按钮Aa。

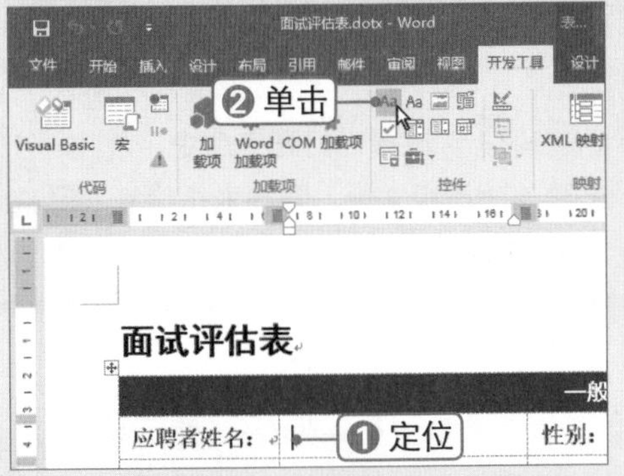

STEP 2 单击"设计模式"按钮

此时即可在单元格中插入格式文本内容控件，单击"设计模式"按钮。

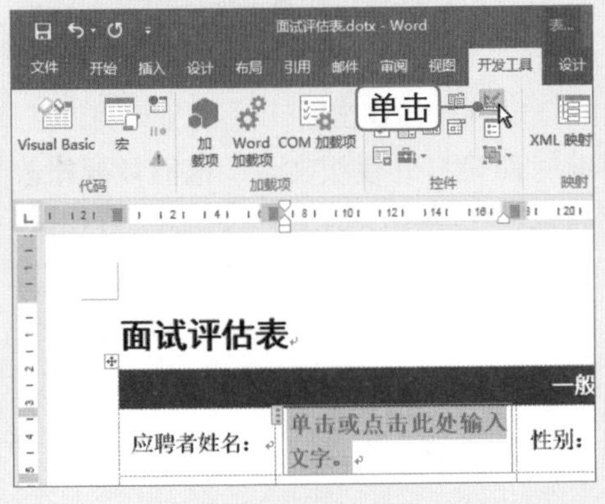

STEP 3 单击"属性"按钮

进入设计模式，删除原有文本，❶输入所需的文本，并设置字体格式，❷单击"属性"按钮。

STEP 4 设置控件属性

弹出"内容控件属性"对话框，❶选中"内容被编辑后删除内容控件"复选框，❷单击确定按钮。

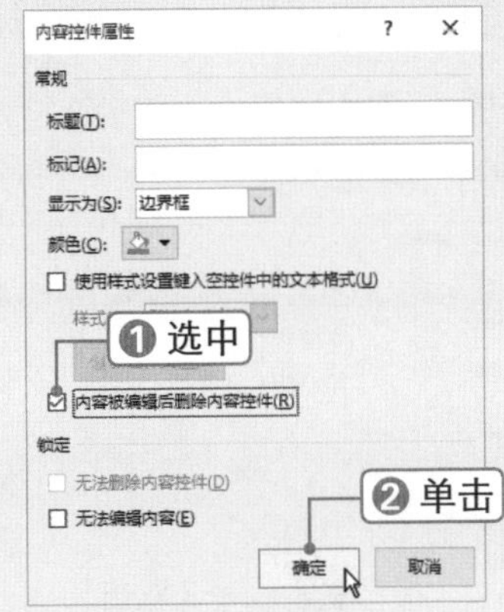

STEP 5 复制控件

将控件复制到其他所需的单元格中，并根据需要修改控件中的文本，再次单击"设计模式"按钮。

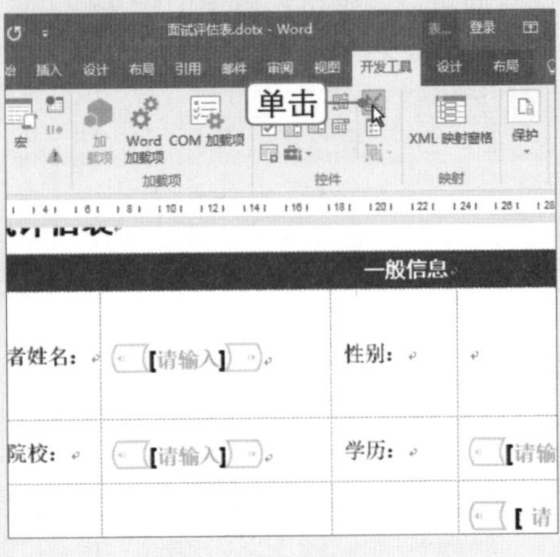

STEP 6 查看控件效果

退出设计模式，查看控件效果。

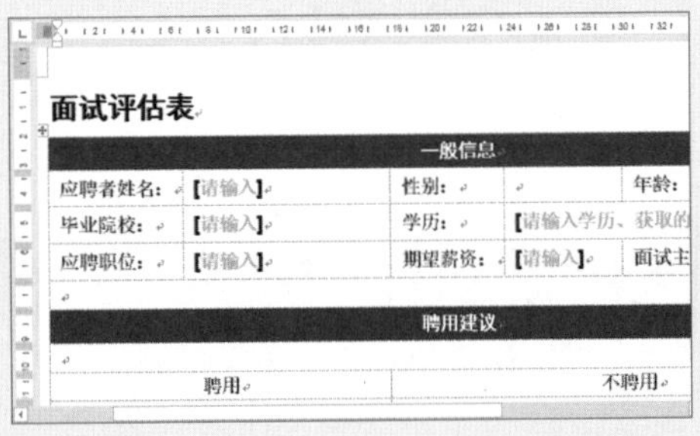

4.2.4 模板的应用

创建模板后，即可以此模板为起点创建新文档。下面将介绍如何使用功能模板创建新文档，以及如何对模板文件进行修改，具体操作方法如下：

微课：模板的应用

STEP 1 双击模板

双击制作的模板文档。

STEP 2 新建文档

此时即可以此模板创建一个新文档，根据需要编辑文档内容。

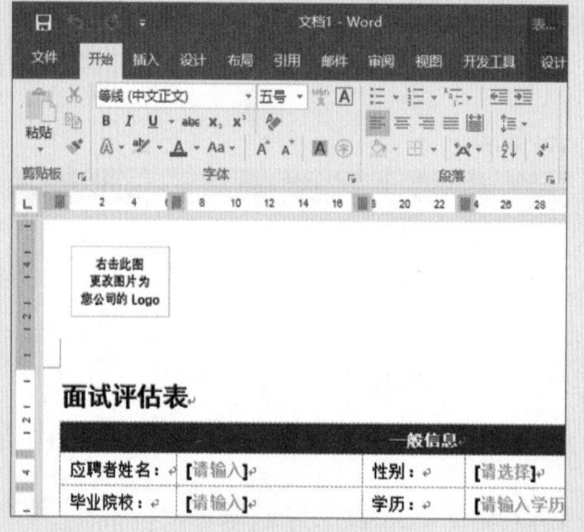

STEP 3 选择“打开”命令

若要修改模板文件，❶可右击模板，❷选择 打开(O) 命令。

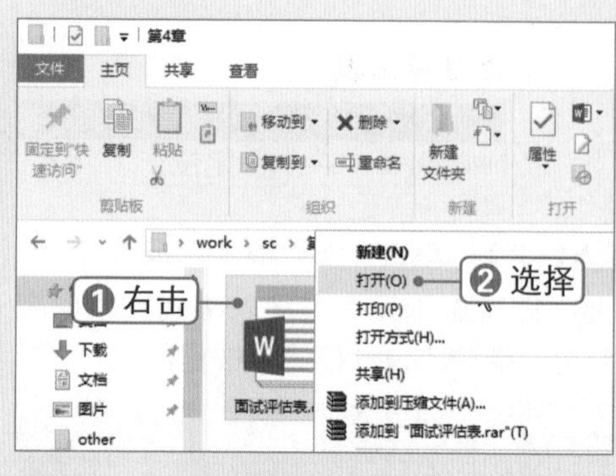

STEP 4 修改模板

此时即可打开模板文件，根据需要修改模板文件，单击“保存”按钮保存模板。

商务办公 私房实操技巧

TIP：将文本置于底纹中央

私房技巧 为段落添加边框和底纹后，发现文字在底纹中显示较为靠上，此时可以通过设置边框与文本间距使其居中，具体操作方法如下：

1 选中段落，在“段落”组中单击“边框”下拉按钮，选择 边框和底纹(O)... 选项，如下图（左）所示。

2 弹出“边框和底纹”对话框，在 边框(B) 选项卡下单击 选项(O)... 按钮，如下图（右）所示。

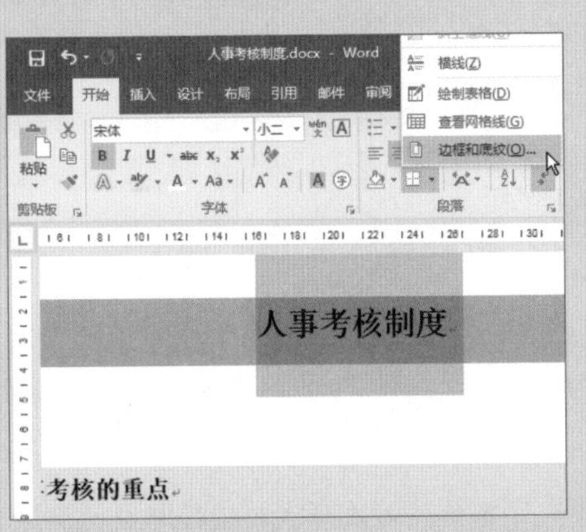

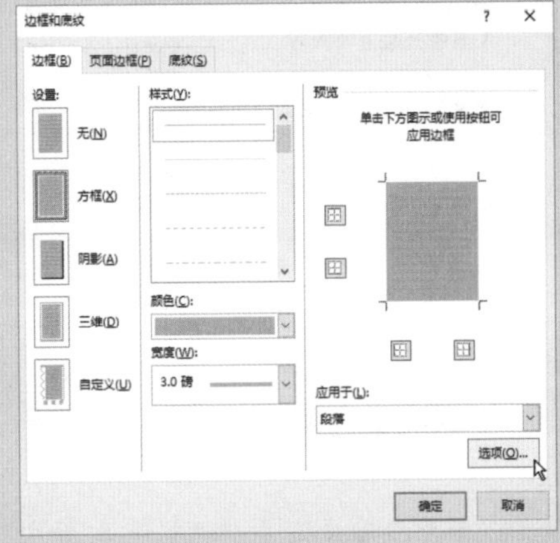

3 弹出“边框和底纹选项”对话框，设置“上”间距为 8 磅，单击 确定 按钮，如下图（左）所示。

4 打开“样式”窗格，右击段落所应用的样式，选择“更新文档标题以匹配所选内容”命令，如下图（右）所示。

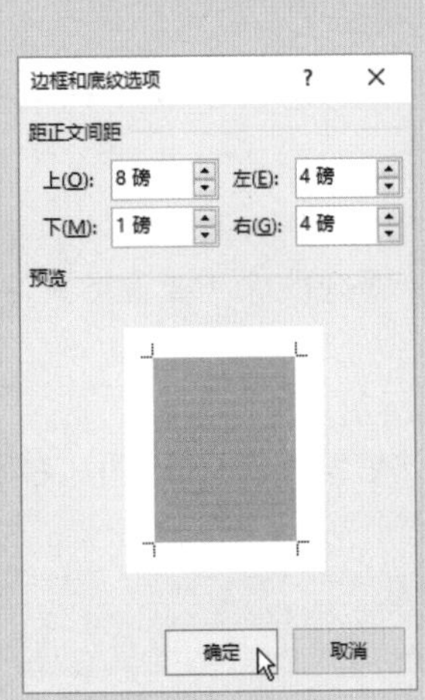

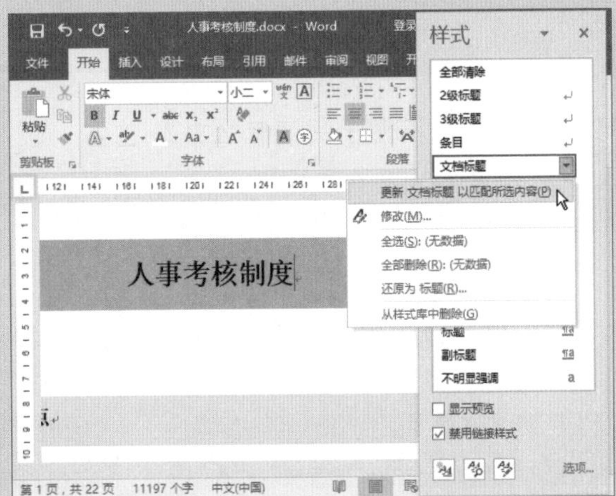

TIP：显示样式格式

私房技巧

将光标定位到文本中或选中文本，打开“样式”窗格，在下方单击“样式检查器”按钮，如下图（左）所示。打开“样式检查器”窗格，单击下方的“显示格式”按钮，打开“显示格式”窗格，从中即可查看当前所选文本的样式格式，如下图（右）所示。

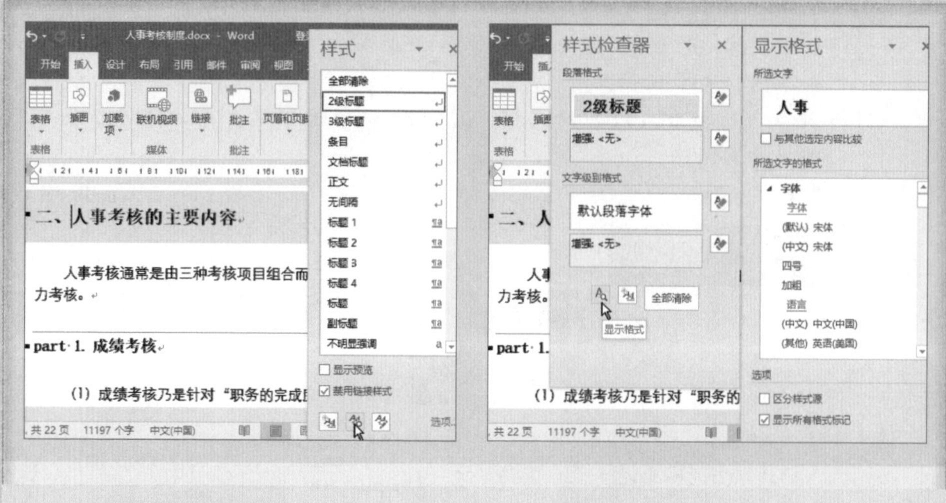

TIP：删除或还原样式

私房技巧 若要删除或还原样式，可打开"样式"窗格并右击样式，选择相应的删除或还原命令即可。

Ask Answer 高手疑难解答

问 文章太长不便于阅读怎么办？

图解解答 在处理较长的复杂文档时，可以通过折叠标题隐藏除了要重点关注部分之外的所有内容，具体操作方法如下：

1. 单击标题文本前的折叠按钮◢，如下图（左）所示。
2. 此时即可折叠该标题中的内容，采用同样的方法继续操作，如下图（右）所示。

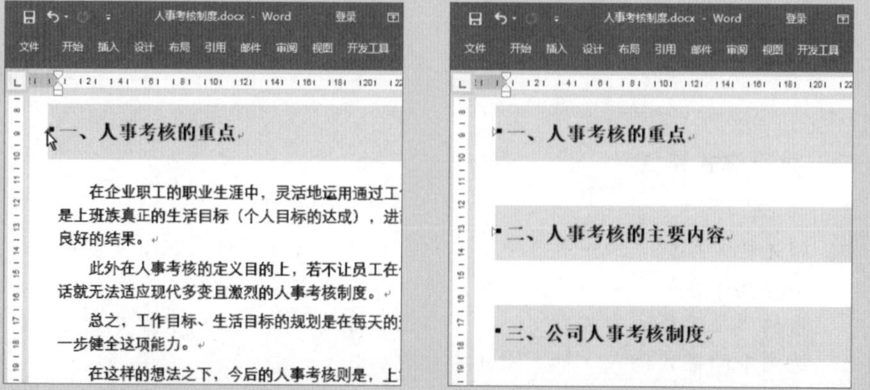

3 在标题文本中右击，选择 展开/折叠(E) 命令，再选择 折叠所有标题(L) 命令，即可折叠文档中的所有标题，如下图（左）所示。

4 打开“段落”对话框，在 缩进和间距(I) 选项卡下选中☑默认情况下折叠(E) 复选框，即可设置默认折叠文档标题，如下图（右）所示。

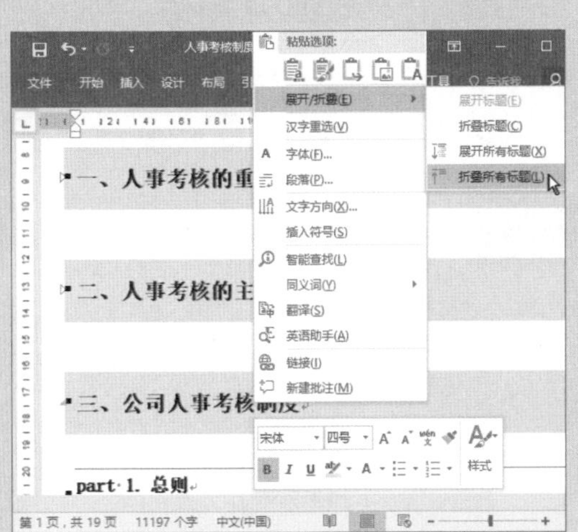

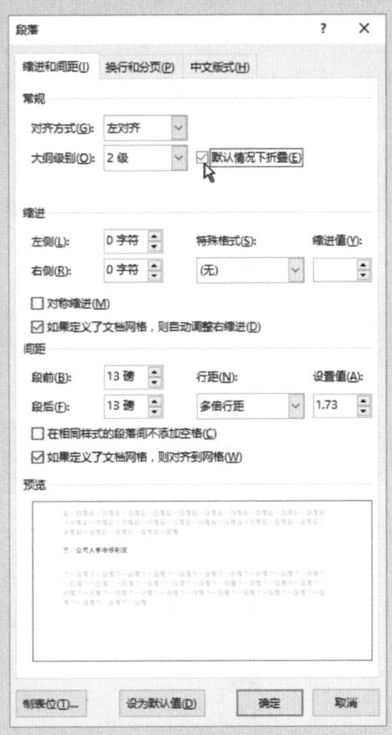

5 折叠标题后选中标题，即可选中标题中的内容，拖动标题可调整其位置，如下图（左）所示。

6 打开“导航”窗格，在 标题 选项卡下拖动标题也可调整其位置，如下图（右）所示。

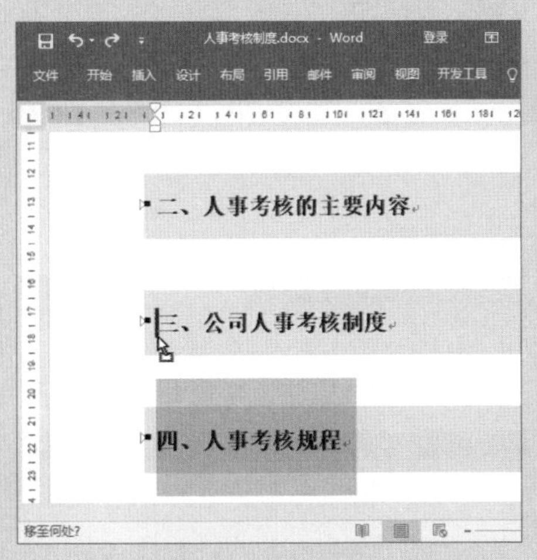

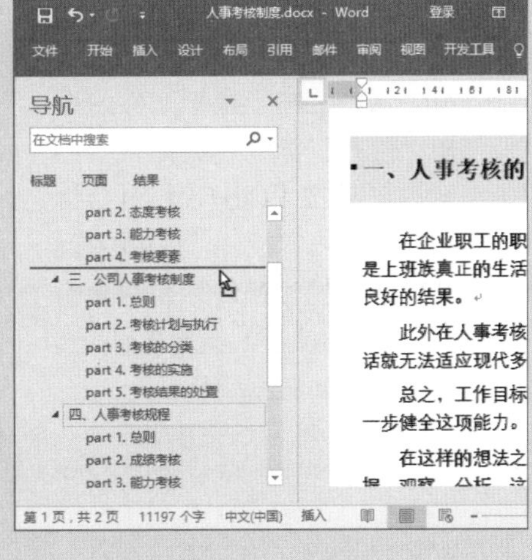

问 在文档中如何将部分页面设置为横向页面？

图解解答 可以在要设置为横向页面的前后分别插入分节符，然后在“布局”选项卡下设置纸张方向，还可进行以下操作：

1. 选中要设置为横向页面的文本，在布局选项卡下单击“页面设置”组右下角的扩展按钮，如下图（左）所示。
2. 弹出“页面设置”对话框，在页边距选项卡下单击“横向”按钮，在“应用于”下拉列表框中选择所选文字选项，单击确定按钮，如下图（右）所示。

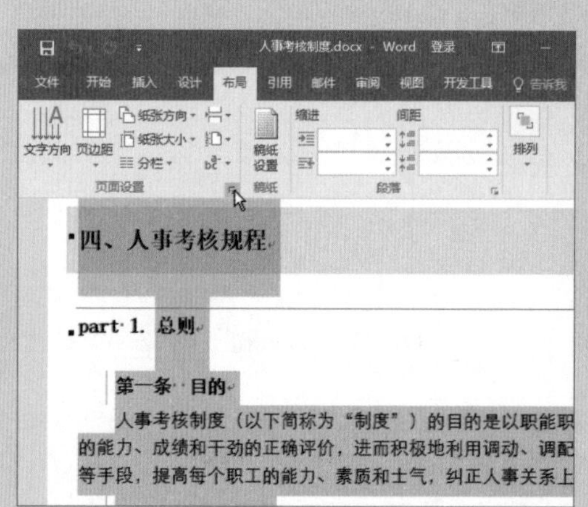

问 怎样防止他人编辑或删除模板中的内容控件？

图解解答 可对模板中的内容控件添加保护：右击模板文件，选择“打开”命令，选择多个内容控件或按【Ctrl+A】组合键选择全部内容控件，在开发工具选项卡下的“控件”组中单击组合下拉按钮，选择组合选项即可，如右图所示。

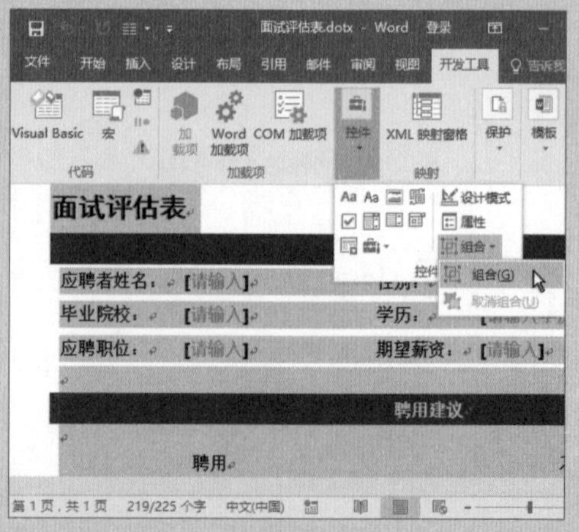

CHAPTER

Word 商务办公高级操作

本章导读

在 Word 2016 中除了对办公文档进行正常排版操作之外，还可以通过应用一些特殊功能对文档进行更高级的编排操作。例如，“公司人事考核制度”编排完成后，需要对其进行打印输出。在打印前还需对文档创建目录，添加页眉页脚、注释以及审阅文档等，本章将对这些操作进行详细讲解。

知识要点

01 创建与设置文档目录
02 编辑文档页眉与页脚
03 插入脚注与尾注
04 审阅文档

案例展示

达康集团人事考核制度

目 录

◀人事考核制度（1）

▼人事考核制度（2）

▼人事考核制度（3）

Chapter 05

5.1 创建与设置文档目录

■ 关键词：自动目录、目录选项、目录样式、TC 域、更新目录

目录是文档中标题的列表，它的作用有两个：一是单击目录可以快速定位到文档相应的位置，二是可以使读者掌握文档的整体结构。下面将详细介绍如何在办公文档中添加与设置文档目录。

5.1.1 插入自动目录

微课：插入自动目录

要在文档中插入目录，要先对文档中的标题文本设置标题级别，创建目录时可以自定义其显示方式。在文档中快速插入自动目录的具体操作方法如下：

STEP 1 插入分节符

将光标定位在标题文本前，❶选择 布局 选项卡，❷在“页面设置”组中单击“分隔符”下拉按钮，❸选择“下一页”选项。

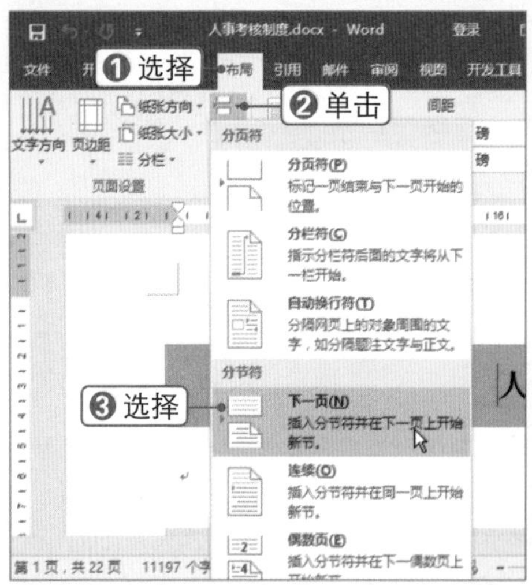

STEP 2 应用正文样式

此时即可插入“下一页”分节符，光标后的文本移至下一页，在“段落”组中单击“显示 / 隐藏编辑标记”按钮，可查看分节符。❶将光标定位在第 1 页，❷打开“样式”窗格，选择“正文”样式。

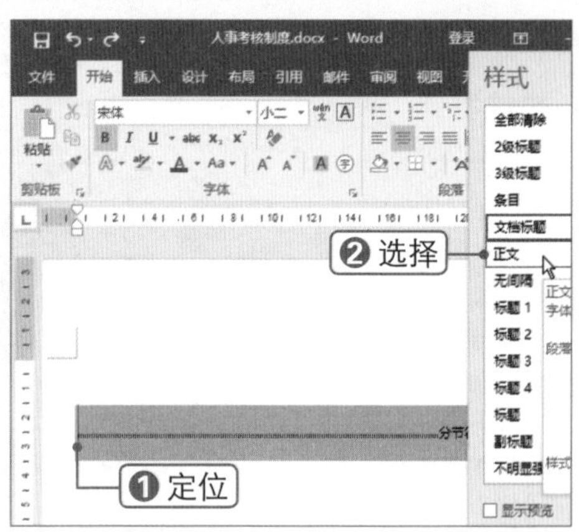

实操解疑

删除分节符

节可以让用户对文档的结构和外观进行更多控制，在同一文档中可以插入多个不同的节，每个节都可以有自己的页眉和页脚、方向、格式、间距等。要删除分节符，可以将光标置于分节符前，然后按【Delete】键。

STEP 3 选择 自定义目录(C)... 选项

输入文本“目录”并设置字体格式，❶选择 引用 选项卡，❷在“目录”组中单击“目录”下拉按钮，❸选择 自定义目录(C)... 选项。

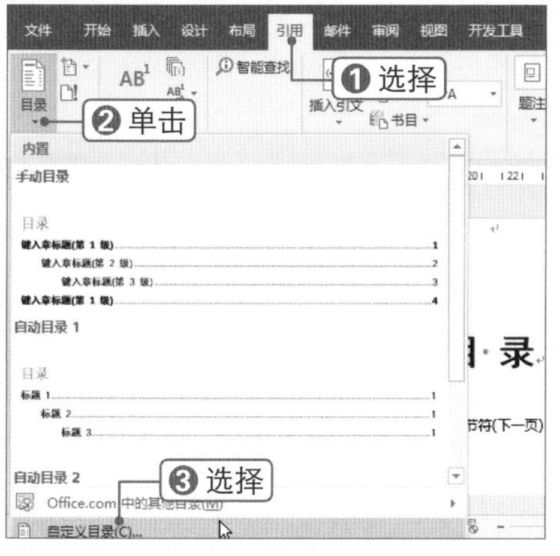

STEP 4 单击 选项(O)... 按钮

弹出“目录”对话框，❶设置显示级别，❷单击 选项(O)... 按钮。

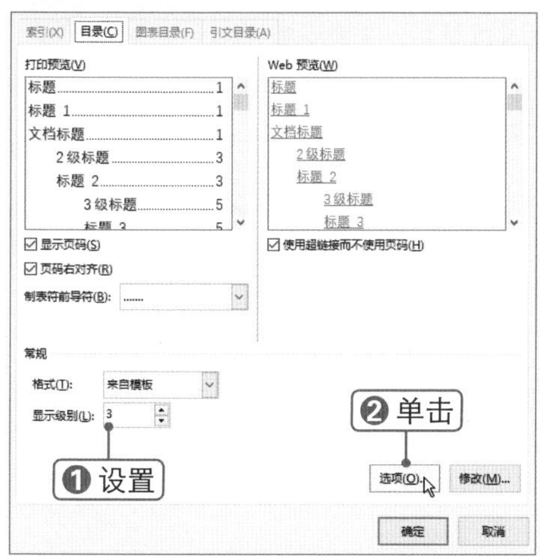

STEP 5 设置目录选项

弹出“目录选项”对话框，❶删除“文档标题”样式的目录级别，❷单击 确定 按钮。

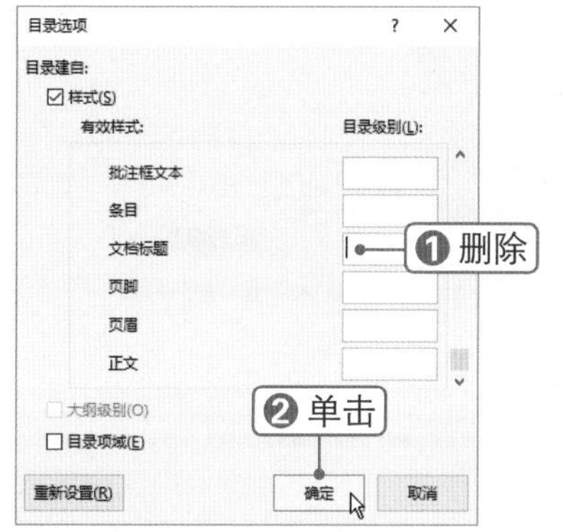

STEP 6 插入目录

此时即可在文档中创建目录，三级标题之内的标题文本都会包含在目录中，而“文档标题”除外。按住【Ctrl】键的同时单击目录中的标题，可跳转到相应的位置。

5.1.2 设置目录文本格式

微课：设置目录文本格式

在文档中插入目录后，要设置目录文本格式，可以通过修改目录样式来实现，具体操作方法如下：

STEP 1 选择 修改(M)... 命令

打开“样式”窗格，❶右击“目录 2”样式，❷选择 修改(M)... 命令。

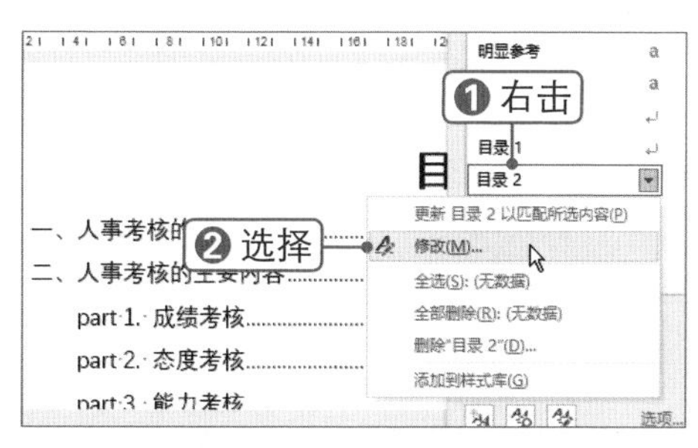

STEP 2　设置字体格式

弹出“修改样式”对话框，❶设置字体格式，❷单击 确定 按钮。

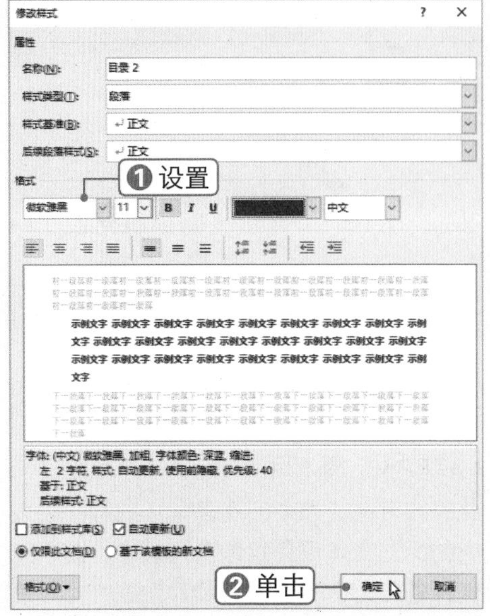

STEP 3　选择 修改(M)... 命令

此时即可修改目录中二级标题的样式，❶右击“目录 3”样式，❷选择 修改(M)... 命令。

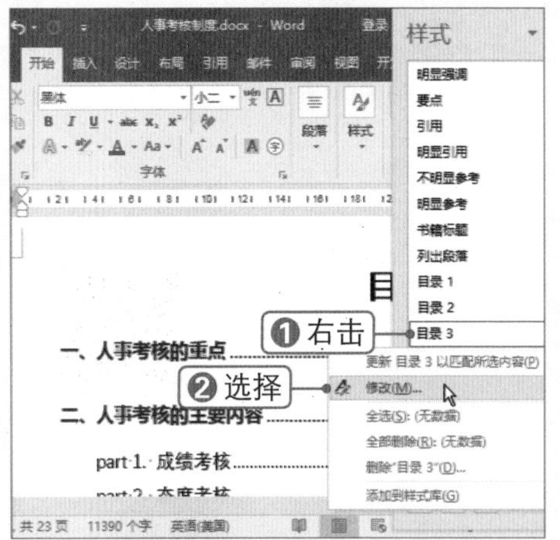

STEP 4　选择 段落(P)... 选项

弹出“修改样式”对话框，❶设置字体格式，❷单击左下方的 格式(O) 下拉按钮，❸选择 段落(P)... 选项。

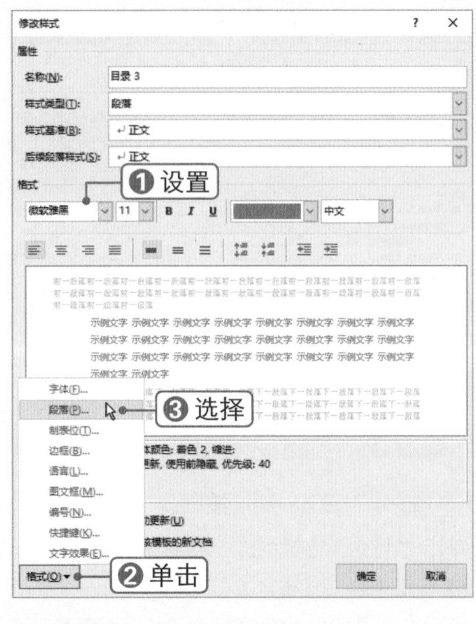

STEP 5　设置段落间距

弹出“段落”对话框，❶设置行距为“固定值”12 磅，❷单击 确定 按钮。

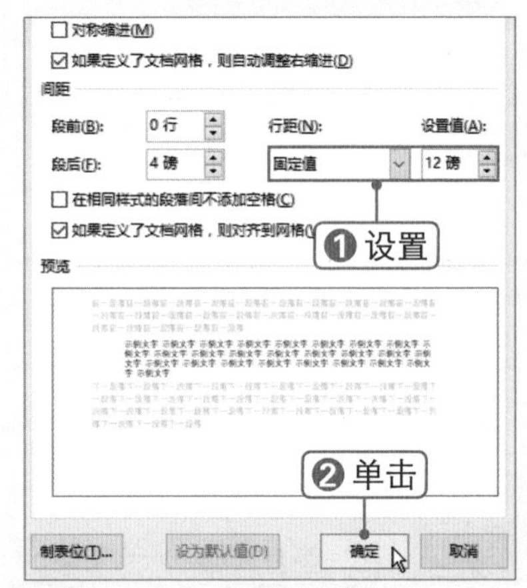

STEP 6　查看设置效果

此时即可修改目录中三级标题的样式。

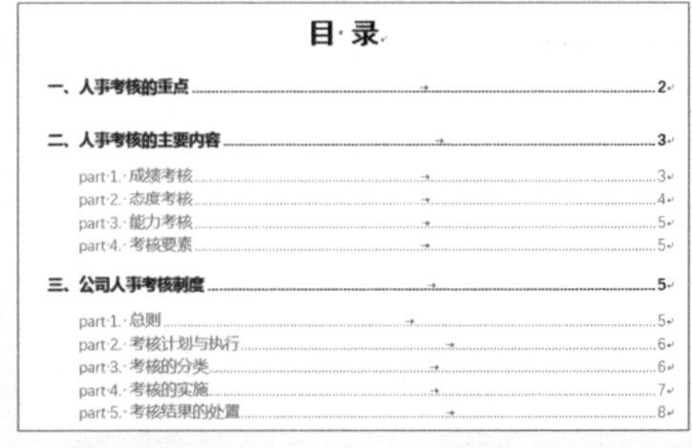

5.1.3 将指定的文本添加到目录中

微课：将指定的文本添加到目录中

通过自定义目录可以将文档中指定的文本添加到目录中，具体操作方法如下：

STEP 1 选择 创建样式(S) 选项

❶选中文档最后“附表”中的表格标题文本，❷单击“样式”下拉按钮，❸选择 创建样式(S) 选项。

STEP 2 输入样式名称

弹出“根据格式化创建新样式”对话框，❶输入样式名称，❷单击 确定 按钮。

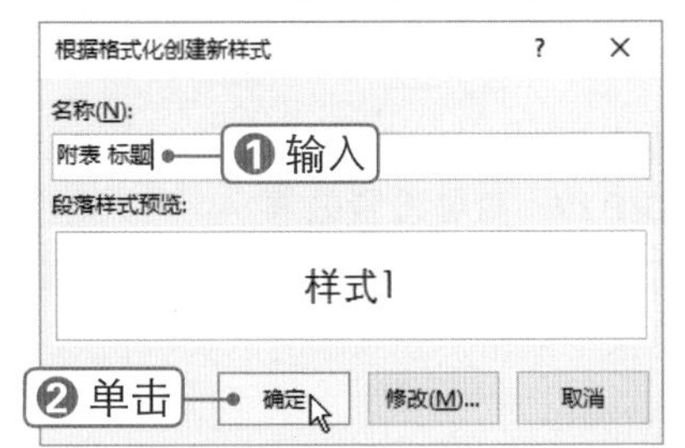

秒杀技巧 使用 TOC 域生成目录

TOC 域利用标题级别、指定样式，或由 TC 域（目录项）指定的条目来收集目录项。通过 TOC 域的开关代码可以更改目录的显示效果，如使用“\f”开关在目录中添加 TC 域。

STEP 3 应用样式

❶将光标定位到其他表标题文本中，❷在“样式”窗格中选择新建的“附表 标题”样式。

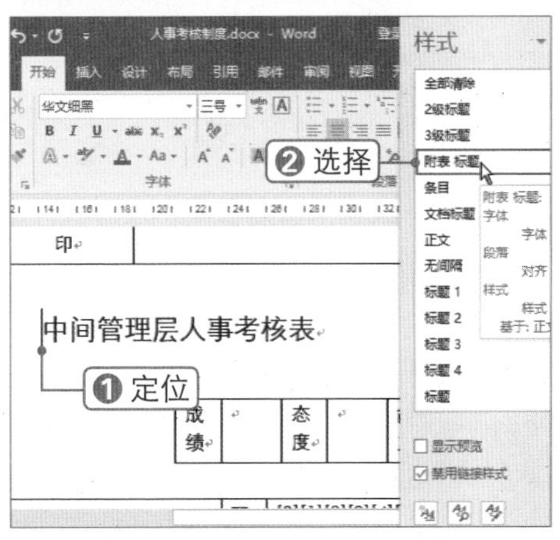

STEP 4 单击 选项(O)... 按钮

将光标定位到目录页中，打开“目录”对话框，单击 选项(O)... 按钮。

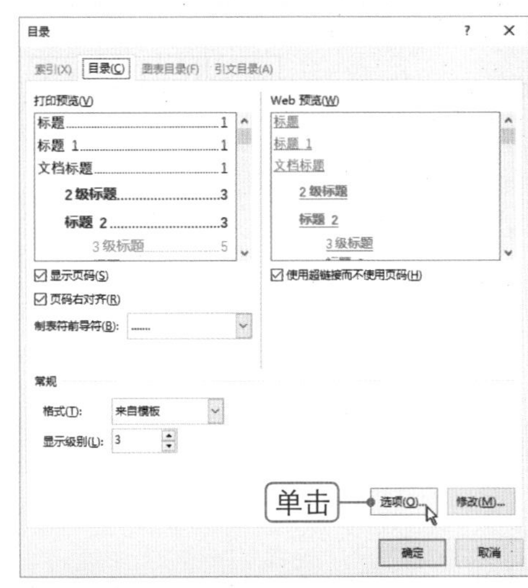

STEP 5 设置目录选项

根据需要设置目录中的有效样式，❶为

"附表标题"样式设置目录级别为 6，❷单击 确定 按钮，替换当前目录。

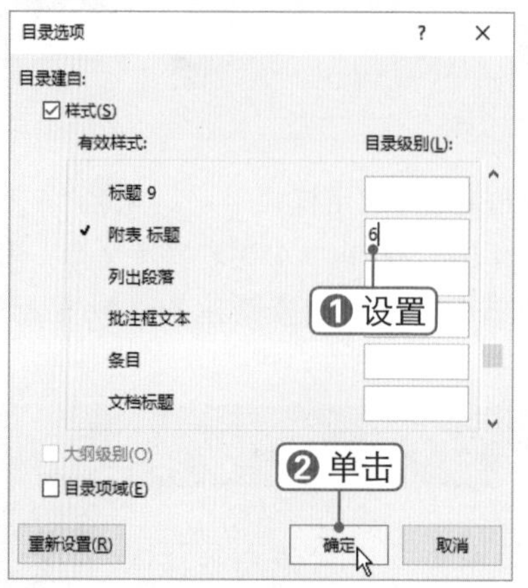

STEP 6 查看设置效果

此时可以看到表格标题文本出现在目录中。

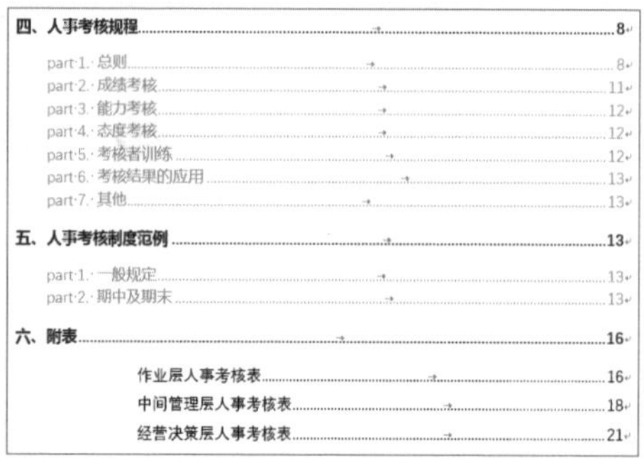
四、人事考核规程……8
part 1. 总则……8
part 2. 成绩考核……11
part 3. 能力考核……12
part 4. 态度考核……12
part 5. 考核者训练……12
part 6. 考核结果的应用……13
part 7. 其他……13
五、人事考核制度范例……13
part 1. 一般规定……13
part 2. 期中及期末……13
六、附表……16
作业层人事考核表……16
中间管理层人事考核表……18
经营决策层人事考核表……21

STEP 7 修改目录样式

按照前面的方法修改"目录 6"样式，重新设置其字体与段落格式。

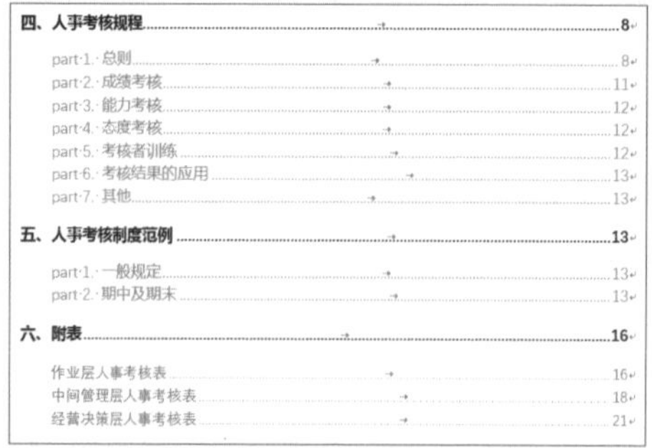
四、人事考核规程……8
part 1. 总则……8
part 2. 成绩考核……11
part 3. 能力考核……12
part 4. 态度考核……12
part 5. 考核者训练……12
part 6. 考核结果的应用……13
part 7. 其他……13
五、人事考核制度范例……13
part 1. 一般规定……13
part 2. 期中及期末……13
六、附表……16
作业层人事考核表……16
中间管理层人事考核表……18
经营决策层人事考核表……21

STEP 8 编辑域代码

将光标定位到目录中，按【Alt+F9】组合键切换到域代码模式，❶在目录代码中"\t"开关前输入代码"\n 6-6"（即不显示 6 级标题的页码），❷右击域代码，❸选择 更新域(U) 命令。

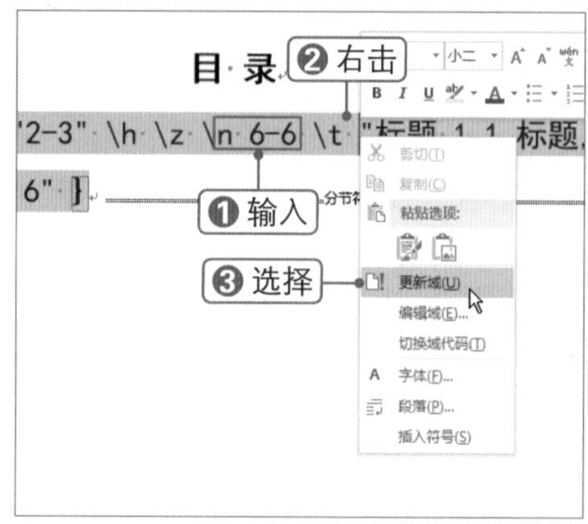

STEP 9 更新目录

弹出"更新目录"对话框，❶选中 更新整个目录(E) 单选按钮，❷单击 确定 按钮。

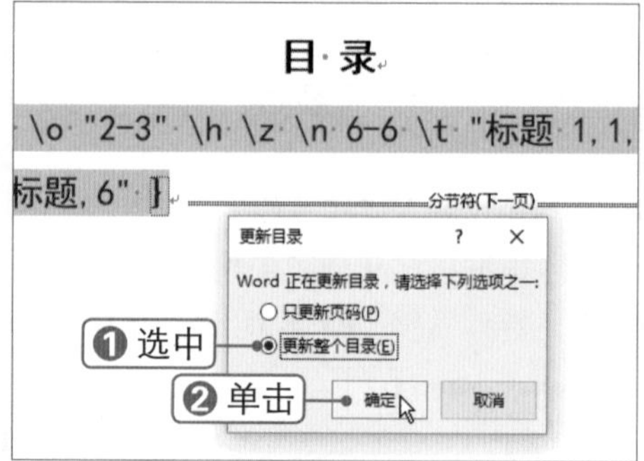

STEP 10 查看设置效果

按【Alt+F9】组合键切换域代码，可以看到目录中表格标题文本后的页码已消失。

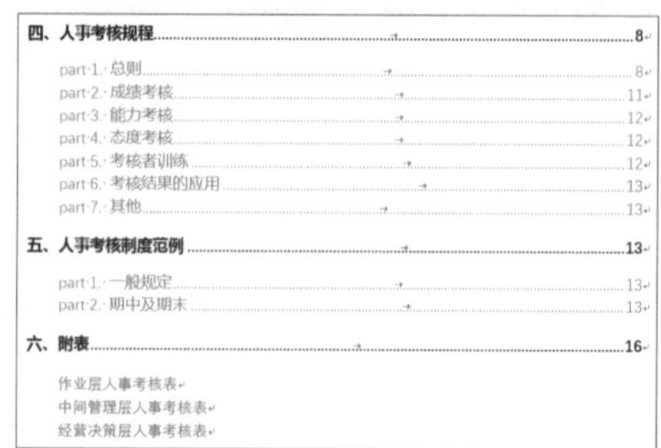
四、人事考核规程……8
part 1. 总则……8
part 2. 成绩考核……11
part 3. 能力考核……12
part 4. 态度考核……12
part 5. 考核者训练……12
part 6. 考核结果的应用……13
part 7. 其他……13
五、人事考核制度范例……13
part 1. 一般规定……13
part 2. 期中及期末……13
六、附表……16
作业层人事考核表
中间管理层人事考核表
经营决策层人事考核表

Chapter 05

5.2 编辑文档页眉与页脚

■ 关键词：页眉样式、页眉选项、断开链接、位置、页码格式、页码域

当文档编辑完成后，需要对文档的页眉与页脚进行设置。下面将介绍如何自定义文档的页眉与页脚，以及如何在文档中插入自定义页码等。

5.2.1 自定义页眉

微课：自定义页眉

要为文档中各节设置不同的页眉与页脚，需要断开各节的连接，然后分别设置各节的页眉和页脚，具体操作方法如下：

STEP 1 取消页眉链接

在目录页上方双击，进入页眉页脚编辑状态，❶将光标定位到页眉中，❷选择设计选项卡，❸在"导航"组中单击"下一节"按钮。

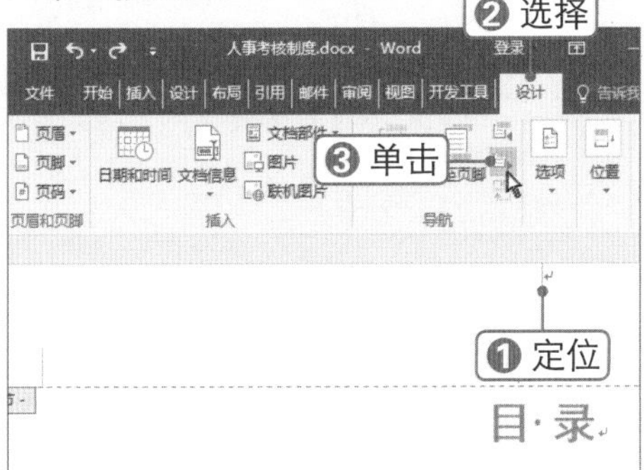

STEP 2 设置位置

此时即可跳转到下一节的页眉位置，在"位置"组中分别设置"页眉顶端距离"和"页脚底端距离"。

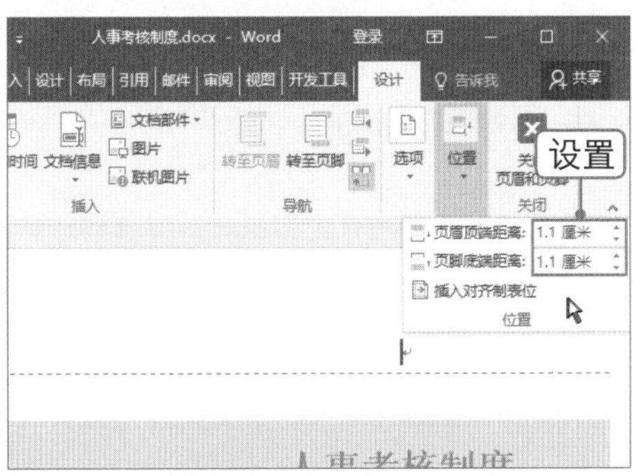

STEP 3 取消页眉链接

❶在"导航"组中单击"链接到前一条页眉"按钮，取消页眉链接，❷单击"转至页脚"按钮。

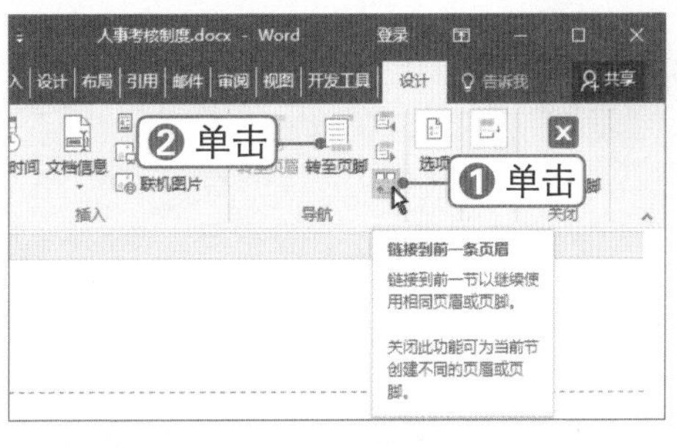

STEP 4 取消页脚链接

此时光标将自动定位到页脚中，❶单击"链接到前一条页眉"按钮，取消页脚链接，❷单击"转至页眉"按钮。

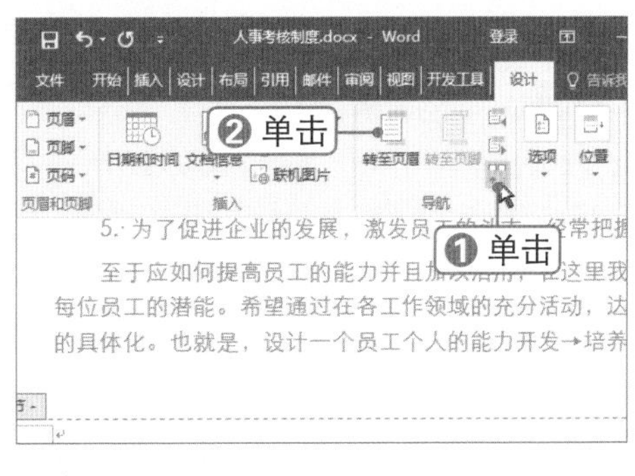

STEP 5 选择页眉样式

转到页眉位置，可以手动在页眉中输入

文本并设置格式，❶也可单击 页眉 按钮，❷选择所需的页眉样式，在此选择“边线型”选项。

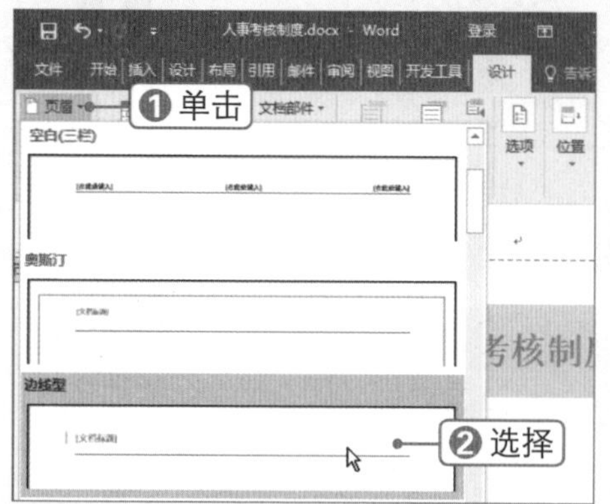

STEP 6 编辑页眉文字

此时即可应用“边线型”页眉样式，❶在“标题”占位符中输入文本，❷单击“上一节”按钮。

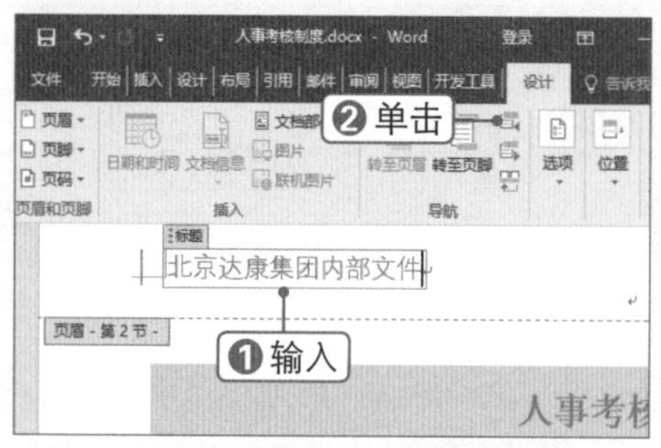

STEP 7 编辑页眉

跳转到目录页页眉中，输入页眉文本并设置格式。

STEP 8 插入并调整图片

在页眉中插入图片，并设置图片文字环绕为“浮于文字上方”，调整图片的位置。

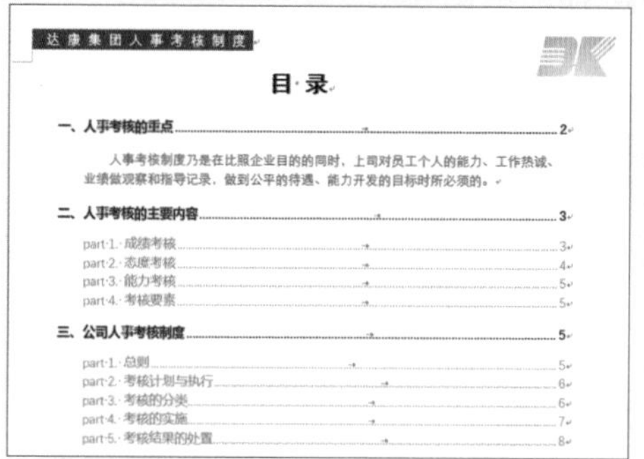

5.2.2 自定义文档页码

在文档中插入页码时，目录页并不需要添加页码，这时就需要对页码进行自定义设置，具体操作方法如下：

微课：自定义文档页码

STEP 1 选择 域(F)... 选项

进入第 2 页的页脚，❶输入文本，并设置字体格式，❷定位光标，❸在“插入”组中单击“文档部件”下拉按钮，❹选择 域(F)... 选项。

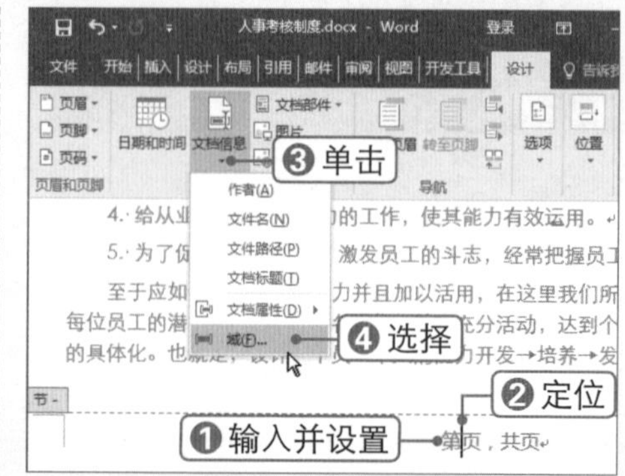

STEP 2 选择 Page 域

弹出“域”对话框，❶在“域名”列表框中选择 Page 域，❷单击 确定 按钮。

STEP 3 选择 设置页码格式(F)... 命令

此时即可在页脚中插入页码，❶右击页码，❷选择 设置页码格式(F)... 命令。

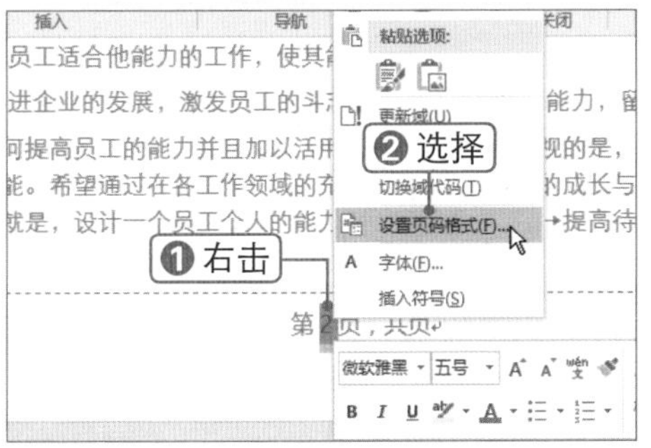

STEP 4 设置起始页码

弹出“页码格式”对话框，❶选中“起始页码”单选按钮，❷设置“起始页码”为 1，❸单击 确定 按钮。

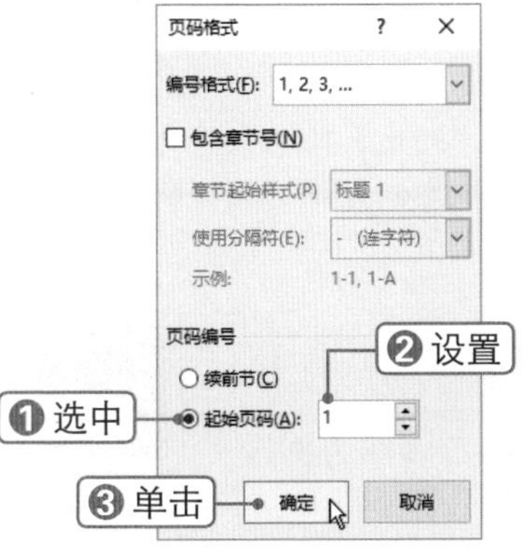

STEP 5 选择 切换域代码(T) 命令

❶右击页码，❷选择 切换域代码(T) 命令。

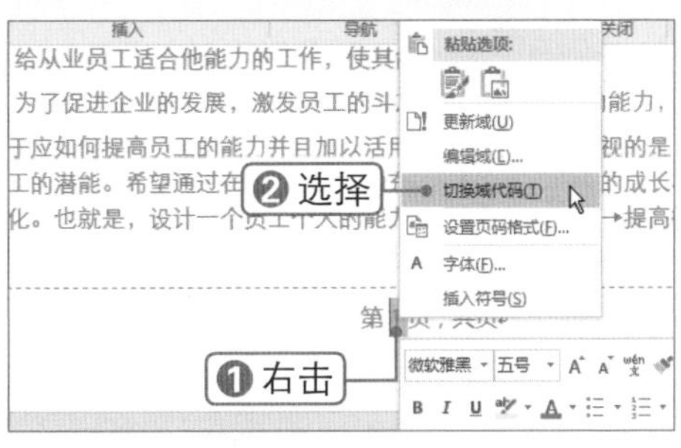

STEP 6 定位光标

切换到域代码状态，在页脚文本中定位光标。

STEP 7 插入域代码

按【Ctrl+F9】组合键插入域代码，会自动生成大括号，输入即可。

STEP 8 输入域名

再次按【Ctrl+F9】组合键插入大括号，从中输入域名 Numpages。

STEP 9　编辑域代码

在 Numpages 域代码后输入“-1”，即设置总页码减 1。

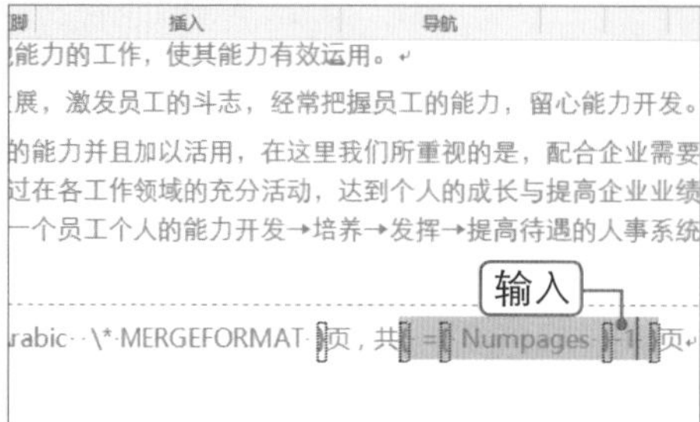

STEP 10　查看页码效果

按【Alt+F9】组合键退出域代码，查看自定义页码效果。

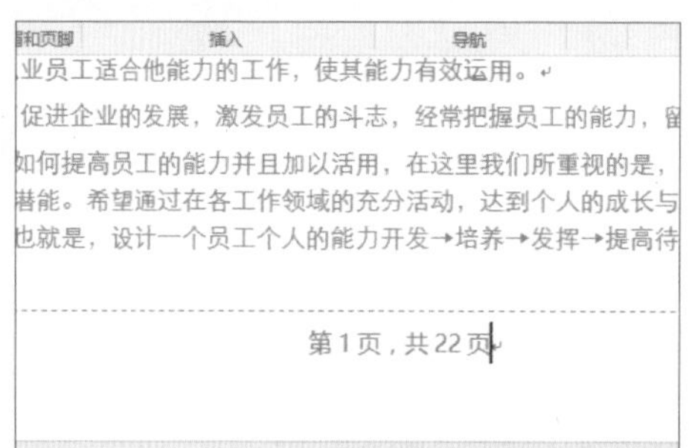

STEP 11　更新目录

设置页脚页面后，需对文档中的目录进行更新。按【Ctrl+A】组合键全选文本，按【F9】键打开“更新目录”对话框，❶选中 更新整个目录(E) 单选按钮，❷单击 确定 按钮，更新各目录。

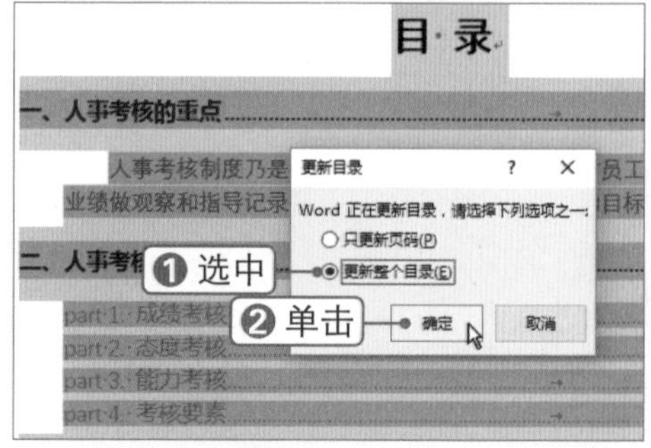

实操解疑

在页眉或页脚中插入时间

在“设计”选项卡下单击“日期和时间”按钮，在弹出的对话框中选择格式，单击“确定”按即可。此外，按【Alt+Shift+D】组合键可插入日期，按【Alt+Shift+T】组合键可插入时间。

Chapter 05

5.3　插入脚注与尾注

■ 关键词：插入脚注和尾注、脚注和尾注格式、脚注和尾注样式、转换脚注和尾注

在编辑文档时，为了使读者便于阅读和理解，经常需要在文档中插入注释内容，用于为所表述的某个事项提供解释、批注或参考。脚注一般位于页面的底部，可以作为文档某处内容的注释；尾注一般位于文档的末尾，列出引文的出处等。脚注和尾注由两个关联的部分组成，包括注释引用标记和其对应的注释文本。脚注和尾注都不是文档正文，但仍然是文档的组成部分。

5.3.1　插入脚注

插入脚注或尾注的操作方法很相似，下面以插入脚注为例进行介绍，具体操作方法如下：

微课：插入脚注

STEP 1 单击“插入脚注”按钮

❶选中文本，❷ 选择 引用 选项卡，❸在“脚注”组中单击“插入脚注”按钮。

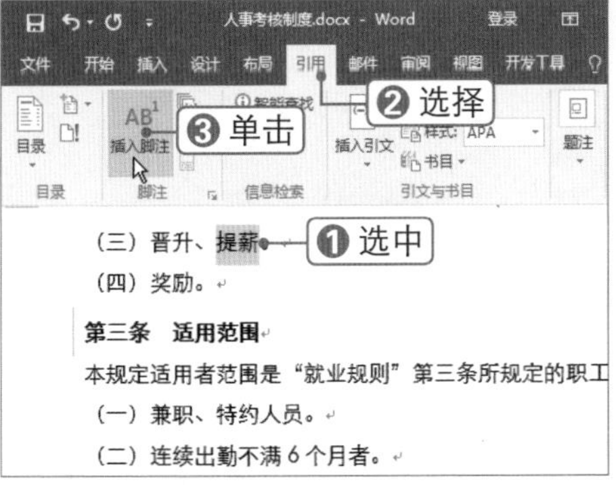

STEP 2 输入脚注内容

此时将转到当页下方并自动添加脚注编号，根据需要输入脚注内容。若要查看脚注的对应文本，可双击脚注编号。

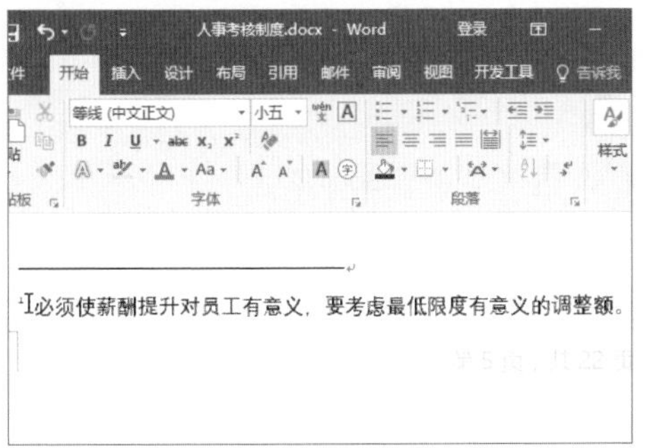

STEP 3 查看脚注

此时会自动跳转到插入脚注的位置，将鼠标指针置于脚注标记上，将自动显示脚注内容。双击脚注标记，将自动跳转到脚注位置。

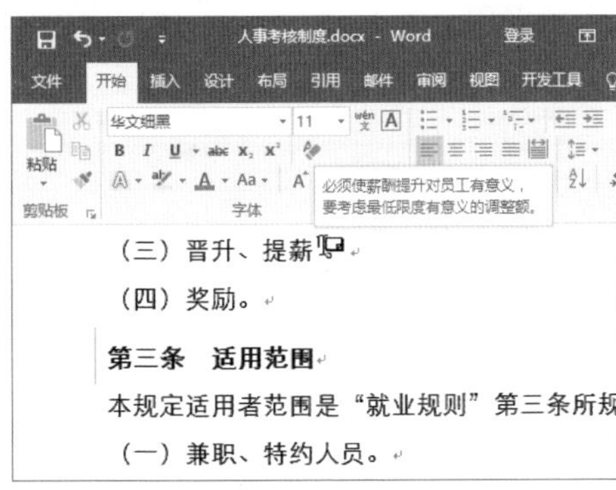

STEP 4 选择 便笺选项(N)... 命令

采用同样的方法，继续添加脚注，❶ 在脚注文本中右击，❷选择 便笺选项(N)... 命令。

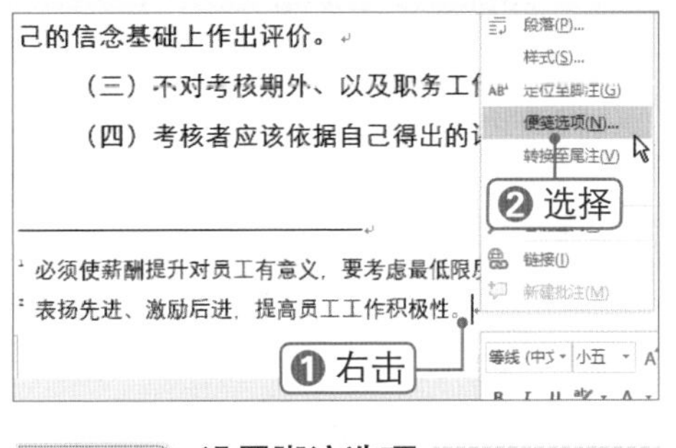

STEP 5 设置脚注选项

弹出“脚注和尾注”对话框，❶在脚注“位置”下拉列表框中选择“文字下方”选项，❷在“列”下拉列表框中选择“2 列”选项，❸在“编号格式”下拉列表框中选择所需的格式，❹单击 应用(A) 按钮。

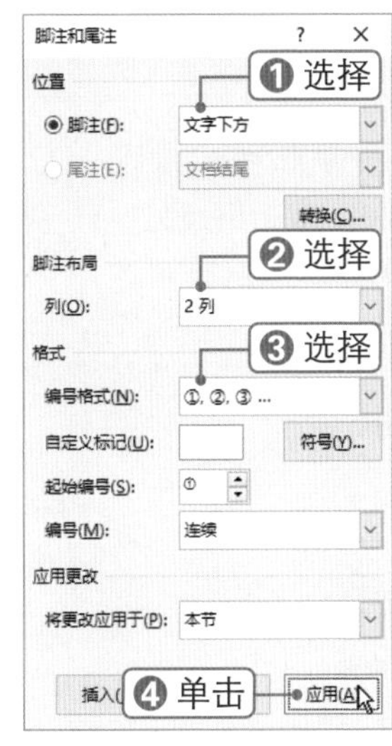

STEP 6 查看设置效果

此时可以看到脚注分为两列，脚注位置和编号也已发生变化。

5.3.2 设置脚注格式

微课：设置脚注格式

若默认的脚注格式不能满足需求，可以通过修改样式设置脚注编号和脚注文本的格式，具体操作方法如下：

STEP 1 选择 样式(S)... 命令

❶在脚注文本中右击，❷选择 样式(S)... 命令。

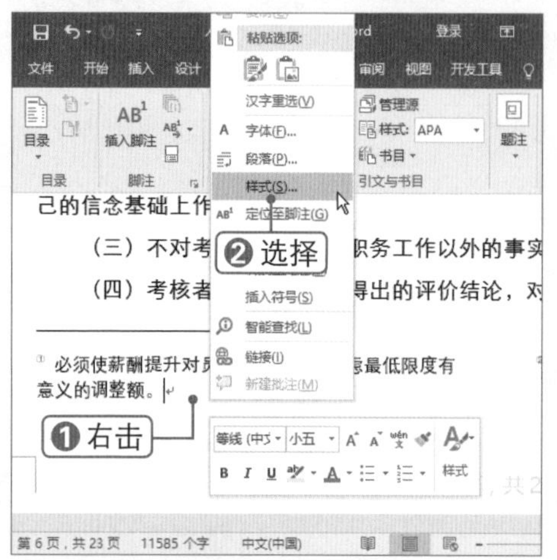

STEP 2 单击 修改(M)... 按钮

弹出"样式"对话框，❶选择"脚注引用"样式，❷单击 修改(M)... 按钮。

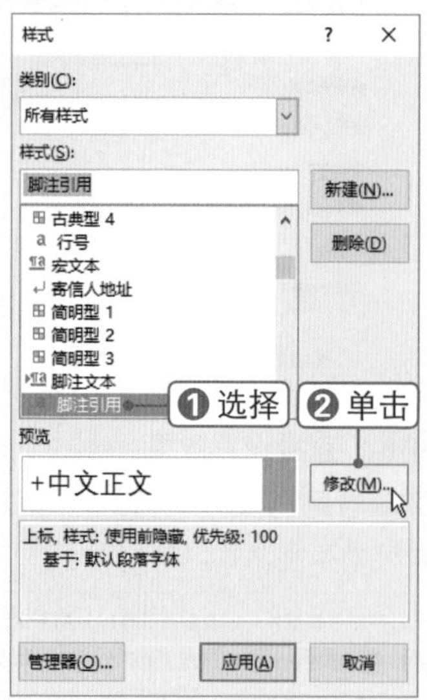

STEP 3 选择 字体(F)... 选项

弹出"修改样式"对话框，❶在左下方单击 格式(O) 下拉按钮，❷选择 字体(F)... 选项。

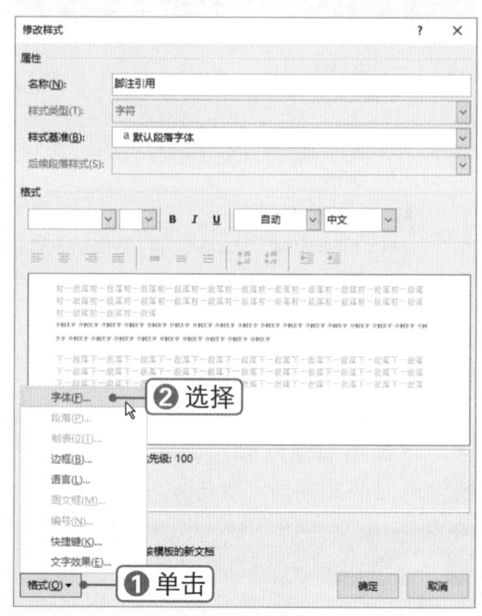

STEP 4 设置字体格式

弹出"字体"对话框，❶设置字体颜色，❷取消选择"上标"复选框，❸单击 确定 按钮。

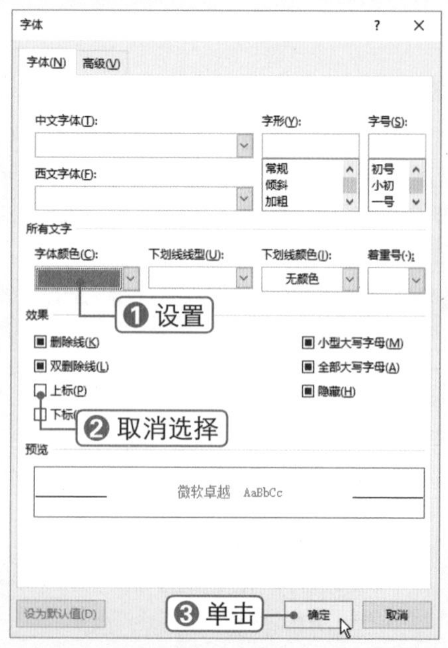

STEP 5 应用样式

返回“样式”对话框，从中预览格式，单击 应用(A) 按钮。

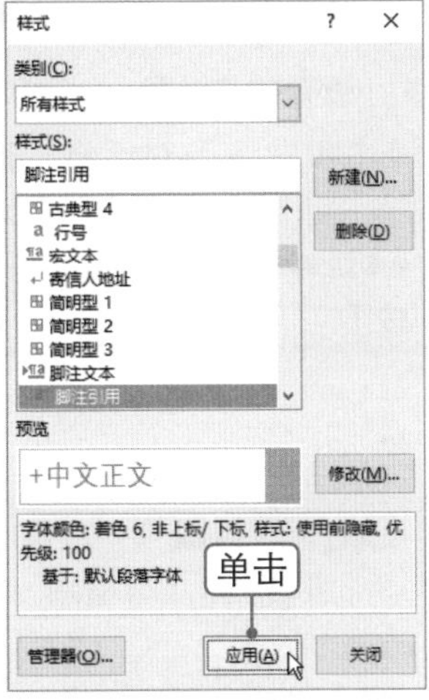

STEP 6 查看脚注编号效果

此时可以看到脚注编号格式已发生变化。

（三）不对考核期外、以及职务工作以外的事实和

（四）考核者应该依据自己得出的评价结论，对被

① 必须使薪酬提升对员工有意义，要考虑最低限度有意义的调整额。 ② 表

STEP 7 单击 修改(M)... 按钮

右击脚注文本，选择 样式(S)... 命令，弹出“样式”对话框，❶选择“脚注文本”样式，❷单击 修改(M)... 按钮。

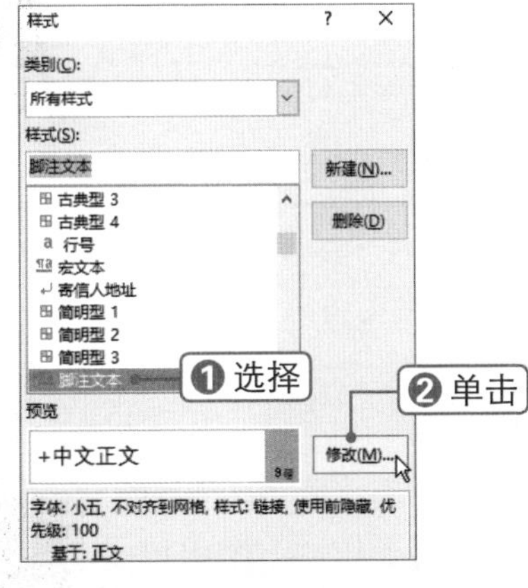

STEP 8 设置字体格式

弹出“修改样式”对话框，❶设置字体格式，❷在左下方单击 格式(O) 下拉按钮，❸选择 段落(P)... 选项。

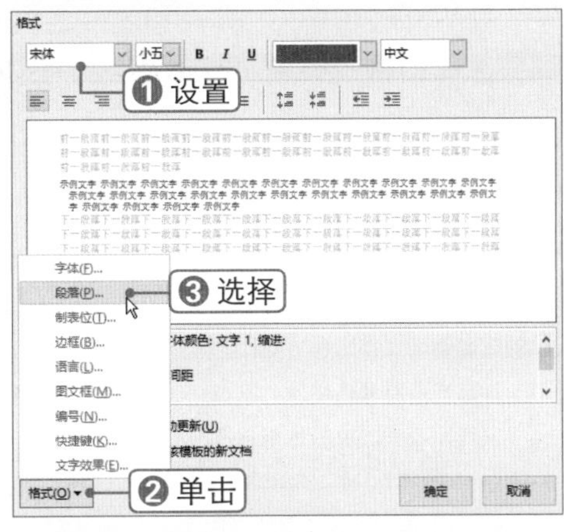

STEP 9 设置段落格式

弹出“段落”对话框，❶在“特殊格式”下拉列表框中选择“悬挂缩进”选项，❷设置“缩进值”为 1 字符，❸设置段落间距，❹单击 确定 按钮。

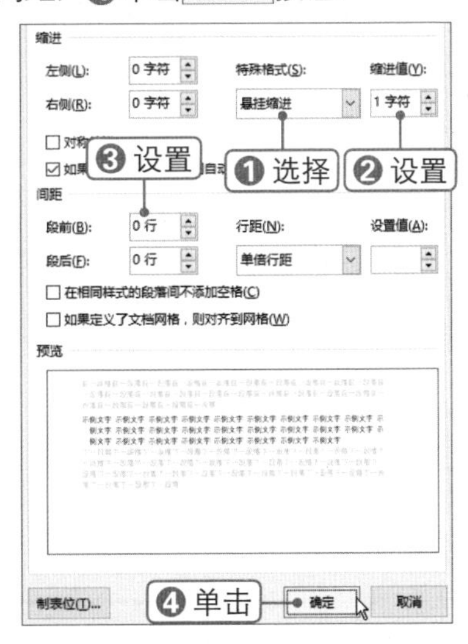

STEP 10 查看设置效果

此时可以看到脚注文本格式已发生变化。

（二）必须消除对被考核者的好恶感、同情心等偏见，己的信念基础上作出评价。

（三）不对考核期外、以及职务工作以外的事实和

（四）考核者应该依据自己得出的评价结论，对被

① 必须使薪酬提升对员工有意义，要考虑最低限度有意义的调整额。 ② 表

5.3.3 转换脚注与尾注

在Word 2016中，脚注和尾注之间可以相互转换，以快速调整注释的格式类型，具体操作方法如下：

微课：转换脚注与尾注

STEP 1 选择 转换至尾注(V) 命令

❶ 选中全部脚注文本并右击，❷ 选择 转换至尾注(V) 命令。

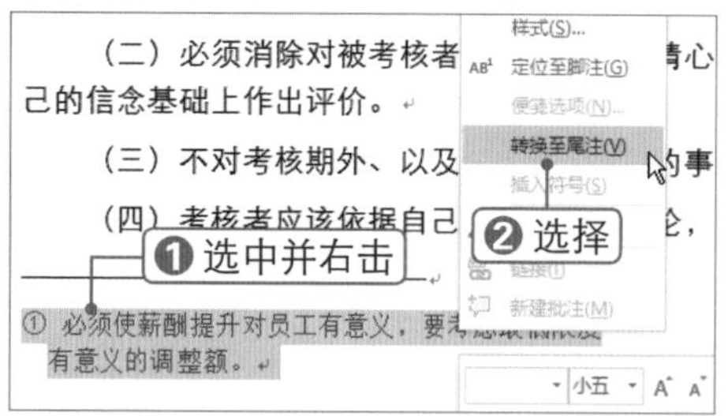

STEP 2 选择 便笺选项(N)... 命令

此时即可将所选的脚注转换为尾注，❶ 在尾注文本中右击，❷选择 便笺选项(N)... 命令。

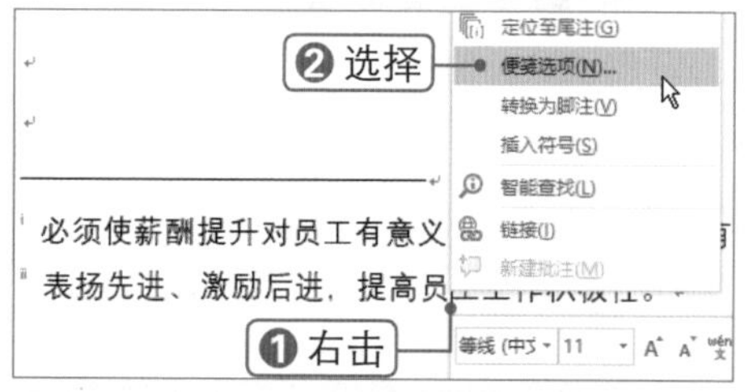

STEP 3 设置转换注释

弹出“脚注和尾注”对话框，❶ 单击 转换(C)... 按钮，弹出“转换注释”对话框，❷ 选中 ◉ 尾注全部转换成脚注(E) 单选按钮，❸ 单击 确定 按钮。

Chapter 05

5.4 审阅文档

■ 关键词：修订状态、显示批注、接受或拒绝修订、限制文档编辑

Word 2016 提供的文档审阅功能包括修订、批注、比较和限制编辑操作，这为不同用户共同协作提供了方便。下面将介绍如何使用文档的审阅功能。

5.4.1 修订文档

使用Word 2016的修订功能可以在保留文档原有格式或内容的同时在页面中对文档内容进行修订，可用于协同工作。一个用户对文档进行修订后，其他人也可以设置拒绝或接受修订。修订文档的具体操作方法如下：

微课：修订文档

STEP 1　单击“修订”按钮

❶选择审阅选项卡，❷在“修订”组中单击“修订”按钮进入修订状态，此时“修订”按钮呈按下状态。

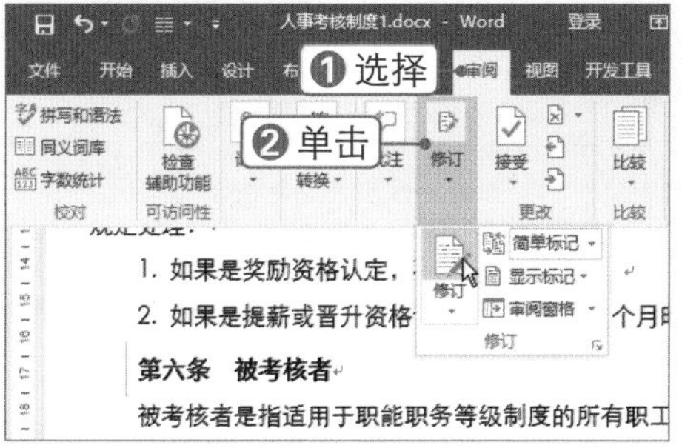

STEP 2　设置显示所有标记

❶单击“显示以供审阅”下拉按钮，❷选择所有标记选项。

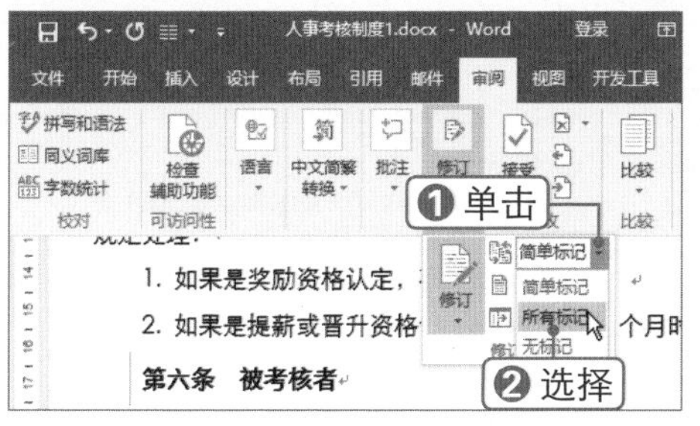

STEP 3　修改内容

在文档中对内容进行修改，在页面右侧的批注栏中将显示修订信息。

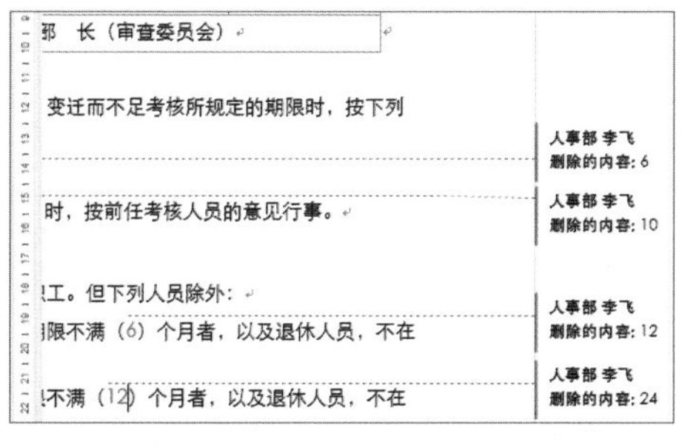

STEP 4　隐藏批注

要隐藏或显示批注，可在页面左侧单击竖线即可。

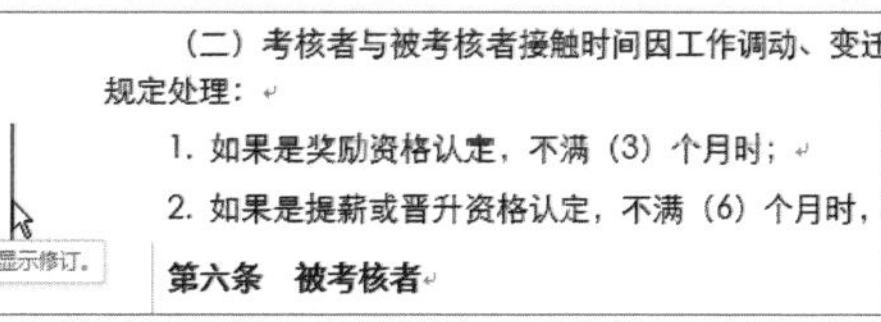

STEP 5　接受修订

❶在“更改”组中单击“接受”下拉按钮，❷选择接受所有修订(L)选项，即可接受修订。

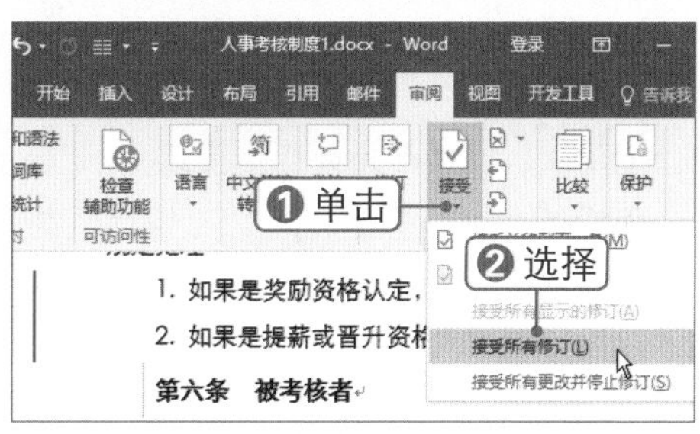

STEP 6　设置用户名

打开“Word 选项”对话框，❶在左侧选择常规选项，❷在右侧可设置用户名及缩写，❸单击确定按钮。

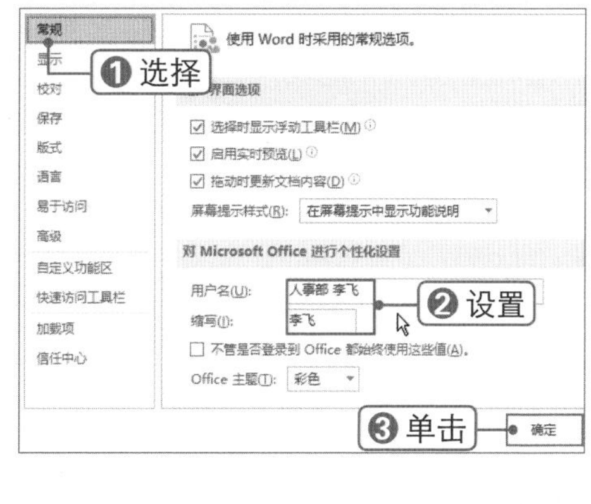

5.4.2 限制文档编辑

为防止文档的阅读者随便对文档进行修改，可以对文档进行限制编辑操作。在限制时可以根据需要设置限制编辑格式或不允许对任何内容进行编辑，具体操作方法如下：

微课：限制文档编辑

STEP 1 单击“限制编辑”按钮

❶选择审阅选项卡，❷在“保护”组中单击“限制编辑”按钮。

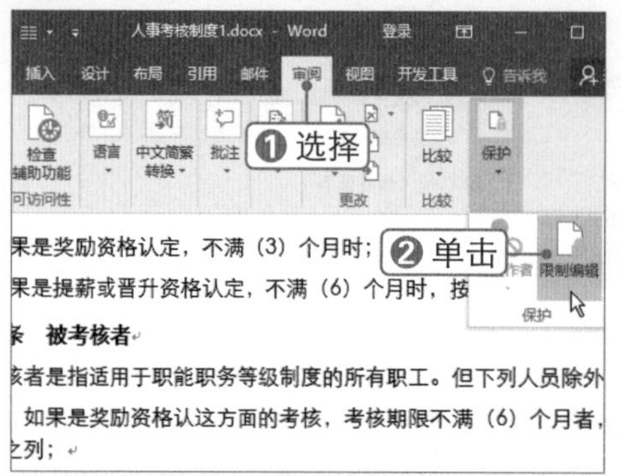

STEP 2 设置不允许任何更改

打开“限制编辑”窗格，❶在“2. 编辑限制”区域选中“仅允许在文档中进行此类型的编辑”复选框，❷在下面的下拉列表框中选择“不允许任何更改(只读)”选项。

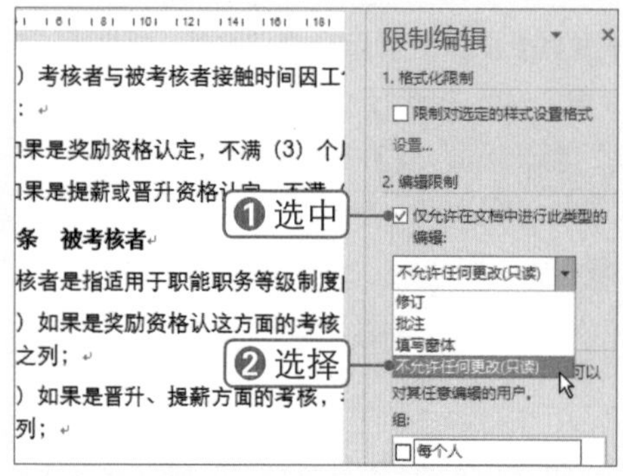

STEP 3 设置例外项

❶在文档中选中要设置为可编辑的文本，❷在“例外项”选项区中选中“每个人”复选框。

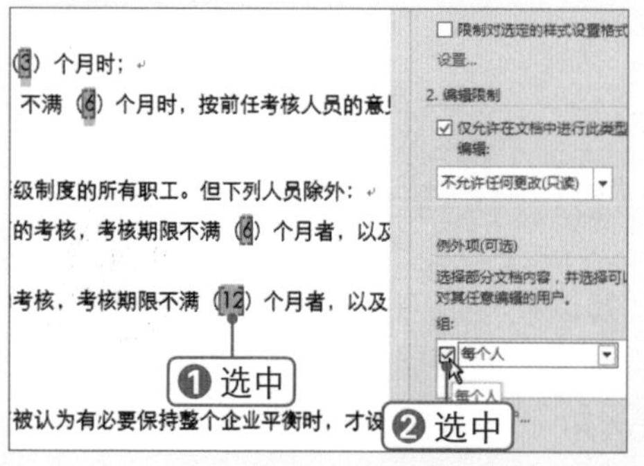

STEP 4 启动强制保护

在“限制编辑”窗格下方单击是，启动强制保护按钮。

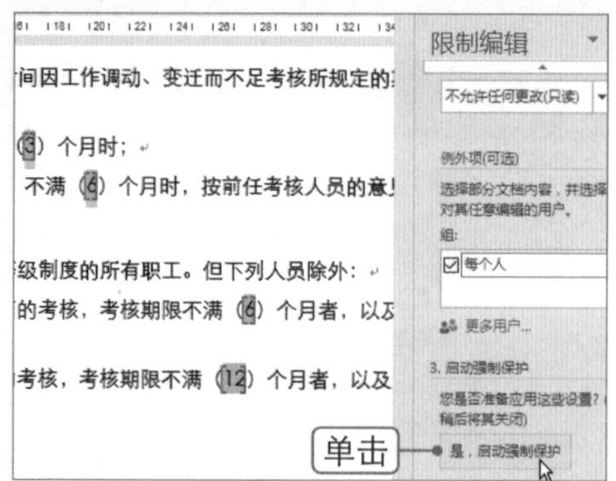

STEP 5 设置密码

弹出“启动强制保护”对话框，❶设置保护密码，❷单击确定按钮。

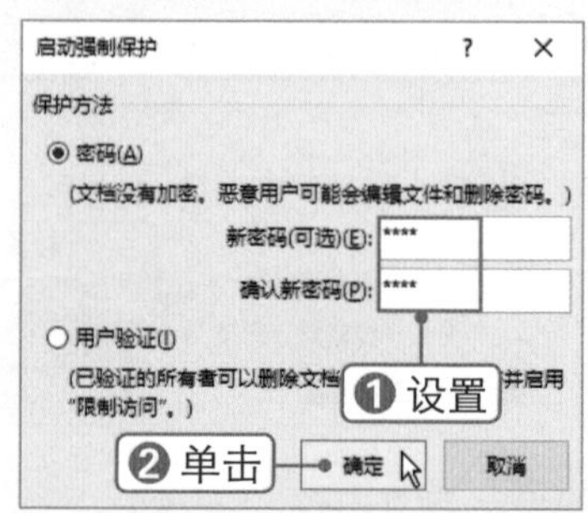

STEP 6 查看效果

此时，当用户尝试编辑文档时将弹出“限制编辑”窗格，设置为“例外项”的文本可以进行修改，单击停止保护按钮可设置停止保护文档。

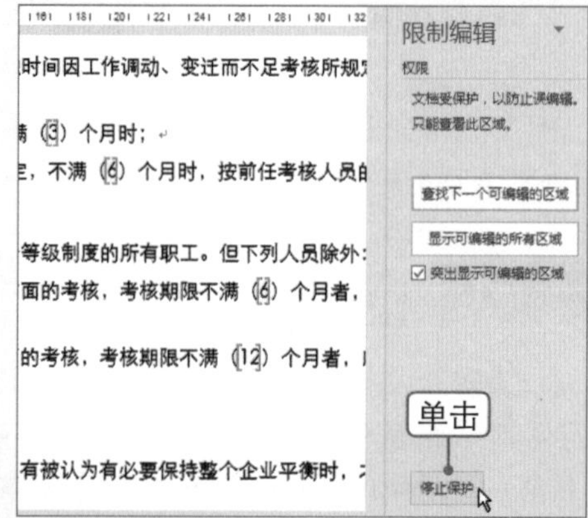

商务办公 私房实操技巧

TIP：在文档中固定文本框或图形位置

选中文本框或图形后，单击其右上角的“布局选项”按钮，在弹出的列表中选中“在页面上的位置（固定）”单选按钮。

TIP：插入标签

在文档中可以指定位置或选中的文本、数据、图形等添加一个特定的书签标记，以便能快速定位到该位置，适用于长篇文档。插入标签的具体操作方法如下：

1. 选中文本，选择 插入 选项卡，在“链接”组中单击“书签”按钮，如下图（左）所示。
2. 弹出“书签”对话框，输入书签名，单击 添加(A) 按钮，即可添加书签，如下图（右）所示。

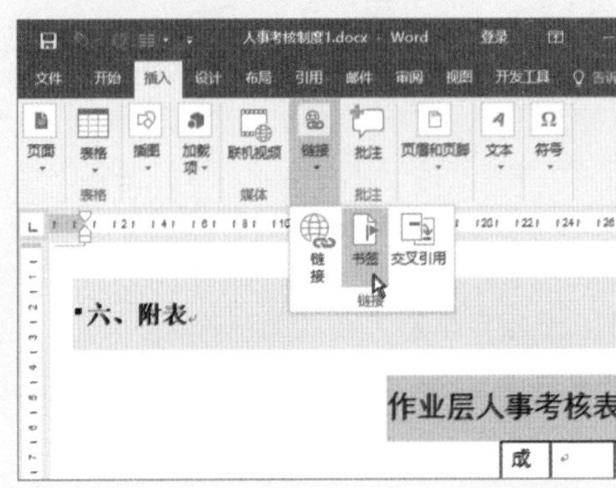

3. 采用同样的方法添加多个书签，在“链接”组中单击“书签”按钮，如下图（左）所示。
4. 弹出“书签”对话框，选择书签名，单击 定位(G) 按钮，即可定位到书签位置，如下图（右）所示。

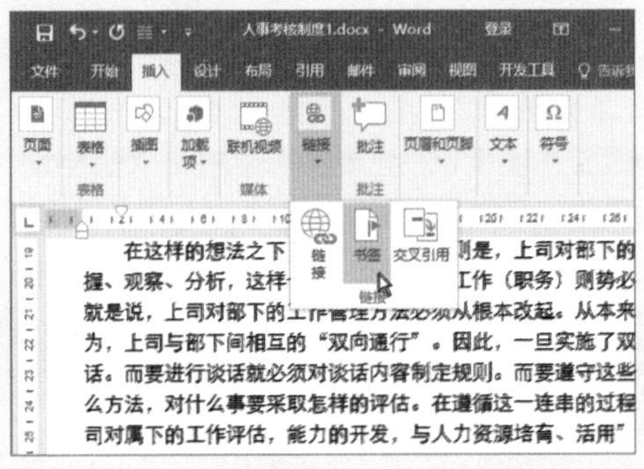

TIP：插入超链接

在文档中插入超链接，可以链接到文档的标题位置，也可以链接到书签，具体操作方法如下：

1. 选中要添加超链接的文本并右击，选择“链接(I)”命令，如下图（左）所示。
2. 弹出“插入超链接”对话框，在左侧单击“本文档中的位置”按钮，选择书签，单击“确定”按钮，如下图（右）所示。为文本添加超链接后，按住【Ctrl】键的同时单击文本即可跳转到书签位置。

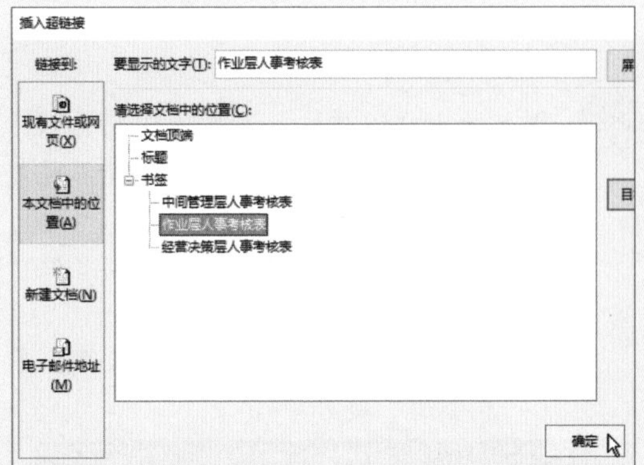

TIP：比较修订的文档

在对文档进行修订前建议备份好原始文件，在对文档修订完毕后可在“审阅”选项卡下单击“比较”按钮，将其与原始文档进行对比。

Ask Answer 高手疑难解答

问 如何在目录中添加注释文本？

图解解答 使用 TC 域可以为目录添加自定义项，以便它显示在目录中，但不显示在文档的正文中，具体操作方法如下：

1. 将光标定位到文本前，选择“插入”选项卡，在“文本”中单击“文档部件”下拉按钮，选择“域(F)...”选项，如下图（左）所示。
2. 弹出“域”对话框，在“域名”列表框中选择 TC 域，在“文字项”文本框中输入注释内容，选中“大纲级别”复选框，并设置一个常用的大纲级别，在此设置为 9，选中“取消页码”复选框，单击“确定”按钮，如下图（右）所示。

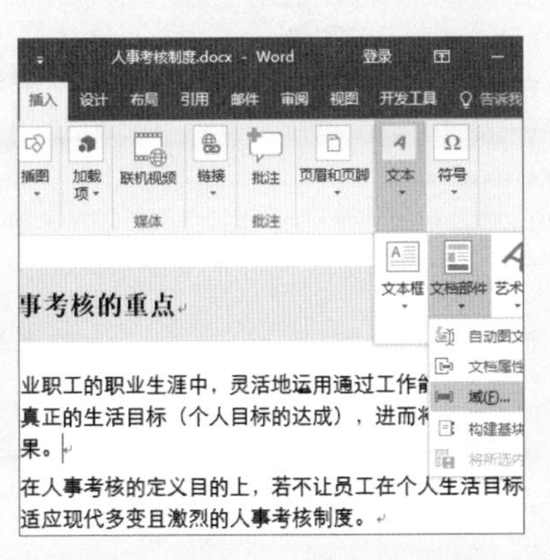
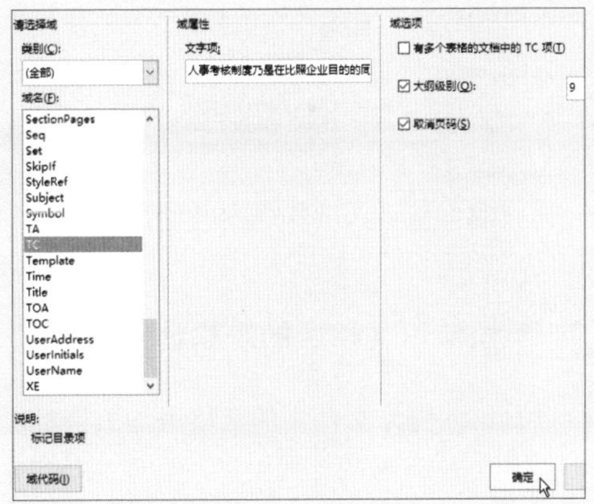

3 此时即可在文本前插入域代码，在“\n”开关前添加代码“\f z”（z 为标识符，c 为默认的标识符，在设置时可输入除 c 以外的其他字母），如下图（左）所示。

4 转到文档目录页，将光标定位到目录中或选中目录，如下图（右）所示。

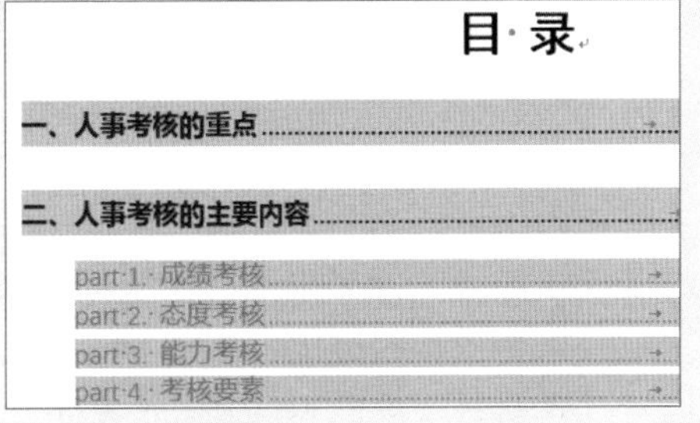

5 按【Alt+F9】组合键显示域代码，在目录代码中“\t”开关前输入代码“\f z”，右击域代码，选择“更新域(U)”命令，如下图（左）所示。

6 弹出“更新目录”对话框，选中“更新整个目录(E)”单选按钮，单击“确定”按钮，如下图（右）所示。

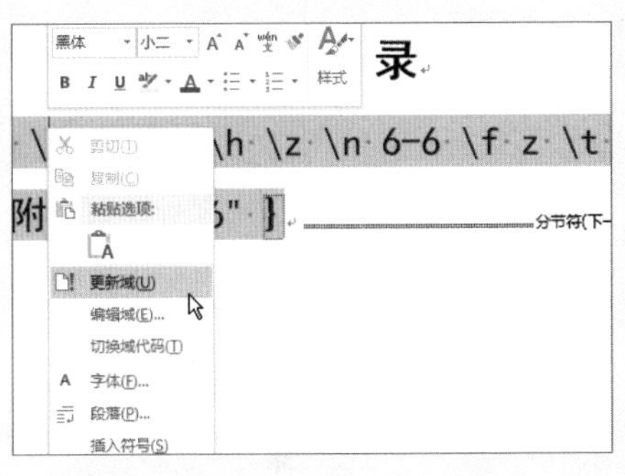
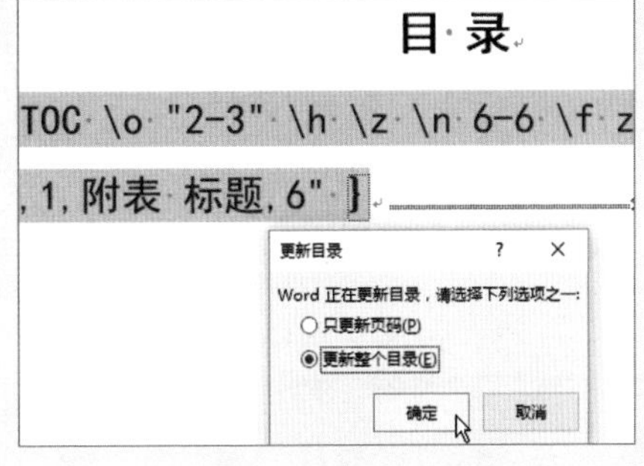

7 按【Alt+F9】组合键退出域代码视图，可以看到在目录中添加了注释文本，如下图（左）所示。

8 按照前面的方法在“样式”窗格中修改“目录 9”样式的字体和段落格式，目录最终效果如下图（右）所示。

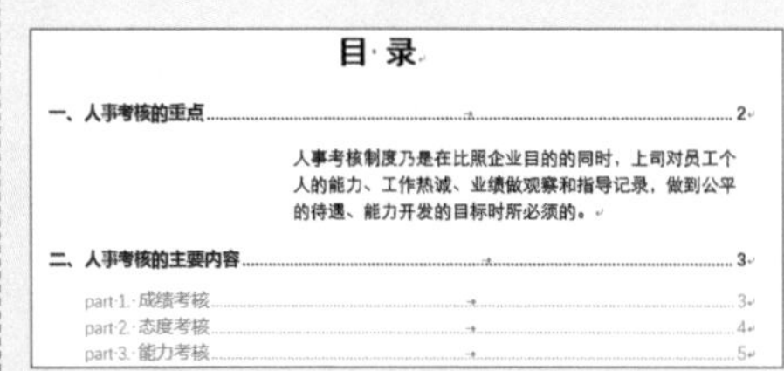

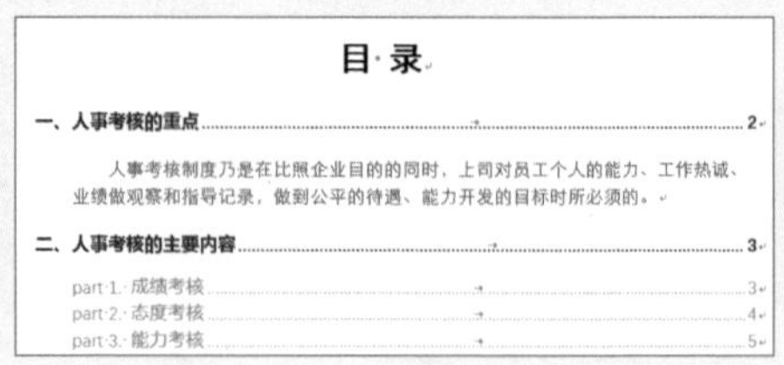

问 如何为文档中的表格创建目录？

图解解答 先为文档中的表格添加表格标题，并为该标题创建样式，将该样式应用到所有表的标题中，然后在文档中插入表目录即可，具体操作方法如下：

1. 选择 引用 选项卡，在“题注”组中单击 插入表目录 按钮，如下图（左）所示。
2. 弹出“图表目录”对话框，单击 选项(O)... 按钮，如下图（右）所示。

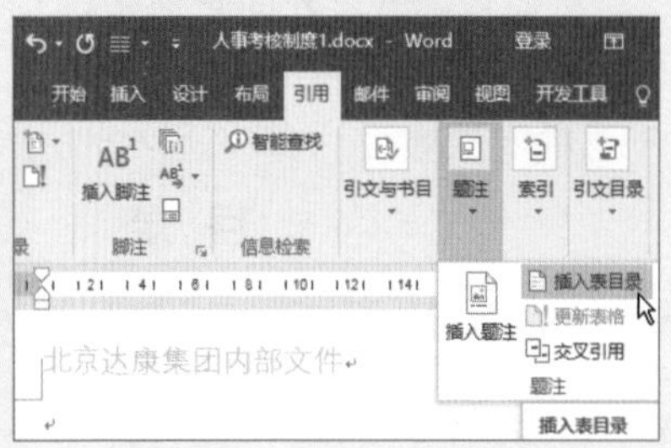

3. 弹出“图表目录选项”对话框，在“样式”下拉列表框中选择表标题所应用的样式，单击 确定 按钮，如下图（左）所示。
4. 此时即可在文档中插入表目录，按住【Ctrl】键的同时单击目录，即可跳转到相应的位置，如下图（右）所示。

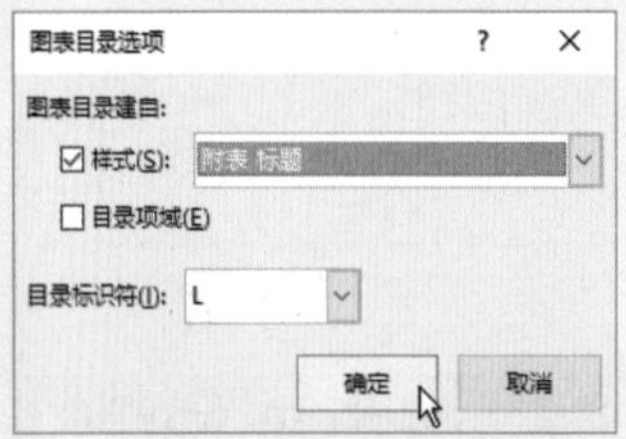

问 怎样在文档中删除所有的脚注或尾注？

图解解答 先将文档中的尾注转换为脚注，然后将光标定位到脚注中，打开“查找和替换”对话框，在“查找内容”下拉列表框中输入脚注标记“^f”，单击“全部替换”按钮即可删除所有脚注（要删除尾注，可输入尾注标记“^e”），如右图所示。

快速制作 Excel 办公表格

本章导读

Excel 2016 对于数据的应用、处理与分析是其主要的应用，它的一切操作都是围绕数据进行的，被广泛应用于办公领域，如行政与文秘、会计与财务、人力资源管理、市场营销分析与决策等。本章将通过实例介绍如何使用 Excel 2016 快速编辑办公表格并进行美化设置。

知识要点

01 创建产品名称表

02 创建客户订单明细表

03 创建订单金额明细表

04 美化工作表

案例展示

▼客户订单明细表

客户订单明细表

订单总额：¥2,205,700　订单数：24　件数：3185件

订单金额明细表

订单编号	客户姓名	产品名称	单价	数量	金额	订单日期	交货日期	订单金额（万）
XK-06001	吴凡	华硕主板B250	¥600	60件	¥36,000	9月6日 周三	9月12日 周二	3.6
XK-06002	郭芸芸	七彩虹750ti显卡	¥800	85件	¥68,000	9月7日 周四	9月12日 周二	6.8
XK-06003	许向平	金士顿4GB DDR4	¥150	120件	¥18,000	9月11日 周一	9月12日 周二	1.8
XK-06004	陆淼淼	七彩虹1050ti显卡	¥1,000	85件	¥85,000	9月15日 周五	9月22日 周五	8.5
XK-06005	毕剑侠	飞利浦27寸显示器	¥1,200	90件	¥108,000	9月17日 周日	9月22日 周五	10.8
XK-06006	雎小龙	英睿达SSD硬盘250G	¥480	225件	¥108,000	9月17日 周日	9月22日 周五	10.8
XK-06007	闫德鑫	华硕主板B250	¥600	160件	¥96,000	9月20日 周三	9月22日 周五	9.6
XK-06008	王琛	三星21.5寸显示器	¥650	70件	¥45,500	9月23日 周六	9月30日 周六	4.55
XK-06009	张瑞雪	英睿达SSD硬盘250G	¥480	280件	¥134,400	9月24日 周日	9月30日 周六	13.44
XK-06010	王丰	技嘉主板H110M	¥550	240件	¥132,000	9月30日 周六	9月30日 周六	13.2
XK-06011	骆辉	酷睿I5 7500 CPU	¥1,250	55件	¥68,750	10月2日 周一	10月10日 周二	6.875
XK-06012	韦晓博	先马机箱电源	¥150	100件	¥15,000	10月4日 周三	10月10日 周二	1.5
XK-06013	史元	七彩虹1050ti显卡	¥1,000	65件	¥65,000	10月4日 周三	10月10日 周二	6.5
XK-06014	罗广田	酷睿I7 6700 CPU	¥2,250	40件	¥90,000	10月5日 周四	10月10日 周二	9.0
XK-06015	周青青	金士顿8GB DDR4	¥350	170件	¥59,500	10月8日 周日	10月10日 周二	5.95
XK-06016	何微渺	西部数据1T硬盘	¥300	310件	¥93,000	10月14日 周六	10月18日 周三	9.3
XK-06017	陈新唐	七彩虹750ti显卡	¥800	110件	¥88,000	10月16日 周一	10月18日 周三	8.8

Chapter 06

6.1 创建产品名称表

■ 关键词：填充序列、行高和列宽、插入行和列、单元格边框和填充、隐藏网格线

新科公司是一家大型的供应电脑硬件设备的商贸企业，销售经理每天都要记录公司的客户订单。客户订单表主要就是客户销售订单的管理，如录入、打印、出货、跟踪等一系列流程，对于客户订单的明细报表、对账、跟踪等有很好的控制作用。下面以创建“客户订单表”工作簿为例介绍如何制作 Excel 办公表格，首先介绍产品名称表的创建方法。

6.1.1 编辑工作表内容

微课：编辑工作表内容

产品名称表的内容很简单，只包括序号和文本数据。在工作表中快速编辑内容的具体操作方法如下：

STEP 1 重命名工作表

新建“客户订单表”工作簿，双击工作表标签，将其重命名为“产品名称”。

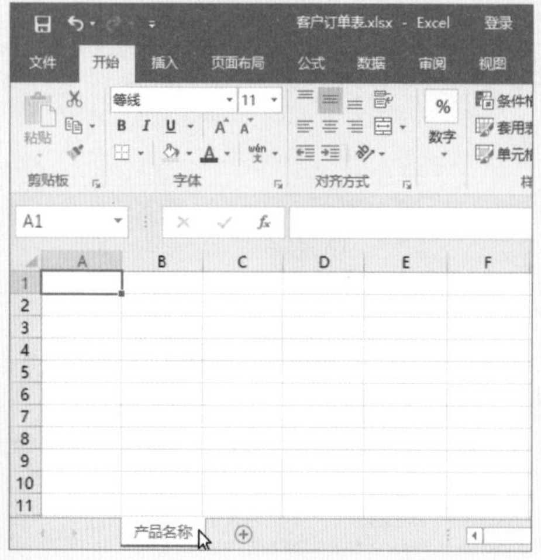

STEP 2 输入文本

在单元格内输入标题文本，输入序号 1，将鼠标指针移至 A2 单元格右下角，此时指针变为填充柄样式✚。

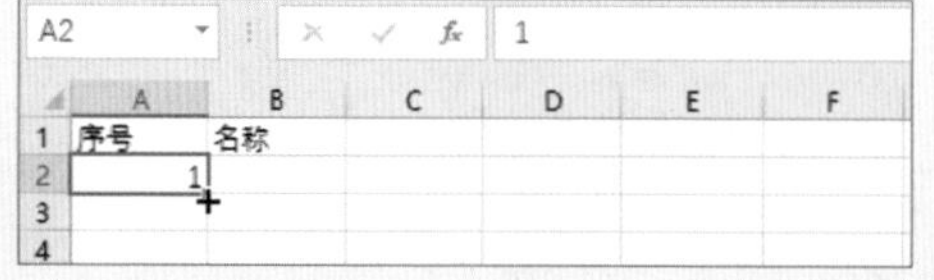

STEP 3 填充序列

按住【Ctrl】键的同时向下拖动鼠标，即可填充序列。❶单击“自动填充选项”下拉按钮，❷选择所需的选项，在此选择“填充序列”选项。

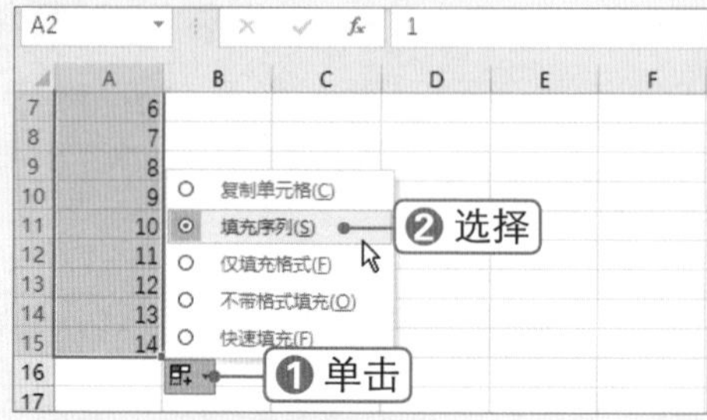

STEP 4 自动调整列宽

根据需要在“名称”列输入所需的文本。在 B 列和 C 列之间的分隔线上双击，即可自动调整 B 列的列宽。

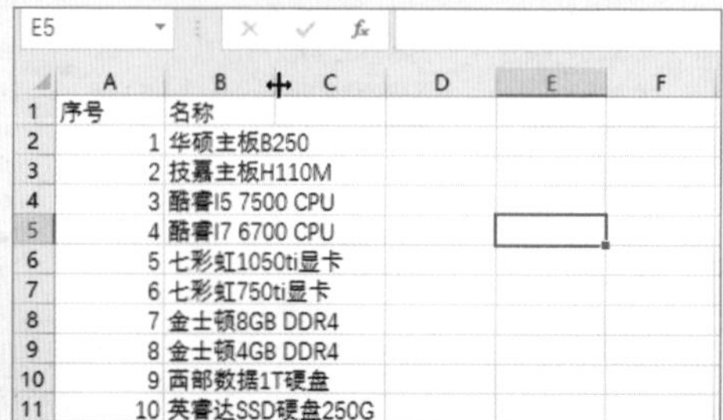

STEP 5 设置文本格式

选中任意数据单元格，按【Ctrl+A】组合键即可选中数据单元格区域，在“字体”组中设置字体格式，在“段落”组中设置居中对齐。

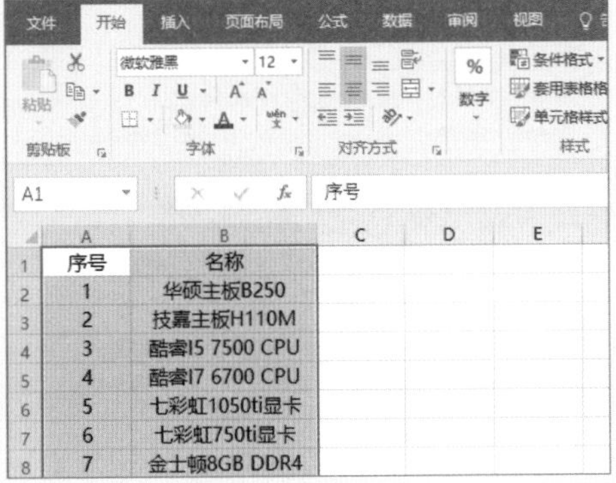

STEP 6 选择 列宽(W)... 命令

❶选中 B 列并右击，❷选择 列宽(W)... 命令。

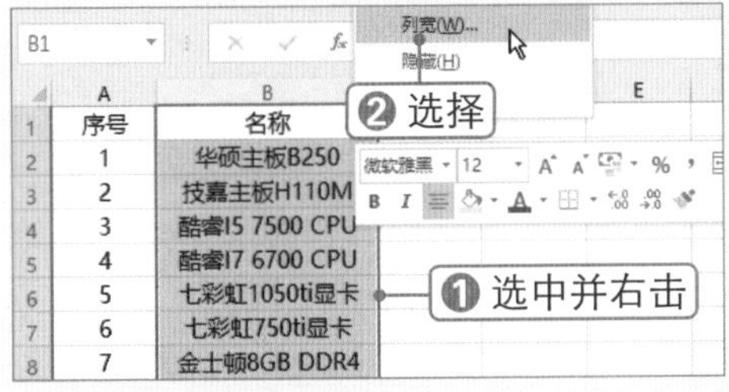

STEP 7 设置列宽

弹出“列宽”对话框，❶输入列宽值，❷单击 确定 按钮。

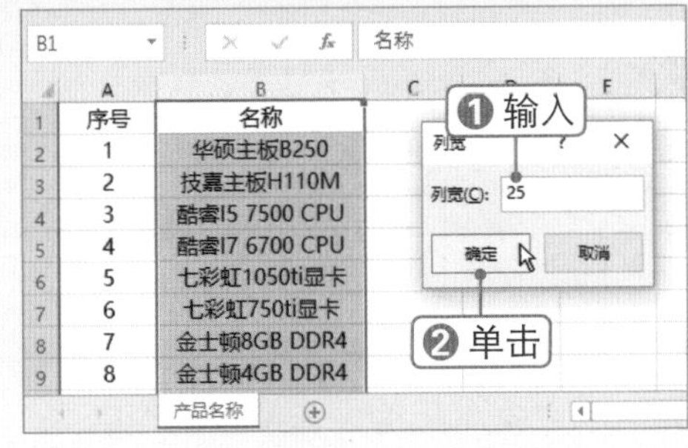

STEP 8 调整行高

选中第 1 行到第 15 行，将鼠标指针移至行号下边缘，当指针变为双向箭头形状时拖动鼠标，即可调整所选行的行高。

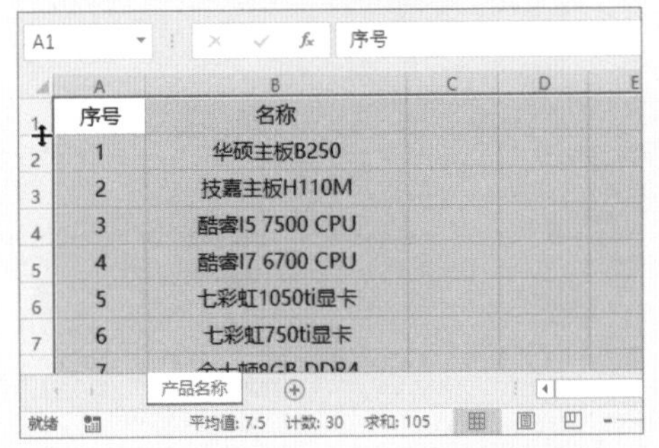

6.1.2 添加边框和底纹

产品名称工作表数据编辑完成后，下面为其添加边框和底纹，以美化工作表，具体操作方法如下：

微课：添加边框和底纹

STEP 1 选择 插入(I) 命令

❶选中第 1、2 行并右击，❷选择 插入(I) 命令。

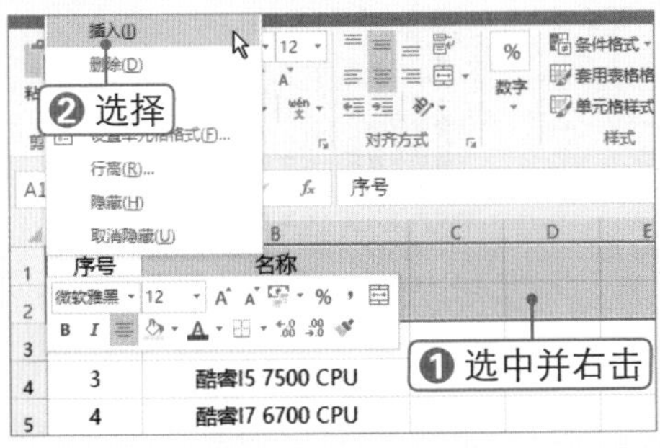

STEP 2 设置插入选项

此时即可在上方插入两行，❶单击“插入选项”下拉按钮，❷选择“清除格式”选项。

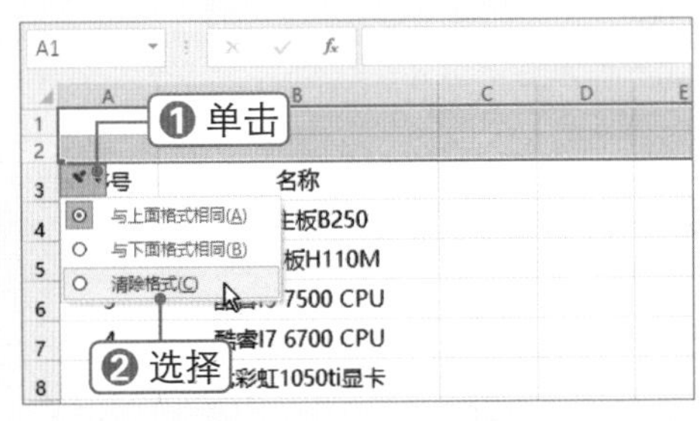

STEP 3　选择 插入(I) 命令

❶选中 A、B 两列并右击，❷选择 插入(I) 命令，即可在左侧插入两列。

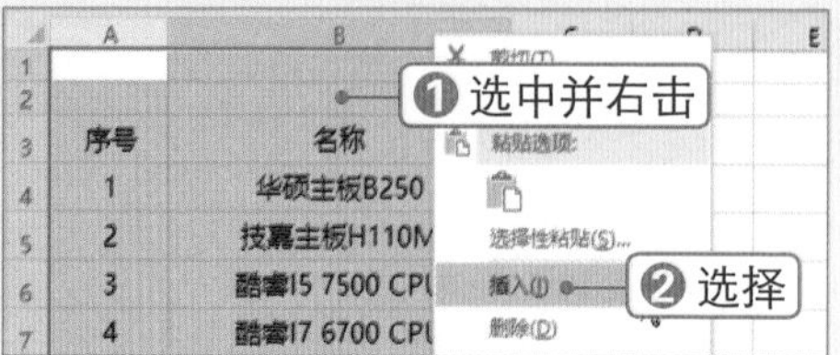

STEP 4　选择 其他边框(M)... 选项

❶选中数据单元格区域，❷在“字体”组中单击“边框”下拉按钮，❸选择 其他边框(M)... 选项。

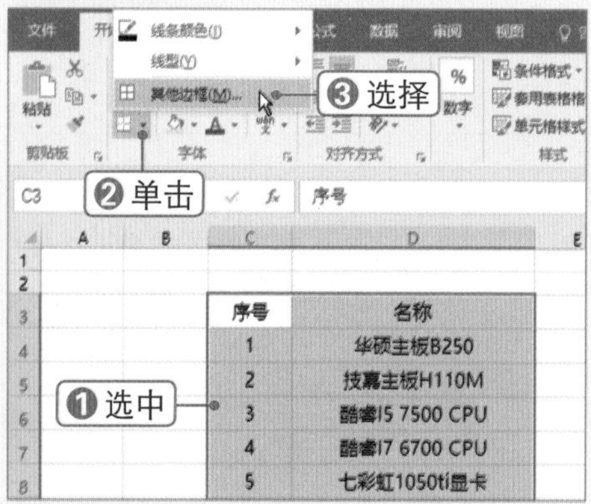

STEP 5　设置边框样式

弹出“设置单元格格式”对话框，❶设置线条样式和颜色，❷单击按钮，❸单击 确定 按钮。

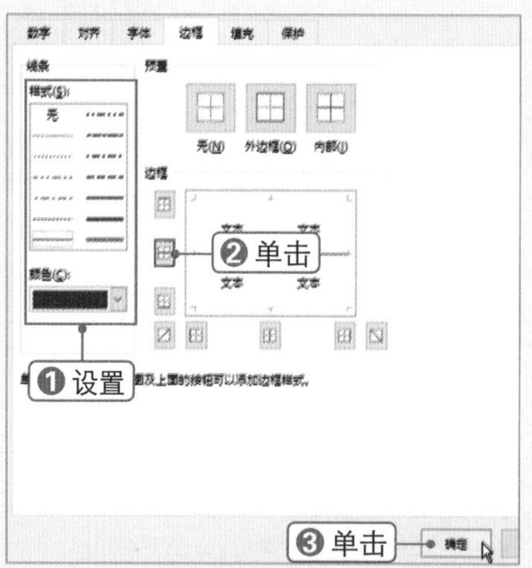

STEP 6　选择线型

❶单击“边框”下拉按钮，❷选择所需的线型和线条颜色。

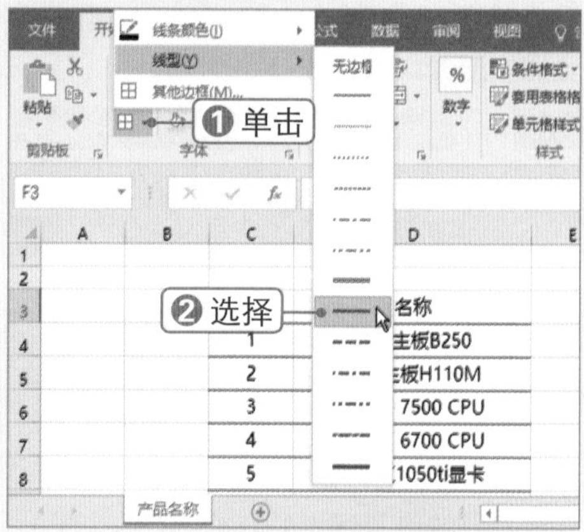

STEP 7　绘制边框

此时鼠标指针变为样式，拖动鼠标绘制边框，绘制完成后按【Esc】键退出绘制状态。

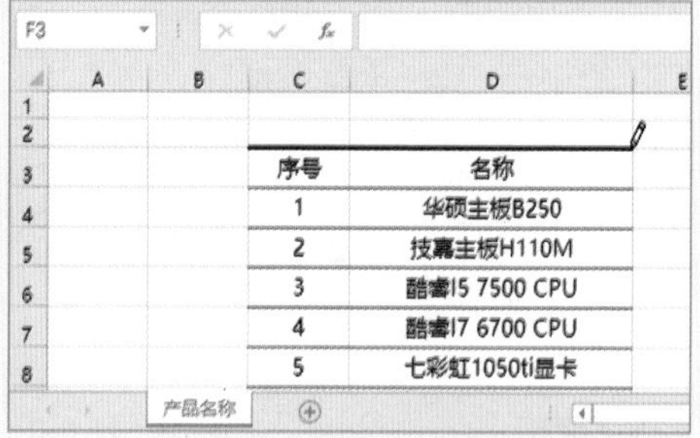

STEP 8　设置填充颜色

❶选中标题文本所在的单元格区域，❷在“字体”组中单击“填充颜色”下拉按钮，❸选择所需的颜色。

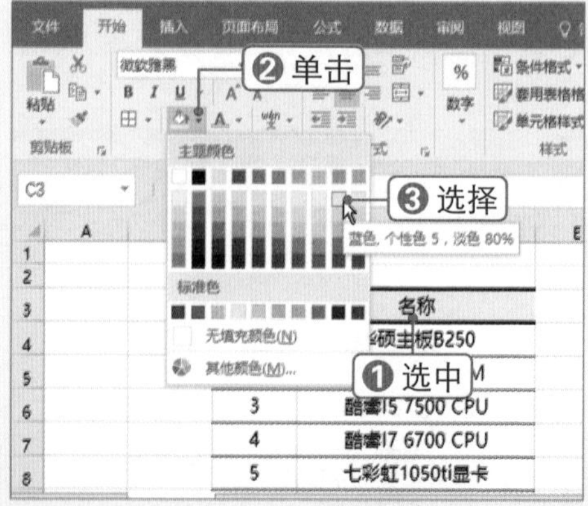

STEP 9 隐藏网格线

❶选择 视图 选项卡，❷在“显示”组中取消选择□网格线 复选框，查看边框效果。

实操解疑

隐藏工作表

为了显示简洁或保护重要数据，可设置隐藏工作表，方法如下：右击要隐藏的工作表标签，选择“隐藏”命令，在“审阅”选项卡下单击“保护工作簿”按钮，设置保护密码即可。

Chapter 06

6.2 创建客户订单明细表

■关键词：工作表标签、定义名称、数据验证、应用数字格式、自定义数字格式

客户订单明细表主要包括订单编号、客户姓名、产品名称、单价、数量、金额、订单日期、交货日期等信息。在编辑数据时可利用填充功能快速填充序列，利用“数据验证”功能正确地输入数据，还需要对表格数据设置数字格式，使其符合要求。

6.2.1 创建工作表

要创建客户订单明细表，需要在工作簿中插入一个新的工作表，然后根据需要编辑数据。为了区别于其他工作表，可为该工作表标签设置一个特定的颜色，具体操作方法如下：

微课：创建工作表

STEP 1 新建工作表

单击工作表标签右侧的“新工作表”按钮⊕，创建新工作表，并将其重命名为“客户订单明细”。在第 1 行中输入标题文本并设置单元格格式。

STEP 2 输入数据

用填充柄快速填充订单编号信息，在工作表中输入所需的数据。

订单编号	客户姓名	产品名称	单价	数量	金额	订单日期	交货日期
6001	吴凡	华硕主板B250	600	60	36000	2017/9/6	2017/9/12
6002	郭蓉蓉	七彩虹750ti显卡	800	85	68000	2017/9/7	2017/9/12
6003	许向平	金士顿4GBDDR4	150	120	18000	2017/9/11	2017/9/12
6004	陆翱翔	七彩虹1050ti显卡	1000	85	85000	2017/9/15	2017/9/22
6005	华剑侠	飞利浦27寸显示器	1200	90	108000	2017/9/17	2017/9/22
6006	睢小龙	英睿达SSD硬盘250G	480	225	108000	2017/9/17	2017/9/22
6007	闫德鑫	华硕主板B250	600	160	96000	2017/9/20	2017/9/22
6008	王琛	三星21.5寸显示器	650	70	45500	2017/9/23	2017/9/30
6009	张瑞雪	英睿达SSD硬盘250G	480	280	134400	2017/9/24	2017/9/30
6010	王冉	技嘉主板H110M	550	240	132000	2017/9/30	2017/9/30
6011	骆辉	酷睿I57500CPU	1250	55	68750	2017/10/2	2017/10/10
6012	韦晓博	先马机箱电源	150	100	15000	2017/10/4	2017/10/10
6013	史元	七彩虹1050ti显卡	1000	65	65000	2017/10/4	2017/10/10
6014	罗广田	酷睿I76700CPU	2250	40	90000	2017/10/5	2017/10/10
6015	周青青	金士顿8GBDDR4	350	170	59500	2017/10/8	2017/10/10
6016	何微彤	西部数据1T硬盘	300	310	93000	2017/10/14	2017/10/18
6017	陈新serious	七彩虹750ti显卡	800	110	88000	2017/10/16	2017/10/18
6018	周三钊	佳航机箱电源	240	120	28800	2017/10/18	2017/10/18
6019	赵旭东	酷睿I76700CPU	2250	80	180000	2017/10/25	2017/11/4
6020	肖威	技嘉主板H110M	550	130	71500	2017/10/28	2017/11/4
6021	朱阳阳	技嘉主板H110M	550	65	35750	2017/10/28	2017/11/4
6022	孙丽	飞利浦27寸显示器	1200	140	168000	2017/10/31	2017/11/4
6023	袁志强	酷睿I57500CPU	1250	230	287500	2017/10/31	2017/11/4
6024	乔娜	七彩虹750ti显卡	800	155	124000	2017/11/3	2017/11/4

STEP 3　设置工作表标签颜色

❶右击工作表标签，❷选择 工作表标签颜色(T) 命令，❸选择所需的颜色。

STEP 4　查看设置效果

选择“产品名称”工作表，即可查看工作表颜色设置效果。

6.2.2　设置数据验证

通过数据验证规则可以控制用户输入单元格的数据或数值的类型，防止输入出错，提高编辑效率，具体操作方法如下：

微课：设置数据验证

STEP 1　单击 定义名称 按钮

❶在“产品名称”工作表中选择单元格区域，❷选择 公式 选项卡，❸在“定义的名称”组中单击 定义名称 按钮。

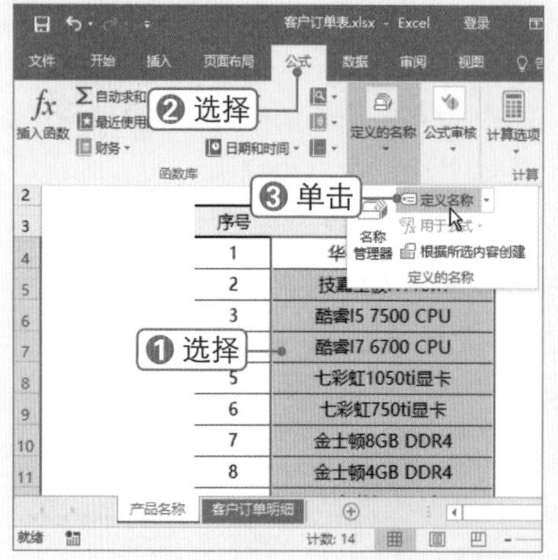

STEP 2　输入名称

弹出“新建名称”对话框，❶输入名称，❷单击 确定 按钮。

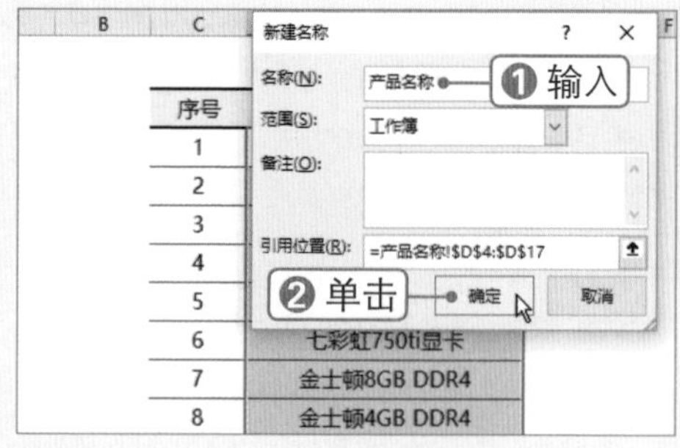

STEP 3　单击“名称管理器”按钮

在“定义的名称”组中单击“名称管理器”按钮。

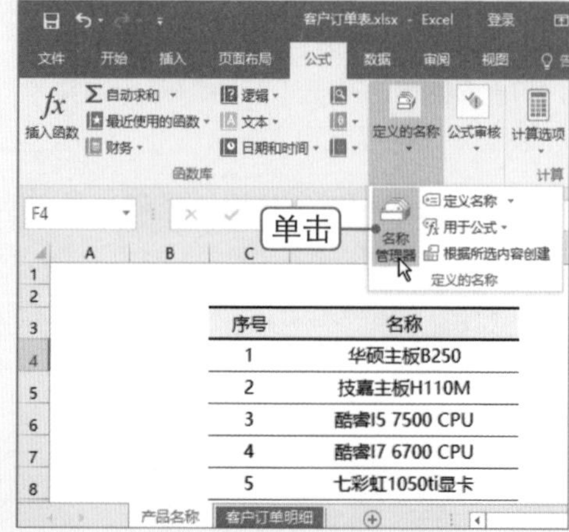

STEP 4 单击 编辑(E)... 按钮

弹出“名称管理器”对话框，❶选择名称，❷单击 编辑(E)... 按钮。

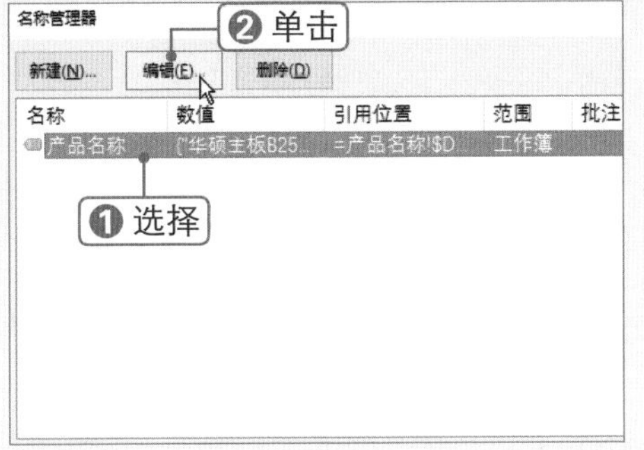

STEP 5 定位光标

弹出“编辑名称”对话框，将光标定位到“引用位置”文本框中。

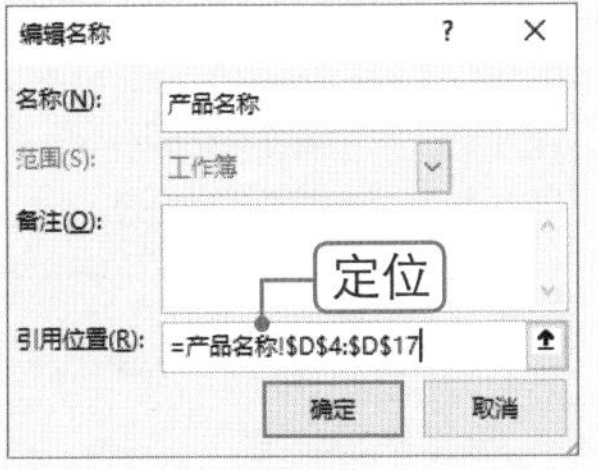

STEP 6 选择引用位置

在工作表中选择单元格区域即可重新设置名称引用位置，设置完成后单击 确定 按钮。

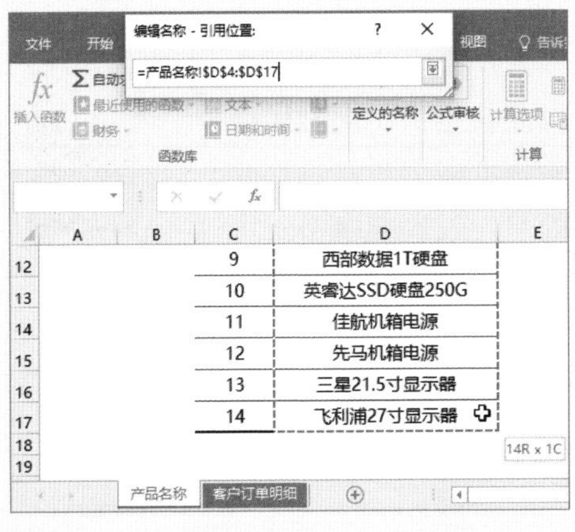

STEP 7 单击“数据验证”按钮

❶选择“客户订单明细”工作表，❷选择C2单元格，按【Ctrl+Shift+↓】组合键选中该列下面的数据单元格区域，❸选择 数据 选项卡，❹在“数据工具”组中单击“数据验证”按钮。

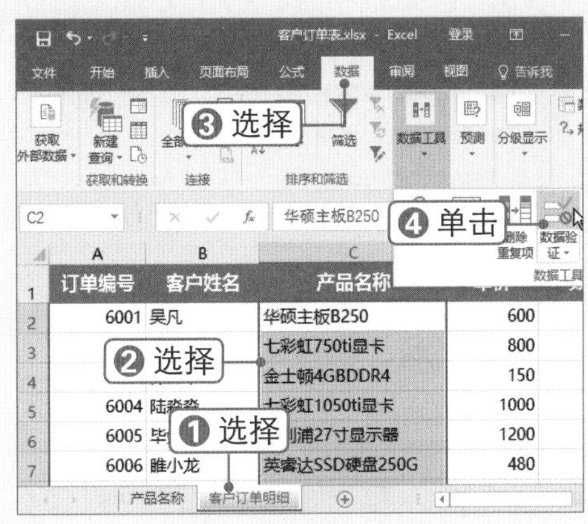

STEP 8 设置验证条件

弹出“数据验证”对话框，❶选择“设置”选项卡，❷在“允许”下拉列表框中选择“序列”选项，❸在“来源”文本框中输入“= 产品名称”。

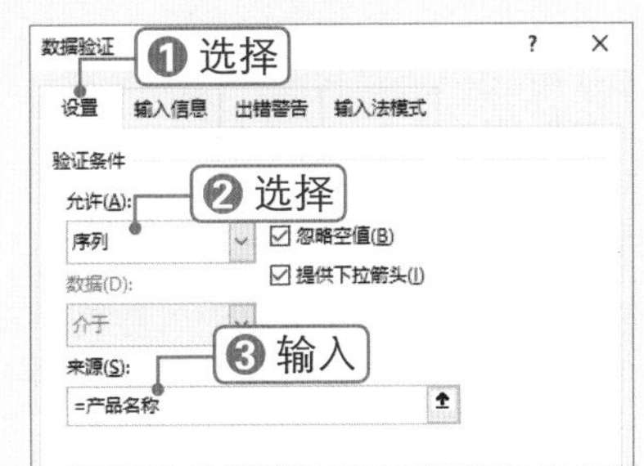

STEP 9 设置输入信息

❶选择“输入信息”选项卡，❷输入选择单元格时要显示的文本。

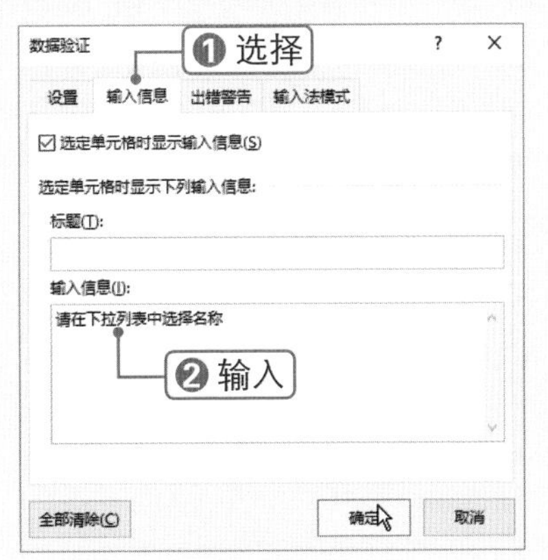

STEP 10 设置出错警告

❶选择“出错警告”选项卡，❷输入出错警告信息，❸单击 确定 按钮。

秒杀技巧　设置出错警告

只有在数据验证单元格中输入消息时才会出现出错警告，若允许在数据验证的单元格中输入错误的数据，可在“出错警告”中选择“警告”或“信息”样式。

STEP 11 选择 圈释无效数据(I) 选项

❶在“数据工具”组中单击“数据验证”下拉按钮，❷选择 圈释无效数据(I) 选项。

STEP 12 选择数据

此时包含无效数据的单元格外将显示一个椭圆，单击单元格右侧的下拉按钮，选择正确的选项。再次选择 圈释无效数据(I) 选项，直到工作表中没有无效数据为止。

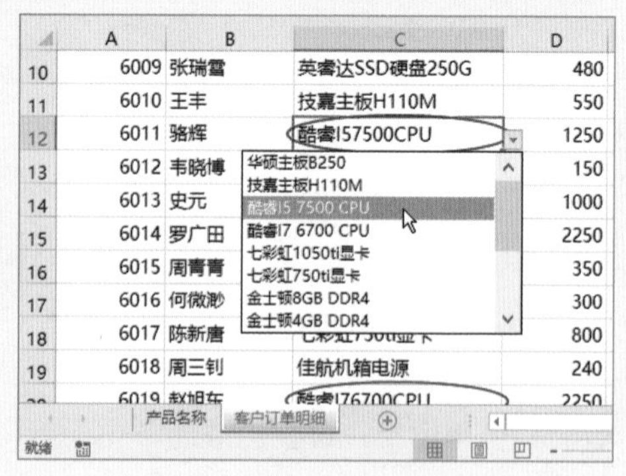

6.2.3 设置数字格式

数据输入是使用工作表的核心操作，输入数据后可根据需要将数据设置为所需的数字格式，如可以将金额数据设置为货币格式、自定义编号、日期数据格式等。需要注意的是，设置数字格式可以更改数字的外观，而不会更改数字本身。下面将详细介绍如何设置“客户订单明细”工作表中的数字格式，具体操作方法如下：

微课：设置数字格式

STEP 1 选择 设置单元格格式(F)... 命令

❶选中“订单编号”列的数据单元格区域并右击，❷选择 设置单元格格式(F)... 命令。

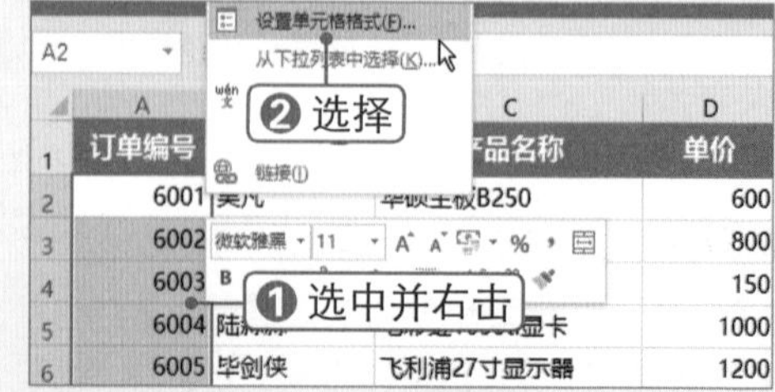

STEP 2 自定义类型

弹出“设置单元格格式”对话框，❶选择“数字”选项卡，❷在左侧选择“自定义”选项，❸在“类型”文本框中输入“00000”，在“示例”选项区中显示预览效果。

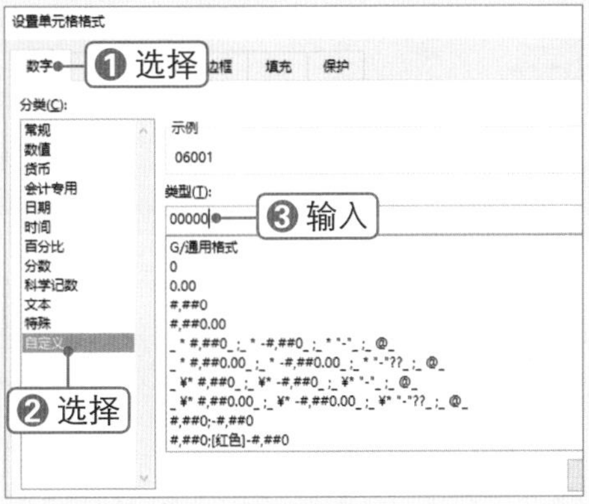

STEP 3 自定义数字格式

要使数字编号前显示其他文本信息，可将文本信息使用半角引号括起来，❶在此输入“"XK-"”，❷单击 确定 按钮。

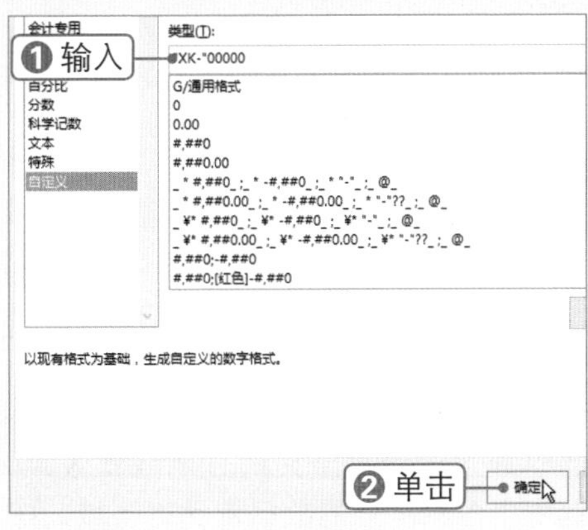

STEP 4 查看设置效果

此时即可在编号格式前添加文本。

	A	B	C	D
1	订单编号	客户姓名	产品名称	单价
2	XK-06001	吴凡	华硕主板B250	600
3	XK-06002	郭芸芸	七彩虹750ti显卡	800
4	XK-06003	许向平	金士顿4GB DDR4	150
5	XK-06004	陆淼淼	七彩虹1050ti显卡	1000
6	XK-06005	毕剑侠	飞利浦27寸显示器	1200
7	XK-06006	睢小龙	英睿达SSD硬盘250G	480
8	XK-06007	闫德鑫	华硕主板B250	600
9	XK-06008	王琛	三星21.5寸显示器	650
10	XK-06009	张瑞雪	英睿达SSD硬盘250G	480

STEP 5 选择单元格区域

按住【Ctrl】键的同时选中价格数据单元格区域，然后按【Ctrl+1】组合键。

	C	D	E	F
1	产品名称	单价	数量	金额
2	华硕主板B250	600	60	36000
3	七彩虹750ti显卡	800	85	68000
4	金士顿4GB DDR4	150	120	18000
5	七彩虹1050ti显卡	1000	85	85000
6	飞利浦27寸显示器	1200	90	108000
7	英睿达SSD硬盘250G	480	225	108000
8	华硕主板B250	600	160	96000
9	三星21.5寸显示器	650	70	45500
10	英睿达SSD硬盘250G	480	280	134400

产品名称 | 客户订单明细

STEP 6 设置货币格式

弹出“设置单元格格式”对话框，❶在左侧选择“货币”选项，❷设置小数位数为 0，❸在“货币符号”下拉列表框中选择所需的符号，❹单击 确定 按钮。

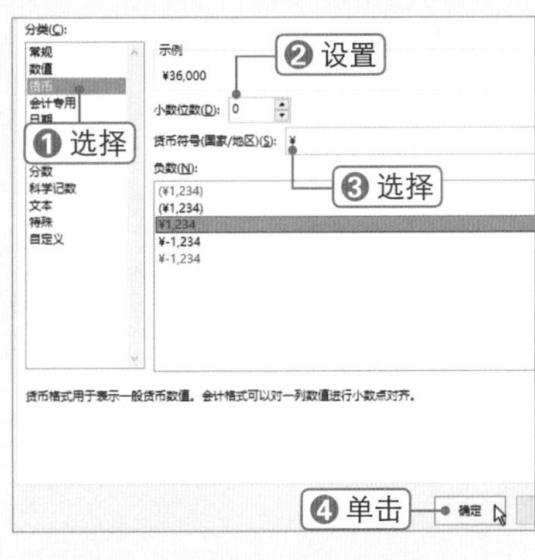

STEP 7 选择单元格区域

选中“数量”列的数据单元格区域，然后按【Ctrl+1】组合键。

	C	D	E	F
1	产品名称	单价	数量	金额
2	华硕主板B250	¥600	60	¥36,000
3	七彩虹750ti显卡	¥800	85	¥68,000
4	金士顿4GB DDR4	¥150	120	¥18,000
5	七彩虹1050ti显卡	¥1,000	85	¥85,000
6	飞利浦27寸显示器	¥1,200	90	¥108,000
7	英睿达SSD硬盘250G	¥480	225	¥108,000
8	华硕主板B250	¥600	160	¥96,000
9	三星21.5寸显示器	¥650	70	¥45,500
10	英睿达SSD硬盘250G	¥480	280	¥134,400

STEP 8 自定义数字格式

弹出“设置单元格格式”对话框，❶在左侧选择“自定义”选项，❷在“类型”文本框中输入“#" 件 "”，❸单击 确定 按钮。

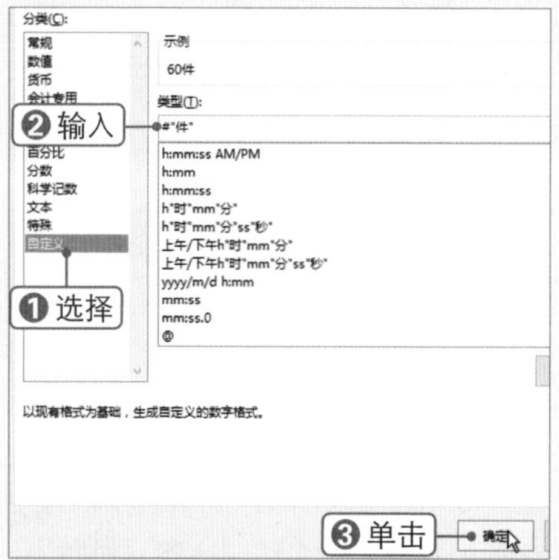

STEP 9 选择单元格区域

选中日期数据单元格区域，然后按【Ctrl+1】组合键。

	D	E	F	G	H
1	单价	数量	金额	订单日期	交货日期
2	¥600	60件	¥36,000	2017/9/6	2017/9/12
3	¥800	85件	¥68,000	2017/9/7	2017/9/12
4	¥150	120件	¥18,000	2017/9/11	2017/9/12
5	¥1,000	85件	¥85,000	2017/9/15	2017/9/22
6	¥1,200	90件	¥108,000	2017/9/17	2017/9/22
7	¥480	225件	¥108,000	2017/9/17	2017/9/22
8	¥600	160件	¥96,000	2017/9/20	2017/9/22
9	¥650	70件	¥45,500	2017/9/23	2017/9/30
10	¥480	280件	¥134,400	2017/9/24	2017/9/30

STEP 10 设置日期格式

弹出“设置单元格格式”对话框，❶在左侧选择“日期”选项，❷在“类型”列表框中选择“周三”选项。

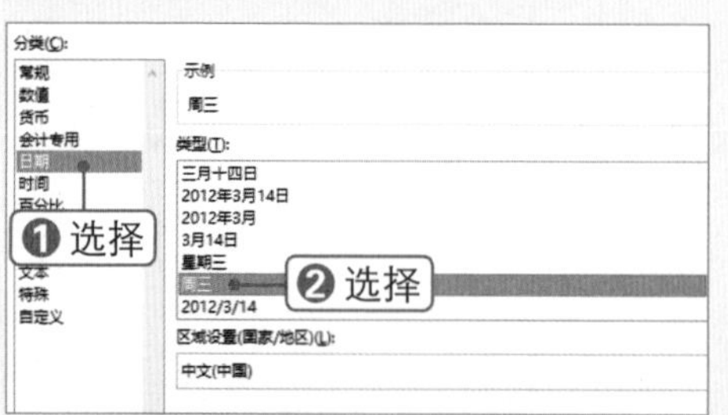

STEP 11 选择“自定义”选项

在左侧选择“自定义”选项，在“类型”文本框中查看与当前日期类型所对应的代码。

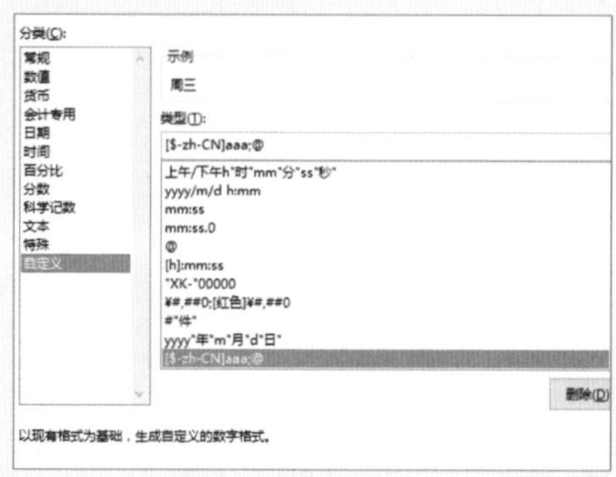

STEP 12 输入代码

❶在当前代码之前输入“m" 月 "d" 日 " ”，❷单击 确定 按钮。

STEP 13 复制单元格

此时即可查看自定义的日期格式效果。选中“金额”列的数据单元格区域，按【Ctrl+C】组合键复制单元格。

	D	E	F	G	
1	单价	数量	金额	订单日期	交
2	¥600	60件	¥36,000	9月6日 周三	9月
3	¥800	85件	¥68,000	9月7日 周四	9月
4	¥150	120件	¥18,000	9月11日 周一	9月
5	¥1,000	85件	¥85,000	9月15日 周五	9月
6	¥1,200	90件	¥108,000	9月17日 周日	9月
7	¥480	225件	¥108,000	9月17日 周日	9月
8	¥600	160件	¥96,000	9月20日 周三	9月
9	¥650	70件	¥45,500	9月23日 周六	9月
10	¥480	280件	¥134,400	9月24日 周日	9月

产品名称　客户订单明细

STEP 14 选择粘贴选项

选中 I1 单元格，❶单击“粘贴”下拉按钮，❷选择“值和源格式”选项，然后按【Esc】键取消复制状态。

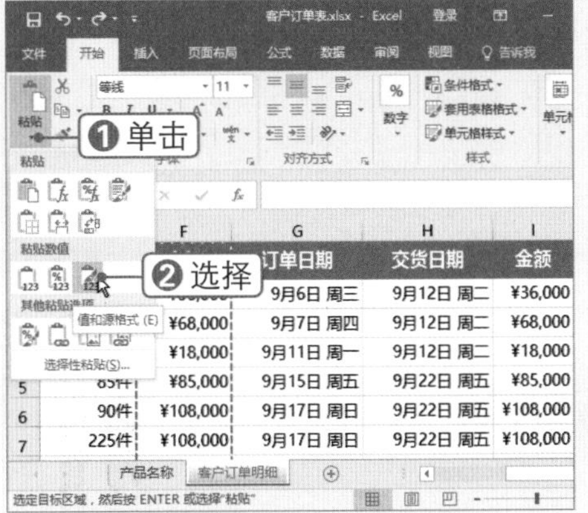

STEP 15 选择 选择性粘贴(S)... 选项

❶将 I1 单元格中的文本修改为“订单金额（万）”，❷在 L1 单元格中输入 1000，然后按【Ctrl+C】组合键复制数据，❸选中“订单金额（万）”列中的数据单元格区域，❹单击“粘贴”下拉按钮，❺选择 选择性粘贴(S)... 选项。

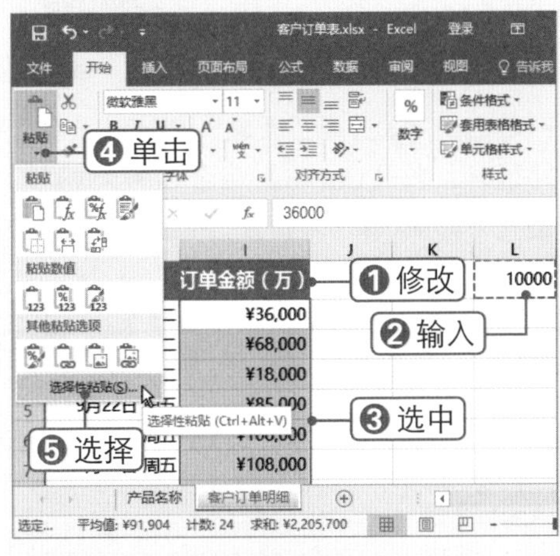

STEP 16 设置粘贴选项

弹出“选择性粘贴”对话框，❶选中 ◉除(I) 单选按钮，❷单击 确定 按钮。

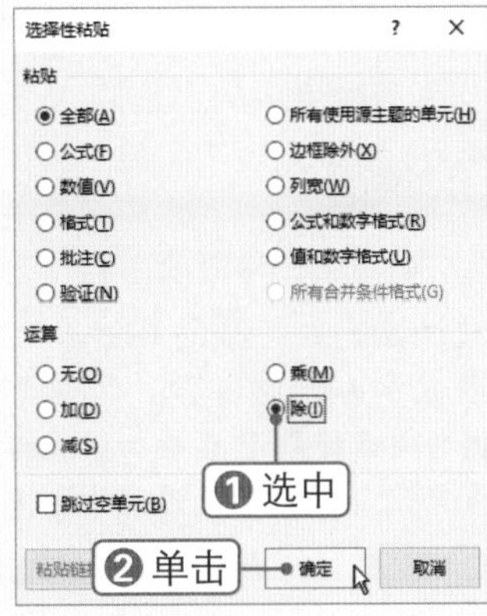

STEP 17 隐藏列

查看选择性粘贴效果。❶选择 L 列并右击，❷选择 隐藏(H) 命令即可隐藏该列。

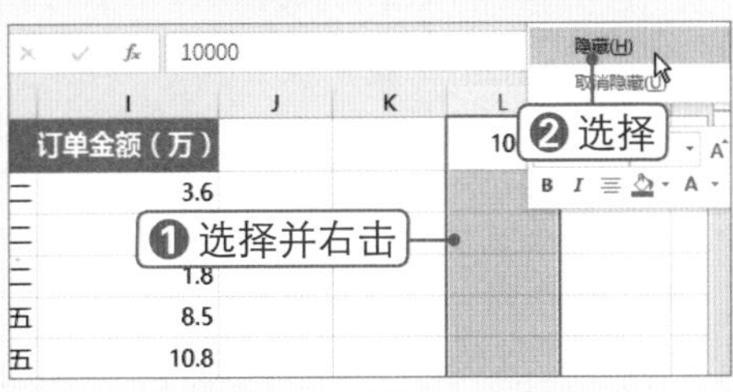

STEP 18 自定义数字格式

选择“订单金额（万）”列中的数据单元格区域，按【Ctrl+1】组合键打开“设置单元格格式”对话框，❶在左侧选择“自定义”选项，❷在“类型”文本框中输入代码“.0??”（使用“？”可以在小数点后对无意义的 0 添加空格），❸单击 确定 按钮。

STEP 19 查看设置效果

此时即可对齐数字中的小数位。

	F	G	H	I
8	¥96,000	9月20日 周三	9月22日 周五	9.6
9	¥45,500	9月23日 周六	9月30日 周六	4.55
10	¥134,400	9月24日 周日	9月30日 周六	13.44
11	¥132,000	9月30日 周六	9月30日 周六	13.2
12	¥68,750	10月2日 周一	10月10日 周二	6.875
13	¥15,000	10月4日 周三	10月10日 周二	1.5
14	¥65,000	10月4日 周三	10月10日 周二	6.5
15	¥90,000	10月5日 周四	10月10日 周二	9.0
16	¥59,500	10月8日 周日	10月10日 周二	5.95
17	¥93,000	10月14日 周六	10月18日 周三	9.3

实操解疑 ?

更改单元格显示内容

通过设置数字格式可使单元格中的内容显示为其他内容，如单元格中的数据为“李静”,若设置其显示为“张静”,可自定义单元格格式为“;;; 张静”。

Chapter 06

6.3 创建订单金额明细表

■ 关键词：复制工作表、粘贴数值、删除列、填充公式、插入批注、设置批注格式

订单金额明细表主要包括订单编号、客户姓名、金额、其他费用、预付金额等信息，可以通过复制工作表并修改内容来快速创建该工作表，通过公式进行简单的数据运算，还可根据需要为单元格添加批注信息。

6.3.1 复制工作表

微课：复制工作表

对于包含重复数据的工作表，可以通过复制工作表的方法快速创建该工作表，并根据需要修改数据，具体操作方法如下：

STEP 1 复制工作表

按住【Ctrl】键的同时拖动“客户订单明细”工作表标签，即可复制该工作表。

	A	B	C	D
1	订单编号	客户姓名	产品名称	单价
2	XK-06001	吴凡	华硕主板B250	¥600
3	XK-06002	郭芸芸	七彩虹750ti显卡	¥800
4	XK-06003	许向平	金士顿4GB DDR4	¥150
5	XK-06004	陆淼淼	七彩虹1050ti显卡	¥1,000
6	XK-06005	毕剑侠	飞利浦27寸显示器	¥1,200
7	XK-06006	睢小龙	英睿达SSD硬盘250G	¥480
8	XK-06007	闫德鑫	华硕主板B250	¥600
9	XK-06008	王琛	三星21.5寸显示器	¥650
10	XK-06009	张瑞雪	英睿达SSD硬盘250G	¥480

STEP 2 粘贴为数值

❶将复制的工作表重命名为“订单金额明细表”，❷选中“金额”列的数据单元格区域，按【Ctrl+C】组合键复制数据，❸单击“粘贴”下拉按钮，❹选择“值和源格式”选项。

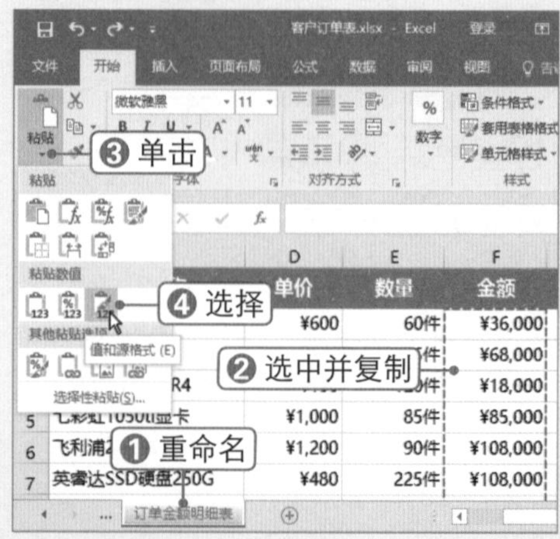

STEP 3 删除列

❶选中不需要的列并右击，❷选择 删除(D) 命令。

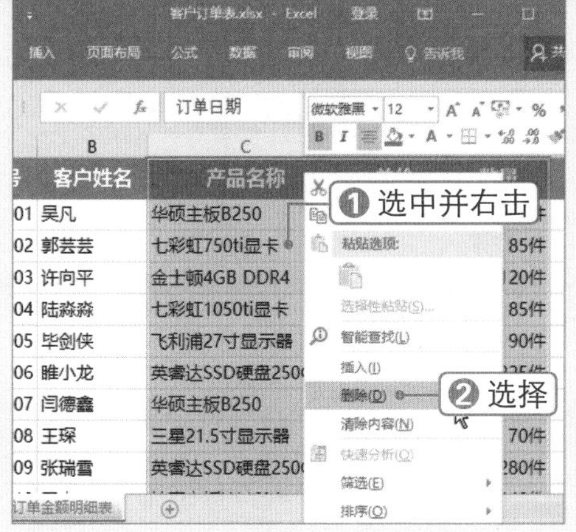

STEP 4 输入公式

编辑“其他费用”数据，使用公式设置“预付”金额为订单金额的 60% 加上其他费用。❶选择 E2 单元格，❷在编辑栏中输入公式“=C2*0.6+D2”，按【Enter】键确认即可得出计算结果。

	A	B	C	D	E
1	订单编号	客户姓名	❷ 输入	费用	预付
2	XK-06001	吴凡	¥36,000	¥120	=C2*0.6+D2
3	XK-06002	郭芸芸	¥68,000	¥100	
4	XK-06003	许向平	¥18,000	¥50	❶ 选择
5	XK-06004	陆淼淼	¥85,000	¥95	
6	XK-06005	毕剑侠	¥108,000	¥300	

STEP 5 减少小数位数

拖动 E2 单元格的填充柄，将公式填充到该列的其他单元格中，❶选中“预付”列的数据单元格，❷在“数字”组中单击“减少小数位数”按钮。

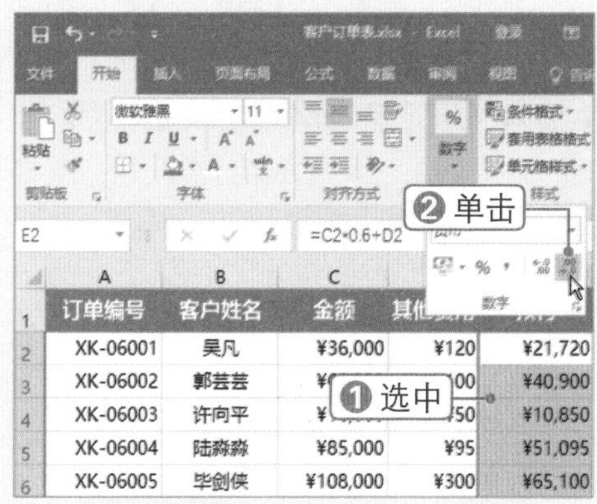

6.3.2 为单元格添加批注

微课：为单元格添加批注

使用批注功能可以为单元格添加注释信息，从而不必增加备注列来注释数据。下面将详细介绍如何为单元格添加批注，并对批注格式进行设置，具体操作方法如下：

STEP 1 选择 插入批注(M) 命令

❶选择 B3 单元格并右击，❷选择 插入批注(M) 命令。

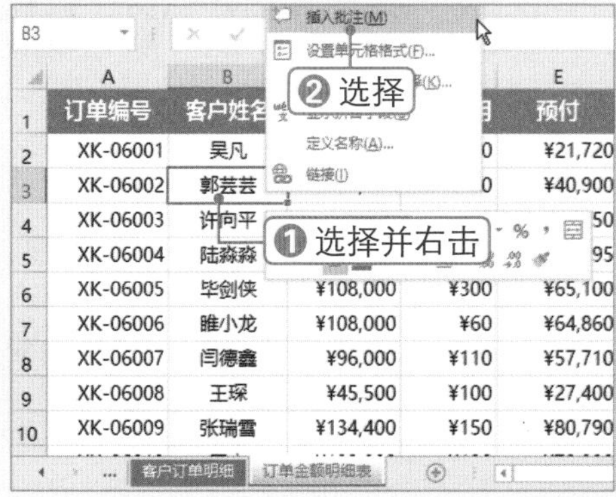

STEP 2 输入批注内容

在批注框中输入所需的内容，调整批注框大小，可以看到包含批注的单元格右上角显示标记。

	A	B	C	D	E
1	订单编号	客户姓名	金额	其他费用	预付
2	XK-06001	吴凡	¥36,000	¥120	¥21,720
3	XK-06002	郭芸芸	云科电子公司总经理，办事细心，资源广泛，已列为我公司一级客户。	¥100	¥40,900
4	XK-06003	许向平		¥50	¥10,850
5	XK-06004	陆淼淼		¥95	¥51,095
6	XK-06005	毕剑侠	¥108,000	¥300	¥65,100
7	XK-06006	睢小龙	¥108,000	¥60	¥64,860
8	XK-06007	闫德鑫	¥96,000	¥110	¥57,710
9	XK-06008	王琛	¥45,500	¥100	¥27,400
10	XK-06009	张瑞雪	¥134,400	¥150	¥80,790

STEP 3 单击“编辑批注”按钮

❶选择包含批注的单元格，❷选择审阅选项卡，❸单击“编辑批注”按钮。

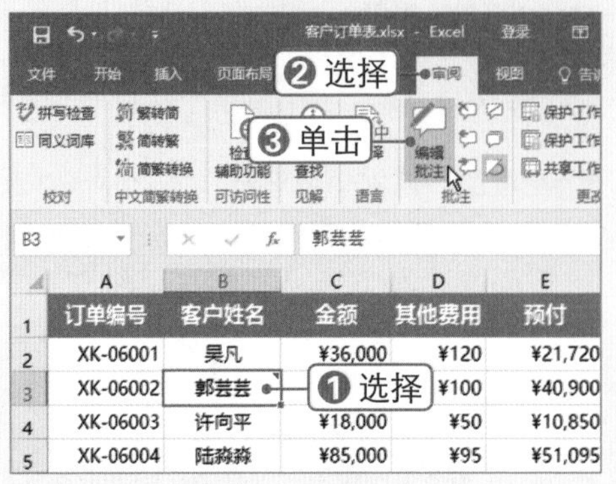

STEP 4 选择 设置批注格式(O)... 命令

❶选中批注框并右击，❷选择 设置批注格式(O)... 命令。

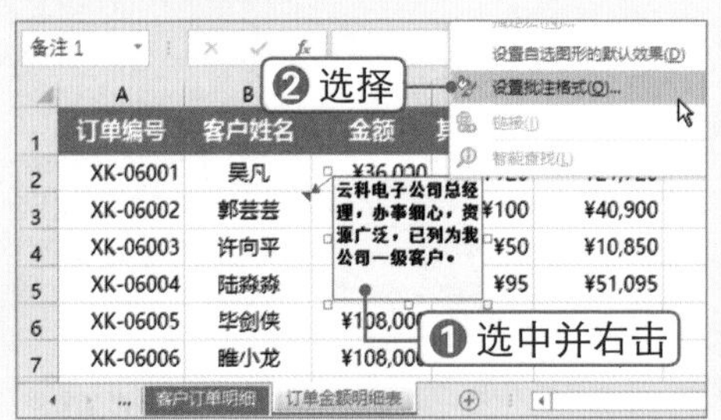

STEP 5 设置字体格式

弹出“设置批注格式”对话框，在“字体”选项卡下设置字体格式。

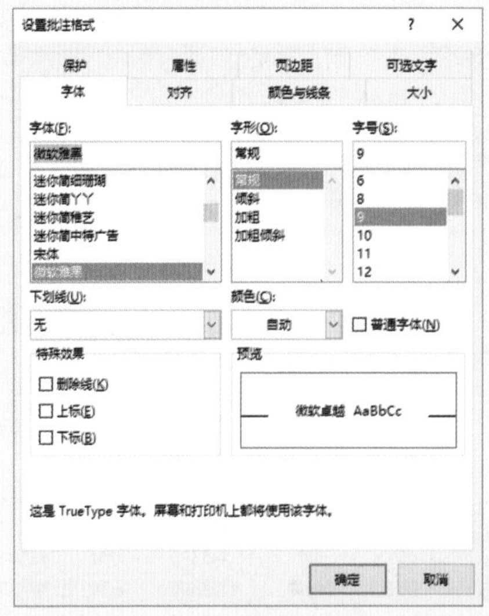

STEP 6 设置颜色和线条格式

❶选择“颜色和线条”选项卡，❷设置填充颜色，❸设置线条样式，❹单击 确定 按钮。

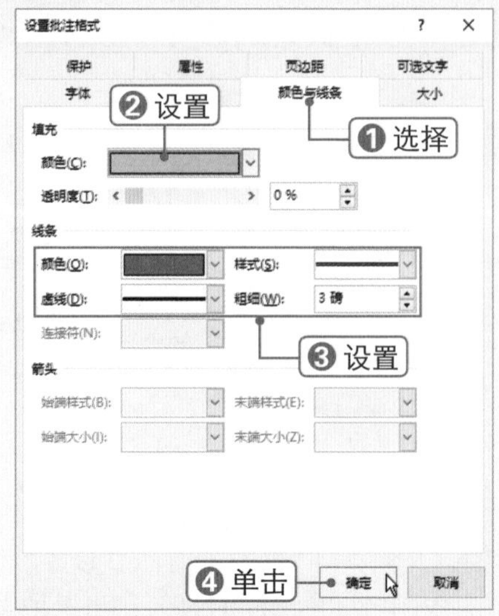

STEP 7 查看批注信息

将鼠标指针移至批注单元格上，即可显示批注信息。

STEP 8 选择 填充效果(F)... 选项

采用同样的方法为 B6 单元格添加批注，打开“设置批注格式”对话框，❶选择“颜色和线条”选项卡，❷单击“颜色”下拉按钮，❸选择 填充效果(F)... 选项。

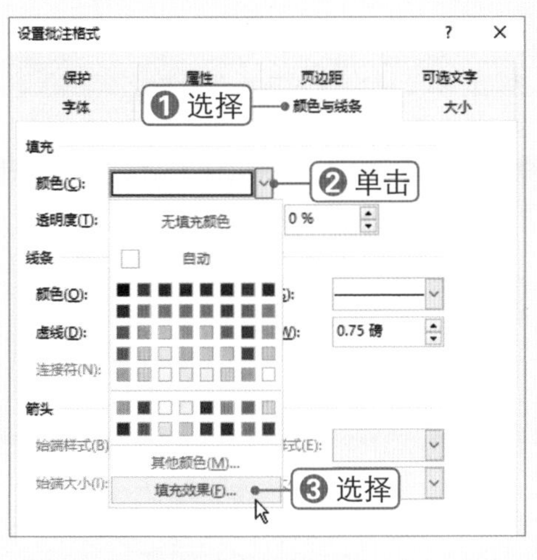

STEP 9 单击[选择图片(L)...]按钮

弹出“填充效果”对话框，❶选择“图片”选项卡，❷单击[选择图片(L)...]按钮。

STEP 10 插入图片

弹出“选择图片”对话框，❶选择图片，❷单击[插入(S)]按钮，单击[确定]按钮。

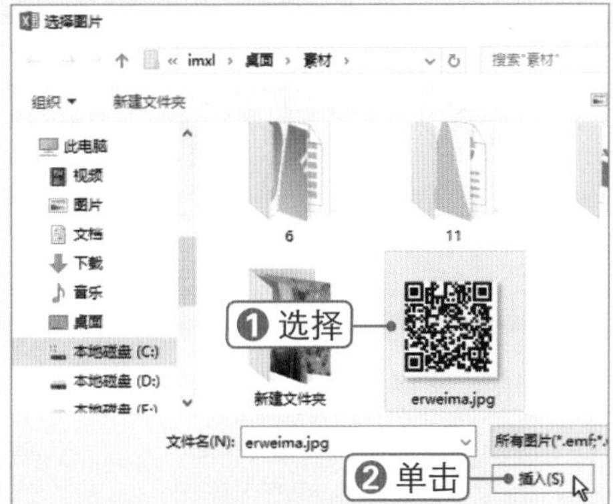

STEP 11 查看图片批注效果

此时即可查看图片批注效果。

	A	B	C	D	E
1	订单编号	客户姓名	金额	其他费用	预付
2	XK-06001	吴凡	¥36,000	¥120	¥21,720
3	XK-06002	郭芸芸	¥68,000	¥100	¥40,900
4	XK-06003	许向平	¥18,000	¥50	¥10,850
5	XK-06004	陆淼淼	¥85,000	¥95	¥51,095
6	XK-06005	毕剑[illegible]	[illegible]	¥300	¥65,100
7	XK-06006	睢小龙	[illegible]	¥60	¥64,860
8	XK-06007	闫德鑫	¥96,000	¥110	¥57,710
9	XK-06008	王琛	¥45,500	¥100	¥27,400
10	XK-06009	张瑞雪	¥134,400	¥150	¥80,790

客户订单明细 | 订单金额明细表

Chapter 06

6.4 美化工作表

■ 关键词：组合工作表、合并单元格、自动求和、插入超链接、定位单元格

工作表编辑完成后，若要对其进行打印输出，可根据需要对其进行美化设置，下面将进行详细介绍。

6.4.1 统一设置工作表格式

微课：统一设置工作表格式

通过将多个工作表组合起来，可以快速为其进行统一的格式设置，具体操作方法如下：

STEP 1 组合工作表

选择“客户订单明细”工作表，按住【Ctrl】键的同时单击“订单金额明细表”工作表标签，组合这两个工作表，在窗口标题栏中会显示“组”字样。

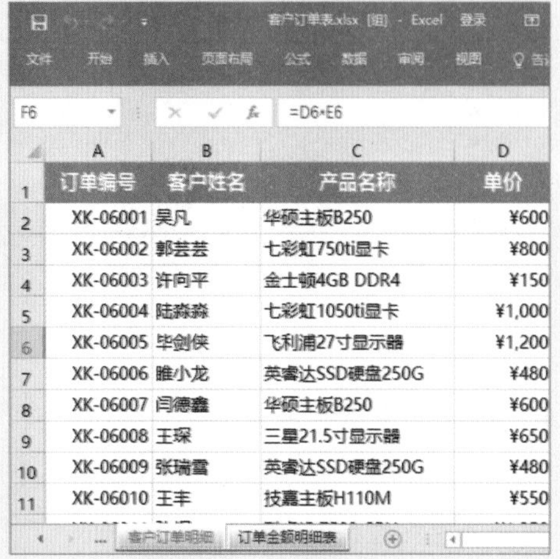

STEP 2 插入行

❶选中前 4 行并右击，❷选择 插入(I) 命令。

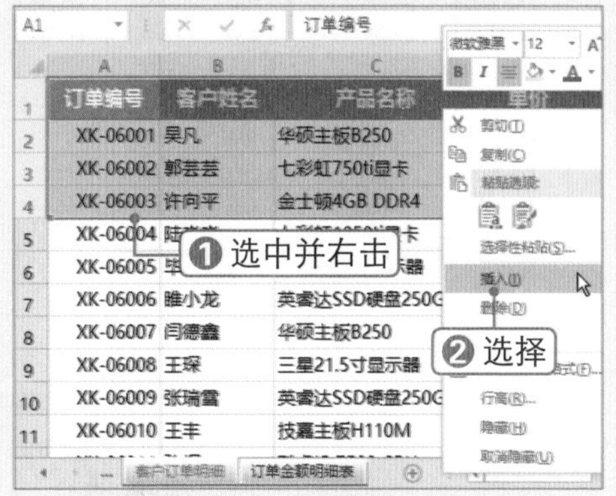

STEP 3 插入列

此时即可在上方插入 4 行，❶选择 A 列并右击，❷选择 插入(I) 命令，在左侧插入列。

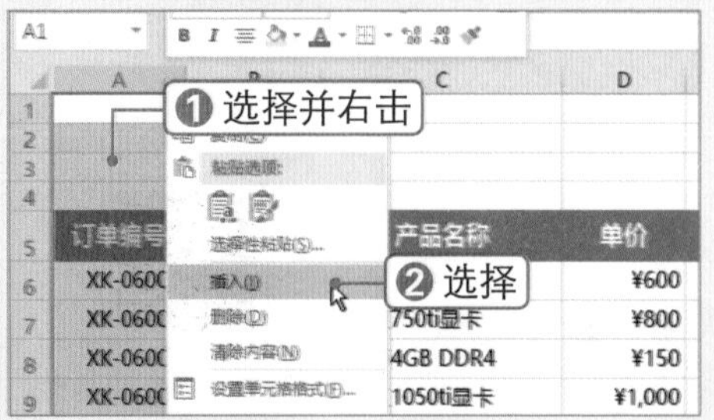

STEP 4 合并单元格

在 B1 单元格中输入文本并设置格式，❶选中 B1:D1 单元格区域，❷在“对齐方式”组中单击“合并单元格”下拉按钮，❸选择 合并单元格(M) 选项。

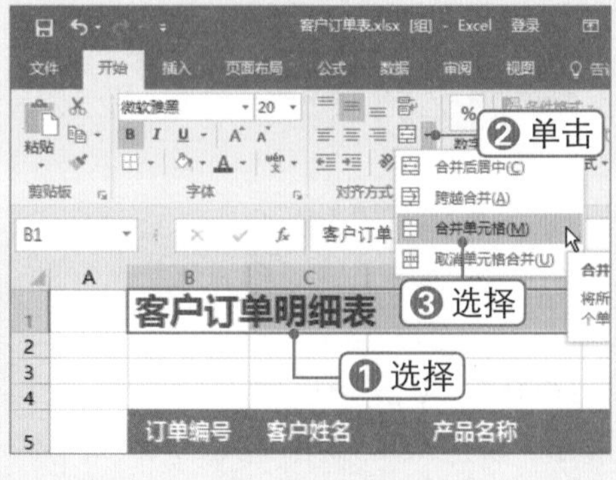

STEP 5 设置单元格填充

选择第 2 行的单元格区域，为其设置填充颜色。

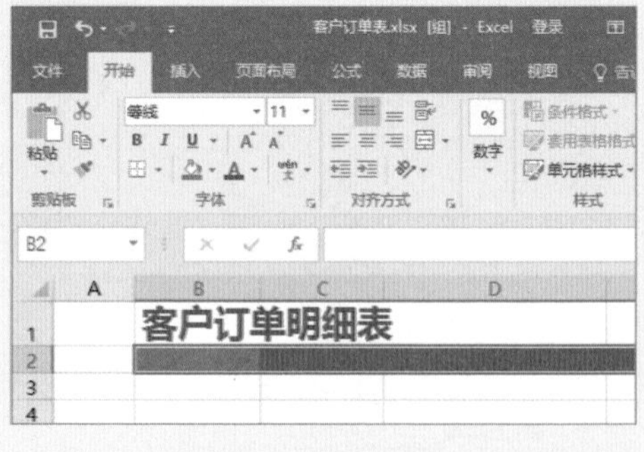

> **秒杀技巧　快速填充相同的数据**
>
> 选择要填充数据的单元格或单元格区域，直接输入数据并按【Ctrl+Enter】组合键即可。若要使数据在单元格中换行，可将光标定位到要换行的位置并按【Alt+Enter】组合键。

STEP 6 单击 Σ 自动求和 按钮

调整第 2 行的行高，在第 3 行输入所需的文本。❶选中 B4 单元格，❷在“编辑”组中单击 Σ 自动求和 按钮。

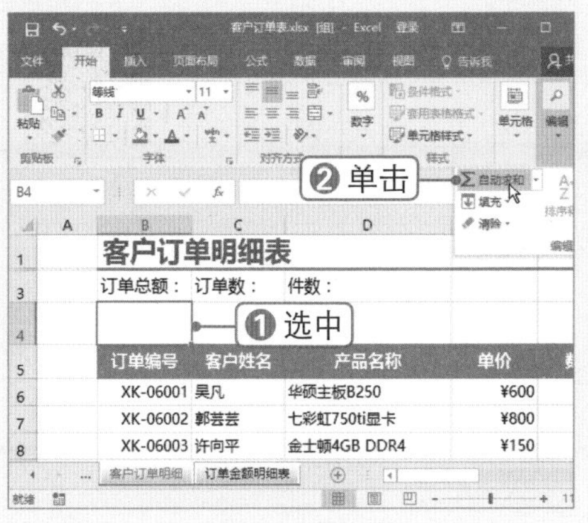

STEP 7 选择单元格区域

选中“金额”列的数据单元格区域，按【Enter】键即可得出结果。

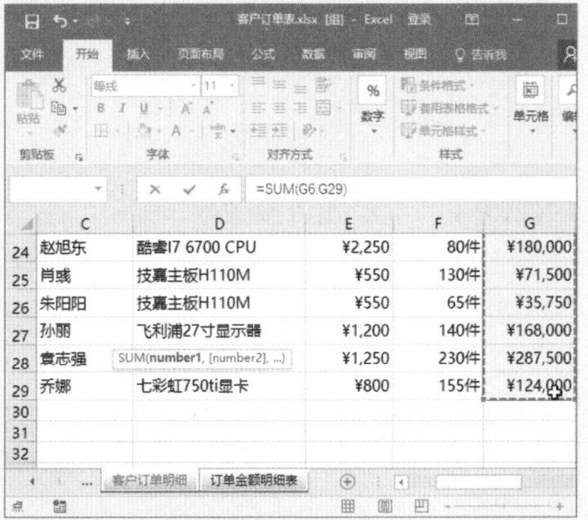

STEP 8 选择 计数(C) 选项

采用同样的方法对“件数”求和，❶选择 C4 单元格，❷在“编辑”组中单击 Σ自动求和 下拉按钮，❸选择 计数(C) 选项。

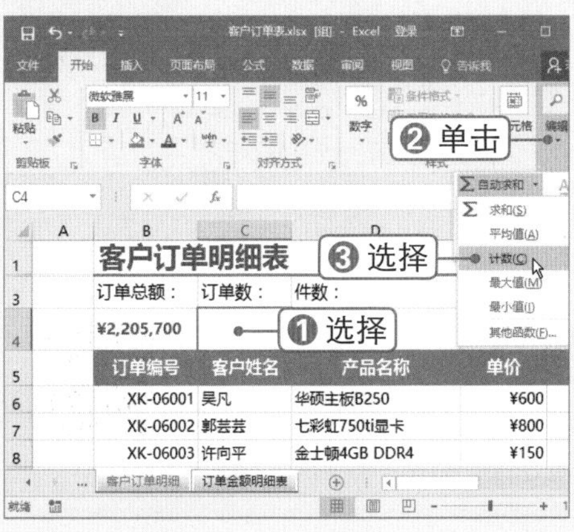

STEP 9 选择单元格区域

选择“订单编号”列的数据单元格区域，按【Enter】键即可得出结果。

STEP 10 选择 取消组合工作表(N) 命令

❶右击“客户订单明细”工作表标签，❷选择 取消组合工作表(N) 命令。

STEP 11 查看格式设置效果

选择“订单金额明细表”工作表，查看工作表格式设置效果，根据需要删除不需要的数据。

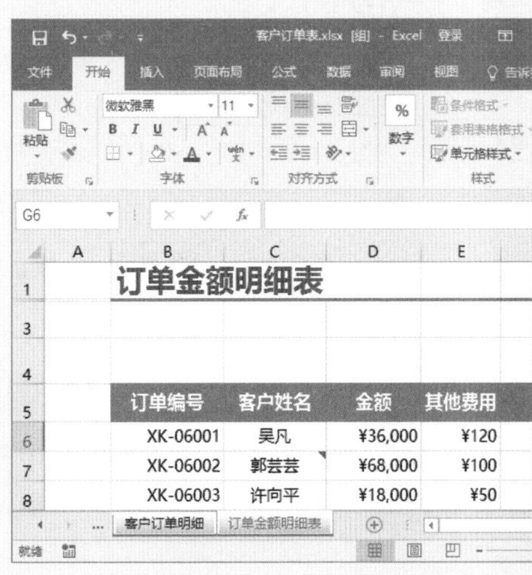

6.4.2 插入超链接

微课：插入超链接

当工作簿中包含多个工作表时，可以为工作表创建超链接来快速切换到该工作表，具体操作方法如下：

STEP 1 选择 链接(I) 命令

选择“客户订单明细”工作表，在其中插入“箭头：五边形”形状并设置格式。❶右击形状，❷选择 链接(I) 命令。

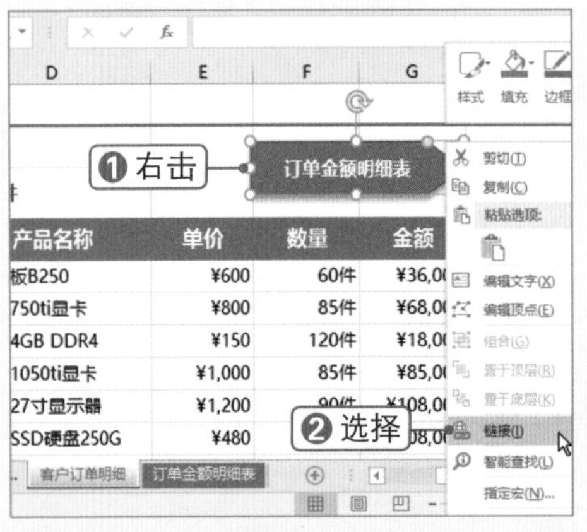

STEP 2 设置超链接

弹出“插入超链接”对话框，❶单击“本文档中的位置”按钮，❷选择位置，在此选择“订单金额明细表”，❸输入单元格引用，❹单击 确定 按钮。

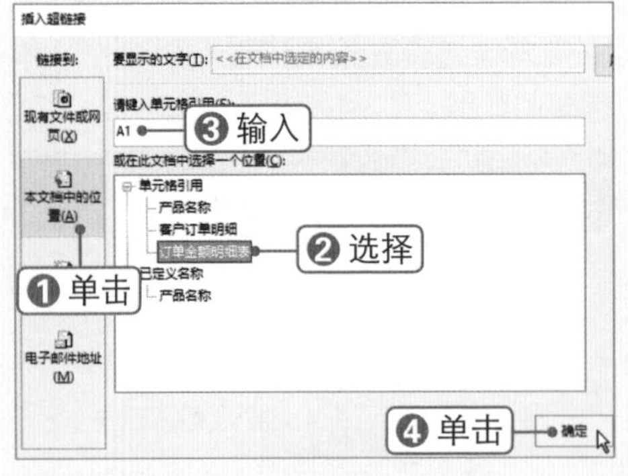

STEP 3 单击超链接

将鼠标指针置于形状上（指针变为样式）单击，采用同样的方法在“订单金额明细表”工作表中插入超链接形状。

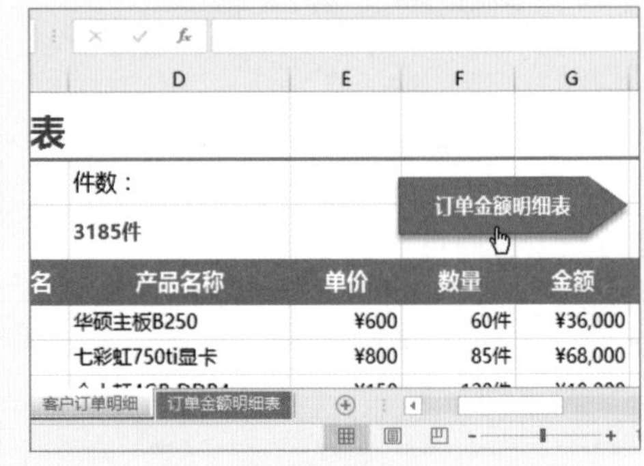

STEP 4 查看超链接效果

此时即可跳转到“订单金额明细表”工作表并选中 A1 单元格。采用同样的方法在该工作表中插入形状，并设置超链接。

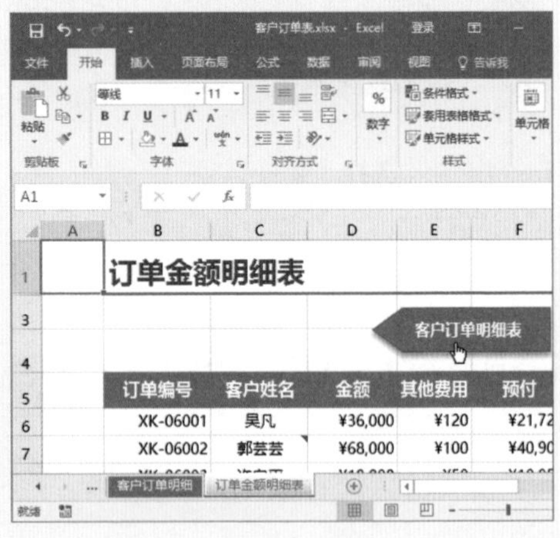

6.4.3 定位单元格并设置填充颜色

微课：定位单元格并设置填充颜色

通过“定位”功能可以快速选中指定的单元格，然后根据需要对所选单元格进行美化设置，具体操作方法如下：

STEP 1 输入公式

❶选择 A7 单元格，❷输入“=”，然后选择本行的数据单元格区域。

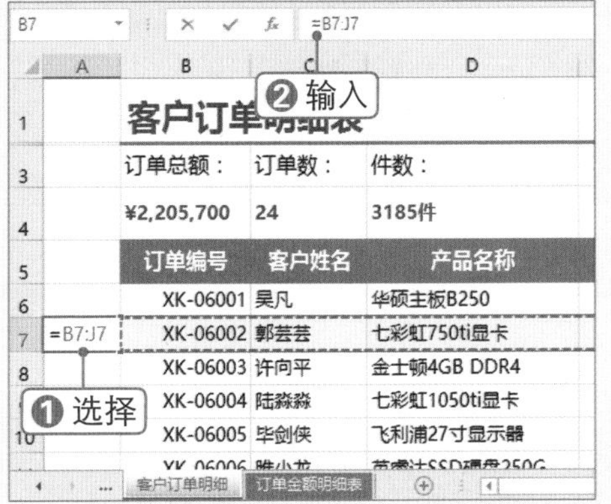

STEP 2 填充数据

按【Enter】键得出一个错误的结果，在此忽略该结果。选择 A6:A7 单元格区域，向下拖动单元格区域右下角的填充柄，填充所选数据。

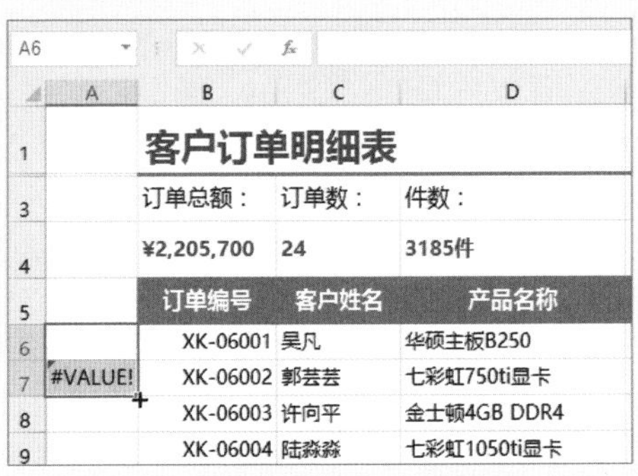

STEP 3 选择 定位条件(S)... 选项

❶在“编辑”组中单击“查找和选择”下拉按钮，❷选择 定位条件(S)... 选项。

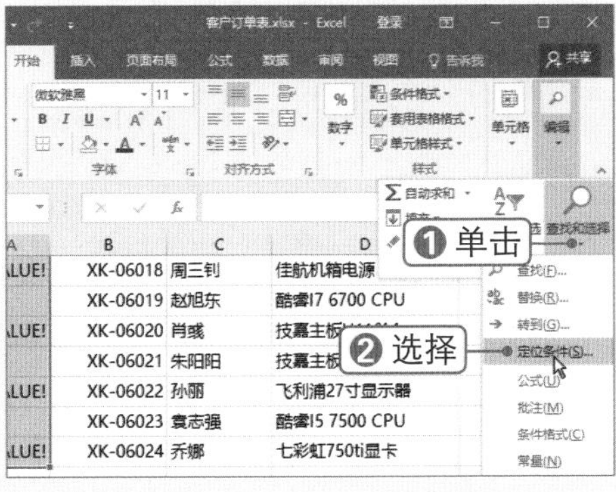

STEP 4 设置定位条件

弹出“定位条件”对话框，❶选中 ◉引用单元格(P) 单选按钮，❷单击 确定 按钮。

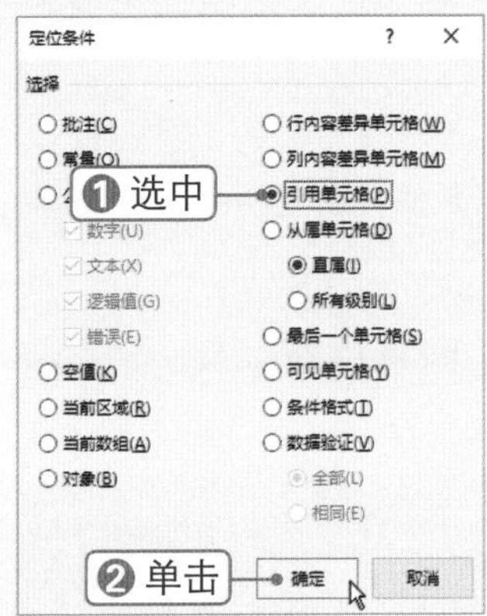

STEP 5 设置填充颜色

此时即可选中公式中引用的单元格区域，❶在“字体”组中单击“填充颜色”下拉按钮，❷选择所需的颜色。

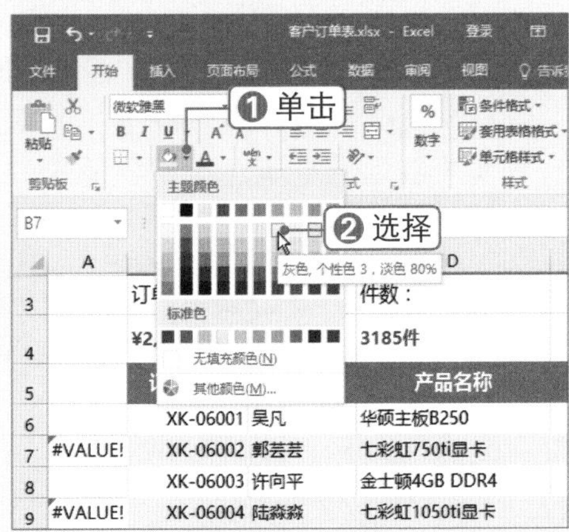

STEP 6 查看美化效果

删除 A 列不需要的数据，设置隐藏网格线，查看工作表美化效果。

商务办公 私房实操技巧

TIP：快速填充相同的数据

私房技巧 要快速填充相同的数据，可先选中要填充数据的单元格，然后输入所需的数据并按【Ctrl+Enter】组合键进行填充。

TIP：转置行列

私房技巧 通过“转置”粘贴可以将数据从行转置到列或从列转置到行，具体操作方法如下：选中数据单元格区域后按【Ctrl+C】组合键复制数据，然后选择目标单元格，按【Ctrl+Alt+V】组合键，弹出“选择性粘贴”对话框，选中☑转置(E)复选框，单击 确定 按钮即可。还可以在 开始 选项卡单击“粘贴”下拉按钮，选择“转置”选项。

TIP：新建单元格样式

私房技巧 为单元格设置格式后，可根据需要将该单元格的格式创建为单元格样式。在 开始 选项卡下“样式”组中单击“单元格样式”下拉按钮，选择 新建单元格样式(N)... 选项，在弹出的对话框中输入样式名，选择要包含的样式，单击 确定 按钮，如右图所示。创建样式后，可在“单元格样式”列表中看到该自定义样式，并将其快速应用到其他单元格中。

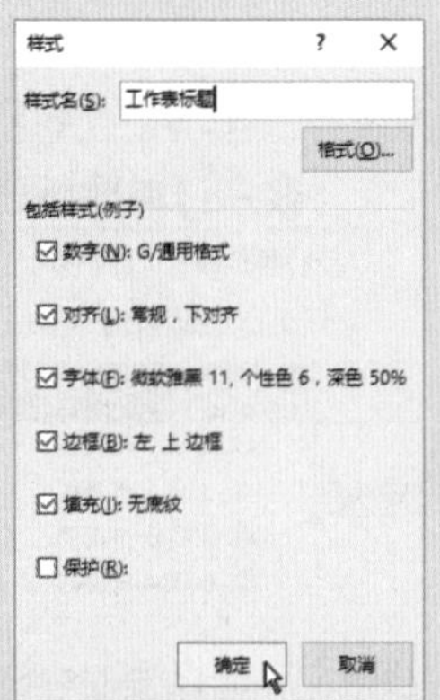

TIP：保护工作簿

私房技巧 要保护工作簿，可选择 审阅 选项卡，在“更改”组中单击 保护工作簿 按钮，在弹出的对话框中设置密码，单击 确定 按钮，如右图所示。此时，将无法新建、删除、重命名、移动或复制工作表。

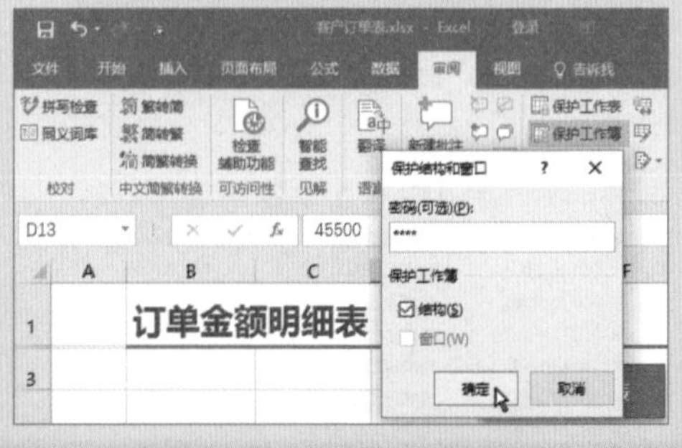

Ask Answer

高手疑难解答

问 怎样将一个单元格中的数据分为多列？

图解解答 可以通过“分列”功能将一个单元格中的内容分配到相邻的多个单元格中，具体操作方法如下：

1. 选择单元格区域，选择 数据 选项卡，在“数据工具”组中单击“分列”按钮，如下图（左）所示。
2. 弹出“文本分列向导”对话框，选中“固定宽度”单选按钮，单击 下一步(N) > 按钮，如下图（右）所示。

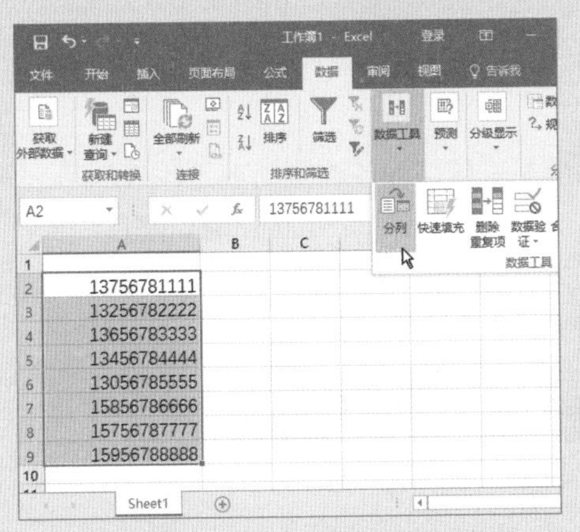

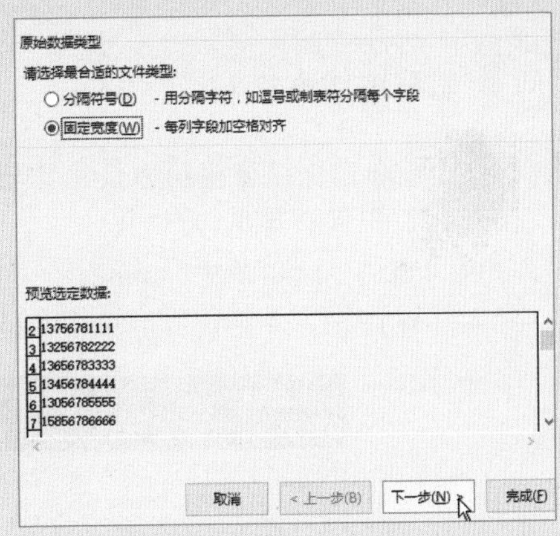

3. 在标尺上单击创建分列线，单击 下一步(N) > 按钮，再单击 完成(F) 按钮，如下图（左）所示。
4. 查看数据分列效果，如下图（右）所示。

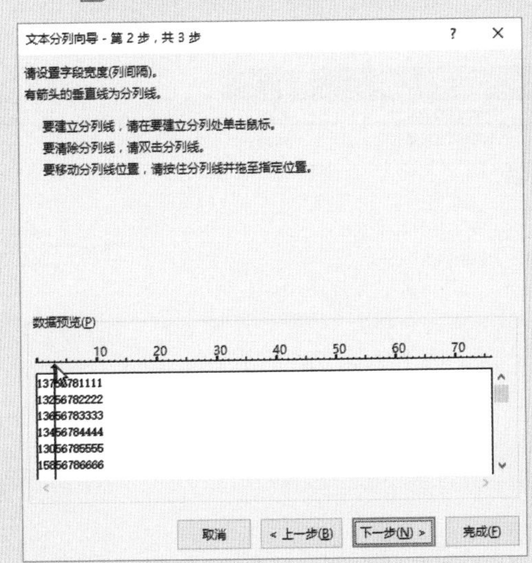

K21

	A	B	C	D	E
1					
2	137	56781111			
3	132	56782222			
4	136	56783333			
5	134	56784444			
6	130	56785555			
7	158	56786666			
8	157	56787777			
9	159	56788888			
10					

Sheet1

问 怎样将工作表复制到其他工作簿？

图解解答 在工作簿中选中要复制的工作表，按住【Ctrl】键的同时单击工作表标签可选中多个工作表。右击选中的工作表标签，选择 移动或复制(M)... 命令，弹出“移动或复制工作表”对话框，在“工作簿”下拉列表框中选择目标工作簿（该工作簿应处于打开状态），选中 ☑建立副本(C) 复选框，单击 确定 按钮，如右图所示。

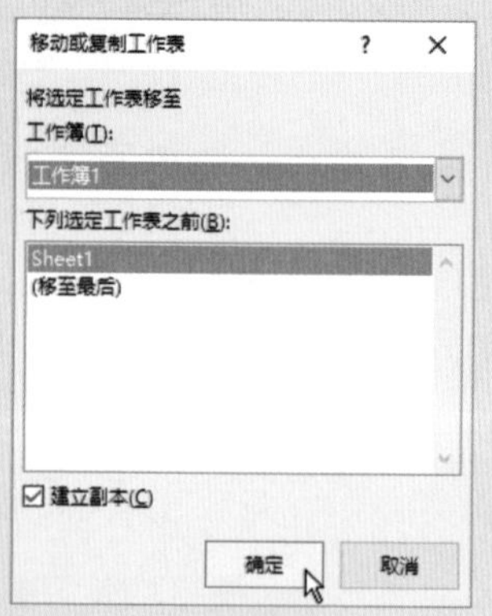

问 怎样冻结窗格？

图解解答 通过冻结窗格可以使工作表的某一区域即使在滚动到工作表的另一区域时仍保持可见，具体操作方法如下：选择 C6 单元格，选择 视图 选项卡，在“窗口”组中单击 冻结窗格 下拉按钮，选择“冻结拆分窗格”选项即可，如下图所示。冻结窗口后单击 冻结窗格 下拉按钮，可设置取消冻结窗格。

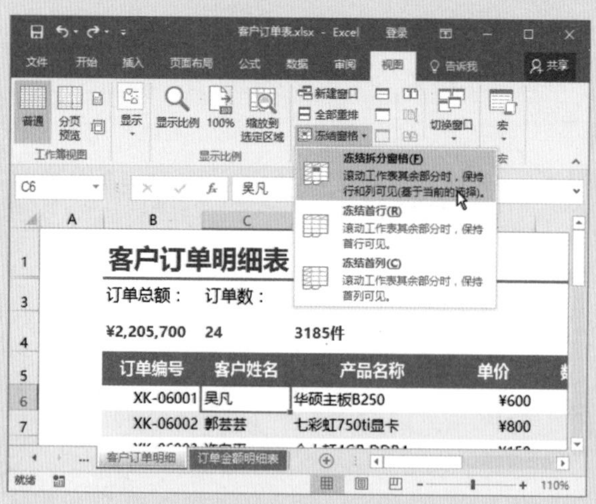

CHAPTER

使用公式和函数进行数据运算

本章导读

在制作电子表格时，经常需要对大量的数据进行计算。借助 Excel 中的公式和函数可以发挥其强大的数据计算功能，以满足各种数据运算的需要。本章将详细介绍 Excel 2016 中公式和函数的应用方法与技巧。

知识要点

01 制作公司营业预算表

02 制作企业员工工资表

案例展示

▼工资表

编号	姓名	部门	职务	基本工资	工龄工资	绩效奖金	岗位津贴	应发工资	社保扣款	应扣所得税	实发工资
HY88001	吴凡	市场拓展部	经理	2500	1200	500	3000	7200	480	265	6455
HY88002	郭芸芸	企划部	经理	2500	1350	550	3000	7400	480	285	6635
HY88003	许向平	培训部	经理	2500	1200	300	3000	7000	480	245	6275
HY88004	陆淼淼	行政部	经理	2500	1200	350	3000	7050	480	250	6320
HY88005	毕剑侠	培训部	教员	1000	900	300	2000	4200	480	21	3699
HY88006	睢小龙	市场拓展部	专员	800	300	50	2000	3150	480	0	2670
HY88007	闫德鑫	市场拓展部	专员	800	600	50	2000	3450	480	0	2970
HY88008	王琛	市场拓展部	专员	800	750	100	2000	3650	480	4.5	3165.5
HY88009	张瑞雪	行政部	会计	1500	1200	200	2000	4900	480	42	4378
HY88010	王丰	行政部	办事员	1500	1200	300	1500	4500	480	30	3990
HY88011	骆辉	市场拓展部	专员	800	750	100	2000	3650	480	4.5	3165.5
HY88012	韦晓博	市场拓展部	专员	800	300	50	2000	3150	480	0	2670
HY88013	史元	市场拓展部	专员	800	300	100	2000	3200	480	0	2720
HY88014	罗广田	培训部	教员	1500	750	200	2000	4450	480	28.5	3941.5
HY88015	周青青	企划部	高级美工	2000	900	300	2500	5700	480	115	5105
HY88016	何微渺	市场拓展部	专员	800	600	50	2000	3450	480	0	2970
HY88017	陈新唐	企划部	网站编辑	1500	1050	300	2000	4850	480	40.5	4329.5
HY88018	周三钊	行政部	办事员	2000	1200	400	1500	5100	480	55	4565
HY88019	赵旭东	市场拓展部	专员	800	100	100	2000	3000	480	0	2520
HY88020	肖彧	市场拓展部	专员	800	600	100	2000	3500	480	0	3020
HY88021	朱阳阳	市场拓展部	专员	800	100	0	2000	2900	480	0	2420
HY88022	孙丽	培训部	教员	1000	900	200	2000	4100	480	18	3602
HY88023	袁志强	培训部	教员	1000	1050	270	2000	4320	480	24.6	3815.4
HY88024	乔娜	企划部	策划	2000	1050	290	2000	5340	480	79	4781
HY88025	杨高	市场拓展部	专员	800	1050	400	2000	4250	480	22.5	3747.5
HY88026	邹玉清	市场拓展部	专员	800	1050	600	2000	4450	480	28.5	3941.5
HY88027	罗志恩	市场拓展部	专员	800	600	500	2000	3900	480	12	3408
HY88028	陈亚男	行政部	办事员	1500	900	300	1500	4200	480	21	3699
HY88029	武泽国	培训部	教员	1000	750	200	2000	3950	480	13.5	3456.5
HY88030	张冬梅	市场拓展部	专员	800	300	100	2000	3200	480	0	2720

Chapter 07

7.1 制作公司营业预算表

■ 关键词：插入函数、函数参数、输入公式、设置单元格引用、条件格式、迷你图

某集团在一个地区新开拓市场，要求新任命的分区经理杨帆制作一份公司营业预算表上报总公司。其实，营业预算是企业具有实质性的基本活动的预算，即生产和购销活动相关的预算，这些预算以实物量指标和价值量指标分别反映企业收入与费用的构成情况。下面将通过使用公式和函数计算数据，并应用条件格式和迷你图来制作公司营业预算表。

7.1.1 插入函数

函数是系统预先建立在工作表中用于执行数学、文本或逻辑运算，以及查找数据区有关信息的公式。它使用参数的特定数值，按照语法的特定顺序进行计算。下面通过插入SUM函数进行求和计算，具体操作方法如下：

微课：插入函数

STEP 1 单击“插入函数”按钮

打开素材文件，❶选择 H6 单元格，❷在编辑栏左侧单击“插入函数”按钮 f_x。

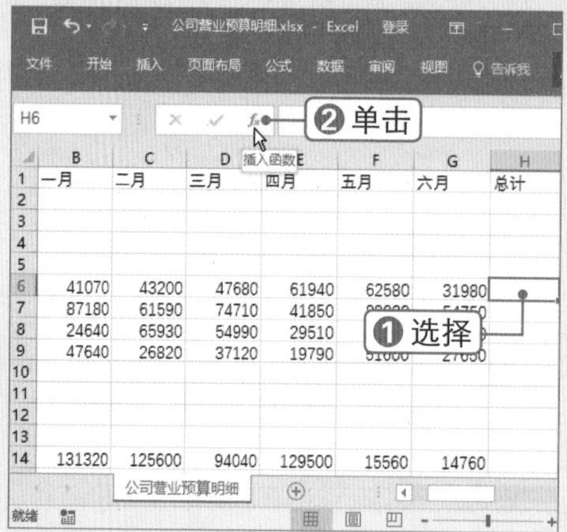

STEP 2 选择 SUM 函数

弹出“插入函数”对话框，❶选择 SUM 函数，❷单击 确定 按钮。

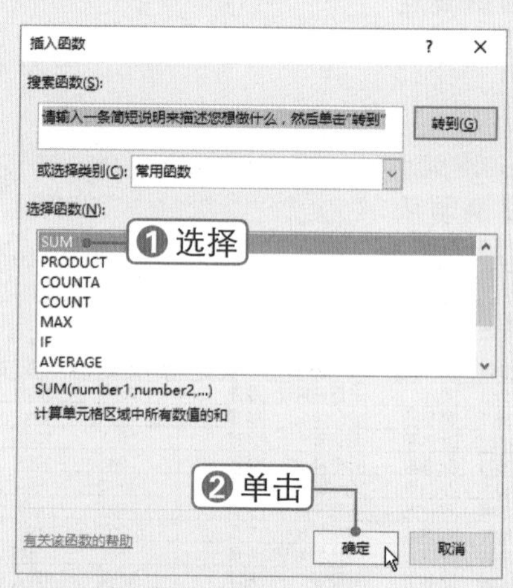

STEP 3 定位光标

弹出“函数参数”对话框，将光标定位在 Number1 文本框中。

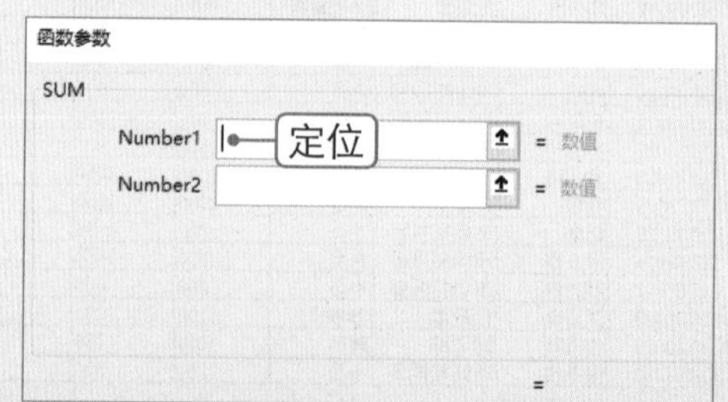

STEP 4 选择单元格区域

在工作表中选择要进行求和计算的单元格区域。

选择

STEP 5 单击 确定 按钮

释放鼠标后返回“函数参数”对话框，单击 确定 按钮。要继续对其他位置的数据进行求和计算，可在 Number2 参数中输入单元格引用。

单击

STEP 6 填充公式

查看计算结果，拖动填充柄将公式复制到其他单元格中。

STEP 7 输入函数

❶选中 B10 单元格，❷在编辑栏中输入求和函数“sum()”。

❷ 输入

❶ 单击

STEP 8 选择单元格区域

在工作表中选择 B6:B9 单元格区域，按【Enter】键即可得出结果。

STEP 9 填充公式

向右拖动填充柄，将公式填充到其他单元格，然后采用同样的方法计算工作表中的其他单元格。

实操解疑

为公式命名

为方便公式的使用和管理，可以为公式命名。公式名称的第一个字符必须是字母、汉字或下画线，不能包含空格，不能与单元格名称相同，不区分大小写。

7.1.2 输入与修改公式

微课：输入与修改公式

与输入文本一样，可以在编辑栏或单元格中直接输入公式，还可使用鼠标选择单元格和单元格区域进行输入操作，具体操作方法如下：

STEP 1 使用鼠标单击输入公式

❶选择 B2 单元格，❷在编辑栏中输入等号，❸单击 B10 单元格。

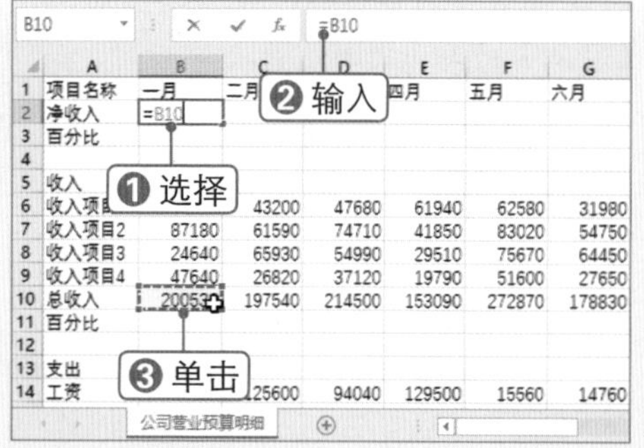

STEP 2 得出结果

❶在编辑栏中输入减号，❷单击 B24 单元格，按【Enter】键即可得出结果。

STEP 3 填充公式

向右拖动填充柄，将公式填充到其他单元格。

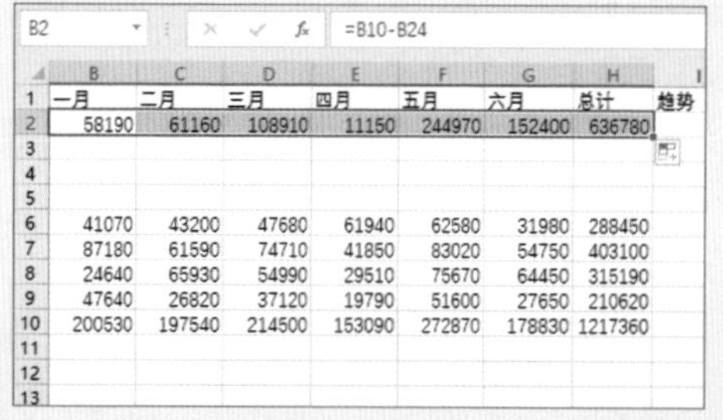

STEP 4 输入公式

❶选择 B3 单元格，❷在编辑栏中输入公式“=B2/H2”。

STEP 5 填充公式

按【Enter】键得出计算结果。拖动填充柄并在右侧的单元格中填充公式，可以看到得出错误的结果。

=C2/I2

STEP 6 设置绝对引用

❶选择 B3 单元格，❷在编辑栏中选择 H2 单元格引用，然后按【F4】键，即可将其转换为绝对引用。

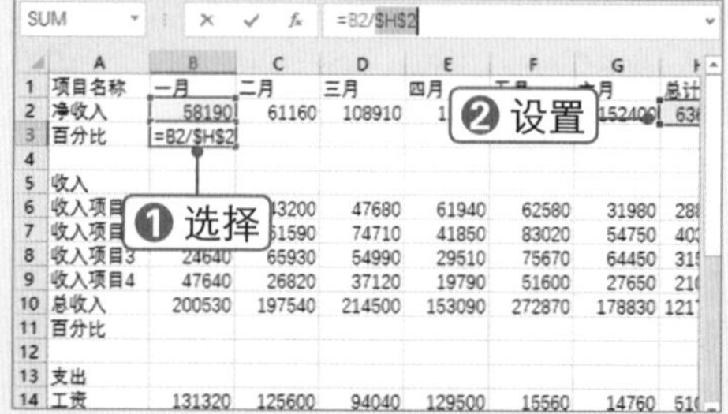

STEP 7 设置混合引用

采用同样的方法，在编辑栏中将 B2 单元格引用转换为混合引用。

B3 =B$2/$H$2

	A	B	C	D	E	F	G
1	项目名称	一月	二月	三月	四月	五月	六月
2	净收入	58190	61160	108910	11150	244970	152400
3	百分比	0.091382					
4							
5	收入						
6	收入项目1	41070	43200	47680	61940	62580	31980
7	收入项目2	87180	61590	74710	41850	83020	54750
8	收入项目3	24640	65930	54990	29510	75670	64450
9	收入项目4	47640	26820	37120	19790	51600	27650
10	总收入	200530	197540	214500	153090	272870	178830
11	百分比						
12							
13	支出						
14	工资	131320	125600	94040	129500	15560	14760

公司营业预算明细

STEP 8 填充公式

将公式填充到右侧的单元格中，并将单元格数字格式设置为百分比格式。

	B	C	D	E	F	G	H
1	一月	二月	三月	四月	五月	六月	总计
2	58190	61160	108910	11150	244970	152400	636780
3	9.14%	9.60%	17.10%	1.75%	38.47%	23.93%	100%
4							
5							
6	41070	43200	47680	61940	62580	31980	288450
7	87180	61590	74710	41850	83020	54750	403100
8	24640	65930	54990	29510	75670	64450	315190
9	47640	26820	37120	19790	51600	27650	210620

7.1.3 美化工作表

微课：美化工作表

计算完工作表数据后，为使工作表更加直观，除了为单元格设置边框和底纹格式外，还可利用条件格式和迷你图来更好地展示数据。

1. 应用条件格式

使用条件格式功能可以为满足某种自定义条件的单元格设置相应的单元格格式，如颜色、字体等；也可使用颜色刻度、数据条和图标集直观地显示数据，在很大程度上可以改进工作表的设计和可读性。为单元格应用条件格式的具体操作方法如下：

STEP 1 设置填充和边框

根据需要为单元格设置填充和边框格式，并在 视图 选项卡下设置隐藏网格线。

项目名称	一月	二月	三月	四月	五月	六月	总计	趋势
净收入	58190	61160	108910	11150	244970	152400	636780	
百分比	9.14%	9.60%	17.10%	1.75%	38.47%	23.93%	100%	
收入:								
收入项目1	41070	43200	47680	61940	62580	31980	288450	
收入项目2	87180	61590	74710	41850	83020	54750	403100	
收入项目3	24640	65930	54990	29510	75670	64450	315190	
收入项目4	47640	26820	37120	19790	51600	27650	210620	
总收入	200530	197540	214500	153090	272870	178830	1217360	
百分比	16.47%	16.23%	17.62%	12.58%	22.41%	14.69%	100%	
支出:								
工资	131320	125600	94040	129500	15560	14760	510780	
租金	8000	8000	8000	8000	8000	8000	48000	
电费	900	650	740	660	720	370	4040	
电话费	550	380	490	610	780	670	3480	
网费	120	120	120	120	120	120	720	

STEP 2 应用图表集条件格式

选择 B2:G2 单元格区域，❶单击 条件格式 下拉按钮，❷选择“图表集”选项，❸选择“三角形”样式。

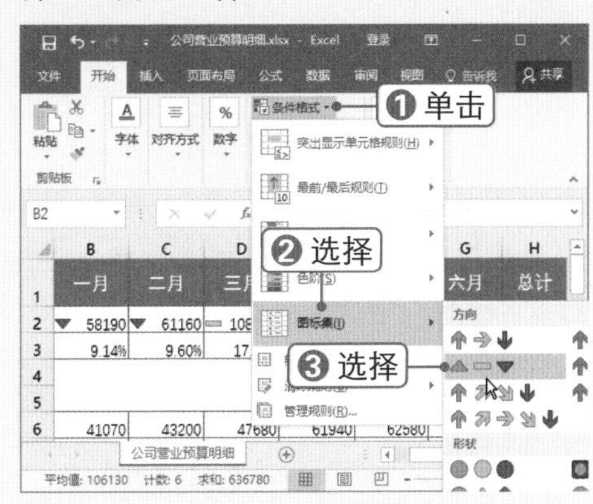

STEP 3 应用图表集条件格式

选择 H6:H9 单元格区域，❶单击 条件格式 下拉按钮，❷选择“图标集”选项，❸选择“四等级”样式。

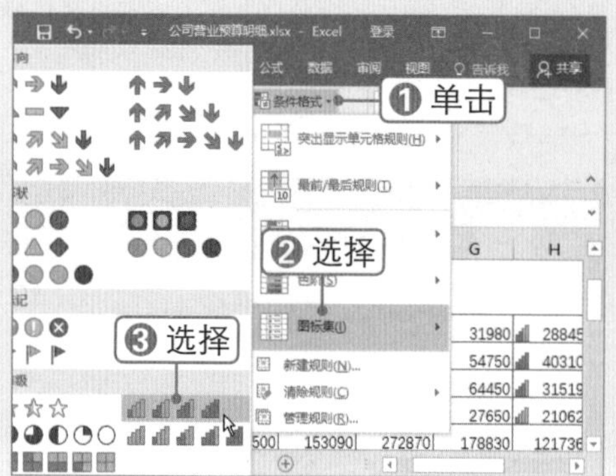

STEP 4 选择“前 10 项”选项

❶ 选择 B6:G9 单元格区域，❷ 单击 条件格式 下拉按钮，❸ 选择“最前 / 最后规则”选项，❹ 选择“前 10 项”选项。

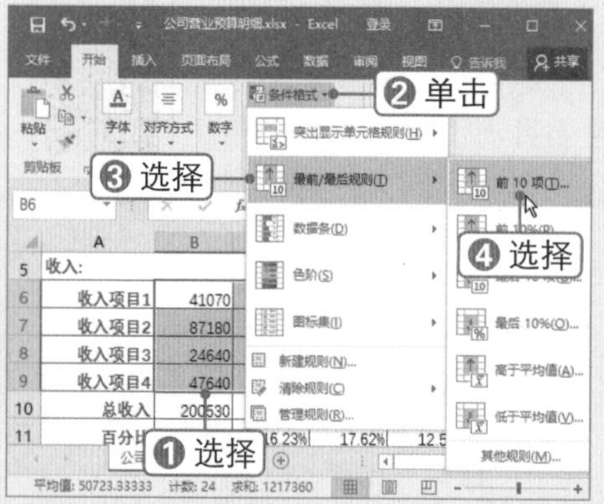

STEP 5 设置条件规则

弹出“前 10 项”对话框，❶ 输入 6，❷ 在“设置为”下拉列表框中选择“绿填充色深绿色文本”选项，即可突出显示所选单元格区域中值最大的前 6 项单元格，❸ 单击 确定 按钮。

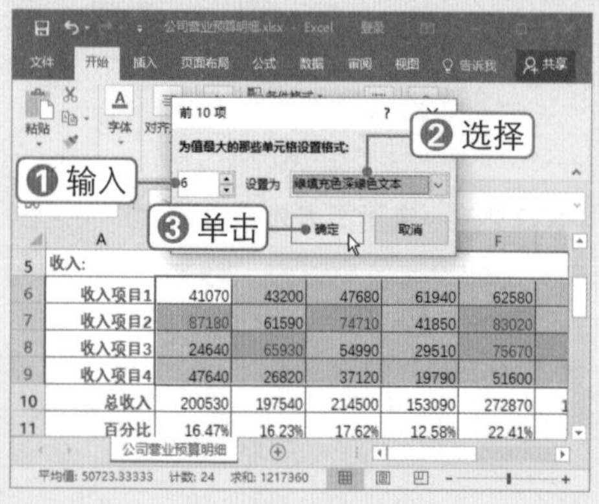

STEP 6 查看应用样式效果

此时即可查看为工作表应用单元格样式后的效果。

项目名称	一月	二月	三月	四月	五月	六月	总计
净收入	58190	61160	108910	11150	244970	152400	636780
百分比	9.14%	9.60%	17.10%	1.75%	38.47%	23.93%	100%
收入:							
收入项目1	41070	43200	47680	61940	62580	31980	288450
收入项目2	87180	61590	74710	41850	83020	54750	403100
收入项目3	24640	65930	54990	29510	75670	64450	315190
收入项目4	47640	26820	37120	19790	51600	27650	210620
总收入	200530	197540	214500	153090	272870	178830	1217360
百分比	16.47%	16.23%	17.62%	12.58%	22.41%	14.69%	100%

2. 插入迷你图

迷你图是存在于单元格中的小图表，它以单元格为绘图区域，可以简单、便捷地绘制出简明的数据小图表，将数据以小图的形式呈现出来。插入迷你图的具体操作方法如下：

STEP 1 单击“柱形图”按钮

❶ 选择 B5 单元格，❷ 在 插入 选项卡下“迷你图”组中单击“柱形图”按钮。

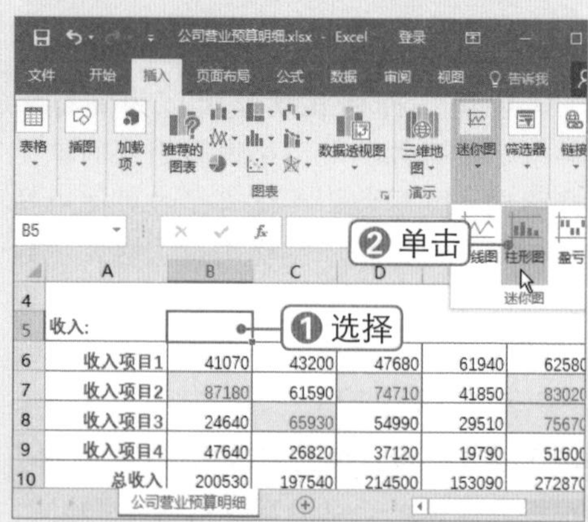

STEP 2 定位光标

弹出“创建迷你图”对话框，将光标定位在“数据范围”文本框中。

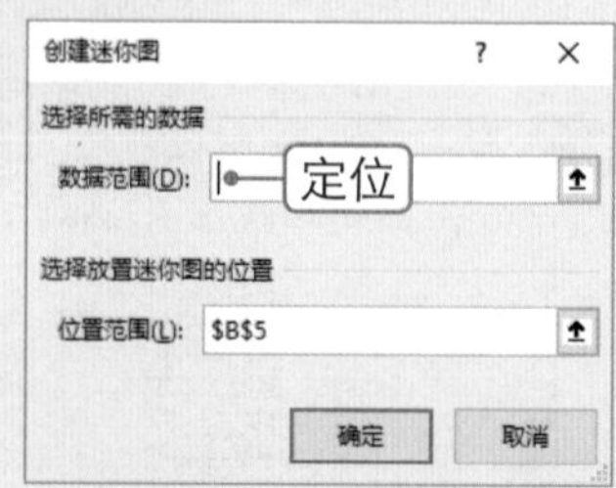

STEP 3　选择单元格区域

在工作表中选择H6:H9单元格区域，释放鼠标即可返回“创建迷你图”对话框，单击确定按钮。

STEP 4　设置迷你图格式

此时即可在单元格中插入迷你图，❶选择设计选项卡，❷在“显示”组中选中要显示的项目，❸在“样式”组中选择所需的样式。

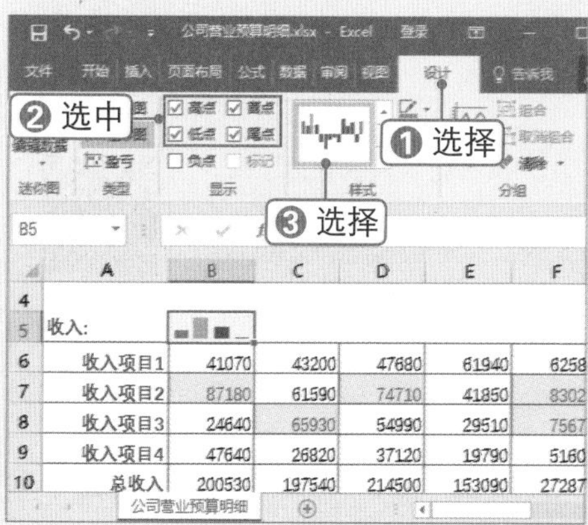

STEP 5　单击“折线图”按钮

❶选择I2单元格，❷在插入选项卡下“迷你图”组中单击“折线图”按钮。

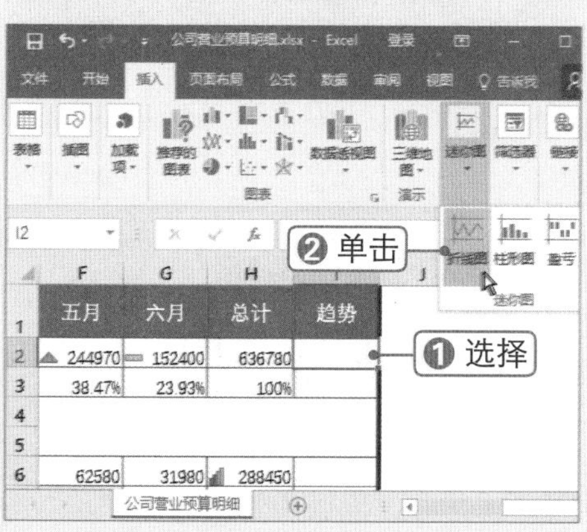

STEP 6　单击折叠按钮

弹出“创建迷你图”对话框，在“数据范围”右侧单击折叠按钮。

STEP 7　选择单元格区域

❶在工作表中选择B2:G2单元格区域，❷单击折叠按钮，返回“创建迷你图”对话框，单击确定按钮。

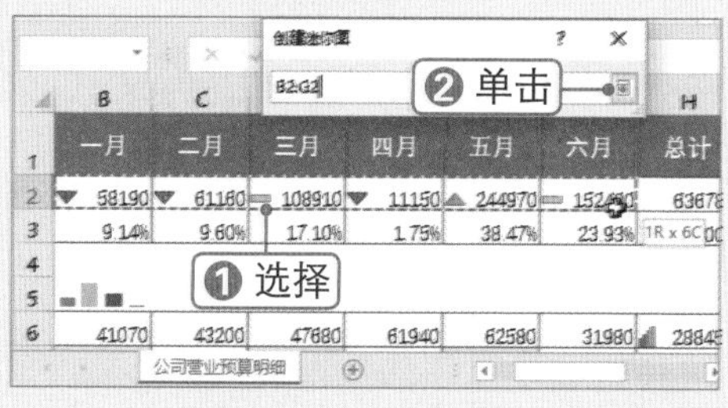

STEP 8　设置迷你图格式

此时即可在I2单元格中插入迷你折线图。❶选择设计选项卡，❷在“显示”组中选中☑标记复选框，❸在“样式”组中选择所需的样式。

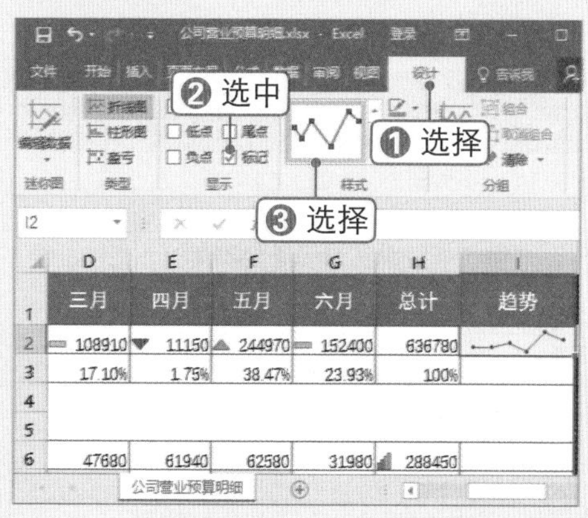

STEP 9　复制迷你图

将折线迷你图复制到其他单元格中。若对单元格数据进行修改，可以看到迷你图和条件格式将随之改变。

项目名称	一月	二月	三月	四月	五月	六月	总计	趋势
净收入	8190	61160	128910	41150	41970	56870	338250	
百分比	2.42%	18.08%	38.11%	12.17%	12.41%	16.81%	100%	
收入:								
收入项目1	41070	43200	47680	61940	22580	31980	248450	
收入项目2	37180	61590	74710	41850	63020	54750	333100	
收入项目3	24640	65930	54990	29510	75670	54450	305190	
收入项目4	47640	26820	57120	49790	51600	27650	260620	
总收入	150530	197540	234500	183090	212870	168830	1147360	
百分比	13.12%	17.22%	20.44%	15.96%	18.55%	14.71%	100%	
支出:								
工资	131320	125600	94040	129500	158560	100290	739310	
租金	8000	8000	8000	8000	8000	8000	48000	

Chapter 07

7.2　制作企业员工工资表

■ 关键词：根据所选内容创建名称、级联菜单、应用函数、制作查询表、工资条

王宁刚上任财务总监就发现原来使用的员工工资表非常不规范，于是她决定制作一个既严谨又高效的一套企业员工工资表。她分别制作了员工信息表、工资表、工资查询表及工资条，且在每个工作表中都可以应用函数来计算相关数据，大大提高了财务部门的工作效率。

7.2.1　制作员工信息表

微课：制作员工信息表

在制作员工信息表的过程中，通过定义名称和数据验证以及在数据验证中使用函数来制作级联菜单，通过员工的入职时间来计算工龄，通过员工的身份证号码来分别计算性别、生日、年龄及籍贯等，具体操作方法如下：

STEP 1　输入名称

打开“企业员工工资表”素材文件，❶选择“部门与职务”工作表，❷选择 A1:D1 单元格区域，❸在名称框中输入名称并按【Enter】键确认，即可为该单元格区域定义名称。

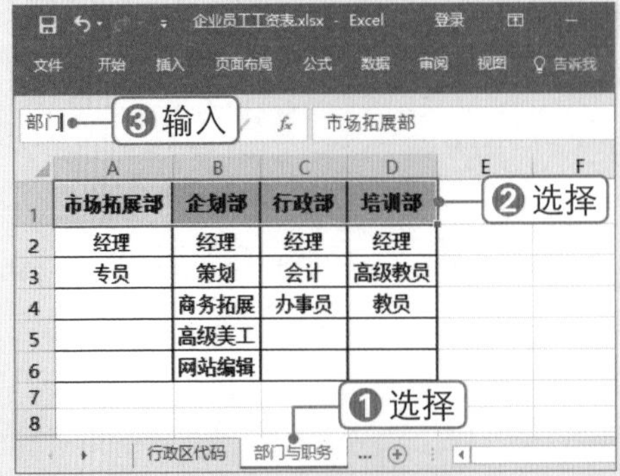

STEP 2　单击「根据所选内容创建」按钮

按【Ctrl+A】组合键选中数据单元格区域，❶选择「公式」选项卡，❷在“定义的名称”组中单击「根据所选内容创建」按钮。

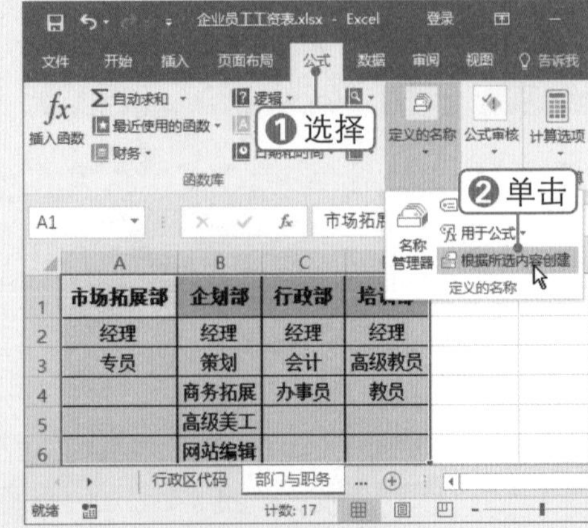

STEP 3 设置名称区域

弹出“以选定区域创建名称”对话框，❶选中“首行”复选框，❷取消选择其他复选框，❸单击 确定 按钮。

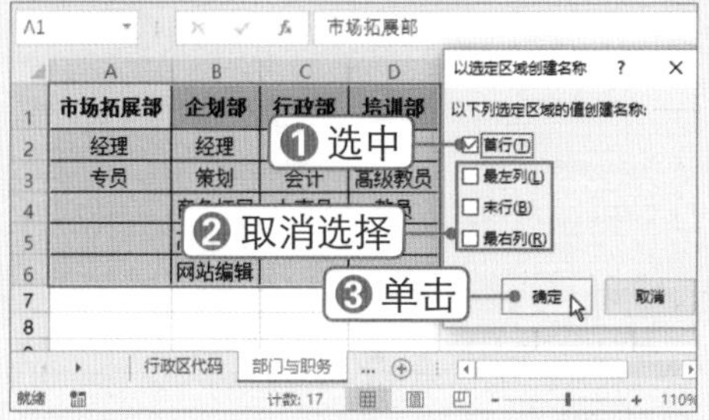

STEP 4 查看名称

在“定义的名称”组中单击“名称管理器”按钮，弹出“名称管理器”对话框，可以查看已定义的名称。

STEP 5 设置数据验证

选择“员工信息表”工作表，为“部门”列的数据单元格设置数据验证来源为“=部门”（其操作方法在此不再赘述），❶单击单元格右侧的下拉按钮，❷选择所需的部门选项。

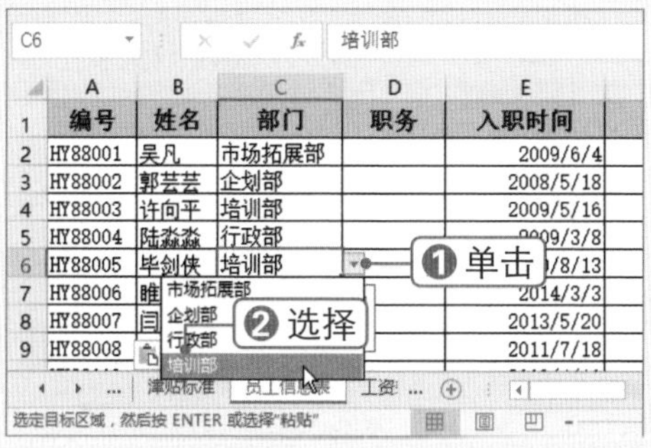

STEP 6 设置数据验证

选择“职务”列的单元格区域，打开“数据验证”对话框，❶选择“设置”选项卡，❷在“允许”下拉列表框中选择“序列”选项，❸在“来源”文本框中输入公式“=INDIRECT(C2)”，❹单击 确定 按钮。INDIRECT函数用于返回由文本字符串指定的引用。

STEP 7 选择职务

此时即可生成与“部门”相关联的“职务”菜单。❶单击单元格右侧的下拉按钮，❷在弹出的列表中选择所需的职务选项。

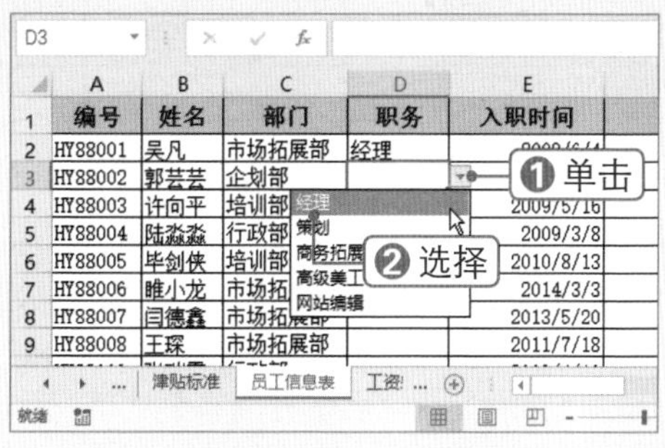

实操解疑

INDIRECT函数

INDIRECT函数返回由文本字符串指定的引用，此函数立即对引用进行计算，并显示其内容。

STEP 8 计算工龄

设置“工龄”列的单元格格式为“常规”，

❶选择 F2 单元格，❷在编辑栏中输入公式“=DATEDIF(E2,TODAY(),"Y")”，❸使用填充柄将公式填充到该列的其他单元格。

F2 =DATEDIF(E2,TODAY(),"Y")

	E	F	G	H
1	入职时间	工龄	身份证号	性别
2		8	1101081978	
3	2008/5/18	9	500383197601174964	
4	2009/5/16	8	431300198302262746	
5	2009/3/8	8	420600198408014862	
6	2010/8/13	6	371722198703160281	
7	2014/3/3	3	361100198304112765	
8	2013/5/20	4	431024198210131934	
9	2011/7/18	5	283838	
10	2009/4/10	8	06931	
11	2009/4/15	8	141100197908173448	
12	2012/6/8	5	211421198602116641	
13	2014/3/30	3	210400198909165476	

❶选择　❷输入　❸填充

STEP 9 计算性别

❶选择 H2 单元格，❷在编辑栏中输入公式“=IF(ISODD(MID(G2,17,1)),”男”,”女”)”，❸使用填充柄将公式填充到该列的其他单元格。

H2 =IF(ISODD(MID(G2,17,1)),"男","女")

	G	H	I	J
1	身份证号	性别	生	
2	1101081	男		
3	500383197601174964	女		
4	431300198302262746	女		
5	420600198408014862	女		
6	371722198703160281	女		
7	361100198304112765	女		
8	431024198210131934	男		
9	110115197903283838	男		
10	130100198401106931	男		
11	141100197908173448	女		
12	211421198602116641	女		
13	210400198909165476	男		

津贴标准　员工信息表　工资

❶选择　❷输入　❸填充

STEP 10 计算生日

❶选择 I2 单元格，❷在编辑栏中输入公式“=DATE(MID(G2,7,4),MID(G2,11,2),MID(G2,13,2))”，❸使用填充柄将公式填充到该列的其他单元格。

I2 =DATE(MID(G2,7,4),MID(G2,11,2),MID(G2,13,2))

	G	H	I	J	K
1	身份证号	性别	生日		贯
2	1101081978072		1978/7/24		
3	500383197601174964	女	1976/1/17		
4	431300198302262746	女	1983/2/26		
5	420600198408014862	女	1984/8/1		
6	371722198703160281	女	1987/3/16		
7	361100198304112765	女	1983/4/11		
8	431024198210131934	男	1982/10/13		
9	110115197903283838	男	1979/3/28		
10	130100198401106931	男	1984/1/10		
11	141100197908173448	女	1979/8/17		
12	211421198602116641	女	1986/2/11		
13	210400198909165476	男	1989/9/16		

津贴标准　员工信息表　工资

❶选择　❷输入　❸填充

STEP 11 计算年龄

❶选择 J2 单元格，❷在编辑栏中输入公式“=INT((NOW()-I2)/365)”，❸使用填充柄将公式填充到该列的其他单元格。

J2 =INT((NOW()-I2)/365)

	G	H	I	J	K
1	身份证号	性别	生日	年龄	籍贯
2	110108197807241253	男		38	
3	500383197601174964	女		41	
4	431300198302262746	女	1983/2/26	34	
5	420600198408014862	女	1984/8/1	32	
6	371722198703160281	女		30	
7	361100198304112765	女		34	
8	431024198210131934	男		34	
9	110115197903283838	男	1979/3/28	38	
10	130100198401106931	男	1984/1/10	33	
11	141100197908173448	女	1979/8/17	37	

❶选择　❷输入　❸填充

STEP 12 选择函数

选择 K2 单元格，在编辑栏中单击“插入函数”按钮 fx，弹出“插入函数”对话框，❶在“或选择类别”下拉列表框中选择“查找与引用”选项，❷选择 VLOOKUP 函数。❸单击“确定”按钮。

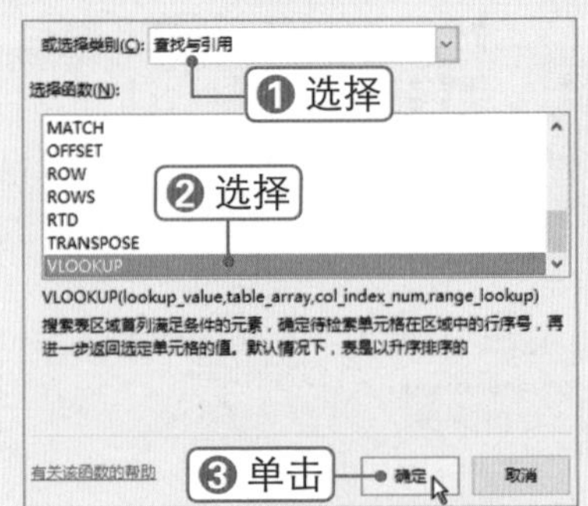

STEP 13 设置 Lookup_value 参数

弹出“函数参数”对话框，❶在 Lookup_value 文本框中输入“LEFT(G2,6)”，❷单击 Table_array 参数右侧的折叠按钮。

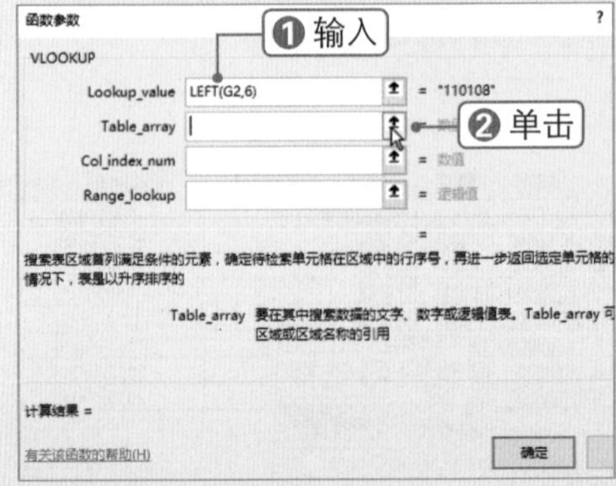

STEP 14 选择单元格区域

❶在工作簿中选择“行政区代码”工作表，❷选择 A1:B3523 单元格区域，❸单击折叠按钮。

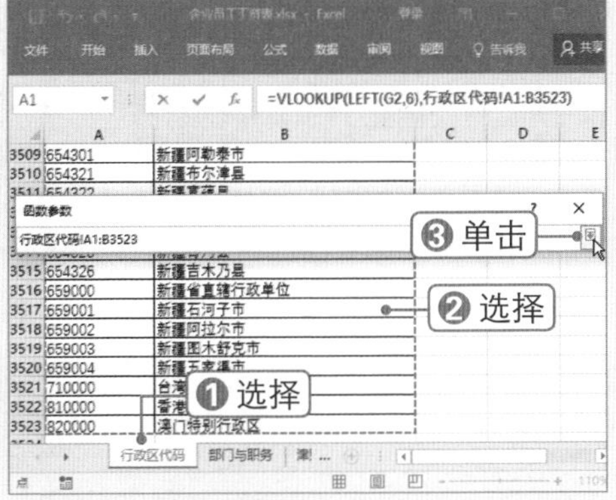

STEP 15 设置参数

返回“函数参数”对话框，❶设置 Table_array 参数中单元格为绝对引用，设置 Co_index_num 和 Range_lookup 参数，❷单击 确定 按钮。

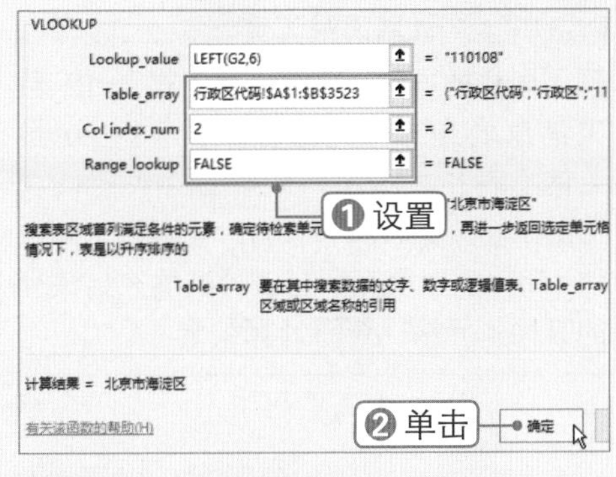

STEP 16 得出籍贯

查看计算结果，使用填充柄将公式填充到该列的其他单元格。

K2 =VLOOKUP(LEFT(G2,6),行政区代码!$A$1:$B$3523,2,

	G	H	I	J	K
1	身份证号	性别	生日	年龄	籍贯
2	110108197807241253	男	1978/7/24	38	北京市海淀区
3	500383197601174964	女	1976/1/17	41	重庆市永川市
4	431300198302262746	女	1983/2/26	34	湖南省娄底市
5	420600198408014862	女	1984/8/1	32	湖北省襄樊市
6	371722198703160281	女	1987/3/16	30	山东省单县
7	361100198304112765	女	1983/4/11	34	江西省上饶市
8	431024198210131934	男	1982/10/13	34	湖南省嘉禾县
9	110115197903283838	男	1979/3/28	38	北京市大兴区
10	130100198401106931	男	1984/1/10	33	河北省石家庄市
11	141100197908173448	女	1979/8/17	37	山西省吕梁市
12	211421198602116641	女	1986/2/11	31	辽宁省绥中县
13	210400198909165476	男	1989/9/16	27	辽宁省抚顺市

7.2.2 制作工资表

在本例中使用VLOOKUP函数计算岗位津贴，使用IF函数计算工龄工资和应扣所得税，具体操作方法如下：

微课：制作工资表

STEP 1 输入函数

❶选择“工资表”工作表，❷选择 F2 单元格，❸在编辑栏中输入函数“IF()”，❹定位光标。

VLOOKUP =IF()　❹定位　❸输入　❷选择　❶选择

IF(**logical_test**, [value_if_true], [value_if_false])

	A	B	C	D	E	F
1	编号	姓名	部门	职务	基本工资	工龄工资
2	HY88001	吴凡	市场拓展部	经理	2500	=IF()
3	HY88002	郭芸芸	企划部	经理	2500	
4	HY88003	许向平	培训部	经理	2500	
5	HY88004	陆淼淼	行政部	经理		
6	HY88005	毕剑侠	培训部	教员		
7	HY88006	睢小龙	市场拓展部	专员	800	
8	HY88007	闫德鑫	市场拓展部	专员	800	
9	HY88008	王琛	市场拓展部	专员	800	
10	HY88009	张瑞雪	行政部	会计	1500	
11	HY88010	王丰	行政部	办事员	1500	
12	HY88011	骆辉	市场拓		800	
13	HY88012	韦晓博	市场拓		800	
14	HY88013	史元	市场拓展部	专员	800	

员工信息表　工资表　工资查

STEP 2 编辑公式

❶选择“员工信息表”工作表，❷选择 F2 单元格，即可将该单元格引用输入公式中。

企业员工工资表.xlsx - Excel

F2 =IF(员工信息表!F2)　❷选择　❶选择

IF(**logical_test**, [value_if_true], [value_if_false])

	D	E	F	G
1	职务	入职时间	工龄	身份证号
2	经理	2009/6/4	8	110108197807241253
3	经理	2008/5/18	9	500383197601174964
4	经理	2009/5		431300198302262746
5	经理	2009/		420600198408014862
6	教员	2010/8/13	6	371722198703160281
7	专员	2014/3/3	3	361100198304112765
8	专员	2013/5/20	4	431024198210131934
9	专员	2011/7/18	5	110115197903283838
10	会计	2009/4/10	8	130100198401106931
11	办事员	2009/4/15	8	141100197908173448
12	专员	2	5	211421198602116641
13	专员	20	3	210400198909165476

员工信息表　工资表　工资查

STEP 3 计算工龄工资

采用同样的方法，继续编辑公式“=IF(员工信息表!F2<4,员工信息表!F2*100,员工信息表!F2*150)”，即当工龄小于 4 时，工龄工资为工龄乘以 100，否则为工龄乘以 150。使用填充柄将该公式填充到该列的其他单元格，查看计算结果。

F2 =IF(员工信息表!F2<4,员工信息表!F2*100,员工信息表!F2*150)

	D	E	F	G	H	I	J
1	职务	基本工资	工龄工资	绩效奖金	岗位津贴	应发工资	社保扣
2	经理	2500	1200	500			
3	经理	2500	1350	550			
4	经理	2500	1200	300			
5	经理	2500	1200	350			
6	教员	1000	900	300			
7	专员	800	300	50			
8	专员	800	600	50			
9	专员	800	750	100			
10	会计	1500	1200	200			
11	办事员	1500	1200	300			
12	专员	800	750	100			

员工信息表 工资表 工资查

STEP 4 计算岗位津贴

❶选择 H2 单元格，❷在编辑栏中输入公式“=VLOOKUP(D2,津贴标准!$A$2:$B$12,2,FALSE)”，❸使用填充柄将公式填充到该列的其他单元格。

H2 =VLOOKUP(D2,津贴标准!$A$2:$B$12,2,FALSE)

❷输入 ❶选择 ❸填充

	D	E	F	G	H	I	
1	职务	基本工资	工龄工资	[illegible]	岗位津贴	应发工资	社保
2	经理	2500	[illegible]	[illegible]	3000		
3	经理	2500	1350	550	3000		
4	经理	2500	1200	300	3000		
5	经理	2500	1200	350	3000		
6	教员	1000	900	300	2000		
7	专员	800	300	50	2000		
8	专员	800	600	50	2000		
9	专员	800	[illegible]	[illegible]	2000		
10	会计	1500	[illegible]	[illegible]	2000		
11	办事员	1500	1200	300	1500		
12	专员	800	750	100	2000		

员工信息表 工资表 工资查

STEP 5 计算其他项目

使用公式“=E2+F2+G2+H2”计算“应发工资”，使用 IF 函数计算“应扣所得税”，使用公式“=I2-J2-K2”计算实发工资。

K2 =IF(I2-3500<0,0,IF(I2-3500<1500,0.03*(I2-3500)-0,IF(I2-3500<4500,0.1*(I2-3500)-105,IF(I2-3500<9000,0.15*(I2-3500)-555,IF(I2-3500<35000,0.2*(I2-

	G	H	I	J	K	L
1	绩效奖金	岗位津贴	应发工资	社保扣款	应扣所得税	实发工资
2	500	3000	7200	480	265	6455
3	550	3000	7400	480	285	6635
4	300	3000	7000	480	245	6275
5	350	3000	7050	480	250	6320
6	300	2000	4200	480	21	3699
7	50	2000	3150	480	0	2670
8	50	2000	3450	480	0	2970
9	100	2000	3650	480	4.5	3165.5
10	200	2000	4900	480	42	4378
11	300	1500	4500	480	30	3990
12	100	2000	3650	480	4.5	3165.5

员工信息表 工资表 工资查

7.2.3 制作工资查询表

在本例中使用IF函数、引用函数及数据验证制作三种类型的工资查询表，使用户可以通过输入、选择编号或姓名来查询指定员工的工资情况，具体操作方法如下：

微课：制作工资查询表

STEP 1 创建工作表

创建“工资查询表”工作表，输入文本并设置格式。

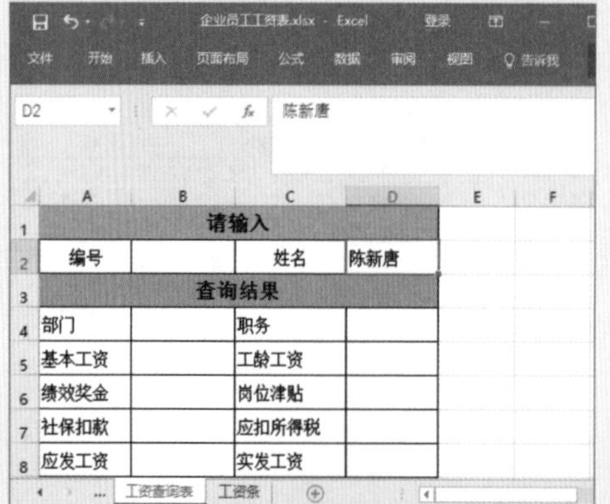

D2 陈新唐

	A	B	C	D
1	请输入			
2	编号		姓名	陈新唐
3	查询结果			
4	部门		职务	
5	基本工资		工龄工资	
6	绩效奖金		岗位津贴	
7	社保扣款		应扣所得税	
8	应发工资		实发工资	

工资查询表 工资表

STEP 2 输入公式

❶选择 B4 单元格，❷在编辑栏中输入公式，按【Enter】键得出结果。

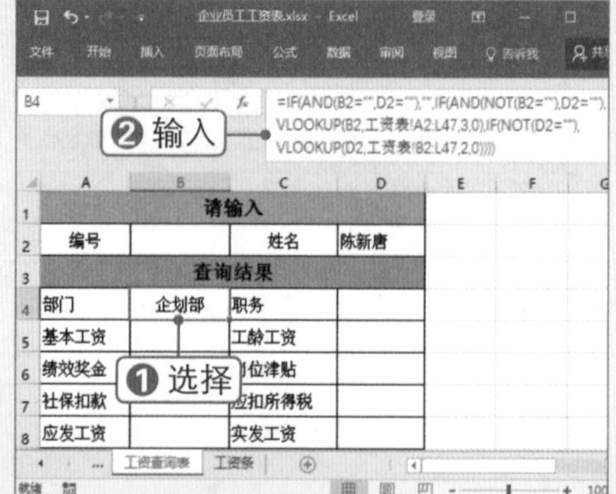

B4 =IF(AND(B2="",D2=""),"",IF(AND(NOT(B2=""),D2=""),VLOOKUP(B2,工资表!A2:L47,3,0),IF(NOT(D2=""),VLOOKUP(D2,工资表!B2:L47,2,0))))

	A	B	C	D
1	请输入			
2	编号		姓名	陈新唐
3	查询结果			
4	部门	企划部	职务	
5	基本工资		工龄工资	
6	绩效奖金		岗位津贴	
7	社保扣款		应扣所得税	
8	应发工资		实发工资	

工资查询表 工资表

STEP 3 修改参数

将公式复制到 D4 单元格中，在编辑栏中修改公式中 VLOOKUP 函数中的 Co_index_num 参数。

D4 =IF(AND(B2="",D2=""),"",IF(AND(NOT(B2=""),D2=""),VLOOKUP(B2,工资表!A2:L47,4,0),IF(NOT(D2=""),VLOOKUP(D2,工资表!B2:L47,3,0))))

请输入			
编号		姓名	陈新唐
查询结果			
部门	企划部	职务	网站编辑
基本工资		工龄工资	
绩效奖金		岗位津贴	
社保扣款		应扣所得税	
应发工资		实发工资	

工资查询表 工资条

STEP 4 使用编号查询

采用同样的方法计算其他查询单元格，在 B2 单元格中输入编号，查看查询结果。

B2 HY88025

请输入			
编号	HY88025	姓名	
查询结果			
部门	市场拓展部	职务	专员
基本工资	800	工龄工资	1050
绩效奖金	400	岗位津贴	2000
社保扣款	480	应扣所得税	22.5
应发工资	4250	实发工资	3747.5

STEP 5 选择编号

将“工资查询表”复制一份并重命名为“工资查询表 2”，修改相关文本。为 B2 单元格设置数据验证来源为“= 编号”（需先在“工资表”中为“编号”列的单元格定义名称），在 B2 单元格的下拉列表中选择需要的编号选项。

B2 HY88001

请选择编号			
编号	HY88001	姓名	
查询结果			
部门		职务	
基本工资		工龄工资	
绩效奖金		岗位津贴	
社保扣款		应扣所得税	
应发工资		实发工资	

HY88001 HY88002 HY88003 HY88004 HY88005 HY88006 HY88007 HY88008

员工信息表 工资表 工资查 ...

输入公式

❶选中 D2 单元格，❷在编辑栏中输入公式“=VLOOKUP(B2, 工资表 !$A$2:$L$47, 2,FALSE)”，按【Enter】键得出结果。

D2 =VLOOKUP(B2,工资表!$A$2:$L$47,2,FALSE)　❷输入

请选择编号			
编号	HY88001	姓名	吴凡 ❶选中
查询结果			
部门		职务	
基本工资		工龄工资	
绩效奖金		岗位津贴	
社保扣款		应扣所得税	
应发工资		实发工资	

STEP 7 复制与修改公式

将 D2 单元格中的公式复制到其他查询单元格中，并修改 VLOOKUP 函数中的参数。

B4 =VLOOKUP(B2,工资表!$A$2:$L$47,3,FALSE)

请选择编号			
编号	HY88001	姓名	吴凡
查询结果			
部门	市场拓展部	职务	经理
基本工资	2500	工龄工资	1200
绩效奖金	500	岗位津贴	3000
社保扣款	480	应扣所得税	265
应发工资	7200	实发工资	6455

STEP 8 选择姓名

将“工资查询表 2”复制一份并重命名为“工资查询表 3”，修改相关文本。为 B2 单元格设置数据验证来源为“= 姓名”（需先在“工资表”中为“姓名”列的单元格定义名称），在 B2 单元格的下拉列表中选择需要的姓名选项。

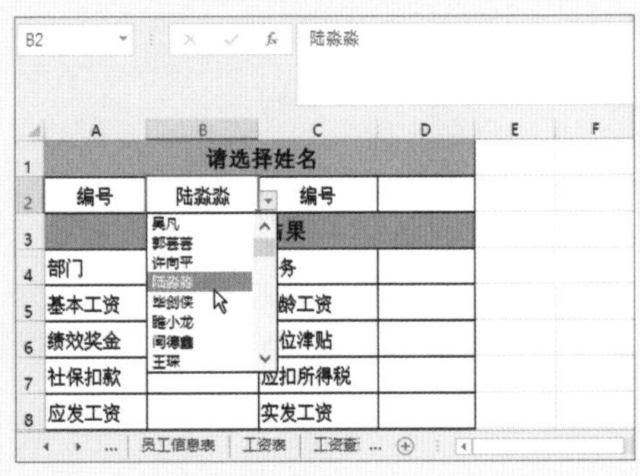

STEP 9 使用 VLOOKUP 函数计算

在查询单元格中使用 VLOOKUP 函数计算结果，如 B4 单元格中的公式为“=VLOOKUP(B2, 工资表 !$B$2:$L$47,2, FALSE)”。

B4 =VLOOKUP(B2,工资表!$B$2:$L$47,2,FALSE)

请选择姓名			
编号	陆淼淼	编号	
查询结果			
部门	行政部	职务	经理
基本工资	2500	工龄工资	1200
绩效奖金	350	岗位津贴	3000
社保扣款	480	应扣所得税	250
应发工资	7050	实发工资	6320

STEP 10 计算编号

由于“编号”列位于“姓名”列的左侧，因此无法直接使用 VLOOKUP 函数得出正确的结果，此时可以在 D2 单元格中输入公式“=INDEX(编号 ,MATCH(‘工资查询表 3’!B2, 姓名 ,0))”，计算编号。

D2 =INDEX(编号,MATCH('工资查询表 3'!B2,姓名,0))

请选择姓名			
编号	陆淼淼	编号	HT88004
查询结果			
部门	行政部	职务	经理
基本工资	2500	工龄工资	1200
绩效奖金	350	岗位津贴	3000
社保扣款	480	应扣所得税	250
应发工资	7050	实发工资	6320

7.2.4 制作工资条

微课：制作工资条

在工资表制作完成后，需要为每位员工制作单独的工资条。使用OFFSET函数可以快速制作员工工资条，具体操作方法如下：

STEP 1 单击“插入函数”按钮

利用“工资表”的标题行创建“工资单”工作表，❶选择 A2 单元格，❷在编辑栏左侧单击“插入函数”按钮 fx。

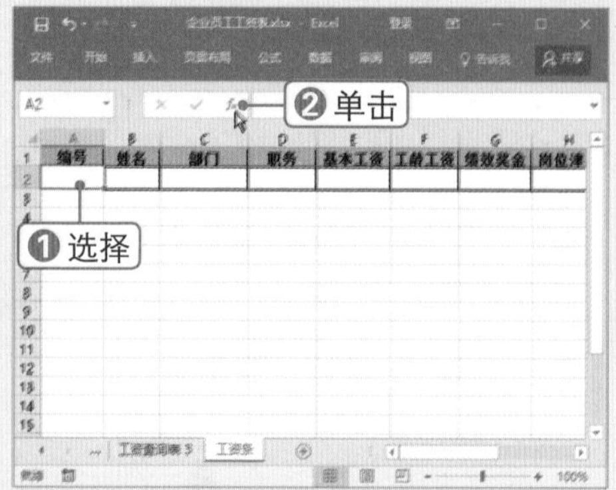

STEP 2 选择 OFFSET 函数

弹出“插入函数”对话框，❶在“或选择类别”下拉列表框中选择“查找与引用”选项，❷选择 OFFSET 函数，❸单击 确定 按钮。

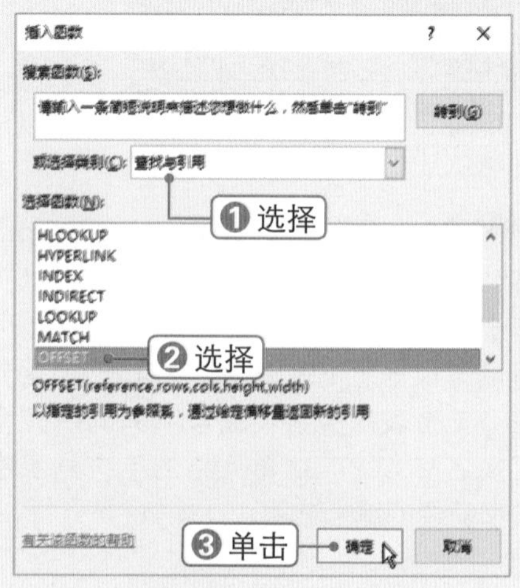

实操解疑

OFFSET 函数

OFFSET 函数返回对单元格或单元格区域中指定行数和列数的区域的引用。返回的引用可以是单个单元格或单元格区域，可以指定要返回的行数和列数。

STEP 3　设置函数参数

弹出“函数参数”对话框，❶设置各项参数，❷单击 确定 按钮。

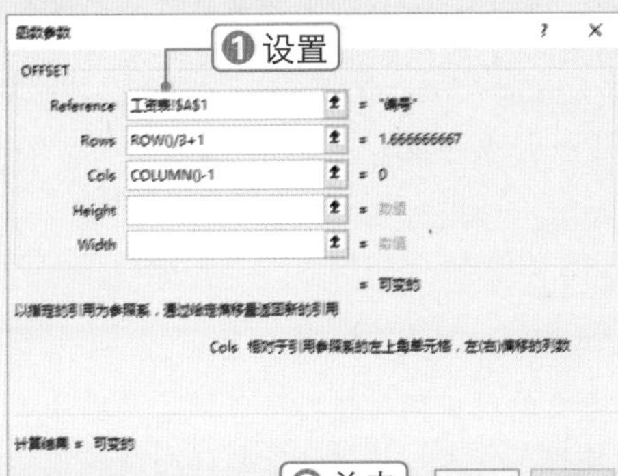

STEP 4　填充公式

此时即可得出计算结果，向右拖动填充柄填充公式。

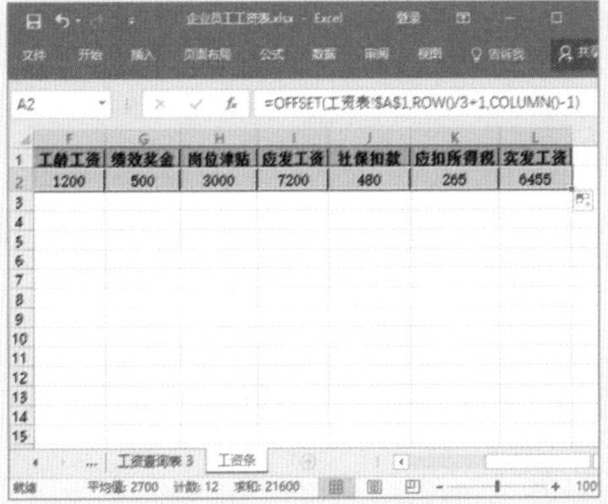

STEP 5　选择单元格区域

选择 A1:L3 单元格区域，将鼠标指针置于所选单元格区域右下角的填充柄上。

STEP 6　生成工资条

向下拖动填充柄，即可生成工资条。

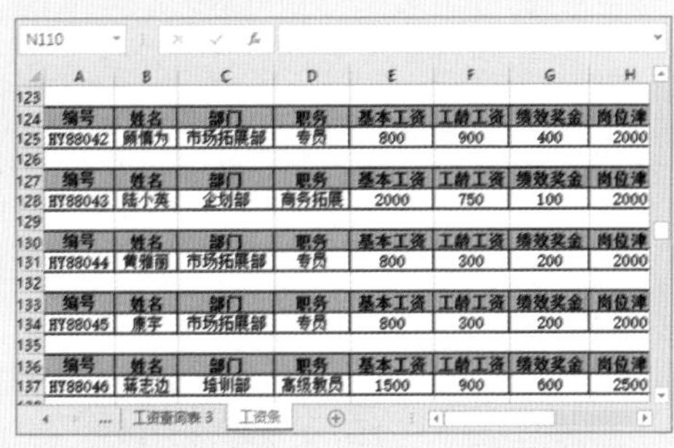

STEP 7　隐藏列

要打印工资条，可将不需要的列进行隐藏，❶选中列并右击，❷选择 隐藏(H) 命令。

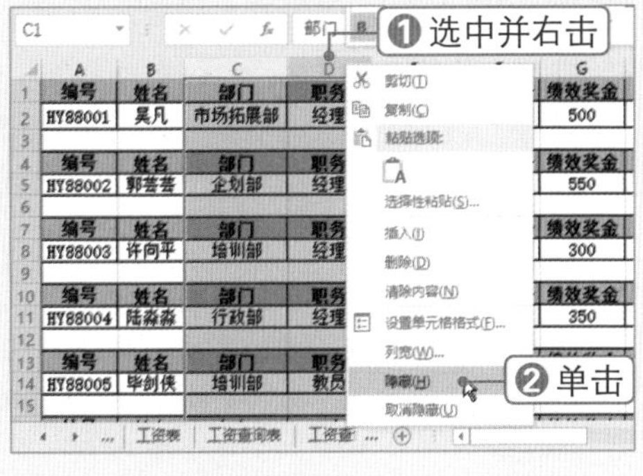

商务办公　私房实操技巧

TIP：快速填充相同的数据

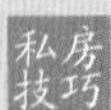

要快速填充相同的数据，可先选中要填充数据的单元格，然后输入所需的数据并按【Ctrl+Enter】组合键进行填充。

TIP：隐藏公式

选中公式单元格后，在编辑栏中可以查看具体的公式。要隐藏该公式，可选择公式单元格或单元格区域，按【Ctrl+1】组合键打开“设置单元格格式”对话框，在“保护”选项卡下选中“隐藏”复选框，单击“确定”按钮。在“审阅”选项卡下单击“保护工作表”按钮，单击“确定”按钮即可。

TIP：合并计算

私房技巧

利用“合并计算”功能可将多个工作表中的数据同时进行计算汇总。在计算过程中保存计算结果的工作表称为目标工作表，接受合并数据的区域称为源区域。在“数据”选项卡下的“数据工具”组中单击“合并计算”按钮，在弹出的对话框中设置引用位置和标签位置即可。

Ask Answer 高手疑难解答

问 怎样使用公式设置条件规则？

图解解答 在应用条件格式时，使用公式可以创建更为复杂的条件格式，具体操作方法如下：

1. 打开“公司营业预算明细”工作表，在 K1:L3 单元格区域中输入文本并设置格式，如下图（左）所示。
2. 选择 A6:H9 单元格区域，单击 条件格式 下拉按钮，选择 新建规则(N)... 选项，如下图（右）所示。

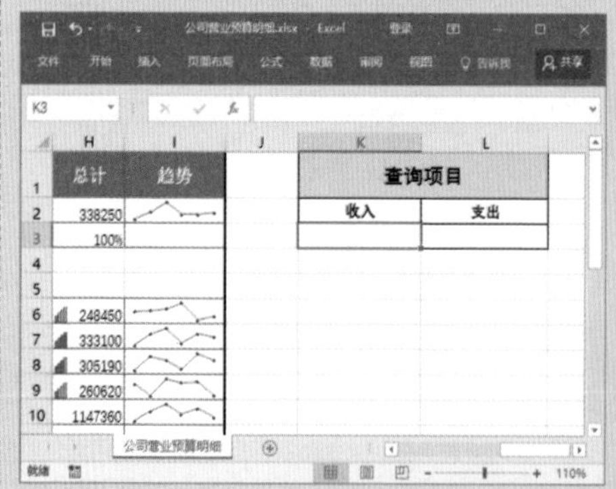

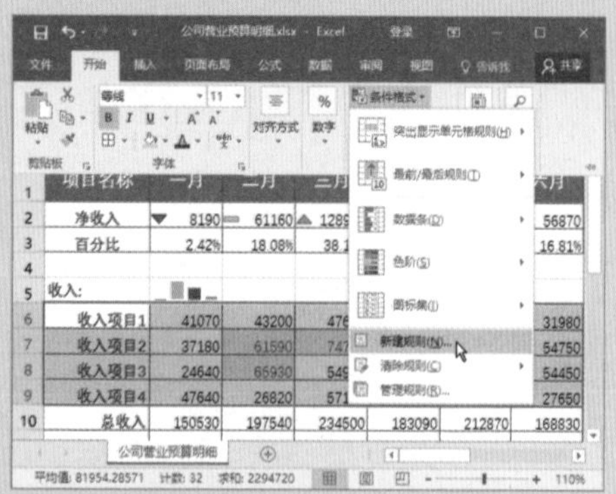

3. 弹出“新建格式规则”对话框，选择“使用公式确定要设置格式的单元格”选项，在下方的文本框中输入公式“=$A6=$K$3”。此公式的含义是：

如果在 K3 单元格中输入的文本与所选 A 列单元格区域中的项目名称一致，则该名称所在的行应用此条件格式。单击[格式(F)...]按钮，如下图（左）所示。

4 弹出“设置单元格格式”对话框，选择“字体”选项卡，设置字形为“加粗”，颜色为白色，如下图（右）所示。

5 选择“填充”选项卡，设置填充颜色，单击[确定]按钮，如下图（左）所示。

6 采用同样的方法为 A14:H25 单元格区域设置条件格式，在 K3 和 L3 单元格中分别输入要查询的项目，如下图（右）所示。

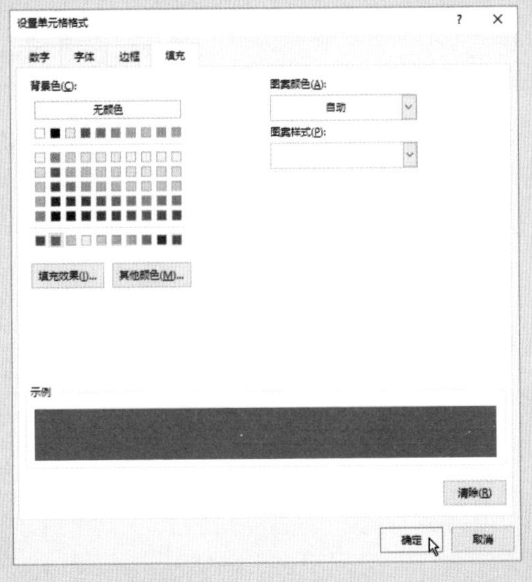

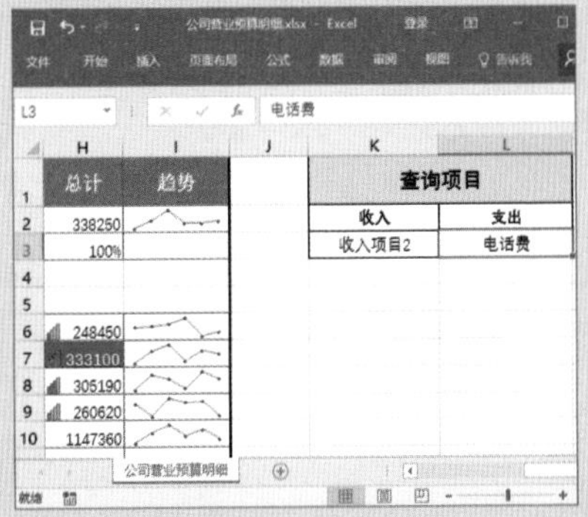

7 在工作表中即可查看查询效果，符合条件的数据行将会应用设置的格式，如下图（左）所示。

8 选择应用了条件格式的单元格后，单击“条件格式”下拉按钮，选择“管理规则(R)...”选项，将弹出“条件格式规则管理器”对话框，选择规则后单击“编辑规则(E)...”按钮，可重新设置规则条件或应用规则的单元格区域，如下图（右）所示。

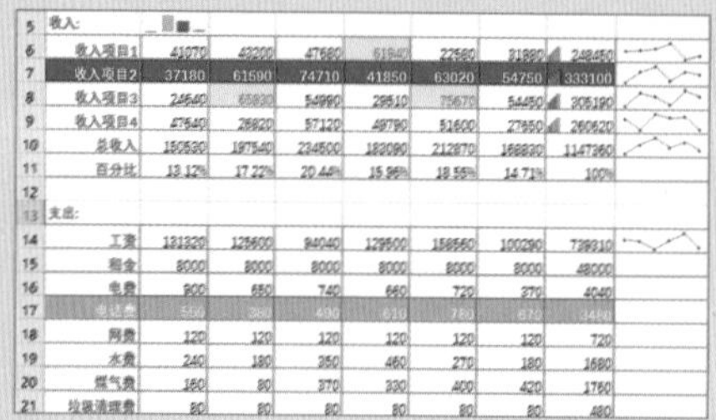

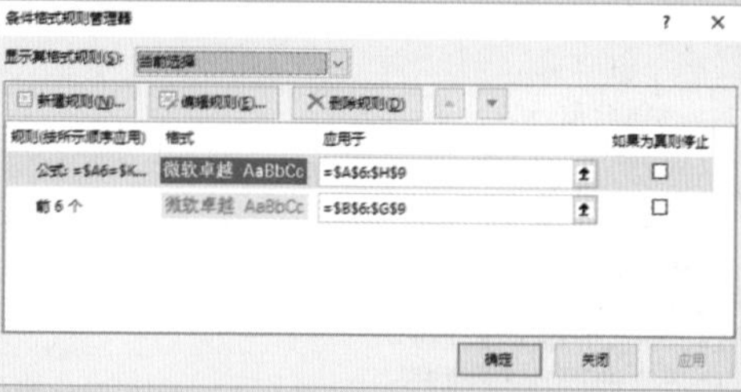

问 怎样在应用了数据条条件格式的单元格中只显示数据条？

图解解答 若为单元格应用数据条条件格式后影响单元格中数据的显示，可以插入相同的一行或一列数据（可以通过输入单元格引用设置该列数据，如“=D1”），然后为该数据区域应用数据条条件格式，单击“条件格式”下拉按钮，选择“管理规则(R)...”选项，在弹出的对话框中单击“编辑规则(E)...”按钮，打开“编辑格式规则”对话框，选中“仅显示数据条”复选框，单击“确定”按钮，如下图（左）所示。此时应用了数据条条件格式的单元格中将隐藏数据，如下图（右）所示。

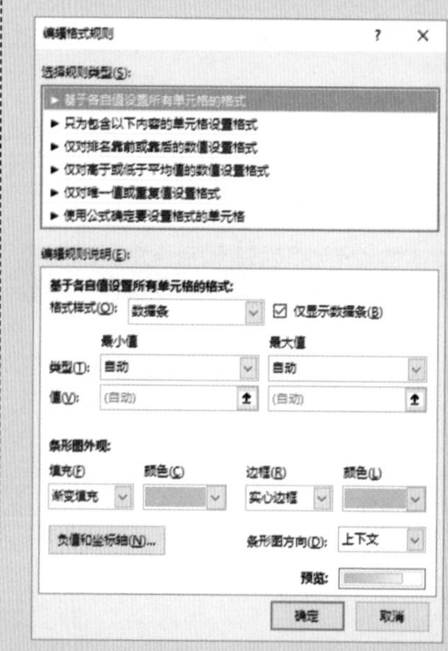

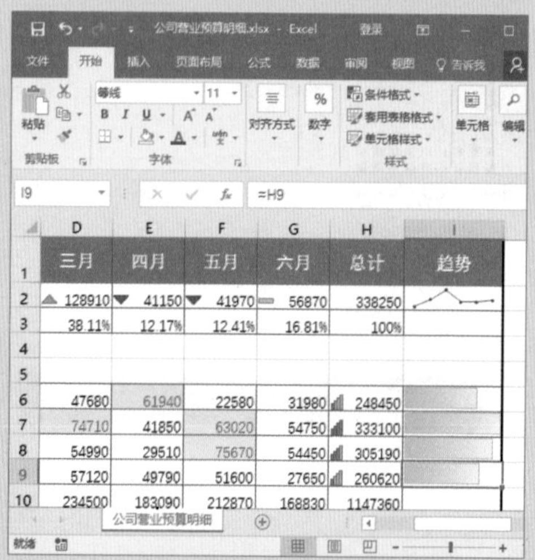

CHAPTER

Excel 数据管理与分析

本章导读

使用公式和函数计算 Excel 工作表中的数据后，还应对数据进行管理与分析，以便用户更好地查看数据，如筛选出符合条件的数据，对数据进行自定义排序，分类汇总指定的数据以及模拟分析等。

知识要点

01 管理员工工资表数据

02 商品销量预测

案例展示

▼ 工资表筛选

职务	实发工资
=专员	>3000
=专员	<2600
=教员	>3700

编号	姓名	部门	职务	基本工资	实发工资
HY88014	罗广田	培训部	教员	1500	3941.5
HY88023	袁志强	培训部	教员	1000	3815.4
HY88008	王琛	市场拓展部	专员	800	3165.5
HY88011	骆辉	市场拓展部	专员	800	3165.5
HY88019	赵旭东	市场拓展部	专员	800	2520
HY88020	肖彧	市场拓展部	专员	800	3020
HY88021	朱阳阳	市场拓展部	专员	800	2420
HY88025	杨高	市场拓展部	专员	800	3747.5
HY88026	邹玉清	市场拓展部	专员	800	3941.5
HY88027	罗志恩	市场拓展部	专员	800	3408
HY88032	白桦	市场拓展部	专员	800	3359.5
HY88036	张爱民	市场拓展部	专员	800	3165.5
HY88039	鹿静敏	市场拓展部	专员	800	3796
HY88040	古晓东	市场拓展部	专员	800	3456.5
HY88042	顾慎为	市场拓展部	专员	800	3602

▼ 工资表排序

编号	姓名	部门	职务	基本工资	实发工资
HY88002	郭芸芸	企划部	经理	2500	6635
HY88015	周青青	企划部	高级美工	2000	5105
HY88031	候吉祥	企划部	商务拓展	2000	4835
HY88024	乔娜	企划部	策划	2000	4781
HY88017	陈新唐	企划部	网站编辑	1500	4329.5
HY88043	陆小英	企划部	商务拓展	2000	4329.5
HY88004	陆淼淼	行政部	经理	2500	6320
HY88018	周三钊	行政部	办事员	2000	4565
HY88009	张瑞雪	行政部	会计	1500	4378
HY88041	章天祎	行政部	办事员	2000	4329.5
HY88010	王丰	行政部	办事员	1500	3990
HY88028	陈亚男	行政部	办事员	1500	3699
HY88038	周三强	行政部	办事员	1500	2920
HY88001	吴凡	市场拓展部	经理	2500	6455
HY88026	邹玉清	市场拓展部	专员	800	3941.5
HY88039	鹿静敏	市场拓展部	专员	800	3796
HY88025	杨高	市场拓展部	专员	800	3747.5
HY88042	顾慎为	市场拓展部	专员	800	3602
HY88040	古晓东	市场拓展部	专员	800	3456.5
HY88027	罗志恩	市场拓展部	专员	800	3408
HY88032	白桦	市场拓展部	专员	800	3359.5

▼ 工资表分类汇总

	A	B	C	D	E	L
1	编号	姓名	部门	职务	基本工资	实发工资
8			企划部 平均值			5002.5
9			企划部 汇总			30015
17			行政部 平均值			4314.5
18			行政部 汇总			30201.5
43			市场拓展部 平均值			3214.6875
44			市场拓展部 汇总			77152.5
54			培训部 平均值			4009.6
55			培训部 汇总			36086.4
56			总计平均值			3770.7696
57			总计			173455.4
58						

▼ 单变量模拟运算表

绿茶销售预测	
每斤售价	400
固定成本	20000
单位变动成本	80
销量	60
利润	4000

利润变化预测	
利润	销量
4000	60
20000	100
40000	150
50000	175

Chapter 08

8.1 管理员工工资表数据

■关键词：自动筛选、高级筛选、切片器、排序、分类汇总

财务总监王宁制作好员工工资表后，需要对这些数据进行简单的统计，以充分了解工资的发放情况。例如，筛选出指定部门中较高或较低工资的员工，对各部门员工工资进行排序，以及汇总各部门发放的工资等。

8.1.1 筛选数据

若数据表中的数据很多，可以使用数据筛选功能快速查找数据表中符合条件的数据，使表格中只显示筛选出的数据记录，将其他不满足条件的记录隐藏起来。

微课：筛选数据

1. 自动筛选

自动筛选即根据程序中预设的筛选命令将符合条件的数据筛选出来，在一般情况下使用自动筛选能够满足基本的筛选要求，具体操作方法如下：

STEP 1 选择隐藏(H)命令

打开素材文件，复制“工资表”工作表并重命名为“筛选”，❶选中并右击，❷选择隐藏(H)命令。

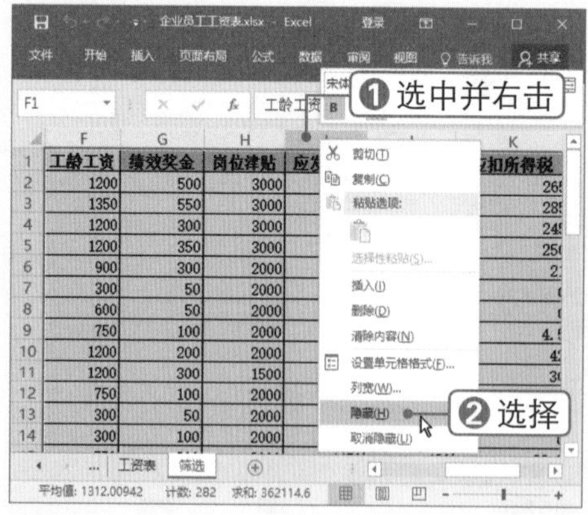

STEP 2 单击“筛选”按钮

❶选择数据区域中的任意单元格，❷在数据选项卡下单击“筛选”按钮，此时首行标题单元格中出现筛选按钮▾。

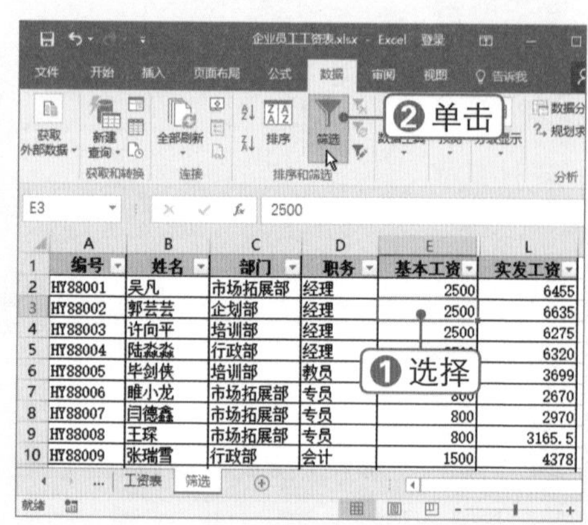

STEP 3 筛选部门

❶单击“部门”筛选按钮，❷选中要筛选出的部门复选框，❸单击确定按钮。

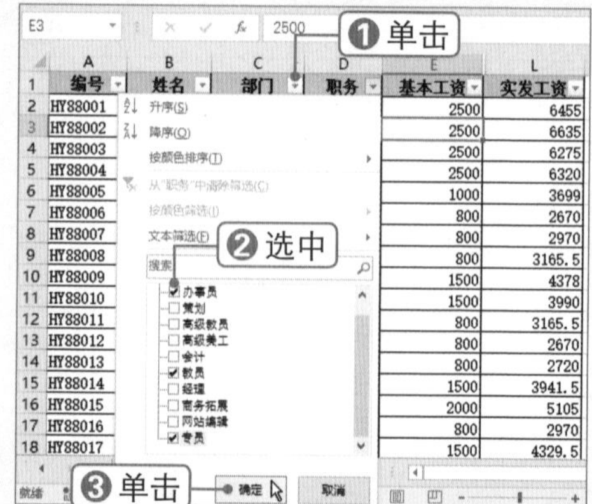

STEP 4 排序部门

❶单击“部门”筛选按钮，❷选择 升序(S) 选项。

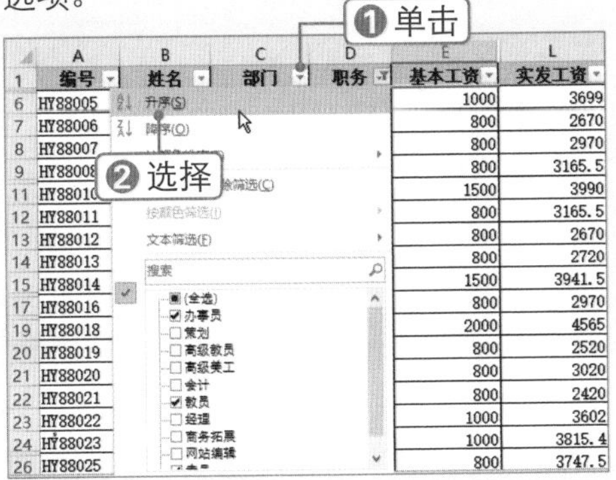

STEP 5 数字筛选

❶单击“实发工资”筛选按钮。❷选择 数字筛选(F) 选项，❸选择 大于(G)... 选项。

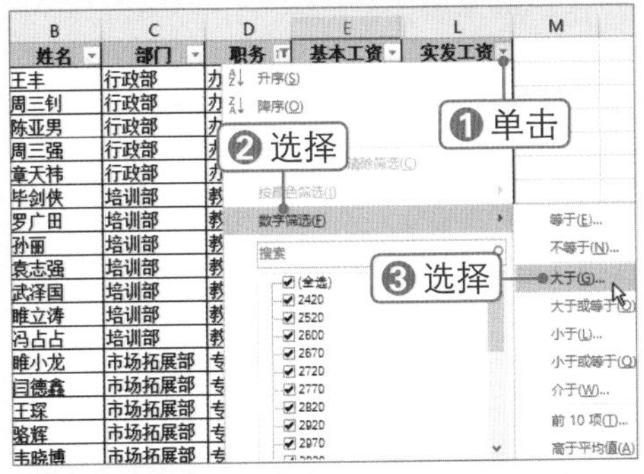

STEP 6 设置筛选条件

弹出“自定义自动筛选方式”对话框，❶设置筛选条件为大于3500，❷单击 确定 按钮。

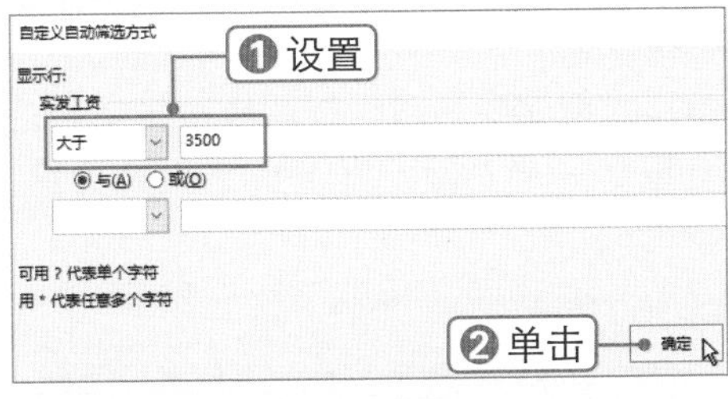

STEP 7 查看筛选结果

此时即可查看数据筛选结果。要清除所有筛选，可在“排序和筛选”组中单击“清除”按钮。

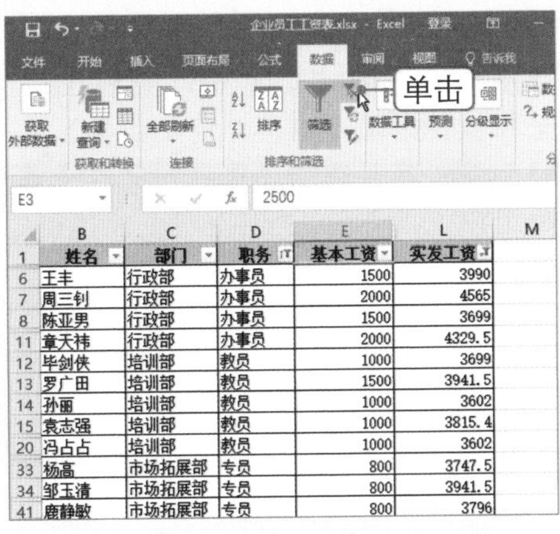

2. 高级筛选

当自动筛选无法满足需要时，可以根据需要自定义筛选条件，并将筛选结果复制到其他位置，具体操作方法如下：

STEP 1 输入筛选条件

在单元格中输入筛选条件。要在单元格中显示“= 专员”，需要输入“="= 专员"”。

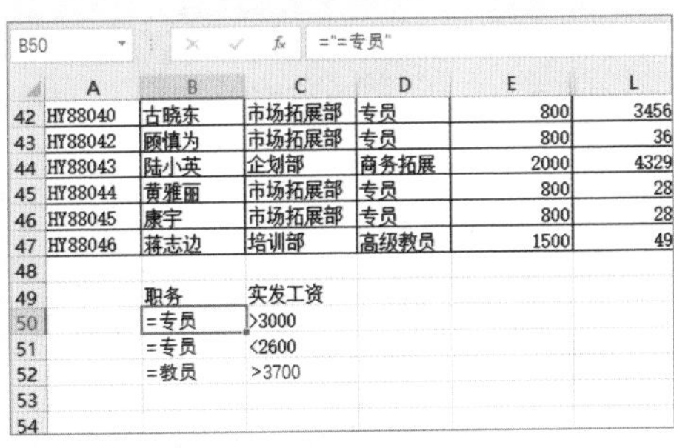

STEP 2 单击“高级”按钮

❶选择表格数据中的任意单元格，❷在 数据 选项卡下“排序和筛选”组中单击“高级”按钮。

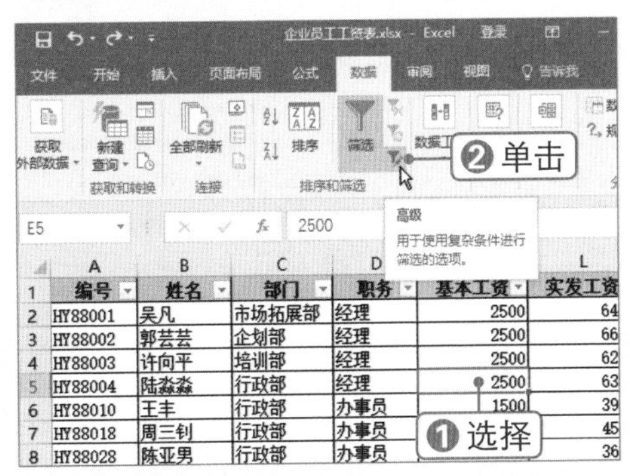

STEP 3　将筛选结果复制到其他位置

弹出“高级筛选”对话框，程序将自动选择数据区域，也可自定义条件区域。❶选中“将筛选结果复制到其他位置”单选按钮，❷在“条件区域”文本框中定位光标。

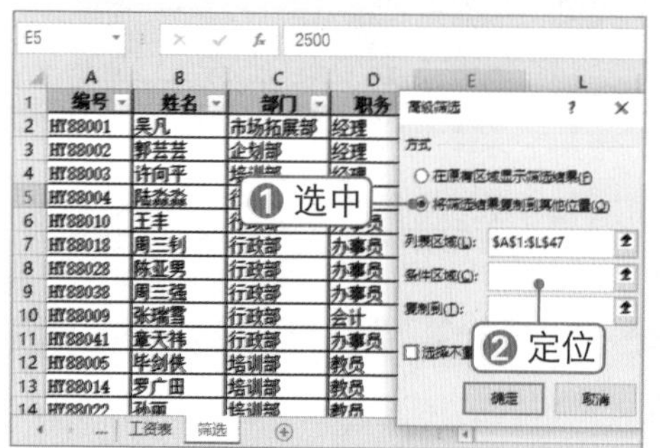

STEP 4　选择条件区域

在工作表中选择输入条件的单元格区域。

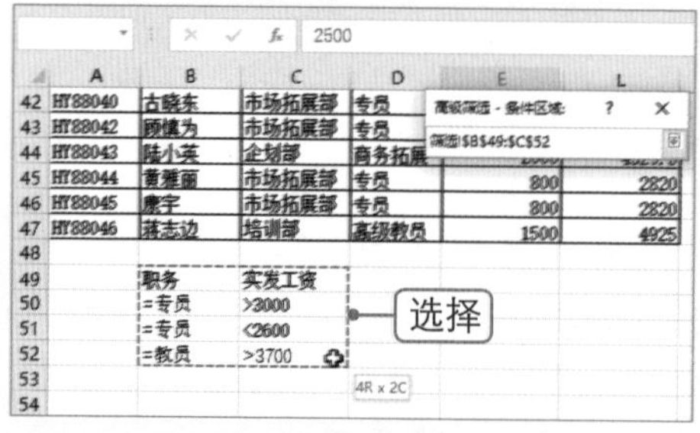

STEP 5　设置复制位置

释放鼠标后返回“高级筛选”对话框，❶采用同样的方法设置“复制到”单元格引用，❷单击 确定 按钮。

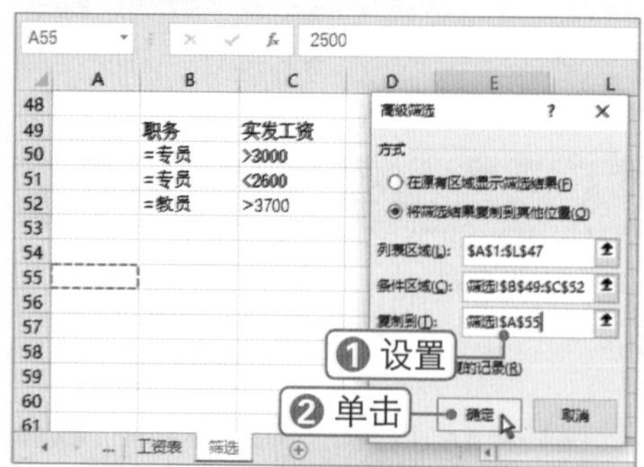

STEP 6　查看筛选结果

此时即可将职务为“专员”，工资大于3000或小于2600和职务为“教员”的数据筛选出来。

3．使用切片器筛选数据

在Excel 2016中可以创建切片器筛选表格数据，切片器功能很实用，它可以清楚地指明筛选数据后表格中所显示的数据，具体操作方法如下：

STEP 1　单击“表格”按钮

❶选中任意数据单元格，❷选择 插入 选项卡，❸在“表格”组中单击“表格”按钮。

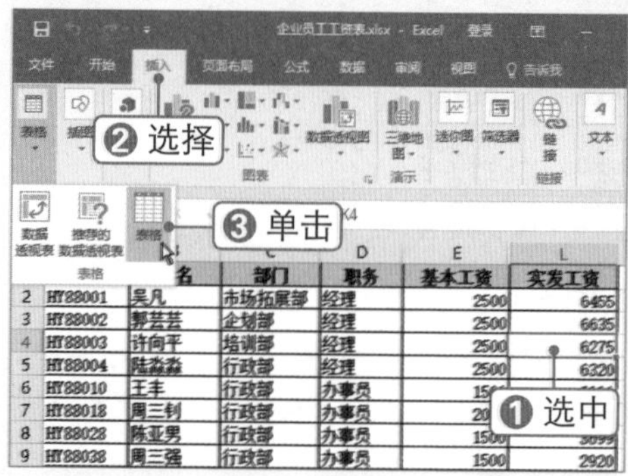

STEP 2　选中 ☑表包含标题(M) 复选框

弹出“创建表”对话框，程序将自动选中数据区域，❶选中 ☑表包含标题(M) 复选框，❷单击 确定 按钮。

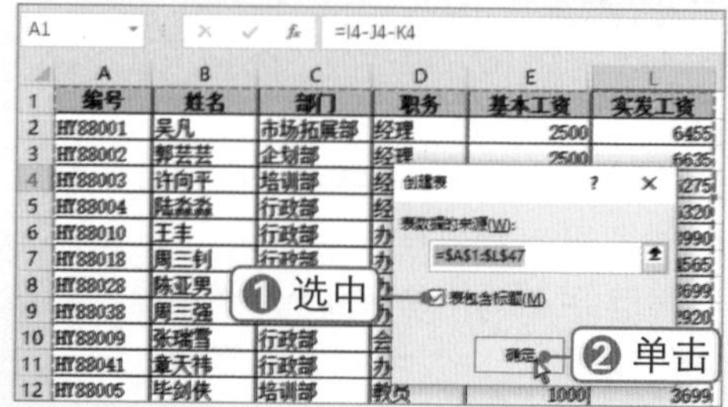

STEP 3 单击“插入切片器”按钮

❶选择设计选项卡，❷单击“插入切片器”按钮。

STEP 4 选择字段

弹出“插入切片器”对话框，❶选中要创建切片器的标题字段，❷单击确定按钮。

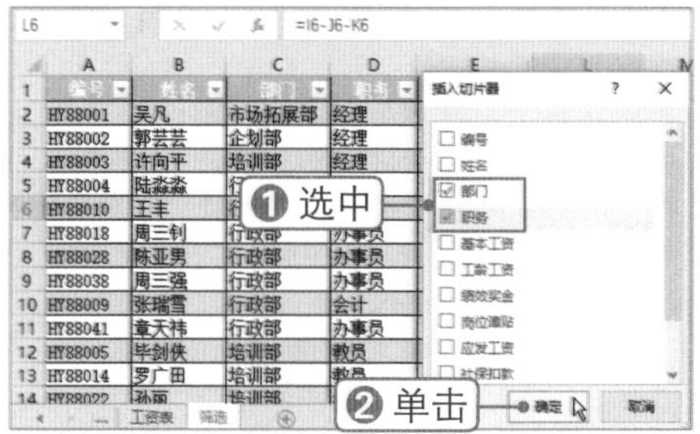

STEP 5 设置列数

此时即可在工作表中插入切片器。❶选中切片器，❷在选项选项卡下的“按钮”组中设置列数为 2。

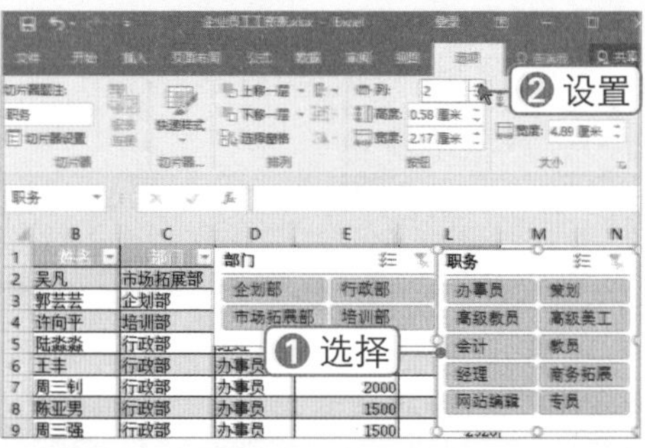

STEP 6 使用切片器筛选

在切片器中单击按钮即可筛选出相应的数据，按住【Ctrl】键的同时单击可选择多项，单击“清除筛选器”按钮可清除筛选。

8.1.2 数据排序

微课：数据排序

对数据进行排序可以使其按照指定的条件进行排列，如升序、降序或自定义序列等，具体操作方法如下：

STEP 1 降序排序

❶选中“实发工资”列的任意单元格，❷在数据选项卡下单击“降序”按钮，即可按降序排列“实发工资”数据。

秒杀技巧　排序选定区域

在工作表中选中要排序的单元格区域，单击所需的排序按钮，弹出“排序提醒”对话框，选中“以当前选定区域排序”单选按钮，单击“排序”按钮即可。

STEP 2 添加条件

在 数据 选项卡下单击“排序”按钮，弹出“排序”对话框，单击 添加条件(A) 按钮，添加次要条件。

STEP 3 移动次序

❶在“次要关键字”下拉列表框中选择“部门”选项，❷选中次要条件后单击“上移”按钮▲，将其变为主要条件。

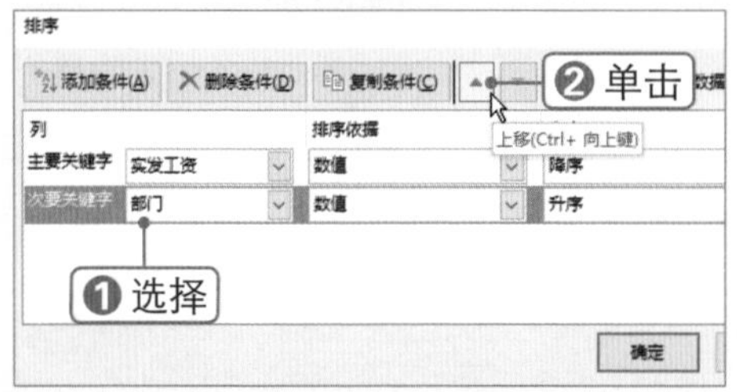

STEP 4 选择“自定义序列”选项

在“主要关键字”右侧的“次序”下拉列表中选择“自定义序列”选项。

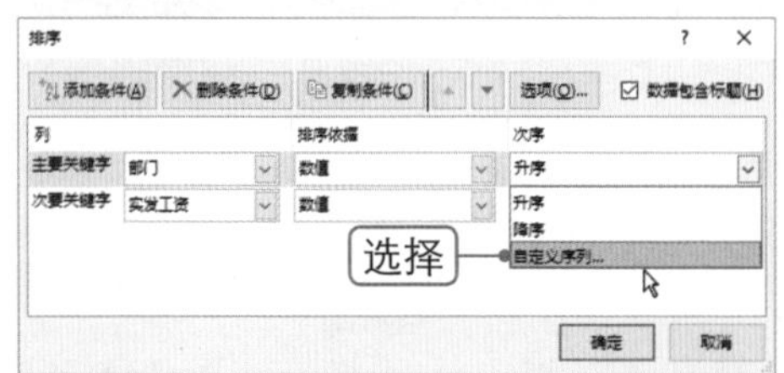

STEP 5 添加序列

弹出“自定义序列”对话框，❶输入序列并按【Enter】键分隔，❷单击 添加(A) 按钮，❸单击 确定 按钮。

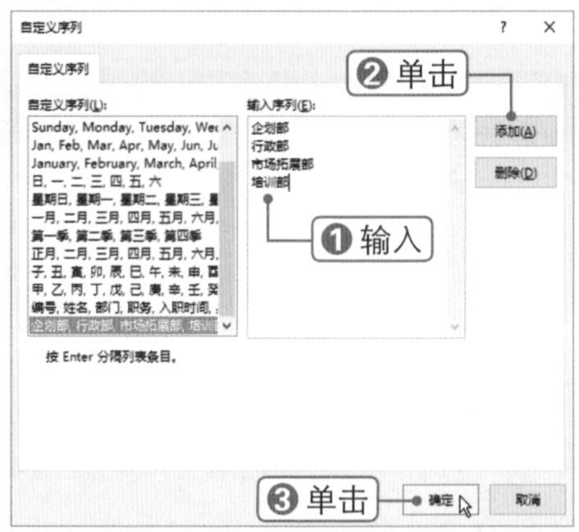

STEP 6 单击 确定 按钮

返回“排序”对话框，可以看到“次序”列表框中的自定义序列，单击 确定 按钮。

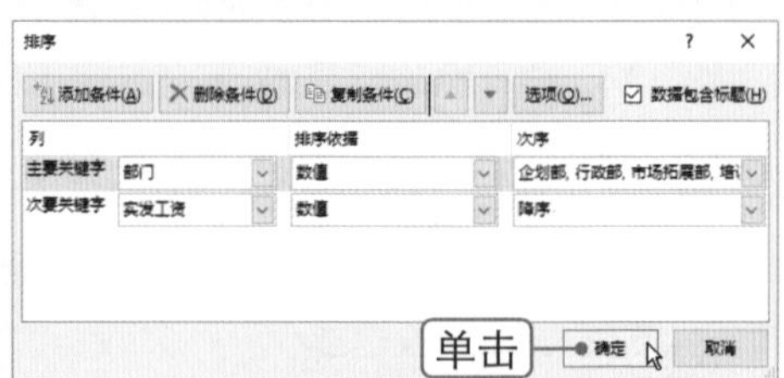

STEP 7 查看排序结果

此时即可在对“部门”进行自定义排序的基础上对“实发工资”进行降序排列。

	A	B	C	D	E	L
1	编号	姓名	部门	职务	基本工资	实发工资
2	HY88002	郭芸芸	企划部	经理	2500	6635
3	HY88015	周青青	企划部	高级美工	2000	5105
4	HY88031	候吉祥	企划部	商务拓展	2000	4835
5	HY88024	乔娜	企划部	策划	2000	4781
6	HY88017	陈新唐	企划部	网站编辑	1500	4329.5
7	HY88043	陆小英	企划部	商务拓展	2000	4329.5
8	HY88004	陆淼淼	行政部	经理	2500	6320
9	HY88018	周三钊	行政部	办事员	2000	4565
10	HY88009	张瑞雪	行政部	会计	1500	4378
11	HY88041	章天祎	行政部	办事员	2000	4329.5
12	HY88010	王丰	行政部	办事员	1500	3990
13	HY88028	陈亚男	行政部	办事员	1500	3699
14	HY88038	周三强	行政部	办事员	1500	2920

工资表 筛选 排序

8.1.3 分类汇总

分类汇总就是利用汇总函数对同一类别中的数据进行计算，从而得到统计结果。通过分类汇总可以分级显示汇总结果。在对数据进行分类汇总前，需要对分类字段进行排序，若数据位于表格中，还应先将其转换为普通区域。分类汇总的具体操作方法如下：

微课：分类汇总

STEP 1 单击“分类汇总”按钮

❶选择任意单元格，❷在 数据 选项卡下的“分级显示”组中单击“分类汇总”按钮。

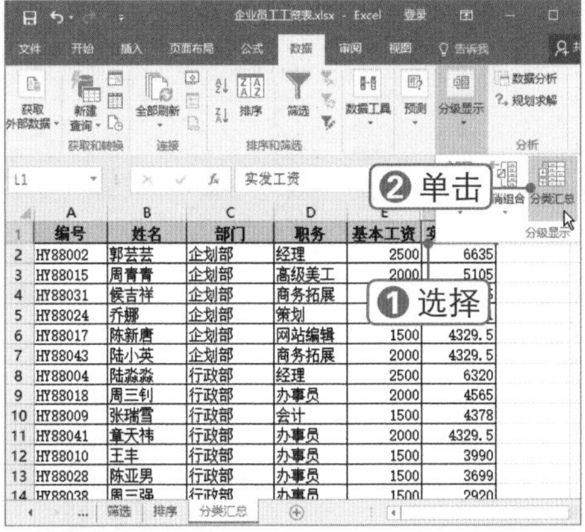

STEP 2 设置分类汇总

弹出“分类汇总”对话框，❶设置“分类字段”为“部门”，❷设置“汇总方式”为“求和”，❸选中“实发工资”汇总项，❹单击 确定 按钮。

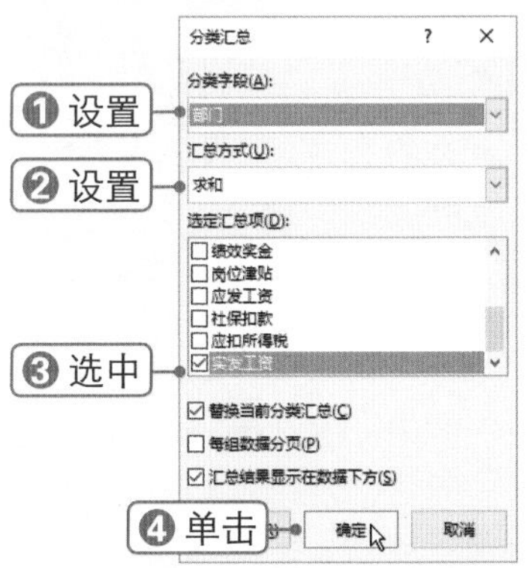

STEP 3 查看分类汇总结果

此时即可按“部门”对“实发工资”进行求和汇总。

	A	B	C	D	E	L
1	编号	姓名	部门	职务	基本工资	实发工资
2	HY88002	郭芸芸	企划部	经理	2500	6635
3	HY88015	周青青	企划部	高级美工	2000	5105
4	HY88031	候吉祥	企划部	商务拓展	2000	4835
5	HY88024	乔娜	企划部	策划	2000	4781
6	HY88017	陈新唐	企划部	网站编辑	1500	4329.5
7	HY88043	陆小英	企划部	商务拓展	2000	4329.5
8			企划部 汇总			30015
9	HY88004	陆淼淼	行政部	经理	2500	6320
10	HY88018	周三钊	行政部	办事员	2000	4565
11	HY88009	张瑞雪	行政部	会计	1500	4378
12	HY88041	章天特	行政部	办事员	2000	4329.5
13	HY88010	王丰	行政部	办事员	1500	3990
14	HY88028	陈亚男	行政部	办事员	1500	3699
15	HY88038	周三强	行政部	办事员	1500	2920
16			行政部 汇总			30201.5

STEP 4 分级显示

在左侧单击2按钮，即可设置分级显示。单击+或-按钮，可展开或折叠数据。

	A	B	C	D	E	L
1	编号	姓名	部门	职务	基本工资	实发工资
8			企划部 汇总			30015
16			行政部 汇总			30201.5
41			市场拓展部 汇总			77152.5
42	HY88003	许向平	培训部	经理	2500	6275
43	HY88046	蒋志边	培训部	高级教员	1500	4925
44	HY88014	罗广田	培训部	教员	1500	3941.5
45	HY88023	袁志强	培训部	教员	1000	3815.4
46	HY88005	毕剑侠	培训部	教员	1000	3699
47	HY88022	孙丽	培训部	教员	1000	3602
48	HY88037	冯占点	培训部	教员	1000	3602
49	HY88029	武泽国	培训部	教员	1000	3456.5
50	HY88033	睢立涛	培训部	教员	1000	2770
51			培训部 汇总			36086.4
52			总计			173455.4
53						

STEP 5 单击“分类汇总”按钮

❶选中任意单元格，❷再次单击“分类汇总”按钮。

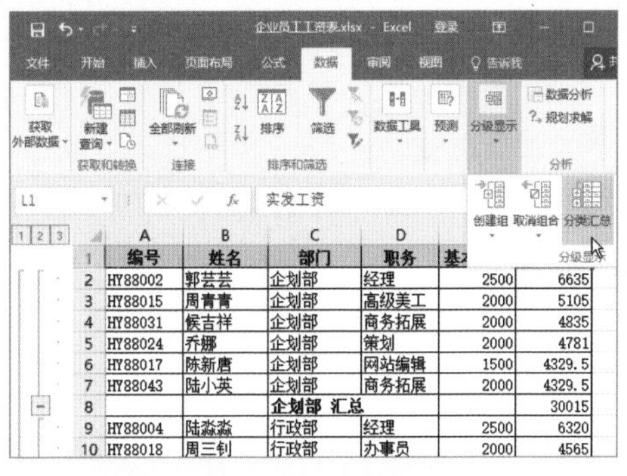

STEP 6 设置分类汇总参数

弹出“分类汇总”对话框，❶设置“分类字段”为“部门”，❷设置“汇总方式”为“平均值”，❸选中“实发工资”汇总项，❹取消选择“替换当前分类汇总”复选框，❺单击 确定 按钮。

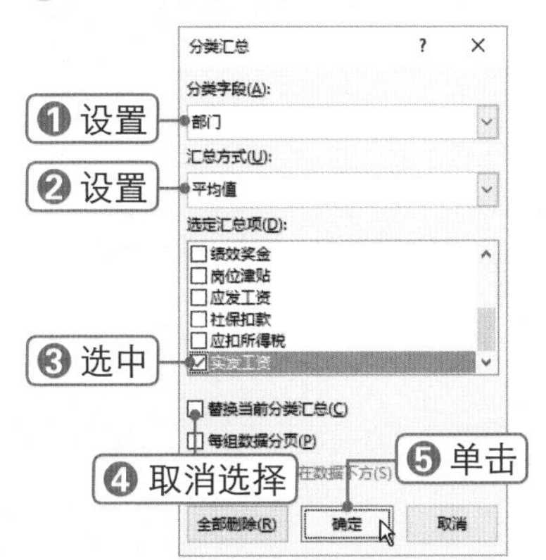

STEP 7 嵌套分类汇总

此时即在当前汇总数据的基础上再一次进行分类汇总，按“部门”对“实发工资”进行平均值汇总。

	编号	姓名	部门	职务	基本工资	实发工资
2	HY88002	郭芸芸	企划部	经理	2500	6635
3	HY88015	周青青	企划部	高级美工	2000	5105
4	HY88031	候吉祥	企划部	商务拓展	2000	4835
5	HY88024	乔娜	企划部	策划	2000	4781
6	HY88017	陈新唐	企划部	网站编辑	1500	4329.5
7	HY88043	陆小英	企划部	商务拓展	2000	4329.5
8			企划部 平均值			5002.5
9			企划部 汇总			30015
10	HY88004	陆淼淼	行政部	经理	2500	6320
11	HY88018	周三钊	行政部	办事员	2000	4565
12	HY88009	张瑞雪	行政部	会计	1500	4378
13	HY88041	章天祎	行政部	办事员	2000	4329.5
14	HY88010	王丰	行政部	办事员	1500	3990
15	HY88028	陈亚男	行政部	办事员	1500	3699
16	HY88038	周三强	行政部	办事员	1500	2920
17			行政部 平均值			4314.5
18			行政部 汇总			30201.5

Chapter 08

8.2 商品销量预测

■ 关键词：单变量求解、单变量模拟运算表、双变量模拟运算表

某绿茶批发商根据茶叶行情，需要对绿茶销量及利润进行预测，在 Excel 2016 中可以使用模拟分析工具分析这些数据。使用模拟运算可以通过多种不同的一个或多个公式中的值来浏览各种不同的结果。

8.2.1 应用单变量求解

若要从公式中获得目标结果，但不能确定哪些输入值会获得此结果，可以使用单变量求解的方法求得该输入值（单变量求解只能应用于单个变量的情况），具体操作方法如下：

微课：应用单变量求解

STEP 1 计算利润

打开素材文件，在 B6 单元格中输入公式“=B2*B5-B3”计算利润。

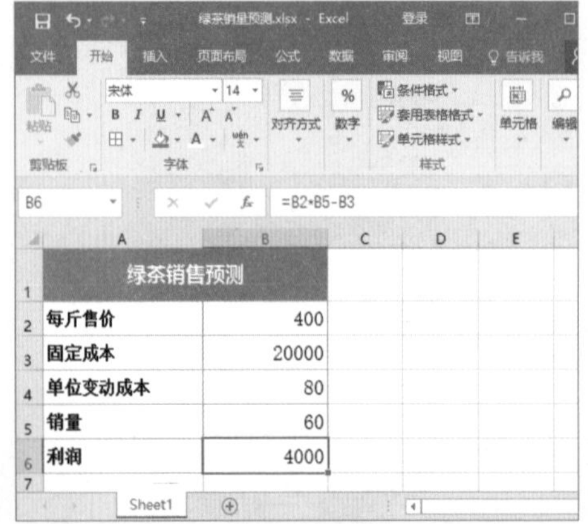

STEP 2 选择 单变量求解(G)... 选项

❶选择 B6 单元格，❷在 数据 选项卡下的“预测”组中单击“模拟分析”下拉按钮，❸选择 单变量求解(G)... 选项。

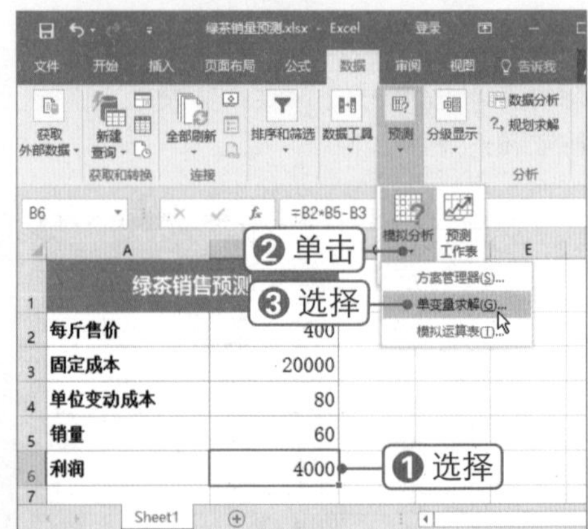

STEP 3 设置参数

弹出“单变量求解”对话框，❶在“目标值”文本框中输入 10 000，❷设置“可变单元格”为 B5，❸单击确定按钮。

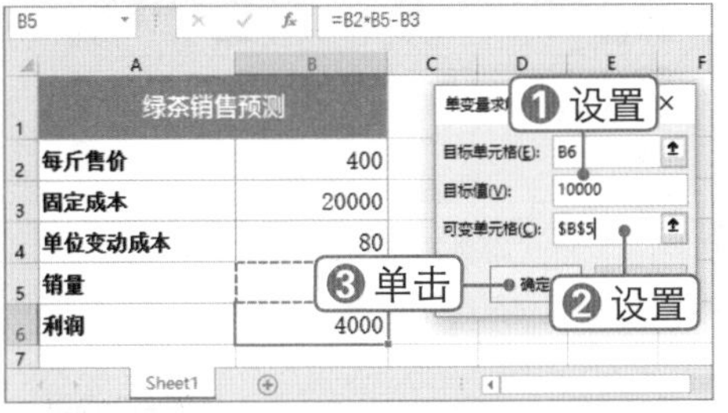

STEP 4 查看求解结果

在表格中可以看到当利润达到 10 000 元时，需要的销量为 75 斤，单击取消按钮。

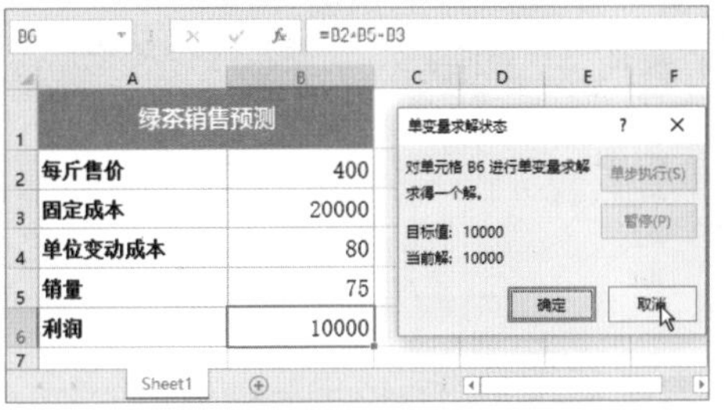

8.2.2 应用单变量模拟运算表

模拟运算表是一个单元格区域，可以通过更改其中某些单元格的值获得问题的不同答案。例如，在本例中通过目标利润值来计算所需的销量，具体操作方法如下：

微课：应用单变量模拟运算表

STEP 1 计算销量

制作“利润变化预测”表，❶在 B6 单元格中输入 4 000，❷在 B5 单元格中输入公式“=(B6+B3)/B2”计算销量。

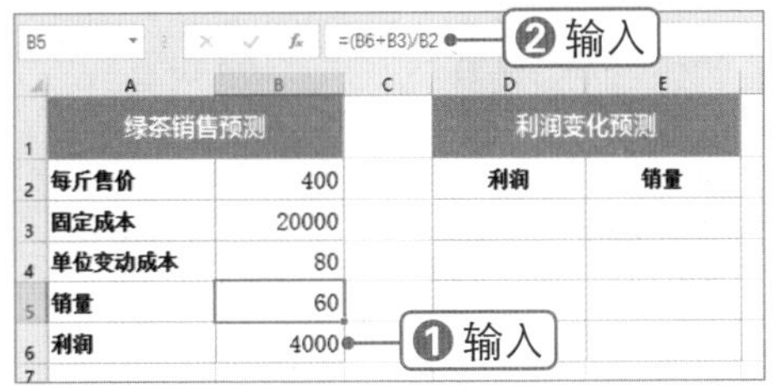

实操解疑

使用规划求解

若要查找最佳基于一些变量的值，可使用规划求解进行模拟分析。在“开发工具”选项卡下单击“Excel 加载项”按钮，在弹出的对话框中选中“规划求解加载项”复选框，单击“确定”按钮，即可在“数据”选项卡下显示“规划求解”选项。

STEP 2 输入数据

❶在“利润变化预测”表中输入目标利润值，❷在 E3 单元格中输入与 B5 单元格相同的公式计算销量。

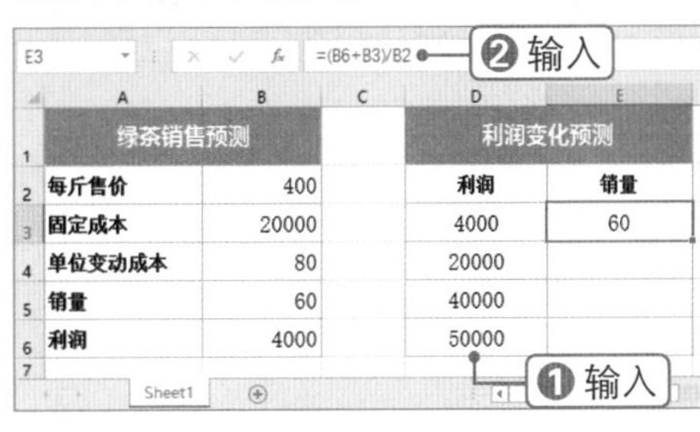

STEP 3 选择模拟运算表(T)...选项

❶选择 D3:E6 单元格区域，❷在数据选项卡下的“预测”组中单击“模拟分析”下拉按钮，❸选择模拟运算表(T)...选项。

STEP 4　设置单元格引用

弹出“模拟运算表”对话框，❶在“输入引用列的单元格”文本框中设置单元格引用为 $B $6，❷单击 确定 按钮。

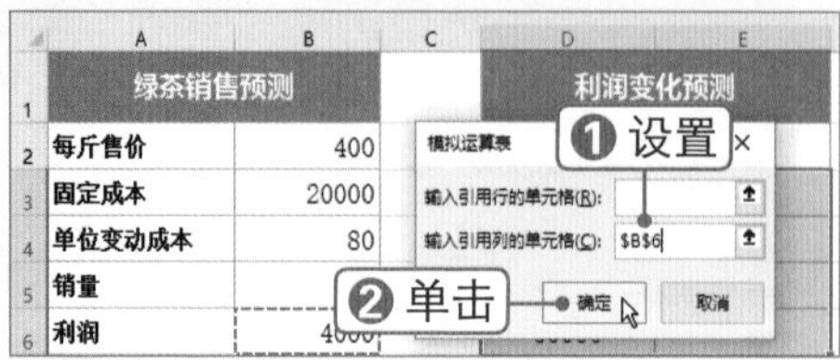

STEP 5　查看计算结果

此时即可得出各利润值对应的销量。

绿茶销售预测			利润变化预测	
每斤售价	400		利润	销量
固定成本	20000		4000	60
单位变动成本	80		20000	100
销量	60		40000	150
利润	4000		50000	175

8.2.3 应用双变量模拟运算表

模拟运算表只支持一个或两个变量，使用双变量模拟运算表可以查看一个公式中两个变量的不同值对该公式结果的影响。例如，在本例中通过不同的售价和销量来查看获得的利润，具体操作方法如下：

微课：应用双变量模拟运算表

STEP 1　制作表格结构

在工作表中制作“售价及销量变化预测”表格，在 B12 单元格中输入与 B6 单元格相同的公式计算利润。

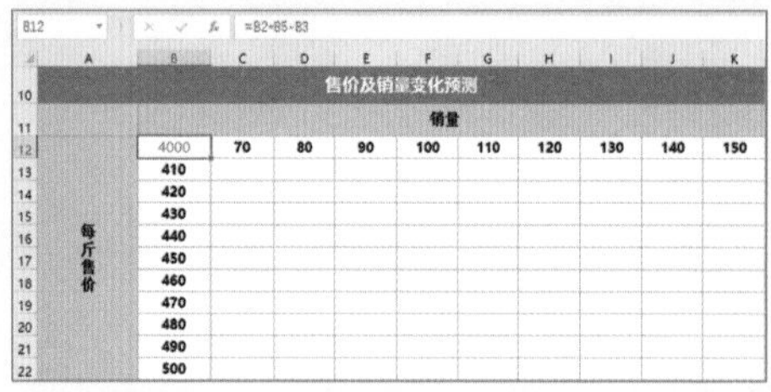

STEP 2　选择 模拟运算表(T)... 选项

❶选择 B12:K22 单元格区域，❷在 数据 选项卡下的“预测”组中单击“模拟分析”下拉按钮，❸选择 模拟运算表(T)... 选项。

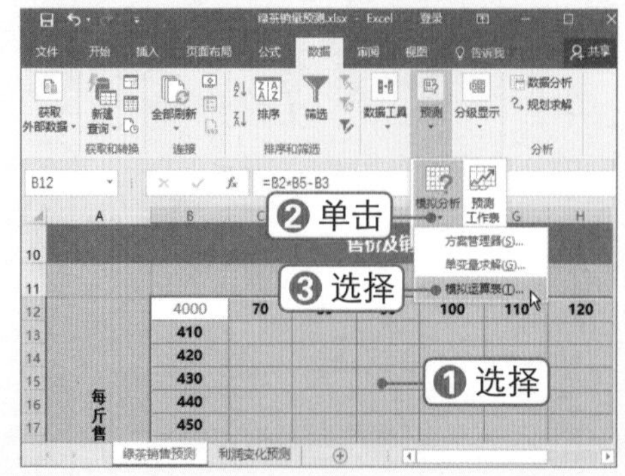

STEP 3　设置引用单元格参数

弹出“模拟运算表”对话框，❶分别设置“输入引用行的单元格”和“输入引用列的单元格”参数，❷单击 确定 按钮。

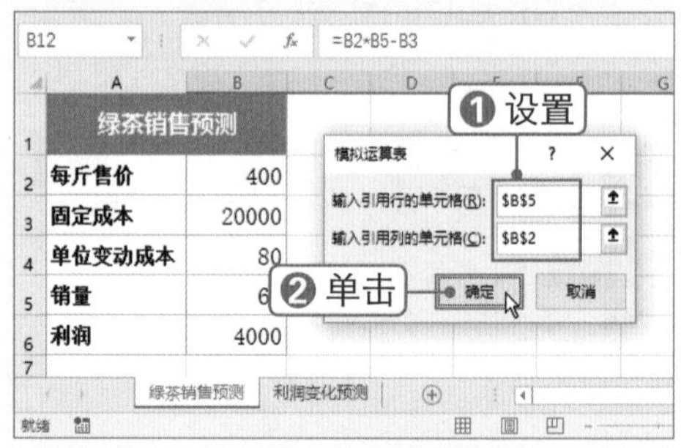

STEP 4　查看计算结果

此时即可得到双变量模拟运算表结果。

售价及销量变化预测

	销量									
	4000	70	80	90	100	110	120	130	140	150
每斤售价	410	8700	12800	16900	21000	25100	29200	33300	37400	41500
	420	9400	13600	17800	22000	26200	30400	34600	38800	43000
	430	10100	14400	18700	23000	27300	31600	35900	40200	44500
	440	10800	15200	19600	24000	28400	32800	37200	41600	46000
	450	11500	16000	20500	25000	29500	34000	38500	43000	47500
	460	12200	16800	21400	26000	30600	35200	39800	44400	49000
	470	12900	17600	22300	27000	31700	36400	41100	45800	50500
	480	13600	18400	23200	28000	32800	37600	42400	47200	52000
	490	14300	19200	24100	29000	33900	38800	43700	48600	53500
	500	15000	20000	25000	30000	35000	40000	45000	50000	55000

商务办公 私房实操技巧

TIP：设置表格样式

私房技巧 选中表格中任意单元格，选择“设计”选项卡，在“表格样式选项”组中进行设置，如取消选中筛选按钮，添加汇总行等。

TIP：将表格转换为普通区域

选中表格中任意单元格，在“设计”选项卡下的“工具”组中单击“转换为普通区域”按钮即可。在“属性”组中还可设置表格名称或调整表格大小。

TIP：快速分析数据

选中数据后按【Ctrl+Q】组合键，打开快速分析面板，从中可对所选数据进行汇总与格式化，创建图表、表格和迷你图等，如右图所示。

TIP：删除分类汇总

要将分类汇总数据转换为普通的数据表格，应删除分类汇总。具体方法为：打开“分类汇总”对话框，单击全部删除(R)按钮，如右图所示。

Ask Answer 高手疑难解答

问 如何对行进行排序？

图解解答 打开“排序”对话框，单击 选项(O)... 按钮，在弹出的对话框中选中 按行排序(L) 单选按钮，单击 确定 按钮，即可按行设置关键字排序，如下图所示。

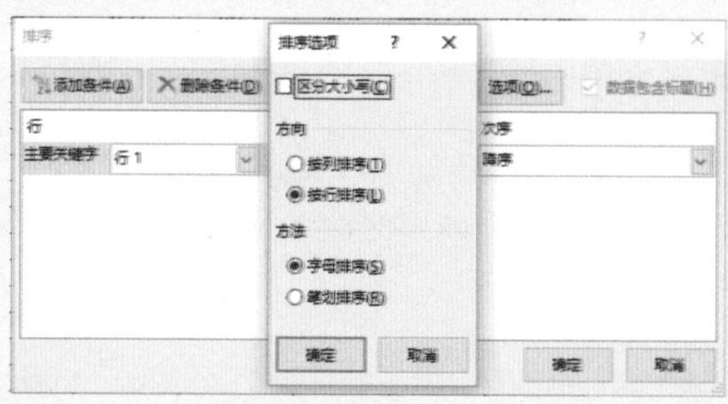

问 在分类汇总中如何对指定的行取消分组显示？

图解解答 选中要取消组合的行，在 数据 选项卡下的“分级显示”组中单击“取消组合”下拉按钮，选择 取消组合(U)... 选项，如下图（右）所示。此时当单击分级按钮后，所选行将始终显示。要将分类汇总转换为普通单元格数据，可在“取消组合”下拉列表中选择 清除分级显示(C) 选项（注意，此操作无法撤销）。

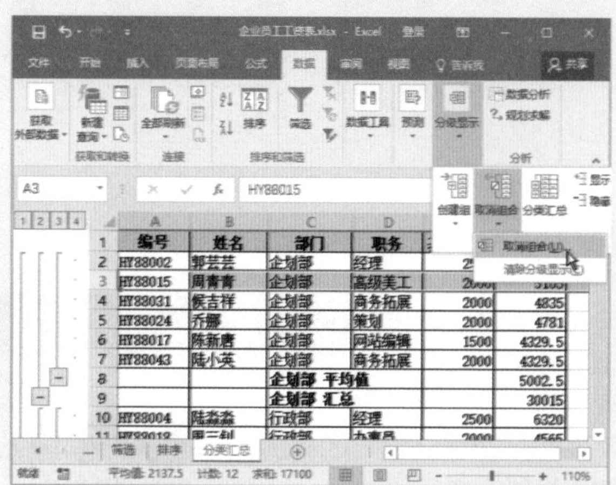

CHAPTER

使用图表与数据透视表分析数据

本章导读

使用图表可以将统计的数据以图形化呈现，使用户更生动、直观地了解数据之间的数量关系，分析数据的走势和预测发展趋势。而数据透视表有机地综合了数据排序、筛选和分类汇总等数据分析的优点，能帮助用户灵活地分析和组织数据。本章将详细介绍图表和数据透视表的应用方法。

知识要点

01 公司收入分析

02 商品销售额动态图表分析

案例展示

▼公司收入分析

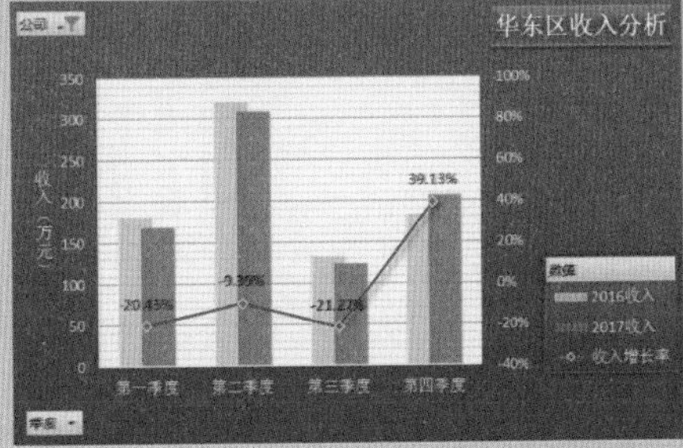

▼商品销售额动态图表（2）

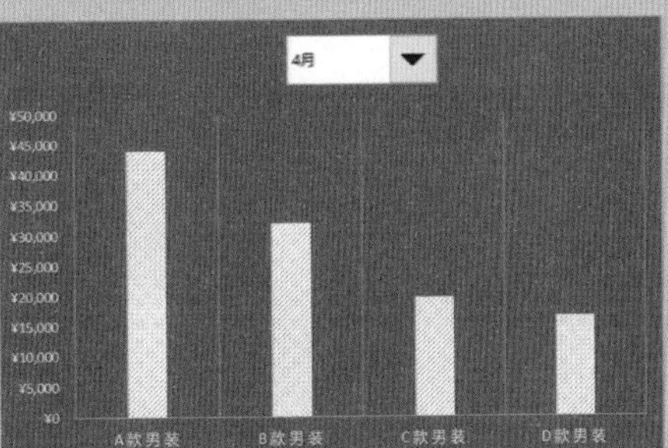

▼商品销售额动态图表（1）

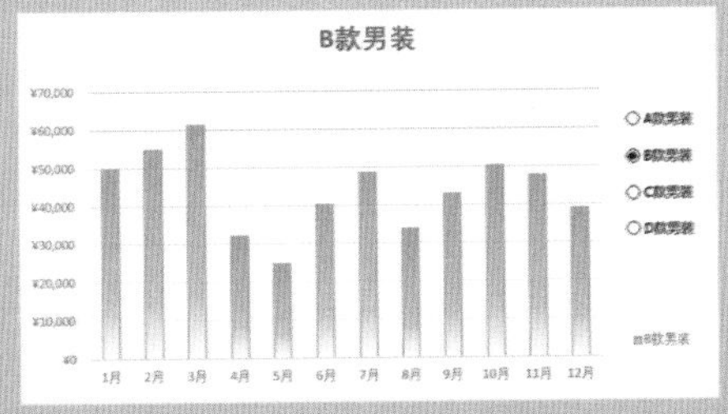

▼商品销售额动态图表（3）

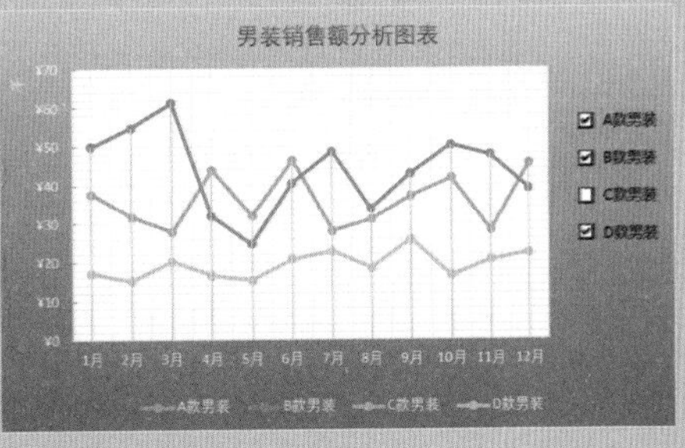

Chapter 09

9.1 公司收入分析

■关键词：创建图表、组合图表、设置图表格式、数据透视表、设置字段、数据透视图

某公司业务经理王哲为了制订新销售计划，需要对公司近两年的收入情况进行分析，在 Excel 中使用图表和数据透视表分析数据是种很好的方法。图表使数据变得直观、形象，而数据透视表是一种可以快速汇总大量数据的交互式方法，不仅可以深入分析数值数据，聚合数据或分类汇总，还可以帮助用户从不同的角度查看数据，并对相似的数据进行比较。

9.1.1 为所选数据创建图表

微课：为所选数据创建图表

图表是Excel中重要的数据分析工具，将工作表行或列中排列的数据做到图表中，可以使数据更清晰、更容易理解。在Excel 2016中创建图表的具体操作方法如下：

STEP 1 选择单元格区域

复制工作表，并将其重命名为“图表”，按住【Ctrl】键的同时选择要创建图表的单元格区域。

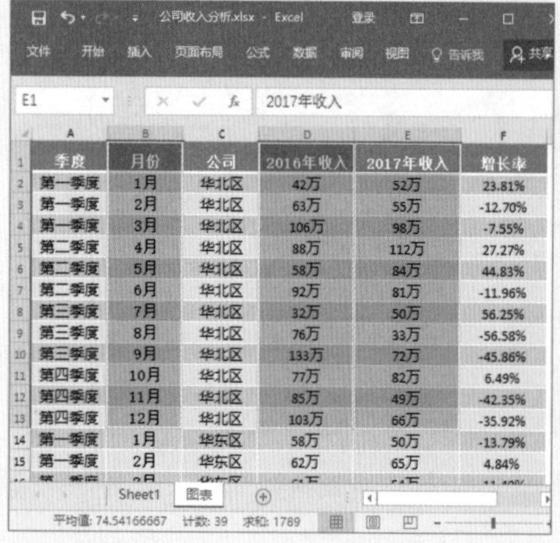

季度	月份	公司	2016年收入	2017年收入	增长率
第一季度	1月	华北区	42万	52万	23.81%
第一季度	2月	华北区	63万	55万	-12.70%
第一季度	3月	华北区	106万	98万	-7.55%
第二季度	4月	华北区	88万	112万	27.27%
第二季度	5月	华北区	58万	84万	44.83%
第二季度	6月	华北区	92万	81万	-11.96%
第三季度	7月	华北区	32万	50万	56.25%
第三季度	8月	华北区	76万	33万	-56.58%
第三季度	9月	华北区	133万	72万	-45.86%
第四季度	10月	华北区	77万	82万	6.49%
第四季度	11月	华北区	85万	49万	-42.35%
第四季度	12月	华北区	103万	66万	-35.92%
第一季度	1月	华东区	58万	50万	-13.79%
第一季度	2月	华东区	62万	65万	4.84%

STEP 2 选择图表类型

①选择 插入 选项卡，②在“图表”组中单击“插入柱形图或条形图”下拉按钮 ，③选择“簇状柱形图”类型。

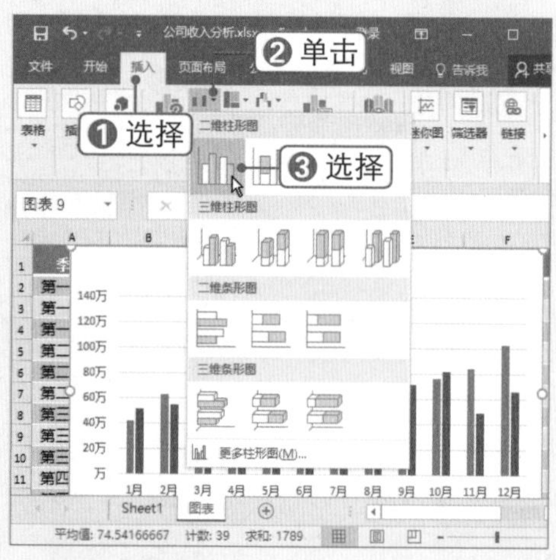

STEP 3 创建图表

此时即可创建柱形图图表，修改图表标题。

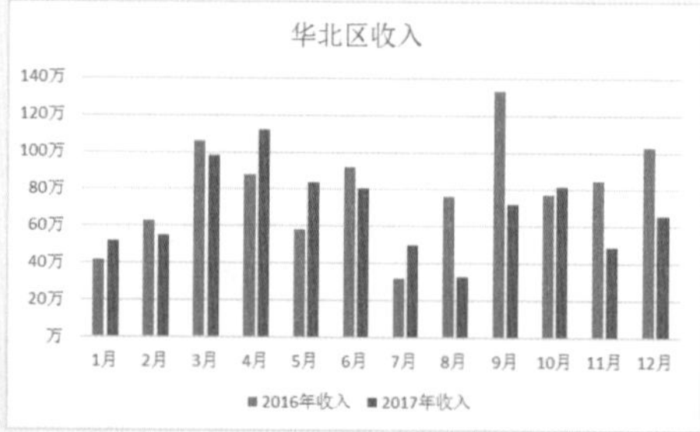

STEP 4 隐藏类别

❶单击图表右上方的“图表筛选器”按钮，❷取消选择要在图表中隐藏的类别前的复选框，❸单击应用按钮。

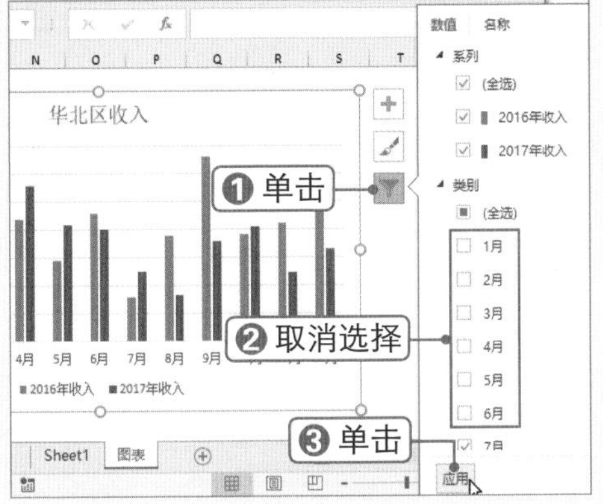

STEP 5 查看筛选结果

此时即可在图表中隐藏相应的月份。如果想要再次显示，只需选中相应的复选框即可。

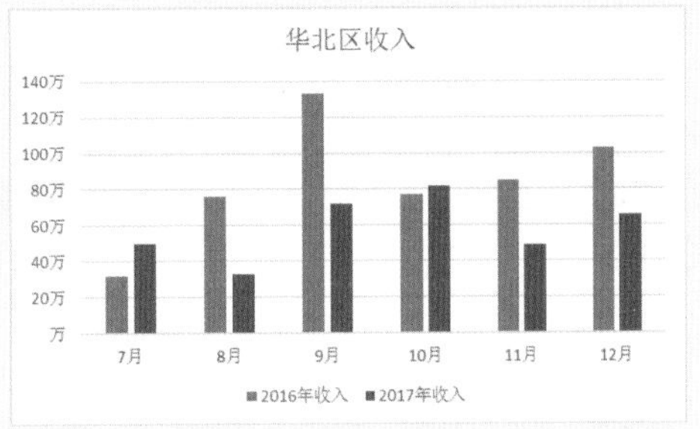

STEP 6 更改图表数据源

选中图表后，在工作表中将显示图表所引用的数据源，拖动右下方的控制柄可快速调整数据源。

	A	B	C	D	E	F
1	季度	月份	公司	2016年收入	2017年收入	增长率
2	第一季度	1月	华北区	42万	52万	23.81%
3	第一季度	2月	华北区	63万	55万	-12.70%
4	第一季度	3月	华北区	106万	98万	-7.55%
5	第二季度	4月	华北区	88万	112万	27.27%
6	第二季度	5月	华北区	58万	84万	44.83%
7	第二季度	6月	华北区	92万	81万	-11.96%
8	第三季度	7月	华北区	32万	50万	56.25%
9	第三季度	8月	华北区	76万	33万	-56.58%
10	第三季度	9月	华北区	133万	72万	-45.86%
11	第四季度	10月	华北区	77万	82万	6.49%
12	第四季度	11月	华北区	85万	49万	-42.35%
13	第四季度	12月	华北区	103万	66万	-35.92%
14	第一季度	1月	华东区	58万	50万	第一季度 (季度)
15	第一季度	2月	华东区	62万	65万	类别: 第一季度

9.1.2 创建组合图表

组合图表就是使用两种或多种图表类型来强调不同类型的信息，还可以设置次要坐标轴，具体操作方法如下：

微课：创建组合图表

STEP 1 单击“选择数据”按钮

❶选中图表，❷在设计选项卡下单击“选择数据”按钮。

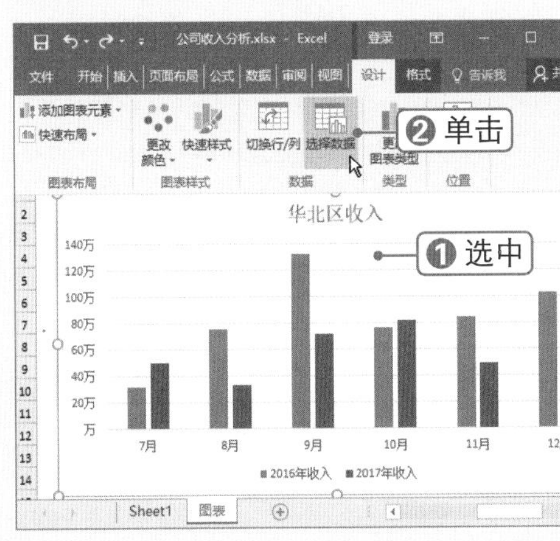

STEP 2 单击添加(A)按钮

弹出“选择数据源”对话框，单击添加(A)按钮。

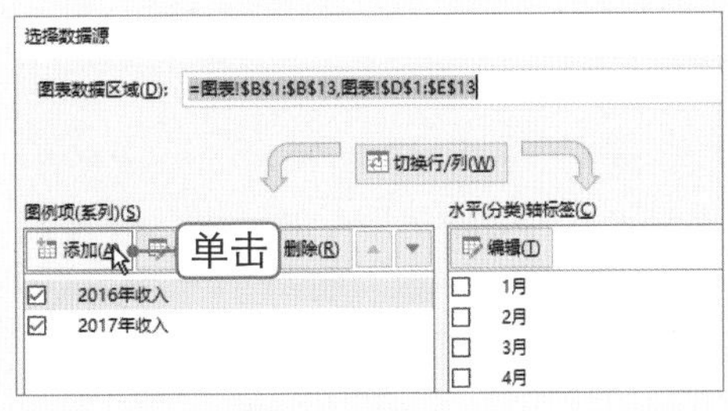

STEP 3 设置系列名称

弹出“编辑数据系列”对话框，❶分别设置“系列名称”和“系列值”单元格引用，❷单击确定按钮。

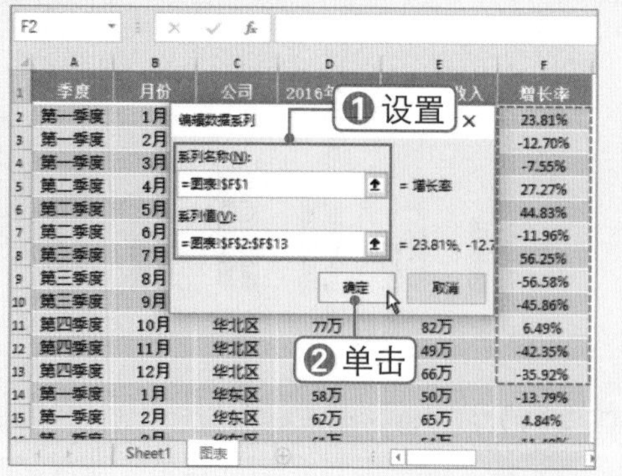

STEP 4 查看图例项

返回“选择数据源”对话框，可以看到添加的图例项，单击 确定 按钮。

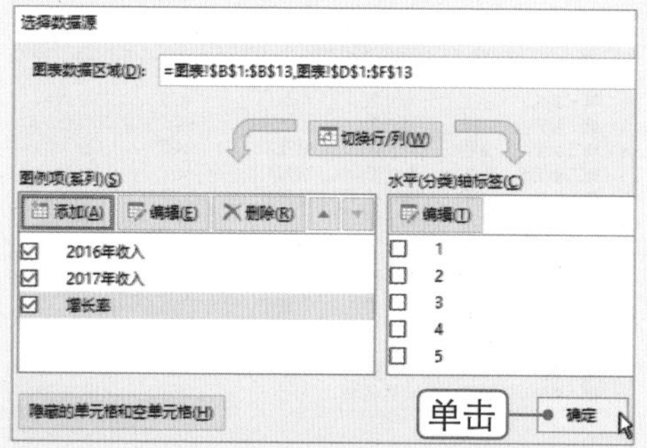

STEP 5 选择 更改图表类型(Y)... 命令

❶右击图表，❷选择 更改图表类型(Y)... 命令。

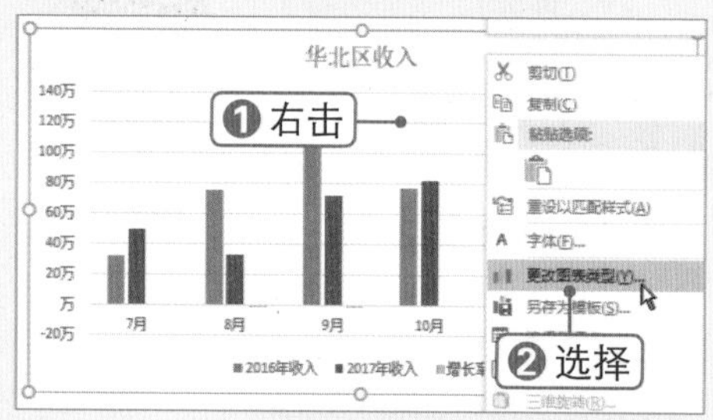

STEP 6 设置组合图表

弹出“更改图表类型”对话框，❶在左侧选择“组合”分类，❷在“增长率”右侧的图表类型下拉列表框中选择“带数据标记的折线图”类型，❸选中“次坐标轴”复选框，❹单击 确定 按钮。

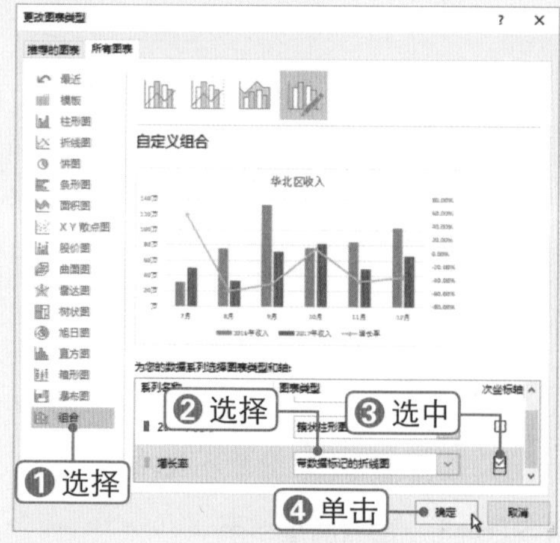

STEP 7 查看组合图表效果

此时即可查看创建的组合图表。

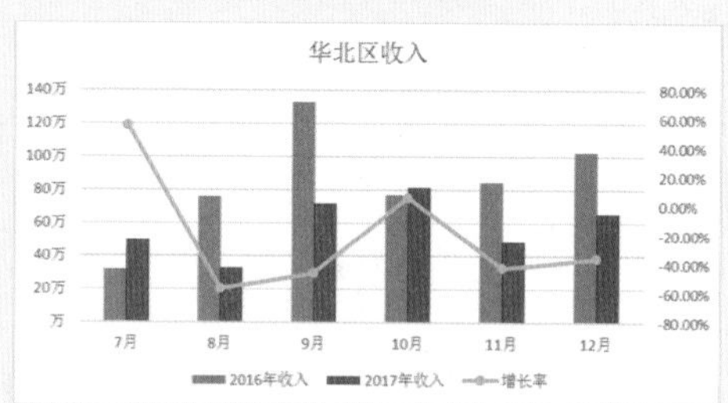

实操解疑

选择图表类型

柱形图常用于显示某时间段内的数据变化或各项之间的比较情况；折线图常用于显示在相等时间间隔下数据的变化趋势；饼图常用于对比几个数据在总和中所占的比例关系。

9.1.3 设置图表格式

图表中包含了多种元素，默认情况下只会显示一部分元素，如图表区、绘图区、坐标轴、图例、标题和网格线等，可以通过添加图表元素更改图表布局，通过设置图表元素格式美化图表，具体操作方法如下：

微课：设置图表格式

STEP 1 应用布局样式

❶选择 设计 选项卡，❷在"图表布局"组中单击 快速布局 下拉按钮，❸选择"布局 10"样式。

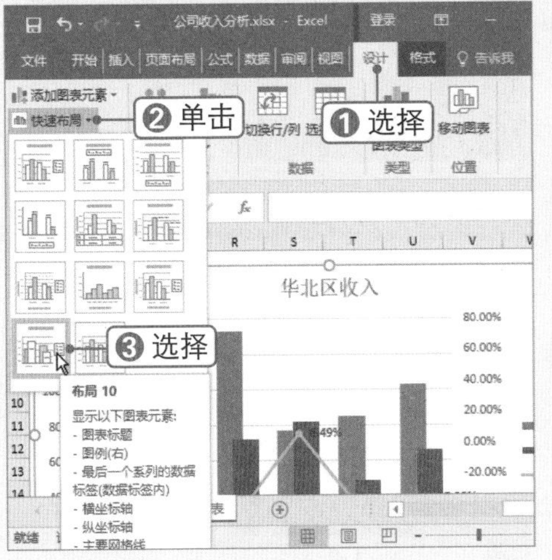

STEP 2 添加次要水平网格线

❶选择 设计 选项卡，❷在"图表布局"组中单击 添加图表元素 下拉按钮，❸选择 网格线(G) 选项，❹选择"主轴次要水平网格线"选项。

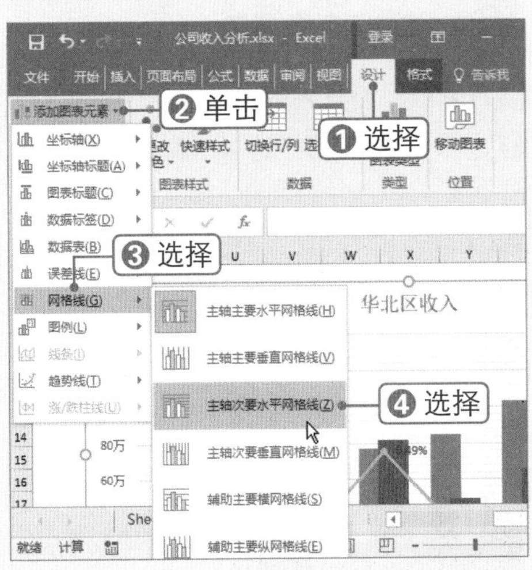

STEP 3 设置刻度线格式

❶双击纵坐标轴，打开"设置坐标轴格式"窗格，❷选择"坐标轴选项"选项卡，❸展开"刻度线"选项，在"主要类型"下拉列表框中选择"外部"选项。

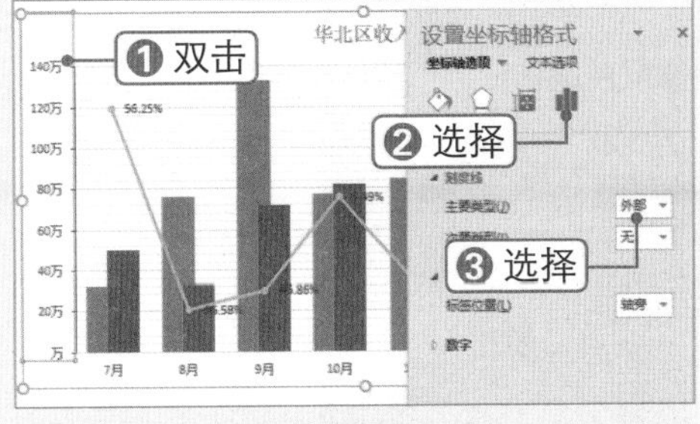

STEP 4 设置数字格式

❶选中次要坐标轴，采用同样的方法设置刻度线格式，❷在"数字"组中设置百分比格式。

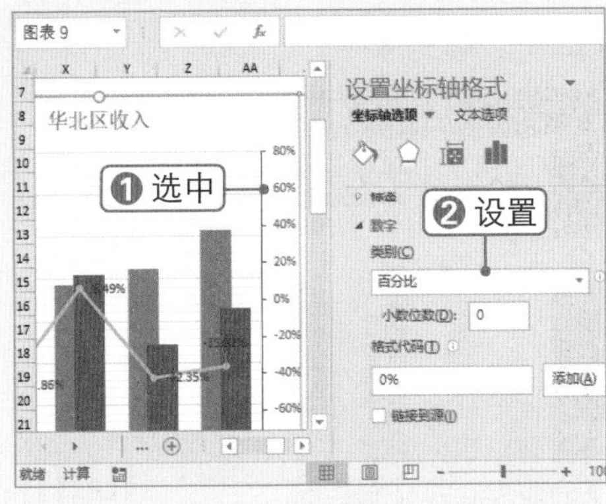

STEP 5 设置坐标轴选项

在"坐标轴选项"组中设置"最大值"为 1，查看次坐标轴效果。

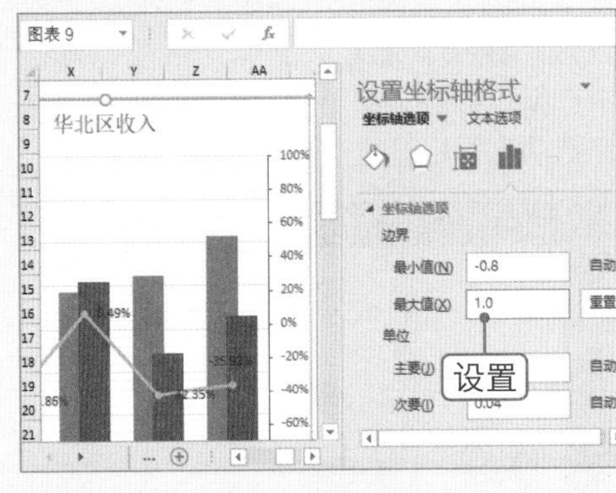

STEP 6 设置渐变填充

❶选中图表区，❷选择"填充与线条"选项卡，❸选中 渐变填充(G) 单选按钮，❹设置渐变参数。在"开始"选项卡下设置字体颜色为白色。

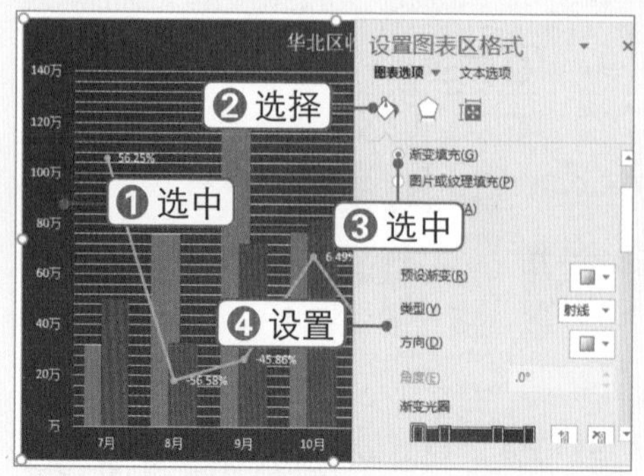

STEP 7 设置纯色填充

❶在图表中选中绘图区，❷选择“填充与线条”选项卡，❸选中 纯色填充(S) 单选按钮，❹设置填充颜色。

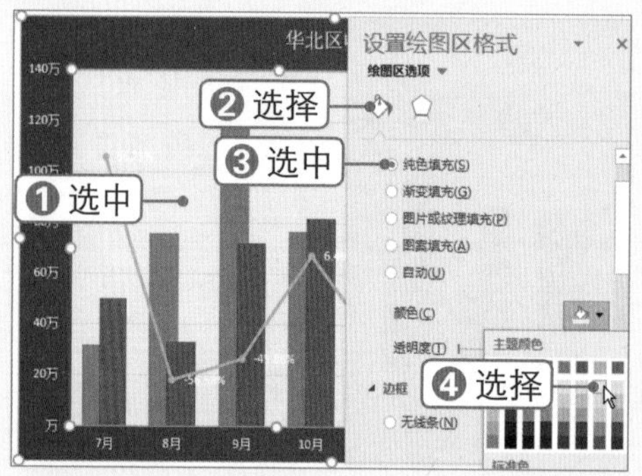

STEP 8 设置数据标签格式

选中数据标签，在“开始”选项卡下设置字体颜色为黑色，调整各数据标签的位置。❶在“设置数据标签格式”窗格中选择“标签选项”选项卡，❷在“标签选项”组中设置“标签包括”参数。

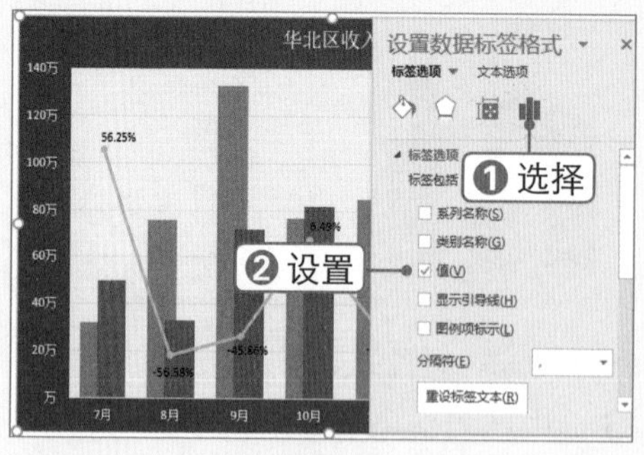

STEP 9 设置网格线格式

在图表中依次选中主要网格线和次要网格线，并分别设置线条颜色。

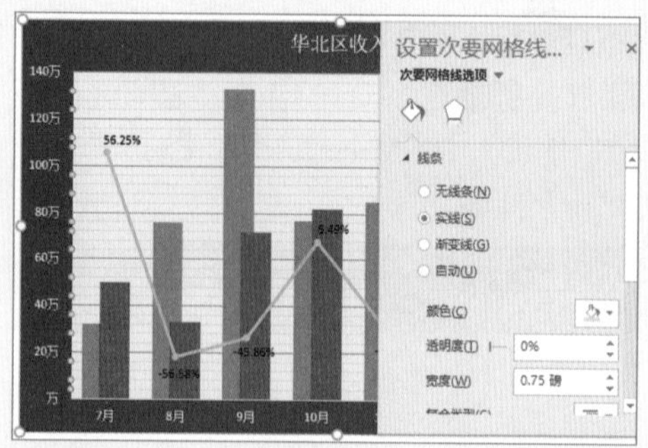

STEP 10 设置数据系列格式

❶在图表中选中系列，❷在“设置数据系列格式”窗格中选择“填充与线条”选项卡，选中 纯色填充(S) 单选按钮，❸设置填充颜色和透明度。采用同样的方法，设置另一个系列的格式。

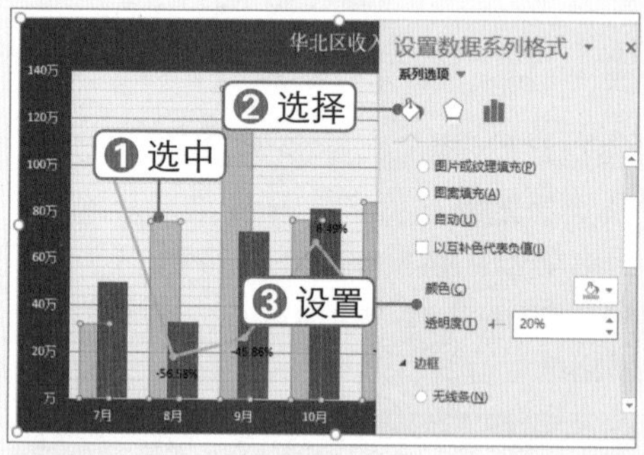

STEP 11 设置系列选项

❶选择“系列选项”选项卡，❷设置“系列重叠”和“分类间距”参数。

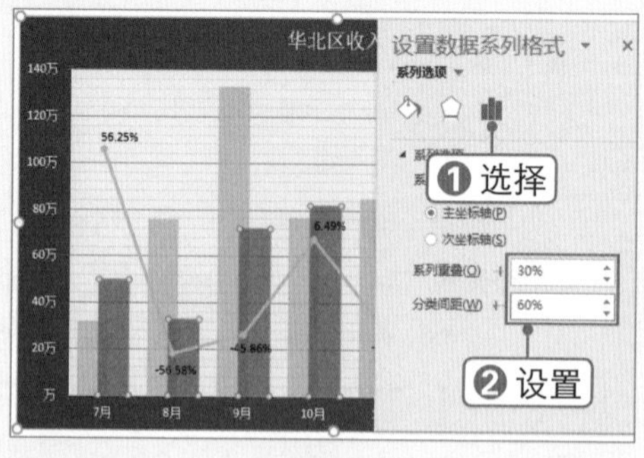

STEP 12 设置线条格式

❶在图表中选中折线图，❷在“设置数据系列格式”窗格中选择“填充与线条”选项卡，❸选中 实线(S) 单选按钮，❹设置填充颜色和宽度。

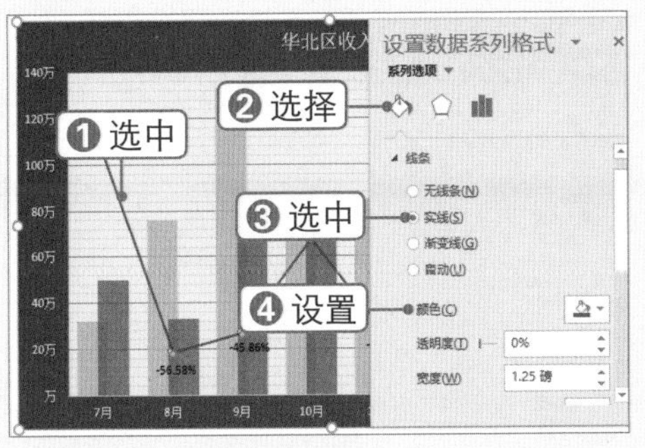

STEP 13 设置标记格式

❶选择“标记”选项卡，❷设置数据标记的填充颜色、类型和大小。

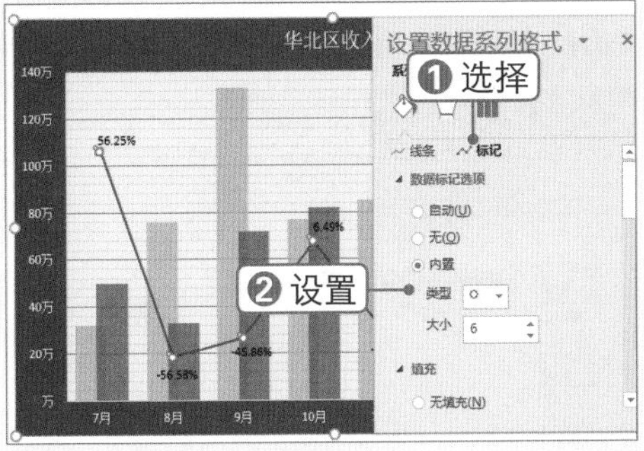

STEP 14 添加阴影效果

❶选择“效果”选项卡，❷展开“阴影”选项，在“预设”列表中选择所需的阴影样式，❸设置阴影参数。

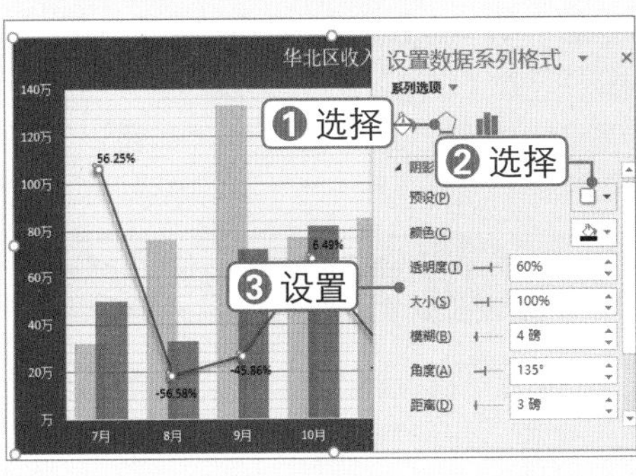

STEP 15 设置刻度线格式

❶在图表中选择纵坐标轴，❷在“设置坐标轴格式”窗格中选择“填充与线条”选项卡，❸设置线条颜色。根据需要在“开始”选项卡下设置图表中各元素的字体格式。

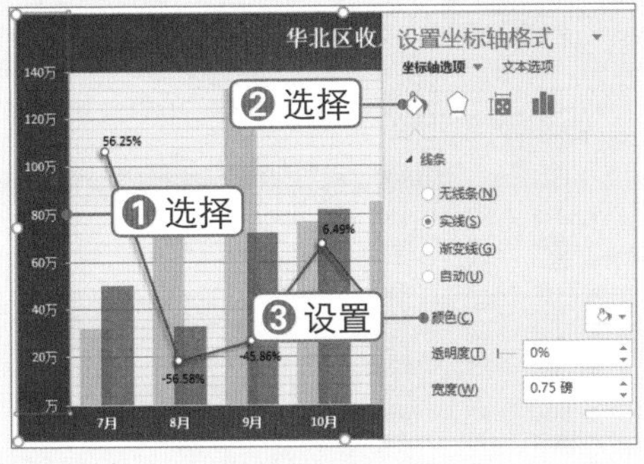

STEP 16 设置其他格式

采用同样的方法，设置图表标题和图例的格式。分别调整图表中各元素的大小和位置，然后在工作表中插入图片，并将其与图表进行组合。

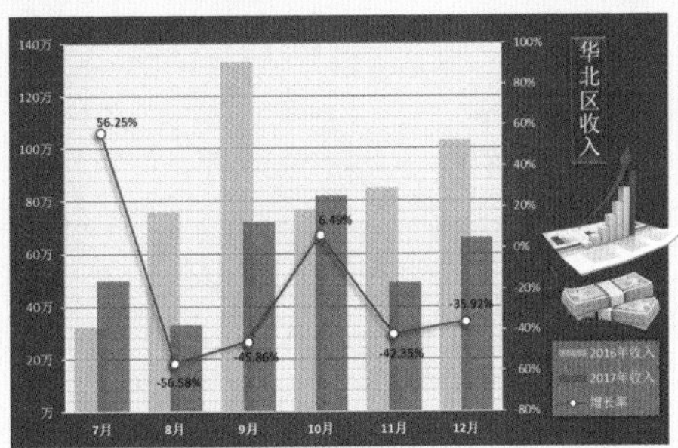

秒杀技巧 重置图表元素样式

在图表中选中要恢复样式的图表元素，选择“格式”选项卡，在“当前所选内容”组中单击“重设以匹配样式”按钮，即可重置该图表元素样式。

9.1.4 创建数据透视表

微课：创建数据透视表

在当前工作表或新工作表中可以创建数据透视表，创建完成后需要为其添加各字段，具体操作方法如下：

STEP 1 单击"数据透视表"按钮

❶选择任意数据单元格，❷选择插入选项卡，❸在"表格"组中单击"数据透视表"按钮。

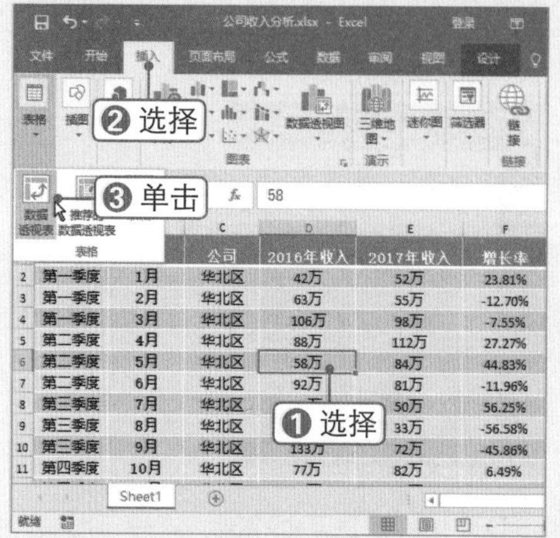

STEP 2 选择位置

弹出"创建数据透视表"对话框，程序将自动选取数据区域。❶选中◉新工作表(N)单选按钮，❷单击确定按钮。

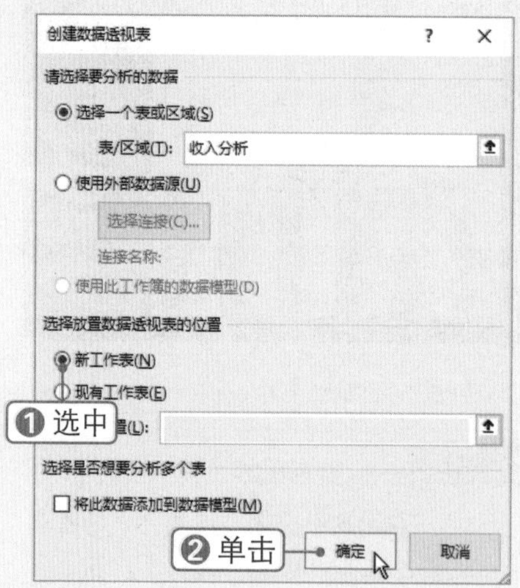

STEP 3 添加字段

创建一个空的数据透视表，并显示"数据透视表字段"窗格。在字段列表中依次将"季度"和"公司"字段拖至"行"区域中。

STEP 4 添加字段

在字段列表中依次将"2016 年收入"和"2017 年收入"字段拖至"值"区域中。

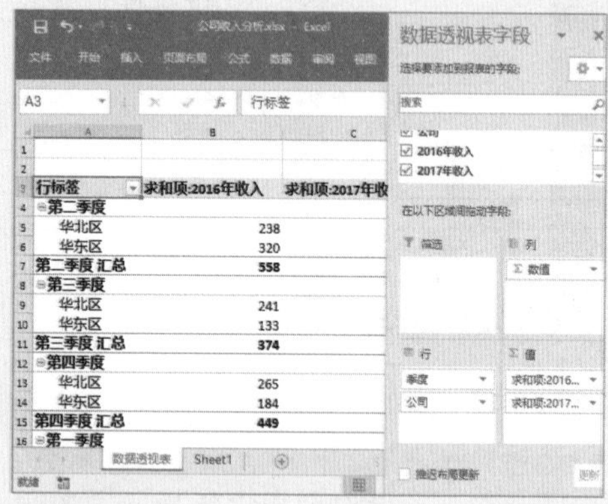

STEP 5 调整字段位置

选中"第一季度"单元格，将鼠标指针移至其网格线位置，当指针呈✥样式时按住鼠标左键并向上拖动，调整该字段位置。

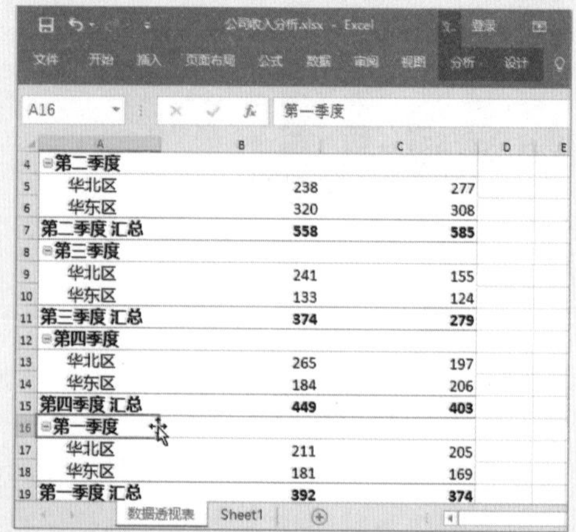

STEP 6 调整字段位置

选中“华北区”单元格，将鼠标指针移至其网格线位置，当指针呈✥样式时按住鼠标左键并向下拖动，使其位于“华东区”下方。

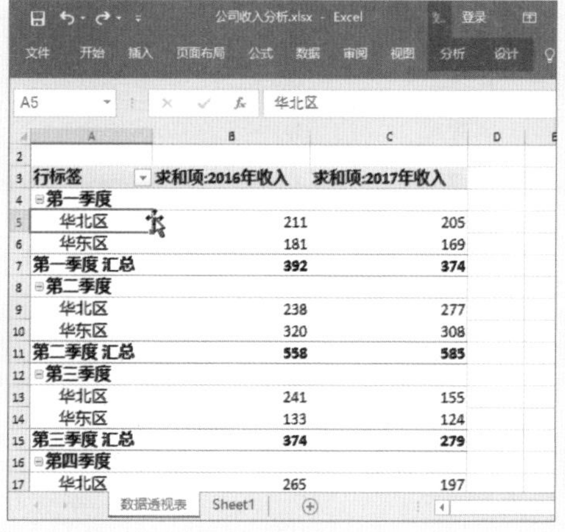

STEP 7 更改报表布局

❶选择设计选项卡，❷单击“报表布局”下拉按钮，❸选择“以压缩形式显示”选项。

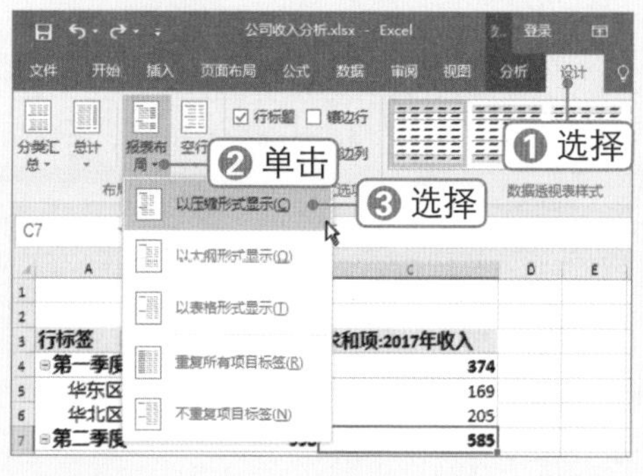

STEP 8 更改行标签层次结构

在“数据透视表字段”窗格的“行”区域中将“季度”字段拖至“公司”字段的下方。

9.1.5 字段设置

微课：字段设置

在数据透视表中可以根据需要更改值的汇总方式和显示方式，具体操作方法如下：

STEP 1 选择总计的百分比(G)选项

❶右击“求和项：2016 年收入”列中任意单元格，❷选择值显示方式(A)选项。❸选择总计的百分比(G)选项。

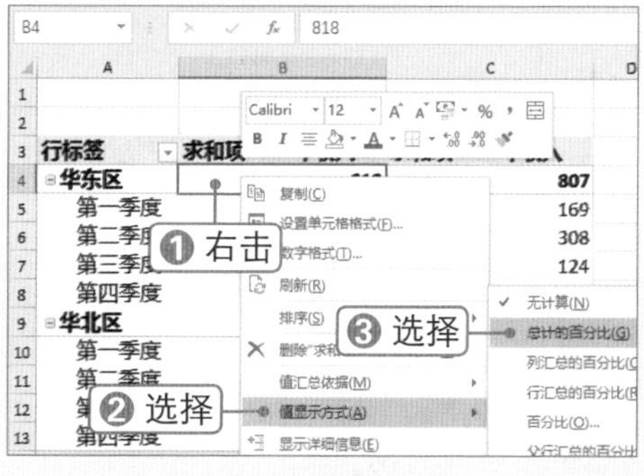

STEP 2 以百分比显示数据

此时即可以总计的百分比显示该列数据。

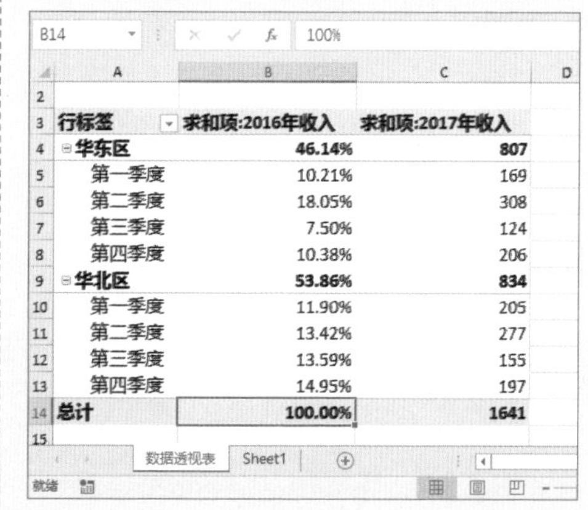

STEP 3 选择 平均值(A) 选项

❶右击“求和项：2017 年收入”列中任意单元格，❷选择 值汇总依据(M) 选项，❸选择 平均值(A) 选项。

STEP 4 查看汇总效果

此时数据的汇总方式即可更改为“平均值”汇总。

行标签	求和项:2016年收入	平均值项:2017年收入
华东区	46.14%	67.25
第一季度	10.21%	56.33333333
第二季度	18.05%	102.6666667
第三季度	7.50%	41.33333333
第四季度	10.38%	68.66666667
华北区	53.86%	69.5
第一季度	11.90%	68.33333333
第二季度	13.42%	92.33333333
第三季度	13.59%	51.66666667
第四季度	14.95%	65.66666667
总计	100.00%	68.375

9.1.6 排序和筛选数据

若数据透视表中包含大量的数据，可以通过对数据进行排序和筛选来管理数据，具体操作方法如下：

微课：排序和筛选数据

STEP 1 更改数据透视表结构

在“数据透视表字段”窗格中将“公司”字段拖至“筛选”区域，将“月份”字段拖至“季度”字段下方。

STEP 2 降序排序

❶在“求和项：2016 年收入”列中选中任意汇总单元格，❷选择 数据 选项卡，❸单击“降序”按钮，对汇总数据进行降序排序。

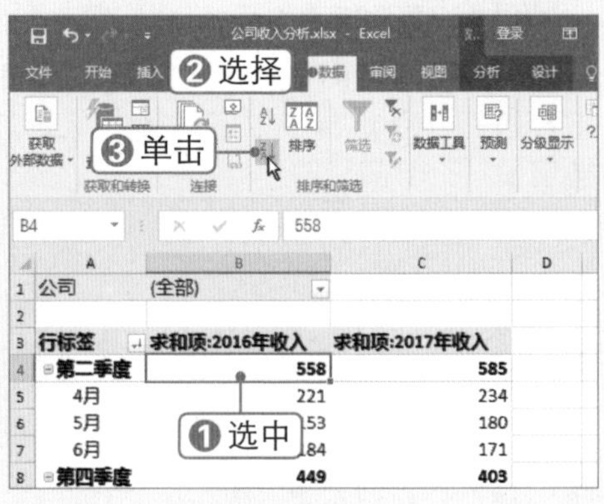

STEP 3 筛选数据

❶单击“公司”右侧的下拉按钮，❷选中“选择多项”复选框，❸取消选择“华北区”复选框，❹单击 确定 按钮。

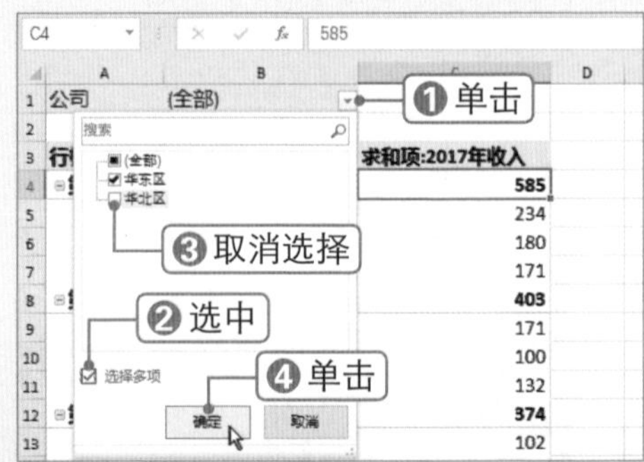

STEP 4 查看筛选结果

此时即可筛选出“华东区”的数据。

	A	B	C
1	公司	华东区	
2			
3	行标签	求和项:2016年收入	求和项:2017年收入
4	第二季度	320	308
5	4月	133	122
6	5月	95	96
7	6月	92	90
8	第四季度	184	206
9	10月	80	89
10	11月	42	51
11	12月	62	66
12	第一季度	181	169
13	1月	58	50
14	2月	62	65

实操解疑

在“数据透视表字段”窗格筛选数据

在“数据透视表字段”窗格中也可以很方便地筛选数据，单击字段右侧的筛选或排序按钮，在弹出的列表中进行筛选即可。

9.1.7 创建数据透视图

微课：创建数据透视图

当数据透视表中的数据非常多或较为复杂时，通过数据透视表便很难纵观全局，此时可以创建数据透视图。在数据透视表中创建图表即可创建数据透视图，具体操作方法如下：

STEP 1 更改数据透视表结构

在“数据透视表字段”窗格中调整各字段的位置，在数据透视表中根据需要手动排序字段。

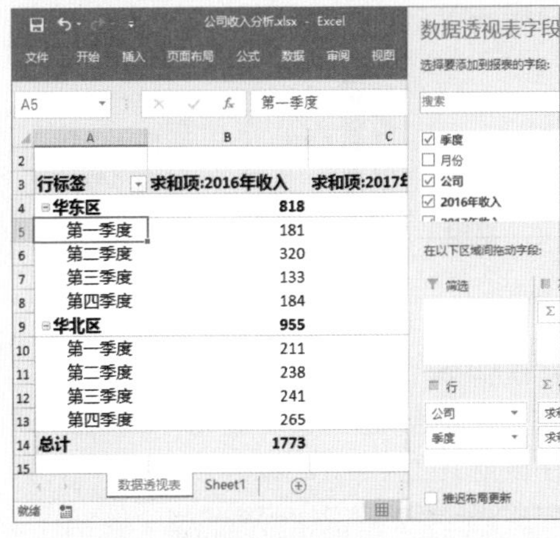

STEP 2 不显示分类汇总

❶选择 设计 选项卡，❷在“布局”组中单击“分类汇总”下拉按钮，❸选择“不显示分类汇总”选项。

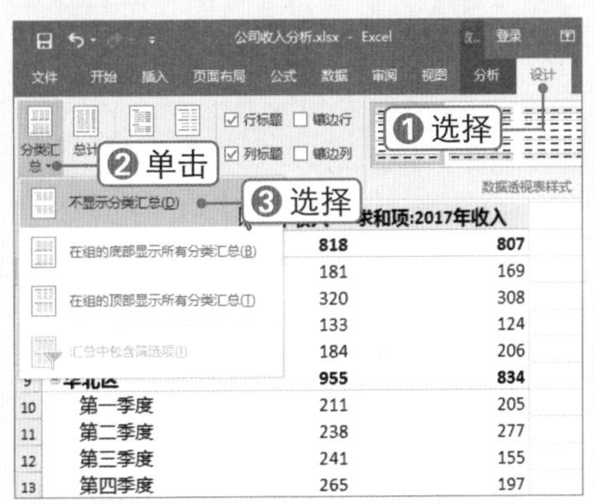

STEP 3 禁用总计

❶单击“总计”下拉按钮，❷选择“对行和列禁用”选项。

STEP 4 重命名字段

在透视表中选中字段名称，在编辑栏中输入新名称。

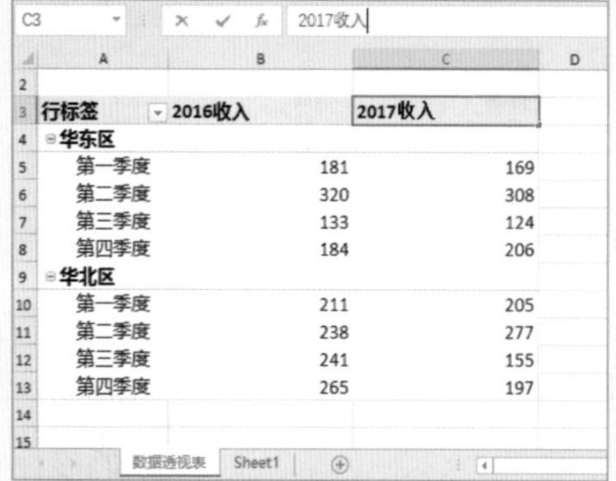

行标签	2016收入	2017收入
⊟华东区		
第一季度	181	169
第二季度	320	308
第三季度	133	124
第四季度	184	206
⊟华北区		
第一季度	211	205
第二季度	238	277
第三季度	241	155
第四季度	265	197

STEP 5 选择图表类型

❶选择 插入 选项卡，❷在“图表”组中单击“插入柱形图或条形图”下拉按钮，❸选择“簇状柱形图”类型。

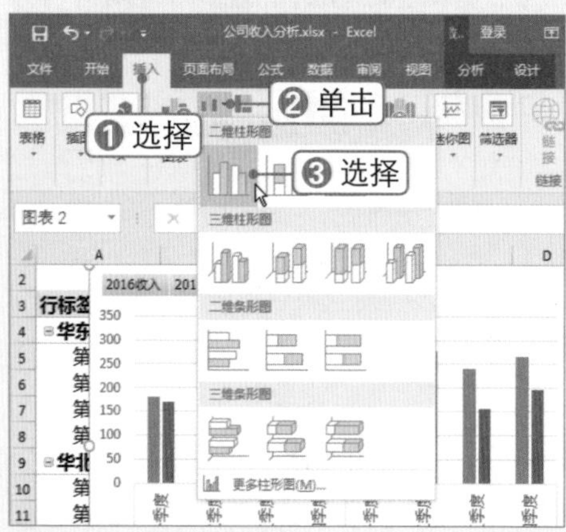

STEP 6 创建图表

此时即可创建柱形图，在图表中按公司展示各季度的收入对比。

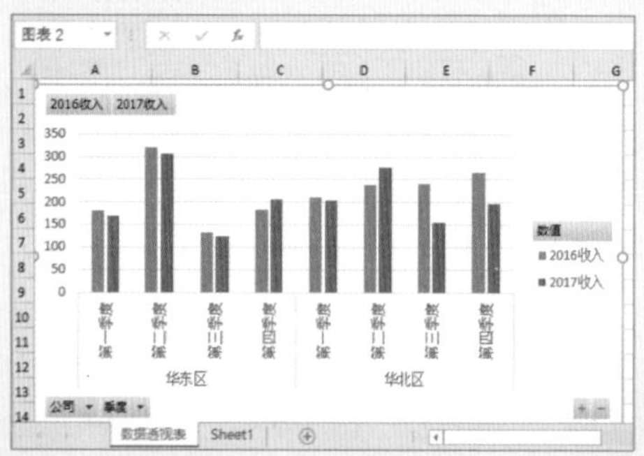

STEP 7 更改“轴”层次结构

打开“数据透视图字段”窗格，在“轴(类别)”区域将“公司”字段拖至“季度”字段下方，在图表中按季度展示各公司的收入对比。

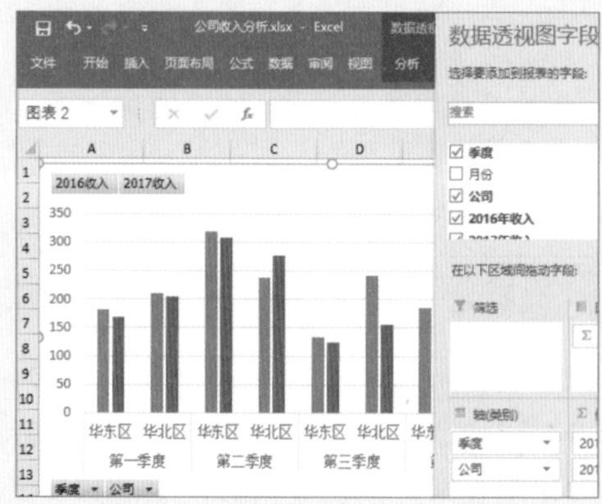

STEP 8 折叠字段

单击图表右下方的“折叠整个字段”按钮，即可在数据透视图的水平轴中隐藏“公司”字段。

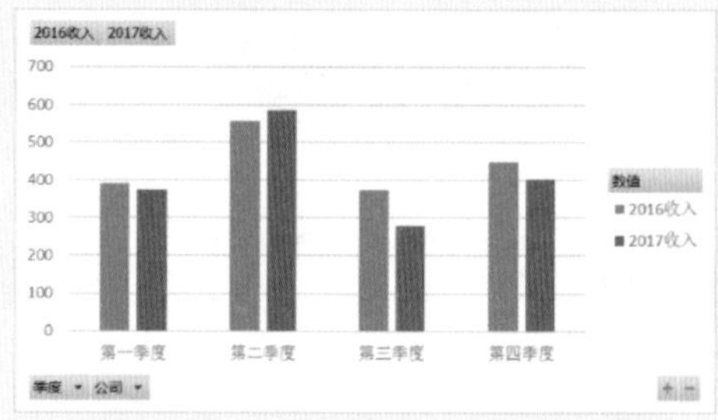

STEP 9 拖动字段

在“数据透视图字段”窗格中将“公司”字段拖至“筛选”区域。

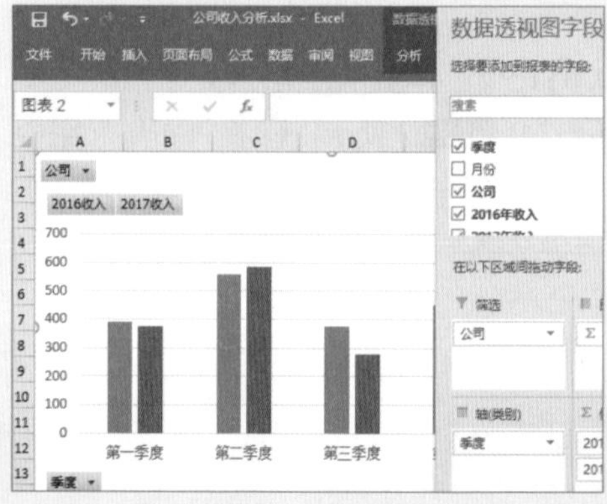

STEP 10 筛选公司

❶在图表中单击“公司”下拉按钮，❷选中“选择多项”复选框，❸取消选择“华北区”复选框，❹单击 确定 按钮。

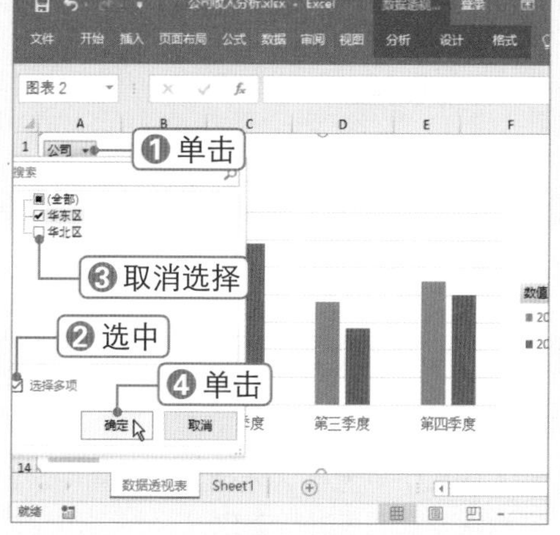

STEP 11 查看图表结果

筛选数据后查看此时的图表效果。

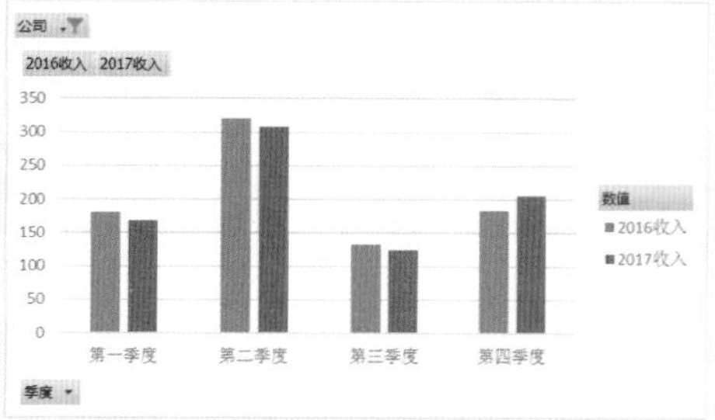

STEP 12 设置数据透视图格式

在“数值”区域添加“增长率”字段，然后按照对图表设置格式的方法设置数据透视图的格式。

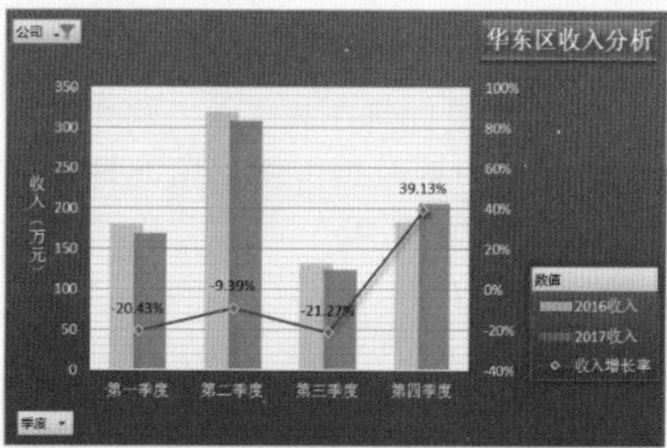

Chapter 09

9.2 商品销售额动态图表分析

■ 关键词：函数、插入控件、控件格式、单元格链接、定义名称、编辑数据系列

某服饰公司利用图表对服饰销售情况进行统计和分析，为了更灵活、生动地展现数据，可以使用函数和控件制作出各种动态图表。下面将介绍如何使用单选按钮、下拉列表框及复选框等进行商品销售额动态图表分析。

9.2.1 使用单选按钮进行图表分析

使用选项按钮控件和OFFSET函数可以制作简单的动态图表。OFFSET函数用于提取数据，它返回对单元格或单元格区域中指定行数和列数的区域的引用。返回的引用可以是单个单元格或单元格区域。

微课：使用单选按钮进行图表分析

1. 创建图表

下面创建每款男装的销售额图表，具体操作方法如下：

STEP 1 输入公式

❶选择A15单元格，❷在编辑栏中输入“=A1”。

STEP 2 填充数据

按【Enter】键即可在 A15 单元格中引用 A1 单元格中的数据，使用填充柄填充 A16:A27 单元格区域。

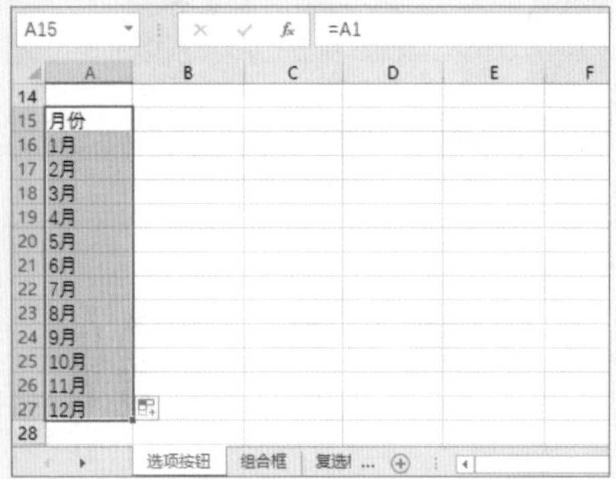

STEP 3 输入公式

❶选择 B15 单元格，❷在编辑栏中输入公式“=OFFSET(A1,0,$C$15)”，按【Enter】键得出结果，❸选择 C15 单元格，并输入数字 1。

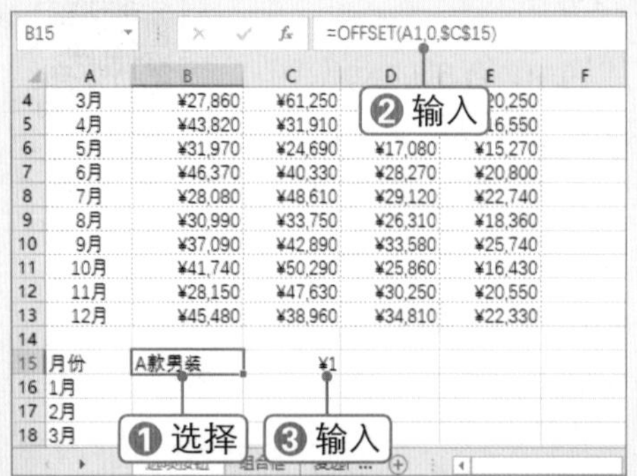

STEP 4 填充数据

拖动 B15 单元格右下角的填充柄向下填充数据，然后对 A15:C27 单元格区域进行单元格格式设置。

STEP 5 创建图表

对 A15:B27 单元格区域创建柱形图图表，根据需要对图表进行美化。

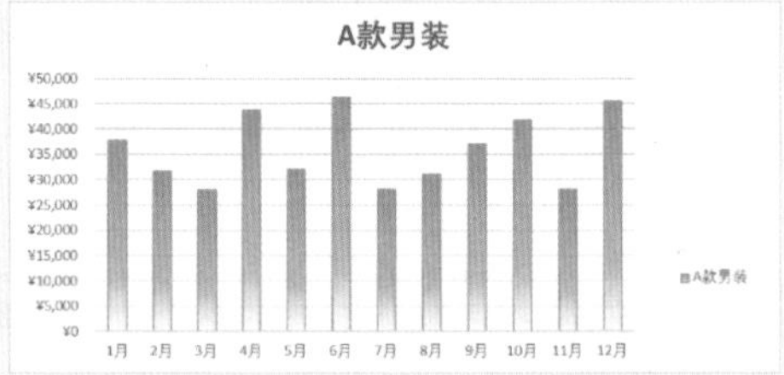

2. 应用“选项按钮”控件

下面将介绍如何插入“选项按钮”控件，并设置控件格式，使其与图表链接起来，具体操作方法如下：

STEP 1 选择“选项按钮”控件

❶选择 开发工具 选项卡，❷在“控件”组中单击“插入”下拉按钮，❸选择“选项按钮”控件⊙。

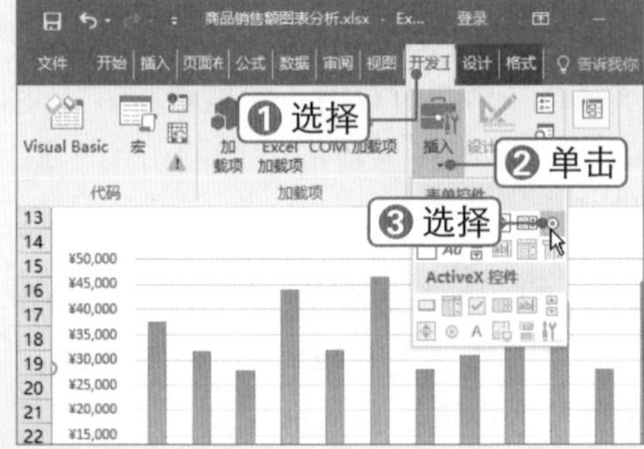

STEP 2　绘制选项按钮

此时鼠标指针变为十字形状，拖动鼠标绘制选项按钮控件。

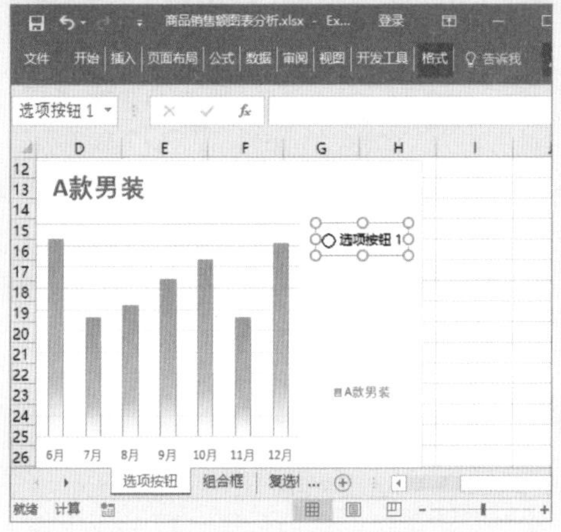

STEP 3　选择"设置对象格式(O)..."命令

更改选项按钮控件的名称，然后复制3个控件，右击控件可将其选中。❶按住【Shift】键选中插入的所有控件并右击，❷选择"设置对象格式(O)..."命令。

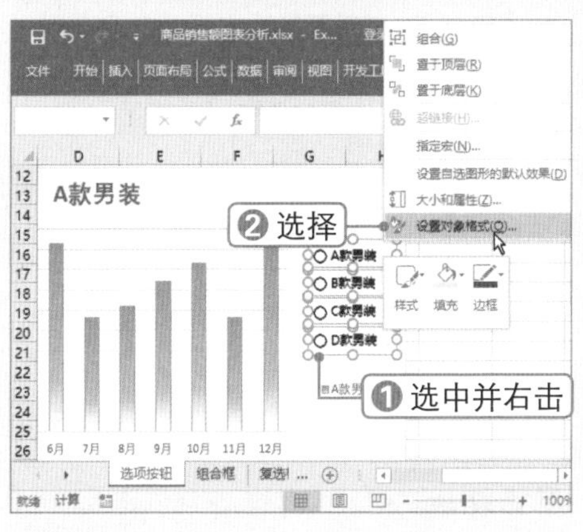

STEP 4　设置单元格链接

弹出"设置控件格式"对话框，❶选择"控制"选项卡，❷在"单元格链接"文本框中设置参数，❸单击"确定"按钮。

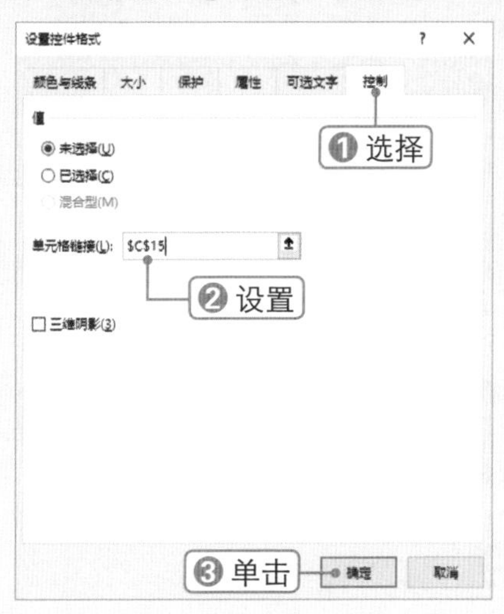

STEP 5　查看设置效果

设置控件格式后，创建的柱形图变为空图表。选中任意一个单选按钮，即可生成与其相对应的柱形图。还可根据需要将选项按钮控件和图表进行组合。

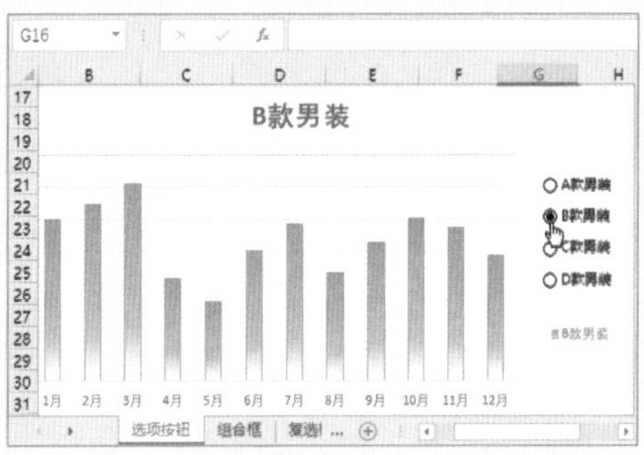

9.2.2 使用下拉列表框进行图表分析

微课：使用下拉列表框进行图表分析

下面使用组合框和VLOOKUP函数制作简单的动态图表。使用VLOOKUP函数可以搜索某个单元格范围的第一列，然后返回该区域相同行上任何单元格中的值。

1. 创建柱形图表

下面将创建每月各款男装的销售额图表，具体操作方法如下：

STEP 1　选择单元格区域

选择"组合框"工作表，清空"月份"数据并选择单元格区域。

月份	A款男装	B款男装	C款男装	D款男装
	¥37,680	¥49,940	¥20,760	¥17,120
	¥31,720	¥54,810	¥29,130	¥15,170
	¥27,860	¥61,250	¥32,950	¥20,250
	¥43,820	¥31,910	¥19,730	¥16,550
	¥31,970	¥24,690	¥17,080	¥15,270
	¥46,370	¥40,330	¥28,270	¥20,800
	¥28,080	¥48,610	¥29,120	¥22,740
	¥30,990	¥33,750	¥26,310	¥18,360
	¥37,090	¥42,890	¥33,580	¥25,740
	¥41,740	¥50,290	¥25,860	¥16,430
	¥28,150	¥47,630	¥30,250	¥20,550
	¥45,480	¥38,960	¥34,810	¥22,330

STEP 2 自定义数字格式

按【Ctrl+1】组合键，弹出“设置单元格格式”对话框，❶在“数字”选项卡下选择“自定义”分类，❷在“类型”文本框中输入“#" 月 "”，❸单击 确定 按钮。

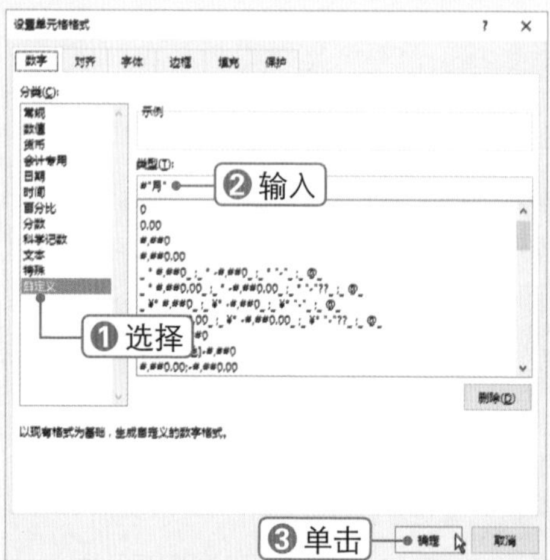

STEP 3 填充数据

在 A2 单元格中输入 1，按住【Ctrl】键拖动 A2 单元格右下角的填充柄，向下填充其他月份数据。

月份	A款男装	B款男装	C款男装	D款男装
1月	¥37,680	¥49,940	¥20,760	¥17,120
2月	¥31,720	¥54,810	¥29,130	¥15,170
3月	¥27,860	¥61,250	¥32,950	¥20,250
4月	¥43,820	¥31,910	¥19,730	¥16,550
5月	¥31,970	¥24,690	¥17,080	¥15,270
6月	¥46,370	¥40,330	¥28,270	¥20,800
7月	¥28,080	¥48,610	¥29,120	¥22,740
8月	¥30,990	¥33,750	¥26,310	¥18,360
9月	¥37,090	¥42,890	¥33,580	¥25,740
10月	¥41,740	¥50,290	¥25,860	¥16,430
11月	¥28,150	¥47,630	¥30,250	¥20,550
12月	¥45,480	¥38,960	¥34,810	¥22,330

STEP 4 单击“数据验证”按钮

❶选择 B15 单元格，❷选择 数据 选项卡，❸在“数据工具”组中单击“数据验证”按钮。

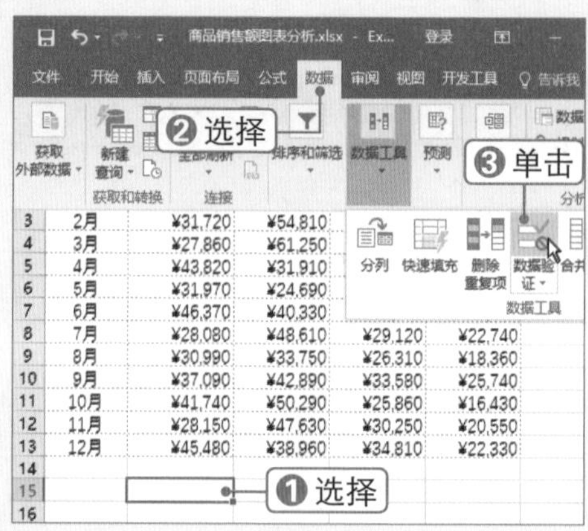

STEP 5 定位光标

弹出“数据验证”对话框，❶在“允许”下拉列表框中选择“序列”选项。❷在“来源”文本框中设置单元格引用，❸单击 确定 按钮。

秒杀技巧 ActiveX 组合框进行图表分析

ActiveX 组合框为旧式组合框控件，要使用它可在“开发工具”选项卡下插入“组合框（ActiveX 控件）”，并对其属性中的 LinkedCell、ListFillRange 参数进行设置。

STEP 6 选择月份

❶单击 B15 单元格右侧的下拉按钮，❷选择“1 月”。

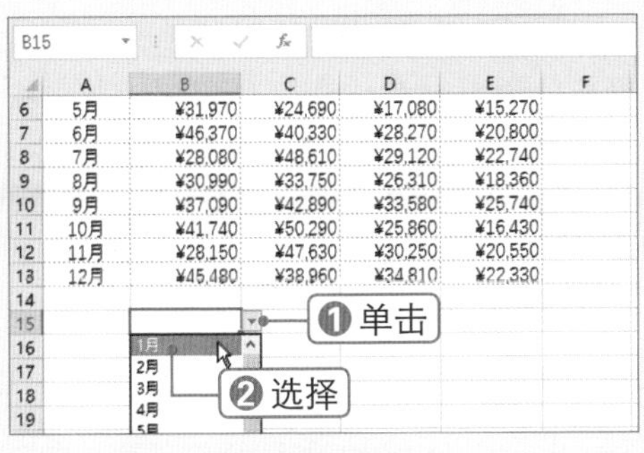

	A	B	C	D	E
6	5月	¥31,970	¥24,690	¥17,080	¥15,270
7	6月	¥46,370	¥40,330	¥28,270	¥20,800
8	7月	¥28,080	¥48,610	¥29,120	¥22,740
9	8月	¥30,990	¥33,750	¥26,310	¥18,360
10	9月	¥37,090	¥42,890	¥33,580	¥25,740
11	10月	¥41,740	¥50,290	¥25,860	¥16,430
12	11月	¥28,150	¥47,630	¥30,250	¥20,550
13	12月	¥45,480	¥38,960	¥34,810	¥22,330

STEP 7 复制数据

选择 B1:E1 单元格区域，按【Ctrl+C】组合键复制数据。

B1　A款男装

	A	B	C	D	E
1	月份	A款男装	B款男装	C款男装	D款男装
2	1月	¥37,680	¥49,940	¥20,760	¥17,120
3	2月	¥31,720	¥54,810	¥29,130	¥15,170
4	3月	¥27,860	¥61,250	¥32,950	¥20,250
5	4月	¥43,820	¥31,910	¥19,730	¥16,550
6	5月	¥31,970	¥24,690	¥17,080	¥15,270
7	6月	¥46,370	¥40,330	¥28,270	¥20,800
8	7月	¥28,080	¥48,610	¥29,120	¥22,740
9	8月	¥30,990	¥33,750	¥26,310	¥18,360
10	9月	¥37,090	¥42,890	¥33,580	¥25,740
11	10月	¥41,740	¥50,290	¥25,860	¥16,430
12	11月	¥28,150	¥47,630	¥30,250	¥20,550
13	12月	¥45,480	¥38,960	¥34,810	¥22,330
14					
15		1			

选项按钮　组合框　复选 ...

STEP 8 设置选择性粘贴

❶选择 A16 单元格，按【Ctrl+Alt+V】组合键，弹出“选择性粘贴”对话框。❷选中 ◉数值(V) 单选按钮，❸选中 ☑转置(E) 复选框，❹单击 确定 按钮。

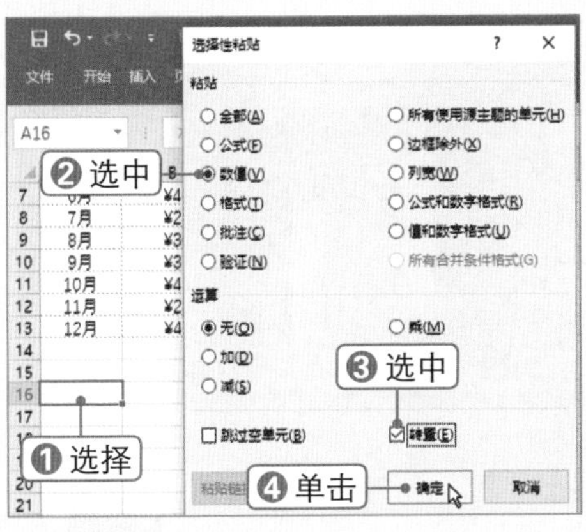

STEP 9 粘贴数据

此时即可粘贴数据并将行转换为列，按【Esc】键取消退出复制状态。

A16　A款男装

	A	B	C	D	E
7	6月	¥46,370	¥40,330	¥28,270	¥20,800
8	7月	¥28,080	¥48,610	¥29,120	¥22,740
9	8月	¥30,990	¥33,750	¥26,310	¥18,360
10	9月	¥37,090	¥42,890	¥33,580	¥25,740
11	10月	¥41,740	¥50,290	¥25,860	¥16,430
12	11月	¥28,150	¥47,630	¥30,250	¥20,550
13	12月	¥45,480	¥38,960	¥34,810	¥22,330
14					
15		1			
16	A款男装				
17	B款男装				
18	C款男装				
19	D款男装				

STEP 10 输入公式

在 B16 单元格中输入公式“=VLOOKUP($B$15,$2:$13,ROW()-14,0)”，按【Enter】键得出结果。

B16　=VLOOKUP($B$15,$2:$13,ROW()-14,0)

	A	B	C	D	E
7	6月	¥46,370	¥40,330	¥28,270	¥20,800
8	7月	¥28,080	¥48,610	¥29,120	¥22,740
9	8月	¥30,990	¥33,750	¥26,310	¥18,360
10	9月	¥37,090	¥42,890	¥33,580	¥25,740
11	10月	¥41,740	¥50,290	¥25,860	¥16,430
12	11月	¥28,150	¥47,630	¥30,250	¥20,550
13	12月	¥45,480	¥38,960	¥34,810	¥22,330
14					
15		1			
16	A款男装	37680			

STEP 11 设置单元格格式

使用填充柄填充 B16:B19 单元格区域，对 A16:B19 单元格区域进行格式设置。

	A	B	C	D	E
7	6月	¥46,370	¥40,330	¥28,270	¥20,800
8	7月	¥28,080	¥48,610	¥29,120	¥22,740
9	8月	¥30,990	¥33,750	¥26,310	¥18,360
10	9月	¥37,090	¥42,890	¥33,580	¥25,740
11	10月	¥41,740	¥50,290	¥25,860	¥16,430
12	11月	¥28,150	¥47,630	¥30,250	¥20,550
13	12月	¥45,480	¥38,960	¥34,810	¥22,330
14					
15		1			
16	A款男装	¥37,680			
17	B款男装	¥49,940			
18	C款男装	¥20,760			
19	D款男装	¥17,120			

STEP 12 创建并美化图表

对 A16:B19 单元格区域创建柱形图图表，根据需要对图表进行美化。

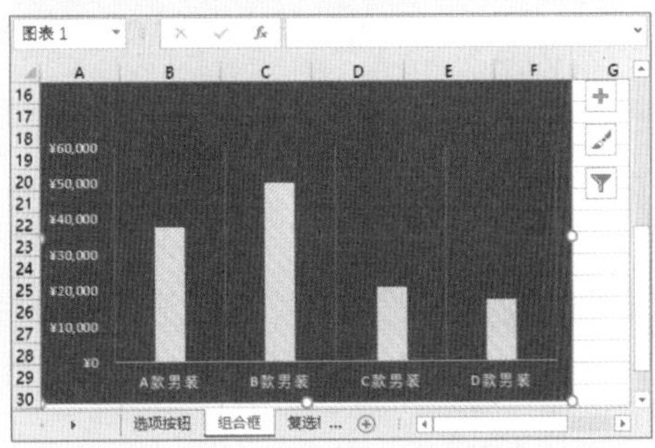

2. 应用“组合框”控件

下面将介绍如何插入“组合框”控件并设置控件格式，使其与图表链接起来，具体操作方法如下：

STEP 1 选择“组合框”控件

❶选择 开发工具 选项卡，❷在“控件”组中单击“插入”下拉按钮，❸选择“组合框”控件。

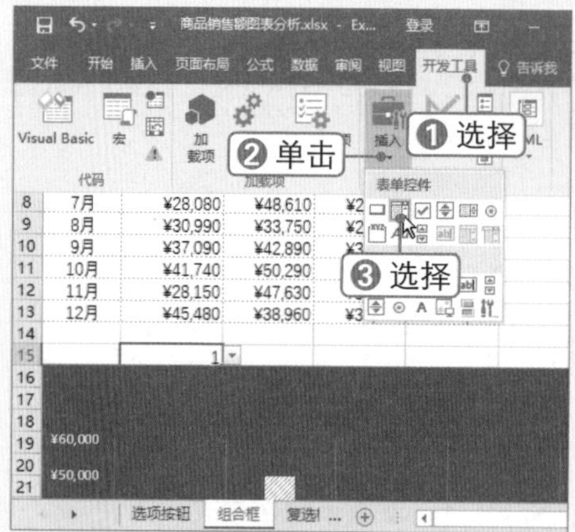

STEP 2 单击“属性”按钮

❶在图表上绘制组合框控件，❷在“控件”组中单击“属性”按钮。

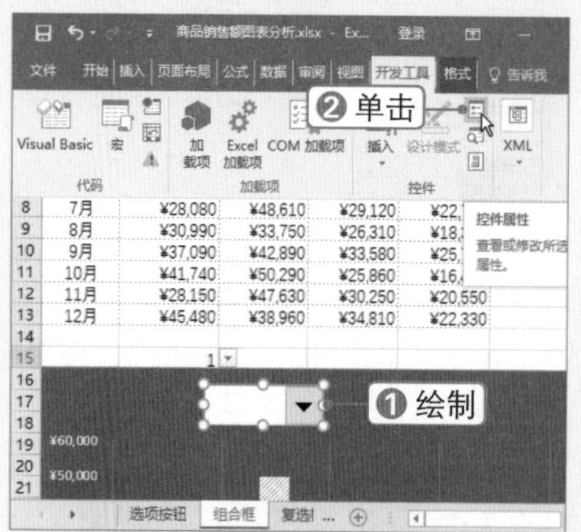

STEP 3 设置对象格式

弹出“设置对象格式”对话框，❶选择“控制”选项卡，❷在“数据源区域”和“单元格链接”文本框中设置单元格引用，❸输入“下拉显示项数”为6，❹单击 确定 按钮。

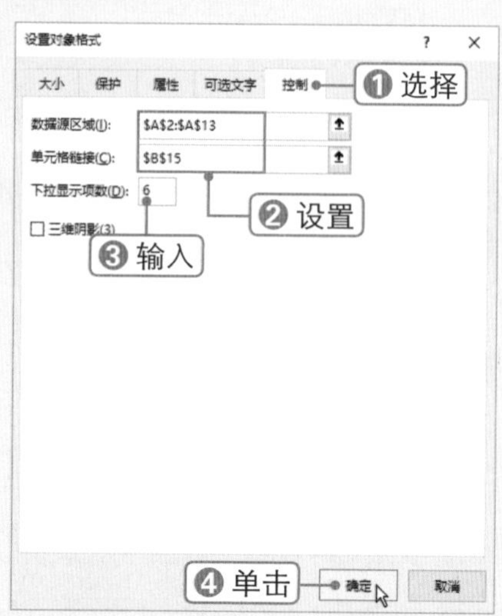

STEP 4 选择月份

此时柱形图变为空的图表。在组合框控件下拉列表中选择“4 月”选项，即可自动生成相应的图表。

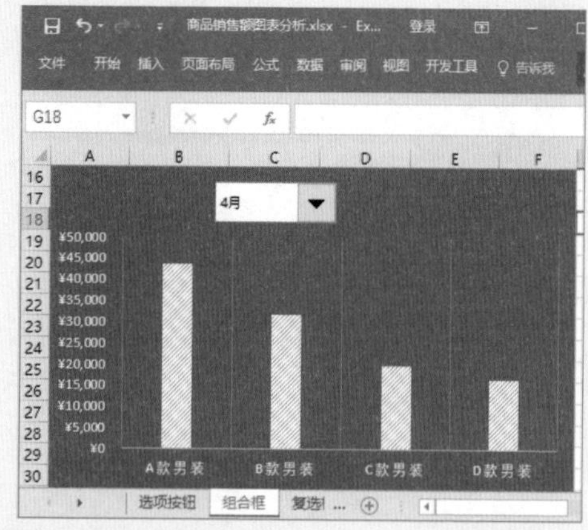

9.2.3 使用复选框进行图表分析

要使动态图表有多项系列选择，可以使用复选框控件。下面将介绍如何通过复选框控件定义名称和IF函数制作简单的动态图表。

微课：使用复选框进行图表分析

1. 定义名称

下面使用“名称管理器”对话框为工作表中所需的数据定义名称，以完成图表的制作，具体操作方法如下：

STEP 1　单击 根据所选内容创建 按钮

切换到“复选框”工作表，❶选择 B1:E13 单元格区域，❷选择 公式 选项卡，❸在“定义的名称”组中单击 根据所选内容创建 按钮。

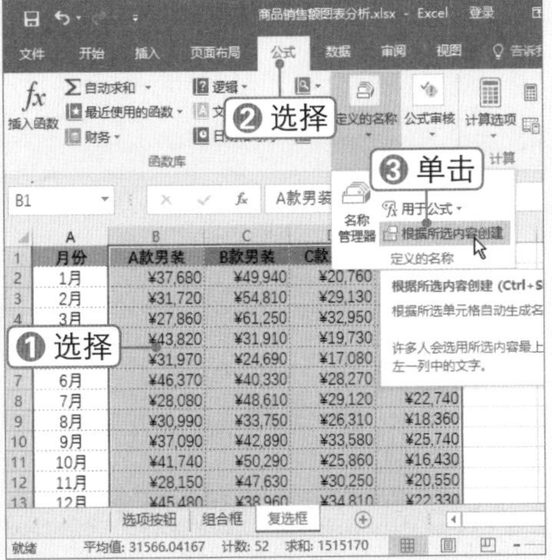

STEP 2　设置名称区域

弹出“以选定区域创建名称”对话框，❶选中 首行(T) 复选框，❷取消选择其他复选框，❸单击 确定 按钮。

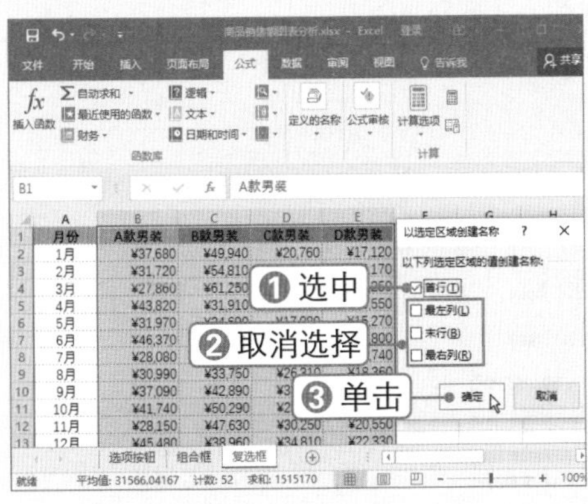

STEP 3　创建名称

在“定义的名称”组中单击“名称管理器”按钮，弹出“名称管理器”对话框，可以看到创建的名称，单击 新建(N)... 按钮。

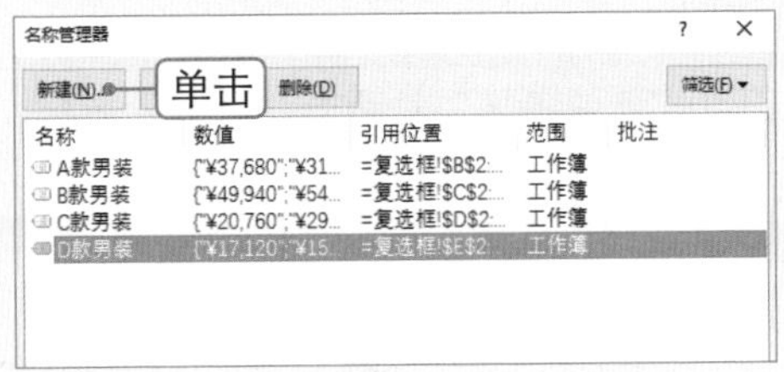

STEP 4　定位光标

弹出“新建名称”对话框，❶输入名称，❷将光标定位到“引用位置”文本框中。

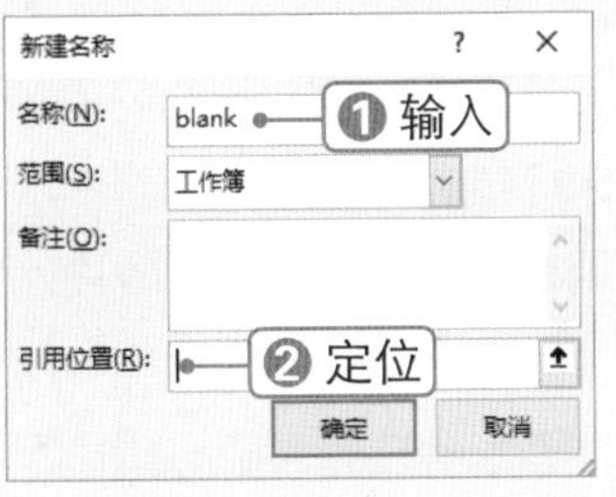

STEP 5　选择单元格区域

选择 H2:H13 单元格区域，释放鼠标后将返回“新建名称”对话框，单击“确定”按钮。

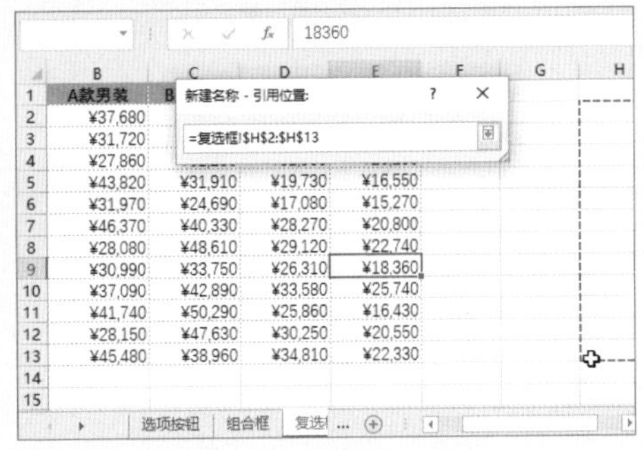

STEP 6　输入 FALSE

在 A15:D15 单元格区域中分别输入 FALSE。

	A	B	C	D	E	F
2	1月	¥37,680	¥49,940	¥20,760	¥17,120	
3	2月	¥31,720	¥54,810	¥29,130	¥15,170	
4	3月	¥27,860	¥61,250	¥32,950	¥20,250	
5	4月	¥43,820	¥31,910	¥19,730	¥16,550	
6	5月	¥31,970	¥24,690	¥17,080	¥15,270	
7	6月	¥46,370	¥40,330	¥28,270	¥20,800	
8	7月	¥28,080	¥48,610	¥29,120	¥22,740	
9	8月	¥30,990	¥33,750	¥26,310	¥18,360	
10	9月	¥37,090	¥42,890	¥33,580	¥25,740	
11	10月	¥41,740	¥50,290	¥25,860	¥16,430	
12	11月	¥28,150	¥47,630	¥30,250	¥20,550	
13	12月	¥45,480	¥38,960	¥34,810	¥22,330	
14						
15	FALSE	FALSE	FALSE	FALSE		
16						

STEP 7 新建名称

打开“新建名称”对话框，❶输入名称，❷在“引用位置”文本框中输入公式。❸单击 确定 按钮。

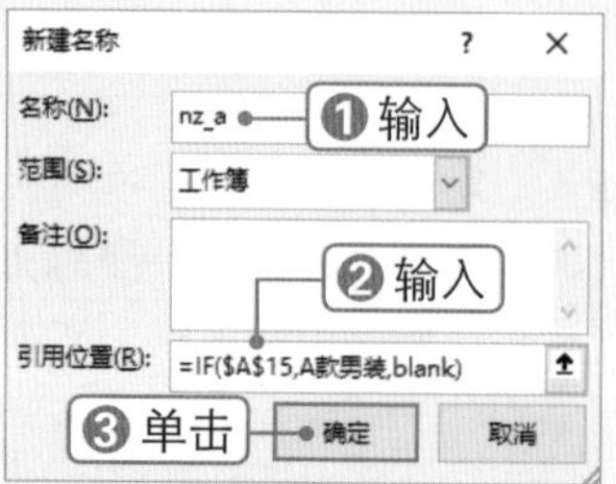

STEP 8 新建名称

采用同样的方法继续新建名称，修改名称和公式。

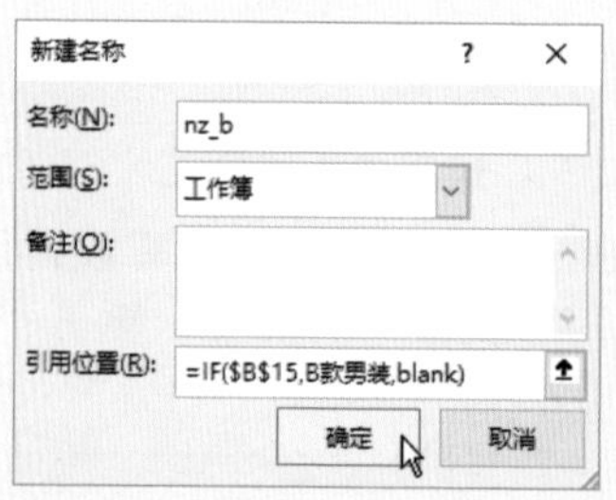

2. 创建折线图

下面创建一个空的图表，自定义图表的数据源，使用前面定义的名称作为数据系列值，具体操作方法如下：

STEP 1 选择图表类型

选择任意一个空白单元格，❶在“图表”组中单击“插入折线图或面积图”下拉按钮，❷选择“带数据标记的折线图”类型。

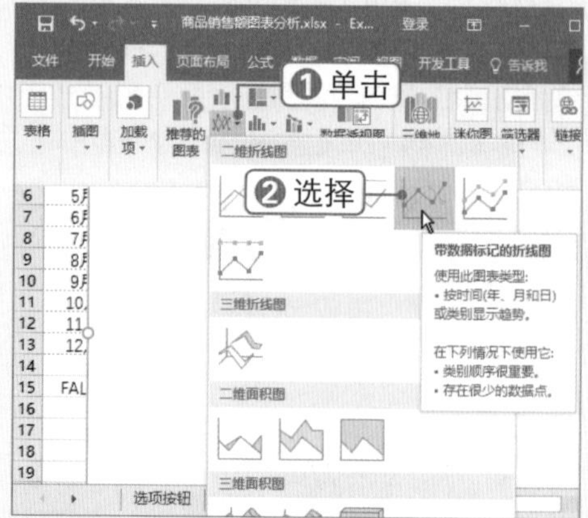

STEP 2 单击“选择数据”按钮

❶选中图表，❷在 设计 选项卡下单击“选择数据”按钮。

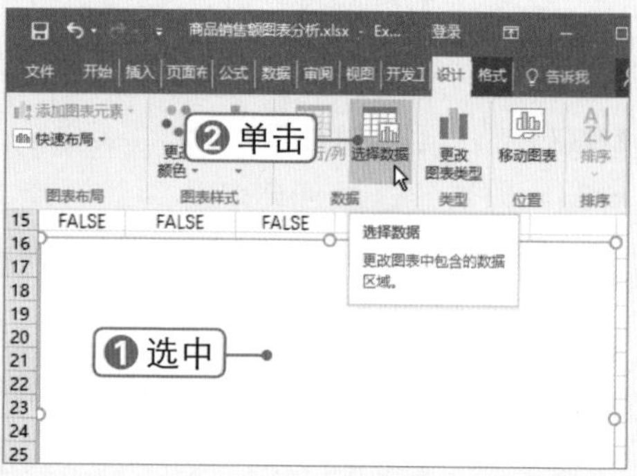

STEP 3 单击 添加(A) 按钮

弹出“选择数据源”对话框，单击 添加(A) 按钮。

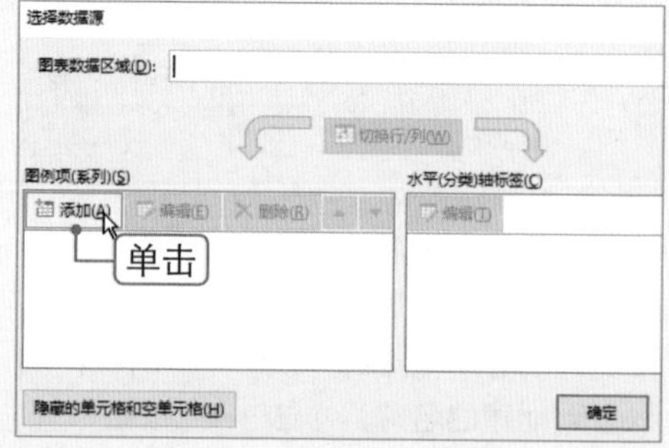

STEP 4 设置系列名称

弹出“编辑数据系列”对话框，❶将光标定位到“系列名称”文本框中，❷在工作表中选择B1单元格，即可在“系列名称”文本框中自动填充单元格引用，❸单击确定按钮。

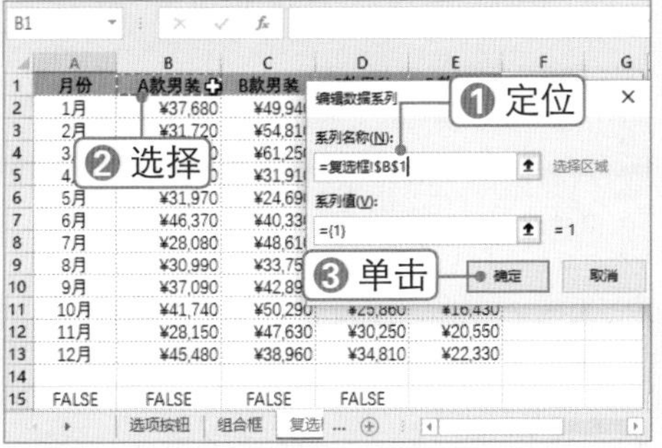

STEP 5 设置系列值

❶在“系列值”文本框中输入“nz_a”，❷单击确定按钮。

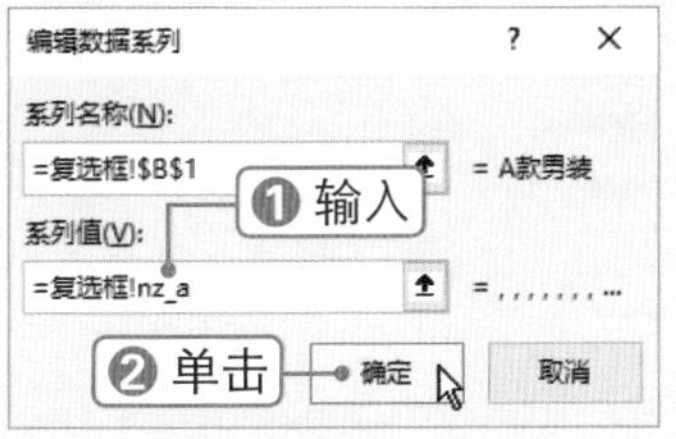

STEP 6 单击“添加”按钮

返回“选择数据源”对话框，查看添加的系列，单击“添加”按钮。

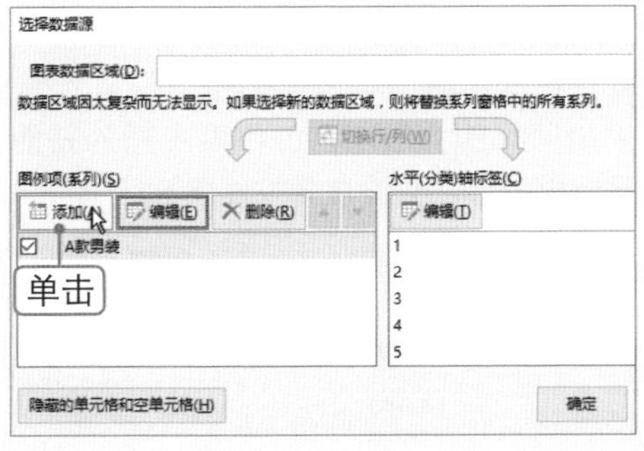

STEP 7 编辑数据系列

采用同样的方法继续添加其他数据系列，单击“确定”按钮。

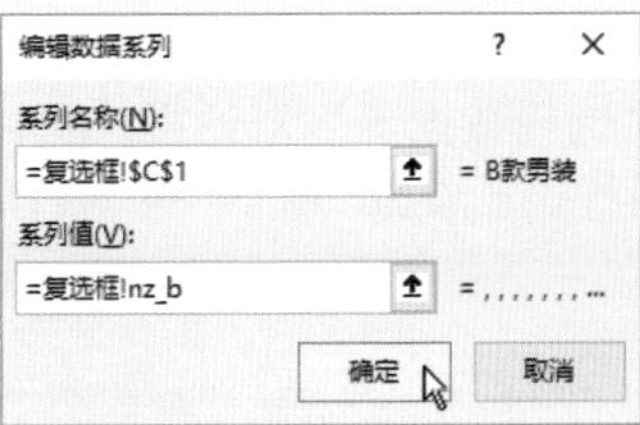

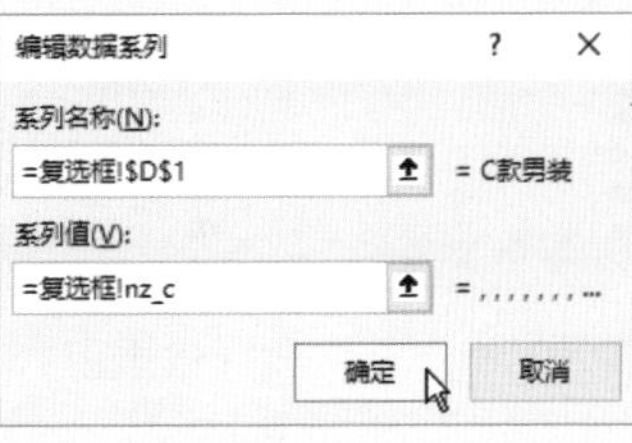

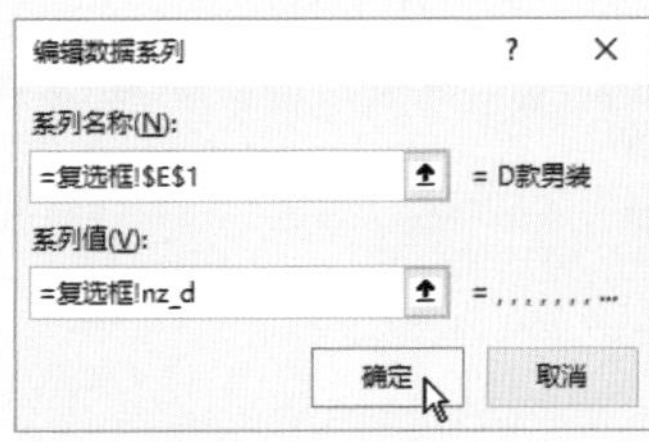

STEP 8 单击编辑按钮

系列添加完成后，在“水平（分类）轴标签”选项区中单击编辑按钮。

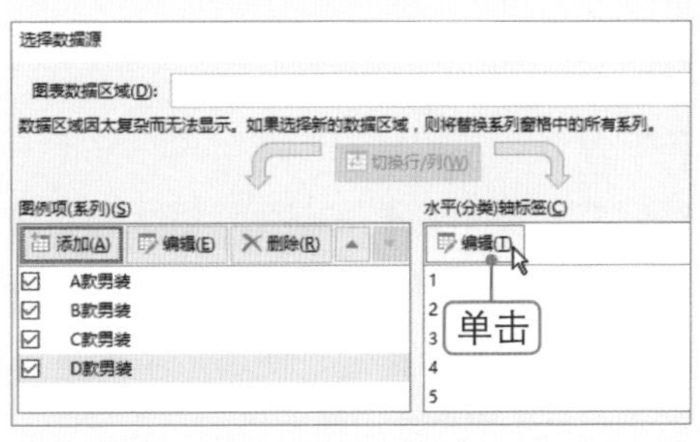

STEP 9 选择单元格区域

❶将光标定位到“轴标签区域”文本框中，❷在工作表中选择A2:A13单元格区域，❸单击确定按钮。

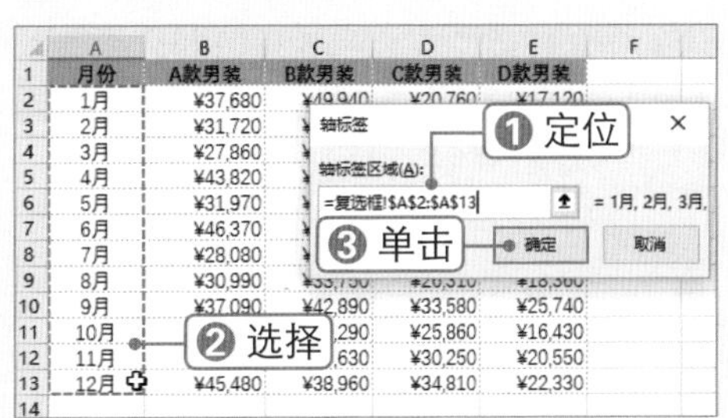

STEP 10 添加水平轴标签

返回“选择数据源”对话框，可以看到水平轴标签已添加，单击 确定 按钮。

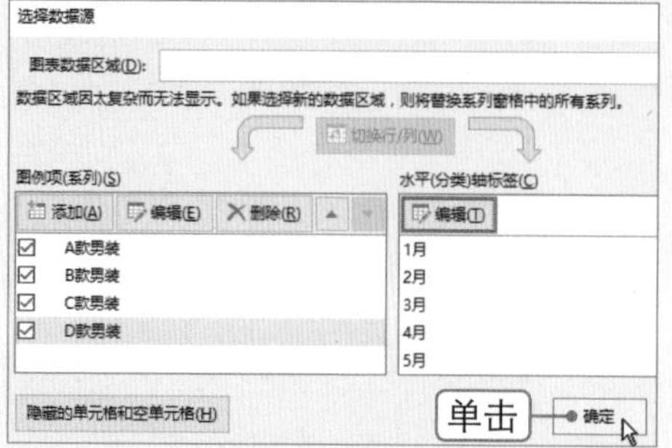

STEP 11 查看图表效果

此时即可查看编辑图标数据源后的图表效果。

3. 应用“复选框”控件

下面将介绍如何插入“复选框”控件，并设置控件格式，使其与图表链接起来，具体操作方法如下：

STEP 1 选择“复选框”控件

❶选择 开发工具 选项卡，❷在“控件”组中单击“插入”下拉按钮，❸选择“复选框”控件☑。

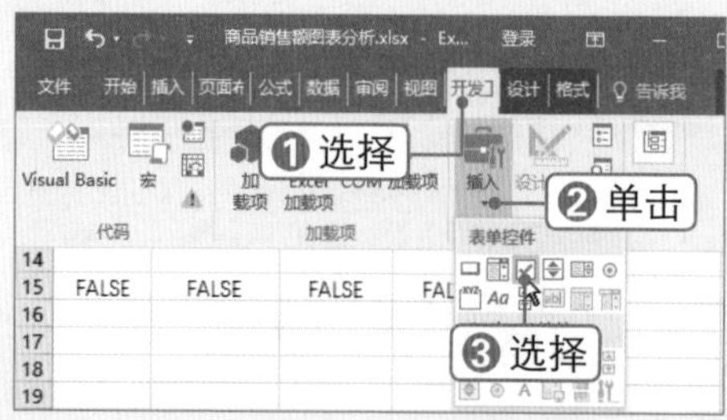

STEP 2 插入控件

在工作表中创建复选框控件，并修改控件名称。❶选中控件，❷在“控件”组中单击“属性”按钮。

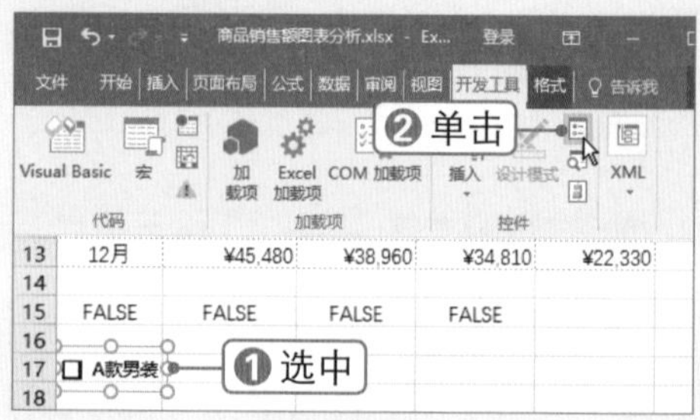

STEP 3 设置控件格式

弹出“设置控件格式”对话框，❶选择“控制”选项卡，❷在“单元格链接”文本框中设置单元格引用，❸单击 确定 按钮。

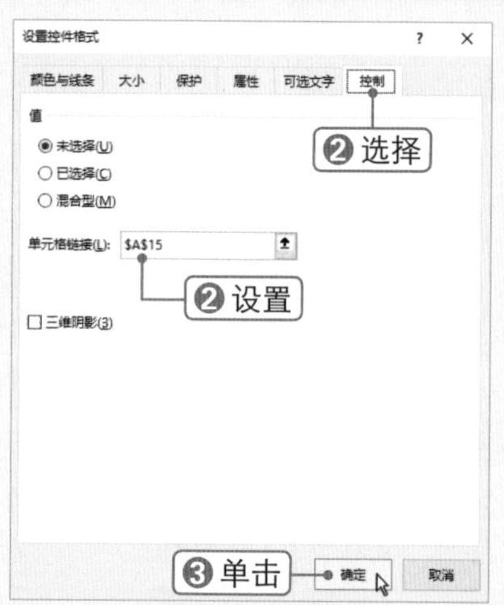

STEP 4 插入其他复选框控件

采用同样的方法，在工作表中插入其他复选框控件，并设置各控件属性。

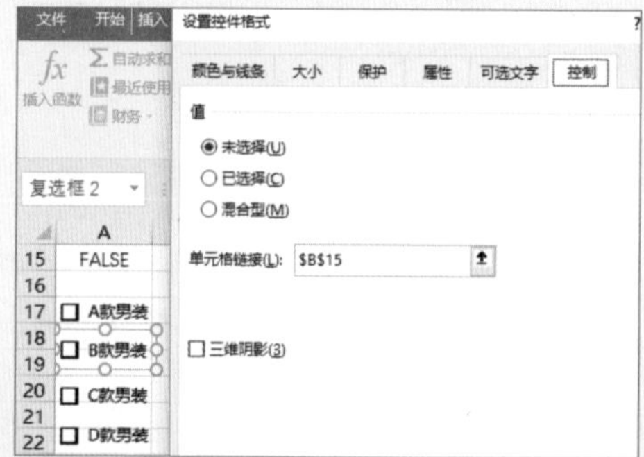

STEP 5 查看图表效果

选中“A 款男装”和“B 款男装”复选框，查看生成的图表效果。

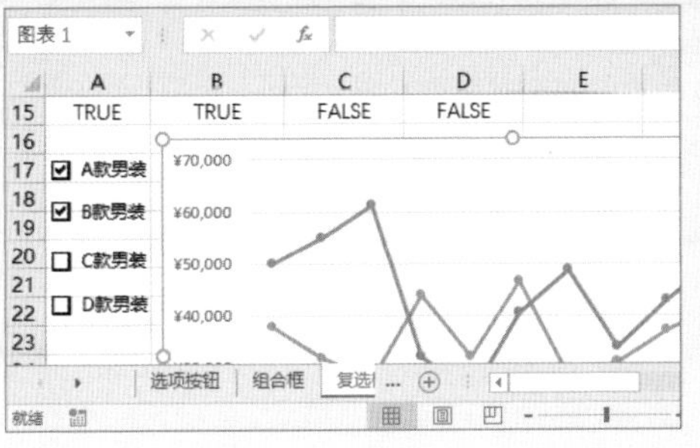

STEP 6 组合控件

根据需要对图表进行美化，然后将复选框控件与图表组合在一起。

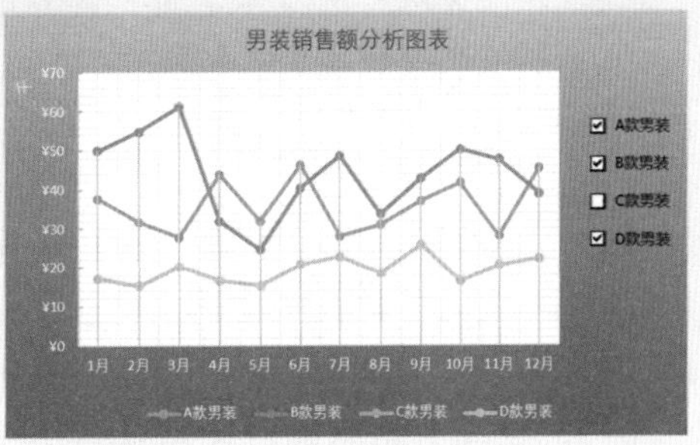

商务办公 私房实操技巧

TIP：创建图表工作表

选中单元格数据后按【F11】键，就会创建一个名为 Chart1 的柱形图图表工作表。

TIP：移动数据透视表

选中数据透视表中的任意单元格，在“分析”选项卡下的“操作”组中单击“移动数据透视表”按钮，在弹出的对话框中设置位置即可。

TIP：删除数据透视表

选中数据透视表中的任意单元格，在“分析”选项卡下的“操作”组中单击“选择”下拉按钮，选择“整个数据透视表”选项，即可选中整个数据透视表，按【Delete】键即可将其删除。

TIP：更新数据透视表

对数据透视表的源数据进行修改后，在“分析”选项卡下的“数据”组中单击“刷新”下拉按钮，选择“全部刷新”选项即可。

TIP：隐藏数据透视图筛选按钮

私房技巧 在“分析”选项卡下的“显示/隐藏”组中单击“字段按钮”下拉按钮，取消选择要隐藏的字段按钮选项即可。

Ask Answer 高手疑难解答

问 怎样为图表标题创建链接？

图解解答 为图表标题或坐标轴标题与单元格中的内容创建链接后，当单元格中的内容发生变化时，图表标题也将随之改变，无须重新输入。例如，在N1单元格中输入文本，选中图表标题，在编辑栏中输入等号，然后选择N1单元格，按【Enter】键即可将单元格中的内容与图表标题链接起来，如右图所示。

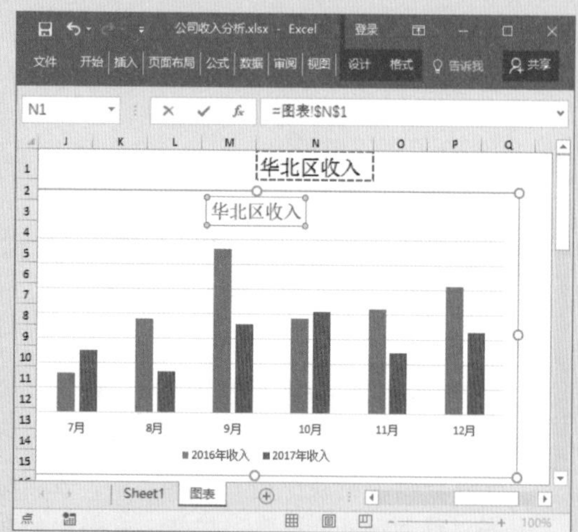

问 怎样创建报表筛选页？

图解解答 在数据透视表中添加筛选器后，可以根据需要创建多个筛选页工作表，具体方法为：在“分析”选项卡下的“数据透视表”组中单击 选项 下拉按钮，选择 显示报表筛选页(P)... 选项，然后在弹出的对话框中单击 确定 按钮即可，如右图所示。

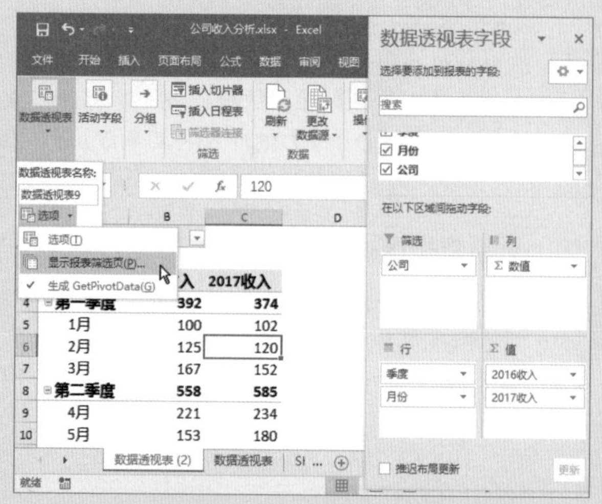

CHAPTER

制作 PPT 商务演示文稿

本章导读

PowerPoint 2016 是一款强大的演示文稿制作软件，可以创建出不同凡响视觉效果的演示文稿。目前几乎所有的企业都要制作各种各样的演示文稿，如产品宣传、培训计划、电子课件、年终总结等。本章将通过制作员工入职培训和商业计划书演示文稿详细介绍如何利用 PowerPoint 2016 快速制作商务演示文稿。

知识要点

01 制作新员工入职培训

02 制作商业计划书

案例展示

▼新员工入职培训（1）

▼新员工入职培训（3）

▼新员工入职培训（2）

▼商业项目计划书

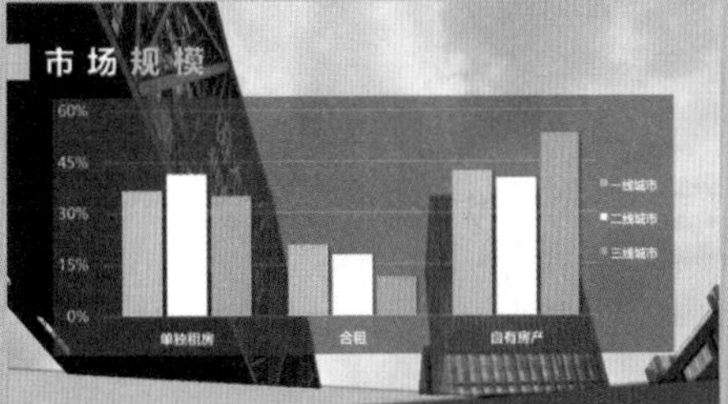

Chapter 10

10.1 制作新员工入职培训

■关键词：对齐对象、图片填充、修饰幻灯片、新建与应用版式、复制幻灯片、裁剪图片

某公司刚刚招聘了一批新员工，需要对其进行全面的入职培训。人事部的王经理使用 PowerPoint 2016 制作了一份 PPT，对新员工进行入职培训讲座，介绍公司的基本情况和企业文化、熟悉各部门业务，以及员工入职培训考试等。在制作入职培训演示文稿的过程中，可以使用幻灯片母版设置统一的幻灯片外观，更加简便、高效。

10.1.1 制作封面页

演示文稿封面页即演示文稿的第一张幻灯片，是给观众的第一视觉体验，一个好的封面页可以给演示文稿加分不少。演示文稿的封面页主要考虑标题文本的位置和样式，可以使用图形或图片对封面加以修饰，使其美观、大方。下面详细介绍如何制作封面页幻灯片，具体操作方法如下：

微课：插入函数

STEP 1 更改版式

新建“新员工入职培训”演示文稿，❶在“幻灯片”组中单击“幻灯片版式”下拉按钮，❷选择“空白”版式。

STEP 2 添加到快速访问工具栏

❶选择 插入 选项卡，❷右击“形状”按钮，❸选择 添加到快速访问工具栏(A) 命令。

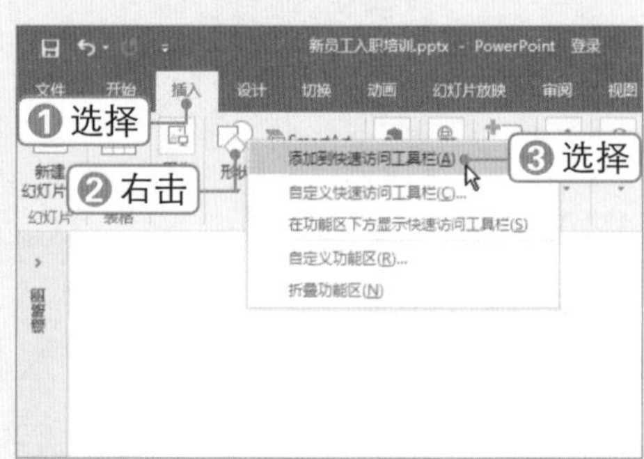

STEP 3 选择形状

❶在快速访问工具栏中单击“形状”下拉按钮，❷选择“矩形”形状□。

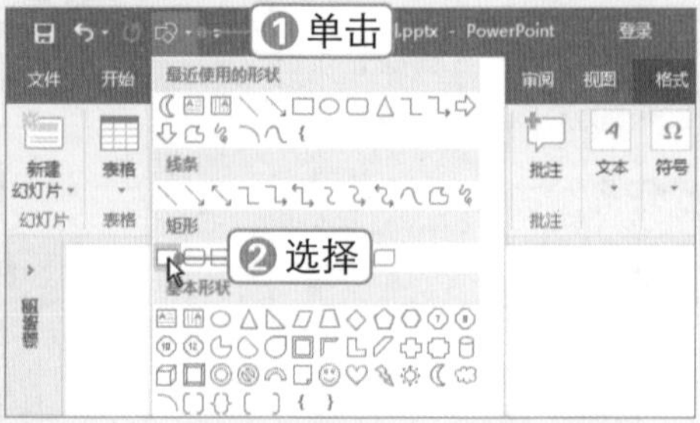

STEP 4 对齐对象

在幻灯片中拖动鼠标绘制矩形，并设置

形状无轮廓，再按住【Shift】键和【Ctrl】键的同时拖动形状复制两个形状。❶拖动鼠标框选三个形状，❷在格式选项卡下的“排列”组中单击“对齐对象”下拉按钮，❸选择横向分布(H)选项。

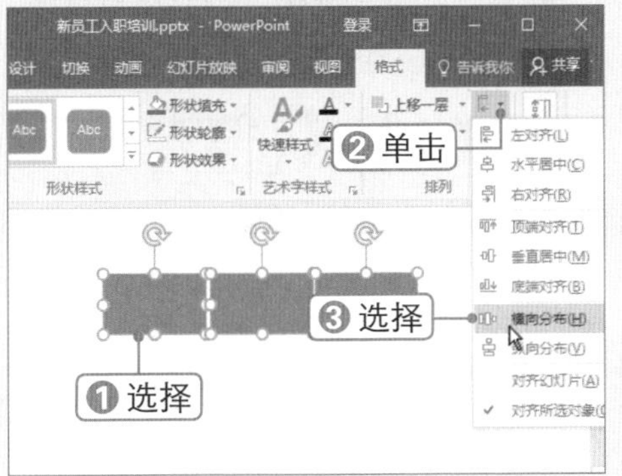

STEP 5 组合与复制形状

按【Ctrl+G】组合键组合图形，然后按照前面的方法将组合的图形在垂直方向复制两份。

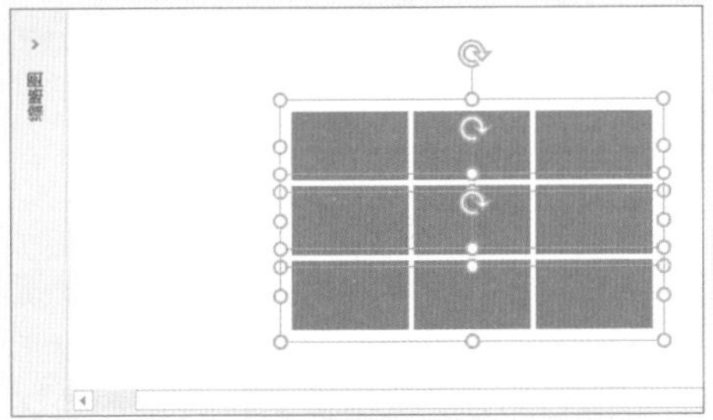

STEP 6 单击 文件(F)... 按钮

全选图形，然后按【Ctrl+G】组合键组合图形，打开“设置形状格式”窗格，❶选择“填充与线条”选项卡，❷选中 图片或纹理填充(P) 单选按钮，❸单击 文件(F)... 按钮。

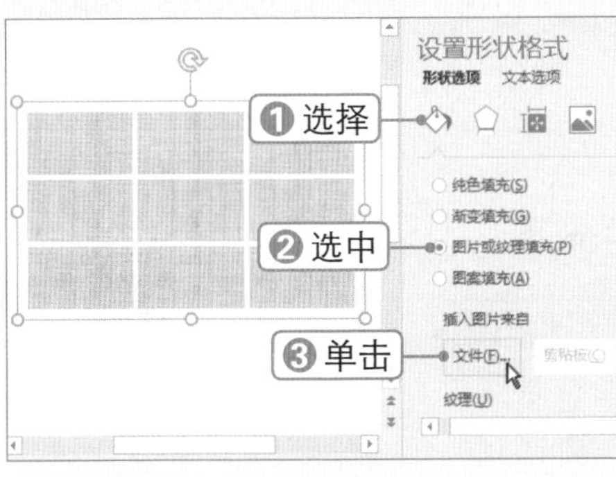

STEP 7 选择图片

弹出“插入图片”对话框，❶选择图片。❷单击 插入(S) 按钮。

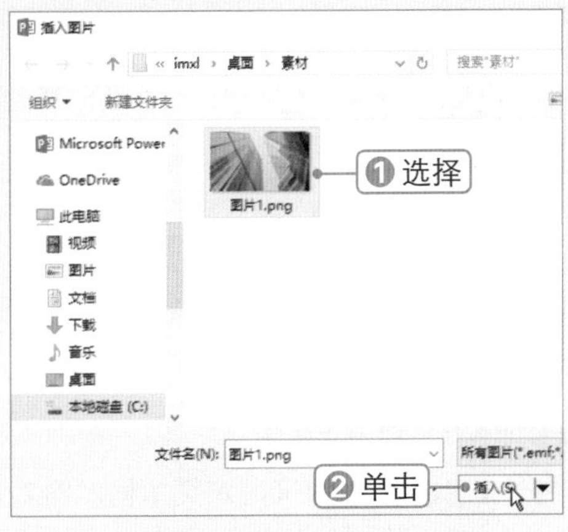

STEP 8 查看图形填充效果

此时即可将图片用作图形填充。

STEP 9 插入矩形

在幻灯片中插入两个矩形并设置红色填充，无轮廓，为形状添加“偏移：下”外部阴影效果。

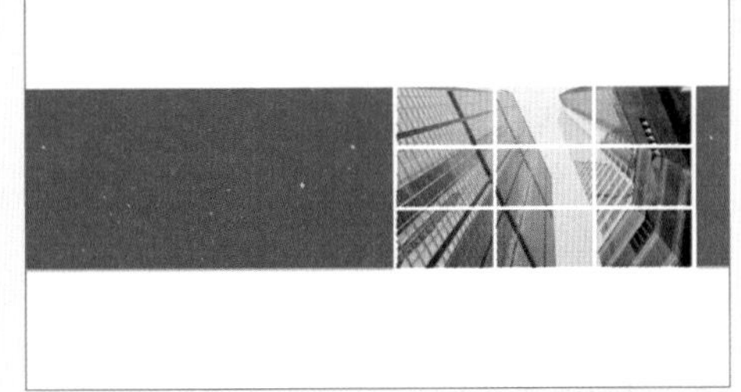

STEP 10 形状“文本框”选项

❶在快速访问工具栏中单击“形状”下拉按钮，❷选择“文本框”形状。

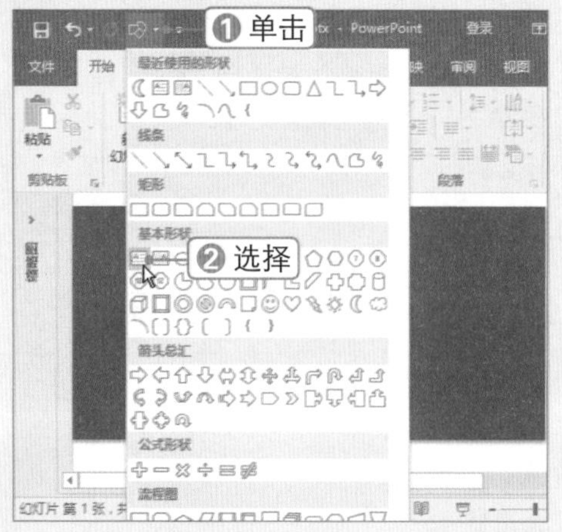

STEP 11 插入文本框

在幻灯片中单击即可插入文本框，输入标题文本，在"字体"组中设置字体格式。采用同样的方法，再插入一个文本框，输入英文标题并设置字体格式。

STEP 12 插入形状

插入矩形形状，在形状中输入文本，并设置字体格式。选择 格式 选项卡，在"形状样式"组中设置形状填充为"白色"，形状轮廓为"无轮廓"。

STEP 13 添加阴影效果

打开"设置形状格式"窗格，❶选择"效果"选项卡，❷在阴影"预设"效果中选择"偏移：下"效果，❸设置阴影"距离"参数。

STEP 14 制作修饰图形

使用"矩形"工具绘制多个矩形并设置形状样式，将形状分别置于幻灯片的左上方和右下方，根据需要排列矩形的层叠顺序，并将这些矩形分别进行组合。

10.1.2 在幻灯片母版中设计版式

微课：在幻灯片母版中设计版式

幻灯片母版是幻灯片层次结构中的顶层幻灯片，用于存储有关演示文稿主题和幻灯片版式信息，包括背景颜色、字体、效果、占位符大小和位置等。每个演示文稿至少包含一个幻灯片母版，母版中包含多个不同的幻灯片版式，在演示文稿中创建的每个幻灯片都会用到母版中的版式。利用版式可以迅速创建风格统一的幻灯片，下面将介绍如何在幻灯片母版中设计版式，具体操作方法如下：

STEP 1 单击“幻灯片母版”按钮

❶选择 视图 选项卡，❷单击 幻灯片母版 按钮。

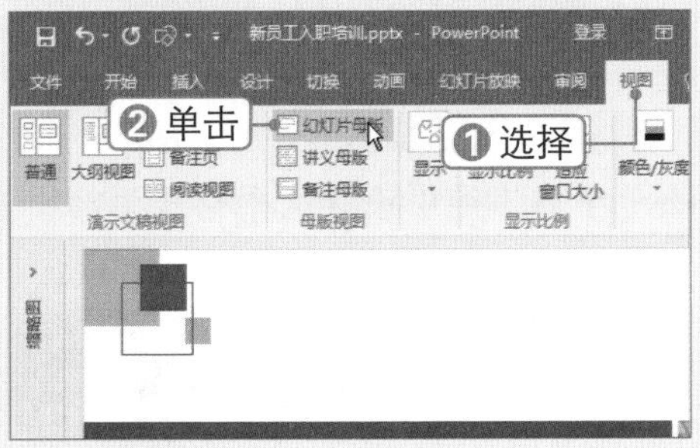

STEP 2 单击“插入版式”按钮

进入“幻灯片母版”视图，单击“插入版式”按钮。

STEP 3 选择 重命名版式(R) 命令

此时即可创建新版式，❶右击版式，❷选择 重命名版式(R) 命令。

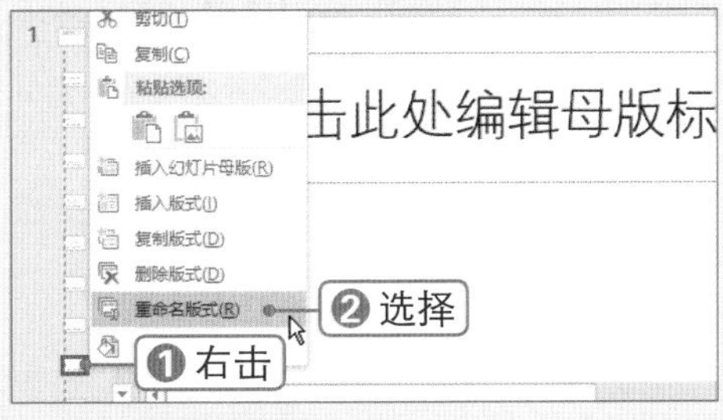

STEP 4 输入版式名称

弹出“重命名版式”对话框，❶输入名称，❷单击 重命名(R) 按钮。

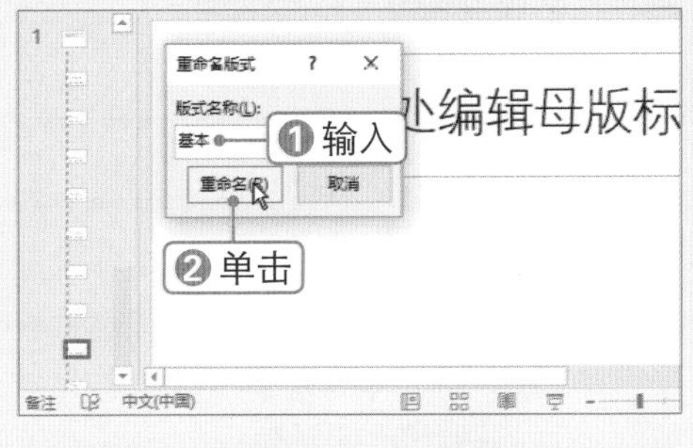

STEP 5 编辑版式

删除新版式中的标题占位符，插入矩形形状，打开“设置形状格式”对话框，❶在“填充与线条”选项卡下选中 渐变填充(G) 单选按钮，❷设置渐变参数，如类型、方向和渐变光圈等。

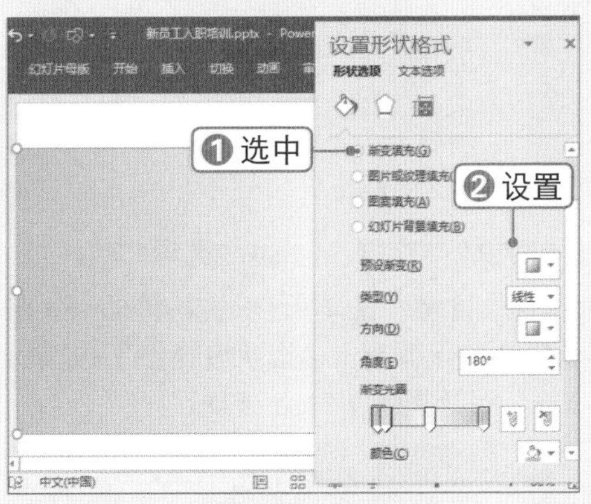

STEP 6 选择 复制版式(D) 命令

调整矩形形状大小，使其铺满整个页面，❶在幻灯片版式窗格中右击版式，❷选择 复制版式(D) 命令。

STEP 7　插入形状

此时即可复制所选的版式，根据需要将其重命名为“目录”，在版式中插入两个矩形形状并设置格式。

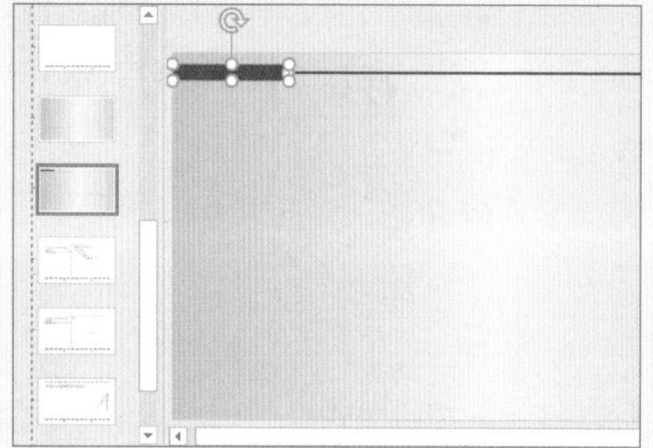

STEP 8　插入文本框

在版式中插入文本框，输入所需的文本并设置格式。

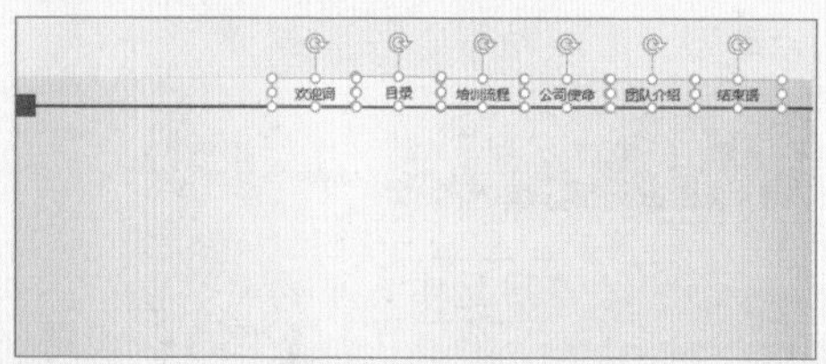

STEP 9　选择 取色器(E) 选项

选中“目录”文本所在的文本框，❶在 格式 选项卡下单击“形状填充”下拉按钮，❷选择 取色器(E) 选项。

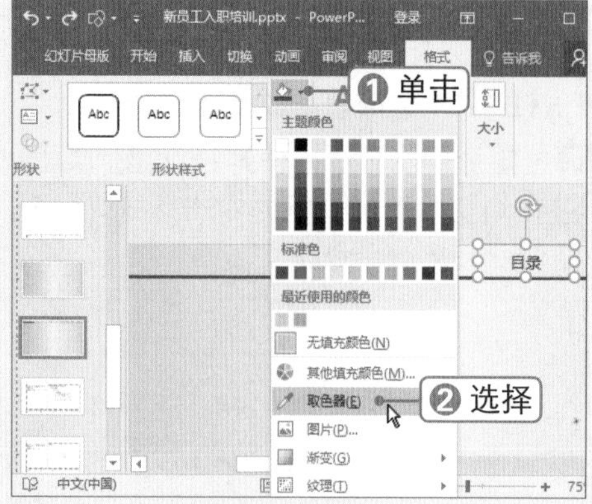

STEP 10　设置填充颜色

此时鼠标指针变为样式，在矩形形状上单击即可设置文本框的填充颜色。

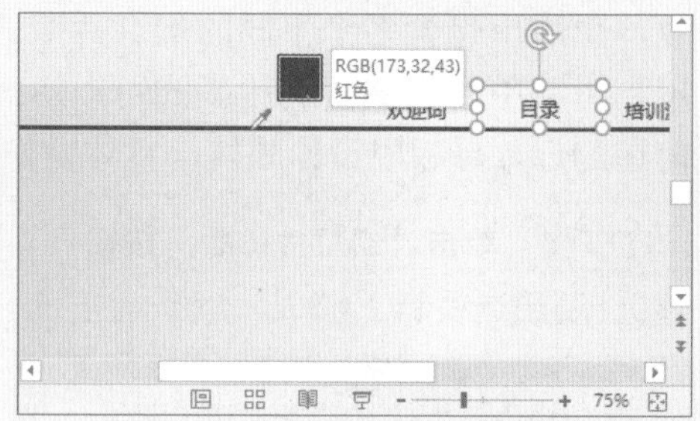

STEP 11　设置文本格式

在“字体”组中设置文本格式为加粗、白色。

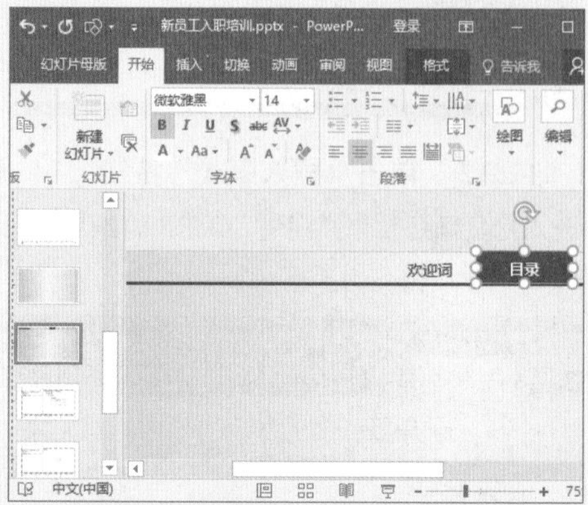

STEP 12　复制版式

将当前版式复制多个，并分别重命名为“培训流程”、“公司使命”、“团队介绍”和“结束语”。❶选择“培训流程”版式，❷选中“目录”所在的文本框，❸单击“格式刷”按钮，❹在“培训流程”所在的文本框上单击即可应用样式。

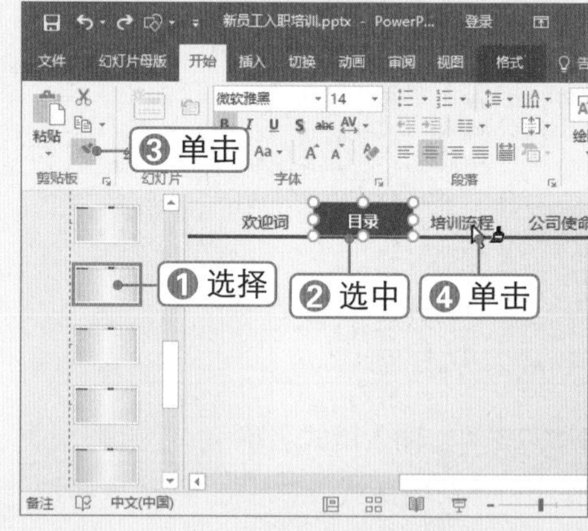

STEP 13 编辑版式

采用同样的方法，使用“格式刷”工具将其他文本框样式复制到“目录”所在的文本框中，根据需要设置其他新建的版式。在任务栏上单击“普通视图”按钮▣，返回普通视图。

10.1.3 制作内容幻灯片

幻灯片母版中的版式设计完成后即可使用它来创建新的幻灯片，下面将介绍如何使用设计的版式创建内容幻灯片，并在幻灯片中编排所需的内容。

微课：制作内容幻灯片

1. 制作欢迎页与目录页幻灯片

欢迎页可以说是演示文稿的“前言”，说明PPT的用意以及对内容的概述；目录页则是整个演示文稿的内容大纲，是幻灯片内容的总结。下面将详细介绍如何制作“新员工入职培训”演示文稿中的欢迎页和目录页，具体操作方法如下：

STEP 1 新建幻灯片

❶在“幻灯片”组中单击“新建幻灯片”下拉按钮，❷选择创建的“基本”版式。

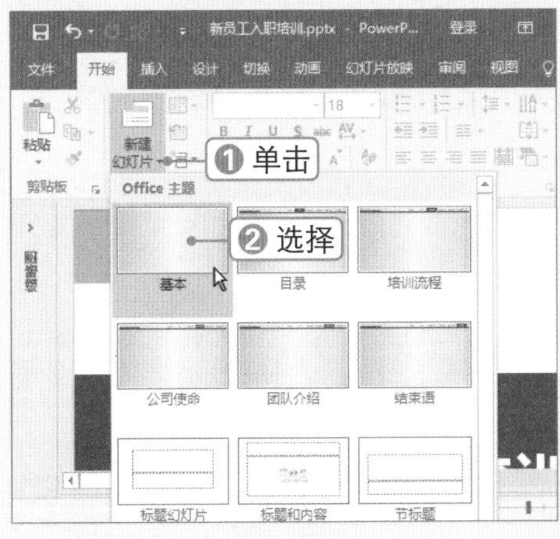

STEP 2 编辑幻灯片

根据需要在幻灯片中插入图片、形状和文本框等元素，并设置其格式。

STEP 3 编辑目录页内容

插入“目录”版式幻灯片，在幻灯片中插入形状和文本框编辑目录页内容，❶选中目录标题下方的英文标题文本框，❷在“段落”组中单击“分散对齐”按钮▤。

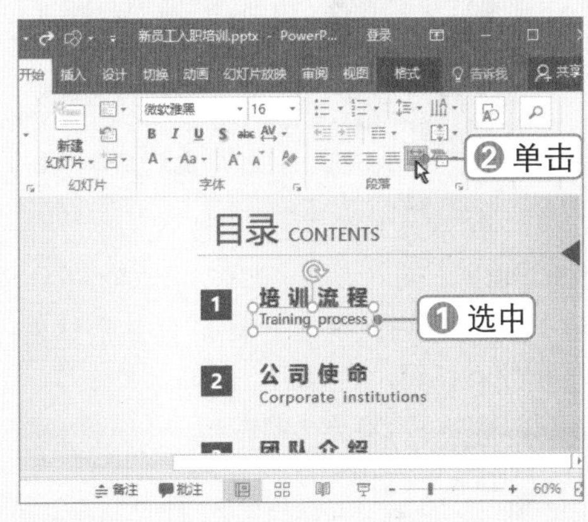

STEP 4 插入形状

在幻灯片中插入四个矩形，并对其进行组合。

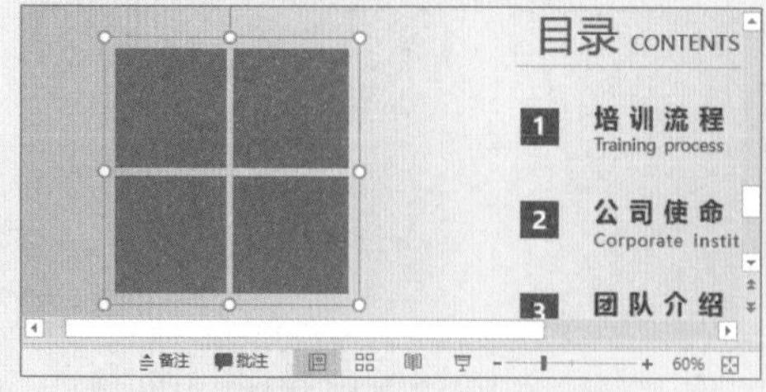

STEP 5 设置图片填充

打开“设置形状格式”窗格，设置图片填充。

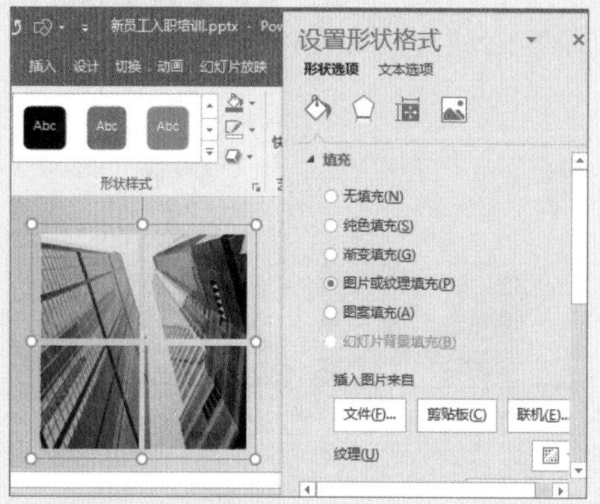

STEP 6 调整矩形大小

选中组合图形中的小矩形，然后根据需要调整其大小。

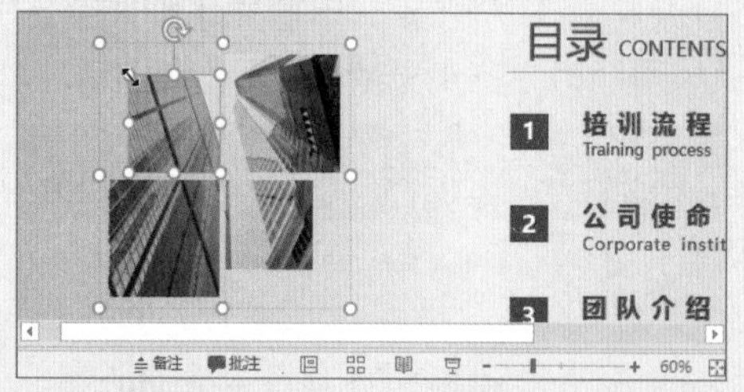

STEP 7 插入形状

在幻灯片中插入两个小矩形，并根据需要调整其位置，查看目录页幻灯片效果。

2. 制作内容页面

下面将介绍如何通过在幻灯片中插入图形、图片、文本框，并对其进行适当的编排，制作出“新员工入职培训”演示文稿中的内容页面，具体操作方法如下：

STEP 1 新建幻灯片

❶在“幻灯片”组中单击“新建幻灯片”下拉按钮，❷选择创建的“培训流程”版式。

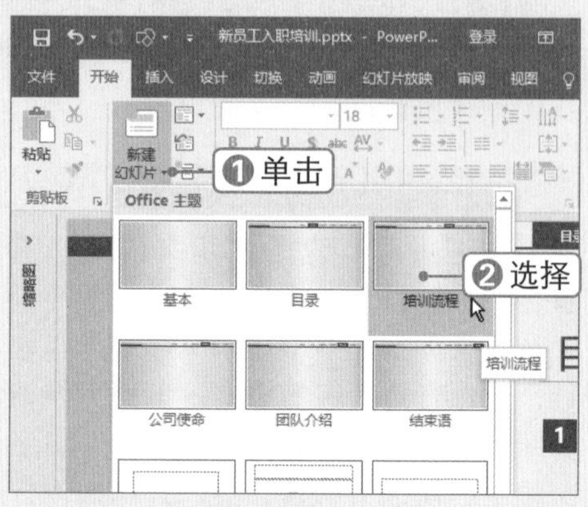

STEP 2 编辑幻灯片

在幻灯片中插入素材图形及文本框。

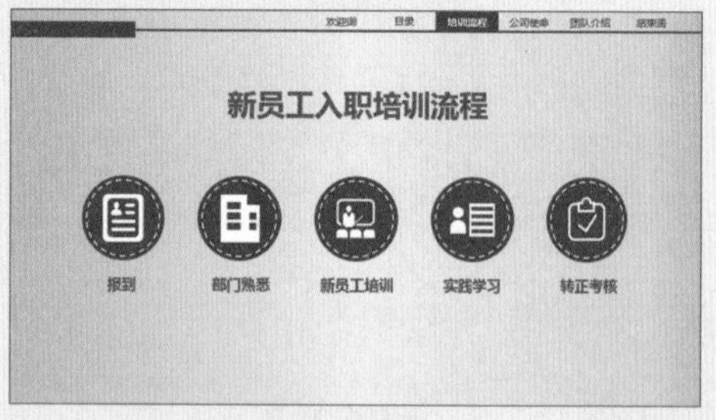

STEP 3 插入幻灯片

在左侧幻灯片窗格中将光标定位到最下方，然后按【Enter】键即可插入相同版式的幻灯片。

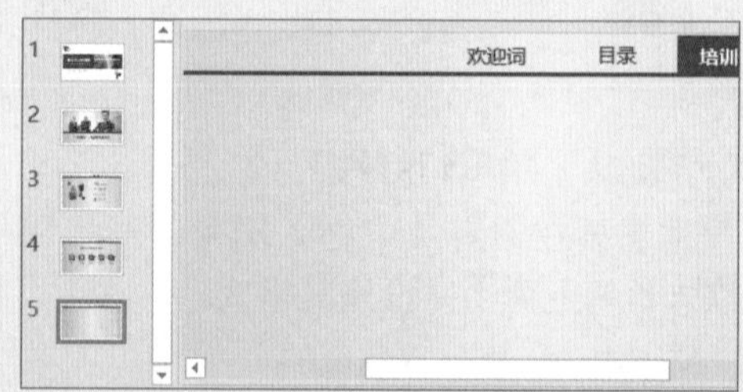

STEP 4 编辑幻灯片

使用形状和文本框编辑幻灯片内容。

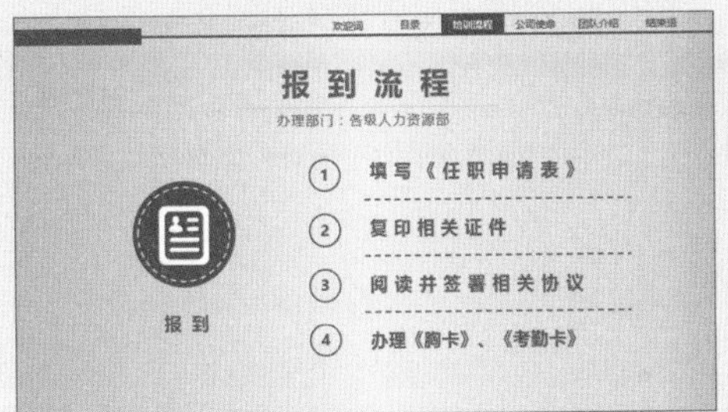

STEP 5 复制幻灯片

❶在“幻灯片”窗格中右击幻灯片，❷选择 复制幻灯片(A) 命令。

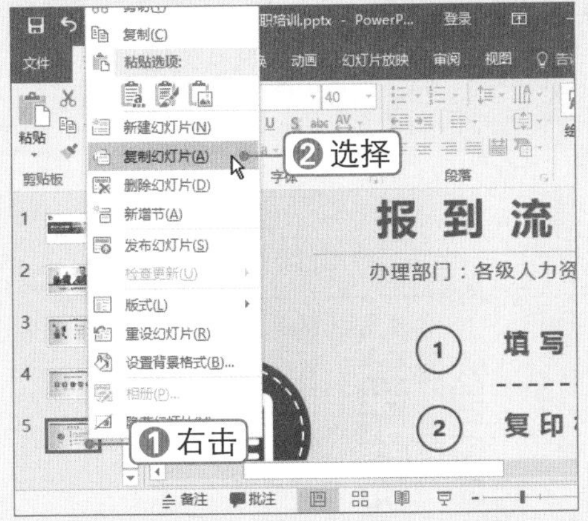

STEP 6 修改标题

此时即可复制所选幻灯片，根据需要修改标题内容，删除不需要的元素。

STEP 7 旋转形状

在幻灯片中插入“箭头:左”形状，打开“设置形状格式”窗格，❶选择“大小与属性”选项卡，❷在“大小”组中设置“旋转”25°。

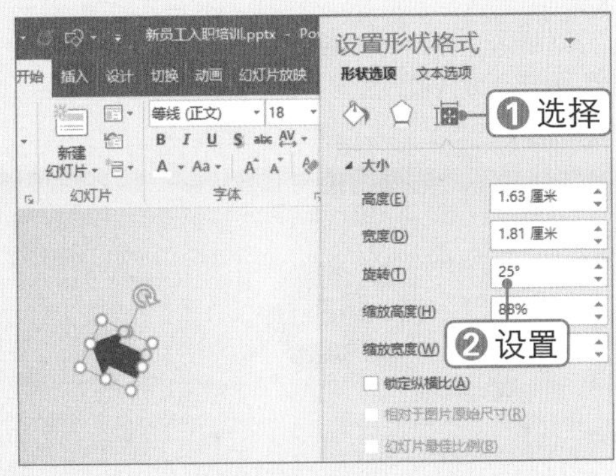

STEP 8 垂直翻转形状

复制形状，❶在 格式 选项卡下“排列”组中单击 旋转 下拉按钮。❷选择 垂直翻转(V) 选项。

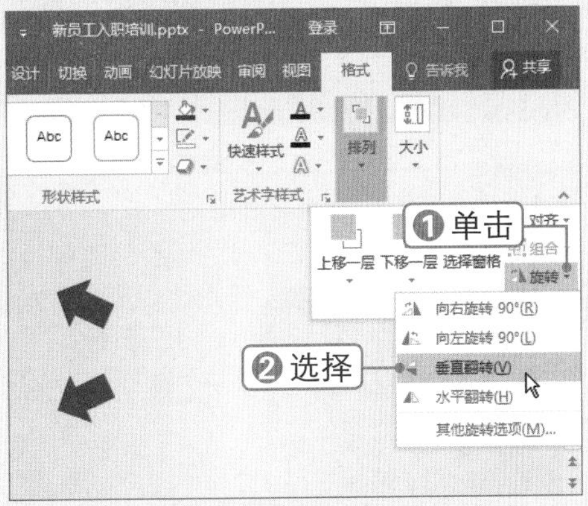

STEP 9 水平翻转形状

选中左侧的两个形状并进行复制，❶在“格式”选项卡下的“排列”组中单击 旋转 下拉按钮。❷选择 水平翻转(H) 选项。

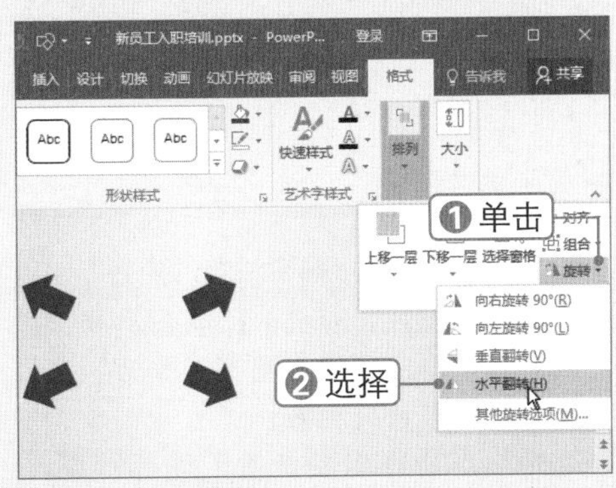

STEP 10 编辑幻灯片

在幻灯片中插入素材图形与文本框，根据

需要调整各自的位置，然后采用同样的方法创建“培训流程”版式中的其他幻灯片。

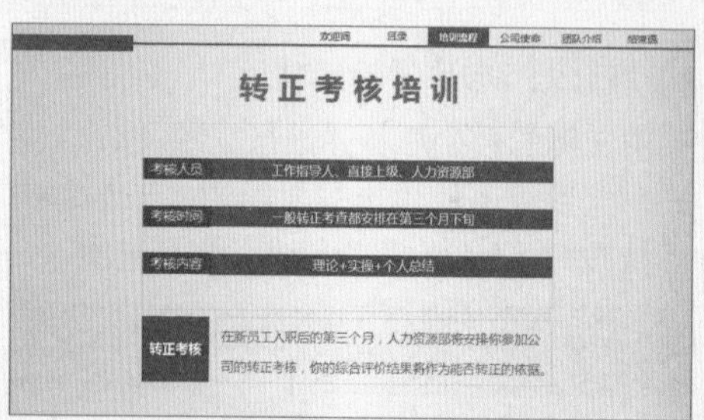

实操解疑

在大纲视图下编辑幻灯片内容

按【Ctrl+Shift+Tab】组合键切换到大纲视图，在该视图下不仅可以编辑当前幻灯片的内容，还可看到前后幻灯片中的内容，以便于进行对照。按【Tab】键或【Shift+Tab】组合键，可以进行降级或升级处理。

STEP 11 新建幻灯片

新建“公司使命”版式幻灯片，插入文本框，输入所需的文本，并设置字体格式。

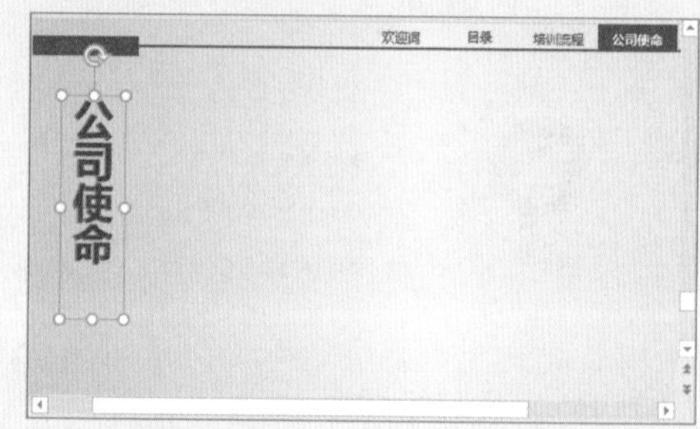

STEP 12 复制文本框

复制文本框并增大字号，在格式选项卡下单击“艺术字样式”组右下角的扩展按钮。

STEP 13 设置透明度

打开“设置形状格式”窗格，❶选择“文本填充与轮廓”选项卡，❷设置“透明度”为 85%。然后调整文本框的位置，并将其“下移一层”。

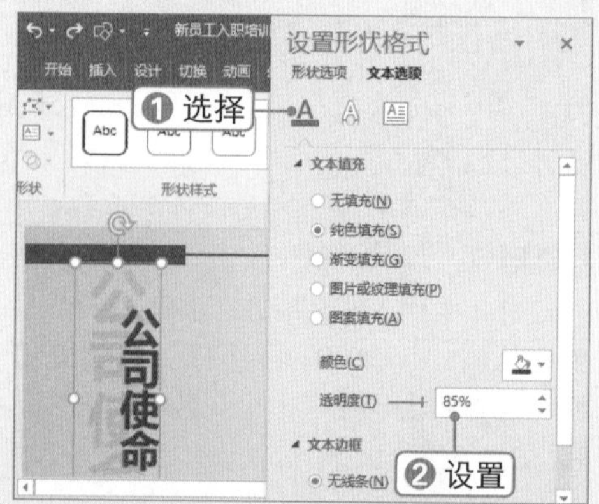

STEP 14 插入矩形

插入矩形，设置与幻灯片主题相同的填充颜色，打开“设置形状格式”窗格，❶选择“填充与线条”选项卡，❷设置“透明度”为20%。

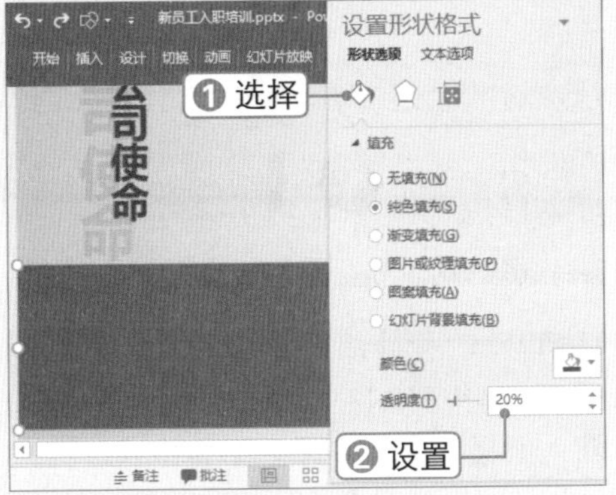

STEP 15 编辑幻灯片

在幻灯片中插入素材图形和文本框，并将“地图”图形置于底层。

STEP 16 新建幻灯片

新建“团队介绍”版式幻灯片，插入圆形和三角形形状，并调整形状的位置。

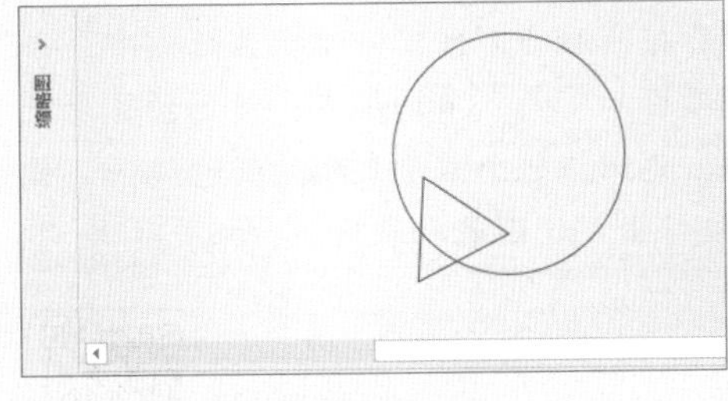

STEP 17 合并形状

选中两个形状，❶在“格式”选项卡下单击“合并形状”下拉按钮，❷选择 联合(U) 选项。

STEP 18 单击 文件(F)... 按钮

将形状复制一份并缩小，打开“设置图片格式”窗格，❶选中 图片或纹理填充(P) 单选按钮，❷单击 文件(F)... 按钮。

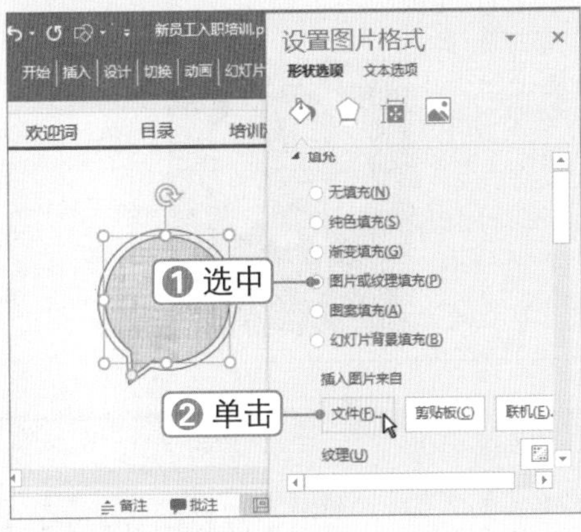

STEP 19 选择图片

弹出“插入图片”对话框，❶选择图片，❷单击 插入(S) 按钮。

STEP 20 单击“裁剪”按钮

此时即可设置图片填充，❶选择 格式 选项卡，❷单击“裁剪”按钮。

STEP 21 调整图片大小和位置

进入图片裁剪状态，调整图片在裁剪框中的大小和位置。

STEP 22 编辑幻灯片

采用同样的方法制作其他图形，插入文本框并编辑内容，插入直线和矩形形状修饰幻灯片。

STEP 23 制作结束语幻灯片

新建“结束语”版式幻灯片，插入文本框，输入所需的文本并设置字体格式，插入矩形形状修饰幻灯片。

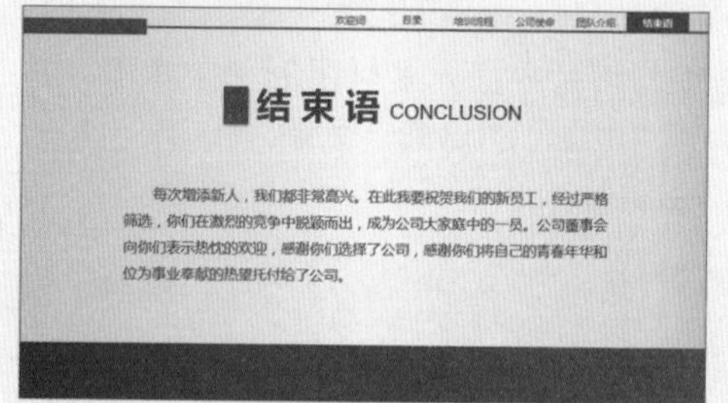

Chapter 10

10.2 制作商业计划书

■ 关键词：主题颜色、阴影效果、文本框选项、透明度、更改图片、美化图表、美化表格

某集团开发了一个新的项目，为给该项目招商融资制作了一份商业计划书，由总经理助理在公司高层大会上展示，介绍该项目的背景、市场规模、费用预算以及未来发展潜力等情况。在制作商业计划书时，要保证整个演示文稿的配色统一、并使用图形修饰幻灯片，使其看起来简洁、大气，并利用图表和表格展示相关数据。

10.2.1 制作封面页

微课：制作封面页

一般商业计划书都是以投资人或相关利益载体为目标阅读者，说服他们进行投资或合作。在制作此类演示文稿的封面页时，可用一张有关联性图片作为幻灯片的底图，并插入形状来修饰封面，具体操作方法如下：

STEP 1　插入图片

新建“商业项目计划书”演示文稿，创建“空白”版式幻灯片，插入素材图片，并将图片铺满幻灯片。

STEP 2　插入形状

插入“直角三角形”形状◺，设置形状填充颜色，并为形状添加“偏移：上”外部阴影效果。

STEP 3　继续操作

采用同样的方法再插入两个直角三角形形状，设置形状填充颜色，并添加阴影效果。

STEP 4　插入文本框

在幻灯片中插入文本框，输入所需的文本，并设置字体格式。

秒杀技巧　重置版式

对幻灯片版式进行修改后，在“幻灯片”组中单击“重置”按钮，可将其恢复为原样式。此外，若在“幻灯片母版”视图中对版式进行修改后，也可通过重置版式使幻灯片应用修改后的版式。

10.2.2 制作目录页

微课：制作目录页

在制作目录页时采用纯色背景，使用简单的矩形形状输入目录文本，并进行简单的形状修饰，使整个目录页看起来干净、简洁、大方，具体操作方法如下：

STEP 1　选择“设置背景格式”命令

新建“空白”版式幻灯片，❶右击幻灯片，❷选择 设置背景格式(B)... 命令。

STEP 2 设置纯色填充

弹出“设置背景格式”窗格，❶选中 纯色填充(S) 单选按钮，❷设置填充颜色。

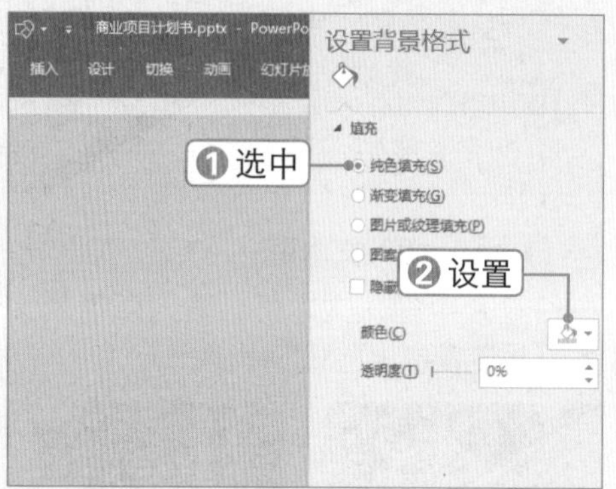

STEP 3 插入形状

在幻灯片中插入形状，并输入所需的文本，设置形状和文本格式。

STEP 4 插入形状

在幻灯片中插入“箭头：V 形”形状，❶右击形状，❷选择 编辑顶点(E) 命令。

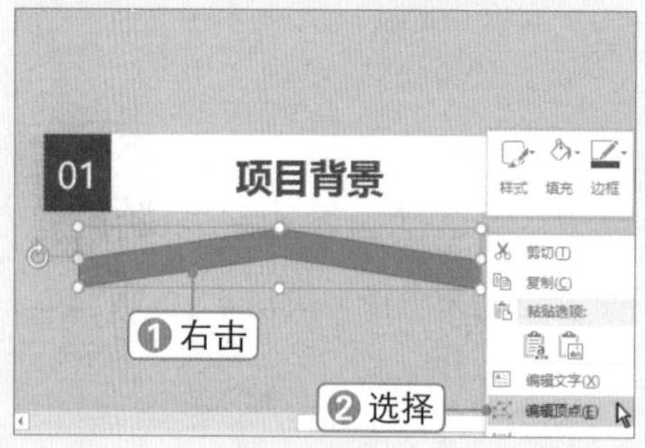

STEP 5 编辑形状顶点

微调形状中间顶点的位置，选中顶点，按住【Shift】键的同时调整拖动顶点两侧的控制柄调整曲率。

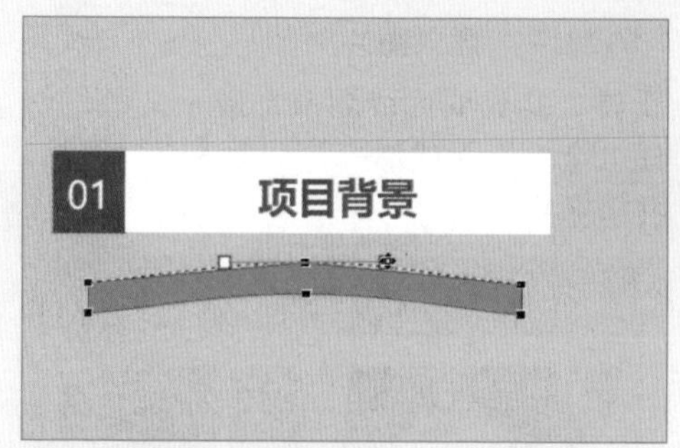

STEP 6 设置形状格式

打开“设置形状格式”窗格，设置填充颜色为黑色，“透明度”为 70%。

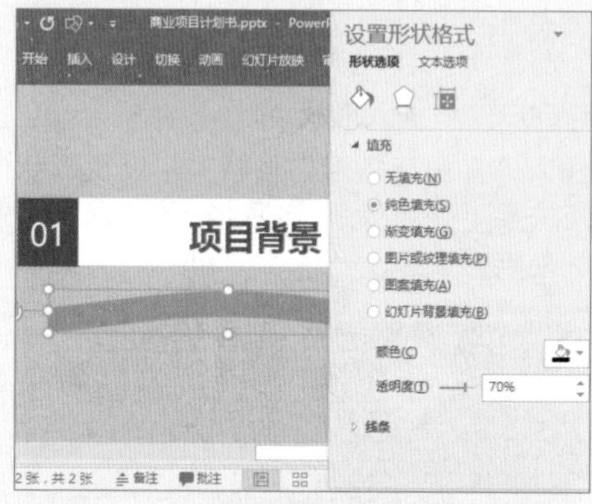

STEP 7 设置文本框选项

将编辑的形状置于最底层，并调整形状的位置，以形成阴影效果。选中三个形状，按【Ctrl+G】组合键将其组合到一起。打开“设置形状格式”窗格，❶选择“大小与属性”选项卡，❷在“文本框”组中选中 不自动调整(D) 单选按钮。

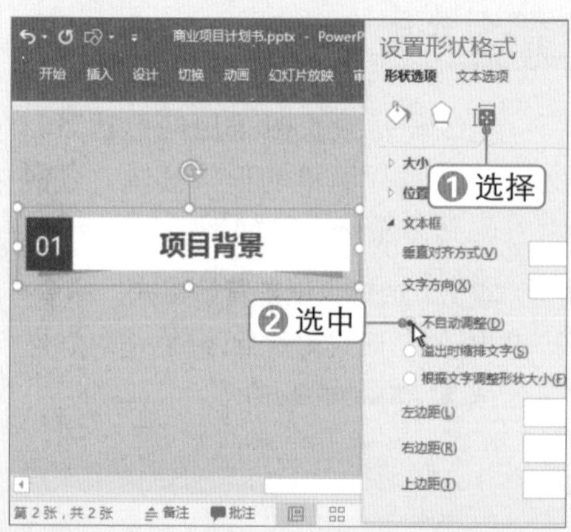

STEP 8 复制图形

将组合的图形复制多个，并修改目录文本。

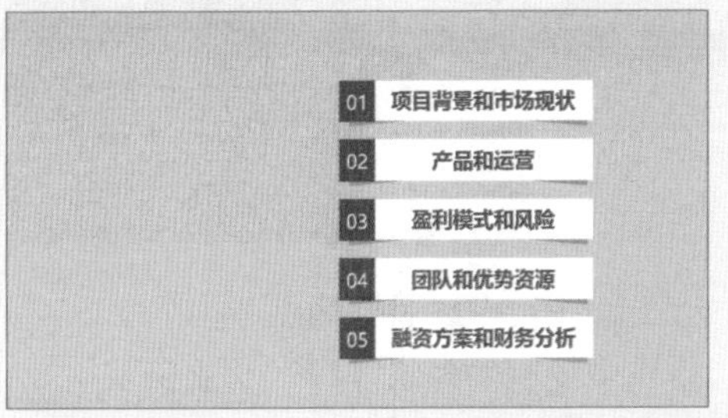

STEP 9 插入文本框和形状

在幻灯片中插入文本框和形状，即可完成目录页的编辑。

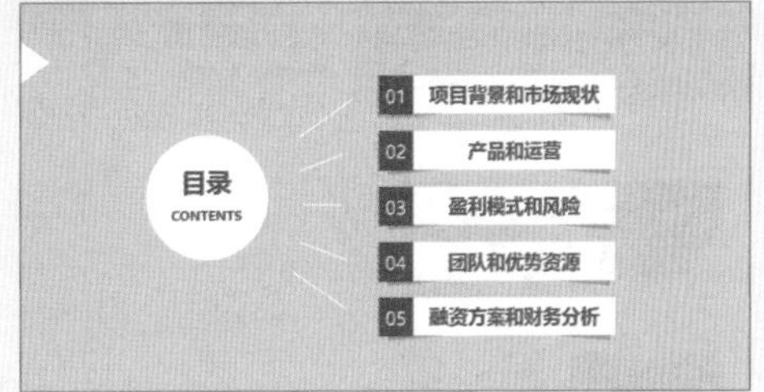

10.2.3 制作节标题页

微课：制作节标题页

节标题页是演示文稿中的过渡页，用于突出目录中的某一点，可以提示下面将要讲解的内容。下面将介绍如何制作节标题页，具体操作方法如下：

STEP 1 设置幻灯片背景

新建幻灯片，打开“设置背景格式”窗格，设置图片背景。

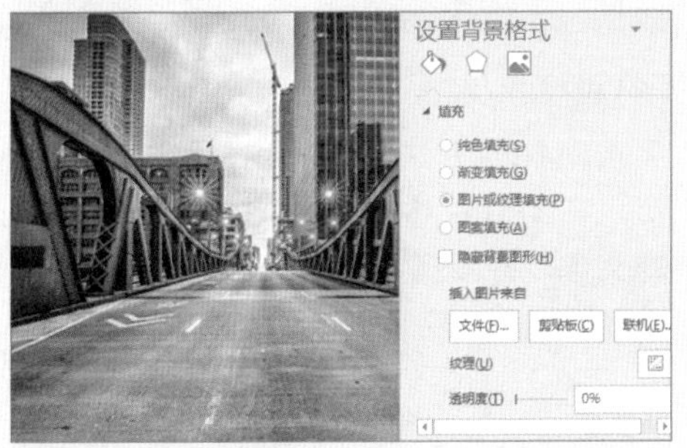

STEP 2 重新着色

❶选择“图片”选项卡，❷在“图片颜色”组中单击“重新着色”下拉按钮，❸选择“灰度”选项。

STEP 3 插入矩形

在幻灯片中绘制两个矩形形状，并设置形状填充，设置填充颜色的透明度为10%。

STEP 4 制作矩形图形

新建一张幻灯片，插入矩形形状并添加“偏移：中”外部阴影样式，复制三个矩形并进行排列和组合。

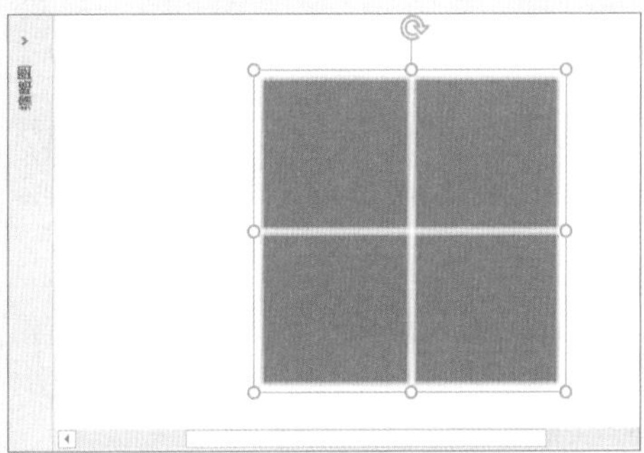

设置图片填充

打开“设置形状格式”窗格，设置图片填充。

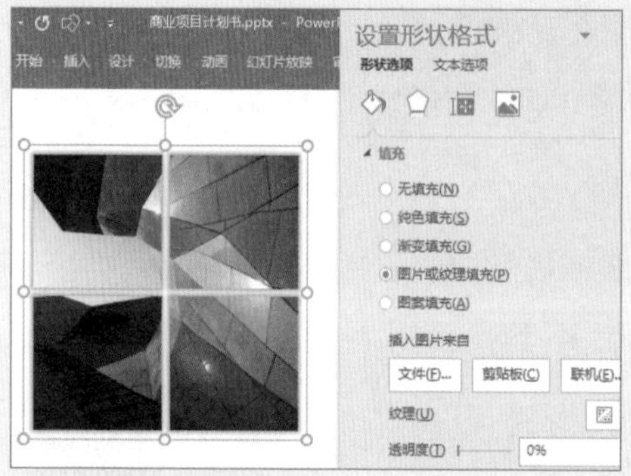

STEP 6 旋转图形

❶在“设置形状格式”窗格中取消选择 与形状一起旋转(W) 复选框，❷旋转图形。

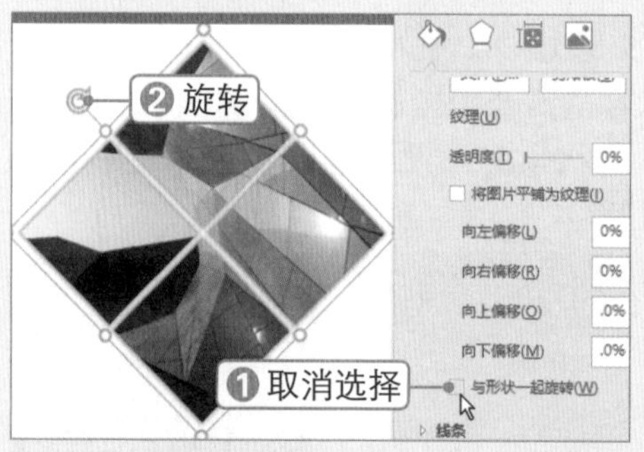

STEP 7 粘贴图形

将制作好的图形复制到节标题幻灯片中，并将其移至合适的位置，根据需要调整大小。

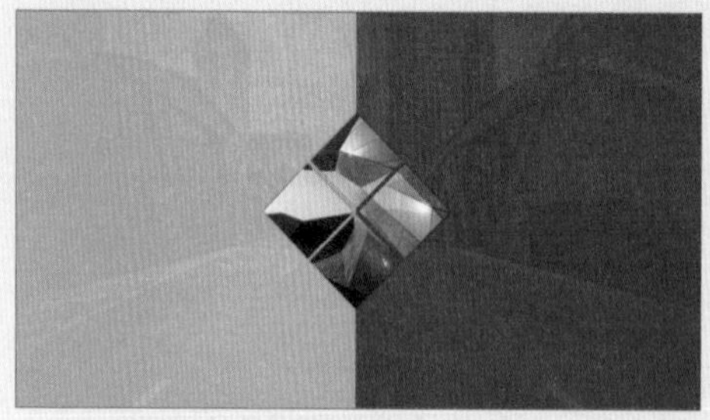

STEP 8 绘制形状

使用“任意多边形”形状工具在幻灯片中通过单击的方式绘制所需的图形，绘制完成后按【Esc】键。

STEP 9 设置箭头端点

❶选中绘制的形状，打开“设置形状格式”窗格，❷选择“填充与线条”选项卡，❸在“箭头末端类型”下拉列表中单击，❹选择所需的箭头样式。

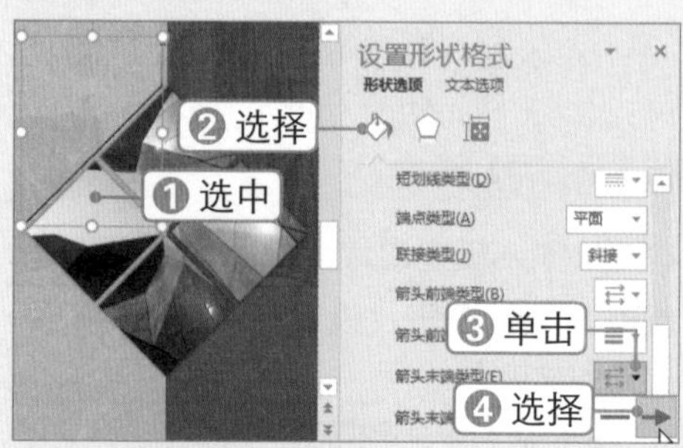

STEP 10 插入文本框

采用同样的方法绘制一个任意多边形形状，在幻灯片中插入文本框，输入节标题文本，并设置字体格式。

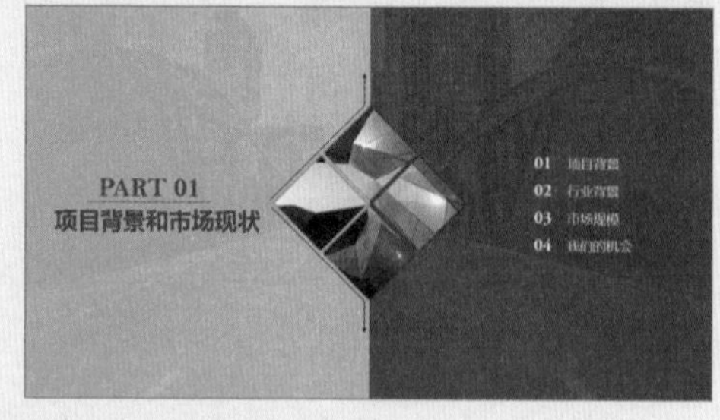

实操解疑

使用节组织幻灯片

若演示文稿中的幻灯片数量较多，无法很好地进行导航时，可使用节组织幻灯片。为众多幻灯片创建多个节，然后通过节来快速组织幻灯片。通过节可与他人协作创建演示文稿，还可对整个节进行打印或应用效果。

10.2.4 制作封底页

微课：制作封底页

封底页用于提醒观众PPT演示结束，其内容一般为相关联系方式、感谢语、问候语或问题启发等。下面将介绍如何制作封底页，具体操作方法如下：

STEP 1 插入形状

新建幻灯片，设置图片背景，绘制矩形形状，设置填充颜色为黑色，在“设置形状格式”窗格中设置“透明度”为30%。

STEP 2 插入形状

在幻灯片中插入矩形形状，设置相同的填充颜色和轮廓颜色。

STEP 3 插入形状

将插入的形状复制一份，并设置形状无填充颜色，根据需要调整形状的位置。

STEP 4 插入文本框

在幻灯片中插入文本框，输入结束语文本，设置字体格式。

10.2.5 制作内容页

微课：制作内容页

下面将介绍如何制作“商业计划书”演示文稿的内容页，在制作时始终使用“金”、“白”、“黑”三个主色调。下面仅以特殊页面为例进行介绍，如包含图表、表格的幻灯片。

1. 制作“市场规模”幻灯片

使用图表可以图形的方式生动地展示数据，可以在幻灯片中直接插入图表，并对图表进行美化，具体操作方法如下：

STEP 1 新建幻灯片

复制“行业背景”幻灯片并删除不需要的元素，修改标题文本为“市场规模”，在幻灯片中插入图片并将其置于底层。

STEP 2 单击 图表 按钮

❶选择 插入 选项卡，❷在“插图”组中单击 图表 按钮。

STEP 3 选择图表类型

弹出“插入图表”对话框，❶选择图表类型，❷单击 确定 按钮。

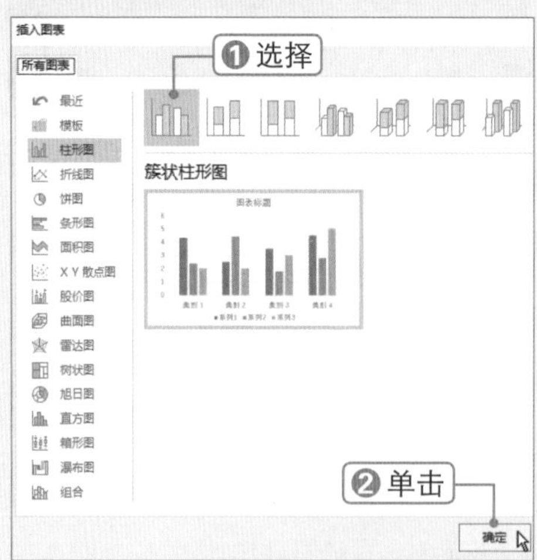

STEP 4 调整数据区域

弹出“Microsoft PowerPoint 中的图表”窗口，拖动蓝色边框线调整图表数据区域。

Microsoft PowerPoint 中的图表

	A	B	C	D
1		系列 1	系列 2	系列 3
2	类别 1	4.3	2.4	2
3	类别 2	2.5	4.4	2
4	类别 3	3.5	1.8	3
5	类别 4	4.5	2.8	5

STEP 5 在 Excel 中编辑数据

在单元格中编辑数据，单击“在 Microsoft Excel 中编辑数据”按钮。

Microsoft PowerPoint 中的图表

单击

	A	B	C	D
1		一线城市	二线城市	三线城市
2	单独租房	0.369	0.417	0.352
3	合租房	0.207	0.179	0.115
4	自有房产	0.424	0.404	0.533

STEP 6 设置数字格式

此时即可启动 Excel 程序编辑数据，根据需要将数字格式设置为百分比格式。

STEP 7 查看图表

数据编辑完成后，即可在幻灯片中查看插入的图表。

STEP 8 设置其他系列

根据需要对图表格式进行设置和美化，查看效果。

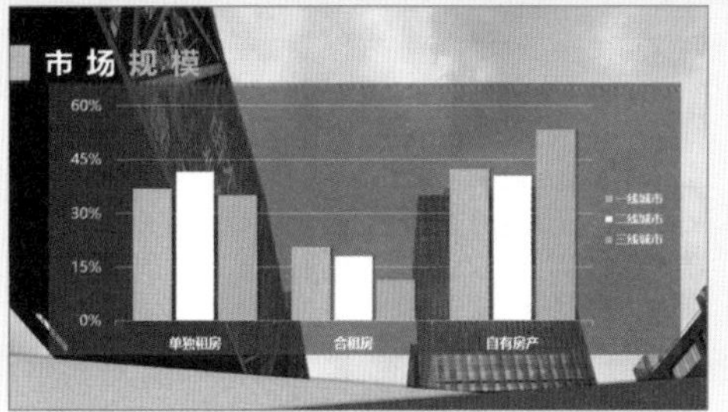

2. 制作“费用预算”页面

“费用预算”幻灯片为数据型幻灯片，在此幻灯片中用到了表格，下面将介绍如何在幻灯片中插入表格并进行美化，具体操作方法如下：

STEP 1 选择“插入表格”选项

新建“空白”版式幻灯片，并设置图片背景。❶选择 插入 选项卡，❷单击“表格”下拉按钮，❸选择 插入表格(I)... 选项。

STEP 2 设置表格参数

弹出“插入表格”对话框，❶设置列数和行数，❷单击 确定 按钮。

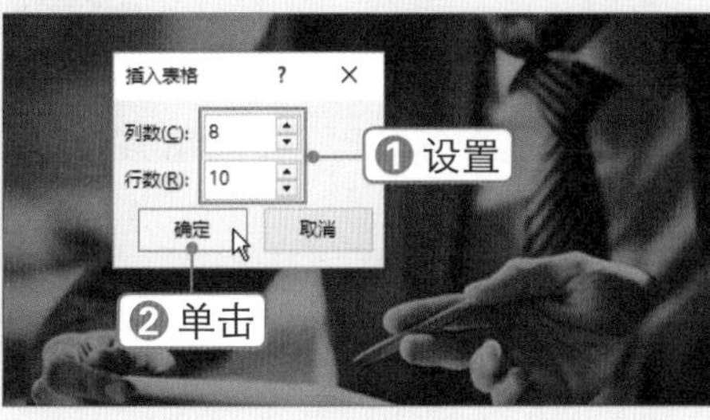

STEP 3 调整表格大小

此时即可在幻灯片中插入表格，根据需要调整表格大小。

STEP 4 应用表格样式

❶选择 设计 选项卡，❷在“表格样式”下拉列表中选择所需的样式。

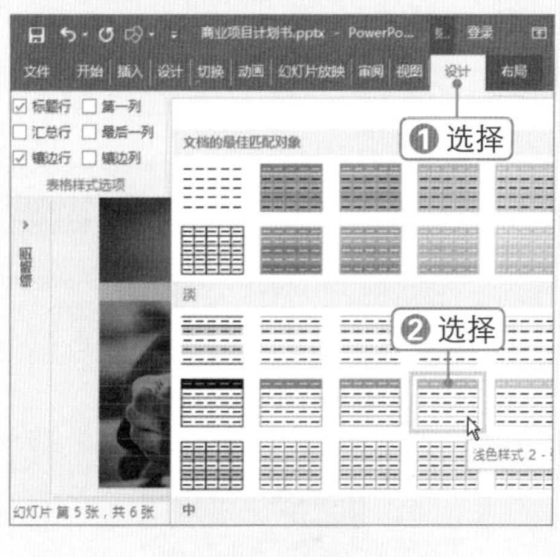

STEP 5 设置单元格底纹

❶选中第一行，❷在“表格样式”组中单击“底纹”下拉按钮，❸选择金色。

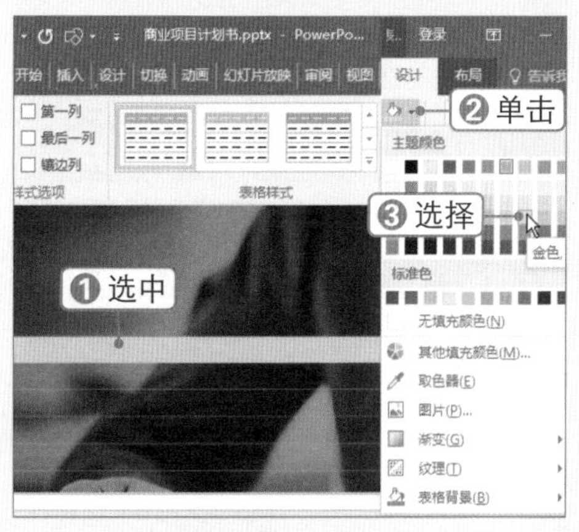

STEP 6 设置笔样式

在“绘制边框”组中设置“笔样式”、“笔画粗细”、“笔颜色”等。

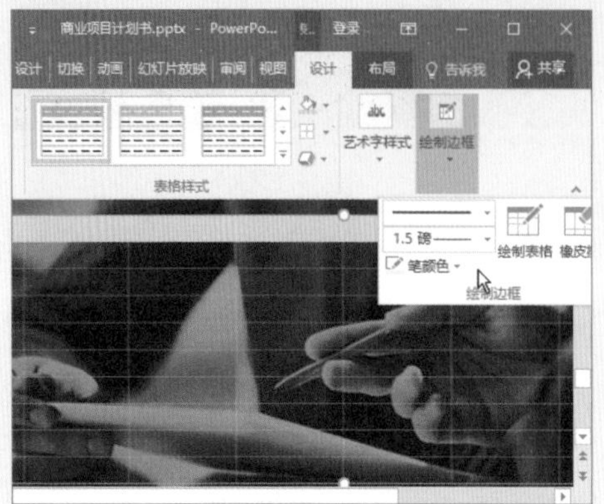

STEP 7 应用笔样式

❶选中最后一行，❷单击“边框”下拉按钮，❸选择 下框线(B) 选项。

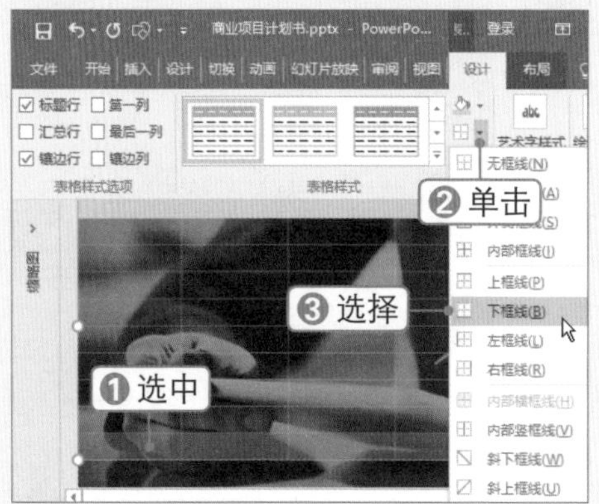

STEP 8 查看表格效果

此时即可查看设置的表格效果。

STEP 9 复制单元格

打开素材文件，选中所有单元格，按【Ctrl+C】组合键复制单元格数据。

STEP 10 选择粘贴选项

切换到 PowerPoint 程序，将光标定位到表格的第一个单元格中，❶单击“粘贴”下拉按钮，❷选择“只保留文本”选项。

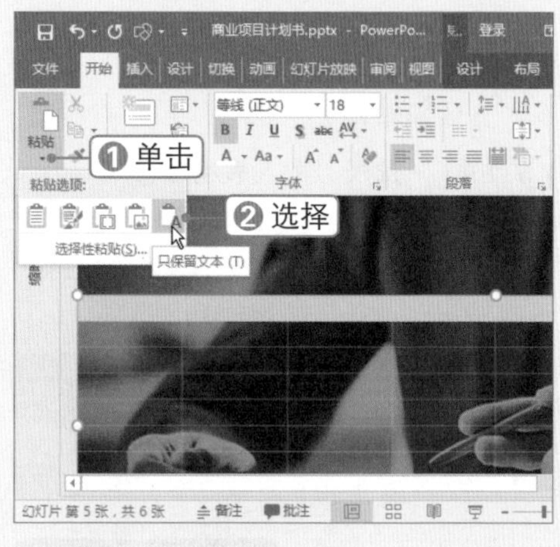

STEP 11 选中列

此时即可粘贴复制的单元格数据，根据需要设置文本的字体格式并调整列宽，选中多列。

STEP 12 分布列

❶选择 布局 选项卡，❷单击“分布列”按钮 分布列 。

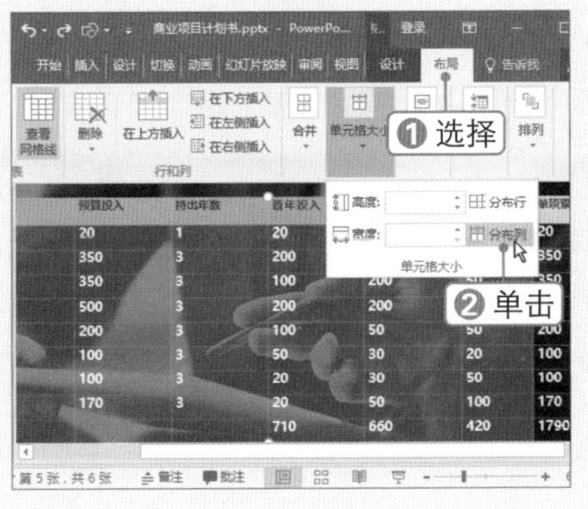

STEP 13 设置对齐方式

在 布局 选项卡下设置单元格的对齐方式，然后插入形状和文本框，查看幻灯片效果。

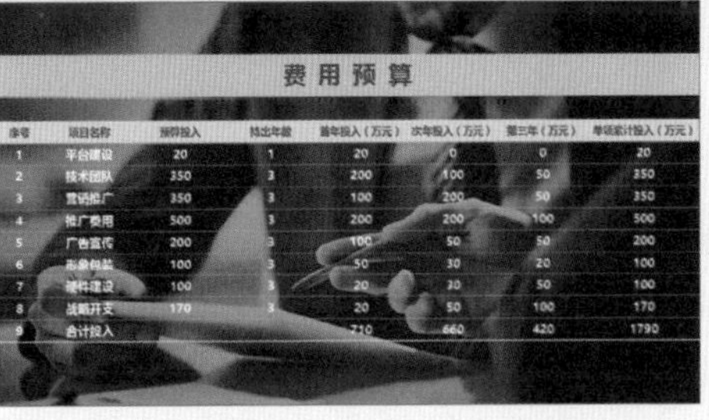

商务办公 私房实操技巧

TIP：保留源格式粘贴

在演示文稿中粘贴幻灯片、图形或版式时，图形的样式可能会发生变化。要保持图形样式不变，可在 开始 选项卡下单击“粘贴”下拉按钮，选择“保留源格式”选项。

TIP：使用参考线

在对幻灯片中的对象进行排版时，可以使用参考线快速对齐页面中的对象，具体操作方法如下：

1. 选择 视图 选项卡，在“显示”组中选中 参考线 复选框，即可在幻灯片中显示横竖两条中心参考线，如下图（左）所示。
2. 拖动参考线即可移动参考线的位置，按住【Ctrl】键的同时拖动参考线可新建一条参考线，将参考线拖至幻灯片编辑区外可删除参考线，要对参考线进行设置可右击参考线，如下图（右）所示。

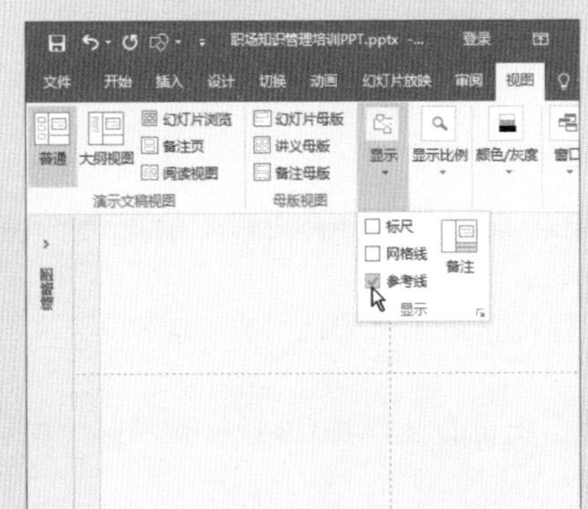

3 根据需要创建需要的参考线的样式，如下图（左）所示。

4 依照参考线所设置的版面在幻灯片中添加所需的内容，如下图（右）所示。

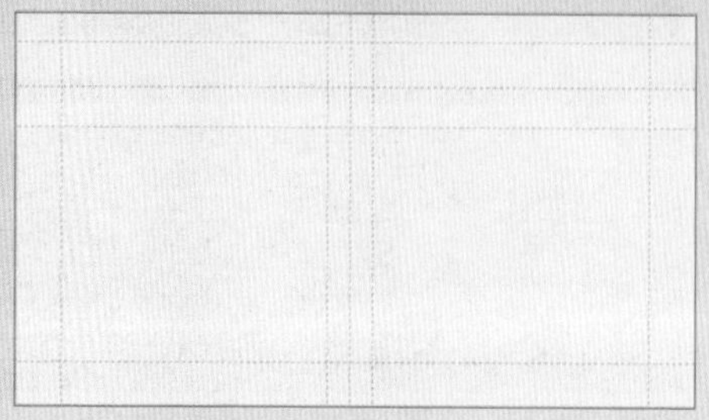

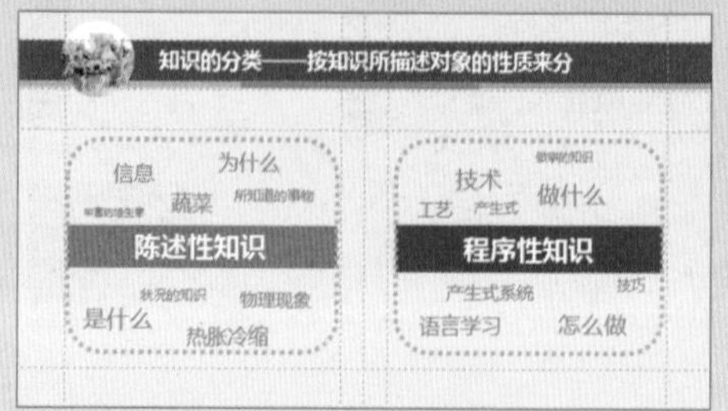

TIP：裁剪调整

裁剪的图片若发生变形，可通过“填充与调整”功能恢复图片原比例，具体操作方法如下：

1 选中裁剪的图片，在格式选项卡下单击“裁剪”下拉按钮，选择填充(L)或调整(T)选项，如下图（左）所示。

2 此时即可将图片还原为原始比例，拖动图片四角的控制柄调整图片大小即可，如下图（右）所示。

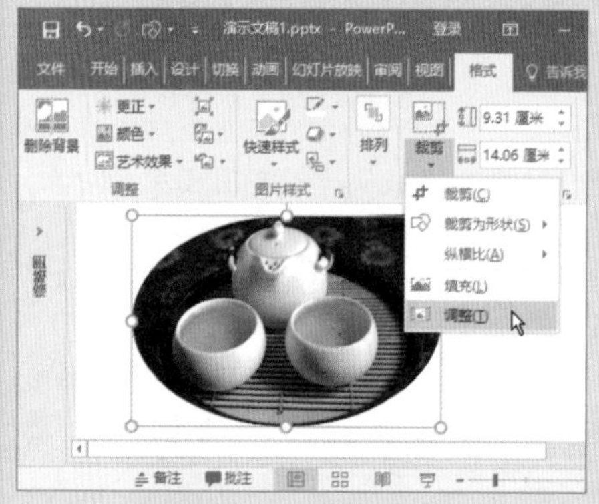

TIP：将文本转换为 SmartArt 图形

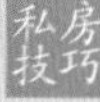

在 PowerPoint 2016 中可以将文本快速转换为 SmartArt 图形，使观众可以更直观地理解信息，具体操作方法如下：

1 新建“标题和内容”幻灯片，在占位符中输入所需的文本，如下图（左）所示。

2 将光标定位到内容文本前，按【Tab】键进行降级操作，效果如下图（右）所示。

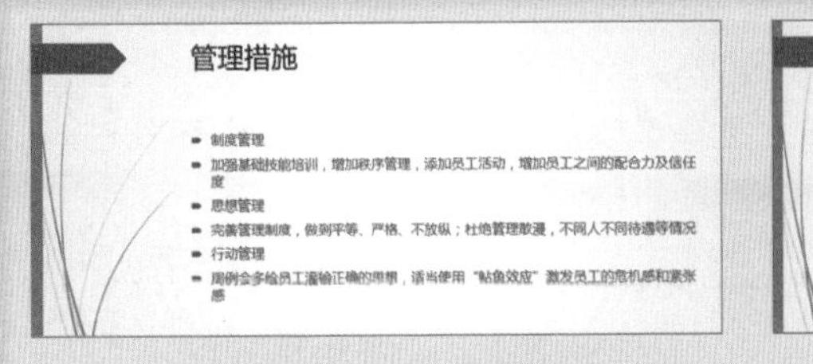

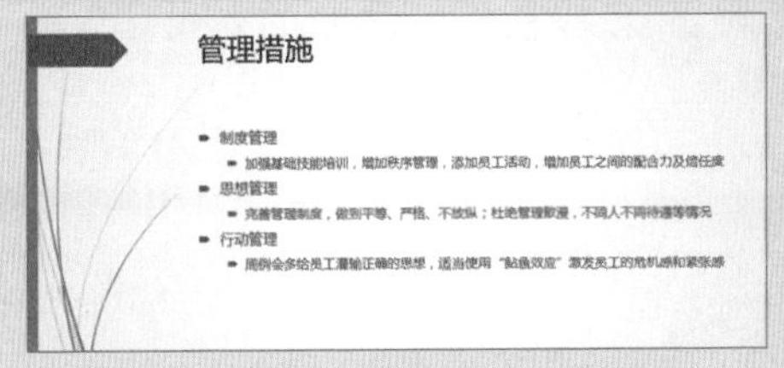

3 选中文本框，在开始选项卡下"段落"组中单击"转换为 SmartArt"下拉按钮，选择所需的图形样式，如下图（左）所示。

4 此时即可将文本转换为 SmartArt 图形，根据需要设置图形样式，如下图（右）所示。

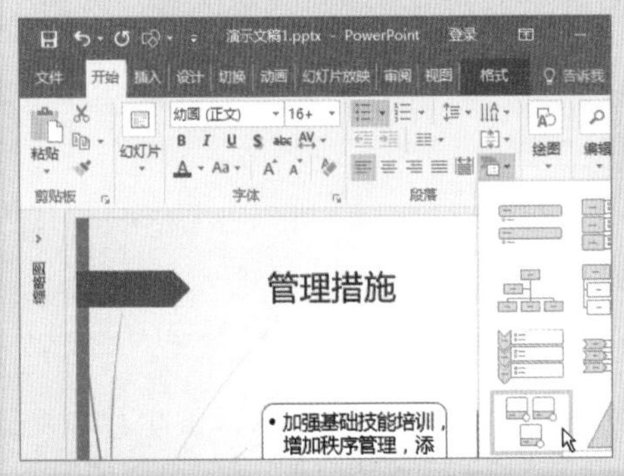

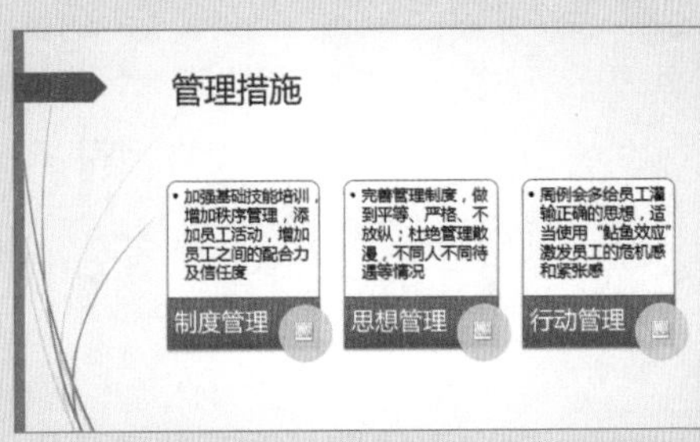

Ask Answer

高手疑难解答

问 怎样设置幻灯片大小？

图解解答 PPT 默认的幻灯片长宽比是 16 ∶ 9，可以根据放映或输出要求设置不同的幻灯片尺寸，具体操作方法如下：

1 选择设计选项卡，在"自定义"组中单击"幻灯片大小"下拉按钮，选择自定义幻灯片大小(C)...选项，如下图（左）所示。

2 弹出"幻灯片大小"对话框，根据需要设置幻灯片的宽度和高度，单击确定按钮即可。

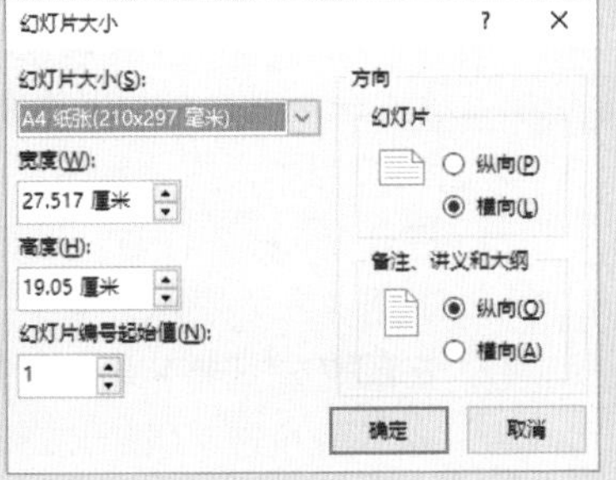

问 怎样在幻灯片中插入页码？

图解解答 通过幻灯片母版中的页脚占位符可以很方便地在幻灯片中插入日期和时间、幻灯片编号、页脚等信息，具体操作方法如下：

1. 选择 插入 选项卡，在“文本”组中单击“页眉和页脚”按钮，如下图（左）所示。
2. 弹出“页眉和页脚”对话框，选中“幻灯片编号”复选框，单击 全部应用(Y) 按钮，如下图（右）所示。

3. 切换到“幻灯片母版”视图，选择最上方的幻灯片母版，调整右下方页码占位符的位置，在“字体”组中设置字体格式，如下图（左）所示。
4. 返回“普通”视图，即可在各幻灯片中查看页码效果，如下图（右）所示。

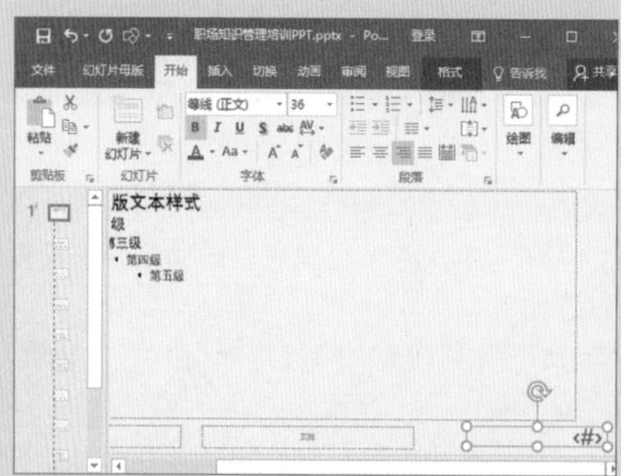

问 如何快速导入 Excel 表格？

图解解答 对于要放入幻灯片中的表格，可以先在 Excel 中制作好，然后将其粘贴到幻灯片中，方法如下：

1. 打开 Excel 工作表，选择数据区域后按【Ctrl+C】组合键复制数据，如下图（左）所示。
2. 在 开始 选项卡下单击“粘贴”下拉按钮，选择“保留源格式”选项，如下图（右）所示。

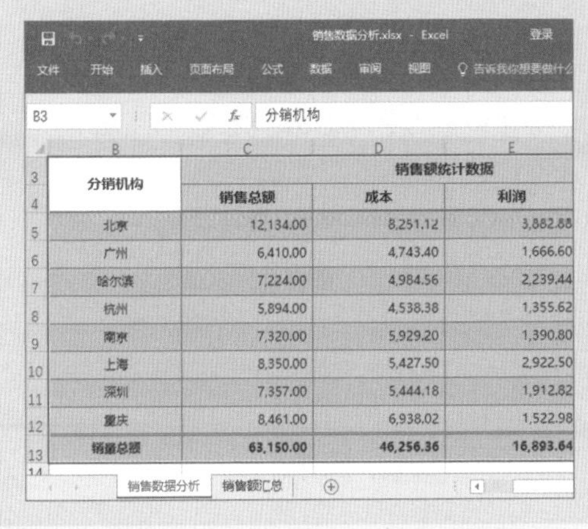

分销机构	销售额统计数据		
	销售总额	成本	利润
北京	12,134.00	8,251.12	3,882.88
广州	6,410.00	4,743.40	1,666.60
哈尔滨	7,224.00	4,984.56	2,239.44
杭州	5,894.00	4,538.38	1,355.62
南京	7,320.00	5,929.20	1,390.80
上海	8,350.00	5,427.50	2,922.50
深圳	7,357.00	5,444.18	1,912.82
重庆	8,461.00	6,938.02	1,522.98
销售总额	63,150.00	46,256.36	16,893.64

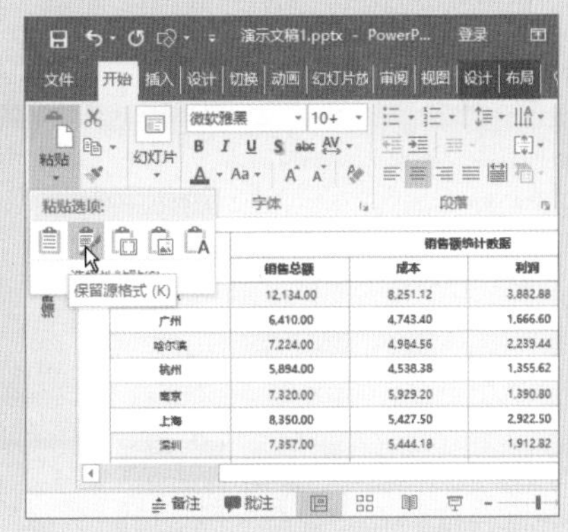

问 如何使用系列填充美化图表？

图解解答 图表系列默认为纯色填充，除此之外还可根据需要将其设置为其他填充方式，如渐变填充、图片填充。下面通过设置图表系列图片填充来美化图表效果，具体操作方法如下：

1. 在幻灯片中创建柱形图表，并设置图表布局，如下图（左）所示。
2. 双击图表打开“设置图表区格式”窗格，单击 **图表选项** 下拉按钮，选择要设置格式的系列，在 系列 "2012"，如下图（右）所示。

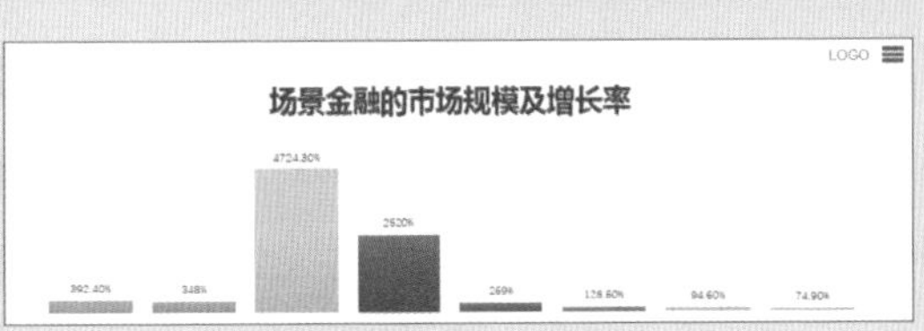

3. 此时即可在图表中选中该系列，选择“填充和线条”选项卡，选中 无线条(N) 单选按钮，采用同样的方法设置其他各系列“无线条”，如下图（左）所示。
4. 在图表中选中第 1 个系列，选中 图片或纹理填充(P) 单选按钮，单击 文件(F)... 按钮，如下图（右）所示。

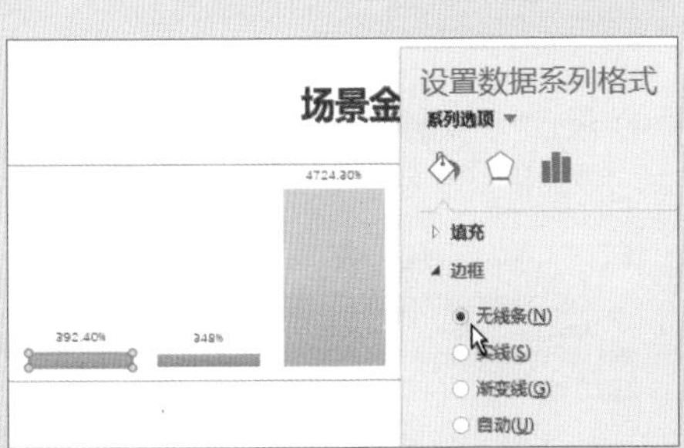

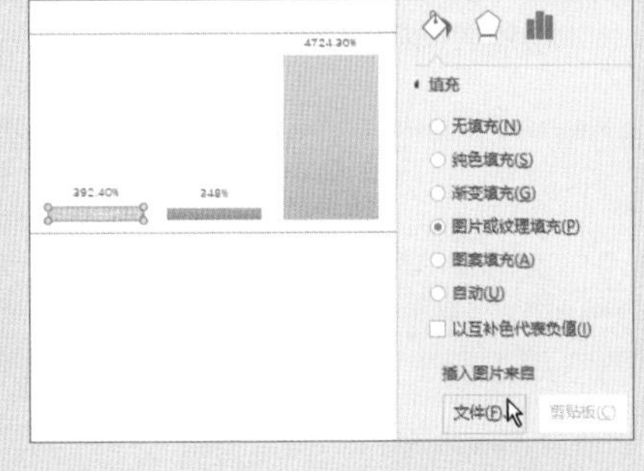

5 弹出“插入图片”对话框，选择“波浪 1”图片，单击插入(S)按钮，如下图（左）所示。

6 此时即可设置系列为图片填充，设置“透明度”为 30%，各偏移项为 0%，如下图（右）所示。

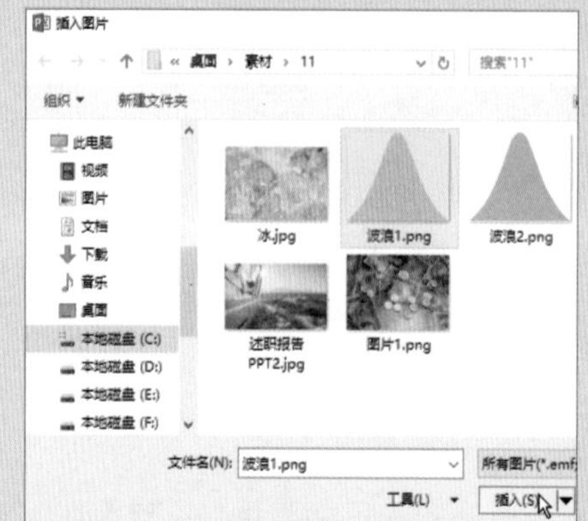

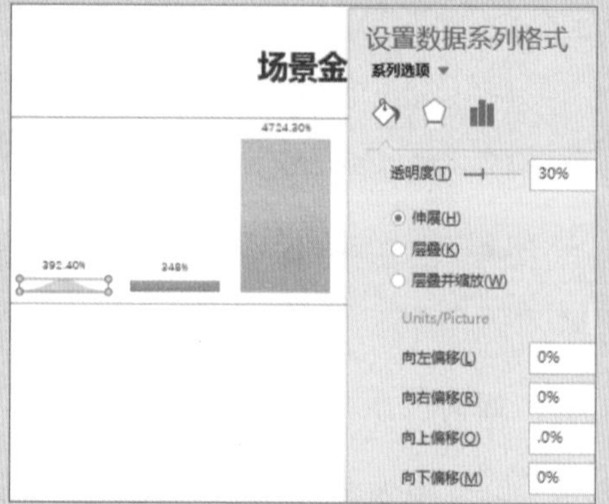

7 采用同样的方法，为第 2 个系列应用“波浪 2”图片填充，如下图（左）所示。

8 为图表中的其他系列应用图片填充，如下图（右）所示。

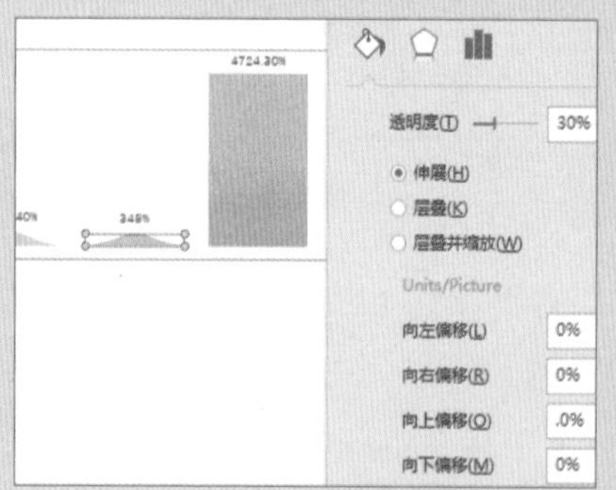

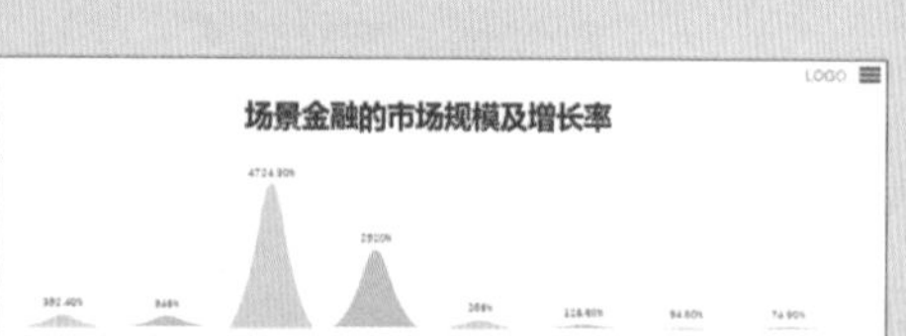

9 双击系列，打开“设置数据系列格式”窗格，选择“系列选项”选项卡，设置“系列重叠”为 40%，如下图（左）所示。

10 采用同样的方法，插入一个图表并进行美化，在幻灯片中插入所需的形状和文本框，如下图（右）所示。

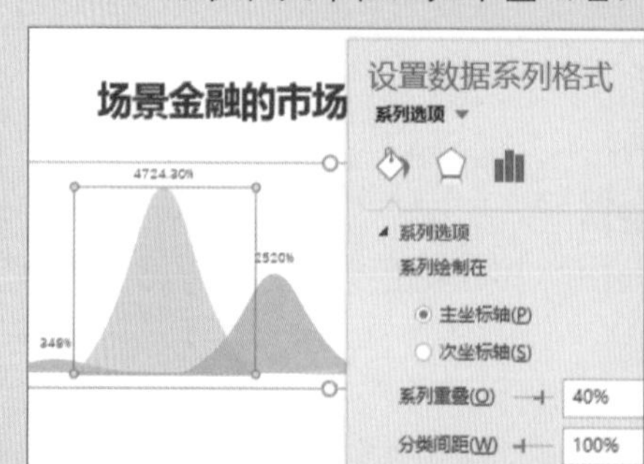

CHAPTER

设置与美化幻灯片

本章导读

PowerPoint 与其他办公软件较大的区别在于它需要融入更多的设计元素才能发挥其演示作用。幻灯片不仅要向观众展现需要介绍的内容，还要考虑如何将这些内容更好地展现在观众面前，因此需要对幻灯片进行设置与美化。本章将详细介绍设置与美化幻灯片的方法与技巧。

知识要点

01 美化形状
02 美化文本
03 美化图片
04 插入媒体元素

案例展示

▼美化形状

▼美化图片

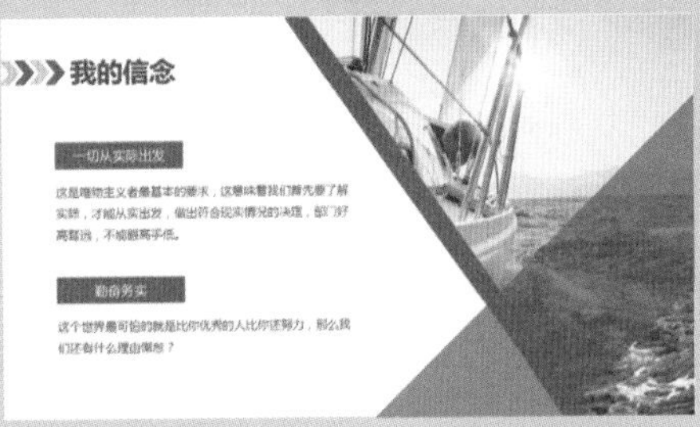

▼美化文本

▼插入媒体元素

Chapter 11

11.1 美化形状

■关键词：立体视觉效果、组合形状、合并形状、编辑形状顶点、对齐图形、幻灯片版式

PowerPoint 中的形状五花八门，通过设置形状格式、组合形状、合并形状等操作可以快速地美化形状，利用形状还可以对幻灯片进行排版，增强信息的传递性。下面将介绍如何美化幻灯片中的形状。

11.1.1 制作简单的立体小图标

微课：制作简单的立体小图标

PowerPoint 2016中的形状可以进行多种格式的编辑进行美化，下面通过设置形状填充颜色轻松制作出立体小图标，具体操作方法如下：

STEP 1 设置填充颜色

插入矩形形状，并在形状中输入文本。在格式选项卡下设置形状无轮廓，设置形状填充颜色为“金色，个性色 4”。

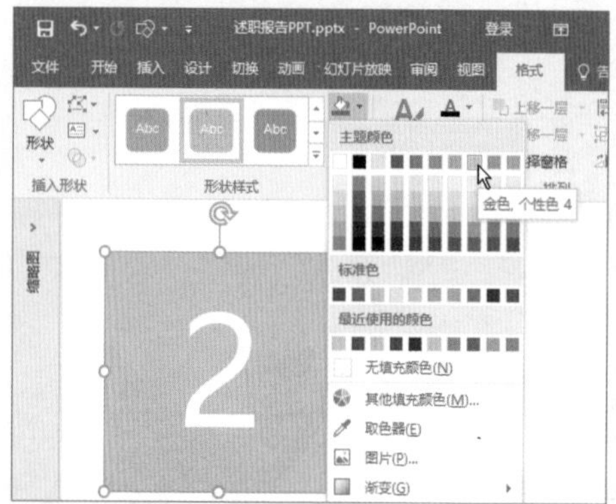

实操解疑

制作形状阴影效果

首先制作颜色相同的形状及阴影形状，然后选中阴影形状，打开“颜色”对话框，选择 HSL 颜色模式，拖动滑块将其颜色调深即可。

STEP 2 插入并调整形状

在矩形下方插入三角形形状并调整形状样式，设置形状填充颜色为“金色，个性色 4，深色 50%”。

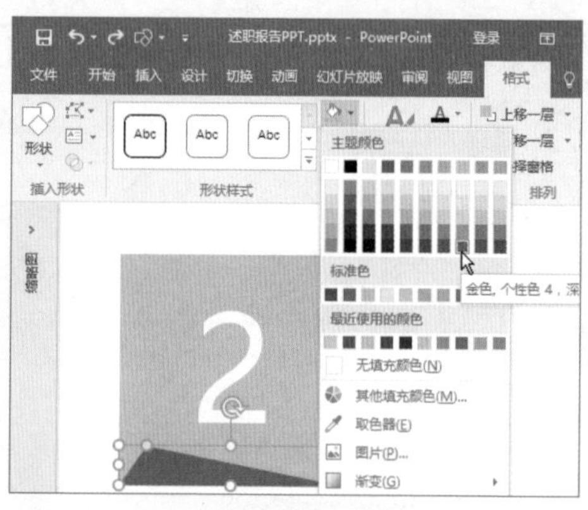

STEP 3 插入并组合形状

在矩形左侧插入三角形形状并调整形状样式，设置形状填充颜色为“金色，个性色 4，深色 25%”，然后将这三个形状进行组合。

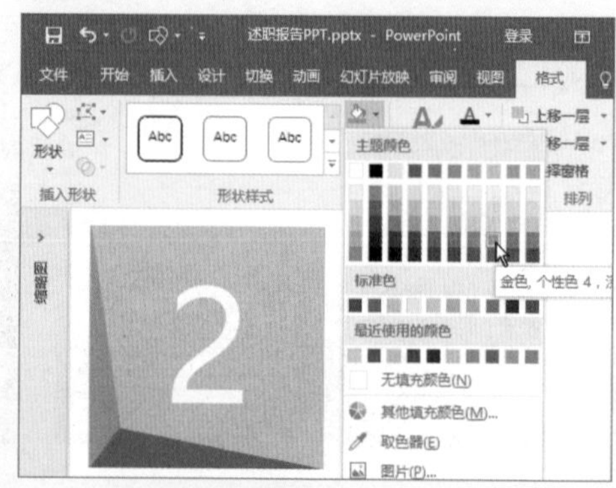

STEP 4 制作其他小图标

采用同样的方法制作其他小图标，选择幻灯片，将制作的小图标分别置于图片的左上方。

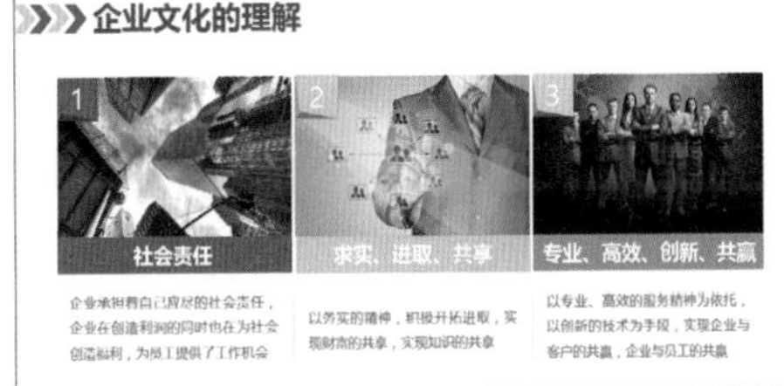

11.1.2 使用组合形状制作图形

微课：使用组合形状制作图形

在PowerPoint 2016中通过将多个形状进行排列组合，可以制作出特殊的形状效果，且可对组合中的每个形状进行单独编辑。下面以制作目录页中的图形为例进行详细介绍，具体操作方法如下：

STEP 1 新建“目录”幻灯片

使用文本框输入文本并设置字体格式，插入直线形状。

STEP 2 插入形状并调整

插入“空心弧”形状，设置形状无轮廓，拖动黄色的调整柄，调整形状样式。

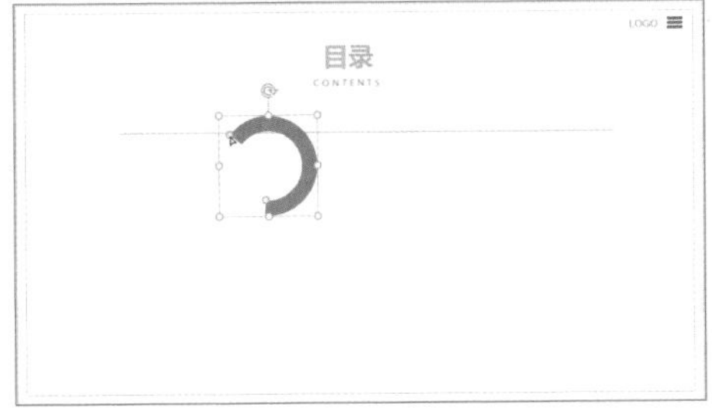

STEP 3 复制形状并调整

将空心弧形状垂直向下复制一份，并调整形状样式。

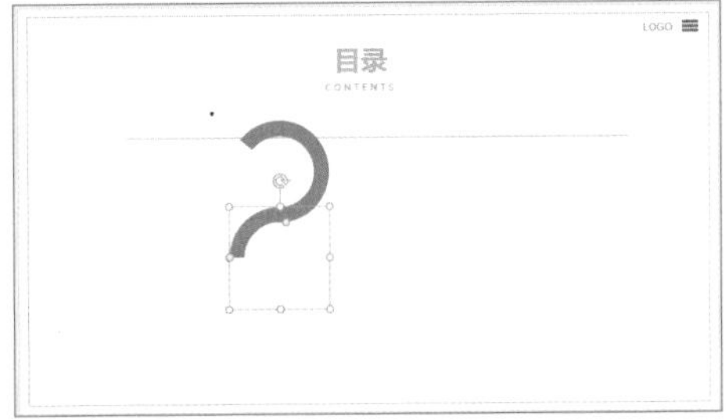

STEP 4 更改形状

将上方的空心弧形状垂直向下复制一份，❶在格式选项卡下单击“编辑形状”下拉按钮，❷选择更改形状(N)命令，❸选择“矩形”形状□。

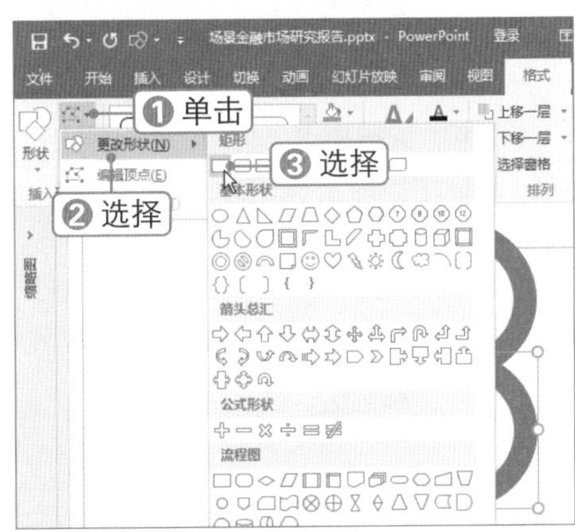

STEP 5 调整矩形位置

此时即可将空心弧形状更改为矩形，调整矩形的位置。

STEP 6 复制矩形

将矩形垂直向上复制一份，为便于显示在此调整其透明度。

STEP 7 选择 编辑顶点(E) 命令

❶右击矩形，❷选择 编辑顶点(E) 令。

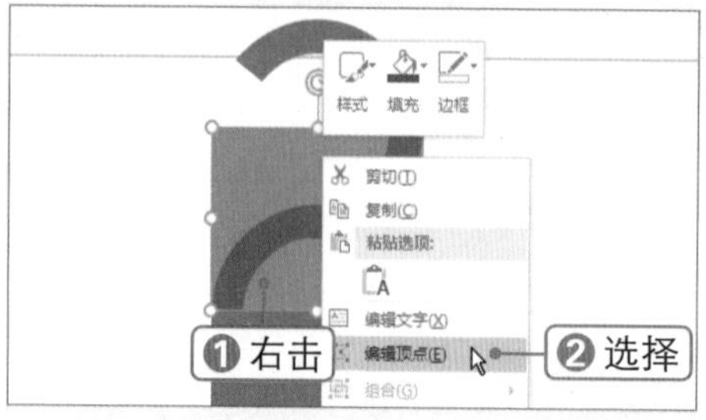

STEP 8 调整顶点

此时即可在矩形上显示 4 个顶点，❶调整顶点的位置，❷在形状边线上右击，❸选择 添加顶点(A) 命令，添加顶点后根据需要调整其位置。

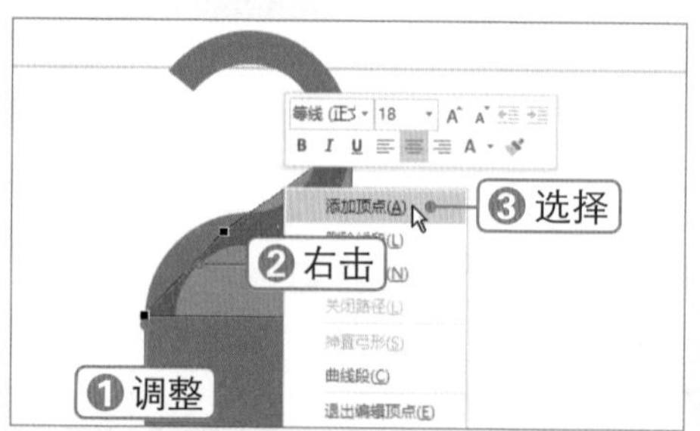

STEP 9 设置形状颜色

将调整顶点后的形状颜色设置为与其他形状相同的颜色。

STEP 10 合并形状

在幻灯片中插入一个无轮廓的矩形，调整其到合适的位置。❶选中上方的空心弧形状，❷选中矩形。❸在 格式 选项卡下单击“合并形状”下拉按钮，❹选择 剪除(S) 选项。

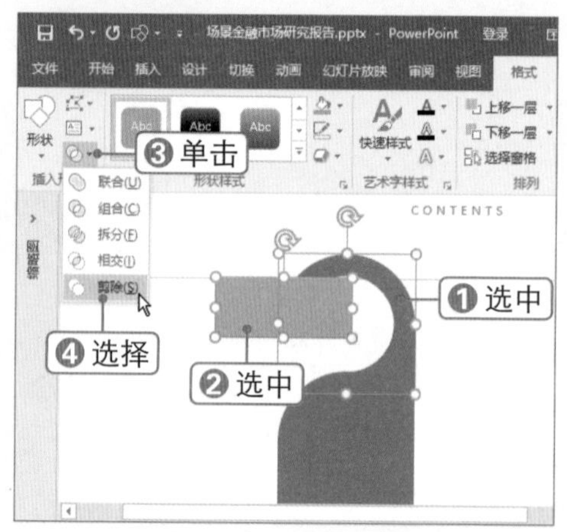

STEP 11 更改形状

将下方的矩形垂直向下复制一份，并将其更改为圆角矩形形状。

STEP 12 复制图形

将图形组合在一起并进行调整，将图形复制三份，将直线形状置于底层。

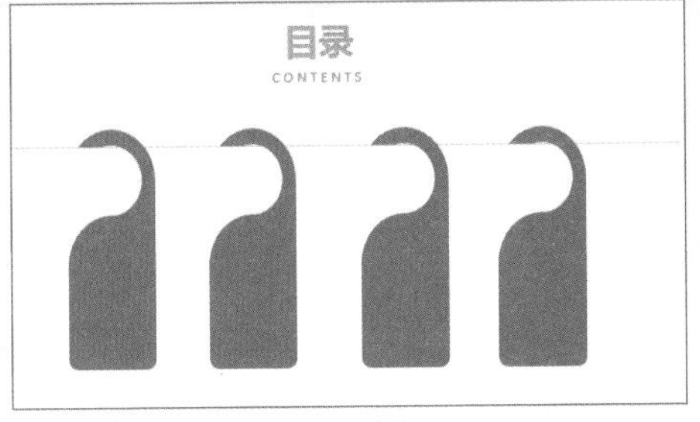

STEP 13 修改填充颜色

根据需要将图形设置为不同的填充颜色。

STEP 14 输入内容

在幻灯片中插入文本框，输入所需的文本，并设置字体格式。

秒杀技巧　手绘不规则线条

在“形状”列表中选择“任意多边形：自由曲线”形状，即可通过拖动鼠标手绘不规则的线条，有时手绘的线条更能抓住视线。

11.1.3 制作齿轮图形

齿轮图形是幻灯片中常见的修饰元素。下面将介绍如何在PowerPoint 2016中通过旋转、联合与剪除几何图形制作出齿轮图形，具体操作方法如下：

微课：制作齿轮图形

STEP 1 插入形状

插入六边形形状，并调整形状样式。

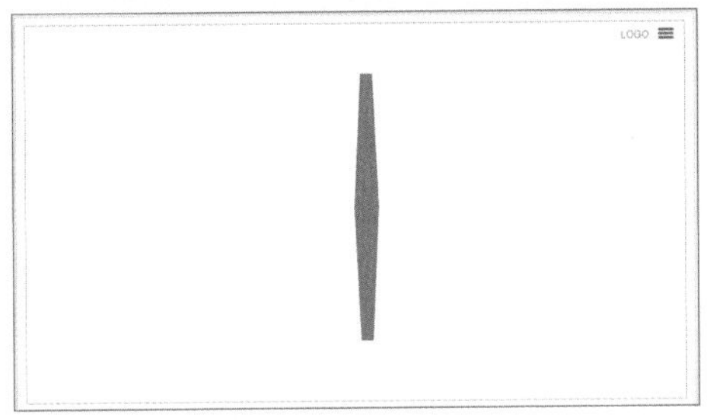

STEP 2 复制形状

按【Ctrl+C】组合键复制形状，然后多次按【Ctrl+V】组合键粘贴形状，将形状复制 17 份。

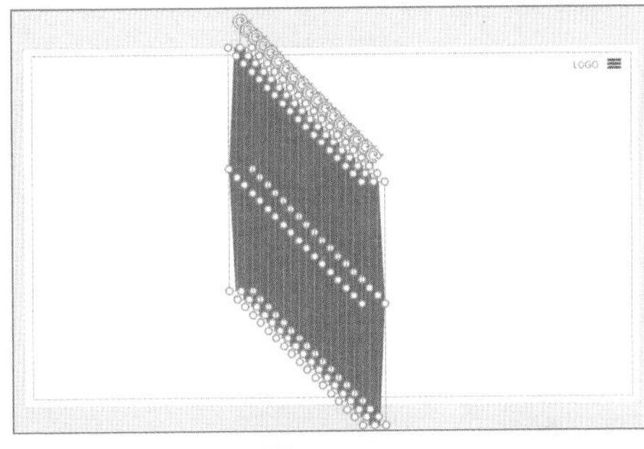

STEP 3 对齐形状

选中复制的形状，然后分别设置“水平居中”和“垂直居中”对齐方式，查看对齐效果。

CHAPTER 07
CHAPTER 08
CHAPTER 09
CHAPTER 10
CHAPTER 11
CHAPTER 12

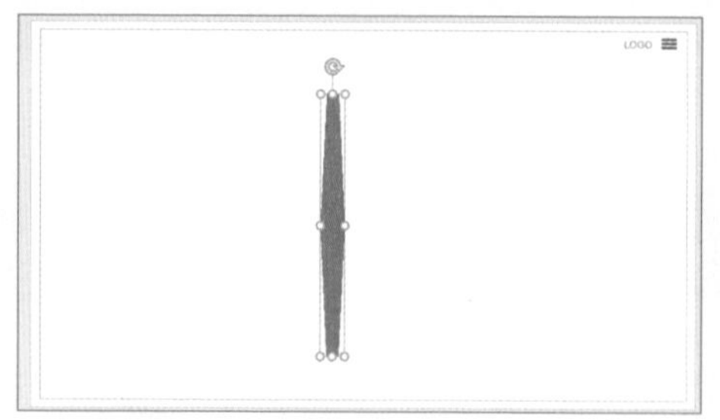

STEP 4　旋转形状

单击选中最上层的形状，打开“设置形状格式”窗格，选择“大小与属性”选项卡，设置旋转 10°。

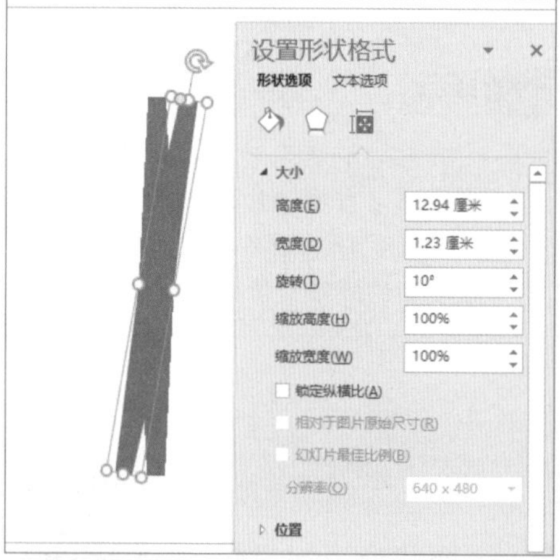

STEP 5　旋转形状

单击选中重叠的形状，在“设置形状格式”窗格中设置旋转 20°。

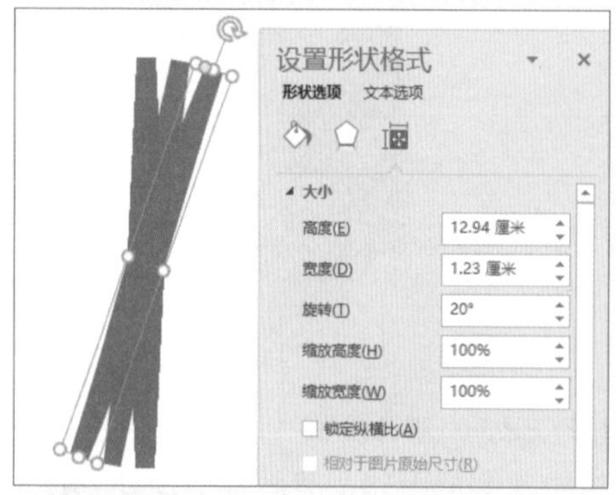

STEP 6　旋转其他形状

采用同样的方法，继续旋转其他形状。

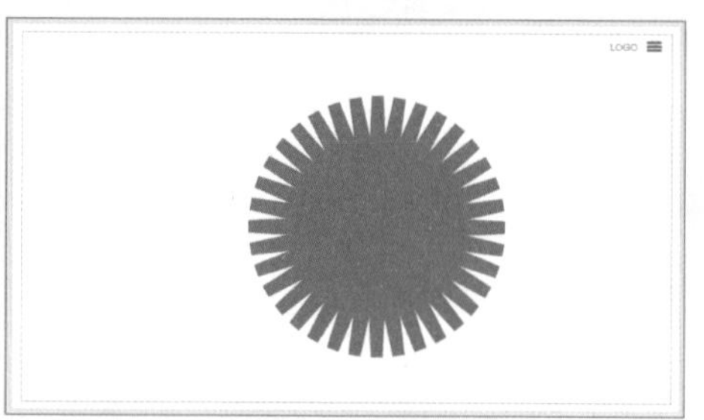

STEP 7　合并形状

❶选中全部形状，❷在格式选项卡下单击“合并形状”下拉按钮，❸选择联合(U)选项。

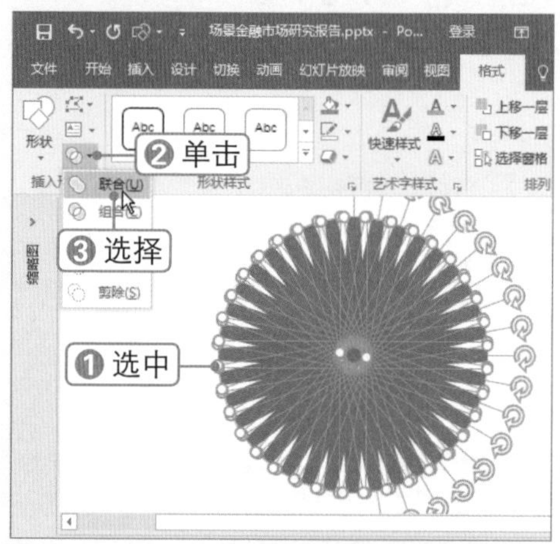

STEP 8　合并形状

绘制一个圆形，并将其与合并的形状对齐。❶选中两个形状，❷单击“合并形状”下拉按钮，❸选择联合(U)选项。

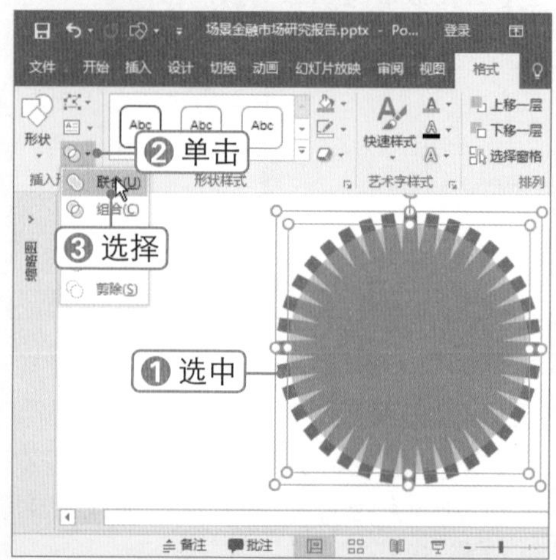

STEP 9 查看齿轮效果

合并形状后，即可制作出齿轮效果。

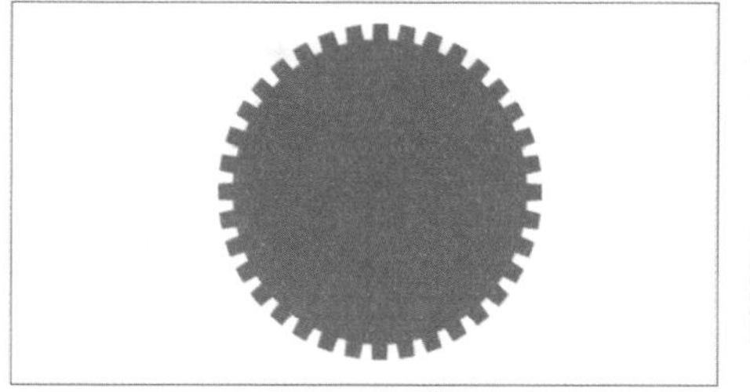

STEP 10 合并形状

在 视图 选项卡下设置显示参考线，将齿轮图形移到参考线中心，绘制一个矩形。❶选中齿轮图形，❷选中矩形，❸单击“合并形状”下拉按钮，❹选择 相交(I) 选项。

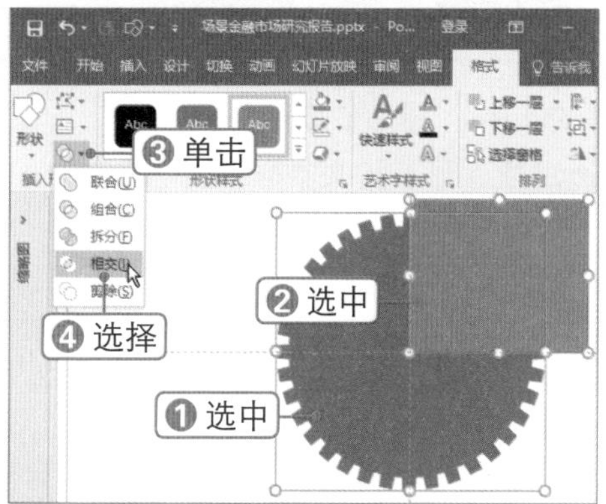

STEP 11 查看图形效果

此时即可形成四分之一的齿轮图形。

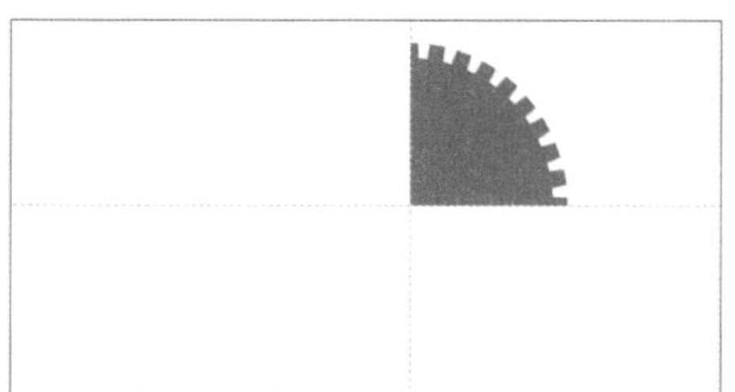

STEP 12 复制图形

将图形复制三份并分别设置其填充颜色，重新将其排列为一个完整的齿轮图形并进行组合。

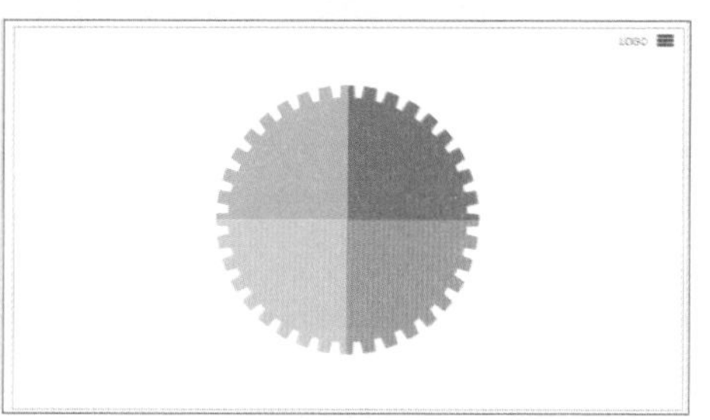

STEP 13 放置小图标

将图形移动到幻灯片中，并在图形上放置所需的小图标。

实操解疑

使用表格实现快速排版

在表格中除了编辑大量的数据外，还可利用表格实现快速排版。在PowerPoint中可将表格看成是一批文本框的组合，根据内容对表格布局进行编辑后，将内容填充到单元格中，再根据需要设置单元格的对齐方式。

11.1.4 利用形状设置幻灯片版式

在PowerPoint 2016中使用形状可以轻松地制作出所需的幻灯片版式，使幻灯片更易于阅读和理解。下面将详细介绍如何利用形状对幻灯片进行排版，具体操作方法如下：

微课：利用形状设置幻灯片版式

STEP 1 绘制直线形状

新建幻灯片，绘制一条直线形状。

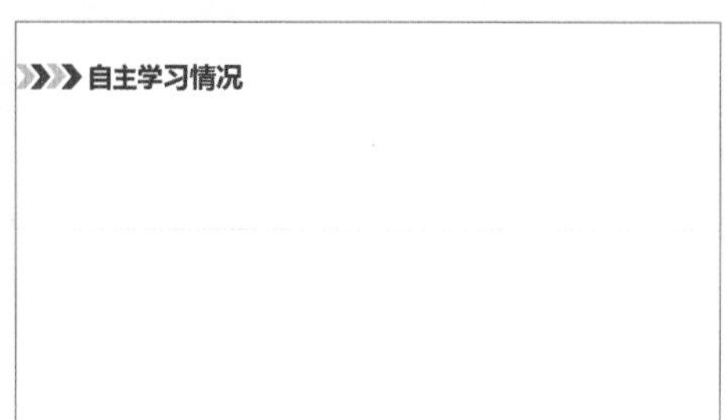

STEP 2 对齐图形

在幻灯片中绘制圆环和圆形，并将其进行组合，将组合的图形复制三份。❶选中所有图形，❷在格式选项卡下单击“对齐对象”下拉按钮，❸选择横向分布(H)选项。

STEP 3 插入形状

在幻灯片中插入直线和圆角矩形，设置线条样式，在矩形中输入所需的文本。

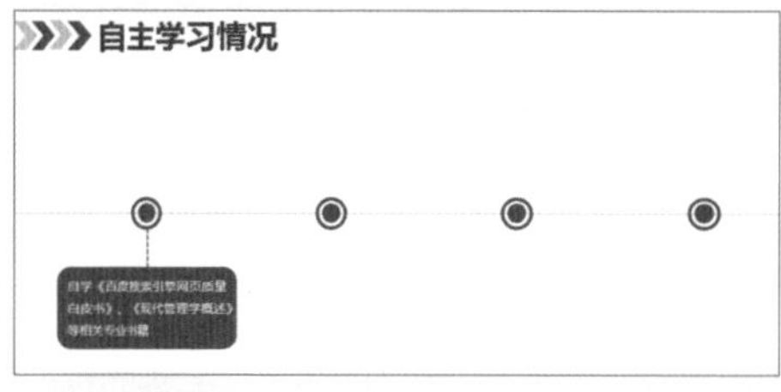

STEP 4 连接图形

采用同样的方法继续操作，将图形连接到不同的节点上。

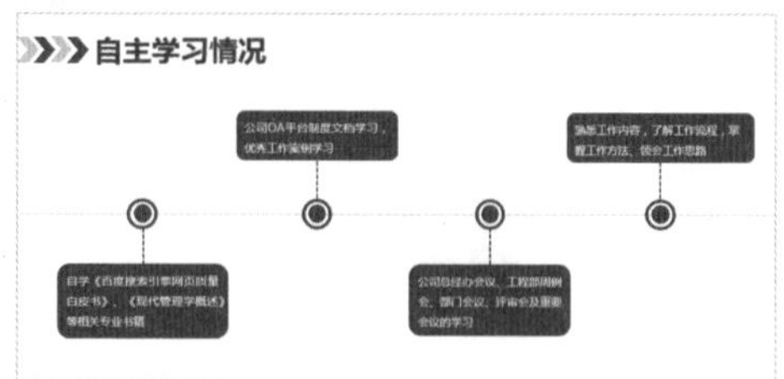

STEP 5 插入文本框

插入文本框，输入所需的文本，并设置字体格式。

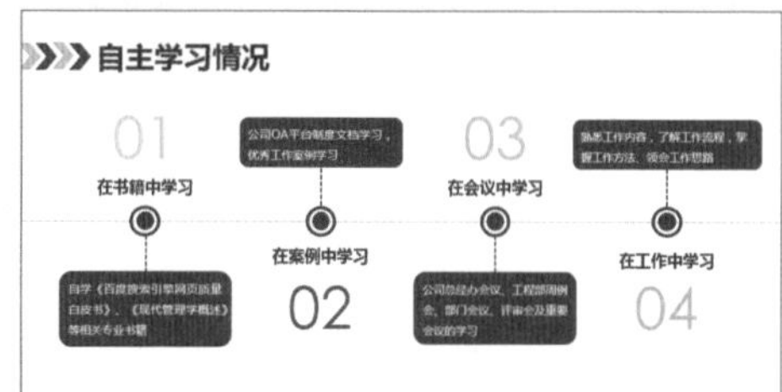

STEP 6 排版幻灯片

通过插入形状和文本框对演示文稿中的其他幻灯片进行排版。

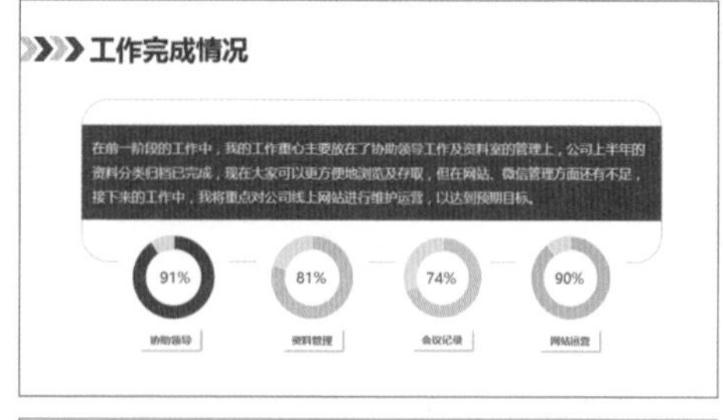

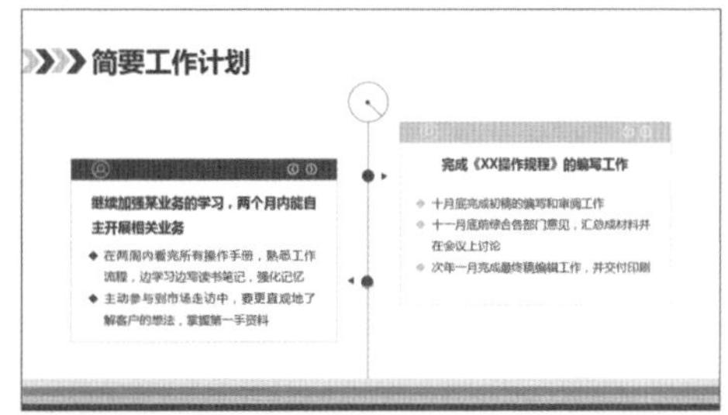

秒杀技巧　SmartArt 图形的转换

在 PowerPiont 2016 中可将 SmartArt 图形转换为图片、文本或形状：右击图形，选择相应的命令即可。

Chapter 11

11.2 美化文本

■ 关键词：替换字体、文本填充与线条、文字效果

在 PPT 幻灯片演示文稿中表达观点的载体往往是文字，所以在幻灯片设计中不要让修饰元素“喧宾夺主”成为重点，修饰元素应是为文字服务的。在 PowerPoint 2016 中可以很方便地对文本进行美化，如替换文本字体、设置文本效果或制作特殊的文字效果等。

11.2.1 替换文本字体

微课：替换文本字体

在PowerPoint 2016中可以对演示文稿中所应用的字体格式进行一对一的替换，每次只对一种字体进行替换，不会影响应用其他字体的文字。替换文本字体的具体操作方法如下：

STEP 1　选择“替换字体(O)...”选项

打开“年终总结”演示文稿，❶选中文本框，❷在“开始”选项卡下“编辑”组中单击“替换”下拉按钮，❸选择“替换字体(O)...”选项。

CHAPTER 07
CHAPTER 08
CHAPTER 09
CHAPTER 10
CHAPTER 11
CHAPTER 12

STEP 2 设置替换字体

弹出“替换字体”对话框，在“替换”下拉列表框中会自动显示所选文本框使用的字体样式，❶在“替换为”下拉列表框中选择所需的字体样式，❷单击“替换”按钮。

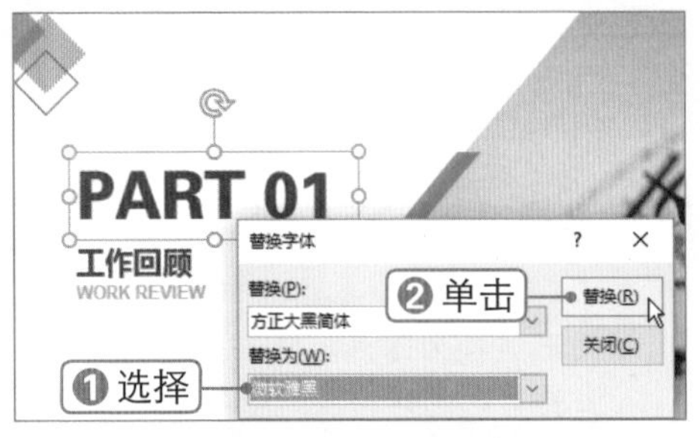

STEP 3 替换完成

此时即可将演示文稿中所有使用“方正大黑简体”字体的文本统一替换为“微软雅黑”。

STEP 4 查看字体替换效果

选择其他过渡页，查看字体替换效果。

11.2.2 设置文本效果

如果觉得幻灯片中的文本过于单调，可以通过设置“文本填充和轮廓”或“文字效果”制作出所需的文本效果，具体操作方法如下：

微课：设置文本效果

STEP 1 选择幻灯片

打开“述职报告”演示文稿，选择过渡页幻灯片，查看文本 PART 的显示效果。

STEP 2 设置填充透明度

❶选中文本框，打开“设置形状格式”窗格，❷在上方选择 文本选项 选项卡，❸选择“文本填充与轮廓”选项卡A，❹在“文本填充”选项区中设置透明度为 60%。

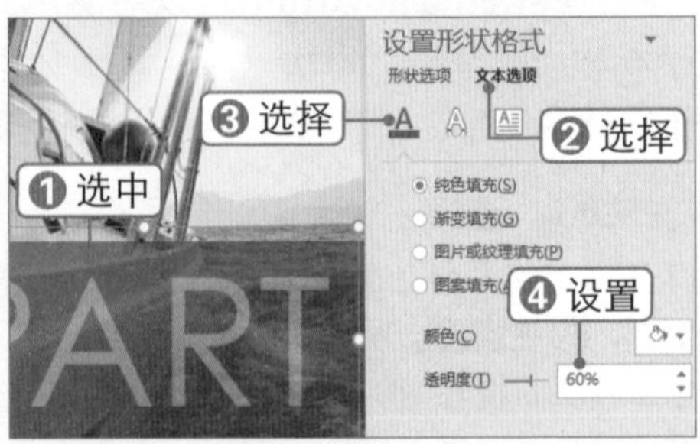

STEP 3 设置文本边框

在“文本填充”选项区中设置为 无填充(N)，在“文本边框”选项区中设置填充颜色和透明度，即可形成空心字效果。

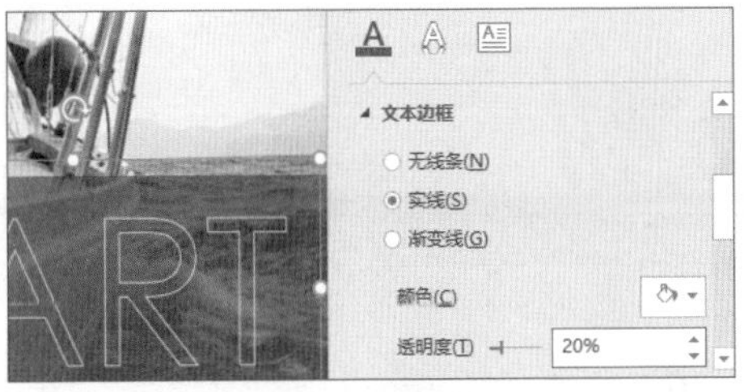

STEP 4　设置边框宽度

增大文本边框的宽度，查看文本显示效果。

STEP 5　设置边框线型

在“复合类型”下拉列表框中选择“由粗到细”选项，查看文本效果。

STEP 6　设置短画线

恢复线型为单线，❶设置宽度为1磅，❷在“短画线类型”下拉列表中选择“方点”选项，查看文本效果。

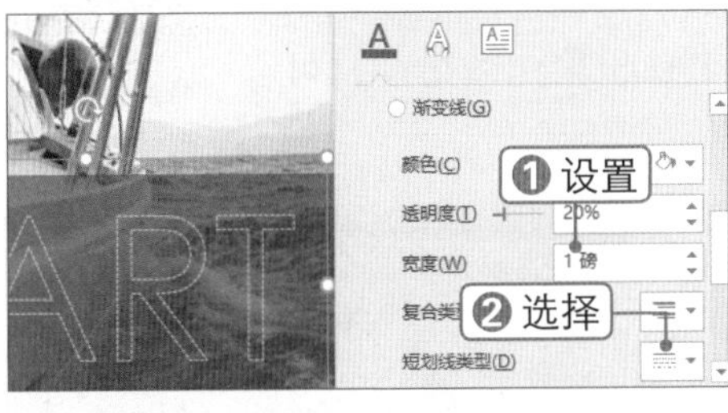

STEP 7　设置渐变线

❶选中 渐变线(G) 单选按钮，❷设置渐变参数，查看文本效果。

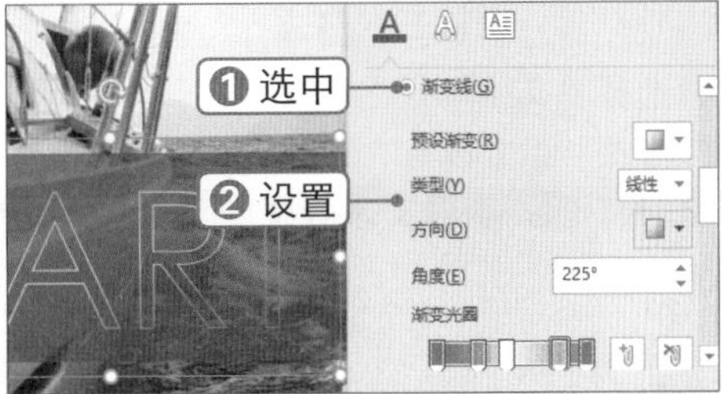

STEP 8　设置渐变填充

❶在“文本填充”组中选中 渐变填充(G) 单选按钮，❷设置渐变参数，查看文本效果。

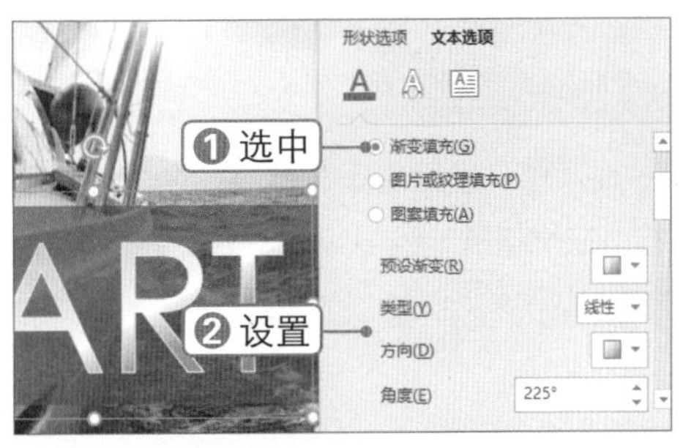

STEP 9　设置图案填充

选中 图案填充(A) 单选按钮，选中图案并设置图案颜色，查看文本效果。

STEP 10　设置图片填充

选中 图片或纹理填充(P) 单选按钮，设置素材图片“冰”作为填充图片，查看文本效果。

STEP 11 设置三维格式

❶选择“文字效果”选项卡，❷在“三维格式”组中设置“顶部棱台”、“深度”、“光源”等，查看文本效果。

STEP 12 设置三维旋转

在“三维格式”组中设置“Y 旋转”参数，查看文本效果。

STEP 13 设置其他效果

采用同样的方法，在“文字效果”选项卡下为文本添加阴影和映像效果。

Chapter 11

11.3 美化图片

■关键词：幻灯片背景填充、使用形状裁剪图片、使用表格修饰图片

在幻灯片中使用适当的图片可以使其更加生动和具有说服力。通过对图片进行美化，可以使幻灯片更加美观，下面将详细介绍如何美化幻灯片中的图片。

11.3.1 制作图片聚焦效果

图片聚焦效果即将图片的指定区域对焦，将其他区域虚化。通过对形状应用“幻灯片背景填充”可以制作出聚焦效果，且可以随意选择聚焦位置，具体操作方法如下：

微课：制作图片聚焦效果

STEP 1 设置图片背景

新建幻灯片，右击幻灯片空白位置，选择“设置背景格式”命令，设置幻灯片背景为图片，查看效果。

STEP 2 插入矩形

插入矩形形状并调整其大小，将其铺满整张幻灯片，打开“设置形状格式”窗格，设置填充颜色和透明度。

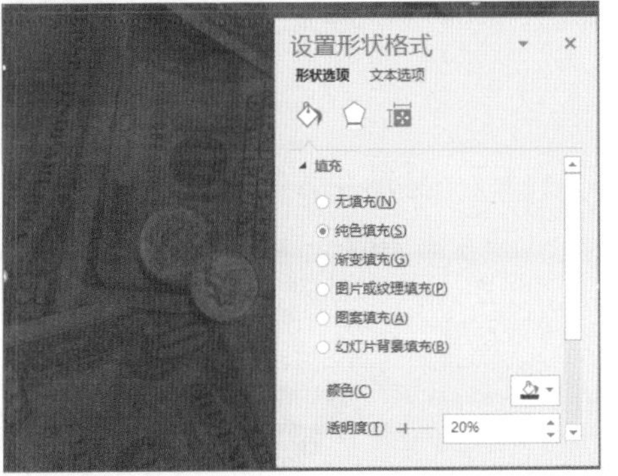

STEP 3 插入并设置圆形形状

插入圆形形状，并设置无形状轮廓。

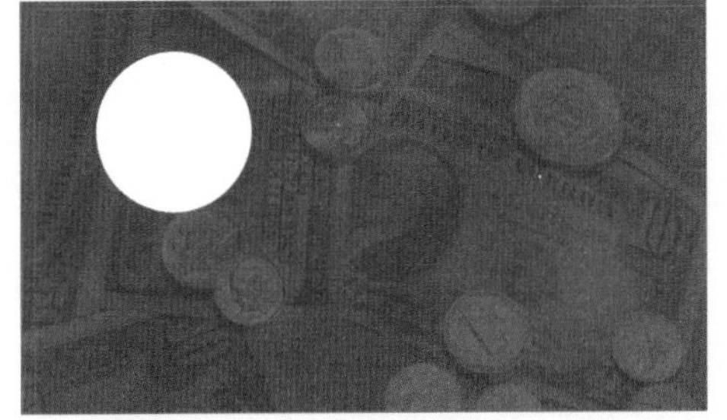

STEP 4 设置幻灯片背景填充

选中圆形形状，打开“设置形状格式”窗格，选中“幻灯片背景填充(B)”单选按钮，即可透视矩形形状下的背景图片。

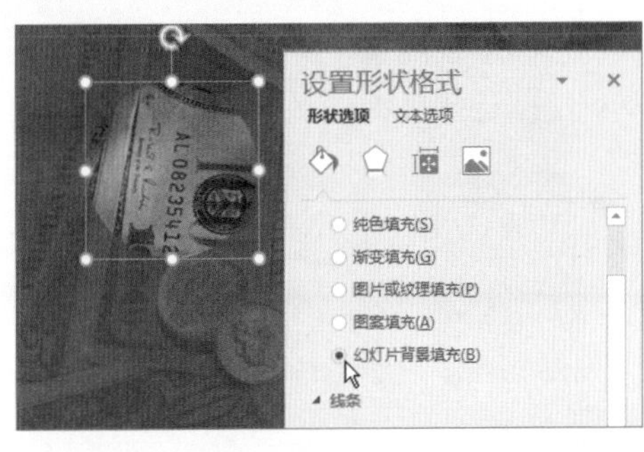

STEP 5 查看聚焦效果

插入素材图像“放大镜”，并将其与圆形进行组合，拖动图形即可查看图片聚焦效果。

11.3.2 使用形状裁剪图片

微课：使用形状裁剪图片

通过“裁剪”功能可以将图片裁剪为形状，但操作起来不太方便。若要将图片裁剪为特殊的形状样式，可以通过“合并形状”功能轻松实现，具体操作方法如下：

STEP 1 单击“裁剪”按钮

❶ 在幻灯片中插入图片并右击，❷ 在弹出的工具栏中单击“裁剪”按钮。

STEP 2 裁剪图片

根据需要裁剪图片，并调整图片的位置。

STEP 3 插入形状

插入平行四边形形状，将鼠标指针置于形状左侧的控制点上，当其变为双向箭头时向右拖动，对形状进行水平翻转。

STEP 4 调整形状

拖动平行四边形的黄色控制柄，调整形状样式，然后将形状复制一份备用。

STEP 5 合并形状

❶选中图片，❷选中平行四边形，❸在格式选项卡下单击“合并形状”下拉按钮，❹选择剪除(S)选项。

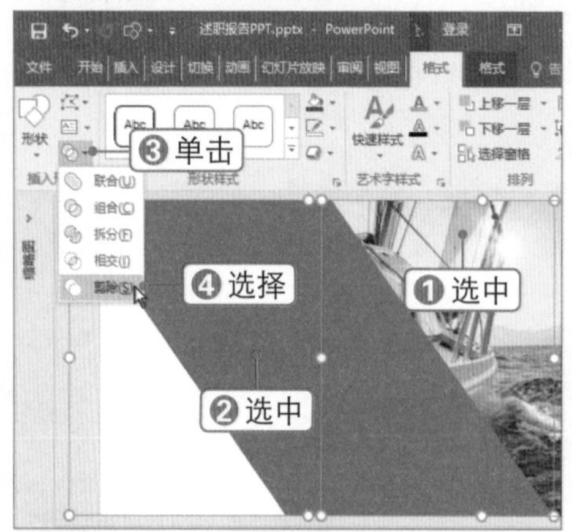

STEP 6 查看裁剪效果

此时即可对图片进行裁剪。

STEP 7 移动并填充形状

将 STEP 4 复制的平行四边形形状移到图片下一层，并移动形状的位置，设置形状填充颜色。

STEP 8 插入文本框

在幻灯片中插入文本框，输入所需文本，并设置字体格式。

实操解疑

减小演示文稿中的图片大小

打开“PowerPoint 选项”对话框，在左侧选择“高级”选项，在右侧“图像大小和质量”组的“默认分辨率”下拉列表框中选择所需的分辨率即可。

11.3.3 使用表格修饰图片

微课：使用表格修饰图片

在PowerPoint 2016中，可以使用无填充颜色的表格修饰图片，设置个别单元格的填充颜色并调整透明度，以制作出各种Metro风格的图片效果，具体操作方法如下：

STEP 1 设置背景格式

右击幻灯片空白位置，选择“设置背景格式(B)...”命令，打开“设置背景格式”窗格，从中设置图案填充。

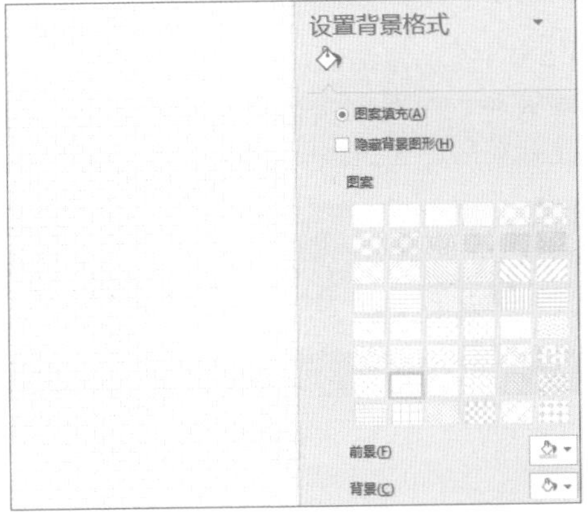

STEP 2 编辑幻灯片

插入图片和文本框，设置文本字体格式。

STEP 3 插入表格

在幻灯片中插入“9×3”表格，调整表格大小，并将其置于图片上方。

STEP 4 设置表格填充

❶选择“设计”选项卡，❷在“表格样式选项”组中取消选择“标题行”复选框，❸在“表格样式”组中单击“底纹”下拉按钮，❹选择“无填充颜色(N)”选项。

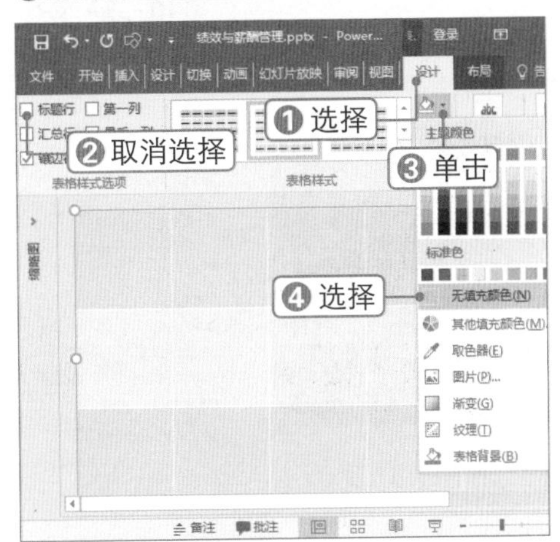

STEP 5 查看表格效果

此时即可只显示表格线，可以看到表格下方的图片。

STEP 6 选择“设置形状格式(O)...”命令

❶在单元格中右击，❷选择“设置形状格式(O)...”命令。

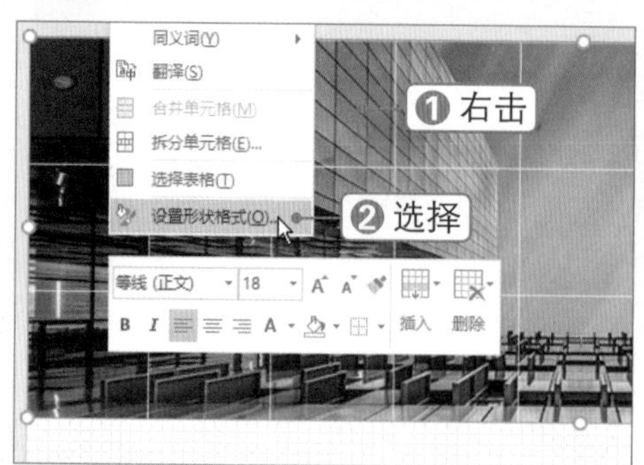

STEP 7 设置纯色填充

打开“设置形状格式”窗格，❶选中 纯色填充(S) 单选按钮，❷设置填充颜色和透明度。

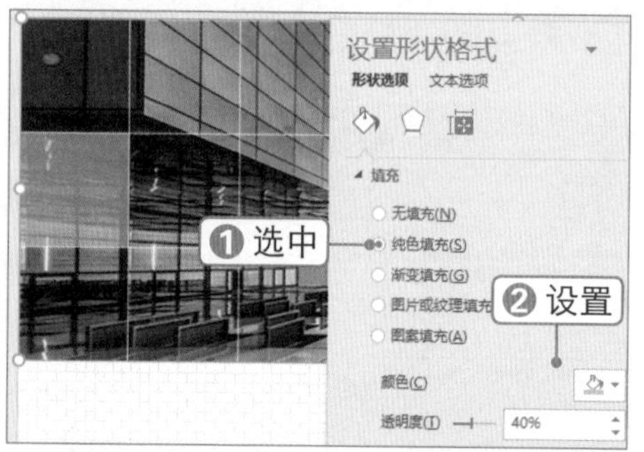

STEP 8 填充其他单元格

采用同样的方法，为其他所需的单元格设置填充颜色。

STEP 9 修饰幻灯片

插入矩形形状并设置形状格式，插入圆角矩形并输入所需的文本。

Chapter 11

11.4 插入媒体元素

■关键词：插入音频、插入视频、播放设置、海报帧、剪裁文件、压缩媒体文件

PowerPoint 2016 是一个多媒体演示平台，在幻灯片上演示的元素不仅仅是图片、文字、图表或动画，还可以为幻灯片添加音频和视频，使制作的演示文稿有声有色，更富感染力。

11.4.1 插入背景音乐

在对幻灯片进行放映时，为了渲染气氛，经常需要在幻灯片中添加背景音乐。在幻灯片中插入背景音乐的具体操作方法如下：

微课：插入背景音乐

STEP 1 选择 PC 上的音频(P)... 选项

打开“企业宣传 PPT”素材文件，❶选择 插入 选项卡，❷在“媒体”组中单击“音频”下拉按钮，❸选择 PC 上的音频(P)... 选项。

STEP 2　选择音频文件

弹出“插入音频”对话框，❶选择要插入的音频文件。❷单击 插入(S) 按钮。

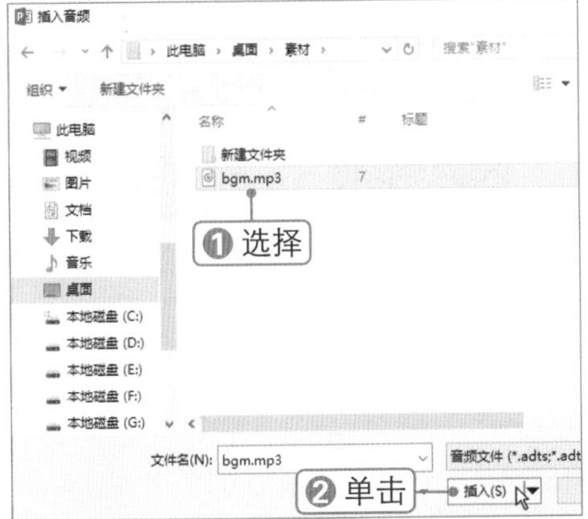

STEP 3　调节音量

此时在幻灯片中插入一个音频图标，将该图标拖至合适的位置。单击“播放”按钮▶，即可播放音乐。拖动音量滑块，可以调节背景音乐音量。

STEP 4　设置自动播放

❶选择 播放 选项卡。❷在“音频选项”组中单击“开始”下拉按钮，❸选择 自动(A) 选项，设置背景音乐自动播放。

STEP 5　设置其他音频选项

设置其他音频选项，如“放映时隐藏”、“跨幻灯片播放”、“循环播放，直到停止”等。

STEP 6　剪裁音频

❶在“编辑”组中单击“剪裁音频”按钮，弹出“剪裁音频”对话框，❷拖动滑块，调整音频文件的开始和结束时间，❸单击 确定 按钮。

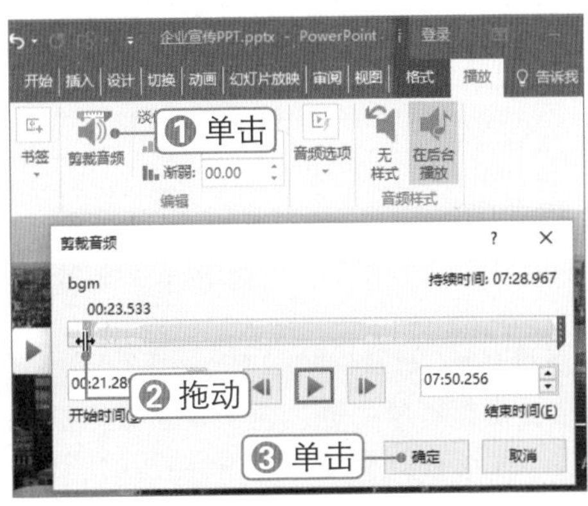

11.4.2 插入视频

微课：插入视频

如果在幻灯片演示中需要播放一段视频，无须中断幻灯片放映切换到其他视频播放软件，可以直接将视频文件插入幻灯片中，还可根据需要对视频格式进行设置，具体操作方法如下：

STEP 1 选择 PC 上的视频(P)... 选项

❶在插入选项卡下的“媒体”组中单击“视频”下拉按钮，❷选择 PC 上的视频(P)... 选项。

STEP 2 选择视频文件

弹出“插入视频文件”对话框，❶选择要插入的视频文件，❷单击 插入(S) 按钮。

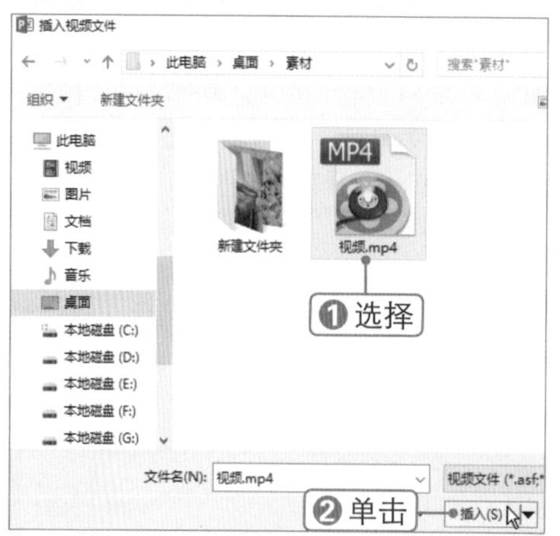

STEP 3 设置视频封面

❶在视频对象的进度条上单击或播放视频，直到找到要作为视频封面的图像，❷选择格式选项卡，❸在“调整”组中单击 海报帧 下拉按钮，❹选择 当前帧(U) 选项。

STEP 4 应用视频样式

❶单击“视频样式”下拉按钮，❷选择所需的样式。

STEP 5 应用视频效果

❶在“视频样式”组中单击“视频效果”下拉按钮，❷选择“三维旋转”选项，❸选择所需的透视效果。

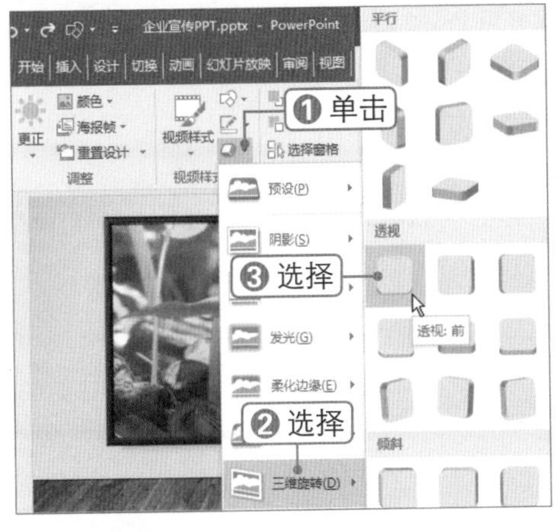

STEP 6 设置视频播放选项

❶选择播放选项卡，❷在“视频选项”组中设置相关选项，如选中☑全屏播放复选框。

STEP 7 剪裁视频

在播放选项卡下单击“剪裁视频”按钮，弹出“剪裁视频”对话框，❶拖动“开始”和“结束”滑块，分别设置视频的开始和结束时间，❷单击确定按钮。

STEP 8 插入文本框

插入文本框并输入所需的文本，设置文本填充透明度，将文本框放在视频对象右上方。

11.4.3 压缩媒体文件

微课：压缩媒体文件

在幻灯片中插入音、视频等媒体文件后往往会增大演示文稿的体积，降低幻灯片播放性能，此时可以使用“压缩媒体”功能缩小媒体文件的大小，具体操作方法如下：

STEP 1 选择压缩质量

选择文件选项卡，❶在左侧选择信息选项，❷在右侧单击“压缩媒体”下拉按钮，❸选择“演示文稿质量”选项。

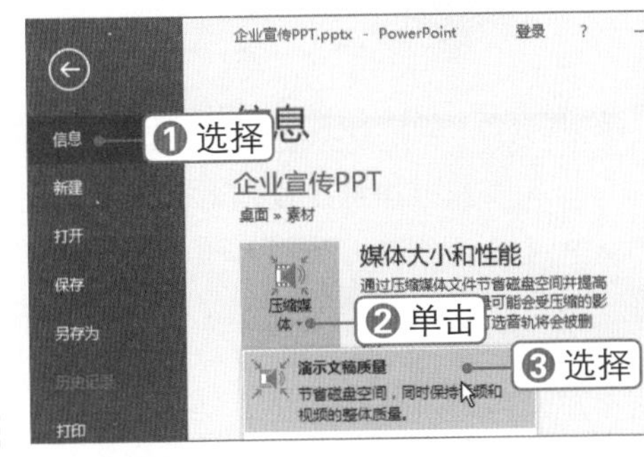

STEP 2　开始压缩媒体文件

弹出“压缩媒体”对话框，开始自动压缩演示文稿中的媒体文件，并显示压缩进度。

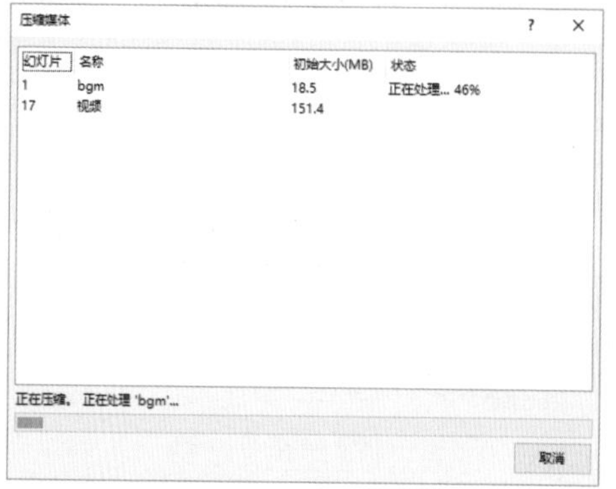

STEP 3　压缩完成

压缩完成后可以看到压缩后的文件大小，单击 关闭 按钮。

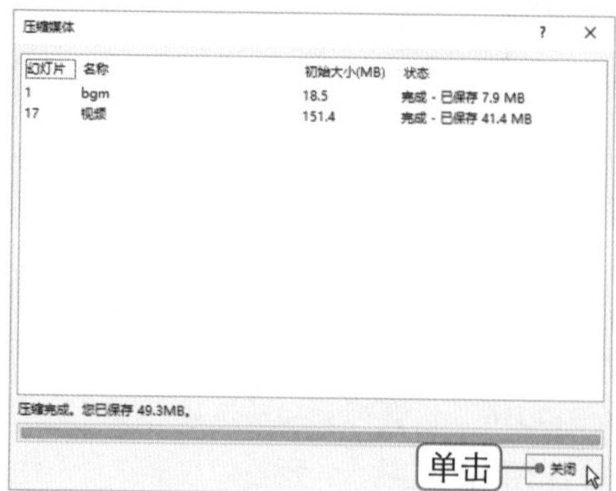

私房实操技巧

TIP：更改幻灯片配色方案

私房技巧　在 PowerPoint 2016 中可以对幻灯片中的图形配色随时进行更换，具体操作方法如下：

1. 打开演示文稿，查看当前幻灯片中的颜色搭配效果，如下图（左）所示。
2. 选择 设计 选项卡，单击“变体”下拉按钮，选择 颜色(C) 选项，在其子菜单中选择所需的主题颜色，如下图（右）所示。

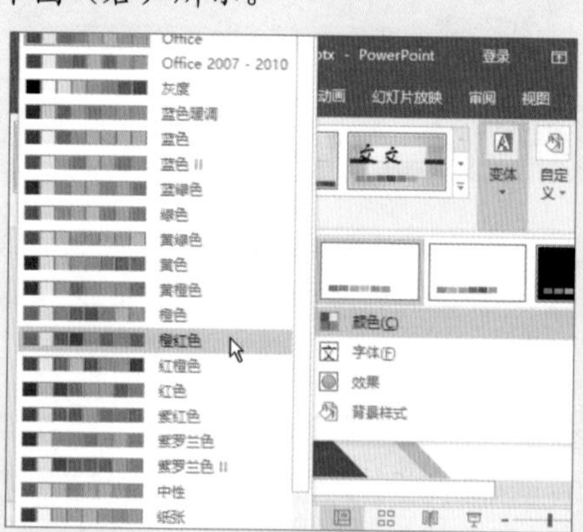

3. 此时即可更改幻灯片的主题配色，如下图（左）所示。
4. 若在 颜色(C) 选项菜单中选择 自定义颜色(C)... 选项，会弹出“新建主题颜色”对话框，从中可自定义颜色方案，如下图（右）所示。

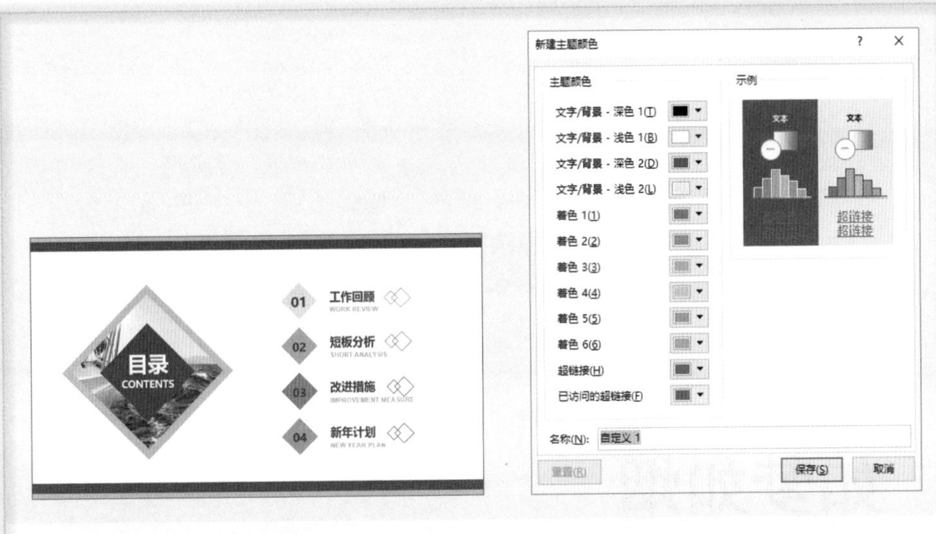

TIP：制作图片镂空效果

1. 在幻灯片中插入图片，然后在图片上方插入矩形形状，打开“设置形状格式”窗格，设置填充颜色和透明度，如下图（左）所示。
2. 在形状上方插入四个平行四边形并进行排列对齐，如下图（右）所示。

3. 选中下方的矩形，然后选中平行四边形，在格式选项卡下单击“合并形状”下拉按钮，选择剪除(S)选项，如下图（左）所示。
4. 此时即可制作出图片镂空效果，如下图（右）所示。

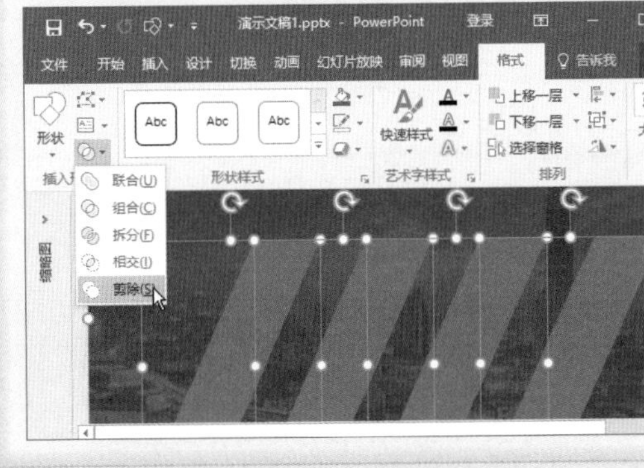

TIP：制作阴阳文字

私房技巧

1. 在幻灯片中插入文本框，并设置字体格式，如下图（左）所示。
2. 在文字上方插入一个矩形形状，选中文字和形状，在格式选项卡下单击“合并形状”下拉按钮，选择相交(I)选项，如下图（右）所示。

如梦如烟

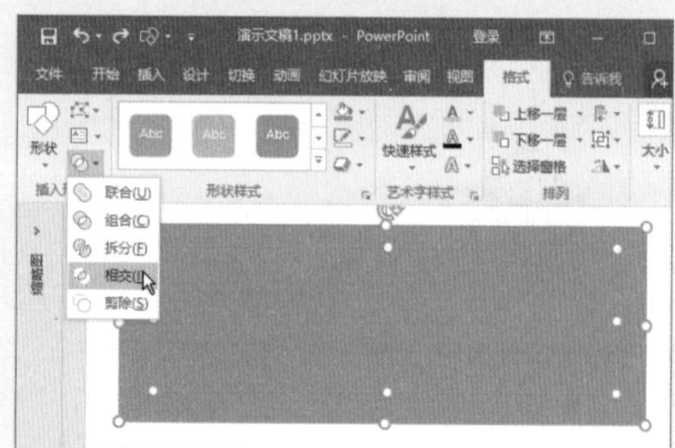

3. 此时即可制作出文字形状，如下图（左）所示。
4. 将文字形状复制一份，插入多个椭圆形状并调整其位置。选中全部形状，在格式选项卡下单击“合并形状”下拉按钮，选择剪除(S)选项，如下图（右）所示。

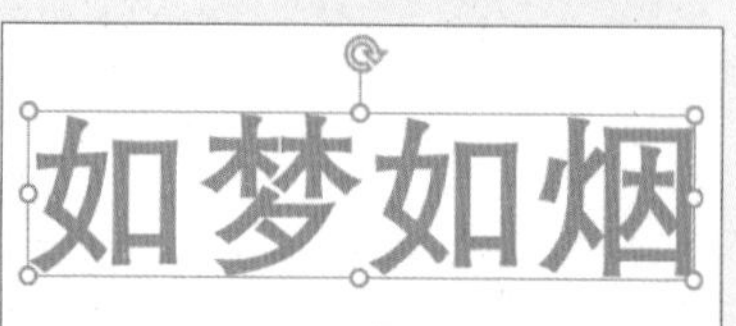

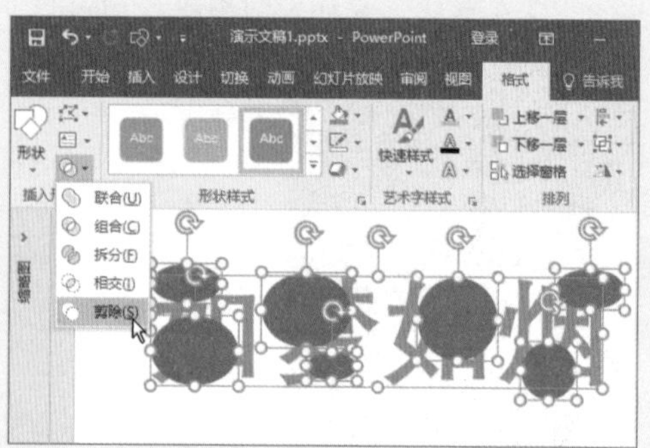

5. 查看合并形状后的文字形状效果，为形状设置填充颜色，如下图（左）所示。
6. 将形状与原文字形状重叠即可，如下图（右）所示。

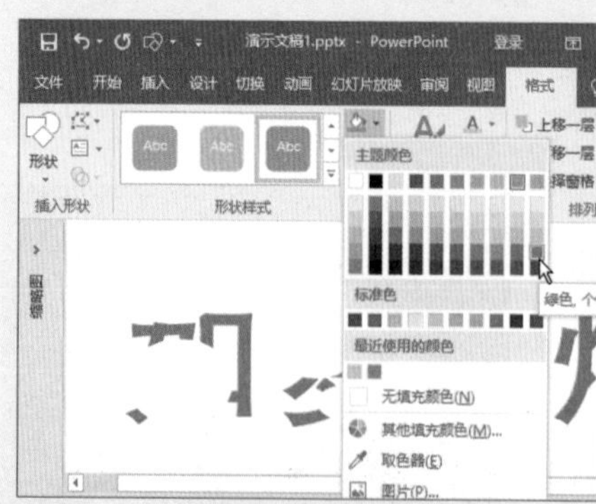

如梦如烟

TIP：创意图片裁剪

1. 在幻灯片中插入图片，插入四个矩形形状，并根据需要排列和旋转形状，如下图（左）所示。
2. 将当前幻灯片复制 4 份，然后删除第 1 张幻灯片中的形状。选择第 2 张幻灯片，保留左上方的矩形形状，删除其他矩形。选中图片，然后选中矩形，在格式选项卡下单击“合并形状”下拉按钮，选择相交(I)选项，如下图（右）所示。

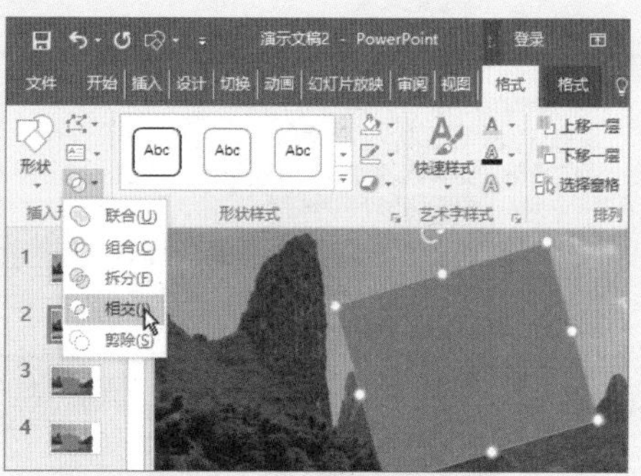

3. 采用同样的方法，设置其他三张幻灯片，合并形状后的图片效果如下图（左）所示。
4. 将合并图形后的图片依照排列顺序复制到第 1 张幻灯片中，可以看到这些小图片与原图重叠，如下图（右）所示。

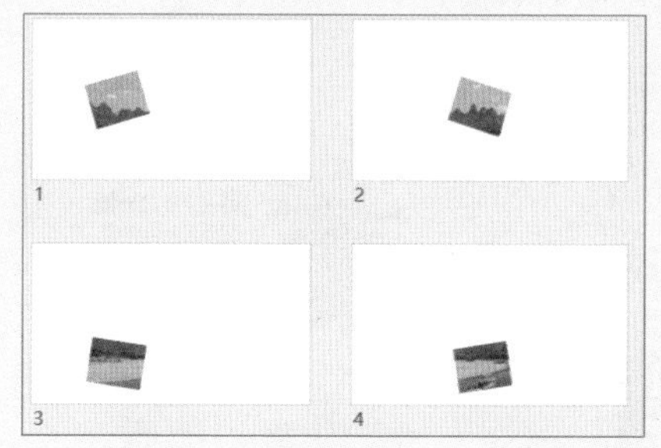

5. 选中 4 个小图片，在格式选项卡下为其添加白色的图片边框，如下图（左）所示。
6. 设置图片边框粗细，并添加阴影效果，效果如下图（右）所示。

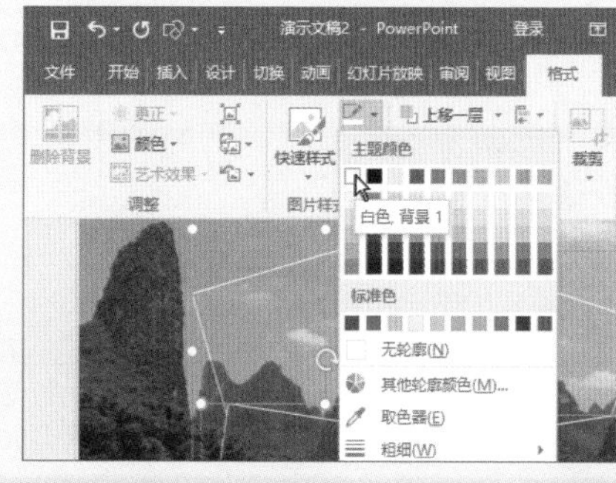

Ask Answer 高手疑难解答

问 如何将图片裁剪为文字？

图解解答 只需将图片和文字进行合并即可，具体操作方法如下：

1. 在幻灯片中插入图片和文字，如下图（左）所示。
2. 设置文本的透明度，调整文本的位置，确定要裁剪为文本的图片区域，如下图（右）所示。

3. 选中图片，然后选中文本，在 格式 选项卡下单击“合并形状”下拉按钮，选择 相交(I) 选项，如下图（左）所示。
4. 此时即可将图片裁剪为文字，为图片添加阴影效果，如下图（右）所示。

问 如何对文字进行拆分？

图文解答 通过“合并形状”功能即可将文字拆分为多个部分，下面利用合并形状制作特殊的文字效果，具体操作方法如下：

1. 在幻灯片中输入文本，在文本上添加一个矩形形状并设置透明度，如下图（左）所示。
2. 选中形状，然后选中文本，在 格式 选项卡下单击“合并形状”下拉按钮，选择 剪除(S) 选项，如下图（右）所示。

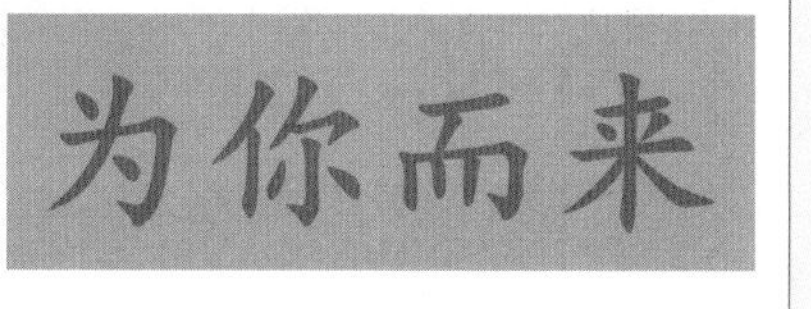

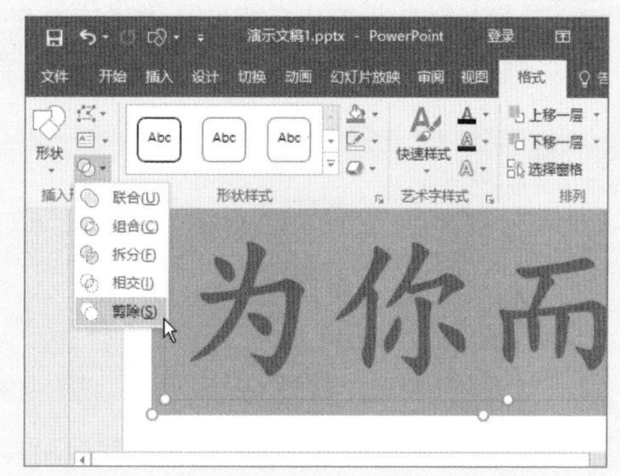

3. 此时即可制作出中空文字形状，打开"设置形状格式"窗格，从中设置"透明度"为0%，如下图（左）所示。
4. 使用"任意多边形形状"工具绘制图形，如下图（右）所示。

5. 选中底层的中空文字形状，然后选中任意多边形形状，在格式选项卡下单击"合并形状"下拉按钮，选择联合(U)选项，如下图（左）所示。
6. 使用"心形"形状绘制所需的图形，如下图（右）所示。

7. 选中底层的中空文字形状，然后选中心形形状，在格式选项卡下单击"合并形状"下拉按钮，选择剪除(S)选项，如下图（左）所示。
8. 为中空文字形状设置渐变填充，添加阴影效果，设置幻灯片背景为纹理填充，如下图（右）所示。

问 如何插入视频播放控件？

图解解答 在 PowerPoint 2016 中可以插入 Windows Media Player 播放器控件，具体操作方法如下：

1. 设置在功能区显示 开发工具 选项卡，在“控件”组中单击“其他控件”按钮，弹出“其他控件”对话框，选择 Windows Media Player 控件，单击 确定 按钮，如下图（左）所示。
2. 在幻灯片中拖动鼠标即可插入 Windows Media Player 控件，选中控件，在“控件”组中单击 属性 按钮，如下图（右）所示。

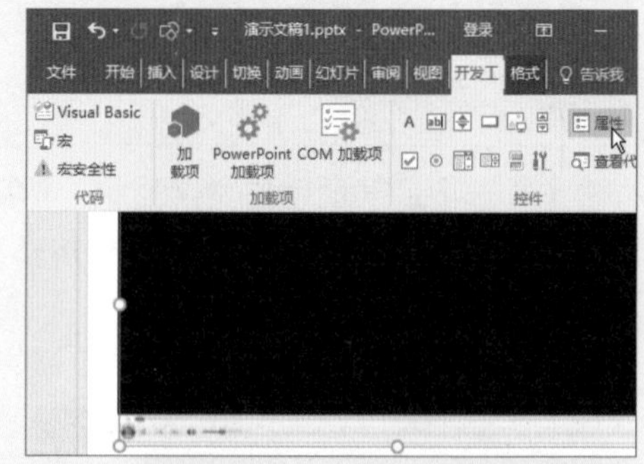

3. 弹出“属性”对话框，在 URL 选项中输入视频地址。由于视频与演示文稿位于同一个文件夹中，因此只需输入视频名称即可，如下图（左）所示。
4. 在状态栏中单击“幻灯片放映”按钮放映当前幻灯片，查看控件效果，如下图（右）所示。

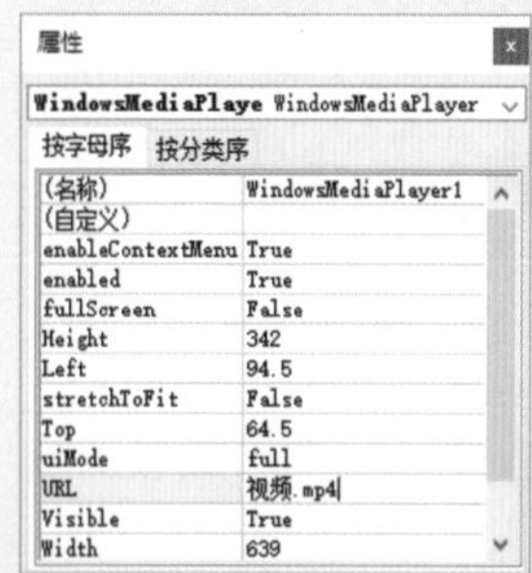

CHAPTER 12

制作动态演示文稿与放映

本章导读

动画是演示文稿的重要表现手段，在制作演示文稿时可以为幻灯片添加动画，使原本静态的幻灯片动起来。演示文稿编辑完成后，即可对其进行放映测试，以对幻灯片中的内容或效果进行及时调整。

知识要点

01 将幻灯片制成动画

02 为幻灯片添加切换效果

03 放映与导出幻灯片

案例展示

▼封面页动画

▼图表动画

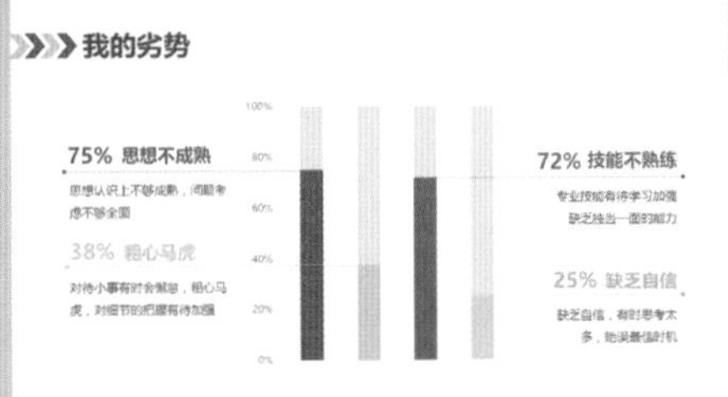

▼目录页动画

▼放映幻灯片

Chapter 12

12.1 将幻灯片制成动画

■ 关键词：应用动画、动画效果与计时、路径动画、动画窗格、动画效果选项、触发器

陈经理使用 PowerPoint 制作了一份述职报告，要在近期召开的公司高层会议上介绍自己半年的任职情况。为了将观众的注意力集中在某些要点上，控制幻灯片的信息流，以及提高观众的兴趣，他为幻灯片对象添加了精彩的动画效果。在将幻灯片制成动画时，要遵循动画的醒目、自然、适当、简化及创意原则，不能毫无章法，让人眼花缭乱，望而生厌。

12.1.1 为封面页添加动画

微课：为封面页添加动画

幻灯片封面页动画即幻灯片的开场动画，动画效果运用得当可以给观众留下深刻的印象。封面页的内容一般较少，所以通过播放封面动画效果博得观众的好感尤为重要。下面将详细介绍如何为封面页添加动画效果，具体操作方法如下：

STEP 1 应用动画效果

❶选中封面页右下角的三角形形状，❷在 动画 选项卡下单击“动画样式”下拉按钮，❸选择“飞入”效果。

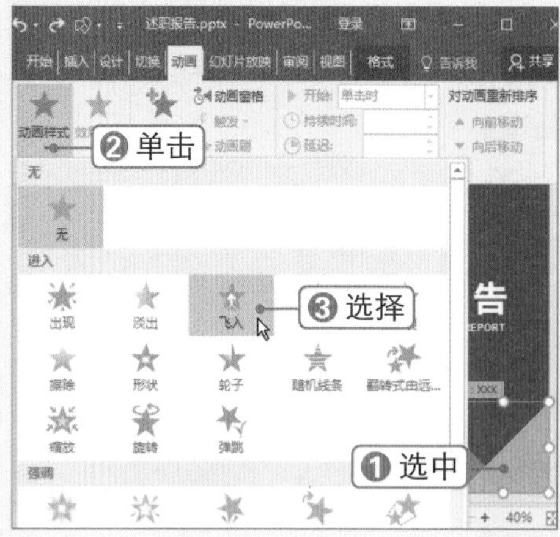

STEP 2 使用动画刷应用动画

❶在“高级动画”组中单击 动画刷 按钮，❷此时即可复制右下角三角形的动画样式，鼠标指针变为样式，在要应用动画的形状上单击即可。

秒杀技巧　制作文字缩放动画

首先为文本框应用“缩放”动画，在“动画窗格”中双击该动画，弹出“缩放”对话框，在“动画文本”下拉列表框中选择“按字母”选项并设置字母之间延迟百分比，单击“确定”按钮即可。

STEP 3 应用“擦除”动画

为右侧的斜线应用“擦除”动画，❶单击“效果选项”下拉按钮，❷选择“自底部”选项。为左侧的斜线应用“自顶部”方向的擦除动画。

STEP 4 应用“浮入”动画

为右上方的图形应用“浮入”动画效果，❶单击“效果选项”下拉按钮，❷选择“下浮”选项。为左下方的图形应用“上浮”方向的浮入动画。

STEP 5 继续添加动画

采用相同的方法，为标题文本添加“下浮”浮入动画，为副标题添加“上浮”浮入动画，为“演讲人”文本框添加“淡出”动画。单击 动画窗格 按钮，在打开的窗格中可以看到幻灯片中的所有动画。

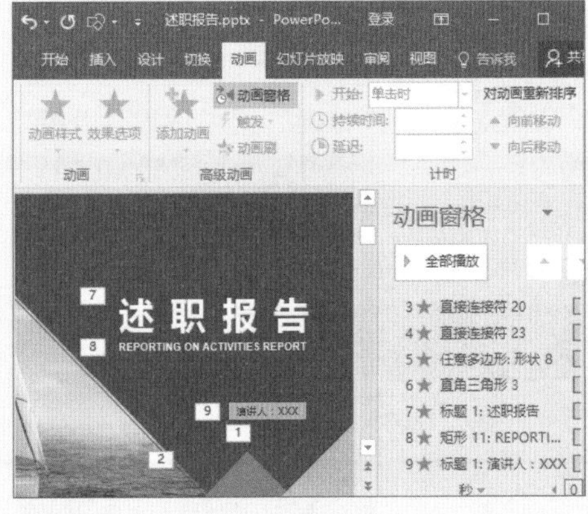

STEP 6 设置动画选项

❶在“动画窗格”中选择第一个动画，❷在“计时”组中设置“开始”为“上一动画之后”，“持续时间”为 0.75 秒。

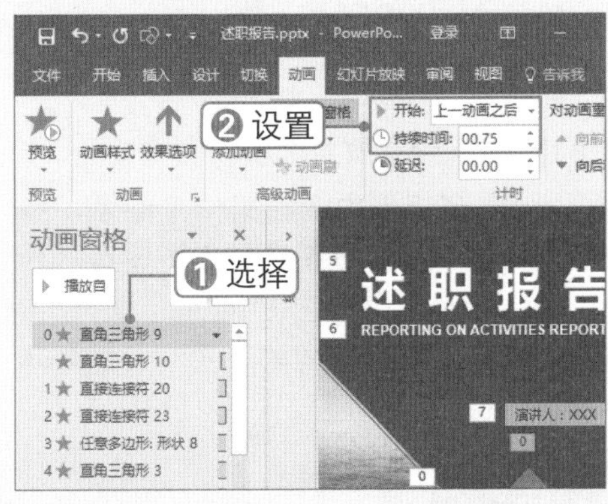

STEP 7 设置动画选项

❶在“动画窗格”中选择第二个动画，❷在“计时”组中设置“开始”为“与上一动画同时”，“持续时间”为 0.75 秒，“延迟”为 0.5 秒。

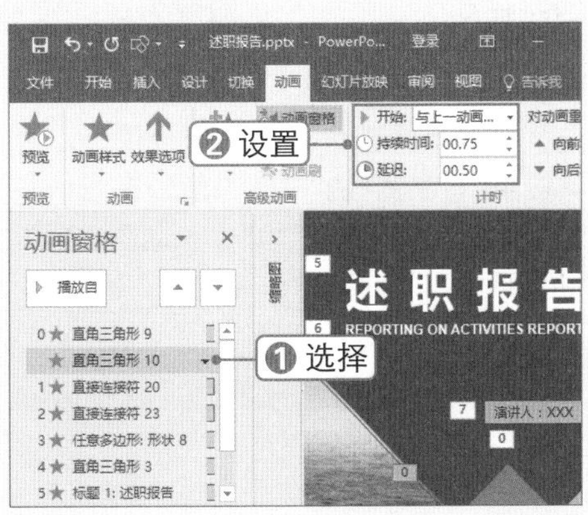

STEP 8 设置动画选项

❶在“动画窗格”中选择第三个和第四个动画，❷在“计时”组中设置“开始”为“上一动画之后”,“持续时间”为 0.5 秒，“延迟”为 0.25 秒，然后根据需要设置其他动画的计时选项。

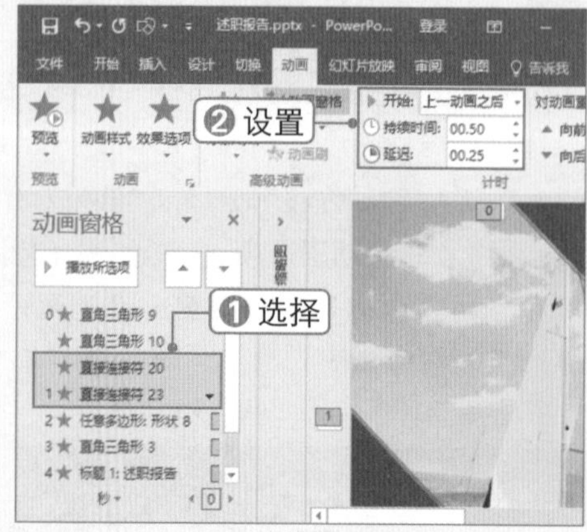

STEP 9 设置效果选项

在“动画窗格”中双击第一个动画，弹出对话框，❶在 效果 选项卡下设置“平滑开始”和“弹跳结束”时间，❷单击 确定 按钮。采用相同的方法，设置第二个动画的效果。

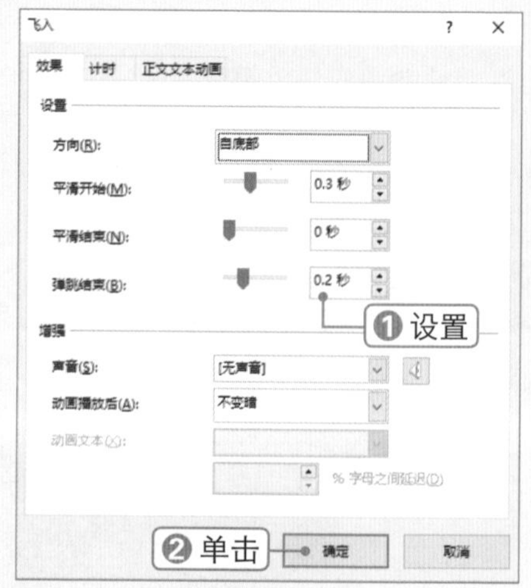

STEP 10 预览动画效果

在任务栏中单击“幻灯片放映”按钮放映当前幻灯片，查看幻灯片动画的播放效果。

12.1.2 制作目录页动画

微课：制作目录页动画

为幻灯片对象应用动画不是只能添加一个动画，可以通过添加动画的方法为其添加多个动画效果。例如，在制作目录页动画时，为椭圆形状应用了“淡出”动画后，又为其添加了不断循环的路径动画，使整个页面变为动态效果，具体操作方法如下：

STEP 1 应用“飞入”动画

选择目录页，选中左侧的组合图形，为其应用“自左侧”的“飞入”动画，在“计时”组中设置动画“开始”为“上一动画之后”，“持续时间”为 0.5 秒。

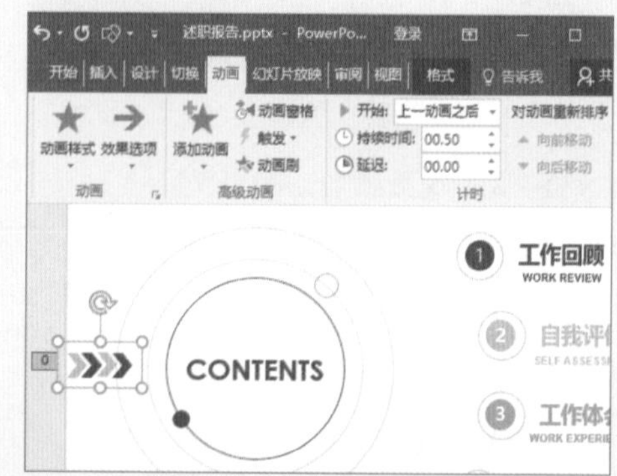

STEP 2　应用“缩放”动画

选中 CONTENTS 文本周围的 5 个椭圆形状，为其应用“缩放”动画。在“计时”组中设置动画“开始”为“上一动画之后”，“持续时间”为 1 秒。

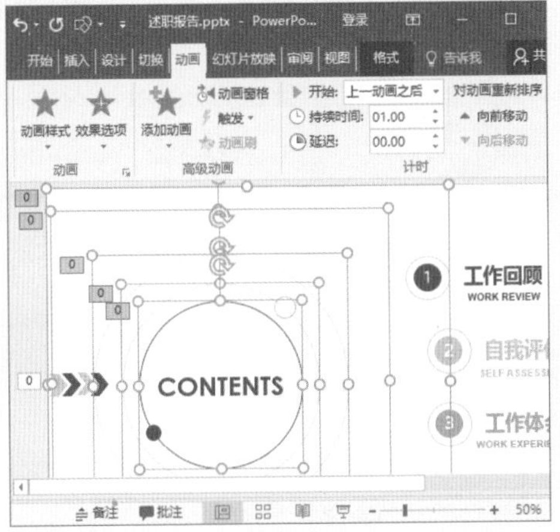

STEP 3　设置动画计时选项

打开“动画窗格”，❶选中除前两个动画外的其他动画，❷在“计时”组中设置“开始”为“与上一动画同时”，然后依次分布设置其“延迟”为 0.25、0.5、0.75 和 1 秒。

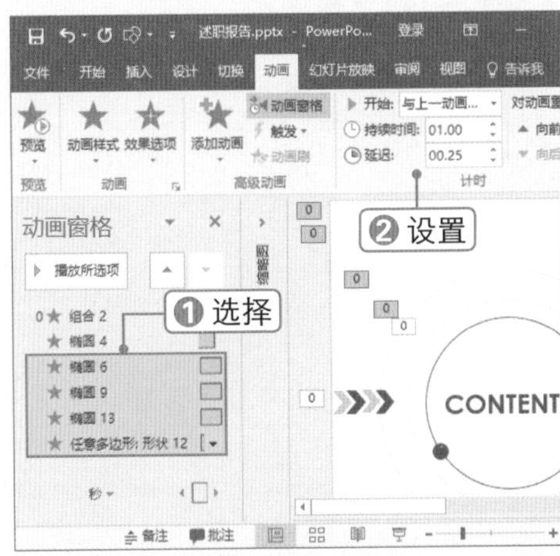

STEP 4　应用动画并设置效果

选中两个椭圆形状并为其应用“淡出”动画，在“计时”组中设置“开始”为“上一动画之后”。为 CONTENTS 文本应用“浮入”动画，设置“开始”为“上一动画之后”。

STEP 5　应用“飞入”动画

选中右侧最下层的矩形形状，为其应用“自右侧”的“飞入”动画，在“计时”组中设置动画“开始”为“上一动画之后”，“持续时间”为 0.5 秒。采用相同的方法，依次设置右侧的其他三个矩形形状动画，并设置其“持续时间”为 0.25 秒。

STEP 6　添加形状动画

❶选中椭圆形状。❷在“高级动画”组中单击“添加动画”下拉按钮，❸选择“形状”动画。

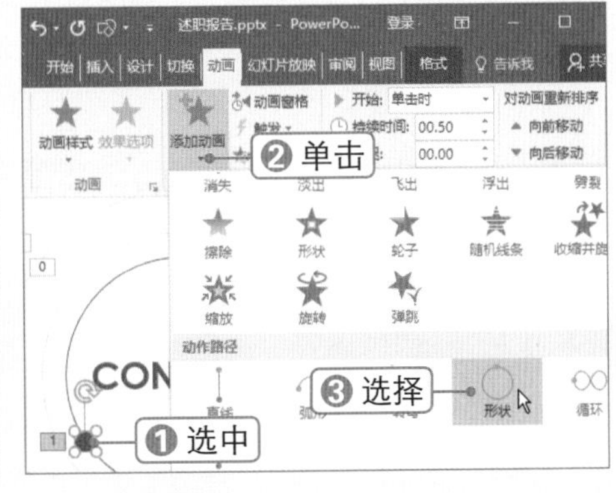

STEP 7 调整形状路径

此时即可为椭圆形状添加形状动画。拖动形状动画的路径，使其与文本外的椭圆形状重叠。

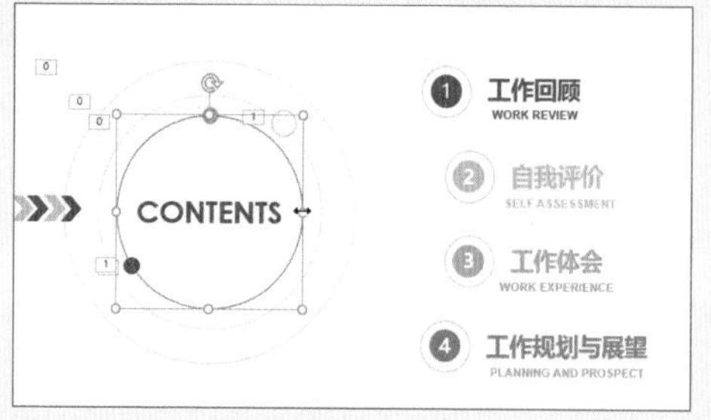

STEP 8 旋转路径

拖动路径上的旋转柄，使路径上的椭圆形状与其原位置重叠。

STEP 9 设置计时选项

❶在“计时”组中设置“开始”为“上一动画之后”，“持续时间”为7秒。❷在“动画窗格”中双击路径动画。

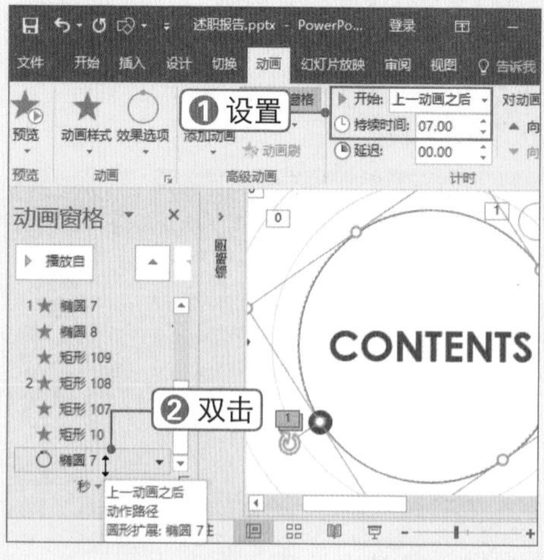

STEP 10 设置动画效果

弹出“圆形扩展”对话框，❶在 效果 选项卡下设置“平滑开始”和“平滑结束”为0秒，❷单击 确定 按钮。

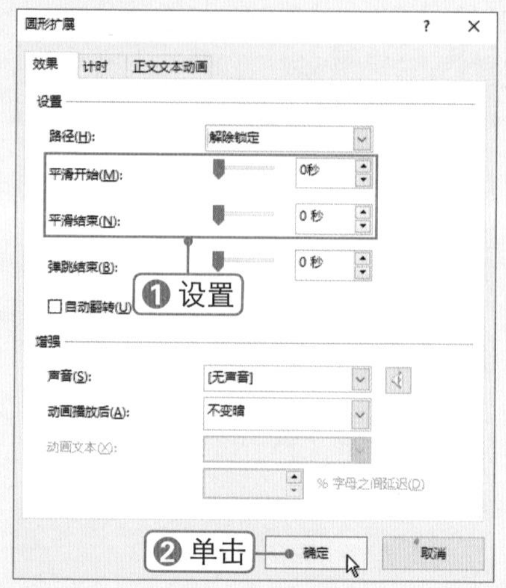

STEP 11 设置计时选项

❶选择 计时 选项卡，❷在“重复”下拉列表框中选择“直到幻灯片末尾”选项，❸单击 确定 按钮。

STEP 12 添加路径动画

采用相同的方法，为另一个椭圆形状添加路径动画，在“计时”组中设置“开始”为“与上一动画同时”，“持续时间”为10秒，“延迟”为1秒。

STEP 13 调整动画顺序

在动画选项卡下单击“预览”按钮，查看动画播放效果。若不满意可以调整动画，在此将幻灯片右侧的四个矩形动画移动到第一个动画下方。

STEP 14 应用“淡出”动画

选中序号图形，为其应用“淡出”动画，在“计时”组中设置“开始”为“单击时”，使用动画刷工具将该动画复制到其他序号图形上。

STEP 15 应用“浮入”动画

选中标题文本，为其应用“下浮”方向的“浮入”动画，在“计时”组中设置“开始”为“上一动画之后”，“持续时间”为0.75秒。使用动画刷工具将该动画复制到标题文本上。

STEP 16 应用“浮入”动画

选中英文小标题文本，为其应用“上浮”方向的“浮入”动画，在“计时”组中设置“开始”为“与上一动画同时”，“持续时间”为0.75秒。使用动画刷工具将该动画复制到其他英文标题文本上。

STEP 17 调整动画顺序

在“动画窗格”中调整后来创建的动画顺序，使其按照需要的顺序进行播放。

12.1.3 为图表添加动画

微课：为图表添加动画

在PowerPoint 2016中为幻灯片中的图表添加动画，可以使图表数据的展现方式更加生动、更有层次感，具体操作方法如下：

STEP 1 设置图表动画效果选项

在幻灯片中选中图表，为其应用“擦除”动画，❶单击“效果选项”下拉按钮，❷选择“按系列中的元素”选项。

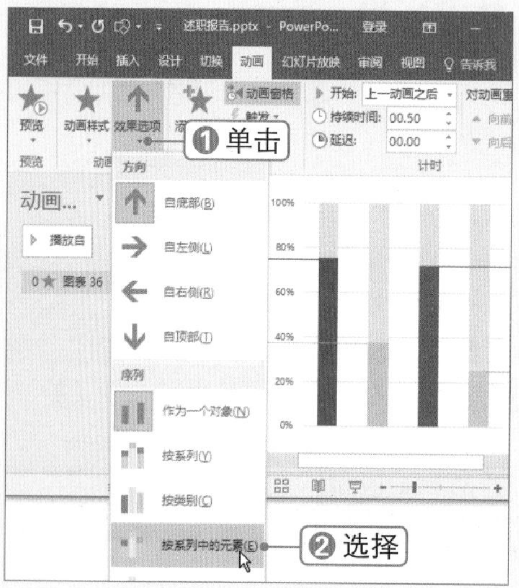

STEP 2 更改背景动画效果

打开“动画窗格”，选择第一个动画，即图表背景动画，将其动画效果更换为“上浮”方向的“浮入”动画，设置“持续时间”为 0.75 秒。

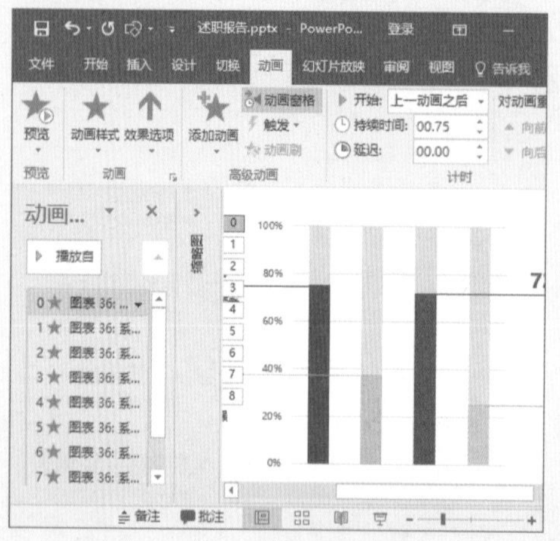

STEP 3 更改系列 1 动画效果

在“动画窗格”中选择第 2 ～ 5 个动画，即系列 1 动画，将其更改为“垂直”方向的“随机线条”动画，在“计时”组中设置“开始”为“与上一动画同时”，设置“延迟”为 1 秒。

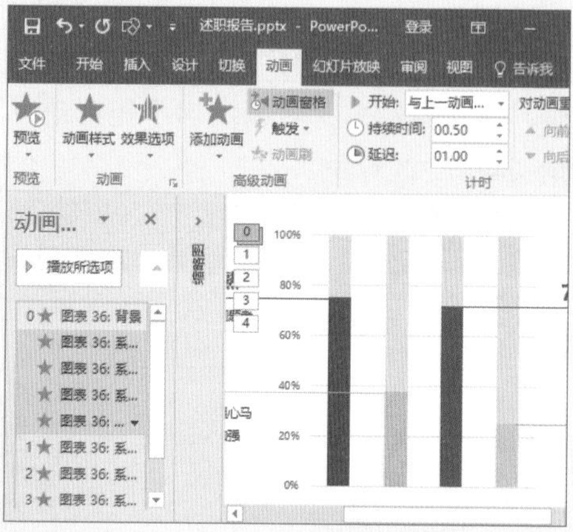

STEP 4 更改系列 2 动画效果

在“动画窗格”中选择最后 4 个动画，即系列 2 的动画，在“计时”组中设置“开始”为“上一动画之后”，“延迟”为 0.15 秒。图表动画设置完成后，为幻灯片中的其他元素添加所需的动画效果即可。

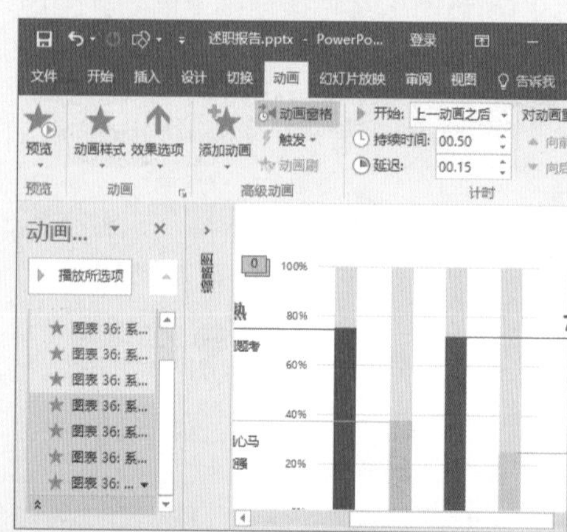

12.1.4 为动画添加触发器

微课：为动画添加触发器

使用触发器可以指定动画的播放顺序，从而实现动画的交互功能。触发器可以是幻灯片上的某个元素，如图片、形状、按钮、一段文字或文本框等，单击它即可引发一项操作。为动画添加触发器的具体操作方法如下：

STEP 1 查看图形名称

选中图形，在“动画窗格”中查看图形名称（对于没有添加动画的幻灯片对象，可在“选择”窗口查看对象名称）。

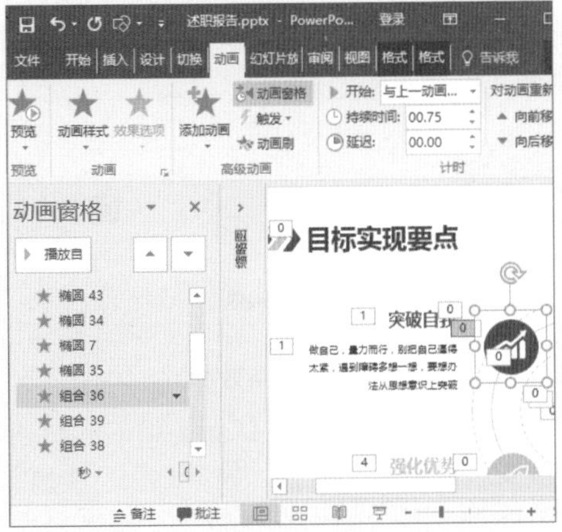

STEP 2 为动画添加触发器

❶在幻灯片中选择应用了动画的形状，❷在“高级动画”组中单击 触发 下拉按钮，❸选择 单击(C) 选项，❹选择要触发所选动画的对象，在此选择“组合 36”选项。

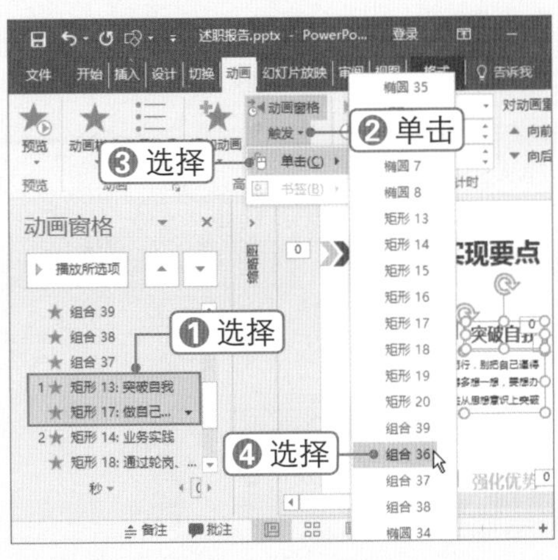

STEP 3 查看触发器效果

采用相同的方法，为其他动画形状添加触发器。放映当前幻灯片，查看触发器效果，单击组合图形即可播放指定的动画。

Chapter 12

12.2 为幻灯片添加切换效果

■ 关键词：切换效果、切换声音、换片方式

在放映幻灯片的过程中，从一张幻灯片突然跳转至另一张幻灯片会使观众觉得很唐突，此时可以为幻灯片添加切换效果，使其播放起来更加流畅。下面将详细介绍如何为幻灯片添加切换动画。

12.2.1 应用切换效果

微课：应用切换效果

幻灯片切换效果是在幻灯片放映时从一张幻灯片移动到下一张幻灯片时在幻灯片放映视图中出现的动画效果。在PowerPoint 2016中内置了48种切换动画，用户可以根据需要为不同的幻灯片添加合适的切换动画，具体操作方法如下：

STEP 1 选择“擦除”效果

❶选择 切换 选项卡，❷选择第 1 张幻灯片，❸单击“切换效果”下拉按钮，❹选择“擦除”效果。

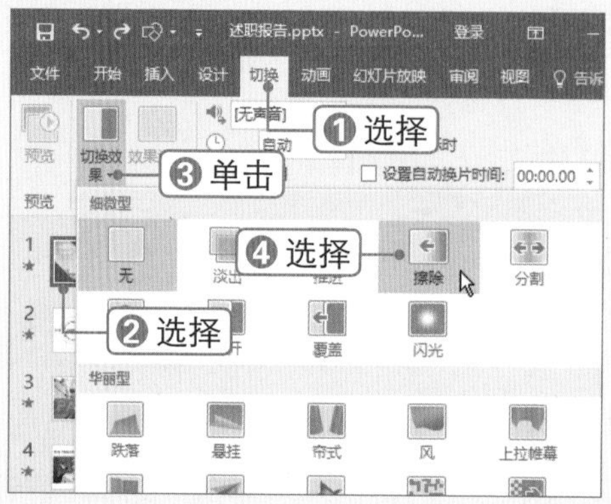

STEP 2 选择效果选项

❶单击“效果选项”下拉按钮，❷选择“从右下部”选项。

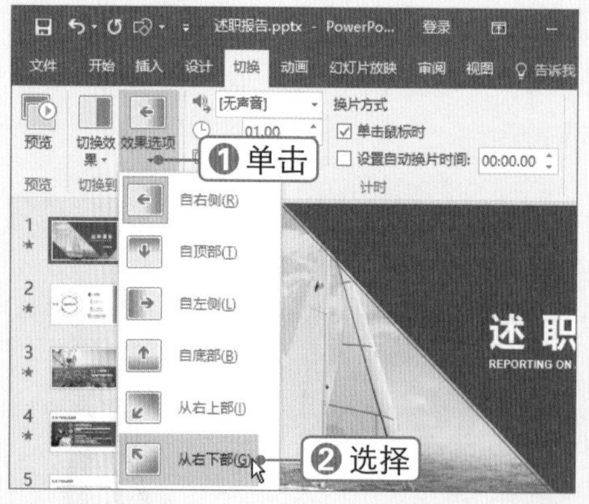

STEP 3 应用切换效果

选择第 2 张幻灯片，同样为其应用“从左上部”方向的“擦除”切换效果。

STEP 4 应用百叶窗效果

在幻灯片窗格中按住【Ctrl】键的同时选中 4 个过渡页幻灯片，为其应用“垂直”方向的“百叶窗”切换效果。根据需要为其余幻灯片应用“淡出”切换效果。

12.2.2 设置切换效果选项

微课：设置切换效果选项

为幻灯片应用切换效果后，还可根据需要设置效果选项，如设置持续时间、添加切换声音、设置自动换片等，具体操作方法如下：

STEP 1 选择其他声音...选项

选择第1张幻灯片，❶在切换选项卡下设置"持续时间"和"自动换片时间"，❷单击"声音"下拉按钮，❸选择其他声音...选项。

STEP 2 选择音频文件

弹出"添加音频"对话框，❶选中WAV格式的音频文件，❷单击确定按钮。

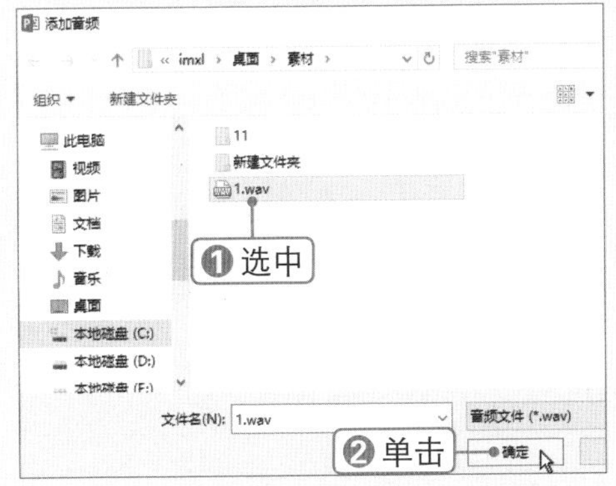

STEP 3 设置循环播放声音

此时即可为第1张幻灯片应用切换声音，❶单击"声音"下拉按钮，❷选择"播放下一段声音之前一直循环"选项。

STEP 4 设置停止声音播放

❶选择第3张幻灯片，❷单击"声音"下拉按钮，❸选择[停止前一声音]选项。

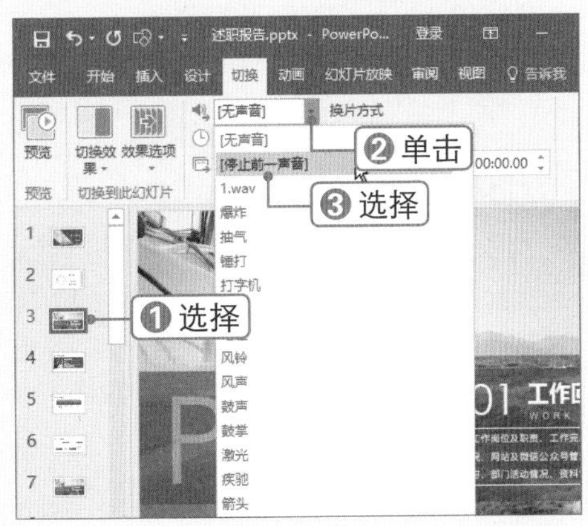

Chapter 12

12.3 放映与导出幻灯片

■关键词：幻灯片放映、隐藏幻灯片、排列计时、自定义放映、设置放映方式

制作演示文稿的最终目的是通过放映幻灯片向观众传达某种信息，而在实际应用时需要以各种不同的方式进行幻灯片的放映。下面将详细介绍如何放映幻灯片，如隐藏幻灯片、排列计时、自定义放映、设置放映类型，以及将幻灯片导出为其他格式进行播放等。

12.3.1 开始放映幻灯片

微课：开始放映幻灯片

下面将介绍如何对幻灯片进行放映，以及在放映过程中的一些操作技巧，具体操作方法如下：

STEP 1 隐藏幻灯片

❶在幻灯片窗格中选中要在放映中隐藏的幻灯片，❷在 幻灯片放映 选项卡下单击 隐藏幻灯片 按钮，再次单击该按钮可以取消隐藏。

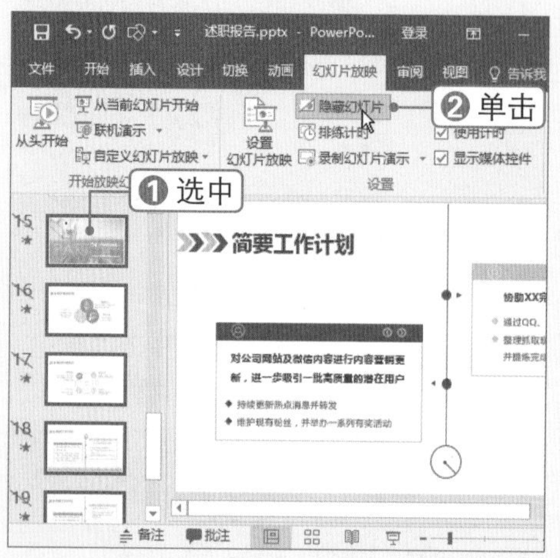

STEP 2 单击“笔”按钮

按【F5】键即可从头开始放映幻灯片，进入全屏模式的幻灯片放映视图。❶单击左下方的“笔”按钮，❷在弹出的列表中选择笔及笔颜色，以在放映过程中进行绘制。

STEP 3 查看所有幻灯片

单击左下方的按钮，可以查看演示文稿中的所有幻灯片。要放映某张幻灯片，只需单击它即可。

STEP 4 选择放大区域

单击左下方的按钮，在幻灯片中选择要放大的区域并单击。

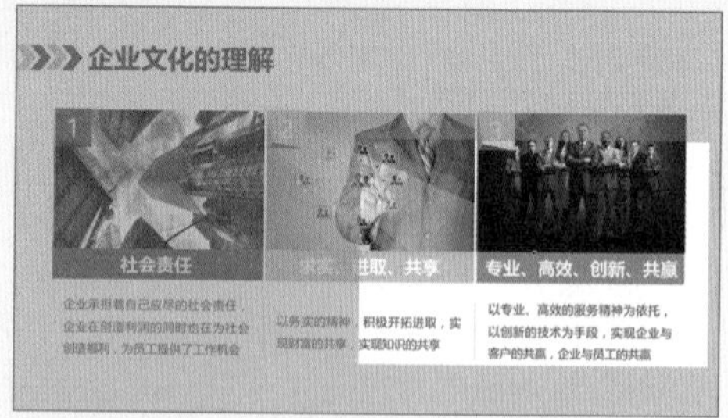

STEP 5 放大所选区域

此时即可将所选区域放大到整个屏幕，拖动鼠标可移动屏幕位置，右击可退出放大状态。

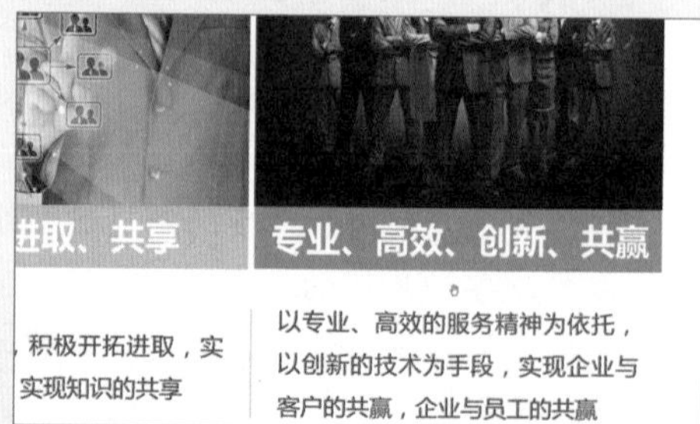

STEP 6 进入黑屏或白屏

❶在幻灯片中右击，❷选择 屏幕(C) 命令，❸选择 黑屏(B) 或 白屏(W) 命令，可进入黑屏或白屏状态。

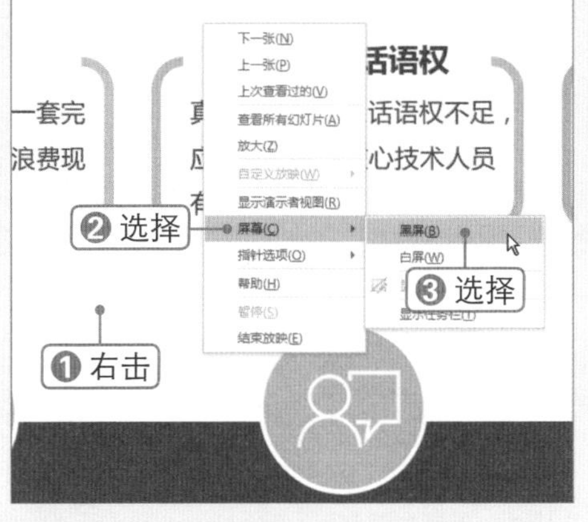

STEP 7 进入演示者视图

在幻灯片中右击，选择 显示演示者视图(R) 命令，即可进入演示者视图。在该视图中，演讲者可以查看幻灯片备注信息和下一张幻灯片内容。要应用演示者视图，还应在 幻灯片放映 选项卡下“监视器”组中选中 ☑ 使用演示者视图 复选框。

STEP 8 查看放映帮助

按【F1】键，弹出“幻灯片放映帮助”对话框，在 常规 选项卡下可以查看放映幻灯片时常用的快捷方式。

12.3.2 设置幻灯片自动放映

对于非交互式的演示文稿而言，在放映时可以为其设置自动演示功能，即幻灯片根据预先设置的显示时间逐张自动演示。使用“排练计时”或“录制幻灯片演示”功能就能实现这个目的，具体操作方法如下：

微课：设置幻灯片自动放映

STEP 1 单击“排练计时”按钮

在 幻灯片放映 选项卡下“设置”组中单击 排练计时 按钮。

STEP 2 进行放映计时

进入幻灯片放映状态，在左上角出现“录制”工具栏，在该工具栏中会显示放映时间。单击工具栏中相应的按钮，可以设置“暂停录制”、“重复”等。

STEP 3 结束排列计时

单击或按空格键放映下一张幻灯片，直到排列计时结束，弹出提示信息框，单击是(Y)按钮，结束排练计时。也可在放映过程中按【Esc】键，提前结束放映。

STEP 4 查看排列计时

在任务栏中单击“幻灯片浏览”按钮切换到幻灯片浏览视图，其中显示出每张幻灯片的放映时间。

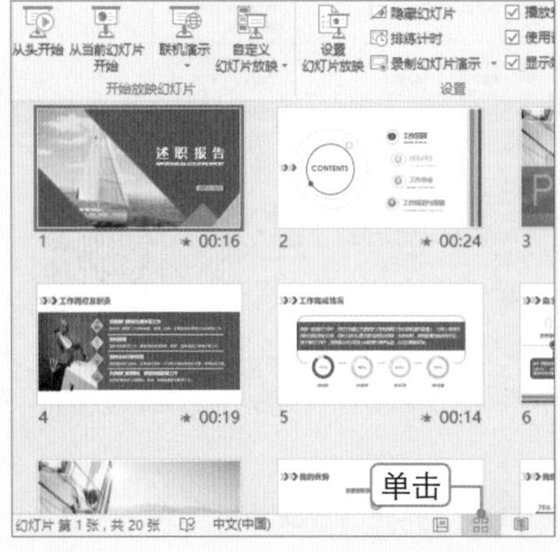

STEP 5 录制幻灯片演示

要在放映时使用麦克风为其添加旁白，或使用笔进行绘制，❶可在“设置”组中单击录制幻灯片演示按钮，❷在弹出的对话框中选中要录制的内容，❸单击开始录制(R)按钮，即可进入幻灯片放映状态并进行排列计时。

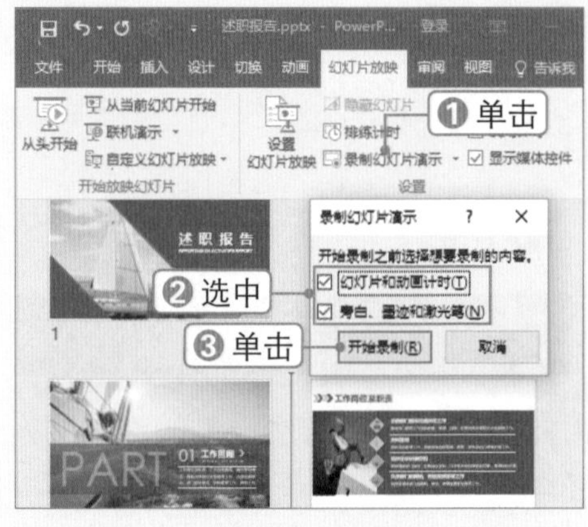

STEP 6 清除计时或旁白

❶单击录制幻灯片演示下拉按钮。❷选择清除(C)选项。❸选择要清除的项目。

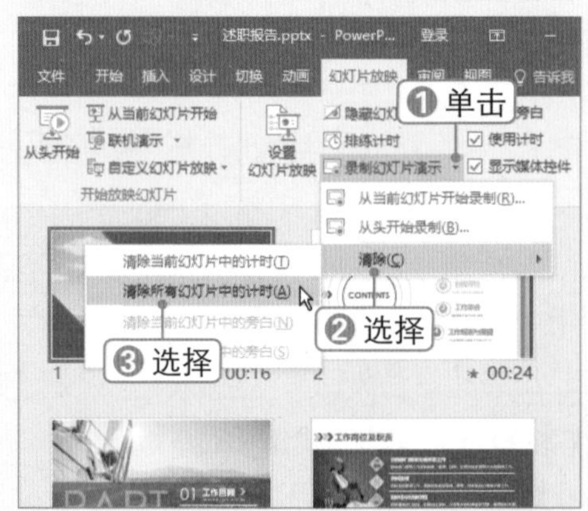

12.3.3 放映指定的幻灯片

创建自定义放映可以指定需要放映的幻灯片，或调整幻灯片的播放次序。在设置自定义放映时，需要依据幻灯片的标题名称来指定幻灯片。由于本例演示文稿应用了“空白”版式，因此没有幻灯片标题，只显示幻灯片编号。此时可以为幻灯片添加标题，然后设置自定义播放，具体操作方法如下：

微课：放映指定的幻灯片

STEP 1 进入大纲视图

❶选择 视图 选项卡，❷单击“大纲视图”按钮，进入大纲视图，可以看到幻灯片没有标题。

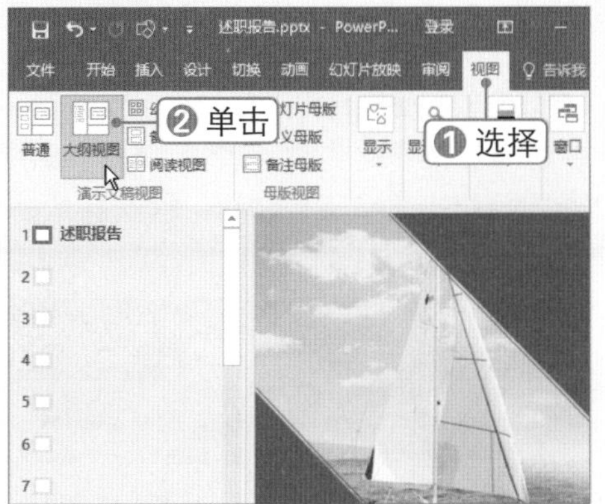

STEP 2 为幻灯片添加标题

将光标定位到第 2 个幻灯片中，输入标题名，在幻灯片中将标题文本框移至幻灯片外。

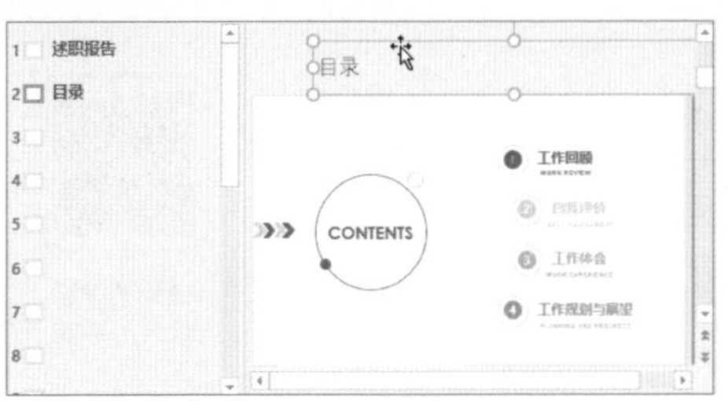

STEP 3 继续添加标题

采用同样的方法，为其他无标题的幻灯片添加标题。单击“普通”按钮，退出大纲视图。

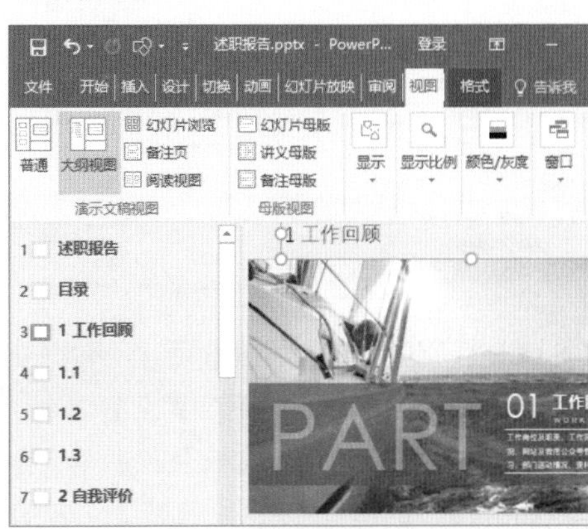

STEP 4 选择 自定义放映(W)... 选项

❶选择 幻灯片放映 选项卡，❷在“开始放映幻灯片”组中单击 自定义幻灯片放映 下拉按钮，❸选择 自定义放映(W)... 选项。

STEP 5 单击 新建(N)... 按钮

弹出“自定义放映”对话框，单击 新建(N)... 按钮。

STEP 6 添加幻灯片

弹出“定义自定义放映”对话框，❶输入自定义放映名称，❷在左侧列表框中选中要放映的幻灯片前的复选框，❸单击 添加(A) 按钮。

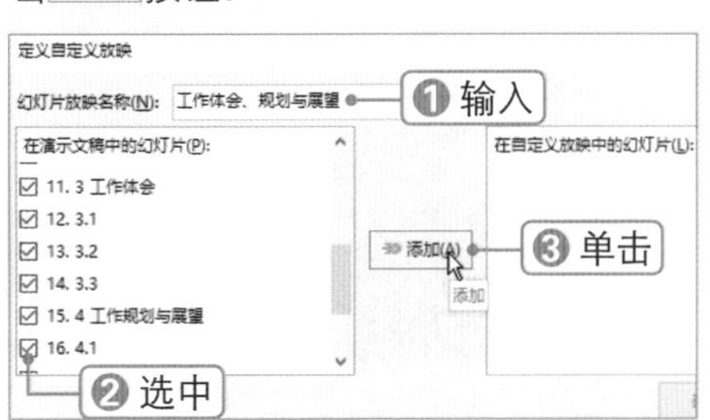

STEP 7 单击 确定 按钮

此时即可将自定义放映的幻灯片添加到右侧列表中。❶选中列表中的幻灯片名称，❷单击右侧的上下按钮，可以调整幻灯片顺序或删除幻灯片，❸单击 确定 按钮。

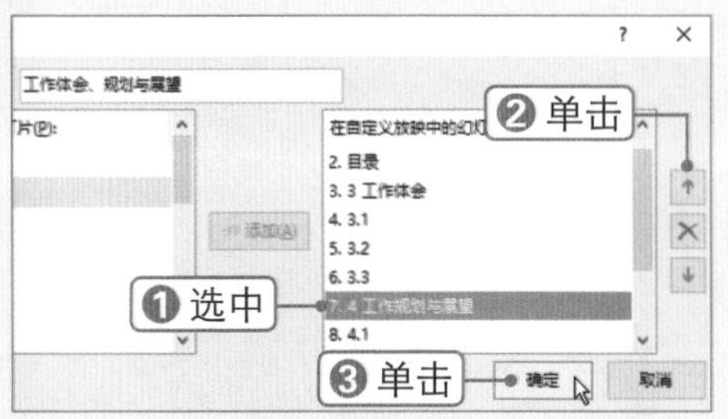

STEP 8 单击 关闭(C) 按钮

返回“自定义放映”对话框，可以编辑、删除或复制自定义放映，单击 关闭(C) 按钮。

STEP 9 播放自定义放映

若要播放自定义幻灯片放映，❶可单击 自定义幻灯片放映 下拉按钮，❷选择放映名称。

12.3.4 设置幻灯片放映

在实际幻灯片放映中，演讲者可能会对放映方式有不同的需求（如循环放映），这时可以设置幻灯片的放映类型，具体操作方法如下：

微课：设置幻灯片放映

STEP 1 单击“设置幻灯片放映”按钮

在 幻灯片放映 选项卡下“设置”组中单击“设置幻灯片放映”按钮。

STEP 2 选择放映类型

弹出“设置放映方式”对话框，在“放映类型”选项区中选择所需的放映类型，在此选中 ◉ 观众自行浏览(窗口)(B) 单选按钮。

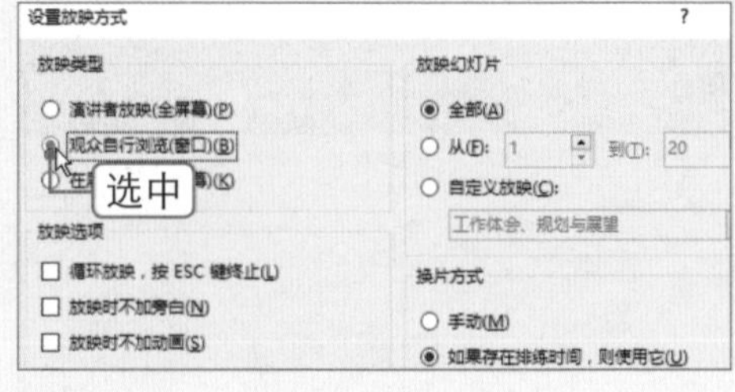

STEP 3 设置其他放映选项

❶在“放映选项”选项区中设置参数，❷在右侧设置自定义放映及换片方式，❸单击 确定 按钮。

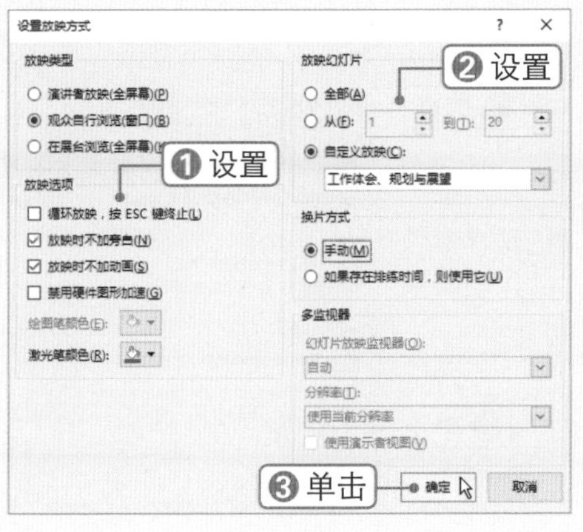

STEP 4 查看放映效果

按【F5】键放映幻灯片，查看放映效果。

12.3.5 将幻灯片导出为其他格式

演示文稿经过放映测试没有问题后，即可完成演示文稿的编辑操作。此时可根据需要将幻灯片导出为其他格式的文件，以在不同的环境中使用和浏览，如将幻灯片导出为图片、PDF文档、视频等。

微课：将幻灯片导出为其他格式

1. 将幻灯片导出为图片

在PowerPoint 2016中可以将幻灯片保存为高分辨率的图片，通过浏览图片的方式播放幻灯片。为防止他人盗用幻灯片内容，还可将幻灯片整个转换为图片，具体操作方法如下：

STEP 1 选择保存类型

按【F12】键，弹出“另存为”对话框，❶选择保存位置，❷在“保存类型”下拉列表框中选择“PNG 可移植网络图形格式（*.png)”选项，❸单击 保存(S) 按钮。

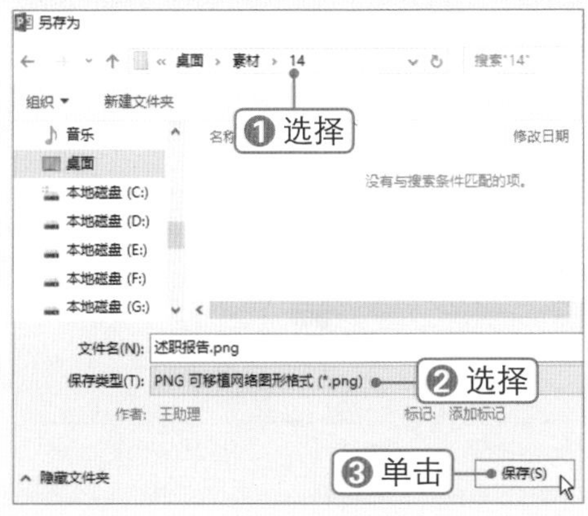

STEP 2 单击 所有幻灯片(A) 按钮

在弹出的提示信息框中单击 所有幻灯片(A) 按钮。

实操解疑

开始墨迹书写

在 PowerPoint 2016 中可以使用鼠标书写，以进行注释、突显文本或绘制形状。具体方法为：在“审阅”选项卡下单击“开始墨迹书写”按钮，打开“墨迹书写工具”选项卡，选择所需的书写工具并设置参数，在幻灯片中进行绘制即可。

STEP 3 保存完成

弹出提示信息框，单击 确定 按钮。

STEP 4 查看保存图片

打开保存位置，可以看到保存的图片。

STEP 5 选择“更改文件类型”选项

选择 文件 选项卡，❶在左侧选择 导出 选项，❷选择“更改文件类型”选项。

STEP 6 选择保存类型

❶在右侧选择“PowerPoint 图片演示文稿”选项，❷单击“另存为”按钮。

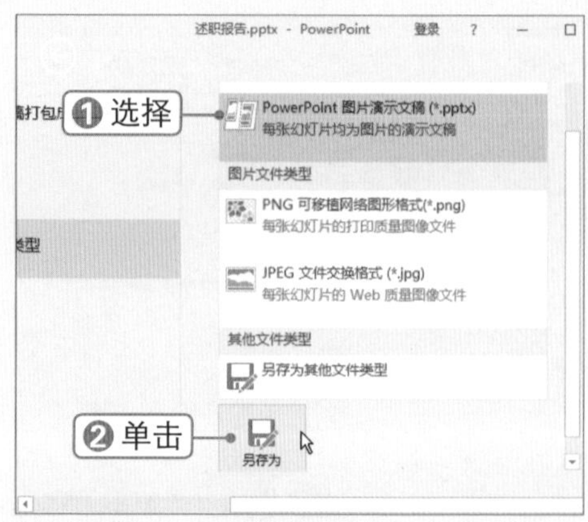

STEP 7 选择保存位置

弹出“另存为”对话框，❶选择保存位置，❷输入文件名，❸单击 保存(S) 按钮。

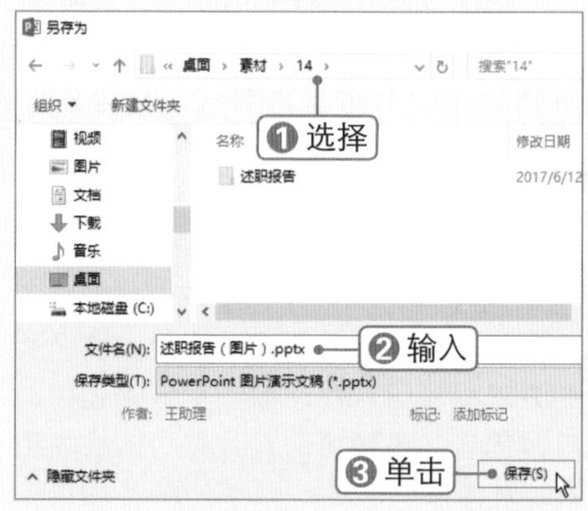

STEP 8 查看效果

打开保存的演示文稿，可以看到幻灯片中的内容显示为一张图片，无法进行单独编辑。

2. 导出为PDF文档

若要在没有安装PowerPoint的电脑上放映演示文稿，可以将其转换为PDF文件进行放映，具体操作方法如下：

STEP 1 设置导出 PDF

选择 文件 选项卡，❶在左侧选择 导出 选项，❷选择“创建 PDF/XPS 文档”选项，❸单击“创建 PDF/XPS”按钮。

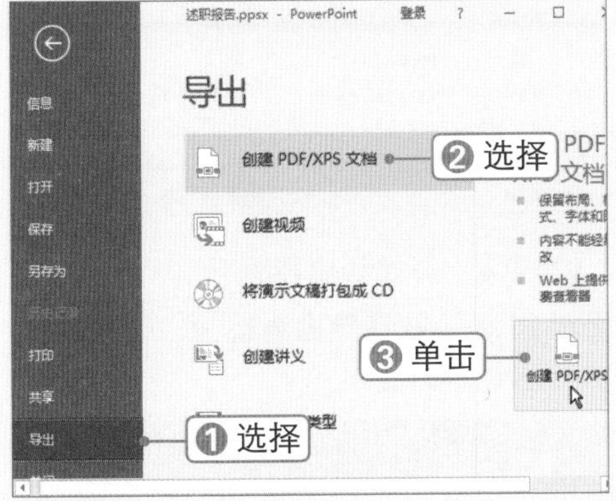

STEP 2 单击“选项”按钮

弹出“发布为 PDF 或 XPS”对话框，❶选择保存位置，❷单击 选项(O)... 按钮。

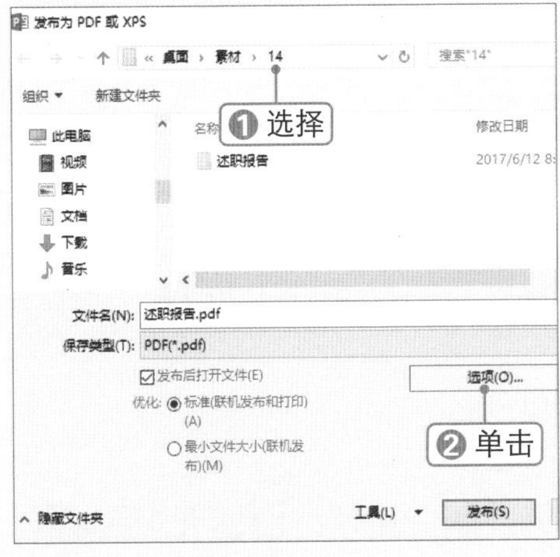

STEP 3 设置参数

弹出“选项”对话框，❶设置范围、发布选项、PDF 选项等，❷单击 确定 按钮。返回“发布为 PDF 或 XPS”对话框，单击 发布(S) 按钮。

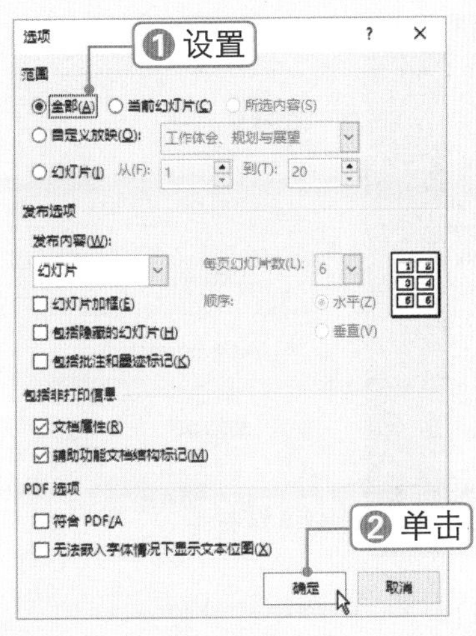

STEP 4 查看文档效果

使用 PDF 阅读器打开导出的 PDF 文档，查看文档效果。

3. 导出为视频

在PowerPoint 2016中可以很方便地将演示文稿导出为视频文件，以上传到视频网站上进行播放，具体操作方法如下：

STEP 1 选择“创建视频”选项

选择 文件 选项卡，❶在左侧选择 导出 选项，❷选择“创建视频”选项。

秒杀技巧 PPT 与 Word 协同工作

在 PPT 中可以通过创建讲义，将幻灯片和备注发送到 Word 文档中。在新建幻灯片时，还可以在“新建幻灯片”下拉列表中选择“幻灯片(从大纲)”选项以导入 Word 文档。

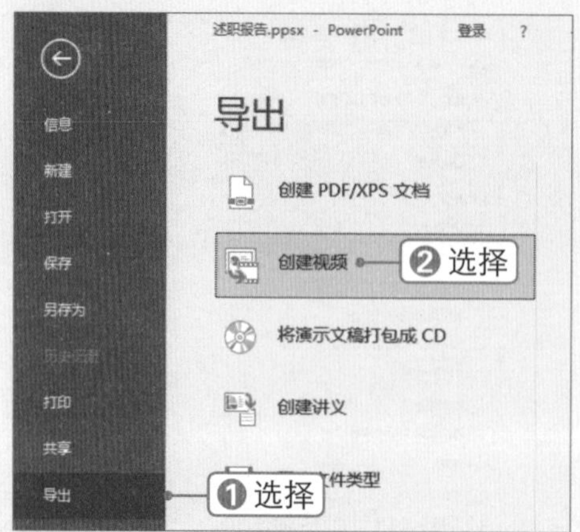

STEP 2 设置视频参数

❶在右侧“视频质量”下拉列表框中选择“互联网质量”选项，❷选择“使用录制的计时和旁白”选项，❸单击“创建视频”按钮。

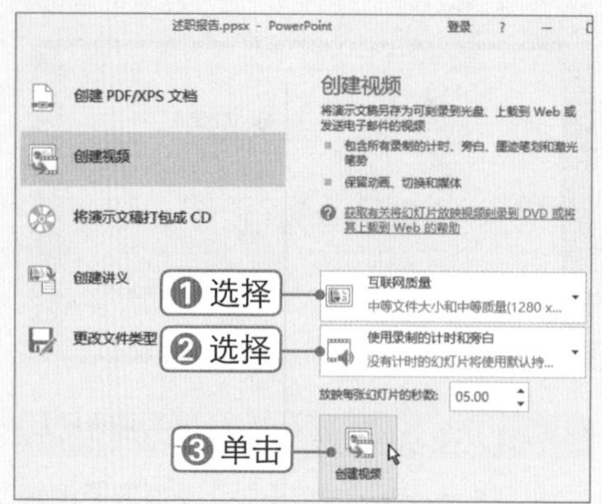

STEP 3 选择保存类型

弹出“另存为”对话框，❶选择保存位置，❷选择保存类型，❸单击 保存(S) 按钮。

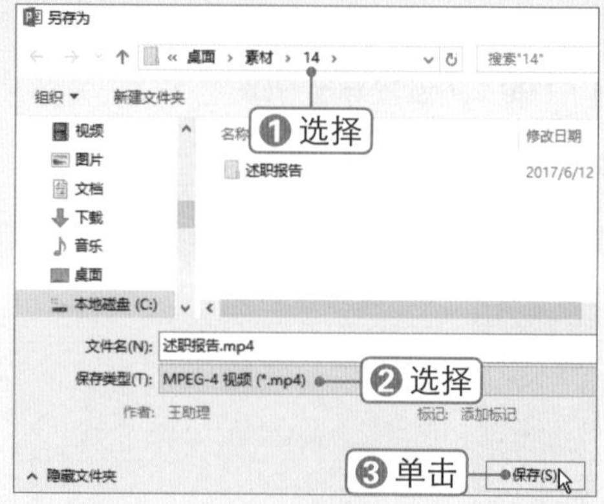

STEP 4 开始导出视频

开始将演示文稿导出为视频，在窗口下方显示导出进度。

商务办公 私房实操技巧

TIP：设置幻灯片最近可撤销的次数

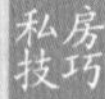

在使用 PowerPoint 2016 编辑演示文稿时，如果操作错误，只需按【Ctrl+Z】组合键撤销操作即可恢复到操作前的状态。默认情况下，PowerPoint 2016 最多只能恢复最近的 20 次操作，实际允许最多撤销 150 次，具体操作方法如下：

1. 右击任意选项卡，选择 自定义功能区(R)... 命令，如下图（左）所示。
2. 弹出“PowerPoint 选项”对话框，在左侧选择 高级 选项，在右侧“编辑选项”区域设置“最多可取消操作数”为自己想设置的数值，单击 确定 按钮，如下图（右）所示。

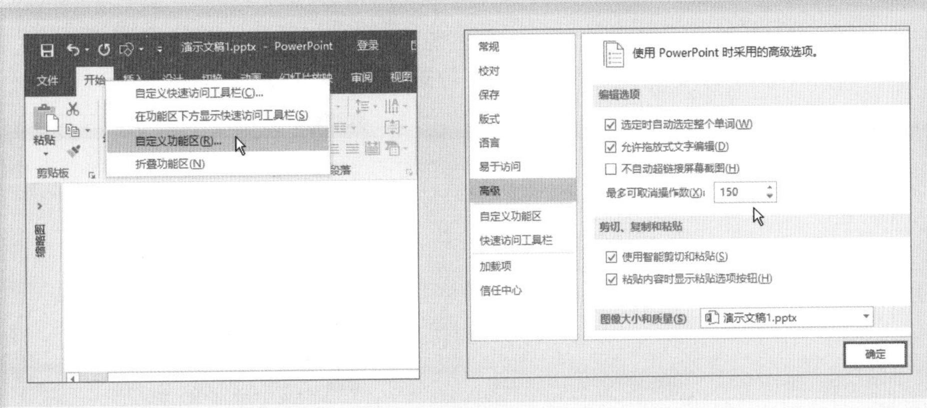

TIP：为幻灯片添加超链接

为幻灯片对象创建超链接可以设置交互式幻灯片，实现演示文稿中幻灯片的轻松跳转，或启动某个程序，使用户操作更加便捷，具体操作方法如下：

1. 打开“新员工入职培训”演示文稿，进入“幻灯片母版”视图，选择版式，插入多个矩形形状，如下图（左）所示。
2. 右击左侧第1个矩形形状，选择“超链接(H)...”命令，如下图（右）所示。

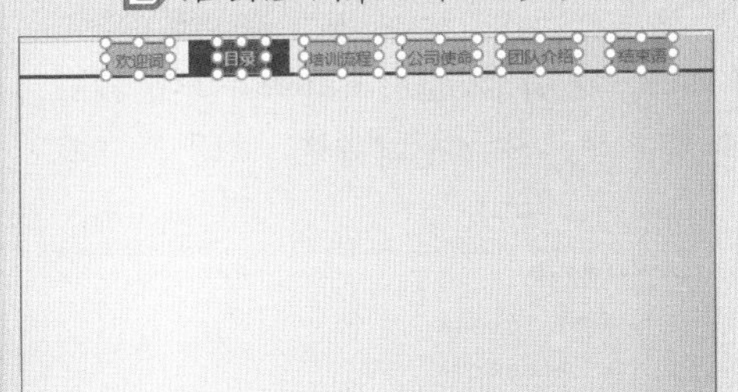

3. 弹出“插入超链接”对话框，在左侧单击“本文档中的位置”按钮，选择要链接到的幻灯片，单击“确定”按钮，采用相同的方法为其他矩形形状添加超链接，如下图（左）所示。
4. 选中所有矩形形状，在“格式”选项卡下设置“无填充颜色”和“无轮廓”，按【Ctrl+C】组合键复制形状，如下图（右）所示。

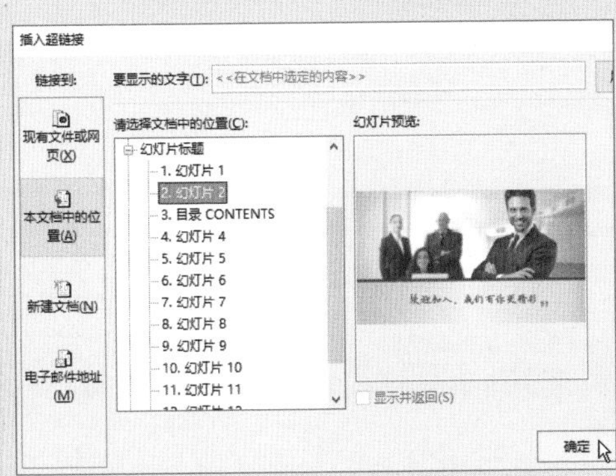

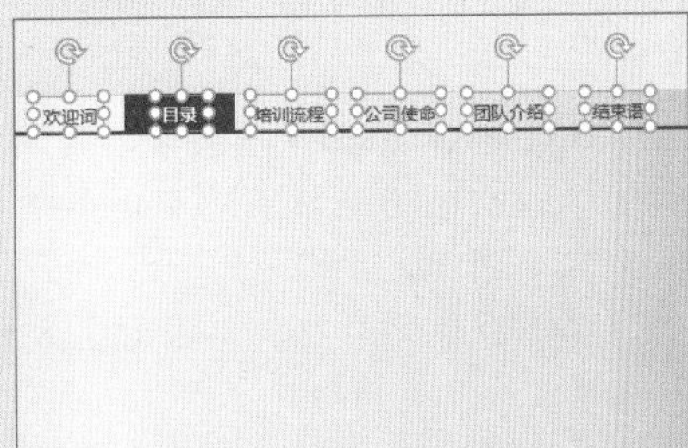

5 将形状粘贴到其他所需的幻灯片版式中，如下图（左）所示。

6 放映幻灯片，单击超链接即可跳转到相应的幻灯片，如下图（右）所示。

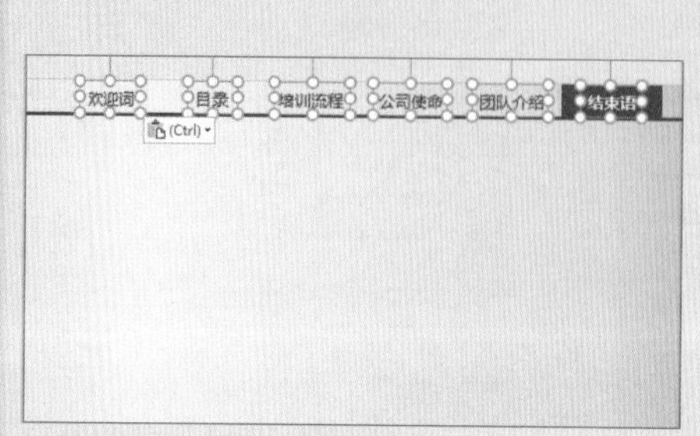

TIP：为幻灯片添加动作按钮

除了使用超链接进行幻灯片交互外，还可以通过添加动作为幻灯片设置更多的交互方式，如结束放映、自定义放映或运行指定的程序等，具体操作方法如下：

1 进入“幻灯片母版”视图，选择版式，插入“⊠”形状并设置形状样式。选择 插入 选项卡，在“链接”组中单击“动作”按钮，如下图（左）所示。

2 弹出“操作设置”对话框，选择 单击鼠标 选项卡，选中 ◉ 超链接到(H): 单选按钮，单击☑下拉按钮，在弹出的下拉列表中选择 结束放映 选项，如下图（右）所示。

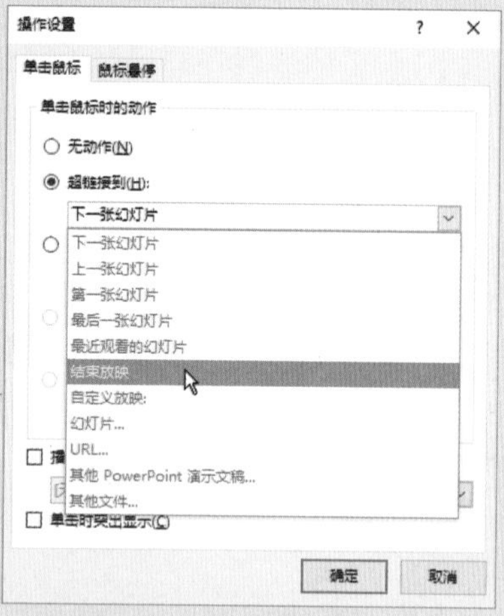

3 选择 鼠标悬停 选项卡，选中 ☑ 播放声音(P): 复选框，在其下拉列表框中选择所需的声音效果，在此选择“箭头”选项，单击 确定 按钮，如下图（左）所示。

4 放映幻灯片，单击右上方的形状即可结束放映，如下图（右）所示。

Ask Answer

高手疑难解答

问 如何为幻灯片中的视频添加触发器？

图解解答 下面以为视频添加“播放 / 暂停”和“停止”触发器为例介绍如何为视频添加触发器，具体操作方法如下：

1. 打开“企业宣传 PPT”演示文稿，选择包含视频的幻灯片，插入两张图片（此两张图片表示“播放”与“停止”）并添加阴影效果，如下图（左）所示。
2. 选中视频对象，在 动画 选项卡下单击“添加动画”下拉按钮，选择“暂停”选项，如下图（右）所示。

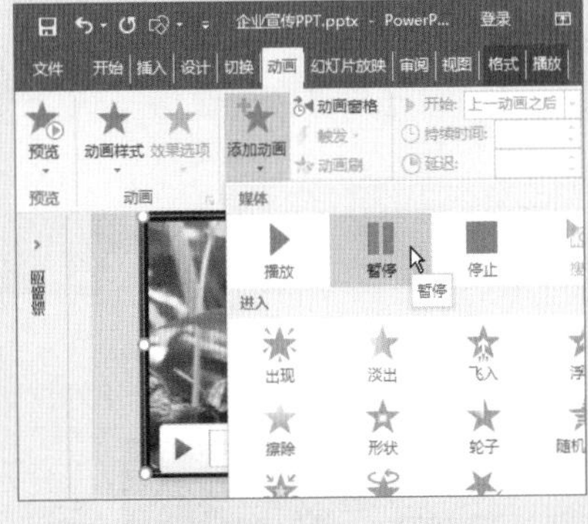

3. 打开“动画窗格”，选择“暂停”动画，单击 触发 下拉按钮，选择 单击(C) 选项，选择“图片 11”选项（即“播放”图片）。若要删除触发器，只需再次选择该触发器选项即可，如下图（左）所示。

4 选中视频对象，在 动画 选项卡下单击“添加动画”下拉按钮，选择“停止”选项，如下图（右）所示。

5 打开“动画窗格”，选择“停止”动画，单击 触发 下拉按钮，选择 单击(C) 选项，选择“图片 11”选项（即“停止”图片），如下图（左）所示。

6 放映当前幻灯片，单击“播放”按钮即可播放或暂停播放视频，单击“停止”按钮可停止播放，如下图（右）所示。

7 在幻灯片中选择任意对象，在 格式 选项卡下单击 选择窗格 按钮，如下图（左）所示。

8 打开“选择”窗格，从中可对所选的对象进行重命名操作，如下图（右）所示。

问 如何为视频添加书签？

图解解答 可在视频对象不同的播放位置添加书签，并为该书签添加触发器，使其能快速跳转到该位置，还可设置视频在播放到书签位置时自动播放指定的动画，具体操作方法如下：

1. 在视频播放条上定位视频位置，选择 播放 选项卡，单击“书签”下拉按钮，选择“添加书签”选项，如下图（左）所示。
2. 在视频播放条上选中书签，选择 动画 选项卡，单击“添加动画”下拉按钮，选择“搜寻”选项，如下图（右）所示。

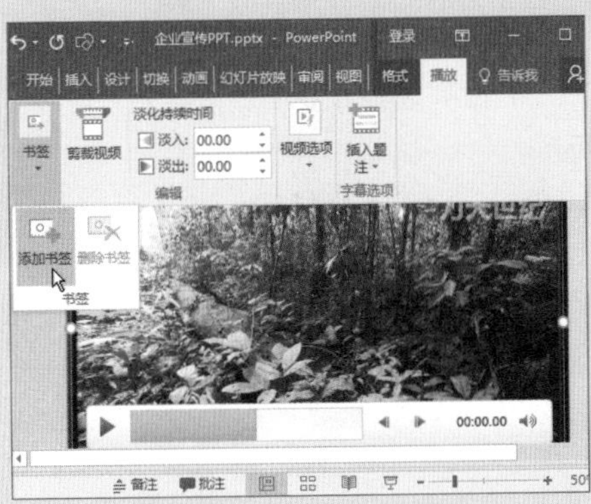

3. 在幻灯片中插入文本框，输入文本“中间位置”并设置字体格式，如下图（左）所示。
4. 打开“动画窗格”，选择“视频 - 书签 1”动画，单击 触发 下拉按钮，选择 单击(C) 选项，选择“文本框 12”选项（即上一步添加的文本框），如下图（右）所示。

5. 按照前面的方法在视频中添加第 2 个书签，如下图（左）所示。
6. 在视频下方插入矩形并输入所需的文本，为矩形应用“缩放”动画。打开“动画窗格”，双击动画，如下图（右）所示。

7. 弹出“缩放”对话框，在“动画文本”下拉列表框中选择“按字母”选项，单击 确定 按钮，如下图（左）所示。

8. 在“动画窗格”中选择缩放动画，单击 触发 下拉按钮，选择 书签(B) 选项，再选择 书签 1 选项，如下图（右）所示。

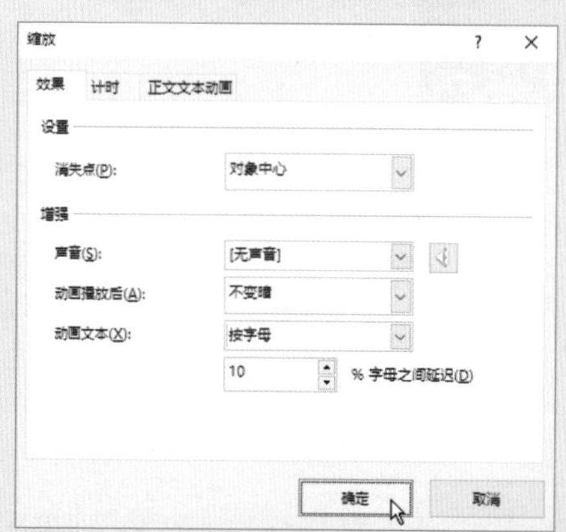

9. 选中下方的矩形，单击“添加动画”下拉按钮，选择“淡出”退出动画，如下图（左）所示。

10. 在“动画窗格”中选择“淡出”退出动画，单击 触发 下拉按钮，选择 书签(B) 选项，再选择 书签 2 选项，如下图（右）所示。

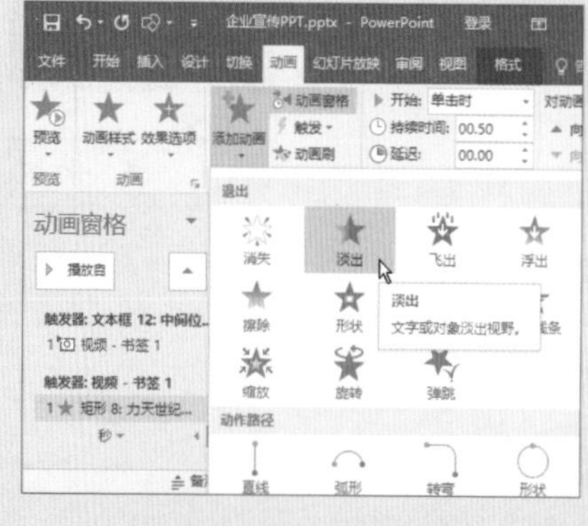

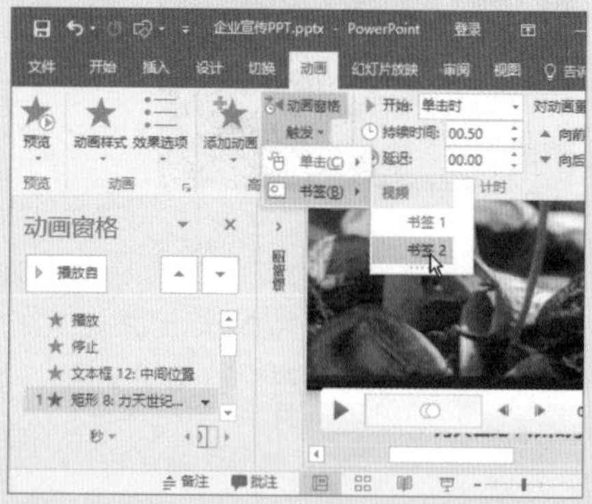

11. 此时即可为视频的两个书签应用动画效果，在“动画窗格”查看添加的触发器，如下图（左）所示。
12. 放映当前幻灯片，单击“中间位置”文本框，将跳转到“书签 1”位置并播放文字缩放动画，当视频播放到“书签 2”位置时将播放文字的“淡出”退出动画，如下图（右）所示。

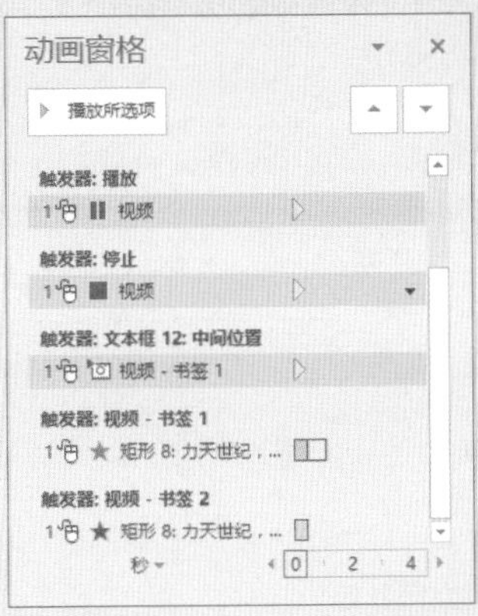

问 如何将字体保存到演示文稿中？

图解解答 若在演示文稿中使用了系统自带字体以外的字体，该演示文稿在其他电脑上浏览时，若没有安装这种字体，应用这些字体的文本将以系统中的其他默认字体样式替代。若要使幻灯片无论在何处都显示为原有的字体样式，可以设置将字体文件嵌入演示文稿中（不过这样会增大演示文稿的体积），具体操作方法如下：

1. 按【F12】键打开“另存为”对话框，单击 工具(L) 下拉按钮，选择 保存选项(S)... 选项，如下图（左）所示。
2. 弹出“PowerPoint 选项”对话框，选中“将字体嵌入文件”复选框，选择所需的选项，单击 确定 按钮，如下图（右）所示。

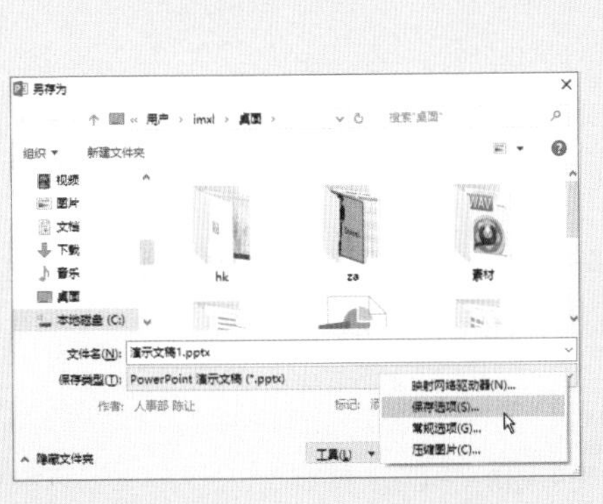

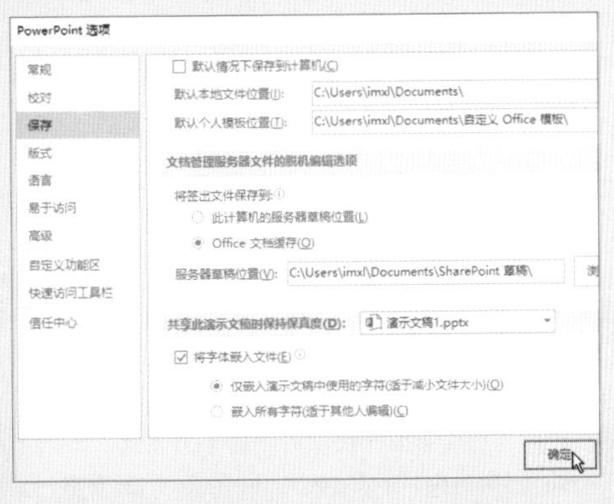

读者意见反馈表

亲爱的读者：

感谢您对中国铁道出版社的支持，您的建议是我们不断改进工作的信息来源，您的需求是我们不断开拓创新的基础。为了更好地服务读者，出版更多的精品图书，希望您能在百忙之中抽出时间填写这份意见反馈表发给我们。随书纸制表格请在填好后剪下寄到：北京市西城区右安门西街8号中国铁道出版社综合编辑部 张丹 收（邮编：100054）。或者采用传真（010-63549458）方式发送。此外，读者也可以直接通过电子邮件把意见反馈给我们，E-mail地址是：232262382@qq.com。我们将选出意见中肯的热心读者，赠送本社的其他图书作为奖励。同时，我们将充分考虑您的意见和建议，并尽可能地给您满意的答复。谢谢！

所购书名： ______________________

个人资料：

姓名：__________ 性别：__________ 年龄：__________ 文化程度：__________

职业：__________ 电话：__________ E-mail：__________

通信地址：______________________ 邮编：__________

您是如何得知本书的：

□书店宣传 □网络宣传 □展会促销 □出版社图书目录 □老师指定 □杂志、报纸等的介绍 □别人推荐

□其他（请指明）______________________

您从何处得到本书的：

□书店 □邮购 □商场、超市等卖场 □图书销售的网站 □培训学校 □其他

影响您购买本书的因素（可多选）：

□内容实用 □价格合理 □装帧设计精美 □带多媒体教学光盘 □优惠促销 □书评广告 □出版社知名度

□作者名气 □工作、生活和学习的需要 □其他

您对本书封面设计的满意程度：

□很满意 □比较满意 □一般 □不满意 □改进建议

您对本书的总体满意程度：

从文字的角度 □很满意 □比较满意 □一般 □不满意

从技术的角度 □很满意 □比较满意 □一般 □不满意

您希望书中图的比例是多少：

□少量的图片辅以大量的文字 □图文比例相当 □大量的图片辅以少量的文字

您希望本书的定价是多少：

本书最令您满意的是：

1.

2.

您在使用本书时遇到哪些困难：

1.

2.

您希望本书在哪些方面进行改进：

1.

2.

您需要购买哪些方面的图书？对我社现有图书有什么好的建议？

您更喜欢阅读哪些类型和层次的书籍（可多选）？

□入门类 □精通类 □综合类 □问答类 □图解类 □查询手册类 □实例教程类

您在学习计算机的过程中有什么困难？

您的其他要求：